2013년
문화체육관광부
우수학술도서

대형 복합 무기체계
함정에 대한 길라잡이

함정 艦艇

제2판

대한조선학회
편찬/집필 위원회 지음

TEXTBOOKS
텍스트북스

함정 제2판 艦艇

발행일 2025년 8월 30일 제2판 1쇄 발행

지은이 대한조선학회(대표 저자: 송준태)

발행인 임은정

발행처 (주)텍스트북스

주소 서울시 영등포구 양평로 30길 14, 세종앤까뮤스퀘어 1109호

전화 02-702-5725~6 팩스 02-702-5727 웹사이트 www.textbooks.co.kr

등록번호 제2022-000098호

ISBN 979-11-91679-45-8 93550

정가 45,000원

개정판 머리말

국내 함정 전문가들이 힘을 모아 2012년 6월에 발간한 〈함정〉이 함정 분야 전문기술인, 함정과 관련된 다양한 임무를 수행하는 해군 장병, 함정 분야를 공부하는 대학생 및 사관생도, 대형 복합 무기체계인 함정을 좀 더 넓고 깊게 이해하고자 하는 일반인들에게 좋은 길잡이 역할을 하고 있어 커다란 보람과 기쁨을 느끼고 있다.

이렇듯 많은 분들의 성원에 힘입어 개정판 작업을 진행하게 되었다. 개정판에서는 초판의 큰 틀은 그대로 유지하면서 함정 발전추세를 토대로 초판 편찬과정에서 다루지 않은 전문분야를 보강하였다. 또한 함정 관련 규정이 개정되고 신규 해군 함정이 건조되는 등의 여건 변화에 따라 내용을 수정하고 보완하여 완성도가 높아지도록 노력하였다.

우리나라 해군 함정의 발전을 염원하는 모든 분들은 한결같이 미래 해전양상과 한국적 전장 환경에 부합하는 창의적 개념의 첨단 함정, 다시 말해 진정한 의미의 제2의 거북선을 독자적으로 개발하여 국가의 생존과 번영의 버팀목인 해양안보를 굳건하게 하고 세계 함정 수출시장에서 한국 함정들이 위용을 떨치는 날이 앞당겨지기를 바랄 것이다. 개정판 〈함정〉이 더욱 널리 읽혀져서 이러한 바람들을 이루는 든든한 초석이 되었으면 한다.

이 책의 발간이 가진 함의를 이해하고 개정판 〈함정〉 발간을 적극 추진해 주신 텍스트북스 관계자 분들께 이 자리를 빌려 감사의 뜻을 전한다.

2014년 12월

대한조선학회 〈함정〉 편찬/집필 위원회

대표 송 준 태

초판 머리말

함정은 선박일까, 아니면 무기체계일까? 아마 바른 답은 선박 형태를 가진 무기체계일 것이다. 보다 정확하게 표현하면 함정은 선박의 한 종류이면서, 동시에 크고 작은 수많은 서브 체계들이 결합되어 이루어진 복합 무기체계인 것이다. 이와 같은 함정 특성으로 인해 함정에 관한 모든 분야를 집대성한 전문도서를 저술한다는 일은 매우 어려운 과제가 되어 왔다.

〈함정〉은 이러한 난제를 극복하고자 국내 함정 분야 각계 전문가들이 분야별로 나누어 함께 저술한 책이다. 함정에 관련된 모든 분야를 한 권에 담은, 국내에서는 물론 세계적으로도 최초로 시도되는 함정 전문도서라 할 수 있다. 이러한 뜻깊은 도전을 성공적으로 마칠 수 있었던 가장 큰 원동력은, 33명에 달하는 국내 함정 분야 전문가들이 오직 함정 발전에 기여하겠다는 마음 하나로 편찬 및 집필위원으로 기꺼이 참여해 주었기 때문이다. 특히 바쁜 일정에도 불구하고 열과 성을 다해 저술해 주신 집필위원들께 머리 숙여 깊은 감사의 마음을 전한다.

대한조선학회에서 처음 이 책의 발간을 기획하게 된 동기는 국내 여러 대학에서 조선해양공학을 전공하는 학생들과 충남대학교, 울산대학교, 동의대학교 등에서 함정 관련 강좌를 수강하는 학생들을 위한 함정 전문도서를 마련하기 위해서였다. 그러나 발간을 추진하는 과정에서 함정 분야에서 현재 일하고 있거나 앞으로 일하게 될 함정 관련 전문 기술인들에게 함정에 대해 체계적으로 설명해 주는 전문도서의 필요성을 인식하게 되었다. 또한 함정 전문도서는 해군 장병 및 사관생도들이 전문분야 교육을 이수함에 있어 함정을 이해하도록 도울 뿐만 아니라, 일반인이 갖고 있는 함정에 대한 궁금증을 명확하게 풀어주는 길잡이가 될 수 있음도 알게 되었다. 이에 따라 편찬 및 저술 방향을 함정을 보다 넓고 깊게 알려는 모든 분들에게 맞추게 되었다.

이 책을 발간하는 여러 배경에도 불구하고, 궁극적인 목적은 한국 함정을 지속적으로 발전시키는 데 있다. 따라서 이 책을 통해 함정에 대한 이해와 관심이 더욱 넓어지고 깊어지며, 함정 관련 전문분야 학술과 기술이 더욱 발전하는 계기가 된다면 큰 보람과 기쁨이 될 것이다. 나아가 거북선의 창제 · 운용이라는 세계 함정사에 영원히 남을 전통을 이어받아, 미래 해전양상과 한국적 전장환경에 부합하는 첨단성능을 보유한 창의적 개념의 함정, 진정한 의미의 제2거북선을 개발 · 건조하여 국가의 생존과 번영의 버팀목인 해양안보를 더욱 튼튼히 함은 물론, 세계 함정 수출시장에서 한국 함정들이 더 큰 위용을 떨칠 날이 앞당겨지기를 기원한다.

이러한 뜻에서 그동안 우리나라 함정 발전을 위해 해군, 방위사업청, 방산조선소, 연구소, 대학 등에서 땀과 고뇌 그리고 열정을 아낌없이 바쳐온 전문 기술인들을 떠올리지 않을 수 없다. 이지스(Aegis)급 구축함을 비롯해 수많은 함정들을 개발 · 건조하여 실전에 배치 · 운용함으로써, 우리가 만든 배로 우리 바다를 지킬 수 있도록 만든 것이 바로 이분들인 것이다.

많은 분들의 큰 기여가 있었지만, 특히 이 자리를 빌려 고인이 되신 두 분의 공(功)을 기리고자 한다. 1970년대 황무지나 다름없는 여건에서 조함체제를 세워가며 수많은 한국형 함정들을 개발하는 데 앞장서신 엄도재 해군제독님과, 초창기부터 방산조선소의 온갖 어려움을 이겨내며 국내 건조 함정들의 선진화를 위해 모든 열정을 쏟으신 현대중공업 김진구님이다. 이렇게 함께 일군 터전이 있었기에 이 책도 태어날 수 있었다. 하여 발간의 기쁨을 함정 관련 전문 기술인 모두와 나누고자 한다.

편찬과정에서 나름의 노력을 기울였으나, 전문분야가 다양하고 개별적 집필이다 보니 깊이와 표현방식에서 다소 차이가 나고 중복되는 내용도 간혹 생기게 되었다. 한두 장이나 몇몇 절은 일반인에게는 까다로울 수 있는 전문기술 내용을 담고 있다. 그 밖에도 미흡한 점들이 많을 것으로 생각된다. 독자 여러분의 지적을 겸

허히 받아들일 것이며, 넓은 혜량(惠諒)도 함께 부탁드린다.

끝으로 발간을 기획하고 아낌없이 지원해 주신 대한조선학회 전임 도서편찬위원장 울산대학교 신현경 교수, 보이지 않게 큰 힘을 보태 주신 대한조선학회 전임회장 인하대학교 이승희 교수, 독자의 관점에서 편찬과정 내내 훌륭한 조언을 해주신 김태문 박사께 진심으로 감사드린다. 아울러 방대하고 복잡한 내용의 원고를 품격을 갖춘 멋진 책자로 만들기 위해 온갖 정성을 쏟아 주신 텍스트북스 이한성 사장과 강찬일 이사, 그리고 직원 여러분께 깊은 감사의 뜻을 전하고자 한다.

2012년 2월

대한조선학회 〈함정〉 편찬/집필 위원회

대표 송 준 태

펴낸 사람들

| 편찬/집필 위원회 대표

송준태(宋俊泰)
창원대학교 조선해양공학과, 겸임교수
하이에어코리아(주), 고문
전) 국방과학연구소, 해상무기체계 개발본부장 | songct@korea.com

| 편찬위원(가나다순, *표는 집필위원 겸임)

김정환(金正煥)*
현대중공업(주), 특수선 부문, 부사장 | kimjh@hhi.co.kr

박의동(朴義東)
방위산업기술지원센터, 센터장 | drepark@naver.com

손귀현(孫貴鉉)
대우로지스틱스(주), 특수사업실장
전) 해군조함단, 함정기술실장, 예) 해군대령 | khson03@yahoo.co.kr

이기표(李起杓)*
서울대학교 조선해양공학과, 교수
전) 대한조선학회 함정연구회장 | kprhee@snu.ac.kr

이현엽(李玄燁)*
충남대학교 조선해양공학과, 교수
전) 대한조선학회 함정연구회장 | hylee@cnu.ac.kr

전호환(全虎煥)
부산대학교 조선해양공학과, 교수
전) 대한조선학회 함정연구회장 | chunahh@pusan.ac.kr

정재수(丁在受)*
충남대학교, 함정시스템연구센터, 센터장
전) 해군조함단 함정기술실장, 예) 해군대령 | njjs1907@hanmail.net

조용진(趙容鎭)*
동의대학교 조선해양공학과, 교수
전) 대한조선학회 함정연구회 총무 | cyjdeu@deu.ac.kr

집필위원(소속기관별, 가나다순)

• 해군

배형수(裵馨水)
한국해양전략연구소, 선임연구위원
전) 해군 전투발전단장, 예) 해군준장 | baisoo@hanmail.net

심이섭(沈利燮)
해양시스템기술원(주), 원장
전) 해군 조함기술실장, 예) 해군준장 | shimysu@yahoo.co.kr

이진규(李振奎)
국방과학연구소, 전문연구위원
전) 해군 잠수함 함장, 예) 해군대령 | hope9834@naver.com

정연환(鄭然桓)
해군사관학교 기계조선공학과, 교수, 해군소령 | nextit1@snu.ac.kr

조석진(曺石鎭)
한국해사기술(주), 함정사업본부장
전) 해군 전력분석평가단 함정기술처장, 예) 해군대령 |sukjincho@hotmail.com

• 방위사업청

이웅섭(李雄燮) 방위사업청, 잠수함 사업팀장, 해군대령 | leeungsup@hotmail.com

• 국방과학연구소

고용석(高庸碩) 제6기술연구본부, 책임연구원 | yskoh@add.re.kr
권경일(權慶一) 제3기술연구본부, 책임연구원 | kikwon@add.re.kr
권준혁(權俊赫) 제7기술연구본부, 책임연구원 | jhkwon@add.re.kr

김상현(金尙炫) 제6기술연구본부, 책임연구원 | shkimm@add.re.kr
김성용(金聖容) 제6기술연구본부, 선임연구원 | sungyong@add.re.kr
김영주(金永柱) 제6기술연구본부, 책임연구원 | kyj4692@gmail.com
도경철(都慶徹) 제6기술연구본부, 해상시험장장 | plusdho@hanmail.net
류기열(柳基烈) 제6기술연구본부, 책임연구원 | kyyoo@add.re.kr
박병욱(朴丙旭) 제6기술연구본부, 책임연구원 | bwpark@add.re.kr
빈재구(賓在久) 제6기술연구본부, 선임연구원 | jgbin@add.re.kr
신용구(辛容九) 제6기술연구본부, 책임연구원 | ykshin@add.re.kr
안진우(安眞佑) 제6기술연구본부, 책임연구원 | chinwan@add.re.kr
양창섭(梁昌燮) 제6기술연구본부, 책임연구원 | csyang@add.re.kr
이균정(李均正) 제6기술연구본부, 선임연구원 | gjlee@add.re.kr
전재진(全在鎭) 제6기술연구본부, 책임연구원 | jjjsky1@naver.com
조윤식(趙允植) 제6기술연구본부, 책임연구원 | yscho@add.re.kr

• 현대중공업(주)

박상철(朴相鐵) 특수선사업부, 설계담당 중역 | scpark1976@hhi.co.kr
정효식(鄭孝植) 특수선사업부, 설계부장 | hsjeong@hhi.co.kr

• 한국기계연구원

정정훈(鄭正勳)
기계시스템 안전연구본부, 책임연구원
전) 대한조선학회 함정연구회 총무 | jhchung@kimm.re.kr

• 한국선급

전완수(全完洙) 함정사업단, 함정기술팀장 | wscheon@krs.co.kr

차례

CHAPTER 01

함정의 특성

1.1 | 함정의 정의 및 종류

1.1.1 함정의 정의

함정(艦艇)은 군(軍)에 소속되어 무장, 탐지장비, 병력을 탑재하고 전투 또는 전투지원 임무수행을 주목적으로 하는 선박(船舶)으로 정의된다. 함정은 군함(軍艦)이라는 용어로도 표기될 수 있으며, 영어로는 Naval Ship 또는 Warship으로 표기된다.

함정은 해양에서 전투 또는 전투지원 임무를 수행해야 하는 무기체계이므로 선박의 형태를 가진 무기체계라고 정의할 수도 있다. 따라서 함정은 선박으로서의 특성과 무기체계로서의 특성을 함께 보유하고 있다. 이로 인해 함정은 체계구성, 탑재장비, 소요기술, 설계건조 방법 및 체계 측면에서 화물(貨物) 및 여객(旅客)의 해상운송을 주목적으로 하는 민용(民用) 선박과 확연하게 다를 수밖에 없다. 그림 1-1에 대표적인 함정의 예로 한국 해군의 주력 수상전투함인 이지스(Aegis) 구축함 세종대왕함을 제시하였다.

1.1.2 수상함 종류

수상함과 해상 무기체계의 성능발전은 해전양상의 변화·발전을 가져왔으며, 해전양상의 변화·발전은 수상함의 종류, 크기, 성능 및 작전임무 등을 변화·발전시

그림 1-1
한국 해군 이지스 구축함 세종대왕함

켰다. 1차 세계대전까지 해전의 주력 전투함이었던 전함(戰艦)은 2차 세계대전 이후 항공 전투력의 급격한 발전 및 해전양상의 변화로 인해 함정 세력 구성에서 아예 사라지게 되었다. 미국 등 해군 군사강국의 경우 항모 기동부대를 이끄는 항공모함이 해상전력의 주력 함정으로 등장하였다.

냉전체제 해체 이후 해전양상이 연해해전(Littoral Warfare)으로 전환됨에 따라 순양함, 구축함, 프리게이트 등 수상전투함은 대함전, 대잠전, 대공전과 함께 대지전까지 수행하게 되었다. 작전임무의 확대로 인해 수상전투함의 대형화 추세가 이어졌으며, 이에 따라 순양함과 구축함의 경우 크기 차이가 많이 좁혀졌고, 유럽 주요 국가들의 신형 프리게이트는 6,000톤급으로서 구형 구축함의 크기를 상회하게 되었다.

연해해전으로의 전환은 초계함, 상륙전함, 지원함에도 많은 변화를 가져왔다. 초계함급에서는 스텔스 초계함과 연해전투함(Littoral Combat Ship) 등 연해해전 전용 초계함이 출현하였다. 상륙전함 분야에서는 전시에는 상륙작전 및 군수지원을 하고 평시에는 인도적 구난작전 등 복합적인 작전임무를 수행할 수 있는 신개념 다목적 상륙전함이 주요 국가들에 의해 다수 건조되었다. 지원함 분야에서는 장거리 원정해전에 운용하기 위해 최대속도 40노트급의 고속 군수지원함이 등장하였다.

현대 수상함은 작전임무, 작전해역, 크기 등에 따라 일반적으로 다음과 같이 구분된다. 한국 해군은 프리게이트를 호위함이라 칭하며, 일본의 경우 구축함과 프리게이트를 포괄하여 호위함이라 칭한다. 이 책에서는 함종 구분 시 프리게이트를 기준 명칭으로 사용하였으며, 한국 해군 함정을 표기할 경우 호위함으로 단독 표기하거나 프리게이트를 병기(倂記)하였다.

- 전함(Battle Ship)
- 항공모함(Aircraft Carrier)
- 순양함(Crusier)
- 구축함(Destroyer)
- 프리게이트(Frigate)
- 초계함(Corvett)
- 고속정(High Speed Craft)
- 상륙전함(Amphibious Ship)
- 기뢰전함(Mine Warfare Ship)
- 지원함(Auxiliary Ship)

1.1.3 잠수함 종류

현대 잠수함은 은밀성을 토대로 평시에는 작전해역에서 정찰, 감시 및 정보수집 임무를 수행한다. 전시에는 아군 함정의 해상교통로 보호, 기동전투단 방호임무, 적 기지 봉쇄 및 차단, 적 함정의 이동로 차단 등 전술적 임무와, 육상 핵심표적에 대한 정밀타격 등 전략임무, 그리고 특수부대의 특수작전 지원임무 등을 수행한다.

원자력추진 전략잠수함은 대륙간 장거리 탄도탄을 탑재하고 전략목표 공격 등 전략임무를 수행하는 잠수함으로서, 미국, 영국, 프랑스, 러시아, 중국 등 5개국만이 운용하고 있다. 원자력추진 공격잠수함은 전략잠수함에 대한 탐지·추적 및 공격이 기본임무이며, 최근에는 장거리 순항유도탄을 탑재하여 대지전 능력까지 갖추고 있다. 원자력추진 유도탄 잠수함은 장거리 순항유도탄을 대량으로 탑재하여 대지전 능력을 대폭 강화한 연해해전용 잠수함을 뜻한다.

디젤전기추진 잠수함은 디젤발전기로 충전한 축전지를 이용하여 수중항해를 하는 잠수함으로서, 원자력추진 잠수함만을 운용하는 미국, 영국, 프랑스 등을 제외한 대부분의 국가들이 운용하는 잠수함이다. 수중 연속체재 기간이 4~5일에 불과해 은밀성 측면에서 취약점이 있으나, 포클랜드전 등을 통해 상대국 수상 함정세력에 매우 효과적인 위협수단으로 입증된 바 있다. AIP 잠수함은 AIP(Air Independent Propulsion) 추진기관을 추가로 탑재·운용함으로써, 디젤전기추진 잠수함의 수중 연속체재 기간을 증대시킨 잠수함이다. 1990년대 후반 스웨덴에서 최초로 실용화된 후 독일에서도 다수 건조하였으며, 운용 국가가 계속 확산되고 있다.

잠수정은 200톤급 미만의 소형 잠수함이다. 항속거리가 제한되므로 모선을 이용하는 경우가 많으며, 특공부대 침투작전 등 주로 비정규전에 운용된다.

현대 잠수함은 작전임무, 추진체계, 크기 등에 따라서 일반적으로 다음과 같이 구분된다.

- 원자력추진 전략잠수함(Nuclear Ballistic Missile Submarine: SSBN)
- 원자력추진 공격잠수함(Nuclear Attack Submarine: SSN)
- 원자력추진 유도탄 잠수함(Nuclear Guided Missile Submarine: SSGN)
- 디젤전기추진 잠수함(Diesel-Electric Submarine: SSK)
- AIP 잠수함(Air Independent Propulsion Submarine)
- 잠수정(Small Submarine)

1.2 | 함정 일반사항

1.2.1 함정 분류 및 약호

함정은 통상 함정에 탑재되는 무기체계의 종류와 함정의 크기를 나타내는 배수량을 근간으로 하여 분류하는 것이 2차 세계대전 이전까지의 전통적인 분류방법이었다. 그러나 2차 세계대전 이후 함정의 종류가 다양해지고 함정에 탑재되는 무기체계가 복잡해짐에 따라 함정의 분류방법도 복잡해졌다. 특히 국가마다 분류기준을 상이하게 적용함으로써 더욱 복잡한 양상을 띠게 되었다. 현재 많은 국가에서 적용하고 있는 함정 분류기준은 북대서양조약기구(NATO) 분류기준으로, 함정의 배수량, 탑재되는 무기체계, 추진방식, 함정의 기능 등을 혼합하여 설정한다. NATO 분류기준은 함정의 종류를 표 1-1에 제시한 '기본임무 분류'와 표 1-2에 제시한 '기능문자 분류'로 구분한 다음, 이 두 가지 분류를 혼합하여 함정을 분류한다.

표 1-1에 제시한 바와 같이 함정은 기본임무 측면에서 잠수함, 항공모함, 순양함, 구축함, 프리게이트, 초계함, 고속정, 상륙함, 기뢰전함, 지원함으로 분류되며 각각의 약호는 표에서 보는 바와 같다. 표 1-2에 제시한 기능문자를 조합하면 함정의 종류는 더욱 세분화된다. 예를 들어 기본임무 중 잠수함의 약호인 SS에 기능문자인 N을 조합하여 SSN이 되면 원자력추진 잠수함을 의미하며, DDH는 헬기탑재 구축함을 의미한다.

현재 한국 해군은 이와 같은 NATO의 분류기준을 근간으로 함정의 종류와 약호를 제정하여 활용하고 있다. 각 함정을 전투함과 전투지원함으로 대분류하는 것이 특징이며, 다양한 종류의 소형 전투지원정들도 보유하고 있다. '○○○함'과

표 1-1
기본임무 분류

함정 분류	함정 약호		함정 분류	함정 약호	
잠수함/정	SS	Submarine	**초계함**	P	Patrol, Corvett
항공모함	CV	Multi-Purpose Aircraft Carrier	**고속정**	P	Patrol Boat
순양함	C	Cruiser	**상륙함**	L	Amphibious Ship
구축함	DD	Destroyer	**기뢰전함**	M	Minewarfare Ship
프리게이트	FF	Frigate	**지원함**	A	Auxiliary Ship

표 1-2
기능문자 분류

문자	내용	문자	내용
A	공기부양정(Air Cushion)	K	화물수송(Cargo)
B	탄도유도탄(Ballistic Missile)	L	배수량이 적은 함정(Light)
C	연안(Costal), 지휘(Command)	M	중형(Medium), 소형(Midget)
D	Dock 보유	N	원자력 추진기관 보유
E	탄약수송 호위(Escort) 임무	O	대양작전(Ocean), 유류수송(Oil)
F	고속(Fast)	S	구조(Salvage), 소해(Sweeping), 조사(Survey)
G	유도탄(Guided Missile)	T	훈련(Training), 수송(Transport)
H	헬기탑재(HELO) 기뢰탐색(Mine Hunting)	X	차세대 실전배치를 위해 실험 중인 장비(Experimental)

'○○○정'의 구분은 국가마다 다소 차이가 있으나, 한국 해군은 해군 규정에 명시된 기준에 따라 만재배수량이 500톤 이상이고 영관장교가 지휘하면 '○○○함', 만재배수량이 500톤 이하이고 위관장교가 지휘하면 '○○○정'이라고 분류한다.

1.2.2 함명

함정의 경우는 일반 상선과 달리 함명과 함께 선체번호(Hull Number)도 부여한다. 일반 선박의 이름은 선박을 주문한 회사가 자사의 특성에 맞게 여러 가지 방식으로 제정하여 사용하나, 함정의 경우는 국가마다 독자적인 기준을 가지고 함명을 부여하고 있다. 주로 역사적인 인명, 지명, 조류, 해양 동물, 산, 호수 이름 등을 많이 활용한다. 표 1-3에 주요 국가들의 함명 부여기준과 함명의 예를 제시하였다.

한국 해군은 1996년을 기준으로 하여 이전에는 주로 지명, 산, 호수, 조류 등의 이름을 사용하였으나, 이후에는 역사적인 인물이나 바다와 관련된 인물의 이름을 주로 사용하고 있다. 한국 해군의 함명 부여기준과 함명 예는 표 1-4에 제시하였다. 특히 함명으로 부여된 인물의 후손이나 지명이 사용된 지역 사회와 자매결연을 맺고 해군의 각종 행사에 초대하는 등 유대관계를 가지고 있으며, 운용 중인 함정이 퇴역할 경우 퇴역함의 함명을 새로이 건조된 후속 함정이 이어받아 사용하는 관례도 가지고 있다.

표 1-3
주요 국가 함명 부여기준

국가	함형	부여기준	함명
미국	잠수함	역사적 인물 및 주 이름 (예언자, 성경인물, 주 이름)	DANIEL BOONE ALASKA
		해양 용어, 해양 동물, 도시 이름	SEAWOLF, BOSTON
	구축함	역사적 인물(해군제독, 장군, 탐험가, 천문학자, 시인 등)	SCOTT, MITSCHER
영국	잠수함	정신전력 용어(선봉, 용감, 결심 등)	VANGUARD, RESOLUTION
		정신전력(사나운, 최고의, 보이지 않는)	TURBULENT, SUPERB
	구축함	도시 이름	BIRMINGHAM, EDINBURGH
일본	잠수함	海象, 수중동물 명칭(春潮, 夕潮, 起潮)	HARUSHIO, YUUSHIO
	구축함	天象, 氣象, 河川, 山岳, 지방 이름	ISOYUKI, NAGATSUKI
중국	잠수함	고대국가 이름(漢, 明)	HAN401, MING232
	구축함	시·도 이름	HARIBING, NANJING
프랑스	구축함	군장성 이름	MONTCALM
	프리게이트	해군사령관, 화가, 프랑스 혁명 명칭	DUQUESNE, GERMINAL

선체번호는 함정의 고유번호로서, 동종의 함정은 동일한 계열의 번호체계를 사용하며 국가마다 번호부여 체계는 상이하다. 한국 해군의 선체번호는 표 1-5에 제시한 바와 같다. 잠수함은 번호 앞에 '0'을 붙여 수상함과 구분하며, 선체번호를 구성하는 숫자에 '4'를 사용하지 않는 것이 특징이다.

1.2.3 함정 진수 및 취역에 관한 의례

1) 진수식(Launching) 및 명명식(Christening)

진수식은 기원전 2100년경부터 시작된 것으로 알려져 있으며, 초기 단계에서는 신을 달래기 위한 일종의 종교적인 의미로 실시했다고 한다. 19세기 초 영국에서 성직자 대신 여성이 의식을 주관하기 시작했으며, 빅토리아 여왕이 최초로 영국 군함 진수식을 주관했다고 전해진다.

선박을 진수할 때 옛날 바이킹족은 처녀를 제물로 바쳤고, 타히티의 경우 인간의 피를 뿌렸으며, 중국은 신단을 차리고 용의 어미를 위로하는 식을 거행하였고,

표 1-4

한국 해군 함명 부여기준 및 함명 예

함형		부여기준	함명
잠수함	KSS-Ⅰ	통일신라부터 조선시대까지 바다에서 큰 공을 세운 인명 연대순	장보고, 이천, 최무선, 박위 등
	KSS-Ⅱ	일제 강점기 독립운동 공헌, 해방 후 국가발전에 크게 기여한 인물	손원일, 정지, 안중근 등
	SSU		
구축함	KDX-Ⅰ	국민으로부터 영웅으로 추앙받는 역사적 인물	광개토대왕, 을지문덕, 양만춘, 대조영, 충무공 이순신, 세종대왕, 율곡 이이, 서애 유성룡 등
	KDX-Ⅱ		
	KDX-Ⅲ		
호위함 (프리게이트)	FF	광역시, 도, 도청 소재지	울산, 서울, 충남, 마산, 경북 등
초계함	PCC	중소 도시	동해, 수원, 강릉, 안양, 포항 등
고속정	PKM	용맹스런 국내 조류명이나 군인정신 표상 인물	참수리-236, 윤영하 등
대형 수송함	LPX	관할해역 최외각 도서	독도, 마라도, 백령도 등
상륙함	LST	지명도가 높은 산봉우리 명칭	운봉, 위봉, 고준봉, 비로봉 등
고속상륙정	LSF	조류명	솔-613 등
	MHC	군·읍명	강경, 강진, 김포 등
기뢰전함	MSH	해군 기지가 있거나 인접한 군 명칭	양야, 옹진, 해남 등
	MLS	한국전쟁 시 기뢰전 관련 지역 명칭	원산 등
군수지원함	AOE	담수량이 큰 호수 명칭	천지, 대청, 화천 등
수상함 구조함	ATS	공업도시 지명	평택, 광양 등
잠수함 구조함	ASR	역사적인 지명	청해진 등
해양정보함	AGS	창조·개척 의미의 명칭	신천지, 신세기 등

우리나라에서는 고사를 지내기도 하였다. 근래에는 '신성' 함을 나타내는 포도주와 '순결' 을 의미하는 물을 주로 사용한다. 진수식에서 빠질 수 없는 것이 배에 이름을 부여하는 것이다. 진수식은 통상 함정의 이름을 명명하고 포도주를 함수에 부은 다음 여성이 진수선을 절단함으로써 함정을 물 위에 띄우는 순서로 진행된다. 여성이 진수선을 절단하는 것은 아이가 태어났을 때 대모(代母)를 지정하던

표 1-5
한국 해군의 선체번호 부여기준

구분		선체번호 부여단위	함형	선체번호 부여단위	함형
잠수함		050	잠수정	060/070	잠수함
수상함	지원함	10	해양정보함	20	수상함 구조함, 잠수함 구조함
수상함	지원함	50	잠수정 모함 군수지원함	70/80	군수지원정
수상함	전투함	200/300	고속정	500	기뢰부설함, 기뢰탐색함, 소해함
수상함	전투함	600	상륙함, 고속상륙정	700	초계함
수상함	전투함	(800)	APD(1980년대)	900	구축함, 프리게이트
수상함	전투함	6000	대형 수송함		

종교의식의 연장이라고 볼 수 있으며, 탯줄을 자르는 것에 비유하기도 한다. 그림 1-2에 한국 해군 구축함 서애 유성룡함의 진수식 장면을 제시하였다.

2) 인수식(Delivery)

함정 인수식이란 조선소에서 함정 건조가 완료되어 해군이 함정을 인수할 때 거행하는 의식이다. 인수식은 통상 함정을 건조한 조선소 부두에서 실시하며, 인수식이 끝나면 함정의 소유권이 조선소에서 해군으로 이양된다. 인수식은 함정의 성능을 평가하기 위해 편성된 해군 인수단의 장이 주빈으로 참석하며, 조선소와 함정

그림 1-2
한국 해군 구축함 서애 유성룡함 진수식

인도 · 인수 서명을 하게 된다. 인도 · 인수 서명 이후부터 비로소 공식적으로 해군이 주관하여 함정을 조함(操艦)하게 되는데, 이전까지는 조선소 직원이 함정을 조함하는 것이 원칙이다. 비록 그 이전에 해군이 조함했다 하더라도 모든 책임은 조선소가 지게 된다.

3) 취역식(Commissioning)

함정 인수가 끝나면 함대 세력표(Fleet List)에 등재하고 정식 해군 함정으로 임무를 시작하게 되는데, 이를 취역이라 한다. 취역식은 통상 작전사령부 주관으로 해군 기지에서 실시하며 경과보고, 취역기 게양 등의 순서로 진행된다. 취역기는 모든 군함이 해군의 전투세력으로 편입될 때부터 일선에서 퇴역할 때까지 항상 게양하는, 군함에게 가장 중요한 상징적인 기류(旗類)이다. 취역기는 기다란 삼각형 모양의 중세 기사 가문(家門) 표시와 유사한 형태인데, 이로부터 유래했다는 설이 있다.

함정은 취역식을 마침으로써 비로소 해군 전력에 공식적으로 등재된다. 그러나 비상시를 제외하고 취역식 후 곧바로 작전에 투입하지는 않는다. 함정의 종류에 따라 약 6개월에서 1년간의 전력화 준비기간을 가지며, 이 기간 동안 실제 함정을 운용할 승조원에 의한 성능검증과 함 운용숙달 훈련 등을 수행한다. 이후 해당 함대에 배속되며, 그때부터 실제적인 작전임무를 수행하게 된다.

1.2.4 함정 운용에 관한 의례

인류가 배를 사용해온 긴 역사에 비례하여 함정과 관련된 의례도 매우 다양하다. 함정 관련 의례 중 함정 간 의례, 함정과 상선 간 의례, 함정의 입 · 출구인 현문 의례, 함정 내에서의 의례, 함정에서의 금기사항 등 중요한 사항들은 다음과 같다.

1) 함정 간 의례

함정과 함정이 해상에서 조우하면 함정은 군함 경례를 실시한다. 군함 경례는 갑판 위에 보이는 전 승조원이 그 자리에서 차려자세를 취하고 거수경례를 교환하는 것이다. 함정에 탑승한 최선임자의 계급이 상이한 경우는 계급이 낮은 함정이 먼저 경례를 하고, 계급이 높은 함정이 답례를 한다. 고위 관료의 기를 단 함정이 기지사령부를 지나갈 때 기지사령부도 동일한 방법으로 경례를 해야 한다. 또한 자함보다 상급인 함정을 지나갈 때는 풍하 쪽, 즉 바람이 불어오는 방향으로부터 아래쪽으로 통과하는 것이 관습이다. 이를 어기면 예의가 없다는 평가를 받게 된다.

2) 함정과 상선 간 의례

상선은 국적을 불문하고 해상에서 함정을 조우하면 게양한 국기를 반게양하는 예의를 표해야 하고, 함정도 국기를 반게양했다가 다시 올림으로써 답례를 해야 한다.

3) 현문 의례

현문은 함정의 유일한 출입구로서 함정이 신성시하는 장소이다. 따라서 현문에서는 탈모나 흡연 등 군기가 문란한 행동을 해서는 안 되며, 현문으로 승함 및 하함을 할 때는 함미에 게양된 국기에 대한 경례를 하고 승·하함을 해야 한다. 지휘가 높은 사람이 함정을 공식 방문하는 경우, 영송병을 배치하는 등 현문 영송행사를 실시한다. 해군은 출항 15분 전, 5분 전 규정이 있다. 출항 5분 전은 현문이 철거된 상태를 의미한다. 따라서 출항 5분 전이므로 함정에 탑승할 여유가 5분 남아 있다고 생각하면 큰 낭패를 보게 된다.

4) 함 내 의례

함 내에서 예절을 가장 강조하는 구역은 사관실이다. 사관실은 장교의 회의, 식사, 휴식 등을 위한 장소이며, 외부에서 손님이 방문하는 경우 접대하는 장소이기도 하다. 그러므로 사관실 내에서는 최상의 군기와 예절이 요구된다. 따라서 사관실에 제복을 착용하지 않고 출입해서는 안 되며, 항상 단정한 용모와 언행을 해야 한다. 특히 사관실에 설치되어 있는 함장 좌석에는 함장 외에는 착석해서는 안 된다. 함장보다 지위나 계급이 높은 사람이 사관실을 방문하는 경우에도 함장 좌석에는 착석하지 않는 것이 해군의 불문율이다.

함 내에서의 중요한 예절 중에 '길 차렷'이라는 것이 있다. 함 내 통로에서 상급자와 교차하여 지나갈 때, 하급자가 통로의 한쪽 벽에 등을 대고 차려자세로 상급자가 지나갈 때까지 대기해야 한다. 좁은 함 내 특성을 고려한 해군의 독특한 예절이라고 볼 수 있다.

5) 함정에서의 금기사항

함정에서는 휘파람을 부는 것을 금기한다. 항해 중 가장 두려운 것이 폭풍우이며, 옛날 뱃사람들은 폭풍우가 휘몰아칠 때 밧줄 등에서 나는 휘파람 비슷한 소리를 신이 부르는 바람소리라고 여겼다. 때문에 신의 소리를 사람이 내면 신이 노해서 바람을 일으킨다는 생각에서 유래된 금기사항이다. 함상에서는 물론 함정 근무 중에는 동물, 특히 바다에 사는 동물을 잡지 않는다. 과거에 이러한 일을 한 함정이 우연히도 충돌, 손상 등 사고를 당한 사례가 많아 금기하는 것이다. 우리나라에서 많이 먹는 보신탕을 좋아하는 해군 장병들도 함상 근무를 하는 중에는 정박해서 육상에 있을 때에도 이를 먹지 않는 경우가 많다.

전통적으로 배는 여성을 금기시해 왔다. 바다의 신이 여성이기 때문에 여성을 태우면 신이 질투해서 폭풍우를 일으킨다는 미신에서 유래한 것으로, 점차 퇴색해 가는 관습이다. 현재는 많은 국가에서 이미 여군이 함상 근무를 하고 있는 상황이며, 우리 해군도 수년 전부터 여군을 함정에 배치하여 근무시키고 있다. 현재 많은 해군이 함상에서 술을 마시는 것을 금지하고 있다. 함상 금주는 전통적인 것이라기보다는 안전을 고려한 금기사항이라고 할 수 있다. 함상에서 절대적인 권한을 가지고 있는 함장이 허락하는 경우는 물론 예외이다.

1.3 | 함정과 민용 선박의 특성 대비

1.3.1 체계구성 특성

함정의 주 임무는 해양에서 작전을 수행하는 것이며, 항해는 이를 위한 기본적인 임무에 불과하다. 반면 민용 선박은 일반적으로 목적지까지의 항해 자체가 주 임무이다. 이러한 수행임무의 차이로 인해 함정과 민용 선박은 체계구성 측면에서 큰 차이가 있다.

함정은 주 임무를 수행할 수 있도록 선박체계(Platform System)와 전투체계(Combat System)의 결합으로 이루어지는 복합체계인 반면, 민용 선박은 화물 및 여객 운송이 목적이므로 선박체계만으로 구성된다. 수행임무의 차이로 인해 함정의 선박체계는 일반적으로 고속이며 구성이 복잡한 반면, 민용 선박의 선박체계는 중저속이며 구조도 단순하다. 승조원의 구성에서도 차이가 난다. 함정은 항해를 하기 위한 요원과 함께 작전임무를 수행하기 위한 전투병력이 필요한 반면, 민용 선박의 경우 항해를 하기 위한 승조원이 핵심인력이다. 이와 같은 체계 구성상의 차이를 도식화하여 제시하면 그림 1-3과 같다.

함정이라는 복합체계는 단순히 선박체계 위에 전투체계를 탑재하여 만들어지는 것은 아니다. 선박체계와 전투체계는 기능적으로 긴밀하게 연계되어 있어 상호

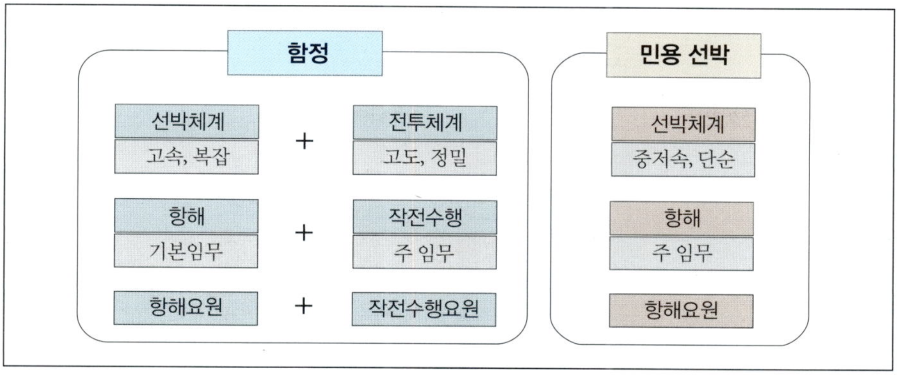

그림 1-3
함정과 민용 선박의 체계구성 특성[1]

간에 큰 영향을 미치기 때문이다. 두 체계가 상호간에 요구하는 조건을 각기 충족시킬 경우에만 함정으로서의 임무를 성공적으로 수행할 수 있는 것이다. 선박체계와 전투체계의 상호 연관성을 함정의 실제 운용 예를 통해 제시하면 다음과 같다.

그림 1-4에 제시한 것처럼 전자광학장비가 표적을 탐지하여 함포를 발사한 경우, 함포발사로 인해 발생한 충격은 선체구조를 통해 갑판구조물에 전파된다. 민용 선박 갑판 위에 함포를 설치할 경우, 선체구조가 함포발사 충격에 대비하여 설계되지 않았으므로 갑판구조물 상부는 과도진동(Transient Vibration)을 일으키고 이로 인해 전자광학장비 또한 진동하게 된다. 이 진동으로 인해 전자광학장비는 표적을 소실하고, 함포에 발사정지 명령을 내리게 만든다. 결국 함포의 핵심기능인 연속발사가 불가능해지고 만다. 선체구조가 함포 등 무장체계의 운용조건을 충족시킬 수 있도록 설계·건조되어야만 함정으로서의 전투기능을 발휘할 수 있는 것이다.

선박체계와 전투체계의 상호 연관성은 함정의 선체 운동성능이 작전운용에 미치는 영향을 통해서도 입증된다. 그림 1-5에 제시한 바와 같이, 함정에 탑재·운용하는 헬기의 경우 종동요(Pitch) 각 및 횡동요(Roll) 각 등 선체의 운동성능이 일정 조건을 충족시켜야만 이함(離艦)과 착함(着艦)이 가능해진다. 만일 운동성능 요구조건이 해상상태 4에서 충족된다면, 헬기의 해상 작전운용도 해상상태 4까지 허용됨을 뜻한다. 선박체계의 선형특성에 따른 내항성능이 탑재헬기의 작전운용 한계를 직접적으로 결정한다는 것을 의미한다. 함정 선형은 항해성능만이 아니라 함정이 수행해야 하는 각종 작전임무의 요구조건을 충족시킬 수 있도록 설계되어야 하는 것이다.

선박체계와 전투체계로 이루어지는 복합체계로서의 특성은 함정의 개발·건조 및 운용·유지 측면에서도 특이한 문제를 야기한다.

그림 1-4

함포 운용과 선체구조의 상호 연관성[2]

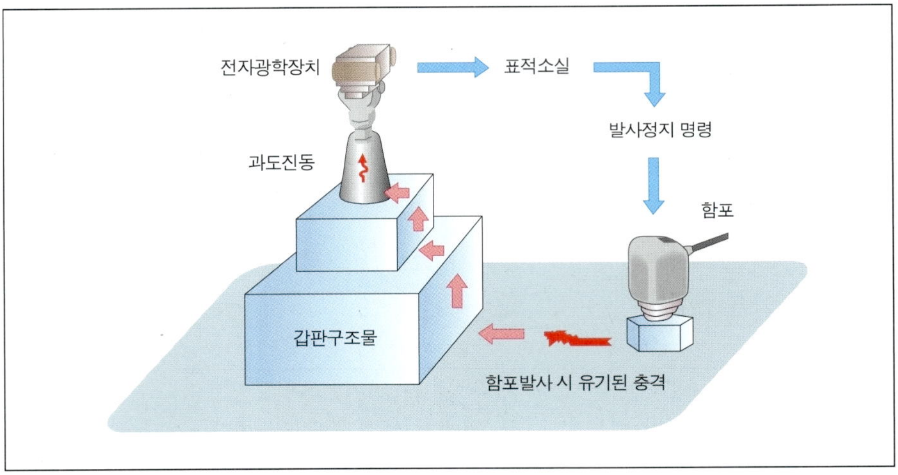

신규 함정의 개발·건조 시, 중진국의 경우 선박체계는 자국에서 건조하지만 전투체계는 외국에서 개발·생산된 체계를 도입한다. 이와 달리 미 해군 등 주요 해군 강국들은 탑재해야 할 무장 및 전자장비 등 전투체계 자체를 새로 개발해야 한다. 이 경우 선박체계의 개발·건조 착수 이전에 수년이 추가로 소요되고, 함정 개발·건조 기간이 10년 이상으로 장기화될 수밖에 없다.

함정의 복합체계 특성은 운용·유지 단계에서도 문제를 야기한다. 선체구조 및 추진체계로 구성되는 선박체계는 일반적으로 장기간 성능을 발휘할 수 있지만, 무장 및 전자장비 등으로 구성되는 전투체계는 군사과학기술의 급격한 발전으로 인해 유효수명이 수년 미만으로 극히 짧아지게 된다.

그림 1-5

탑재헬기 운용 요구조건 예[2]

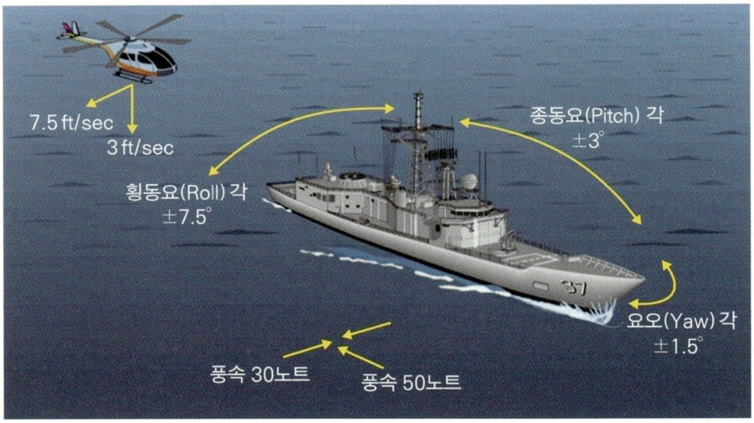

1.3.2 선박체계 특성

1) 선형 형상

화물선 등 민용 선박에 가장 많이 적용되고 있는 배수량 단동선형은 수상 함정에도 많이 적용되고 있다. 그러나 30노트 수준의 최대속도를 갖는 수상 함정의 선형 형상은 단순히 화물운반을 목적으로 하는 중저속 민용 선박의 선형 형상과 크게 다르다.

민용 선박의 경우 특정 항해속도에 맞춰 선형을 최적화하면 되지만, 함정의 경우 최대속도, 순항속도, 초계속도 모두를 선형 설계과정에서 고려해야 한다. 함정의 경우 기본적으로 고속대역에서의 추진저항을 줄여야 하므로, 유선(Flow Line)을 날씬하게 만들기 위해 선형 길이/폭 비(L/B) 값은 일반 민용 선박에 비해 커질 수밖에 없다. 그러나 과도한 L/B 값으로 인해 세장체(細長體) 선형이 되면 중량 및 함 내 공간배치 측면에서 불리하므로, 이를 고려하여 적절한 값을 취하게 된다. 선박 전체의 뚱뚱함과 날씬함 정도를 나타내는 방형 비척계수(C_B)와 주형 비척계수(C_P), 그리고 중앙단면 계수(C_M) 등 선형계수 값들도 크게 달라진다. 특히 함정의 속장비(속도/길이 비) 값은 민용 선박에 비해 매우 크다. 표 1-6에 대표적인 수상전투함인 구축함의 선형계수를 각종 민용 선박들의 선형계수와 대비하여 제시하였다.

2) 중량

민용 선박의 경우 종류에 따라 경하중량이 총 만재배수량의 10~20% 부근이다. 이에 따라 배의 크기를 나타내는 공식 기준으로 대부분 화물을 적재할 수 있는 중량인 재화(載貨) 중량을 사용하고 있다. 그러나 함정은 민용 선박에 가까운 보급함의 경우에도 경하중량이 만재배수량의 40~50% 부근이며, 전투함의 경우 80% 부근이다. 따라서 함정의 경우 일반적으로 만재배수량으로 배의 크기를 나타낸다. 그러나

표 1-6
함정 및 민용의 선박 선형형상 특성

계수 구분	VLCC	Chemical Tanker	Container Ship	3,500톤급 구축함
방형 비척계수(C_B)	0.81	0.79	0.66	0.44
주형 비척계수(C_P)	0.82	0.80	0.68	0.59
중앙단면 계수(C_M)	0.99	0.98	0.97	0.75
길이/폭 비(L/B)	5.32	6.05	6.68	9.10
속장비($V/L^{0.5}$)	0.46	0.65	0.75	1.35

그림 1-6
함정 및 민용 선박 경하중량 구성 대비

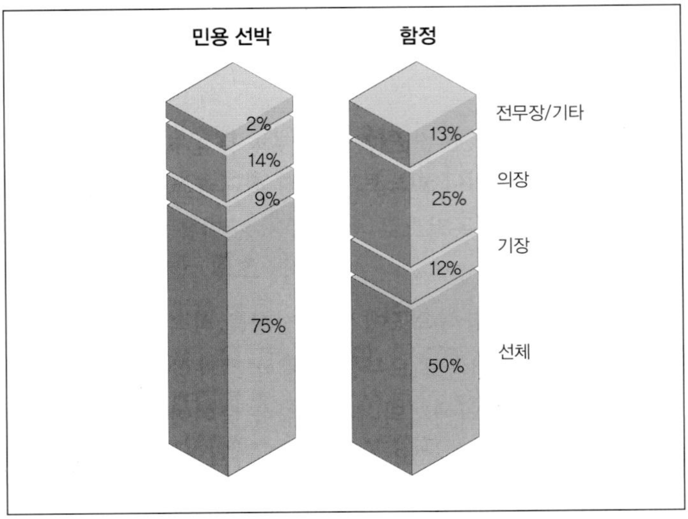

각국의 정치·경제적 이유로 인해 통칭되는 함정 배수량의 의미가 달라진다. 미국의 경우 만재배수량, 유럽의 경우 표준배수량(경하배수량 + 약 2/3 DWT), 우리나라의 경우 경하배수량을 뜻한다.

경하중량의 구성 비율을 보면, 그림 1-6에 제시한 바와 같이 함정은 민용 선박에 비해 선체 중량의 비율이 낮으며, 많은 승조원과 작전구역의 필요성, 높은 속도 등으로 인해 기관 및 선실/선장 분야의 중량 비중은 높다. 또한 무장, 전자장비 등 기타 중량의 비중도 13%로서 민용 선박 대비 매우 높다.

3) 용적

함정은 보급함의 경우에도 화물 및 탱크 구역 체적이 50%를 넘지 않으며, 전투함의 경우 탱크구역의 체적은 10% 미만이다. 이에 비하여 기관구역의 크기는 보급함의 경우 26%, 전투함의 경우 45%를 차지하므로 민용 선박 대비 매우 크다. 민용 선박의 경우 주목적인 화물적재를 위한 화물구역이 75~85%를 차지하는 반면, 함정은 작전임무 수행 주체인 승조원의 생활공간이 18%를 차지한다. 그림 1-7에 함정 및 민용 선박 용적특성을 대비하여 제시하였다.

4) 선가 및 재료비 구성

함정의 선가 구성 내역은 그림 1-8에 제시한 바와 같이 자재비 구성 비율이 민용 선박 종류에 비해 약 15% 가량 높으며, 상대적으로 노무비가 약 5% 정도 낮다. 함

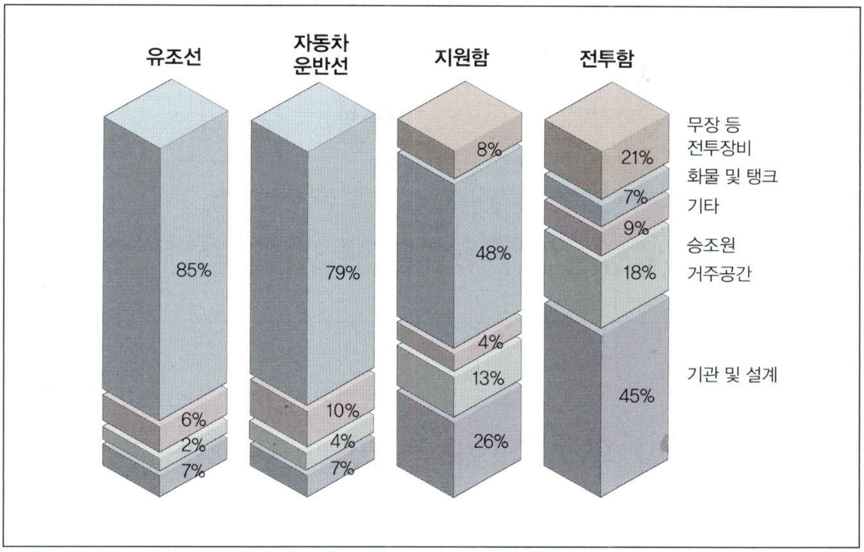

그림 1-7
함정 및 민용 선박 용적특성 대비

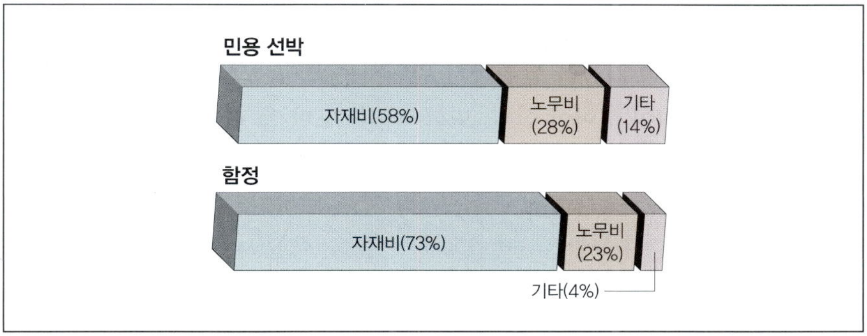

그림 1-8
선가 구성

정의 경우 건조공작 시 복잡한 공정으로 인해 숙련공을 투입해야 하고 공수가 많이 소요됨에도 불구하고 노무비 비율이 낮다는 것은 재료비가 상대적으로 매우 많이 소요된다는 것을 뜻한다. 그림 1-9에 제시한 것처럼 민용 선박의 경우 선체계통과 기관계통이 자재비의 대부분을 차지하는 데 비해, 함정의 경우 선체의 자재비 비율이 낮고 고가(高價)의 무장·전자장비 계통의 자재비 비율은 매우 높기 때문이다.

그림 1-9

자재비 구성

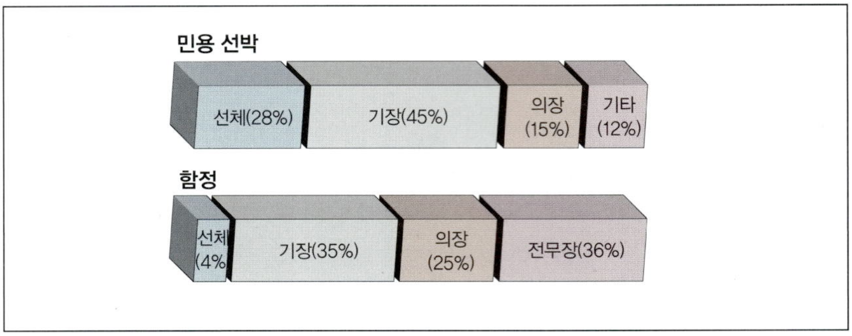

1.4 | 함정의 무기체계 특성

1.4.1 무기체계의 정의

칼이나 창과 같은 고전적인 무기의 경우에도 훈련된 병사가 능히 다룰 수 있을 때 무기로서의 기능을 발휘할 수 있다. 소총, 야포, 전차 등 현대 첨단 무기체계의 경우에도 무기체계로서의 기능을 발휘하기 위해서는 보병, 포병, 전차병 등 교육과 훈련을 받은 운용요원이 있어야 한다. 또한 탄환·포탄 등 탄약이 공급되어야 하며, 정상적인 운용이 가능하도록 체계적인 정비체계를 갖추어야 한다. 일반적으로 무기체계는 다음과 같이 정의된다.

그림 1-10

무기체계 정의 및 체계구성 [5]

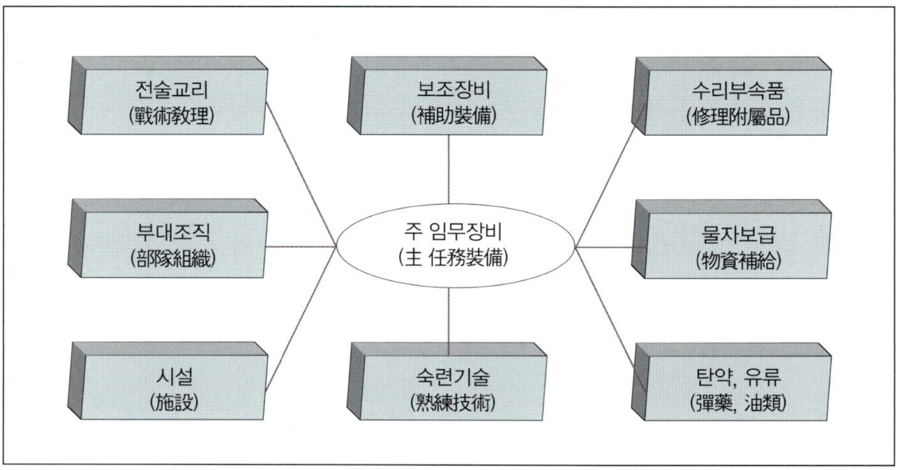

"무기체계란 무기 자체와 이를 운용하기 위한 물적(物的) 요소와 인적(人的) 요소를 종합한 체계로서, 전투수행 과정에서 무기의 사용목적을 달성하는 데 필요한 기재, 자재, 시설, 인원, 보급, 전술 및 전략, 교육 및 훈련 등으로 성립되는 전체 체계(System)를 뜻한다." 무기체계에 대한 정의를 도식화하여 제시하면 그림 1-10과 같다.

1.4.2 함정의 무기체계 일반특성

함정에 대한 정의에서 기술한 바와 같이 함정은 선박 형태를 가진 무기체계이다. 따라서 함정은 현대 무기체계가 갖고 있는 일반적인 특성을 모두 갖고 있다. 함정이 갖고 있는 무기체계의 일반특성을 일반 무기체계와 대비하여 기술하였다.

1) 다양성(多樣性)

현대 무기체계의 다양성은 두 가지 측면에서 의미를 갖고 있다. 첫째, 군사과학기술이 발전함에 따라 무기체계가 갖고 있는 기능이 과거처럼 단순하지 않고 복잡하고 다양하게 발전하였음을 뜻한다. 둘째, 무기체계별로 기능과 역할을 특정 전투상황에 적합하도록 전문·특화시킴으로써, 결과적으로 다양한 종류의 무기체계가 출현하게 되었음을 뜻한다. 전투상황에 맞게 여러 종류의 무기체계를 복합적으로 운용함으로써 무기체계의 다양성은 더욱 증대되고 있다.

함정도 다양성이라는 특성을 두 가지 측면에서 모두 보유하고 있다. 함정 작전임무의 다양화 측면에서 주력 수상전투함인 구축함(Destroyer)을 예로 들면, 초기 구축함은 고속어뢰정을 격퇴하기 위한 대함전을 작전임무로 수행하였으나, 현대 구축함은 해전양상 변화에 맞춰 대함전, 대잠전, 대공전 및 대지전까지 다양한 작전임무를 수행하고 있다. 한편으로는 해전양상이 복잡·다양해짐에 따라 함정의 전문·특화가 촉진되어 구축함 외에도 순양함, 프리게이트, 초계함, 고속정 등 다양한 종류의 수상전투함들이 작전임무 및 작전범위에 맞춰 운용되고 있다. 군사기술의 발전과 해전양상의 변화로 인해 함정이 수행하는 작전임무의 다양성은 더욱 증대될 것이며, 이에 맞춰 새로운 형태의 함정도 계속 출현할 것이다.

2) 복잡성(複雜性) 및 정밀성(精密性)

무기체계는 원칙적으로 병사들이 다루기 쉽고 내구성이 우수하도록 단순함을 추구한다. 그러나 군사과학기술의 비약적인 발전은 현대 무기체계의 성능을 고도화시키고, 동시에 무기체계의 복잡성과 정밀성을 한층 확장시키고 있다. 이러한 현대 무기체계의 복잡성과 정밀성은 운용요원에 대한 교육 및 훈련의 고도화, 정비과정의 복잡화, 정비요원의 전문화, 이로 인한 병력운용 및 관리체계의 재편 등 무기체계의 운용관리에 직·간접적으로 큰 영향을 미치고 있다.

함정은 대형 복합 무기체계로서 복잡성 및 정밀성 측면에서 대표적인 무기체계이다. 함정체계의 복잡성 및 정밀성을 이해하기 쉽도록 그림 1-11에 독일 해군 212급 AIP 잠수함의 함 내 체계구성을 제시하였다. 함정의 대형 복합 무기체계로서의 고유특성은 1.4.3 항에서 보다 상세하게 기술하였다.

3) 가속적 진부화 특성(加速的 陳腐化 特性)

가속적 진부화 특성이란 군사과학기술의 비약적인 발전으로 인해 무기체계의 유효수명이 가속적으로 단축되는 현상을 뜻한다. 신규 무기체계의 경우, 개발구상단계에서부터 연구개발 및 제작생산, 실전배치 운용단계에 이르기까지 일반적으로 10년 가까운 긴 기간과 막대한 비용이 투입된다. 그러나 보다 우수한 성능의 대응 무기체계가 상대국에서 출현하면, 불과 수년 안에 도태되거나 연구개발이 상당히 진전된 상태에서 중단할 수밖에 없는 사태가 발생한다. 따라서 신규 무기체계를 개발할 경우, 가속적 진부화 특성에 대한 대책을 다각적으로 강구해야 한다.

대형 복합 무기체계인 함정의 경우 가속적 진부화 현상이 좀 더 복잡한 양상으로 나타난다. 1장 3절 〈체계구성 특성〉 항에서 이미 기술한 바와 같이 함정을 구성하는 선박체계(Platform System)는 일반적으로 30년 이상의 유효수명을 갖는 반면, 무장 및 전자장비로 구성되는 전투체계(Combat System)는 군사과학기술의 급격한 발전으로 인해 유효수명이 수년 미만으로 극히 짧다. 이에 따라 장기간의

그림 1-11
독일 해군 212급 잠수함 내부 체계구성[8]

개발·건조 기간과 막대한 개발·건조 투자비가 소요되었음에도 불구하고, 신규 함정이 목표한 전투성능을 발휘할 수 있는 기간이 대폭 축소될 수밖에 없다. 이러한 함정의 진부화 특성을 극복하기 위해 미 해군을 중심으로 여러 가지 혁신적인 함정 개발·건조 기법이 개발·적용되고 있으며, 7장 6절 〈함정 개발·건조 기법〉 항에서 보다 상세히 기술하였다.

4) 은밀성(隱密性)

무기체계의 근원적인 사용목적에 비추어 볼 때, 무기체계의 성능(性能) 및 제원(諸元)은 가능한 은밀성을 유지하는 것이 공격 및 방어 효과를 극대화하는 데 유리하다. 무기체계의 성능 및 제원이 밝혀지면 상대국도 신규 대응체계를 준비하게 되고, 이에 대해 또다시 대 대응체계를 구상해야 하기 때문이다. 이와 같이 무기체계의 은밀성 유지는 전투에서의 승리뿐만 아니라, 군비경쟁(軍備競爭)을 자극하지 않기 위해서도 필요하다.

함정의 경우에도 상세한 성능 및 제원은 당연히 공개 대상이 아니다. 그러나 현대는 정보사회로서 함정에 대한 기본적인 성능 및 제원은 여러 종류의 매체에 의해 공개될 수밖에 없다. 그럼에도 불구하고 함정의 수중방사소음(水中放射騷音) 수준 등 함정의 스텔스 성능이나, 레이더 등 탐지·추적 센서의 탐지거리 같은 실제 전투성능에 관한 핵심적인 정보는 모든 국가가 보안유지를 위해 엄격하게 통제하고 있다.

5) 수요(需要)의 제한성(制限性)

무기체계는 공식적으로 국가에 속한 군(軍)이 유일한 수요자이다. 이와 같은 수요의 제한은 무기체계의 개발 및 생산, 그리고 구매가격이 단순히 경제적 원리에 의해서만 결정되지 않는다는 것을 뜻한다. 특히 현대 무기체계는 자본집약형 및 기술집약형 무기체계로서, 고도한 수준의 자본 및 소요기술로 인해 소수의 전문 방위산업체에서 개발되고 생산될 수밖에 없다. 이에 따라 전문 방산업체의 정상적인 운용은 단순한 기업경영 차원의 목표가 아니라, 국방력의 유지·발전 차원에서 매우 중요한 요건인 것이다. 때문에 미국 등 주요 군사강국의 경우 국방획득에 관한 여러 가지 정책적 수단을 통해 전문 방산업체의 지속적인 유지·발전을 체계적으로 지원하고 있다.

함정은 대형 복합 무기체계로서 많은 전문기술 인력과 대규모 건조시설을 갖춘 전문화된 방산전문 조선소에서만 설계 및 건조가 가능하다. 국가 차원에서 적정한 함정 수주량을 확보해 주지 못하거나 함정 해외수출이 계속되지 못할 경우 방산전문 조선소의 정상적인 운용·유지가 곤란해지고, 이는 곧바로 해군력의 유지·발전 측면에서 문제를 야기할 수 있다. 냉전체제 종식 이후 소련 체제의 해체 과정에서, 러시아의 방산조선소가 보유하고 있던 함정 개발·건조 능력이 급속하게 붕괴된 사례가 이를 잘 말해주고 있다. 미국, 유럽 주요 국가, 일본 등 선진 해군 강국들은 자국 방산전문 조선소의 함정 개발·건조 능력을 일정 수준 이상으로 유지하기 위해, 각국의 독특한 여건에 부합하는 지원정책을 정립하여 시행하고 있다.

6) 고가성(高價性)

무기체계는 기본적으로 상대국 대응체계보다 우월한 성능과 기능을 가져야 한다. 때문에 무기체계는 연구개발 및 제작·생산 단계에서 경제성보다 성능과 기능의 우월성을 추구하게 되며, 이로 인해 무기체계의 획득비용은 높아질 수밖에 없다. 무기체계 및 군용 장비는 민용 제품과 달리 혹독한 운용환경에서도 성능과 기능을 발휘해야 하므로 생산 및 제작을 위한 요구사양(Specification)이 엄격할 수밖에 없고, 이로 인해 고가의 획득비용을 야기하게 된다. 현대 무기체계는 첨단 군사과학기술의 집약체로서 연구개발 및 제작·생산 단계에 이르기까지 막대한 규모의 투자비가 소요될 뿐만 아니라, 수요의 제한성으로 인해 복수 회사의 경쟁에 의한 시장원리의 적용이 곤란하다. 이러한 이유들이 무기체계의 획득예산이 지속적으로 증가하는 원인이 되고 있다. 냉전체제 종식 이후 국방예산을 감축해야 하는 상황에 처한 미국을 비롯한 유럽 국가들은, 무기체계 획득비용을 낮추기 위해 무기체계 획득 시 성능보다 경제성을 최우선으로 고려하도록 국방획득체계 및 정책수단들을 근원적으로 개혁하고 있다.

함정은 대표적인 대형 복합 무기체계로서, 막대한 규모의 획득비용과 운용·유지비가 소요되는 고가의 무기체계이다. 경제성을 최우선으로 하는 민용 선박과 달리 함정은 고도한 수준의 건조사양을 적용하고, 고가의 무장 및 전투장비를 탑재할 뿐만 아니라, 대규모의 함정 운용병력을 탑승시켜야 하기 때문이다. 현재 세계에서 유일하게 대양해군을 보유하고 있는 미 해군은 함정 세력의 유지·발전에 소요되는 비용을 절감하기 위해, 신규 함정의 개발·건조 시 최고수준의 성능보다 경제성을 우선적으로 고려하고 있다. 또한 함정획득체계 자체를 근원적으로 개선하고, 여러 가지 혁신적인 함정 개발·건조 기법을 개발하여 적용하고 있다.

7) 높은 개발 실패 위험성

개발구상 및 연구개발, 시제품 생산 및 시험평가, 양산 및 배치·운용에 이르기까지 무기체계 개발기간이 장기화됨에 따라, 개발하는 동안 국가 안보환경 및 경제적 여건이 변화할 가능성이 높아지고, 무기체계 개발사업은 직·간접적으로 영향을 받을 수밖에 없다. 개발하는 무기체계의 필요성이나 유용성이 크게 저하될 경우 개발사업은 중단될 수밖에 없고, 결국 국방재원을 낭비하는 결과를 초래한다.

함정은 개발에 장기간이 소요되는 대표적인 무기체계이다. 함정에 탑재하는 무장이나 장비가 이미 확보된 경우에도, 신규 함정의 개발·건조 기간은 수년 이상 소요된다. 미 해군처럼 탑재할 신규 무장이나 장비를 건조 착수 이전에 새로 개발할 경우 수년이 추가로 소요된다. 함정은 개발·건조에 장기간이 소요될 뿐만 아니라 막대한 개발·건조비가 소요되므로, 국제 안보환경 또는 경제적 여건 변화로 인해 중간단계에서 직·간접적으로 큰 영향을 받을 가능성이 매우 크다. 따라서 미국 및 유럽 주요 국가에서는 함정의 개발구상 및 설계 단계에서 충분한 연구 및 분석을 통해 타당성이 확실하게 입증되어야만 실제 함정 건조에 착수할 수 있도록 하고 있다.

8) 기술 및 경제적 파급효과

성능이 우수한 무기체계를 연구개발하여 제작·생산 단계를 거쳐 부대에 배치·운용할 경우 1차적으로 국방력을 강화하는 데 기여할 수 있다. 나아가 국가 차원의 기술 및 경제 발전 측면에서도 상당한 파급효과를 얻을 수 있다. 현대 무기체계는 첨단 과학기술의 집약체로서 민수용 산업기술 발전에도 직·간접적으로 영향을 미치기 때문이다. 방위산업이 산업 전반에 미치는 영향과 고용효과를 고려할 때, 국가경제에서 차지하는 비중은 결코 작지 않다. 특히 선진 군사강국의 경우 무기체계 수출을 통해 상당한 수준의 경제적 이득을 얻고 있다. 선진 군사강국들은 국방력 강화뿐만 아니라 국가 경제발전 차원에서 방위산업을 적극적으로 육성하고 있는 것이다.

유럽의 주요 국가들이 대형 유조선 및 컨테이너선 등 화물선 계통의 민용 선박은 한국 및 중국에 발주하여 확보하지만, 고부가가치 선박인 함정만은 자국에서 개발·건조하며, 나아가 세계 함정 수출시장을 주도하기 위해 국가 차원의 적극적인 지원을 토대로 격렬한 경쟁을 벌이는 이유가 바로 여기에 있는 것이다.

1.4.3 함정의 무기체계 고유특성

함정은 무기체계의 일반적인 특성 외에도, 다른 무기체계가 보유하고 있지 않은 함정만의 고유한 무기체계 특성을 갖고 있다. 함정만이 갖고 있는 무기체계 고유특성은 일반적으로 다음과 같이 요약된다.

- 대형 복합체계 특성
- 단위부대 특성
- 시제함 실전 배치·운용
- 표준화 및 규격화 제한
- 다종 소량 주문·건조

1) 대형 복합체계 특성

일반 무기체계는 대부분 부품 단위의 구성품으로 체계가 구성된다. 그러나 함정은 대형 구조물인 선체구조, 추진기관 및 추진장치, 보기관 및 의장장비 등 기계장비 체계, 레이더·소나 등 탐지센서체계, 항해통신 장비체계, 함포·미사일 등 무장체계 및 지휘통제체계 등 다양한 전문 체계들이 결합되어 이루어지는 대형 복합체계로서, 영어로는 'System of Systems'로 표기한다.

함정을 구성하는 체계(System) 하나하나도 수많은 부품으로 이루어진 매우 복잡한 체계이다. 따라서 수많은 체계와 장비, 부품들이 하나의 유기적인 체계로 결합되어 기능을 발휘하는 함정이야말로 현존하는 가장 복잡한 무기체계라고 할 수 있다. 그림 1-12에 함정을 구성하는 대형 구성체계의 예들을 제시하였다.

그림 1-12
함정 구성 대형 체계

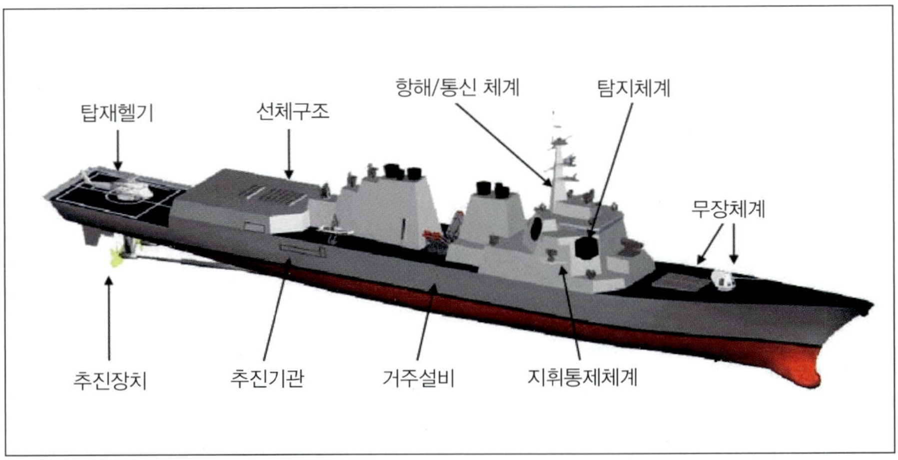

표 1-7
함정의 대형 복합체계 특성[7]

	M-1 Battle Tank	Boeing 777 Airliner	SEAWOLF Class Nuclear Attack Submarine
Weight(T)	65	250	9,137
Length(Ft.)	25	200	353
Number of Systems	25	40	230
Crew Size	4	10(2 pilots)	116
Patrol Duration(Hr.)	24	8~14	~2,100
Number of Parts to Assemble	14,000	100,000	1,100,000
Assembly Man-hours/Unit	5,500	50,000	23,000,000
Production Time(Mo.)	7.5	14	72
Production Rate(Units/Yr.)	600	72	0.16

대형 복합체계로서의 함정의 복잡성은 지상 무기체계의 대표 격인 전차와 대형 항공기 체계인 보잉(Boeing) 777 여객기와 비교할 경우 더욱 명확히 드러난다. 표 1-7에 제시한 바와 같이 원자력추진 잠수함은 구성 시스템의 개수 및 소요부품 수에서 현격한 차이를 나타내고 있다. 이러한 대형 복합체계로서의 특성이 함정을 개발·건조하는 체제가 일반 무기체계를 개발하고 생산하는 체제와 근원적으로 다를 수밖에 없는 원인인 것이다.

2) 단위부대 특성

소총을 비롯한 휴대용 무기는 물론 탱크 및 전투항공기 등 운용요원이 탑승하는 일반 무기체계들은 운용하지 않을 경우 지정된 공간에 보관 또는 격납되어야 한다. 반면 함정은 작전운용 시에는 물론 작전임무를 수행하지 않을 때에도 상당수의 병력이 함정 내에 상시 거주하며 행정 및 정비 관련 업무를 수행한다. 극단적인 예로 미 해군 정규 항공모함의 경우 약 6,000명의 승조원이 탑승하여 근무한다. 일반 무기체계는 작전 운용기간이 수시간 또는 수일에 불과하지만, 함정은 정비·수리 창에서의 정기 수리기간을 제외하고 연중 내내 작전임무를 수행한다. 따라서 함정은 일반적인 단위무기체계와 달리 단위부대로서의 특성을 보유한다. 때문에 함정 지휘관은 함 내에 상주한다. 표 1-8에 함정의 단위부대로서의 특성을 요약하여 제시하였다.

표 1-8
함정의 단위부대 특성[4]

항목	함정체계	단위무기체계
운용기간	365일(24시간)	작전 시 수시간
운용요원	40 ~ 1,000명 (고속정 및 대형 함정 기준)	2 ~ 5명
지휘관	함정에 상주	육상지휘소에 위치
임무/기능	작전, 훈련, 정비, 행정 등 단위부대 임무수행	단위장비로서 기능 발휘

3) 시제함 실전 배치·운용

일반 무기체계의 경우 연구개발 단계에서 제작된 시제품은 양산단계로의 추진 여부를 결정하기 위해 시행하는 시험평가 단계의 대상물로 사용된다. 양산 규모가 매우 큰 총기류의 경우에는 본격적인 생산을 진행하기에 앞서 일정 수량의 초도 생산품을 제작하여 실제 부대에서 시범적으로 운용하고, 이를 토대로 양산품의 규격을 최종적으로 보완한다. 이와 같이 일반 무기체계는 시제품의 제작단계와 실전 배치용 양산품의 생산단계가 명확히 구분되어 있다. 막대한 개발·건조비와 장기간의 건조기간이 소요되는 함정의 경우 개발·건조하는 첫 번째 함정, 즉 시제함을 실전에 배치하여 운용한다. 이는 시제함 건조에 착수하기 이전에 설계단계에서 기술적 문제점들을 완전하게 해결해야 함을 뜻한다. 다르게 표현하면, 시제함의 경우 기술적 문제점들을 해결하기 위한 연구개발 및 설계 활동들을 실제 건조공작 착수 이전에 성공적으로 수행해야 함을 뜻한다. 창의적인 형태의 특수선형을 채택하는 함정의 경우, 위에 설명한 함정의 일반적인 예와 달리 개념의 타당성과 기술적 가능성을 입증하기 위해 실전 배치용이 아닌 시험선(Protype Ship)을 최소한의 크기로 실제 건조하기도 한다. 이 경우 실전 배치용 함정은 일반적인 함정 개발·건조 절차에 따라 별도로 건조한다.

4) 표준화 및 규격화 제한

일반 무기체계의 경우 시제품 제작 및 시험평가 목표는 개발품의 성능 입증 및 대규모 생산을 위한 제작 요구사양을 준비하는 것이다. 다르게 표현하면 무기체계의 표준화 및 규격화를 추진하는 단계라고 할 수 있다.

2차 세계대전 당시 미 해군이 시행한 것처럼 표준화한 함정을 동시에 다수 건조하는 경우도 있다. 그러나 이러한 예는 비상시에만 국한되며, 함정은 장기간에 걸쳐 순차적으로 건조한다. 가장 큰 이유는 국방예산을 일정 수준으로 유지하고 방산전문 조선소의 건조 물량을 적정 수준으로 확보하기 위해서다. 같은 유형의 함정이라도 건조시점이 다르게 되고, 이 기간 동안 작전 요구사항 및 건조사양의 변경이 발생할 수 있으며, 탑재장비의 성능 및 건조공작 기술도 발전할 수 있다. 때문에 많은 척수를 건조하는 함정의 경우, 기본적인 건조사양은 동일하지만 일반 무기체계와 같은 양산품 수준의 표준화 및 규격화는 제한될 수밖에 없는 것이다.

5) 다종 소량 주문·건조

일반 무기체계의 경우 개발단계가 완료되면 표준화 및 규격화된 제작사양에 의거하여 대규모로 생산되어 부대에 배치·운용된다. 그러나 함정은 다양한 해상위협에 효과적으로 대처하기 위해, 작전임무별로 전문·특화된 성능을 갖춘 여러 종류의 함정을 필요한 척수만 건조한다. 같은 유형의 함정이라도 변경된 요구사항에 맞춰 각기 상이하게 건조될 수 있다. 함정은 요구사항에 의거한 다종 소량 건조가 기본원칙이며, 한 모델의 대량생산을 전제로 하는 일반 무기체계와 크게 다른 고유특성인 것이다.

참고문헌

1. 송준태, 〈함정 개발·건조 체계 발전방향〉, 제1회 조함세미나, 해군본부, 1996. 4
2. 송준태, 〈함정공학〉, 강의교재, 울산대학교 조선해양공학부, 2011
3. 김정환, 〈Design Process〉, 제1회 함정설계 특별강좌, 서울대학교, 2002
4. 정광원, 〈조함기획〉, 제3회 함정설계 특별강좌, 서울대학교, 2005
5. 〈무기체계관리, 이론과 실제〉, 강의교재, 국방대학원, 1990
6. 이희각/김희재, 〈신편 무기체계학〉, 청문각, 2007
7. R. I. Winner, 〈Integrated Product/ Process Development in the New AttackSubmarine Program, A Case Study〉, Undersecretary of Defense, Acquisition and Technology, Feb. 2000
8. J.J. Lok, 〈Battle for the Depths〉, Jane's Navy International, June 2002

CHAPTER 02

해전양상의 발전 및 현황

2.1 | 해전양상 발전과정

2.1.1 해전발생의 근원

인류는 바다가 가지고 있는 다양한 속성, 즉 자원의 보고(寶庫), 수송통로, 정보의 교류통로, 그리고 지배의 수단 등을 이용하기 위해 바다로 나아가게 되었다[3]. 인류가 바다로 나아가게 된 이래 바다에서는 끝없는 다툼이 있었으며, 그 결과 제국들의 흥망성쇠가 이어져 왔다. 바다에서의 이러한 다툼을 육지에서의 전쟁과 차별하여 해전이라 칭한다. 육지에서의 전쟁양상이 말과 마차와 같은 플랫폼과 창과 방패, 화약과 총, 대포와 같은 무기체계 발전에 따라 변해 왔듯이, 해전양상 역시 전투에 사용되는 함정과 무기체계 발전에 따라 변해 왔다. 더욱이 바다에서는 함정에 의존하여 전투를 수행하는 만큼, 해전양상은 함정과 탑재한 무기체계에 의해 커다란 영향을 받을 수밖에 없었다.

그러나 해전양상의 변화는 단지 함정과 탑재한 무기체계의 발전에만 의존하지 않는다. 바다에는 육지와 같은 전선이 존재하지 않으며, 해전을 수행해야 하는 목적과 필요에 따라 다양한 형태를 띠게 된다. 해전을 수행하는 목적이 대부분 육지에 있고, 해전 자체가 목적은 아니기 때문이다. 따라서 해전양상은 육지에서 추구하는 정치적인 목적에 따라 다양한 형태를 보이게 되었다. 추구하는 목적이 육지의 자원에 있다면 해전양상은 이의 수송과 통상을 파괴하는 측과 이를 보호하기 위한 측의 전투가 될 것이며, 지상전을 지원하기 위한 화력에 있다면 해전은 대지전 또는 상륙전의 양상을 띠게 될 것이다. 육지에서 추구하는 목적에 대한 해전양상의 의존도는 인류가 육지를 삶의 근거지로 삼는 한 미래에도 지속될 것이다.

2.1.2 갤리선시대

역사서들은 일반적으로 해전의 역사를 갤리선(Galley)이라 칭하는 전투용 선박 간의 전투로부터 시작하고 있다. 바다를 통한 상품교역이 활성화되면서 해적이 출현하였고 교역자들 간의 충돌이 발생하였다. 일반 선원들이 승선하고 있는 상업용 선박들은 귀중한 화물을 스스로 보호할 수 없기 때문에, 이들을 보호하기 위해 무장 병력을 싣고 다니는 특별한 선박을 고안하게 되었다. 이 선박이 일반 화물을 수송하는 둥근 형태의 선박(Round Ship)에 대비되는 긴 선박(Long Ship) 또는 갤

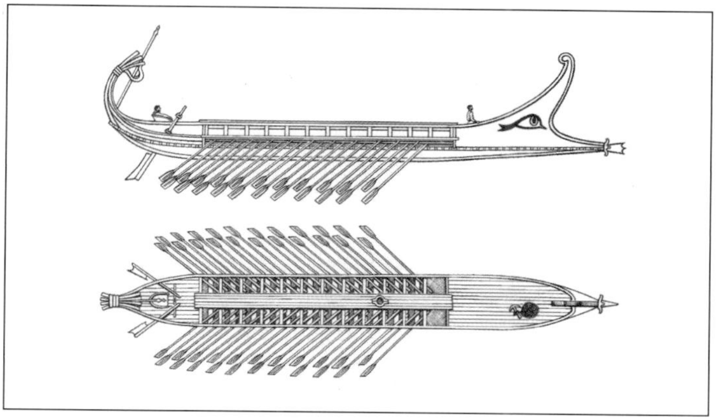

그림 2-1
그리스의 2단 갤리선[3]

리선이라 불리는 선박이다. 이 선박은 전투를 전문으로 하는 특수한 선박이었으며, 전투 시에는 노를 이용하여 빠르게 기동할 수 있었다. 그림 2-1에 그리스의 2단 갤리선을 제시하였다.

이때의 해전양상은 기원전 306년 살라미스 외해에서 있었던 드미트리우스(Demetrius)와 프톨레미(Ptolemy) 간의 해전에서와 같이, 빠른 속도로 상대 함선에 충격을 가해 1차적인 피해를 입히고 이어서 상대의 함선에 뛰어올라 백병전을 수행하는 것이었다. 함선의 모양은 노를 이용하여 빠르고 정확하게 돌진할 수 있도록 좁고 길었으며, 선수와 용골은 충격에 강하도록 최대한 튼튼하게 하고 상대의 갑판으로 뛰어내리기 용이하도록 갑판을 높게 건조하였다. 과거에도 통신은 전투에서 중요한 문제로서, 이 시기에는 나팔과 북을 이용한 청각신호와 빛나는 방패나 깃발과 같은 시각신호가 지휘통제를 위한 통신방법으로 사용되었다.

갤리선을 이용한 충돌과 백병전식 해전은 기원전 2500년에서 300년까지 지중해 연안에서의 크레타, 마케도니아, 그리스의 패권전쟁과 살라미스(Salamis) 해전으로 유명한 그리스–페르시아 전쟁, 그리고 기원전 31년 옥타비아누스와 안토니우스의 악티움 해전, 이어 서기 1570년 확장하는 오스만 터키와 기독교인들이 격돌했던 레판토(Lepanto) 해전 등 오랜 기간 지속되었던 야만적인 해전이었다. 레판토 해전에 이르러 일부 구식 함포와 지상군용 포가 사용되기도 했으나, 해전사에서는 공식적으로 레판토 해전을 갤리선식 백병전의 마지막 해전으로 분류하고 있다. 조선의 충무공 이순신이 백병전식 전투를 수행하는 왜군(倭軍)에 대해 함정의 기동력과 함포전을 바탕으로 연전연승했던 시기가 1592년이었으니, 이때까지만 해도 동서양의 해전양상이 비슷한 수준으로 발전하고 있었음을 알 수 있다.

2.1.3 범선시대

갤리선은 노와 돛을 병용하는 선박이었지만, 지중해와 같은 잔파도에 적합했으며 대서양과 같은 대양에서는 전복되기 일수였다. 세계사에서 일컫는 15세기 대항해 시대에는 좁고 긴 갤리선은 더 이상 유용하지 않았다. 이 역동적인 시대에 유럽 제국들이 경쟁적으로 대양으로 팽창해 나가면서 세계 각 지역들이 서로 연결되었는데, 풍력에너지를 이용하여 장거리 항해가 가능했던 범선 덕분이었다. 풍력은 인간의 인내심과 식량만 있으면 바다가 있는 한 지구 어느 곳까지도 도달할 수 있게 하는 무제한적인 에너지의 근원이었던 것이다. 장기간 대양을 항해하기 위해서는 거친 대양의 풍랑을 견뎌내고 많은 식량을 적재할 수 있는 더 큰 배가 필요했으며, 한 번에 많은 풍력을 얻을 수 있도록 많은 돛을 수용할 수 있는 범선으로 발전하게 되었다. 이러한 범선 건조 경쟁은 국력을 상징하는 양상으로까지 발전하였고, 선체 외부를 황금으로 도금한 초호화 범선들이 출현하게 되었다.

경쟁적인 해상 팽창은 세계의 소통을 원활하게 하는 데 그치지 않았고, 지배와 종속, 착취와 약탈, 그리고 식민지배와 제국주의로 이어졌다[2]. 해전의 양상도 바뀌었다. 단순히 인간의 힘에 의존했던 갤리선시대의 전투에 비해 범선시대에는 풍력을 이용한 정교한 기동과 함포를 이용한 화력 집중이 해전의 승패를 결정짓는 핵심이었다. 선박을 능숙하게 기동시키는 함장의 조함술과 함대를 상대적으로 유리한 위치에 놓이도록 하고 일시에 화력을 집중시킬 수 있도록 하는 제독의 지휘통제 능력이 중요했던 것이다. 함포의 유효사거리는 직사거리로 300야드 정도였고, 상대 함정에 손상을 입힐 수 있는 함포 최대사거리는 800~900야드 정도였다. 때문에 함정 간의 교전거리는 300~500야드 정도로 아주 가까웠으며, 마치 중세에 재래식 권총을 가지고 상대의 눈을 보면서 일대일로 결투를 하는 양상과 같았다.

이 경우 상대를 먼저 발견하고 유리한 위치로 기동하여 일시에 많은 화력을 쏟아 부을 수 있는 함정이 이길 확률이 높았으므로, 전투용 범선들은 견시를 위한 높은 마스트와 선측에 가능한 많은 함포를 설치하기 위해 2~3층으로 높게 건조하게 되었다. 이렇게 건조된 함선들은 함포들이 선측에 열을 지어 몇 층으로 배열되어 있었기 때문에 전열함(Ship of the Line)이라 불리었다. 전투수행 방법도 함대를 일사불란하게 기동시킬 수 있는 지휘통제가 전투의 승패를 크게 좌우하였다. 따라서 함정 간의 간격을 200야드 이내로 최대한 좁혀 종렬진(Line Ahead)을 형성하여 최대한 많은 현측포를 상대에게 향하게 하는 전술을 구사했다. 함정의 크기가 갤리선과는 비교가 안 될 정도로 커지고 활동영역도 넓었기 때문에 북이나 나팔과

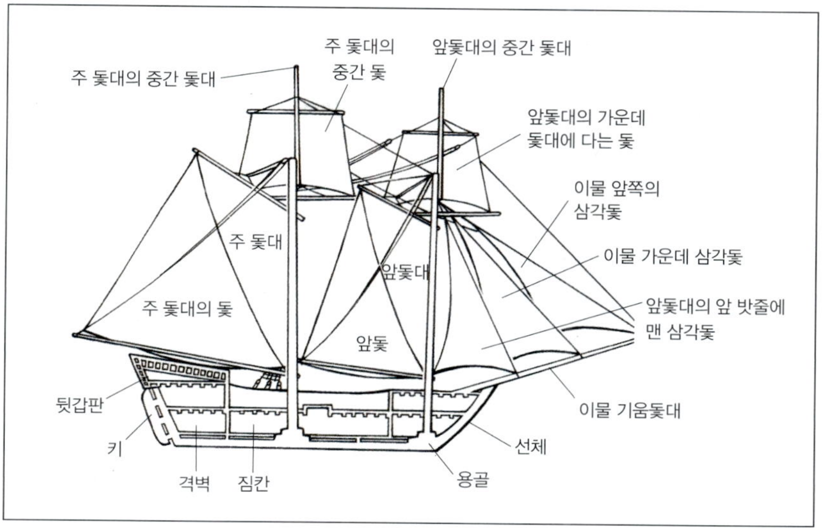

그림 2-2
17~18세기 표준 범선 전함[3]

같은 통신수단으로는 더 이상 의사소통이 불가능했으며, 해군만의 독특한 발광이나 기류신호와 같은 시각신호 방식이 지휘통제 수단으로 등장했다. 일단 전투가 시작되면 혼전상태가 되므로, 개별적으로 기동하는 함정을 일사분란하게 지휘하는 문제는 언제나 제독들의 가장 큰 숙제였다. 넬슨 제독은 평시에 함장들과 지속적으로 전술토의를 실시하여 제독의 의도를 깊이 인식하도록 하고, 훈련강도를 높여 혼전상황에서도 함장들이 별도 지휘신호 없이 스스로 임무를 수행하도록 함으로써 연전연승을 거두었다. 과감하게 함장들에게 권한과 책임을 이양하여 예측할 수 없는 다양한 전투상황에 신축적으로 대응할 수 있도록 했던 그의 지휘방법은 '임무형 지휘(Mission Command)' 라 하며, 오늘날에도 지휘통제의 방법론으로 귀감이 되고 있다.

세계가 범선을 통한 무역항로로 연결되기 시작했던 대항해 시대는 이미 15세기에 콜럼버스와 같은 대양 탐험가들의 활동으로 절정을 이루었지만, 포르투갈과 스페인이 선점하고 있던 세계의 대양무역에 영국과 네덜란드 등이 차례로 개입하면서 수많은 해전이 발생하게 된 17세기부터 1805년 10월 21일 넬슨의 트라팔가(Trafalgar) 해전까지를 범선시대 해전으로 분류하고 있다. 영국 해군의 넬슨 제독은 나폴레옹을 상대로 승리한 이 한 번의 해전으로 그 후 약 100년간 영국을 상대할 해군이 없는 팍스 브리타니카(Pax-Britanica) 시대를 열었던 것이다. 그림 2-2에 17~18세기 표준 범선 전함을 제시하였다.

2.1.4 증기에너지와 철선시대

산업혁명의 도래와 더불어 새로운 시대의 경이적인 산물인 증기력을 활용한 선박이 등장했다. 제임스 와트가 1769년 증기기관 특허를 냈고, 1807년 무렵에는 로버트 풀턴이 상업용 증기선인 클러먼트호를 건조했다. 증기에너지는 혁신적인 발명이었지만 해전에 적용하기까지는 오랜 시간이 필요했다. 증기에너지를 이용한 최초의 전투함은 1815년 영국 해군의 봉쇄를 돌파하기 위해 미 해군에서 로버트 풀턴에 의해 최초로 건조되었으나, 실전에 사용되기 전에 전쟁이 종료되었다. 초기 증기선은 폭발위험이 많았고, 현측에 커다란 물레방아와 같은 추진장치가 있어 적의 함포 공격에 취약했으며, 에너지원인 석탄 적재량이 적었기 때문에 항해거리가 짧아 전투용 선박으로 크게 주목받지 못했다. 증기에너지는 시간이 지나면서 더욱 강력해지고, 1840년경에는 스크류형 추진기(Screw Propeller)가 개발되어 본격적으로 군함에 적용되었으며, 이와 함께 철선이 등장하였다[3]. 세계의 해군들은 약 2000년 가량 인력을 이용한 노선시대와, 약 300여 년의 풍력에너지를 이용한 범선시대를 거쳐, 마침내 증기에너지를 이용한 철선시대에 돌입하게 되었다. 그림 2-3에 영국의 증기추진 철갑함 워리오(Warrior)호를 제시하였다.

이 시기에 회전포탑과 포미장전식 함포가 개발됨에 따라 새로운 증기기관으로 21노트까지 속도를 낼 수 있는 함선 위에 회전포탑과 발전된 함포를 탑재한 영국의 드레드노트급과 같은 증기 전함들이 본격적으로 출현하였다. 기뢰, 잠수함 등 혁신적인 무기들이 등장하여 해전은 복잡하고 다양한 양상을 띠게 되었다. 미국 남북전쟁 당시 해군력이 취약했던 남군 측은 항구를 방어하기 위해 기뢰와 어뢰를

그림 2-3
영국 증기추진 철갑함 워리오호[3]

접촉식이나 원격조종식으로 개발하였으며, 주요 항구와 출입항로에 설치하여 남북전쟁 동안 북군 측 함선을 31척이나 침몰시켰다. 잠수함도 이 시기에 개발되어 실전에 운용되었다. 단순히 함포만으로 수행하던 해전은 이제 전쟁 목적에 따라 기뢰와 어뢰, 그리고 잠수함과 같은 새로운 무기체계를 이용한 전투로 다양화되었다. 이들 무기체계 중에서 훗날 해전에 가장 큰 영향을 미친 것은 단연코 잠수함이었다.

2.1.5 1차, 2차 세계대전

1차 세계대전에서의 해전은 영국의 대함대(Grand Fleet)와 독일의 대양함대(High Seas Fleet)의 격돌로 시작되었다. 상대 항구에 대한 봉쇄와 비교적 규모가 큰 상륙작전 및 해상교통로 보호와 같은 현대적 작전이 주된 해전양상을 이루었다. 이 시기의 수상전은 거함·거포와 장갑이 승리하는 시대였다. 각국은 가능하면 대구경 함포를 탑재한 대형 장갑 함선 건조에 주력했다. 전쟁 발발 전의 함정 건조 경쟁에서는 영국이 독일을 크게 앞섰으나, 개전 초 영국 수상함들은 어뢰와 잠수함 때문에 독일 수역에 근접하여 봉쇄할 수 없었다. 이들이 수행했던 해전 중에서 혁신적이고 치열했던 해전은 1916년 양측 주력 함대 간의 대규모 격돌인 유틀란트(Juetland) 해전이었으며, 이를 제외하면 군용 또는 민간 선단에 대한 방어와 이를 차단하고 격파하는 작전이 주를 이루었다. 독일 해군은 전쟁 초기에 속도가 빠른 경순양함으로 영국 선단을 격파하는 데 운용하였으나, 성과가 미약하여 1915년 초 이를 전면 중단하고 U-보트 잠수함 작전으로 전환하였다. 특히 북해 해역에서 독일 해군에 대한 영국 측의 봉쇄로 수상전투함들이 빠져나오기 어려웠으며, 일단 봉쇄를 뚫고 대양으로 나오더라도 후속 군수지원이 쉽지 않았다.

독일의 U-보트 잠수함 작전은 초기에는 북해 일원에서 영국의 군용 선박들을 대상으로 하였으나, 나중에는 영국과 중립국 선박들을 포함한 모든 군용 및 상선을 대상으로 함으로써 영국을 고사(枯死)시키는 전략의 한 방편으로 이용하였다. 당시의 잠수함은 대부분의 시간을 부상(浮上)하여 항해했으며, 현대 잠수함과 비교하면 수중작전 능력 면에서 크게 제한되는 취약점이 있었다. 그러나 수상함에 비해 비교적 많은 연료를 적재할 수 있었고, 수중활동을 하는 잠수함을 탐지하고 공격할 수 있는 적합한 무기체계가 없어 초창기에는 거의 무적이었다.

독일의 무제한적인 잠수함 작전으로 인해 피해가 극심했기 때문에, 이에 대응하기 위한 다양한 무기체계와 작전방안들이 동원되었다. 항공기, 수중음파를 이용한 탐지장비인 음탐기, 레이더, 그리고 폭뢰와 어뢰 등 혁신적인 발명이 줄을 이었다. 당시 잠수함은 잠항항해보다는 수상항해를 주로 하는 형태의 잠수함이었기 때문에 항공기가 가장 큰 위협이 되었다. 작전수행 측면에서는 오늘날의 작전분석(Operation Research: OR) 기법이 이때 출현하여 과학적이고 논리적인 근거를 바탕으로 작전의 효율성을 높였다. 실질적이고 구체적인 잠수함의 첫 번째 대응방안은 상대 잠수함 자체를 작전구역으로 진입하지 못하도록 기지를 파괴하거나 봉쇄하는 것이었다. 연합군 측은 북해의 독일 U-보트 기지를 중심으로 삼중 기뢰방책을 설치했다. 그러나 독일 해군의 통제권이 미치는 해역에서는 크게 효과를 보지 못했으며, 연합군 측의 통제하에 있는 도버 해협 기뢰방책만이 어느 정도 성공을 거두었을 뿐이었다.

두 번째 방안은 대서양 항로에서 해군 호위 함정(Escort Ship)들이 수송선들을 근접 호송하는 대규모 선단을 운용하는 것이었다. 선단의 이동 항로에는 U-보트들이 모여들었고, 호위 함정들은 이들이 공격하는 시점에 U-보트들을 쉽게 발견하여 공격할 수 있기 때문에 호송선단은 U-보트를 사냥하는 가장 효과적인 방법이 되었다. 이 호송선단 개념은 영국과 유럽 대륙의 연합군을 구출하고 전쟁 지속능력을 유지함으로써, 궁극적으로 승리를 가져오는 데 결정적으로 기여했다. 선단을 운용하게 된 후 미 대륙에서 영국으로 향하는 식량수송 선단들과 프랑스로 이송되는 증원전력들은 대부분 안전하게 목적지에 도착할 수 있었을 뿐만 아니라 U-보트들의 격침도 크게 증가하였다.

끝으로 효과적이지 못했던 두 가지 대잠전 방책도 시행되었는데, 지정된 해상교통로 보호작전과 대잠초계 전담그룹(Hunter-Killer Group)을 운용하는 것이었다. 전자는 일정 구간의 항로대를 설정하고 그 주변을 대잠 함정과 초계기 등으로 상시 초계를 유지함으로써 항로대의 안전을 보장하는 개념이지만, 도버 해협과 같은 짧은 구간에서조차 성과를 발휘하지 못했다. 후자 역시 넓은 대양에서 잠수함을 찾아다니는 것은 모래사장에서 바늘을 찾으려고 하는 것과 같다는 점에서 효과가 미흡했다.

1차 세계대전이 끝나고 많은 군사 전문가들은 항공기 시대가 도래할 것이라고 예측했다. 2차 세계대전이 발발하기 전까지 주요 열강들이 이를 위해 노력했지만, 항공력 발전에서 가장 앞서 있었던 나라는 단연코 일본이었다. 이들이 수행했던 진주만 기습은 해전에서 항공모함의 위력을 보여준 최대 사건이었다. 항공모함과 잠수함은 해전의 주역이 되었으며, 해전양상은 항공기와 수상함과 잠수함이 해양의 공중·수상·수중에서 격돌하는 입체적인 해전으로 변모하게 되었다. 2차 세계대전 당시의 해전은 대양에서 항공모함을 중심으로 한 다수 함정 간의 대규모 격돌과 많은 상륙작전, 그리고 주요 해상교통로에 대한 공격과 방어작전 등의 형태로 나타나게 되었다.

2.1.6 냉전시대

2차 세계대전은 핵무기가 개발되면서 막을 내렸다. 핵시대에는 자본주의 진영과 사회주의 진영으로 세계가 양분되면서, 세계적인 전쟁 발발의 위험 속에서 긴장된 상태가 지속되는 냉전(Cold War) 체제가 50여 년간 계속되었다. 군사적으로 양 진영은 집단방위(Collective Defense) 개념을 바탕으로 미국을 중심으로 한 북대서양조약기구(NATO)와 소련을 중심으로 한 바르샤바조약기구가 대치하였다.

냉전시대의 전쟁양상은 핵무기(Nuclear Weapon)가 사용되는 정치적인 차원의 핵전쟁(Nuclear War)과, 과거와 같은 재래식 무기(Conventional Weapon)를 이용한 국지적이고 제한적인 전쟁인 재래식 전쟁(Conventional War)으로 구분된다. 핵전쟁은 작은 전술 핵무기를 사용할 경우에도 대규모 핵전쟁으로 확산되어 쌍방의 공멸을 초래할 수 있고, 대량 인명살상으로 인한 인도주의적 문제가 발생할 수 있으며, 폐해가 장기간 지속되어 인간이 살지 못하는 열악한 지구 환경이 된다는 점 등에서 과거와는 다른 새로운 차원의 전쟁이라고 할 수 있다. 제한된 국가들만이 핵무기를 보유하면서 주로 상호 억제의 수단으로 발전하였다. 양 진영이 보유하고 있는 핵탄두 숫자와 위력의 균형으로 상호 억제를 시도했기 때문에, 시간이 지날수록 핵무기 보유량은 증가했고 위기에 대한 공포도 증가했다. 핵전쟁의 공포로 인해 냉전시대 동안 중동전, 한국전쟁, 그리고 베트남전과 같은 국지적이고 제한적인 재래식 전쟁은 발생하였으나, 동서 양 진영이 격돌하는 대규모 세계전쟁은 발생하지 않았다.

냉전시대 동안 계속되었던 군사적인 긴장상태는 다양한 전쟁 유형을 가정하고 대비하는 과정에서 새로운 군사기술과 무기체계의 발전을 가져왔으며, 전쟁양상도 혁신적으로 변화되었다. 여러 유형의 핵무기뿐만 아니라 잠수함과 항공기 등 전통적인 재래식 전쟁을 수행하는 모든 무기체계 능력이 크게 발전하였다. 전쟁양상에 가장 큰 영향을 미친 새로운 무기체계는 감시 및 정찰용 인공위성과 유도무기인 유도탄이라 할 수 있다. 2차 세계대전 당시만 하더라도 전장에서 적을 찾아내는 것이 가장 큰 과제였다. 그러나 냉전시대에는 우주에 무수히 쏘아 올린 인공위성 기술이 이 문제를 상당 부분 해결하였다. 적의 위치를 사전에 알고, 가능한 적보다 먼저 기동하여 유리한 위치를 선점하며, 원거리에서 유도무기로 목표를 공격함으로써 전쟁에서 이길 수 있는 확률이 크게 높아진 것이다. 이러한 이유 때문에 인공위성에서도 볼 수 없는 잠수함의 전략적인 가치는 더욱 부각되었다.

해상에서는 1960년대 2차 중동전에서 위력을 발휘한 함대함 유도탄을 필두로 본격적인 유도탄전 시대가 시작되었고, 핵탄두 탄도유도탄(SLBM)을 탑재한 전략잠수함의 운용과 이를 탐지·추적하기 위한 해양 감시작전이 핵심이 되었다. 잠수함은 핵무기를 탑재하기 위해 대형화되었고, 은밀성을 강화하기 위해 장기간 부상하지 않고 수중에서 활동할 수 있도록 원자력 추진기관을 탑재하여 더 깊은 수심으로 잠항할 수 있게 되었다. 이러한 잠수함들의 쫓고 쫓기는 추격전이 미국과 소련 해군의 가장 중요한 임무였으며 해상작전의 주류를 이루었다. 대양의 심해로 숨어버린 전략 원자력 잠수함에 대응하여, 광범위한 전장공간에 대한 해양감시 정보체계의 운용과 이를 바탕으로 한 전략잠수함과 공격잠수함들의 은밀한 수중작전은 냉전시대를 대표하는 해전양상이라 할 수 있을 것이다.

2.2 | 현대 해전양상

2.2.1 해전양상 변화 배경

21세기에 들어와 해전양상에 크게 영향을 미친 요인으로는 세계적인 안보환경 변화와 정보기술(IT)의 폭발적인 발전이 있다. 지난 세기 말 냉전체제가 와해된 이후 국제적인 안보환경과 위협이 크게 변하게 되었다. 오늘날의 안보위협은 전통적인 군사적 위협 외에 초국가적이고 비군사적인 위협이 증대되면서 분쟁양상이 더욱 복잡하고 다양해졌다. 대규모 전쟁의 가능성은 크게 감소했으나, 영토와 자원 분쟁, 종교와 인종 갈등, 분리와 독립 운동과 같은 복잡한 요인에 의한 다양한 형태의 국지분쟁이 세계 도처에서 발생하고 있다. 뿐만 아니라 국제적인 테러 집단들은 정규군에 버금가는 조직으로 지구촌의 안전을 위협하고 있으며, 2001년 9.11 테러를 통해 현실로 입증되었다. 이외에도 국가체제 운영에 실패한 국가들이 생겨나면서, 21세기에 어울리지 않게 해적들이 일상으로 출몰하는 현상도 빚어지게 되었다[7].

해전양상도 이러한 안보환경 변화와 국제사회의 대응논리에 따라 발전하고 있다. 가장 두드러진 변화는 해양에서도 과거와 같이 대양을 무대로 적대하는 세력들 간의 대규모 해전 가능성은 줄어든 반면, 분쟁지역에 인접한 해역을 무대로 하는 복잡하고 다양한 형태의 연해해전(Littoral Warfare)으로 전환된 것이다. 해상작전도 해상에서의 전투 자체가 아니라, 해양에서의 군사력 투사작전(Power Projection Operations)이 더욱 중요해졌다.

현대 해전은 세계적인 안보환경 변화와 해상 무기체계의 획기적인 발전으로 인해 싸우는 방법(How to Fight), 즉 해전양상이 크게 변화하였다. 해전 중에는 상륙작전, 함대 봉쇄작전, 해상교통로 방어작전 등 21세기에도 지속될 전통적인 해상작전들도 있다. 이 절에서는 변화된 해전양상을 특징적으로 나타내는 연해해전, 네트워크중심전, 정보전/지휘통제전, 탄도유도탄 해상방어전, 비대칭전을 중점적으로 기술했으며, 앞으로도 지속될 전통적인 해상작전에 대해서는 핵심개념을 제시하였다.

2.2.2 연해해전

냉전체제 해체 이후 국제 안보환경 변화는 해전의 개념을 "해양에서(At the Sea)의 전투"가 아니라 "해양에서(From the Sea) 지상으로 군사력을 투사하는 전투"로 바꾸어 놓았다. 다시 말해 해전은 해양에서의 전투가 아니라, 지상으로 군사력을 투사하여 전쟁의 정치적 목표달성을 지원하는 데 목적을 두게 되었다. 이에 따라 적에 가까운 해안과 연안해역(Coastal Area)이 주 작전구역이 되었다. 오늘날 새로운 무기체계의 유효거리가 증가함에 따라 해군의 작전범위가 해안과 연안해역에서 좀 더 넓은 연해해역(Littoral Area)으로 확대되었고, 이 해역에서의 해상전투를 연해해전(Littoral Warfare)이라 칭한다. 해양으로부터의 군사력 투사가 오래 전부터 해군의 핵심적인 임무의 하나라는 점에서, 연해해전은 무기체계의 발전에 따른 작전 수행방법이 달라진 것 외에는 아주 새로운 해전양상이라고 할 수 없다.

적에 인접한 연해해역은 지상으로부터의 다양한 위협권 안에 있을 뿐만 아니라, 전장환경도 대양과는 판이하게 다른 복잡한 양상을 띠고 있기 때문에 공세적인 작전을 수행하는 해군 전력에도 새로운 도전이 되고 있다. 함정 관점에서 보면 연해는 대부분 육지에 있는 적의 대함유도탄과 항공기의 공격권 내에 있으며, 소형 고속유도탄정과 어뢰정의 반격활동도 매우 용이하다. 연해해역의 복잡한 수중

그림 2-4
연해해전 다차원 복합전 특성

음향 환경은 대잠작전을 매우 어렵게 만드므로, 단 한 척의 재래식 잠수함이라도 매우 큰 위협이 된다. 또한 전형적인 비대칭 무기인 기뢰는 아주 원시적인 수준이라 할지라도 공세작전을 수행하는 함정에 치명적인 손상을 입힐 수 있다.

이에 맞서 군사 강대국들은 지상의 원격목표에 대한 정찰, 감시 및 식별·확인은 우주 공간의 정찰위성 및 함정에서 발진한 항공기와 함정 자체의 고성능 센서에 의해 수행한다. 수상함 및 잠수함에서 발사하는 전술유도탄과 장거리 순항유도탄, 그리고 전술용 탄도유도탄으로 적의 지상목표를 원거리에서 타격한다. 또한 수상전투함의 함포는 지상군 작전 및 해병의 상륙작전을 지원할 수 있는 충분한 사거리와 화력을 갖고 있다.

연해해전은 단순한 연해해역에서의 해상전투가 아니라 해상, 지상, 공중, 우주, 사이버 공간에서 벌어지는 다차원 복합전이 되었다. 연해해전은 종래와 같이 지상에서 전쟁을 하기 위한 전초전이 아니라, 최종적인 승패를 결정짓는 전쟁의 본체가 되었다. 그림 2-4에 현대 연해해전의 다차원 복합전 특성을 제시하였다. 연해해역에서 수행되는 정규 대지전 및 대기뢰전은 5장 〈함정 작전운용성능〉에서 다루므로, 이 절에서는 연안해역의 해양환경 특성에 의해 큰 영향을 받는 연해 대함유도탄전 및 연해 대잠전에 국한하여 기술하였다.

1) 연해 대함유도탄전

대함유도탄(Anti-ship Missile System: ASM) 시대는 1967년 3차 중동전 당시 이집트 해군이 소련제 스틱스(Stix) 함대함 유도탄으로 이스라엘 구축함을 격침시킴으로써 개막되었다. 1982년 포클랜드(Falklands) 전쟁에서도 아르헨티나가 프랑

그림 2-5
연해해전 시 정박 중인 함정을 공격하는 대함유도탄[12]

스제 엑조세(Exocet) 공대함 유도탄을 사용하여 영국 구축함에 심대한 손상을 입힘으로써 대함유도탄의 위협이 실증되었다. 이후 많은 전쟁을 통해 대함유도탄이 수상함에 대해 결정적이고 치명적인 피해를 입힐 수 있는 무기체계임을 세계 각국이 명확히 인식하게 되었다.

전장해역이 연해해역으로 이동함에 따라 대함유도탄의 운용환경 또한 크게 변화하였다. 연해해역에서는 다양한 기후 변동과 전자기적 이상(異常) 현상 등으로 함정 탑재센서의 성능이 저하되기 쉽다. 또한 연해해역에는 수많은 미확인 표적이 자연적 클러터(Clutter)와 혼재함으로써 대함유도탄의 표적 획득 및 식별이 용이하지 않다. 그림 2-5에 제시한 바와 같이 대함유도탄은 공격자 입장에서 해상의 함정뿐만 아니라 항구에 정박 중인 함정, 해안의 방공체계 및 통신시설 등 연안의 고정목표에 대한 공격 시에도 활용하게 되었다. 방어자 입장에서는 침투해온 적 함정에 대한 공격무기로 육상 해안기지에서 운용하게 되었다. 이와 같이 대함유도탄의 역할과 기능은 연해해전에서 더욱 다양화되었다.

연해해역의 전장환경에 초점을 맞추어 보다 낮게 날고 더 빠르며, 스텔스 성능 및 기동성능, 그리고 표적 탐색·식별 성능을 고도화한 신형 대함유도탄이 이미 대거 등장하고 있다. 신형 대함유도탄은 적 함정의 탐지센서에 의한 조기 탐지를 피하기 위해 해면에서 2~3m의 낮은 고도를 유지한다. 또한 초저공으로 침투해 오다가 급상승한 후 다시 하강하며 함정 상부를 공격하는 팝업(Pop-Up) 형태의 기동을 할 수도 있다. 현재 대함유도탄은 주로 아음속이지만 러시아의 모스킷(Moskit) 및 야크혼트(Yakhont) 유도탄은 초음속의 속도를 갖고 있다. 초음속 유도탄의 경우 빠른 접근속도로 인해 유도탄 방어에 가용한 반응시간을 급격히 감소시킬 수 있다. 최근 아음속대 대함유도탄은 레이더 반사 단면적(RCS)을 감소시킨 외형 형상을 채택하고, 동체 마찰열의 저하 등을 통해 스텔스 성능의 향상에 주력하고 있다.

이러한 대함유도탄의 성능 고도화, 전자파 클러터(Clutter) 환경, 그리고 아군과 적군의 관측점(Contacts)이 밀접하게 혼재하는 연해해역의 고유한 전장환경 특성은 대함유도탄의 방어를 더욱 어렵게 만들고 있다. 연해해역에서 방어효과를 높이기 위해서는 해상 함정 및 육상 방공체계 등 다른 체계와의 밀접한 상호 연계성이 요구된다. 이런 측면에서 미 해군은 다음 항에서 상세히 기술하는 네트워크 중심전을 토대로 대함유도탄 방어체계를 구축·운용하고 있다. 미 해군이 마련한 또 다른 방책은 순양함 및 구축함에 탑재된 다기능 레이더이다. AN/SPY-1D 다기능 레이더는 150여 개의 목표물을 동시에 탐지·추적할 수 있으며, 12개의 대공표적과 동시에 교전할 수 있다. 때문에 대함유도탄을 발사하려는 적 항공기 및 적 함정, 그리고 발사된 대함유도탄 등 표적에 따라 적절한 무기로 효과적으로 대응할 수 있다.

2) 연해 대잠전

대잠전을 어렵게 하는 가장 큰 요인은 수중음파이다. 음파는 수중에서 수중온도, 염분도, 수중지형에 따라 굴절, 반사, 복반사를 하므로 음파를 이용한 잠수함의 탐지가 용이하지 않기 때문이다. 특히 수중음파 전파특성에 의해 발생하는 음영구역(Shadow Zone)에 잠수함이 숨을 경우 탐지가 거의 불가능하다. 1982년 포클랜드전에서 경항모 및 구축함 등 대형 함정으로 구성된 영국의 기동함대가 단 한 척의 아르헨티나 디젤전기추진 잠수함 때문에 겪었던 어려움은 대잠작전이 얼마나 어려운지를 보여주는 좋은 사례이다. 많은 선박의 통행 등으로 인해 인위적인 주변 수중소음이 높고, 염도 및 수온 분포 등 수중음향 환경특성이 매우 복잡한 연안의 천해(淺海) 해역에서 중소형 잠수함을 탐지한다는 것은 더욱 어렵다.

잠수함은 기동함대에 치명적인 위협이 되기 때문에 상대 입장에서는 필수적으로 극복해야 할 문제이다. 이에 대한 해답이 미 해군이 추진하고 있는 네트워크중심 대잠전(Network Centric ASW)이라고 할 수 있다. 네트워크중심 대잠전은 함대 세력의 각종 대잠센서와 대잠요원을 네트워크로 연결하여 수중표적에 대한 상황정보를 공유할 수 있다. 이에 따라 작전에 참여한 각 함정들은 종합적인 대잠작전 상황정보에 의거하여 센서를 운용함으로써 수중표적에 대한 탐지, 식별, 확인 능력을 크게 향상시킬 수 있는 것이다.

대잠작전을 네트워크 중심으로 수행하더라도 각 함정 및 항공기에서 운용하는 수중 탐지센서의 성능이 향상되지 않는 한 효과적인 작전수행은 불가능하다. 따라서 수중 탐지센서의 성능향상은 필수적인 요건이라고 할 수 있다. 특히 복잡한 천해에서의 해양환경 특성을 극복하기 위해서는, 천해 해양환경 특성자료에 대한 수집 및 활용이 체계적으로 이루어져야 한다. 천해에서는 해양환경 특성이 단거리에서 급격히 변화할 뿐만 아니라, 군사 강대국의 경우 천해 해양환경 특성에 대한 데이터베이스가 구축되어 있지 않으면 대양에서의 해양환경 데이터를 토대로 하는 기존 음파전달 예측 모델의 활용이 불가능하기 때문이다. 미 해군은 해양환경 데이터 수집·분석 체계를 통해 각 기관으로부터 수집된 기상·해양 특성자료를 분석·융합하여 해당 해역에서 작전 중인 함대에 제공함으로써, 연해해역에서의 대잠작전이 효과적으로 수행되도록 지원하고 있다.

2.2.3 정보전/지휘통제전

정보전은 간략하게 정보의 우월성(Information Superiority or Dominance)을 성취하기 위한 활동으로 정의할 수 있다. 약 1500년 전 중국의 손자가 주장한 "지피지기(知彼知己)면 백전불태(百戰不殆)"라는 말은 정보전의 본질을 나타내는 적절한 표현이 될 것이다. 실제로 지휘관이 적군과 아군의 상황을 정확하게 파악하고 있다면, 다시 말해 정보의 우월성을 확보하고 있다면 전투의 승리가 좀 더 보장될 수 있을 것이다.

걸프전에서 이라크군은 다국적군의 위치는 물론 자신의 부대위치조차도 파악하지 못했다. 반면 다국적군은 위성 영상자료의 사용 및 체계적인 지휘통제전의 수행 등을 통해 전장인지도에서 완벽한 우위를 지키는 한편, 이라크의 극초단파 중계탑, 전화 교환시설, 광케이블 접속점, 동축케이블 등을 파괴하여 이라크 정보체계를 마비시킴으로써 정보전을 기반으로 전쟁을 수행한 바 있다.

따라서 21세기에는 전장에 대한 정보를 선점하는 국가가 전쟁에서 승리할 것이며, 이런 의미에서 미래전은 정보전이 주도하는 전쟁이 될 것으로 인식되고 있다. 그러나 정보전에 대한 공식적인 정의는 아직 없으며, Cyber War, Netwar, Soft War 등 다양한 용어로 표현되고 있다.

정보전의 실제 형태 또한 전문가에 따라 분류방법이 각기 다르며, 네트워크중심전, 지휘통제전, 사이버전, 전자전 등 다양한 성분작전 개념이 포함되어 있다. 네트워크중심전은 다음 항에서 다룰 것이므로, 이번 항에서는 지휘통제전을 중심적으로 기술하고자 한다.

지휘통제전(Command and Control Warfare)을 효과적으로 수행하기 위한 기반이 바로 C4ISR(Command, Control, Communication, Computers, Intelligence, Surveillance, Reconnaissance) 체계이다. C4ISR 체계란 문자 그대로 지휘, 통제, 통신, 컴퓨터 및 정보, 감시, 정찰의 조합으로서 결심권자와 전투요원이 정보를 수집, 처리, 전송, 전시 및 사용하기 위해 활용하는 체계와 기능을 뜻한다. 결심권자가 정보를 저장, 검색, 분석하고, 의사결정 중 또는 의사결정 전후 모든 지휘부대와 통신을 하기 위한 체계와 기능도 포함된다. 정보의 관리와 활용을 극대화하기 위한 장비, 소프트웨어, 통신수단, 인원시설, 업무절차, 지원요소들을 모두 포함하여 C4ISR 체계라 한다.

C4ISR 체계에서 지휘통제 과정을 수행하는 절차는 전장환경에서의 자료수집 및 수집된 자료의 융합, 상황 및 위협 평가, 지휘통제를 위한 의사결정 과정, 결심된 행동방책의 임무화와 임무지시, 그리고 임무를 부여받은 부대의 임무집행 과정으로 이루어진다. 임무집행 결과는 전장환경에 영향을 주게 되고, 임무를 지시한 지휘관은 임무결과가 전장환경에 어떤 영향을 미쳤는지를 확인한 후 필요한 지휘통제 활동을 수행함으로써 연속적인 전투수행 과정이 이루어진다. 이들 지휘통제 과정을 단계별로 실제 수행하는 체계들은 전장 감시 · 정찰 체계, 정보융합체계, 의사결정 지원체계, 지휘통제체계, 무기체계로 구성되며, 이들 체계 간에는 수집되거나 생성된 정보 및 자료가 끊임없이 전파된다.

해군 C4ISR 체계는 국방 C4ISR 체계와 연동되는 사령부급 수준의 전략 C4ISR 체계와 전투단급 수준의 전술 C4ISR 체계로 구성된다. 최하위 단위함정 수준의 지휘통제체계 및 무기통제체계에 이르기까지 계층구조를 이루며, 컴퓨터와 통신체계를 기반으로 군사정보를 공유하고 상호 연동된다.

전투단을 지휘하는 함정의 C4ISR 체계는 전투단 조직 내의 모든 센서와 무기자원을 통합 운용함은 물론 전투단 조직 외부의 상급, 인접, 하급 부대와의 정보교환 능력을 가진다. 또한 지상과 공중의 합동전력을 활용하여 전투단 임무를 수행할 뿐만 아니라, 합동전력의 일부로서 합동임무를 지원한다. 이를 위해 전투단 조직 내 모든 함정과의 전술통신 능력은 물론 인접한 전투단 세력, 육상지휘소, 합동작전에 참가할 타군 세력 및 지휘소와의 연동이 이루어진다. 전투단 지휘함의 C4ISR 체계는 전투정보, 감시 · 정찰, 상황평가, 작전지휘, 자원할당, 작전통제 프로세서를 갖게 되며, 지속적으로 수신되는 전장정보를 기반으로 변화하는 상황에 적응하도록 반복된 프로세스를 수행하게 된다.

최전방에서 임무를 수행하는 전투단에 소속된 단위함정의 전투체계(Combat System)는 함정 단위로 구축되는 지휘, 감시 및 무기통제 체계이며 해군 C4ISR 체계를 구성하는 기본 단위로서, 해군의 실질적인 전투능력을 결정짓는 핵심적인 요소가 된다.

2.2.4 네트워크중심전

네트워크중심전(Network Centric Warfare: NCW)은 새롭게 출현한 정보화시대에 부응하기 위한 새로운 전쟁이론이라고 할 수 있다[4]. 네트워크중심전은 정보의 공유, 지휘속도의 증가, 작전속도의 증가, 공격의 치명성 강화, 생존성 증대 및 전력 전체의 동조 등 전투에서 승리하기 위한 필수적인 조건들을 달성하기 위해 탐지체계, 의사결정자, 무기발사체들을 네트워크로 연결하여 고도의 전투력을 창출하는 작전운용 개념이다. 네트워크중심전의 목적은 전투영역 내에서 아군 전력을 효과적으로 연결하여 상황에 대한 정보를 최대한 공유함으로써 효과적이고 신속한 의사결정이 이루어지도록 하고, 작전 집행속도를 높여 정보우위를 전투력으로 전환시키는 것이다.

네트워크중심 작전은 수평적인 네트워킹을 기반으로 운영되는 작전개념으로서, 네트워킹에 의한 연속적인 정보전파와 신속한 대응공격은 중간지휘(Intermediate Commands) 단계를 생략시킬 수 있다. 이 때문에 전통적인 지휘체계 개념(Hierarchy of Command)에 큰 변화를 가져올 것으로 예상된다. 특히 해상 지휘관들이 전통적으로 갖고 있던 작전 및 전술적 독립성은 더 이상 유지하지 못할 가능성이 높다.

해전의 경우 네트워크중심전 개념은 함대를 구성하는 각 함정보다는 함대의 통합된 행동에 중점을 두는 것으로 집약할 수 있다. 따라서 네트워크중심전은 개별 함정의 다양한 센서들이 수집한 적의 지상, 해상, 항공 전력에 대한 정보를 실시간으로 함대 전체에서 공유할 수 있도록 데이터 링크(Data-Link) 체계를 기반으로 한다. 이를 바탕으로 지휘관은 특정 함정 또는 함정들을 조합하여 원하는 공격을 수행할 수 있다. 네트워크중심전은 지휘관에게 더 적은 수의 함정으로 더 넓은 지역에서 더 많은 표적을 더 짧은 시간에 공격할 수 있도록 해준다. 그림 2-6에 미

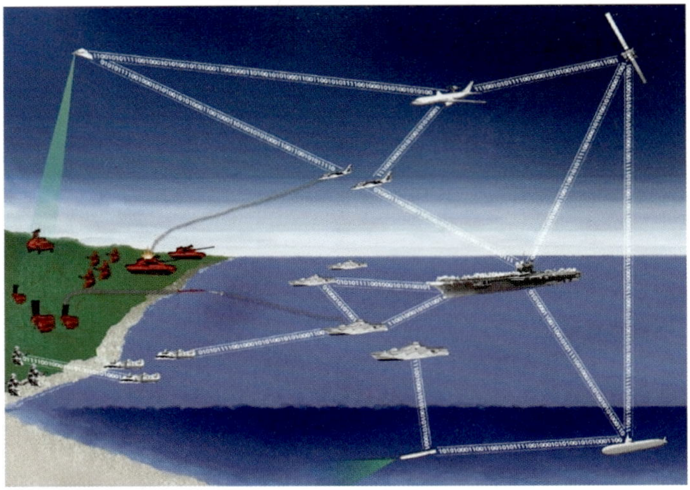

그림 2-6
네트워크중심 해전 개념[10]

해군이 구상하는 전형적인 네트워크중심 해전개념을 제시하였다.

네트워크중심전은 새로운 개념이 아니라 사실 상당히 오래된 개념이다. 네트워크 형태의 작전은 2차 세계대전 중 독일 잠수함에 대한 미국과 영국 해군의 대잠작전에서 이미 실행된 바 있다. 이 작전에서 함정, 정찰항공기, 장거리 폭격기, 해안 레이더기지 등을 하나의 작전체계로 결합시켜 전투력 상승효과를 얻을 수 있었다. 이러한 네트워크 작전개념은 냉전시대에도 계속 발전하여 소련 잠수함의 위협에 대처하기 위한 대잠작전에도 활용되었다. 그 후 Link11 등 함정 간 데이터 링크 시스템의 도입으로 합동작전을 수행하는 함정들의 공통 작전상황(Common Operational Picture) 획득상태를 크게 개선시켰다.

미 해군의 경우 네트워크중심전을 크게 진전시킨 것은 협동 교전능력(Cooperative Engagement Capability: CEC)의 실용화이다. 협동 교전능력이란 센서 네트구성(Sensor Netting) 기술을 이용하여 네크워크상에 있는 단위함정들로부터 탐지거리, 방위 고각, 도플러 자료 등 원시 측정치들을 입수하여 정확성과 적시성 등 핵심특성을 유지하면서 정보를 전파·공유하는 시스템이다. 협동작전을 수행하는 모든 함정은 네트워크 내 다른 함정의 센서가 탐지한 결과를 공유하며, 자함의 전투체계에서 통합·활용할 수 있다. 때문에 협동 교전능력은 현재 수상전투함에 가장 큰 위협이 되는 대함유도탄에 대한 방어능력을 크게 증대시킬 것으로 기대되고 있다. 그림 2-7에 CEC 운용개념을 제시하였다.

또한 네트워크중심전은 2장 2절의 〈연해해전〉 항에서 상세히 기술한 바와 같

그림 2-7
CEC를 이용한 대함유도탄 다중 탐지·요격 예[11]

이, 대잠작전에도 적용함으로써 대잠전 능력을 한 단계 혁신시킬 수 있을 것으로 기대되고 있다. 네트워크중심 대잠작전 능력을 갖추기 위해 가장 먼저 요구되는 핵심요소 중 하나는 수중 전장상황을 정확히 파악하기 위한 수중 통합센서(Integrated Sensors) 체계의 구축 및 운용이다. 미 해군은 무인잠수정(Unmanned Undersea Vehicle: UUV)을 네트워크중심 수중작전을 위한 센서체계의 하나로 활용하기 위한 방법을 추진하고 있다. 작전 후 회수가 가능한 무인잠수정의 경우, 센서 및 무장 등을 탑재하고 위협도가 높은 해역에서 수중정찰, 기뢰탐색, 대잠전투 등 다양한 임무를 수행할 수 있기 때문이다.

2.2.5 탄도유도탄 해상방어전

1991년 2월 중동 알 주바일(Al-Jubayl) 항 부두에 낙하한 이라크의 스커드 유도탄은 미 해군을 비롯하여 많은 해군들에 대해 기지와 항만, 전개된 전투부대를 단거리 및 중거리 탄도유도탄 공격으로부터 보호하기 위한 방어능력 구축에 커다란 관심을 촉구하도록 만들었다. 이에 따라 미 해군은 탄도유도탄의 위협에 효과적으로 대응하기 위해 이지스(Aegis)급 수상전투함을 해상 탄도유도탄 방어체계로 활용할 계획을 추진하게 되었다. 이지스 체계는 약간의 소프트웨어 개발만으로 100km 이상의 고고도(高高度)에서 수직으로 낙하하는 탄도유도탄을 정확히 포착할 수 있기 때문이다. 또한 해상 탄도유도탄 방어는 목표지점 외곽에서 탄도유도탄의 낙하를 기다려야 하는 지상의 전구유도탄 방어(Theater Missile Defense: TMD) 체계와 달리 상대국에 접근하여 발사 초기의 탄도유도탄 요격이 가능하기 때문이다. 그리고 함정은 자위용 방공시스템이 완비되어 있으며, 적이 목표로 하는 지역의 해역으로 빠르게 이동함으로써 인구밀집 지역, 원정군 작전지역, 상륙목표 지역 등 핵심지역에 대한 탄도유도탄의 위협에 보다 신속하게 대처할 수 있기 때문이다.

그림 2-8에 제시한 바와 같이, 해상에서의 탄도유도탄 방어(Ballistic Missile Defense: BMD)는 특정 지역에 대한 저층방어를 목표로 하는 해상지역 BMD(Navy Area BMD)와 넓은 전구에서 고층방어를 목표로 하는 해상 전구 BMD(Navy Theater Wide BMD) 등 두 가지로 구분된다.

해상지역 BMD 체계는 이지스 전투체계를 기반으로 하여 SM-2 Block IV A 대공유도탄으로 탄도유도탄을 낙하단계에서 요격한다. SM-2 Block IV A 대공유도탄은 요격고도 40km, 사정거리 120km 이상의 요격능력을 가진 것으로 알려져 있다.

해상 전구 BMD 체계는 요격 최대범위가 고도 1,300km, 사거리 1,500km인 SM-3 대공유도탄으로 대기권 외곽, 즉 상층권역에서 탄도유도탄을 요격한다. SM-3 대공유도탄은 운동에너지 요격체(Lightweight Exo-Atmospheric Projectile: LEAP)를 내장한 3단계 방식 유도탄이다. 1단계, 2단계는 SM-2 Block IV A와 같이 부스터(Booster)와 로켓모터(Rocket Motor)를 사용하여 추진하며, 3단계에서 LEAP가 사출되어 표적을 요격한다. LEAP의 중량은 18kg, 속도는 초속 4km로

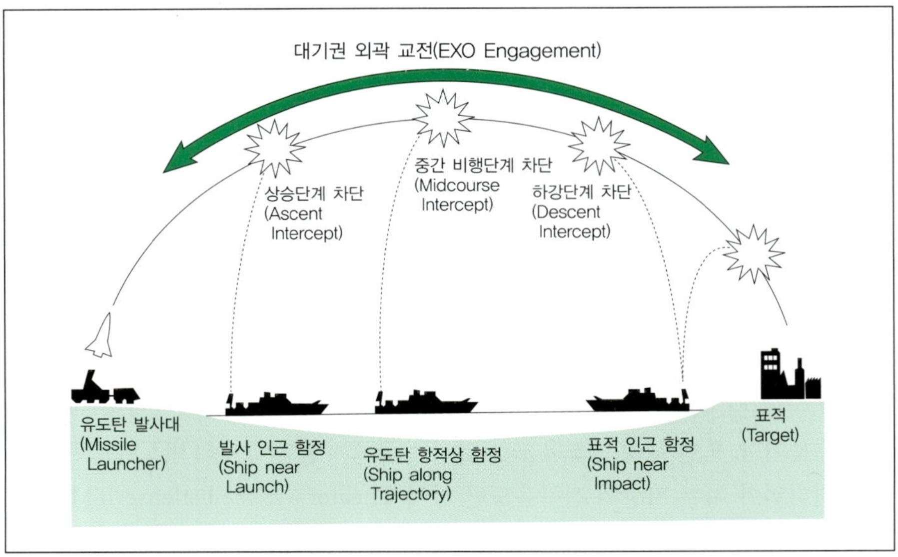

그림 2-8
탄도유도탄 해상 방어개념[1]

서 명중 시 모든 탄두를 분쇄할 수 있으며, 대기권 외곽에서 명중시킬 경우 탄도유도탄 탄두부에 적재된 화학무기나 생물무기가 지상을 오염시킬 가능성을 없앨 수 있는 장점을 갖고 있다.

2.2.6 비대칭전

비대칭전(Asymmetric Warfare)이라는 용어는 1975년 A.J.R Mack이 학술논문에서 사용한 이래 유행하기 시작했으며, 이에 대한 정의는 한 가지로 정립되어 있지 않다. 비대칭전은 일반적으로 국가 대 국가, 정규군 대 정규군이라는 기존의 전쟁과 달리 정규군에 대항하는 전쟁 행위자의 실체가 불분명한 전쟁을 뜻한다. 이 정의에 따를 경우 비대칭전은 전쟁 행위자의 실체가 불분명하다는 것 외에도 정해진 전선이 없으며 군인과 민간인, 군사시설과 비군사시설의 구분도 모호해지는 특징이 있다. 따라서 비대칭전의 양상은 주로 테러, 게릴라전 등으로 나타난다. 비대칭전은 오래 전부터 존재해 왔으나 2001년 9.11 테러 이후 더욱 주목받고 있다. 이러한 형태의 비대칭전이 초래하는 가장 큰 문제는 정규전을 위한 작전으로는 효과적으로 대처하기 곤란하다는 것이다.

비대칭전에 대한 또 다른 정의는 아군과 적군의 차이점을 비교하여, 아군의 장점을 최대한 활용하고 적군의 약점을 최대한 이용하는 전쟁개념으로 규정하는 것이다. 이 경우 비대칭전은 적이 효과적으로 대응할 수 없도록 상대방과 다른 수단이나 무기로 수행하는 전술적 수단을 뜻한다. 이 정의에 따를 경우 정규전까지 포함되며, 역사적으로 많은 전쟁이 비대칭전으로 기록된다.

최근 해상에서 일어난 비대칭전으로는, 2000년 예멘 아덴항에 입항해 있던 미 해군 이지스 구축함 콜(Cole)함에 폭발물을 적재한 소형 보트가 돌진하여 자폭함으로써 미 해군 승조원 17명이 사망하고 42명이 부상했으며 선체는 자항이 불가능한 상태로 큰 손상을 입었던 사건을 들 수 있다. 2010년 3월 26일 서해 NLL 인근 해역에서 북한 잠수정의 공격에 의해 함정 선체가 침몰하고 승조원 46명이 전사한 천안함 피격사건 또한 해상에서의 비대칭전 사례라고 할 수 있다[18]. 수년 전부터 중동 해역에서 소말리아 해적들의 상선 납치행위가 빈번하게 발생하여 한국을 비롯한 미국, 영국, 프랑스, 중국, 일본 등 약 20개국의 해군 함정들이 파견되어 있는데, 이 또한 전형적인 해상 비대칭전이라고 할 수 있다.

특히 한국 해군 청해부대는 2011년 1월 21일 소말리아 해적에 납치된 삼호 주

그림 2-9
아덴만에서의 한국 해군 상선 호송작전 장면

얼리호 선원들을 구출하는 특공작전을 인명손실 없이 완벽하게 성공시킴으로써, 한국 해군의 비대칭전 능력을 국내외에 과시한 바 있다. 그림 2-9에 아덴만 인근 해역에서 한국 해군 함정이 상선을 호송하는 작전장면을 제시하였다.

미 해군 콜(Cole)함의 피격사건 이후 미국을 비롯한 영국, 캐나다, 독일, 네덜란드 등 주요국 해군들은 비대칭전을 해상전투의 한 형태로 공식화하고, 이에 대한 대비책을 다각적으로 강구하고 있다. 가장 일반적인 대책은 해적 및 테러에 대응하기 위한 승조원의 소구경 무기 휴대 및 이의 사용을 위한 체계적인 교육 및 훈련이다. 그동안 특히 취약했던 부두정박 함정에의 해상을 통한 침투공격에 대비하여, 무인수상정(USV)을 이용한 전천후 상시초계 등 비전투 상황에서의 경계임무를 대폭 강화하고 있다.

위에 기술한 비대칭전 해전 사례들은 정규 해상전을 수행하기 위한 전력 외에도 비대칭전을 수행할 수 있는 전략·전술의 수립과, 이를 위한 전투세력의 확보 운용이 필수적이라는 것을 깨우쳐주고 있다. 미국을 비롯한 해군 강국들은 해상테러 대비에 그치지 않고, 수중 은밀작전을 수행하는 특수부대 및 장거리 순항유도탄 탑재 전략잠수함 등 자국의 전략·전술에 부합하는 비대칭 해상전력을 확보하는 데 많은 노력을 기울이고 있다. 적군의 약점과 아군의 장점을 최대한 활용하여 전투를 수행할 수 있는 비대칭전 능력은 미래 해전에서도 큰 전투효과를 발휘할 것이기 때문이다.

2.2.7 전통적 주요 해상작전

1) 상륙작전

상륙작전은 해양으로부터 지상으로 전력을 투사하는 주요 수단으로서, 과거의 전쟁과 마찬가지로 현대전에서도 중요한 영역을 차지한다. 현대에 이르러 다양한 입체적 상륙수단이 발전함에 따라 상륙작전은 더욱 강력한 힘을 발휘하고 있다. 최근 세계의 주요 해군들이 대형 다목적 상륙함을 확보하고 있는 현상은 상륙작전이 현대전에서 차지하는 중요성을 입증하고 있다. 상륙작전에는 전략 및 작전 목적에 따라 다음과 같은 네 가지 유형이 있다.

- **상륙돌격(Amphibious Assault)**

상륙목적은 적의 지상으로 진입하여 그곳에 머물면서 전투력을 구축하고 새로운 전선을 설정하는 것이다. 물리적으로 전쟁의 방향을 바꿀 수 있다.

- **상륙기습(Amphibious Raid)**

계획된 철수를 시행하기 전에 전술적 목표를 달성하기 위해 임시적인 점유지역을 구축할 목적으로 수행된다.

- **상륙철수(Amphibious Withdrawal)**

상륙철수는 원하는 곳으로 재상륙을 수행할 수 있음을 뜻한다. 제해권이 제공하는 전략적 기동을 활용하는 수단이 될 수 있다.

- **상륙 기만과 양동(Amphibious Feints and Demonstrations)**

주로 적을 기만하고 다른 곳에 있는 전력과 상호 연계하기 위해 적 전력을 구속하기 위한 의도로 수행된다.

상륙작전의 가장 큰 특징은 적이 상륙지역을 미리 알고 상륙군이 교두보를 구축하기 전에 전력을 증강할 경우 상륙부대는 매우 위험한 상황에 처하게 된다는 것이다. 방어하는 측은 해상으로 이동할 필요도 없고 방어준비를 위한 시간도 있기 때문에 상륙군보다 상대적 이점을 가지고 있기 때문이다. 방어하는 측은 기습적인 상륙이라 하더라도 훨씬 더 신속하고 효과적으로 대응할 수 있다.

해양은 상륙 세력이 예상치 않은 곳에 세력을 상륙시키거나 적을 분산시킴으로써 적의 강점을 피할 수 있는 수단을 제공한다. 그러나 상륙기술이 이를 방어하는 능력의 발전만큼 발전할 수 있을 것인지에 대해 회의적인 시각이 있어 왔다. 지상에 편조된 원정부대들은 몇 개의 작은 핵무기로 괴멸될 수 있다는 논리를 토대로, 핵시대의 도래와 육상 정밀 유도무기 및 육군 기계화가 확대되면서 이러한 회의적 시각을 더욱 강화시켰다.

그럼에도 불구하고 냉전시대 미국을 비롯한 주요 국가들은 상륙작전의 전략적 중요성을 강조해 왔다. 미 해병대는 1980년대 말에 초수평선 상에서 지상의 목표 지역으로 직접 상륙을 실시하는 "해양으로부터 작전적 기동(Operational Manoeuvre From The Sea: OMFTS)" 개념과 "함정에서 목표로의 기동(Ship To Objective Maneuver: STOM)" 개념을 발전시켰다. 오늘날 상륙작전은 과거와 같이 수평적으로 상륙하는 전술에 추가하여, 해안을 뛰어넘어 내륙 깊숙이 직접 기동하는 입체적이고 기동력 있는 작전으로 발전되고 있다.

2) 함대 봉쇄작전

역사적으로 함대 봉쇄작전은 강한 함대가 약한 상대에 대해 적용하는 효과적인 작전방안으로서, 현대 해전에서도 중요한 해전양상의 하나이다. 최근 이라크에 대한 금수(禁輸) 작전과 북한 선박에 대한 해양차단 작전 등이 함대 봉쇄작전의 한 유형이라고 할 수 있다. 함대 봉쇄작전의 일반적인 목표는 적의 해군 능력을 봉쇄함으로써, 해양을 원하는 대로 사용할 수 없게 하고 아군의 의도를 적이 방해하지 못하도록 하는 데 있다. 이 작전을 통해 적이 무력화된다면 봉쇄를 하는 해군은 봉쇄선의 후방에서 효과적으로 제해권(制海權)을 갖게 된다. 함대 봉쇄작전의 또 다른 이점은 분산된 적의 전력집결 방지가 용이하다는 것이다. 함대 봉쇄작전에는 다음과 같은 형태가 있다[1].

- **출항통제(Sortie Control)**

적을 항만이나 기지에 봉쇄하는 것이다. 만약 적이 항구 인근에서 항공통제권을 유지하고 있다면, 출항통제 전술은 우선적으로 잠수함과 기뢰에 의존해야 한다. 이 방안은 적의 해양 사용을 차단하고 이를 방해하는 능력을 차단하는 가장 경제적인 수단이다.

- **병목구역 통제(Choke Point Control)**

이 방안은 대안적인 전술로서, 적이 반드시 통과해야 하는 지리적인 병목을 통제한다. 병목구역 통제는 적의 기지 가까이에서 수행되는 출항통제 작전에 장기간 참여할 수 없는 해상전력들을 이용할 수 있다는 이점이 있다.

3) 해상교통로 방어작전

해상교통로에 대한 공격과 방어는 해군 작전의 핵심이라고 할 수 있다. 그러나 해상교통로를 방어하는 문제에는 과거에는 물론 현재에도 하나의 답이나 해결방안이 존재하지 않으며, 논란이 많은 해군 작전 분야이다. 해양 전략가들이 주장하는 해상교통로 방어대안들을 요약하면 다음과 같다.

● **기지 공격**

해양으로부터 공격자들의 기지를 공격하는 방안은 오랜 역사 동안 전 세계적으로 시행되어온 일반적인 해군 작전이다. 이 작전은 수세기 동안 수행된 해군 전투였으며, 대양에서 아무런 성과 없이 초계를 계속하는 것보다 훨씬 효과적이었다. 적의 항구를 공격하는 작전은 1차, 2차 세계대전 동안 프랑스 내에 있는 독일 해군 기지들에 대한 상륙작전과 항공강습 형태로 수행되었다.

● **핵심해역과 해상교통로 방어**

이 방안은 특별한 구역 내에서 통항 선박들이 간접적인 지원을 받게 되는 작전이다. 한 예로 해상교통로는 한 구역과 다른 구역을 연결한 해양 통로로서, 이 구역 내에서만 선박의 통항이 허용되도록 하고 이 통로를 전투 함정들이 최대한 방어하는 작전개념이다. 공격 세력들은 대양에서보다 종말구역에서 더 쉽게 표적을 발견할 수 있기 때문에 이 구역에서 주로 활동하게 된다. 각각의 핵심해역 안전이 보장된다면 전 세계에 걸쳐 안전구역 체인이 구축될 수 있다. 일본의 '1,000해리 해상교통로 방어계획'이 이 방안에 해당한다.

이러한 대응방안은 20세기에는 큰 효과를 발휘하지 못했다. 해양은 육지와는 다르게 각 구역이 고유의 가치를 갖지 않으며, 소유하거나 경계할 필요가 없기 때문이다. 중요한 점은 그 위를 무엇이 통과했느냐는 것이며, 방어해야 할 대상은 함정이지 해도에 그려져 있는 선이 아니기 때문이다. 따라서 해양 통로를 감시하는 대신 교통로를 통과하는 선단 자체를 호위해야 한다는 선단 호송방식이 나오게 된 것이다.

● **선단호송**

선단호송(Convoy-and-Escort)은 선박이 항해하는 통로가 아니라 통항 선박을 직접 방어하는 것이다. 선단호송은 두 가지 이유로 인해 효과가 큰 것으로 인식되고 있다.

첫째, 선단은 완전히 호위되지 않을 경우에도 개별 선박이 적의 탐지와 공격으로부터 회피할 수 있는 기회가 수학적으로 가장 높은 방안이라는 점이다. 만약 25척의 선박들이 선단을 구성하면, 한 척의 가시 원형구역보다 조금 큰 약 12마일 정도의 구역 1개만이 형성될 수 있다. 따라서 선단은 25척의 선박들이 각기 개별적으로 항해하는 것보다 적에게 발견될 확률이 현저하게 줄어든다. 설령 대규모 선단이 적에게 발견되더라도 이들 중에 불행한 한두 척의 선박이 희생되는 동안 대부분의 선박들은 회피할 수 있게 된다.

둘째, 선단호송은 선단을 공격하려는 적을 발견하고 격침시키며 무력화할 수 있는 좋은 기회를 제공하기 때문이다. 그럼에도 불구하고 선단호송은 공세적인 성향을 갖고 있는 해군들에게 가치를 인정받지 못하고 있다. 선단 구성에 많은 시간이 소모되며, 수많은 승조원들을 일시에 한곳으로 모이게 하는 것도 많은 비용이 소모되기 때문이다. 어떤 선박들은 승조원의 선박 운용기술이 부족하고 훈련도 되어 있지 않아, 선단 내에서 위치를 유지하지 못하기도 한다. 이러한 이유들 때문에 선단호송은 작은 핑계거리만 있어도 쉽게 포기하거나, 다른 대체방안을 선택하려는 경향이 상존해 왔다. 그러나 전쟁이 발생하면 군 수송선박과 유조선 등 전쟁 지속능력에 매우 중요한 역할을 하는 비무장 선박들을 아무런 방어수단 없이 해양으로 내보낼 수 없다는 것도 분명하다.

참고문헌

1. G. Till, 〈SEA POWER: A Guide for the Twenty-First Century〉 2nd edition, UK Joint Services Command and Staff College, 2009(〈21세기 해양력〉, 배형수 역, 한국해양전략연구소, 2011. 6)
2. 주경철, 〈대항해 시대〉, 서울대학교 출판문화원, 2008. 10
3. I. Dickie, M.J. Dougherty, P.J. Jestice, C. Jorgensen, R. S. Rice, 〈Fighting Techniques of Naval Warfare〉, Amber books Ltd. 2009(〈해전의 모든 것〉, 한창호 역, 휴먼엔북스, 2010. 5)
4. 〈네트워크중심 전투의 구현〉, 해군본부, 2006. 6
5. 〈제2차 세계대전과 냉전시대의 미 해군 작전정보〉, 해군본부, 2007. 2
6. 〈국방백서〉, 국방부, 2010
7. A. Toffler, H. Toffler, 〈War and Anti-War: Suvival at the Dawn of the 21st Century〉, Little, Brown & Co. 1993(〈전쟁과 반전쟁: 21세기 출발점에서의 생존전략〉, 이규행 역, 한국경제신문사, 2001. 11)

8. 송준태, 〈함정체계 발전현황분석〉, 연구보고서, 국방과학연구소, 2000. 12
9. 〈Future Trends, Dynamics, and Possibilities〉, Naval Forces, No.1, 1997
10. J. Blackham, 〈Welcome to the Revolution〉, Jane' s Navy International, April 2003
11. R. O' Rourke, 〈Transform and Roll Out: The USN' s Approach to Change〉, Jane' s Navy International, April 2004
12. R. Scott, 〈Anti-Ship Weapons Updated to Target the Shore〉, Jane's Navy International , July 2005
13. G. Larsbrink, 〈Anti-Submarine Warfare in Shallow Water〉, Naval Forces, No.1, 2000
14. W.D. Smith, 〈Information Warfare, It' s Here to Stay〉, Naval Forces, No.1, 2000
15. M.J. O' Driscoll, J.A. Krill, 〈Cooperative Engagement Capability〉, Naval Engineers Journal, March 1997
16. 〈이지스함의 탄도미사일 방어〉, 해군기술정보 248호, 해군본부, 2000. 9
17. S.R. Gourley, 〈Naval Forces Protection in An Asymmetric World〉, Jane' s Navy International July/Aug. 2002
18. 〈천안함 피격사건〉, 합동조사결과보고서, 대한민국 국방부, 2010. 9
19. R. Scott, 〈Israel Innovates for the Asymmetric〉, Jane's Navy International, March 2000

CHAPTER 03

함정 발전과정, 현황 및 발전동향

3.1 | 수상함 발전과정 및 현황

3.1.1 전함(戰艦)

범선시대의 상징이던 돛대가 사라지고 포탑(Turret)을 장착한 증기·철선 시대의 전함(Battle Ship)은 1882년 영국이 건조한 9,500톤급 콜링우드(Collingwood)함이 최초라고 볼 수 있다. 당시 전함은 배수량 11,500~17,000톤급, 길이 130m 내외, 12인치 주포 4문과 9인치, 8인치, 6인치 등 다양한 대형 부포를 탑재하고, 9~18인치의 두꺼운 장갑이 적용된 함정으로서 상당히 빠른 속도와 긴 항속거리를 갖고 있었다. 또한 30km가 넘는 거리에서 목표물을 정확하게 포격할 수 있고, 심한 손상을 입고도 좀처럼 침몰하지 않는 군함이었다. 그림 3-1에 콜링우드함을 제시하였다.

제국주의 시대에는 강대국들의 군비경쟁에 의해 많은 수의 전함이 건조되었다. 이러한 전함은 1905년 쓰시마 해전을 통해 전함의 장갑 및 주포의 유효성을 인정받았으나, 불필요한 부포와 느린 속도로 인해 진부한 구형(舊形)으로 전락하였다. 이러한 교훈을 토대로 1906년 영국이 배수량 18,000톤급, 주포 12인치 10문, 추진기관으로 터빈기관을 적용한 드레드노트(Dreadnaught)함을 건조하면서 이전 전함보다 약 3노트 빠르고 주포만 탑재한 '전포 거포함' 시대가 열리게 되었다. 이후 미국, 프랑스, 독일, 러시아, 일본 등이 드레드노트급 함정을 경쟁적으로 건조하기 시작하면서, 배수량이 30,000톤급이며 다수의 대구경포를 함 중앙에 배열한 대형 전함으로 발전하였다. 이러한 대형 전함들이 1차 세계대전에서 해전의 주역이 되었다. 그림 3-2에 최초의 전포 거포함인 드레드노트함을 제시하였다.

그림 3-1
영국 전함 콜링우드함

그림 3-2
영국 전함 드레드노트함

그림 3-3
일본 전함 야마토함

1차 세계대전 이후 1922년 워싱턴 군축회담에서 함대 규모를 급격히 감축하고 전함 크기를 35,000톤 이하로 제한했다. 이러한 군비축소는 2차 세계대전 발발 직전까지 계속되었으나, 함대 규모는 다시 늘어나게 되었다. 영국에서는 44,000톤급 전함을 5척이나 만들었고, 독일은 비스마르크(Bismark)함을 비롯한 52,600톤급 전함 2척, 미국은 아이오와(Iwoa)함을 비롯한 58,000톤급 전함 4척, 일본은 야마토(Yamato)함을 비롯한 72,000톤급 전함 2척을 건조하였다. 그림 3-3에 일본 전함 야마토함을 제시하였다.

전함은 1차 세계대전보다 2차 세계대전에서 훨씬 더 많이 활약했지만, 2차 세계대전 중 해전양상이 수상함 간의 전투에서 수상함과 항공모함에서 발진한 항공기와의 전투로 바뀌면서 전함의 취약성이 드러나게 되었다. 전함은 거포를 사용하

그림 3-4
미 해군 전함 미주리함 대형 함포 및 전함 함포 발사장면

여 원거리 고정목표를 동시에 공격하는 데는 유리했으나, 다수 항공기의 동시공격에는 대처능력이 매우 미흡하였다. 독일과 일본 전함들은 연합국 항공기의 집중공격에 의해 침몰되고 말았으며, 전함이 바다를 제패하던 시대도 막을 내렸다.

2차 세계대전 이후 대부분의 전함은 퇴역하였고 전함 건조는 1945년에 중단되었다. 4척의 아이오와급 전함은 한국전쟁에 참여하여 함포 지원임무를 효과적으로 수행한 후 퇴역하였으며, 1968~1969년에 베트남 해안을 포격하기 위해 뉴저지(New Jersey)함이 잠시 운용되었다. 1982년 뉴저지함은 순항유도탄을 비롯한 여러 가지 유도탄과 새로운 유도장치 및 레이더 전자장치로 무장한 뒤 다시 취역하였다. 현재 최소한 1척을 함포 지원임무 또는 다국적 NATO 기함 및 훈련함으로 재취역시키려는 노력이 진행 중이나, 높은 운용·유지비와 인력 집중형 함정이라는 이유로 현역 복귀는 어려울 것으로 보인다. 그림 3-4에 미 해군 미주리(Missouri)함의 대형 대포와 전함의 함포 발사장면을 제시하였다.

3.1.2 항공모함(航空母艦)

항공모함(Aircraft Carrier)은 순양함에 임시로 비행갑판을 설치한 것에서 비롯되어 명실공히 현대의 주력함으로 발전하였다. 1903년 라이트 형제의 비행이 성공한 이래, 1917년 영국 해군은 22,700톤급 대형 경순양함 퓨리오스(HMS Furious)호를 건조하던 중 설계를 변경하여 함수 주포를 철거하고 항공갑판을 설치하여 진수시킴으로써, 해상 항주 중에 항공기를 이착륙시킬 수 있는 최초의 항공모함을 탄생시켰다. 영국 해군은 항공모함에 대한 실험을 계속하여, 상선 콘트(Conte)호의 갑판에 장애물이 없는 비행갑판을 만들어 진정한 의미의 최초 항공모함인 아거스(Argus)호를 개발했다. 미국의 경우 낡은 석탄운반선 주피터를 평갑판 항공모함으로 개조한 랭리(Langly)호가 최초의 항공모함이며, 일본은 1922년 평갑판형으로 건조한 호쇼(Hosho)호가 최초의 항공모함이다.

항공모함은 2차 세계대전 초기 실제 전투에서 처음으로 사용되었다. 1941년 12월 7일 일본은 항공모함의 비행기를 이용해 진주만을 기습함으로써 항공모함의 위력을 실제 전투에서 입증하였다. 태평양에서 벌어진 거의 모든 해전에서 미 해군과 일본 제국 해군 간의 승패는 상대방 항공모함을 누가 먼저 발견해서 격파하느냐에 따라 갈리게 되었다. 이에 따라 항공모함을 중심으로 하는 기동부대가 수백 해리의 거리를 두고 탑재한 항공기를 통해 싸우는 형태가 되었고, 전함의 주포는 해전에서 보조적인 존재로 격하되었다. 항공모함은 미드웨이 군도, 오스트레일리아 북동 해안, 레이테 만과 같은 태평양의 여러 전쟁지역에서 중요한 역할을 수행하였다.

전쟁 뒤에 건조된 항공모함들은 크기도 더 커졌고 비행갑판에도 무장을 했다. 2차 세계대전 후 출현한 제트비행기는 큰 중량, 낮은 가속도, 높은 착륙속도, 많은 연료소비량 때문에 항공모함에의 탑재·운용에 심각한 문제를 야기했다. 영국에서 개발된 증기로 힘을 얻는 캐터펄트(Catapult), 함수와 함미 정방향이 아닌 비스듬히 기울어진 비행갑판, 거울을 이용한 착륙 신호장치 등 세 가지 기술혁신이 이들 문제를 해결하는 데 도움을 주었다. 1960년 9월 미국은 많은 공간을 차지했던 연료탱크와 연돌을 불필요하게 만든 최초의 원자력추진 항공모함을 진수시켰다.

항공기는 작전수행 시 반경과 크기에 제약을 받으므로, 항공모함은 이를 극복할 수 있는 바다 위의 비행장이라 할 수 있다. 짧은 활주로 위에서 쉽게 이륙하기 위해 비행갑판 위에 설치된 비행기 사출장치인 캐터펄트가 비행기를 발사하며, 착륙할 때는 갑판 위에 가로놓여 있는 강철 밧줄을 걸 수 있는 갈고리를 이용하여 빨리 정지하도록 한다. 항공모함의 중앙조종실은 비행갑판 한쪽 옆에 있는 상부구조에 있으며, 무전기와 레이더 그리고 갑판에서 신호를 보내 비행기의 안전 착륙을 안내한다. 놀라운 발전을 이룬 전투항공기를 이용한 공격을 통해 항공모함은 모든 함정에 두려운 존재가 되었다. 현대 항공모함은 표 3-1에 제시한 것처럼 분류할 수 있다.

표 3-1
항공모함 분류

구분	분류
추진동력	원자력추진 항공모함, 디젤전기추진 항공모함
크기	대형 항공모함(100,000톤급 내외), 중형 항공모함 (50,000톤급 내외), 경항공모함(15,000톤급 내외)
용도	정규 항공모함(정규 항공전투기 탑재·운용), 헬기 항공모함(헬리콥터와 수직이착륙 전투기 탑재·운용)

2차 세계대전 이후 항공모함은 함대의 주력으로 등장했으나, 충분한 수량의 항공기를 탑재한 항공모함을 운용할 수 있는 국가는 현재 정규 항공모함 전단을 운용하는 미국뿐이다. 영국, 프랑스, 러시아, 이탈리아, 스페인 등 몇몇 국가가 항공모함을 보유하고 있지만, 미 해군에 비해 규모가 매우 작다.

미 해군이 보유한 항공모함은 니미츠(Nimitz)급과 엔터프라이즈(Enterprise)급이다. 배수량 102,000톤급 니미츠급 항공모함은 조지 워싱턴(George Washington)함을 비롯하여 최근 취역한 조지 부시(George H.W. Bush)함 등 총 10척을 운용하고 있다. 미 해군은 헬리콥터 항공모함으로 구분할 수 있는 배수량 40,000톤급 헬기강습 상륙함을 다수 운용함으로써, 항공모함 세력에서는 타의 추종을 불허하고 있다. 항공모함 전단은 항공모함 1척을 중심으로 순양함 1~2척, 구축함 2~5척, 보급함, 원자력추진 공격잠수함으로 구성된다. 함 자체무장은 방어용 대공유도탄과 방공용 발칸포 정도로 빈약하며, 항공모함을 호위하는 수상전투함에 의존한다. 탑재·운용하는 항공 전력은 니미츠급의 경우 전투기 74기, 정보수집 및 정찰기 4기, 전자전 항공기 4기를 탑재하며, 그 외 다수의 헬리콥터를 탑재한다. 그림 3-5에 미 해군 니미츠급 항공모함 조지 워싱턴함을 제시하였다.

영국 해군은 본래 정규 항공모함을 보유하였으나, 1970년대까지 전량 퇴역하여 수직이착륙 전투기를 탑재한 배수량 20,000톤급 인빈시블(Invincible)급 경항공모함 3척만을 유지하고 있다. 포클랜드전을 치렀던 영국이 경항공모함의 한계를 인식하고 새로 건조 중인 항공모함이 퀸 엘리자베스(Queen Elizabeth)급이며, 배수량 65,000톤급으로 미국의 니미츠급에 이어 세계에서 두 번째로 거대한 항공모함이다. 그림 3-6에 제시한 바와 같이, 미 해군 니미츠급 정규 항모과 영국 인빈시블급 경항모는 크기 및 항공기 탑재·운용 능력에서 큰 차이가 있음을 알 수 있다.

그림 3-5

미 해군 니미츠급 항공모함 조지 워싱턴함

그림 3-6

미 해군 니미츠급 정규 항모와 영국 인빈시블급 경항모

러시아는 모스크바(Moskva)급, 키에프(Kiev)급, 아드미럴 쿠츠네초프(Admiral Kuznetsov)급 항공모함을 보유하고 있었으나, 막대한 운용·유지비를 감당하지 못해 퇴역시키거나 인도 등에 양도하고 아드미럴 쿠츠네초프급 1척만 운용 중이다. 아드미럴 쿠츠네초프급 항공모함은 냉전체제 막바지 시절인 1990년에 항공순양함으로 취역하였으며, 만재배수량 58,500톤으로서 원자력 추진기관이 아닌 증기터빈기관 4기와 4축 추진기로 추진된다. 냉전체제 해체 이후 극심한 경제난으로 인해 2번함 바리야그(Varag)함은 1993년 공정 80% 상태에서 건조가 중단되어 2002년 중국에 판매되었다. 그림 3-7에 러시아가 현재 운용하고 있는 아드미럴 쿠츠네초프함을 제시하였다.

클레망소(Clemenceau)급 항공모함 2척을 운용하던 프랑스는 최근 샤를르 드골(Charles de Galle)급 원자력추진 항공모함을 취역시켰으나, 원자로와 프로펠러의 고장, 짧은 비행갑판의 연장공사 등 많은 결함으로 인해 2번함 건조계획을 포기하였다. 영국의 퀸 엘리자베스급 항공모함과 유사한 신형 항공모함를 건조할 계획이며, 자국산 전투기와 조기경보기를 운용할 수 있도록 스키점프대 대신 캐터펄트를 설치할 예정이다. 이탈리아는 가리발디(Garibaldi)급 헬기항모와 카부르(Cavour)급 경항공모함을 운용하고 있으며, 스페인은 프린시페 드 아스투리어스(Principe De Austrias)급 경항공모함과 경항공모함에 상륙함 기능을 추가한 후안 카를로스(Juan Carlos)급을 운용하고 있다.

일본은 2차 세계대전 당시 19척의 항공모함을 운용했지만, 태평양전쟁 당시 격침되거나 퇴역했다. 최근 확보한 16DDH급 헬기탑재 호위함은 격납고와 비행

그림 3-7

러시아 항공모함 아드미럴 쿠츠네초프함

갑판을 구비한 전통갑판(全通甲板)형 경항공모함으로서, 2009년 5월 1번함 휴가(Hyuga)함이 취역하였으며 2009년 8월 2번함 이세(Ise)함이 진수되었다. 유사시 항공모함으로 전용될 것이라는 중국 등 주변국의 우려가 있지만, 일본 측은 휴가함에 항공기 이륙용 램프(Ramp)가 없으며 고정익 항공기를 탑재·운용할 수 있는 기능을 갖고 있지 않다고 주장하고 있다. 현재 일본에서는 휴가함보다 훨씬 크고 항공기 탑재·운용 능력이 강화된 길이 248m의 22DDH급 차기 헬기탑재 호위함 건조가 추진되고 있다. 그림 3-8에 헬기탑재 호위함인 휴가함을 제시하였다.

인도는 영국제 구형 항공모함을 인수해 1987년 재취역시킨 비라트(Virat)함을 운용 중이다. 너무 낡았기 때문에 러시아가 퇴역시킨 키에프급 항공모함 4번함을 개조하여 비크라마디티야(Vikramaditya)함으로 재취역시켜 수직이착륙 전투기 및 전투기를 탑재하여 운용할 계획이다. 또한 이탈리아와의 기술협력을 토대로 자국산 비크란트(Vikrant)급 항공모함을 건조할 예정이다.

브라질은 프랑스의 클레망소급 디젤 항공모함을 상파울루(Sau paulo)급 항공모함으로 취역시켜 운용 중이며, 태국은 스페인에서 도입한 프린시페 드 아스투리어스급 경항공모함을 차크리 나루에벳(Chakri Naruebet)급으로 취역시켜 운용 중이며 운용비용 문제로 시범운용만 하고 있다.

중국은 러시아로부터 건조가 중단된 아드미럴 쿠즈네초프급 2번함 바리야그함을 인수하여, 2011년 현재 중국 조선소에서 독자 기술로 건조공사를 마치고 시운전 단계에 있다. 함재기로는 러시아제 수호이 전투기를 운용할 것으로 전망된다. 중국 당국은 바리야그함과 별도로 독자적인 기술을 적용한 항공모함 개발·건

그림 3-8
일본 헬기탑재 호위함 휴가함

그림 3-9
중국 항공모함 바리야그함

조 계획이 추진되고 있음을 언론매체 등에 공개한 바 있다. 그림 3-9에 건조공사 중인 바리야그함을 제시하였다.

3.1.3 순양함(巡洋艦)

순양함(Cruiser)은 전함과 구축함의 중간 크기 수상함으로서, 순양(巡洋)이라는 단어는 함형의 구분이기보다는 함정 역할에서 비롯된 것이다. 대구경포를 다수 탑재한 대형 전함을 대규모 해전상황이 아닌 전투에 투입하는 것은 적합하지 않으므로, 적당한 무장과 승조원을 갖추고 장거리 임무를 수행할 수 있는 군함이 필요하게 되었으며, 이에 따라 단독으로 임무를 수행할 수 있도록 설계한 함정이 순양함이다. 그림 3-10에 제시한 바와 같이, 1883년 돛대가 없고 선체가 장갑갑판으로 건조된 영국의 에스메라다(Esmerada)급이 최초의 근대적 순양함으로 인정되고 있다.

순양함의 발전단계는 다음과 같이 4단계로 구분된다.

1단계는 1883년부터 1906년까지 드레드노트함 이전으로 장갑 순양함, 방호 순양함, 일반 비장갑 순양함으로 분류된다. 방호 순양함은 기계실과 포대 등 함정의 주요 부위에 장갑을 적용한 순양함이며, 장갑 순양함은 선체 현측 또는 상부구조물에 장갑을 적용한 순양함이고, 일반 비장갑 순양함은 장갑이 없는 소형 순양함이다. 드레드노트함 이전은 제국주의 시대로서 '군함외교' 임무를 수행하기 위한 함정이 순양함이었으며, 대형 장갑 순양함부터 소형 순양함까지 여러 형태가 존재한 순양함의 전성기였다.

그림 3-10
영국 순양함 에스메라다급 나니와함

2단계는 1906년부터 1차 세계대전 이전까지이다. 경순양함 시대로서 순양함 역할의 모호성 때문에 대부분의 국가에서 건조가 중단되거나, 소형의 정찰 순양함 및 경순양함이 건조되었다.

3단계는 1차 세계대전부터 2차 세계대전까지로 중순양함 및 경순양함의 시대였다. 이전 시대 함정은 크기가 너무 작아 작전 지속능력이 제한되었으나, 빠른 기동성과 중무장된 장갑 순양함은 1차 세계대전에서 중요한 역할을 수행하였다. 2차 세계대전에서는 해상전투가 항공모함에 탑재한 항공기 또는 지상기지에서 출격한 항공기에 의해 주도되면서, 순양함은 멀리 떨어진 원양에서 행해지는 단독작전 임무수행에 투입되었다. 순양함은 2차 세계대전에서 대부분 소실되었으며, 순양함에 의한 함포 해전시대는 막을 내리게 되었다.

마지막 4단계는 2차 세계대전 이후 현재까지로서, 함포에서 유도탄 시대로 전환되면서 미 해군은 기존 순양함의 함포를 유도탄으로 교체하였다. 1955년 중순양함 보스턴(Boston)함이 처음으로 유도탄을 장착한 이후, 순양함은 함포 대신 유도탄을 주력 무기로 삼게 되었다. 1961년 최초의 원자력추진 수상함 롱비치(Long Beach)함이 취역하여 순양함의 단점인 연료 재보급 문제를 해소시켰고, 베트남전에서는 함정에서 유도탄을 발사하여 전투기를 격추하는 최초의 함정이 되었다. 그림 3-11에 미 해군 순양함 롱비치함을 제시하였다.

냉전시대인 1962년 소련은 미국의 항공모함 기동부대 공격을 목적으로 대함유도탄을 갖춘 함정을 건조한 후 점차 개량하였다. 배수량 15,000톤급, 대함유도탄 발사기 8대와 대공·대잠 장비를 갖추고, 대잠유도탄을 추가 탑재하여 대잠 임무수행을 중시한 형태로 건조되었다. 1980년에는 대형 유도탄 발사기 20대와 각종 장비

그림 3-11
미 해군 롱비치함

를 갖춘 배수량 22,000톤급 대형 순양함 키로프(Kirov)급을 취역시켰다. 미국 함정을 제외하고는 유일한 원자력추진 함정으로서, 최대속도 33노트를 발휘하기 위해 중유를 사용하여 증기터빈의 성능을 높이는 특이한 추진방식을 갖고 있다.

미국은 1983년 혁신적인 성능을 가진 이지스(Aegis) 전투체계를 탑재한 9,900톤급 타이콘데로가(Ticonderoga)급 순양함을 취역시켰으며, 현재 22척을 운용하고 있다. 타이콘데로가급 순양함은 이지스 체계를 탑재하고 항공모함 전단의 함대 방공함으로서의 역할을 수행하고 있다. 항공모함 전단이 주도하는 미국 해군과 독특한 전술교리를 가진 러시아 해군 외에 순양함을 운용하는 국가는 현재 없다. 그림 3-12와 3-13에 현재 운용 중인 러시아와 미국의 순양함을 제시하였다.

그림 3-12
러시아 키로프급 순양함

그림 3-13
미 해군 타이콘데로가급 순양함

3.1.4 구축함(驅逐艦)

구축함(Destroyer)의 기원은 어뢰의 운용과 관계가 깊다. 1860년대 개발된 어뢰의 운용을 위해 1870년대부터 건조하기 시작한 어뢰정은 소형, 고속으로서 양호한 조종성능을 활용하여 효과적으로 어뢰를 운용할 수 있었다. 어뢰정이 대형함에 큰 위협으로 대두되자, 대형함은 소구경 속사포와 조준사격용 탐조등을 설치하고 정박 중에도 방어체계를 갖추게 되었다. 보다 근본적인 대응수단을 강구하기 위해 1892년 영국 해군은 어뢰정의 추적 및 격파와 적 대형함에 대한 어뢰 공격이 가능한 어뢰정 구축함(Torpedo Boat Destroyer)을 건조하기 시작하였다. 이후 어뢰정 구축함이 다양한 임무를 수행하게 되면서 현재의 구축함으로 발전하였다.

최초의 현대식 구축함은 1904년 영국 해군의 리버(River)급으로서, 내해성을 고려하여 높은 함수갑판과 항해 및 지휘용 함교가 처음 설치되었다. 이후 등장한 구축함은 배수량 500~1,000톤으로서, 4~5인치 함포 2~4문과 18~21인치 어뢰발사관을 탑재하고 27~36노트의 속도를 낼 수 있었다. 1차 세계대전까지 구축함은 전투함대의 전방에 배치되어 적 함대를 정찰하고 적 함대의 구축함을 격퇴시키며, 적 전함과 순양함에 어뢰를 발사하는 임무를 수행하였다. 영국과 미국은 300여 척, 독일은 100여 척으로 당시 세계 각국의 보유 함정 중 구축함이 가장 많았다. 구축함은 기뢰부설 및 소해, 병력 수송, 함포 지원 등 다양한 임무를 수행함으로써 핵심적인 역할을 담당하는 함정이 되었다.

2차 세계대전 중 구축함은 더욱 대형화되고 장기간 해상작전 수행이 가능해졌다. 특히 잠수함을 상대로 한 대잠작전의 중요성이 부각되고 척수가 적은 전함과 순양함의 운용 제한으로 인해 필요성이 더욱 증대되어 많은 척수의 구축함이 건조되었다. 구축함은 수중음파 탐지기와 폭뢰를 갖추고 적 잠수함 공격으로부터 상선단과 전투함대를 보호하는 역할을 맡게 되었으며, 2차 세계대전 말기에는 레이더와 대공포를 추가하여 대공작전 임무까지 수행하였다. 전후 영국은 수백 척의 구축함을 영연방 국가에 이양하고 일부는 1980년대까지 운용하였으며, 미국도 잉여 구축함을 우방국 등에 이양하였다.

구축함은 함포, 대공유도탄, 대함유도탄, 어뢰, 폭뢰, 대잠헬기 등으로 무장하고 있으며, 주 임무는 대함, 대잠, 방공 임무이다. 특히 1990년대 초 미국이 실전에 배치한 알레이버크(Alreigh Burke)급 이지스 구축함은 만재배수량 9,100톤으로서 순양함에 맞먹을 정도로 크다. 알레이버크급 구축함은 강력한 위상배열 다기능 레이더 및 SM-2 대공유도탄 수직발사체계와 대함유도탄 방어체계를 갖추고 있어, 함대 방공(防空) 임무수행은 물론 대함유도탄의 동시다발 공격에 대응할 수 있다. 토마호크 순항유도탄을 이용하여 원거리 해상에서 육상 목표물을 공격할 수 있으며, SM-3 대공유도탄을 이용하여 탄도유도탄을 요격할 수 있다. 이와 같이 다양한 작전임무를 수행함으로써 미 해군 수상 전투세력의 주력 함정으로 운용되고 있다. 현재 후속함이 계속 건조되고 있으며, 총 62척이 확보될 예정이다.

미 해군의 이지스 전투체계를 탑재한 이지스급 구축함으로는 일본 해상자위대의 콩고(Kongou)급 및 탄도유도탄 요격을 위해 신형 SM-3 탑재형으로 개량한 아타고(Atago)급 구축함, 한국의 세종대왕급 이지스 구축함이 있다. 급격한 경제성장을 토대로 해군력 증대에 박차를 가하고 있는 중국은 중국형 이지스함이라고 할 수 있는 란저우(Lanzhou)급과 다양한 구축함급 함정을 건조하고 있다. 란저우급 구축함은 위상배열 레이더를 탑재하기 위해 류양(Luyang) I급 구축함의 상부구조를 변형한 구축함이며, 류양 I급 구축함 1척과 함께 소말리아 아덴만에 파견되어 해적 소탕작전을 수행하고 있다. 또 다른 이지스급 구축함으로 영국이 호라이즌(Horizon) 프리게이트 공동개발 사업에서 이탈하여 독자적으로 개발·건조한 Type45 다링(Daring)급 구축함이 있다. 그림 3-14, 3-15, 3-16에 미 해군, 일본, 중국의 이지스급 구축함을 제시하였다.

3.1.5 프리게이트

프리게이트(Frigate)는 상갑판이 없는 작은 배라는 뜻의 그리스어 '비보호된(Non－Protected)' 에서 유래되었다는 설과, 전속력으로 항해하는 모습이 해조

그림 3-14

미 해군 알레이버크급 구축함

그림 3-15

일본 아타고급 구축함

그림 3-16

중국 란저우급 구축함

(海鳥)의 하얀 날개를 연상시키기 때문에 '펠리컨 아킬러스' 해조와 관계있다는 설이 있지만 불명확하다.

프랑스는 16세기 말 단연장포 20~24문을 탑재한 빠른 속도의 전투함을 프리게이트라 부르기 시작하였고, 영국은 2연장 40문을 탑재한 함정을 프리게이트라 칭하였다. 범선시대 프리게이트는 전투함보다 크기와 탑재무장이 적지만 기동이 용이하고 속도가 빨라 상선단에 앞서 탐색하는 데 운용되었으며, 주력함 본대의 외곽에서 주로 활약하였다. 17세기에는 전장 30m, 18세기에는 40~45m, 19세기에는 50m 이상으로 점점 대형화되었으며, 대표적인 프리게이트는 대형 목조 범선인 미국의 컨스티튜션(Constitution)호이다. 1858년에는 영국과 프랑스 해군에서 철갑함 형태의 장갑 프리게이트함이 건조되었다.

20세기에 이르러 프리게이트라는 용어는 순양함과 구축함에 가려져 각국의 해군 목록에서 사라졌다. 그러나 1950년대 영국은 배수량 2,350톤의 린더(Leander)급을 건조한 후 호위 임무를 부여하며 프리게이트 명칭을 공식화하였다. 이후 린더급 프리게이트는 세계 각국에서 선호하는 함정이 되어 영연방 국가들과 다른 국가들이 채택하였고, 대형화되면서 다른 국가들도 본격적으로 프리게이트라는 용어를 사용하기 시작하였다.

구축함과 프리게이트를 구분하는 기준은 국가마다 상이하다. 프리게이트는 일반적으로 배수량 3,000~6,000톤, 100mm급 이상 함포, 대공·대함 유도탄, 어뢰, 다기능 레이더, 소나, 헬리콥터, 유도탄 및 어뢰 기만체계 등을 탑재한 함정을 일컫는다. 최근 전 세계적으로 많은 종류의 프리게이트가 등장한 이유는 단순한 호위 임무에서 전방 전개, 정찰, 함포 지원, 공중·수상·수중 위협 보호, 특수작전 지원, 해상 차단, 어민 및 배타적 경제수역(EEZ) 주권 보호, 해양법 집행 등 함정의 모든 임무를 수행하는 함정으로 진화되었기 때문이다.

이러한 다목적 임무에 적합하도록 개발·건조되어 프리게이트의 유용성을 세계에 널리 알린 함정이 바로 미 해군 올리버 해저드 페리(Oliver Hazard Perry) FFG-7급 프리게이트이다. 미 해군 FFG-7급 프리게이트는 3,600톤급으로서 대공전 능력은 없었으나, 헬기 2대를 탑재·운용함에 따라 다양한 작전임무를 수행하였다. 1979년부터 1989년까지 51척이 건조되었으며, 일정 기간 운용 후에는 여러 나라에 공여 또는 매각되었다.

현대 프리게이트는 스텔스 기술을 적용하여 함정의 레이더 반사(RCS), 적외선 신호(IR), 수중방사소음(URN) 등을 최소화함으로써 생존성능이 크게 향상되

그림 3-17
미 해군 FFG-7급 프리게이트

그림 3-18
프랑스 라파엣급 프리게이트

었다. 특히 프랑스의 라파엣(La Fayetta)급 프리게이트는 1990년대 초반 전자파 반사 감소기술을 적용하여 선체 및 상부구조 외판을 경사진 형태로 변화시킴으로써, 신규 함정의 선체 및 상부구조 외판 형태에 큰 영향을 미쳤다. 그림 3-17과 3-18에 제시한 바와 같이, 미 해군 FFG-7급 프리게이트와 프랑스 라파엣급 프리게이트를 대비해 보면 갑판 상부 외형에 큰 차이가 있음을 알 수 있다.

미 해군이 수상 함정의 방공능력을 강화하기 위해 다기능 레이더와 이지스 전투체계를 순양함과 구축함에 탑재·운용하게 되면서, 유럽 주요 국가들도 다기능 레이더와 이를 탑재·운용할 신형 프리게이트를 공동으로 개발하기 시작하였다. 1994년 독일, 네덜란드, 스페인 3국의 프리게이트 공동개발 사업은, 스페인이 중도 이탈한 상태에서 전투체계와 다기능 레이더를 독일과 네덜란드 양국이 공동으로 개발하고 함정 플랫폼은 각기 개발 · 건조하였다. 이 공동사업 결과물이 2002년에 취역한 독일의 5,600톤급 F124 작센(Sachsen)함과 네덜란드의 6,000톤급 LCF 데 제벤 프로빈시엔(De Zeben Provincien)함이다. 그림 3-19에서 독일 작센급 프리게이트에 장착된 특이한 형태의 다기능 레이더를 볼 수 있다.

중도 이탈한 스페인은 미 해군의 이지스 전투체계 및 다기능 레이더를 채택하여, 독자적으로 5,800톤급 F100 알바로 데 바잔(Alvaro De Bazan)함을 2002년에 취역시켰다. 이를 토대로 2006년 이지스 전투체계와 경량화된 다기능 레이더를 탑재한 5,300톤급 난센(Nansen)급 프리게이트를 노르웨이에 수출하였다.

프랑스, 이탈리아, 영국 등 3개국도 전투체계, 다기능 레이더 및 함정 플랫폼을 공동으로 개발하기 위한 호라이즌(Horizon CNGF) 사업을 1993년에 출범시켰으나, 영국은 중도에 이탈하였다. 프랑스와 이탈리아는 다기능 레이더와 전투체계 그리고 선체체계까지 공동으로 개발하고, 이를 탑재하여 방공시스템을 구축한 6,000톤급 신형 프리게이트 포빈(Forbin)함과 안드레아 도리아(Andrea Doria)함을 2006년 및 2008년 각각 취역시켰다. 프랑스와 이탈리아는 이에 그치지 않고 차세대 다목적 프리게이트(FREMM Frigate) 개발사업을 공동으로 추진하고 있다. 그림 3-20에 이탈리아의 안드레아 도리아급 프리게이트를 제시하였으며, 주마스트에 장착된 독특한 형상의 다기능 레이더를 볼 수 있다.

그림 3-19
독일 작센급 프리게이트

그림 3-20
이탈리아 안드레아 도리아급 프리게이트

3.1.6 초계함(哨戒艦)

범선시대에 연안 경비, 소규모 전투, 인원 수송, 안내선 등 다양한 임무와 역할을 수행하는 소형함 중 가장 큰 함선을 프랑스에서 라 코르벳(La Corvette)이라 부르면서 현재 초계함을 뜻하는 '코르벳' 이라는 용어가 기인되었다.

2차 세계대전 이전까지 300~1,500톤 규모의 함정을 구축함과 프리게이트로 분류했기 때문에 코르벳이라는 용어를 찾아볼 수 없었다. 2차 세계대전 개전 이후 대서양에서 연안 대잠전과 호위 보조임무를 수행한 영국의 호위함 950여 척 중 일부가 현재 코르벳이라 불리는 소형 함정이었다. 기뢰제거와 대잠전 목적으로 캐나다에서 트롤어선처럼 상선 규격에 의해 건조되었는데 이 소형함에 '코르벳' 이라는 명칭이 주어졌고, 2차 세계대전 중 대서양에서 30척 이상의 U-보트를 격침하는 유용성을 보여주었다. 태평양에서 연안 호위 및 잠수함 추적을 위해 건조한 미국의 수상함 1,000여 척 중 약 350척도 코르벳으로 설계되어 건조·운용되었다. 독일, 이탈리아, 일본도 연합국보다는 적지만 수백 척의 유사 함정을 건조하였다.

한국 해군에서는 코르벳을 초계함이라 칭하고 있으며, 이 책에서도 초계함으로 기술한다. 1990년대부터 저강도의 국지분쟁에서 비용 대비 효과 측면을 고려할 때 초계함은 최적의 수단으로 평가받아 다양한 종류의 초계함이 건조되고 있다.

초계함 중 1,500톤급 이상의 대형 초계함은 여러 국가에서 현재 운용하고 있다. 독일의 브라운슈바이크(Braunschweig)급 초계함은 1,600톤급으로서 대지 공격력을 가진 고속정 형상의 초계함이다. 아르헨티나의 1,850톤급 에스포라(Espora)급과 터키의 2,000톤급 밀젬(Milgem)급은 헬기 운용을 위한 비행갑판 및 격납고를 구비하고 대잠전 및 연안 경비임무를 수행할 수 있다. 그림 3-21에 제시한 남아공의 MEKO A200 SAN급 초계함의 경우, 남아프리카 특유의 거친 해역에서 장기간 경비작전을 수행할 수 있도록 크기는 3,600톤급이지만 무장은 초계함 수준에 불과하여 경비초계함(Patrol Corvett)이라 칭하기도 한다. MEKO A200 SAN급 초계함은 독일 Blohm & Voss사가 차후 함 운용상황이 바뀔 경우 탑재무장과 장비를 용이하게 교체하거나 강화할 수 있다.

1,000톤급 이하의 중소형 초계함으로는 스웨덴이 2006년에 취역시킨 비스비(Visby)급 초계함이 대표적이다. 배수량이 620톤에 불과하지만 무장체계 교체를 통해 대함전, 대공전, 대잠전을 수행하며, 필요할 경우 대기뢰전을 수행하기 위한 장비도 탑재·운용할 수 있다. 또한 첨단 스텔스 기술을 적용하여 스텔스 성능을 고도화함으로써 선제 기습공격이 가능하다. 선체 길이도 스웨덴 연안의 많은 협곡에 은폐가 용이하도록 설계함으로써 자국의 해양 전장환경 특성에 부합하는 성능을 가진 함정으로 명성이 높다. 그림 3-22에 비스비급 스텔스 초계함을 제시하였다.

그림 3-21
남아공 MEKO A200 SAN급 초계함

그림 3-22
스웨덴 비스비급 스텔스 초계함

3.1.7 고속정(高速艇)

고속정(High Speed Craft)에는 유도탄정, 어뢰정, 순찰정 등 다양한 유형이 있으며, 빠른 속도를 확보하기 위해 활주선형, 수중익선형, 표면효과선형, 공기부양선형 등 특수선형을 적용하고 있다. 현재 전 세계적으로 약 2,000여 척의 고속정이 운용 중에 있으며, 주로 작은 규모 해군의 주력함으로 운용된다.

일반적으로 함정은 만재배수량 기준으로 500톤 이상을 함(艦, Ship), 500톤 이하를 정(艇, Boat)으로 분류한다. 속도를 기준으로 할 경우, 통상적으로 해상에서 30노트 이상의 속도로 달리는 선박을 고속선이라 부른다. 따라서 배수량 300톤 내외 크기의 함정이 30노트 이상 속도로 기동하여 적 함정에 대한 기습공격, 항만 방어 등 임무를 수행할 경우 고속정이라 부른다.

고속정의 대부분은 활주선형(Planning Hull)이 차지하고 있다. 활주(Planning) 이론은 1840년 개발되었으나, 실용화는 1905년 프랑스에서 40노트 속도의 활주선형 고속정을 건조함으로써 시작되었다. 1차, 2차 세계대전 동안 고속돌격정, 연안고속정, 대잠정, 고속어뢰정, PT정 등 여러 종류의 고속정이 수천 척 운용되었다. 소련은 1950년대와 1960년대 고속정 최초로 유도탄을 탑재한 코마(Komar)급 및 오사(Osa)급 유도탄 고속정을 개발하였으며, 1967년 3차 중동전에서 코마급 유도탄 고속정이 이스라엘 구축함을 침몰시킴으로써 유도탄 고속정의 위력을 확실하게 입증하였다. 이후 세계 각국은 유도탄을 탑재한 유도탄 고속정을 집중적으로 건조하거나 구입함으로써 1985년까지 유도탄 고속정은 급속하게 확산되었다.

미흡한 자체 방어능력 및 취약한 생존성, 그리고 배타적 경제수역(EEZ) 확대에 따른 보다 큰 경비함(OPV)의 신규 확보 필요성 등에 의해 유도탄 고속정의 확산이 정체되고 있다. 그럼에도 불구하고 노르웨이, 핀란드, 덴마크 등 북유럽 국가들은 자국의 해양 전장환경에 부합하는 성능이 고도화된 고속정을 지속적으로 개발 · 건조하고 있다. 북유럽 국가가 운용하고 있는 활주선형 고속정으로 핀란드의 270톤급 하미나(Hamina)급 고속정과, 덴마크의 480톤급 플라이베피스켄(Flyvefisken)급 고속정을 들 수 있다. 활주선형 고속정의 예로 오사급 유도탄 고속정 및 플라이베피스켄급 고속정을 그림 3-23과 3-24에 각각 제시하였다.

미 해군은 수중익선형 고속정을 실용화하기 위해 1950년대부터 많은 연구개발을 해왔다. 1960년대 여러 종류의 시범선 건조 및 시험평가 단계를 거쳐, 1977년 255톤급 페가수스(Pegasus)급 유도탄 고속정을 총 6척 건조하여 1990년대까지 운용하였다. 이탈리아, 일본 및 이스라엘 등도 1980년대 이후 100톤급 이하 소형 유도탄 고속정을 수중익선형으로 건조하여 운용하였다. 2010년 기준으로 수중익선형 고속정은 거의 퇴역한 상태이다. 나쁜 해상상태에서도 고속을 발휘할 수 있는 큰 장점을 갖고 있으나, 까다로운 수중익의 정비 · 유지 및 탑재중량의 엄격한 제한 등이 수중익선형 고속정의 확산을 막는 원인이 되고 있다. 그림 3-25에 미 해군 페가수스급 유도탄 고속정이 수상으로 부상하여 고속으로 항해하는 장면을 제시하였다.

공기부양선형은 수륙양용이 가능한 공기부양선(Air Cushion Vehicle: ACV)과 수상 전용인 표면효과선(Surface Effect Ship: SES)으로 구분된다. 공기부양선(ACV)은 수륙양용이 가능하므로 주로 상륙고속정에 적용되었으며, 미 해군의 180톤급 LCAC급 상륙돌격정과 러시아의 550톤급 포모르니크(Pomornik)급 군수지원 상륙정이 대표적인 예이다. 미 해군 LCAC급 상륙돌격정은 초수평선(Over The Horizon: OTH) 상륙작전 수행이 주 임무이며, 총 90척이 건조되어 현재 74척이 운용되고 있다. 러시아의 포모르니크 상륙정은 대형 고속함으로서, 병력과 물자의 고속수송이 주목적이며 선수 램프(Ramp)를 통해 하역한다. 핀란드에서 2002년에 취역시킨 튜리(Tuuli)급 고속정은 84톤급으로서, 공기부양선으로는 드물게 어뢰 및 기뢰를 탑재 · 운용하는 전투용 고속정이다.

표면효과선을 이용하여 수상전투함 또는 고속정을 개발하기 위해 미국 등 여러 국가가 시도하였으나, 이를 실현한 국가는 노르웨이다. 노르웨이는 표면효과선형을 적용하여 1994년 375톤급 기뢰전함을 개발 · 건조하였고, 1999년에는 자국

그림 3-23

소련 오사급 유도탄 고속정

그림 3-24

덴마크 플라이베피스켄급 고속정

그림 3-25

미국 페가수스급 고속정 편대 항해장면

에서 개발한 NSSM 대함유도탄 8기를 탑재한 270톤급 스콜드(Skjold)급 유도탄 고속정을 건조하여 총 6척을 운용하고 있다. 스콜드급 고속정은 해상상태(Sea State) 3에서 40노트 이상 고속을 발휘할 수 있고, FRP 선체 및 전파흡수재를 사용하여 스텔스 성능을 고도화한 함정으로서, 노르웨이 연해해역 전장환경에 부합하는 함정으로 높은 평가를 받고 있다. 스콜드함을 대형화한 고속전투함 개념은 2003년 미 해군이 시행한 연안전투함(LCS) 개념(안) 공모 시 최종 후보에 오르기도 했다.

그림 3-26
미 해군 LCAC급 상륙돌격정

그림 3-27
노르웨이 스콜드급 유도탄 고속정

3.1.8 상륙전함(上陸戰艦)

상륙전함(Amphibious Warfare Ship)은 상륙작전을 위한 지휘통제, 인원 수송, 군수보급 지원 등의 임무를 수행하는 함정으로서, 상륙돌격을 수행할 수 있도록 특별한 구조로 설계·건조된 상륙주정을 탑재한 함정이다. 오랜 역사 동안 함선은 상륙작전을 위한 병력을 수송해 왔으나, 1차 세계대전 이전에 사용된 함선은 상륙작전을 위해 전용선으로 건조된 것이 아니었다. 군함과 상선으로 병력을 수송했으며, 함선의 단정을 이용한 무저항 상륙으로서 적 저항을 뚫고 상륙하는 상륙돌격이 아니었다.

1차 세계대전 중 영국은 소형 석탄운반선 리버 클라이드(River Clyde)호를 개조하여 현측 통로와 병력 하선용 현측 문을 갖춘 최초 상륙함을 탄생시켰다. 일본은 1933년 함미 도어와 20척의 상륙주정 및 수상비행기 4대의 탑재공간을 갖춘 최초의 상륙함 신슈(Shinshu Maru)호를 건조하였다.

2차 세계대전 중 영국과 미국은 LST(Landing Ship Tank)형 상륙함과 도크형 상륙함(Dock Landing Ship: LSD)을 건조하였다. 이를 통해 연합국 측의 상륙작전 능력이 비약적으로 강화되었다. 특히 LST 상륙함은 1,000척 이상 건조되어, 큰 적재능력과 범용성을 토대로 대서양과 태평양 전역의 상륙작전에서 크게 활약하였다. 그러나 상륙전함 LST 선형은 얕은 흘수(屹水)의 상자형으로, 해변접안(Beaching)을 위해 함수부에 양닫이 방식의 함수문(Bow Door)을 갖고 있어 속도가 10노트 수준에 불과했다. 이는 다른 함정과의 협동작전 수행에 큰 장애가 되었다. 그림 3-28에 LST형 상륙함의 해변접안 및 탱크의 육상진입 장면을 제시하였다.

그림 3-28
미국 LST형 상륙함

미 해군은 해변접안을 포기하고 일반적인 함수부 선형과 함수부 보판(步板)을 적용한 20노트급 속도의 뉴포트(Newport)급 상륙함을 총 20척 건조하여 1990년대 초까지 운용하였으나, 근원적인 대안은 되지 못했다.

LST 상륙전함을 보완하기 위해, 작전해역에 도착하면 물을 채워 탑재한 전차 양륙용 주정(LCT)을 수상으로 발진시킬 수 있는 플로팅 도크(Floating Dock)를 선체 내부에 보유한 도크형 상륙함 LSD가 등장했다. LSD 상륙함은 LST처럼 해변에 직접 접안할 필요가 없으므로 2차 세계대전 이후에도 유용성을 인정받아 계속 운용되었다. 가장 대표적인 함정은 미 해군이 1980년대 건조한 15,000톤급 LSD 휘드베이 아일랜드(Whidbey Island)급으로서, 공기부양선형 고속상륙정 LCAC(Landing Craft Air Cushion)를 최초 상륙주정으로 운용하였다.

미 해병대는 한국전쟁을 통해 헬기가 병력을 신속하게 전개하거나 철수하는 데 매우 유용함을 알게 되었다. 이에 따라 LSD 상륙함의 도크(Dock) 탑재능력은 축소시키고 병력 및 차량 탑재능력을 대폭 늘리며, 도크 상부에 고정갑판을 만들어 상륙용 헬기를 운용할 수 있는 LPD(Amphibious Transport Dock)형 상륙전함이 등장하게 되었다. 1960년대 레이리(Raleigh)급 LPD 3척 및 오스틴(Austin)급 LPD 11척을 건조하였으며, 1990년대 초에 이르러 노후화된 LST, LSD, LPD급 상륙전함들을 일괄 교체하기 위해 25,000톤으로 대형화된 LPD-17 산 안토니오(San Antonio)급 상륙전함을 개발·건조하게 되었다.

산 안토니오급 상륙전함의 가장 큰 특징은 상륙군 병력 720명을 수송할 수 있고, 이들을 상륙 전용 헬기, LCAC 고속상륙정, MV-22 경사회전익기(Tiltrotor) 등을 통해 신속하게 전개함으로써 초수평선(OTH) 상륙작전 수행능력이 대폭 강화된 점이다. 산 안토니오급 상륙전함은 선체와 상부구조에 스텔스 기술을 적용하였고, 특히 안테나를 내장한 육각기둥 모양의 AEMS(Advanced Enclosed Mast/Sensor) 마스트를 채택함으로써 그림 3-29에 제시한 것처럼 선체 외형이 색다르다. 또한 여군 병사의 승함을 전제로 함정 공간을 배치한 최초의 함정이기도 하다. 그림 3-29에 MV-22 경사회전익기 및 LCAC 고속상륙정을 탑재한 모습을 제시하였다.

미국은 2차 세계대전 이후 상륙전에서의 헬기의 중요성을 인지하고, 헬기 운용능력을 보유한 상륙전함들을 건조하는 한편, 헬기 운용능력을 강화하기 위해 호위항공모함들을 상륙전함으로 개조하여 운용하기도 하였다. 그러나 개조된 함정들은 헬기 운용능력은 충분하였으나 상륙전의 필수요건인 상륙주정, 병력, 물자 탑

그림 3-29
미 해군 산 안토니오급 상륙전함

재능력은 제한받았다. 이에 따라 헬기 운용능력과 상륙전 능력을 함께 갖춘 새로운 개념의 상륙전함 건조를 추진하였는데, 1961년 1번함으로 취역한 18,300톤 이오지마(Iwo Jima)급 LPH(Amphibious Assault Ship) 강습상륙함으로 총 7척을 건조하였다. 1998년 전부 퇴역하였고, 2번함인 인천(Inchon)함만 기뢰전 지휘함으로 임무가 변경되어 운용 중이다. 1970년대에는 34,000톤으로 LPH급이 더욱 대형화되었고, LSD 및 LPD 능력까지 통합한 타라와(Tarawa)급 LHA(Amphibious Assault Ship, General Purpose) 강습상륙함이 등장하였다.

와스프(Wasp)급 LHD(Amphibious Assault Ship, Multi Purpose) 강습상륙함은 타라와급 LHA의 확대 · 개량형으로서 총 8척을 건조하여 운용하고 있다. 와스프급 LHD 강습상륙함은 만재배수량이 40,000톤으로 다른 국가들이 보유한 경항공모함의 크기를 뛰어넘으며, 물자 탑재능력을 축소하는 대신 수직이착륙기와 경사회전익기 등 항공기 및 LCAC 고속상륙정의 운용능력을 대폭 강화하였다. 해전양상이 연해해전으로 전환된 이후, 미 해군이 원정작전을 위해 운용하고 있는 원정강습단(Expeditionary Strike Group: ESG)의 지휘함 임무를 수행하고 있다. 그림 3-30에 경항모급보다 더 많은 항공기를 탑재할 수 있는 와스프급 LHD 상륙함을 제시하였다.

연해해전으로 전환된 이후, 유럽 및 아시아 주요 국가들도 다목적 임무수행이 가능한 신형 상륙전함들을 다투어 건조해 왔다. 상륙전함이 보유한 작전능력을 토대로 복잡한 국제상황에 의해 자주 발생하는 분쟁지역에서 평화유지(PKO) 활동 및 인도적 재해구난 지원임무 외에 특수부대 수송과 지원 등 전쟁 이외의 군사작전(Military Operations Other Than War: MOOTW)에 이르기까지 다양한 임무를 수행할 수 있기 때문이다.

그림 3-30
미 해군 와스프급 LHD

이러한 개념하에 건조된 신형 상륙전함으로 네덜란드의 12,270톤 로테르담(Rotterdam)급 및 16,500톤 요한 데 비트(Johan de Witt)급 LPD 상륙전함, 영국의 18,550톤 알비온(Albion)급 LPD 및 오션(Ocean)급 LHA 상륙전함, 프랑스의 21,500톤 미스트랄(Mistral)급 LHD 상륙전함, 일본의 14,000톤 오수미(Oosumi)급 LPD 상륙전함, 그리고 한국 해군은 대형 수송함으로 칭하고 있는 19,000톤 독도(Dokdo)급 LPH 상륙전함이 있다. 특히 프랑스의 미스트랄급 LHD 상륙전함은 2010년 러시아와 수출계약을 맺어 화제가 된 바 있다. 그림 3-31과 3-32에 네덜란드 요한 드 비트급 LPD와 프랑스 미스트랄급 LHD를 각각 제시하였다.

그림 3-31
네덜란드 요한 데 비트급 LPD

그림 3-32
프랑스 미스트랄급 LHD

3.1.9 기뢰전함(機雷戰艦)

기뢰전함(Mine Wafare Ship)은 기뢰를 적 항구 또는 아군 지역에 부설하는 기뢰부설함(Mine Layer Ship), 부설된 기뢰를 탐색하는 기뢰탐색함(Mine Hunter), 기뢰를 소해하는 소해함(Mine Sweeper), 탐색 및 소해를 병행하는 탐색소해함(Mine Sweeper and Hunter) 등으로 구분된다.

기뢰는 지금까지 발명된 해군 무기 중 비용 대비 효과가 가장 높은 무기체계이다. 1차, 2차 세계대전 중 수백 달러의 기뢰가 수백만 달러의 함정을 격침시켰으며, 1991년 사막의 폭풍작전에서도 이라크의 부설 기뢰가 이지스함 2척을 작전불능 상태에 빠뜨린 바 있다. 전략 및 전술적 효과는 물론 심리전 효과까지 거둘 수 있는 기뢰전은 일반적으로 1777년 미국 독립전쟁에서 영국 군함을 침몰시키기 위해 기뢰를 사용했던 것을 최초로 보고 있다.

미국 남북전쟁 중 기뢰에 의해 36척의 함정이 침몰됨에 따라, 군함에 소해기구를 갖추거나 소형 보트에 수중 중량물 또는 기뢰 계류색 절단기를 장착한 임시방편의 기뢰전함이 등장하기도 했다. 이러한 오랜 기뢰전의 역사에도 불구하고 기뢰 전용 함정은 20세기 초반까지도 존재하지 않았다. 영국이 1908년 트롤어선을 구입하여 소해함으로 개조하고 어부들로 구성된 소해부대를 창설한 것이 소해함의 효시로 볼 수 있으며, 최초의 전용 소해함은 1910년 러시아의 푸가스(Fugas)급으로 알려져 있다.

1차 세계대전 중 기뢰는 많은 해전에서 유용한 수단으로 사용되었으나, 기뢰부설은 개조한 전투함과 상선이 수행했고 소해는 트롤어선, 유자망어선, 예인선, 소형 상선 등을 개조한 선박이 수행했기 때문에 기뢰전함 자체의 발전은 없었다. 1차 세계대전 이후 독일에서 개발한 자기기뢰는 기뢰전 함정의 선체재질을 목재 또는 비자성 재료로 전환시켰으며, 영국 해군은 함정의 자기장을 상쇄시키는 소자(Degaussing) 장비를 개발하는 등 자기기뢰에 대응하는 수단을 모색했다.

2차 세계대전에서는 자기기뢰, 압력기뢰, 음향기뢰, 복합기뢰와 함정 통과 횟수를 인지하여 폭발하는 함정 계수기가 등장해 많은 함정이 기뢰에 의해 침몰하였다. 2차 세계대전 이후 가장 큰 변화는 기뢰부설 작업이 기뢰부설함 외에 항공기, 잠수함 또는 상선에 의해서도 수행된다는 것이며, 정교한 음탐기(音探機) 및 원격조종 탐지장비를 장착한 기뢰탐색함과 소해헬기에 의해 안전하게 기뢰가 소해된다는 점이다.

과거 소해함들은 선체재료로 목재를 주로 사용했으나 부식 문제와 함께 대형화가 제한되었다. 현대 기뢰전함은 대부분의 국가가 GRP 복합재를 선체재료로 사용하고 있다. GRP 선체를 적용한 기뢰전함은 1980년대 초에 등장했는데, 영국의 헌트(Hunt)급과 이탈리아의 레리치/게타(Lerici/Gaeta)급이 대표적이다. GRP 선체를 제작하는 방식은 각기 달랐는데, 영국은 외판과 늑골을 갖춘 늑골구조 방식을, 이탈리아는 늑골 없이 두꺼운 외판으로 선체를 구성하는 모노코크 방식을 적용하였다. GRP 선체 기뢰전함 대부분은 모노코크(Monocoque) 방식으로 건조되고 있는데, 1990년대에 건조된 미 해군의 930톤급 대형 오스프리(Osprey)급 탐색소해함과 2000년대에 건조된 호주 해군의 720톤급 휴온(Huon)급 탐색소해함이 이에 속한다. 독일은 기뢰전함의 선체재료로 비자성 강재를 적용하고 있는데, 635톤 엔스도르프(Ensdorf)급과 650톤 프랑켄탈(Frankenthal)급 기뢰전함이 이에 속한다. 그림 3-33과 3-34에 GRP 복합재료를 사용한 영국 헌트급 탐색소해함과 미 해군 오스프리급 탐색소해함을 제시하였다.

한국전쟁, 베트남전, 걸프전 등을 통해 현대전에서도 기뢰는 심대한 위협으로 인식되고 있다. 때문에 주요 국가 해군은 대부분 기뢰전함을 운용하고 있다. 그러나 기뢰전함은 기뢰를 긴급하게 제거해야 하는 비상상황에서 운용되는 함정으로서, 미 해군의 경우 오스프리급 탐색소해함 12척을 현역이 아닌 예비역 함대(NRF)에 배속시키고 있다. 현재 세계 각국에서 운용 중인 기뢰전함으로 러시아의 소냐(Sonya)급, 영국의 샌다운(Sandown)급, 일본의 수가시마(Sugashima)급, 호주의 휴온(Huon)급 기뢰전함 등이 있다.

그림 3-33
영국 헌트급 탐색소해함

그림 3-34
미 해군 오스프리급 탐색소해함

3.1.10 지원함(支援艦)

대양해군(Blue Navy) 또는 대양함대(Blue Water Fleet)라는 용어는 항공모함, 순양함, 구축함, 상륙전함 등으로 원양작전을 할 수 있는 해군 또는 함대를 의미한다. 이들 함정이 해상에서 장기간 작전을 수행하기 위해서는 유류지원함, 식품 · 탄약 및 수리부속 등을 지원하는 군수보급함 등 여러 종류의 지원함(Auxiliary Ship) 세력이 요구된다.

노선시대나 범선시대에는 지원함 성격의 함선이 별도로 없었으며, 지원함의 필요성은 증기선시대 주 연료인 석탄 때문에 제기되었다. 증기선시대 초기 군함은 적재한 석탄으로 수일밖에 작전을 할 수 없어 1880년까지 돛을 병행하여 사용하였고, 전 세계 각 지역의 저탄기지를 이용하였다. 일부 상선이 석탄지원함 역할을 수행했지만 전용 지원함은 아니었다. 러일전쟁에서 러시아의 발틱 함대가 장기간의 원양항해 후 홍콩을 경유할 때 영국에서 석탄지원을 거절함으로써 연료 재보급이 되지 않았던 것이 러시아 함대가 일본 해군에 의해 궤멸된 이유 중 하나로 알려져 있다. 19세기 말 석탄운반을 위한 선박이 등장하고, 연료가 유류로 바뀐 후에는 유류지원함도 출현하였다. 그러나 석탄과 유류의 재보급은 지원함과 수급함이 묘박지 또는 항구에 정박된 상태에서 행해졌다.

1차 세계대전 직전까지 석탄운반선, 유류지원함, 보급함 등의 지원함은 일부 발전이 있었지만 제한적이었다. 미국이 참전하면서 전투함에 대한 군수지원 능력을 구비하는 것이 절실히 요구되어, 1916년 카나화(Kanawha)호와 마우미(Maumee)호 등 2척의 유조함(Oil Carrier)이 건조되었다. 1917년 마우미호는 항해 중인 구축함에 현측 해상보급으로 유류를 공급함으로써, 지원 함정의 작전운용에 획기적인 변화를 가져오게 하였다.

2차 세계대전 초기에도 지원함은 수척에 불과했다. 그러나 전쟁 중에 상선을 지원함으로 동원하면서 미국은 각종 지원함 및 보급함, 모함 등 600여 척을 운용하였으며, 해상 건선거(乾船渠, Dry Dock)함도 건조하여 운용하였다.

2차 세계대전 이후 지원함의 기능이 단일 지원에서 다목적 지원으로 전환되면서, 미국을 비롯한 세계 각국에서 많은 유형의 지원함을 운용하고 있다. 미 해군은 세계 유일의 대양해군으로서 보급유조함, 고속 전투지원함, 수리지원함, 잠수함 모함, 해난구조함, 잠수함 및 수상함 구조함, 대양용 예인함, 음향정보 수집함, 병원선 등 많은 유형의 지원 함정을 운용하고 있다. 그림 3-35부터 3-38까지 미 해군이 운용하는 다양한 유형의 지원함을 제시하였다.

그림 3-35
미 해군 보급유조함

그림 3-36

미 해군 고속 전투지원함

그림 3-37

미 해군 병원선

그림 3-38

미 해군 수상함 구조함

3.2 | 잠수함 발전과정 및 현황

3.2.1 초기 잠수함

하늘을 날고 싶은 인간의 갈망이 비행기를 발명하게 했다면, 물속에서 오래 머물 수 있다면 적을 은밀하게 공격할 수 있으리라는 생각이 잠수함을 만들게 했다고 볼 수 있다. 잠수함은 오랜 세월 수많은 사람들의 희생과 노력을 통해 점진적으로 발전해 왔다. 기원전 330년경, 고대 그리스 철학자 아리스토텔레스(Aristoteles)가 커다란 종같이 생긴 기구를 물속에 넣고 그 안의 갇혀 있는 공기로 호흡할 수 있으리라는 생각으로 물속으로 내려가는 선체를 구상한 것이 잠수함 개념의 시초로 알려져 있다.

수중항해를 실제로 수행한 최초의 잠수함은 1624년 네덜란드 물리학자 반 드레벨(Van Drebbel)이 건조하였다. 선체는 목재로 만들어졌으며, 유지(油脂, Grease)가 칠해진 가죽으로 수밀을 시켰고, 가죽 수밀(水密, Seal)을 통해 선 외로 노출된 12개의 노를 사용하여 추진되었다. 이 잠수노선은 영국 왕 제임스 1세도 시승하여 템즈 강 속을 항해했다는 기록이 있다. 그림 3-39에 운항장면을 묘사한 그림을 제시하였다.

자유롭게 잠항과 부상이 가능했던 잠수함은 미국 독립전쟁 당시 해상을 봉쇄 중인 영국 함대를 겨냥하여 건조된 부쉬넬(Bushnell)의 1인용 잠수함 터틀(Turtle)호이다. 거대한 호두 모양으로 된 선체는 오크(Oak) 나무로 만들어졌으며, 잠

그림 3-39
드레벨의 세계 최초 잠수함 운항장면

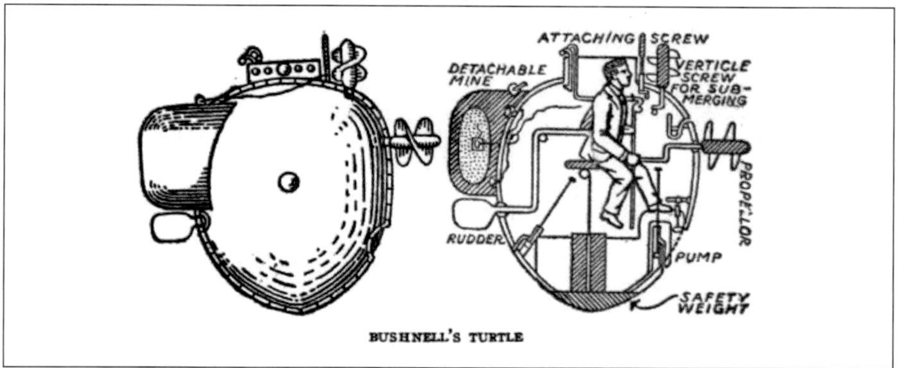

그림 3-40
부쉬넬의 1인용 잠수함 터틀호

수할 때는 발로 조작하는 밸브를 이용하여 물을 유입시켰고, 부상할 때는 2개의 펌프를 이용하여 물을 배출시켰다. 수평추진기를 손이나 발로 조작하여 전진과 후진을 하였으며, 수직추진기는 손으로 조작하여 심도를 조절하였다. 잠항상태에서 30분간 호흡할 수 있는 공기를 보유하였고, 사령탑(Conning Tower)에 유리로 된 3개의 현창을 설치하였다. 적함을 공격할 때는 사령탑에 장치된 송곳을 이용하여 적함 선저에 구멍을 뚫은 후 시한폭탄을 부착하여 폭발하도록 하였다. 미국 독립전쟁 중인 1776년 허드슨 강에서 영국 군함 이글(HMS Eagle)호에 접근하여 수중 시한폭탄을 설치한 후 폭파를 기도하였으나 성공하지는 못했다. 그러나 잠수함에 의한 최초의 공격사례로서, 이후 잠수함을 군사적 목적으로 건조하는 전환점이 되었다. 그림 3-40에 부쉬넬의 1인용 잠수함 터틀호를 제시하였다.

미국의 화가이자 증기선 발명가이기도 한 로버트 풀턴(Robert Fulton)은 1801년 프랑스의 나폴레옹으로부터 지원받아 길이 6.5m의 노틸러스(Nautilus)호를 건조하였다. 노틸러스의 선체는 동판으로 만들어졌으며, 철재 늑골로 보강하여 7.6m까지 잠수가 가능하였다. 수상항해 시 돛을 이용하여 추진하였고, 수중항해 시에는 돛을 상부갑판 내부에 접어 넣고 프로펠러에 연결된 축을 수동으로 돌려 추진력을 얻었다. 선미 수평타를 사용하여 일정한 심도를 유지하였고, 압축공기 공급체계를 이용한 밸러스트 탱크(Ballast Tank)를 최초로 설치한 잠수함으로 기록되어 있다. 그림 3-41에 로버트 풀턴의 노틸러스호를 제시하였다.

초기 잠수함들은 주로 항구를 봉쇄한 적국 함대를 물리치기 위해 건조되었다. 미국 남북전쟁 당시 해군력에서 열세였던 남군 측의 헌리(H.L. Hunley)는 철판으로 길이 12m, 직경 1.2m인 타원형 단면의 헌리(CSS Hunley)호를 건조하였다. 8명이 수동 크랭크를 돌려 프로펠러를 구동하였으며, 지휘관은 선수의 사령탑을 통해 관측하면서 침로를 결정하였다. 수중에서 2시간까지 잠항이 가능했으며, 선미 수평타, 선수미 밸러스트 탱크, 수동 펌프, 수밀 해치(Hatch) 등을 설치하였다. 폭탄이 장착된 철봉을 함수 끝단에 설치하여 적함에 충돌시킨 후, 폭탄을 적함 내에 밀어 넣은 다음 후진함으로써 함 내와 연결된 줄을 팽창시켜 폭탄을 점화시키는 방법을 이용하였다. 1864년 정박 중이던 하우세토닉(Housatonic)함을 공격하여 침몰시켰으나, 폭발로 인한 충격으로 헌리호도 같이 침몰하였다. 헌리호는 적함을 침몰시킨 최초의 잠수함이 되었다.

잠수함 개발 초기 250년 동안 잠수함의 추진은 인력으로 이루어졌으며, 1863년 이후에야 프랑스 해군의 플론저(Le Plongeur)함에서 압축공기로 작동하는 기관을 이용하였다. 이어서 증기추진기관과 가솔린(Gasoline) 기관으로 추진할 수

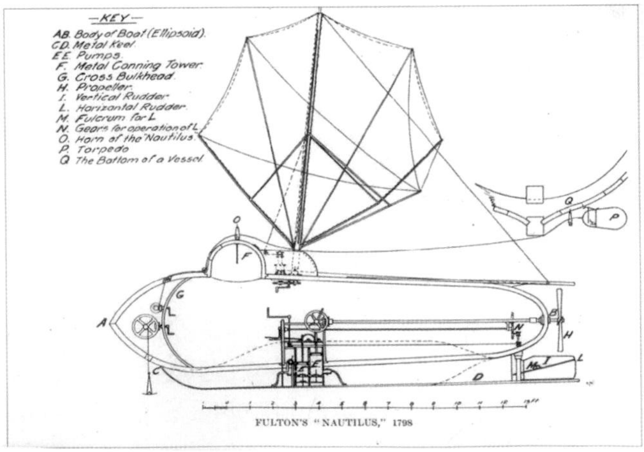

그림 3-41
로버트 풀턴의 노틸러스호

그림 3-42
적함을 침몰시킨 최초의 잠수함 헌리호

있게 되었다. 1885년 스웨덴의 노르덴펠트(Nordenfelt)가 어뢰를 잠수함에 탑재한 후 어뢰가 잠수함의 무기로 정착되었고, 1888년 진수된 프랑스 해군의 짐노트(Gymnote)함은 잠망경을 최초로 채택하였으며 2개의 어뢰발사관을 장착하였다.

근대적 의미의 최초 잠수함은 아일랜드에서 출생하여 미국으로 이주한 존 홀랜드(John Holland)에 의해 개발되었다. 1898년 건조된 홀랜드 VI(Holland VI)호는 길이가 16.5m로서 50마력짜리 가솔린기관을 장착하여 수상 최대속도 7노트, 그리고 축전지 및 추진전동기(Electric Motor)로 수중 최대속도 6노트까지 항해가 가능하였다. 1900년 홀랜드 VI호는 미 해군에 인도되어 홀랜드(USS Holland)호로 명명되었고, 1901년 좀 더 강력한 기관을 탑재하고 선체 크기를 증대시켜 성능을 개량한 개량형 홀랜드 VII호가 건조되었다.

홀랜드 VII호는 내연기관, 보상탱크, 잠망경과 어뢰발사관까지 갖추어 잠수함의 원형(Prototype)이 되었으며, 러시아, 영국, 일본 및 네덜란드 해군에서도 채용되었다. 그림 3-43에 근대적 잠수함의 원형인 홀랜드 VII호를 제시하였다.

1899년 프랑스 해군이 잠수함 함대를 창설하면서부터 미국, 영국, 독일 해군에서도 잇달아 잠수함을 보유하게 되었고, 잠수함은 점차 대형화되었다. 가솔린은 폭발 위험성이 높은 연료이기 때문에 보다 안전한 디젤연료 사용이 선호되었으나, 잠수함용으로 사용 가능한 신뢰성 있는 디젤기관은 당시 개발되지 않은 상태였다. 1906년 프랑스 해군이 디젤기관을 잠수함에 탑재하여 실험을 수행한 이후, 디젤기관은 잠수함 추진기관으로 사용되기 시작하였다.

그림 3-43
근대적 잠수함 홀랜드 VII호

3.2.2 디젤전기추진 잠수함

1) 디젤전기추진 잠수함 발전과정

디젤전기 추진체계는 디젤기관으로 구동되는 발전기를 통해 생성된 전력을 잠수함 하부에 설치된 수백 개의 대형 축전지에 충전한 후, 축전지 전력으로 추진전동기를 구동시켜 추진력을 얻는 체계이다. 원자력 추진기관이 출현한 이후에도 신뢰성 높은 잠수함 추진체계로 사용되고 있다.

1900년대 초 잠수함의 실험단계가 끝나는 시점부터 1차 세계대전이 발발하기까지, 군용 잠수함은 몇 가지 기술혁신을 이룰 수 있었다. 가솔린기관 대신 디젤기관을 장착하였고, 잠망경과 어뢰가 개량되었으며, 육상기지로부터 지시가 가능할 만큼 무선 통신기술이 발전하였다. 여전히 잠수함의 이동과 수색은 수상항해 중심이었고, 적을 발견한 후 공격을 수행할 때만 잠수가 가능했기 때문에 운용상의 제약은 많았다. 때문에 각국 해군에서는 잠수함의 실제 작전 수행능력에 대해 부정적인 시각이 많았다.

이러한 부정적인 시각을 해소시킨 잠수함이 독일의 U-보트이다. U-보트는 1915년부터 1918년 사이에 2,500여 차례의 전투에 참여하여 영국 선박의 90%를 침몰시킴으로써 잠수함이 전투무기로 충분한 가치가 있다는 것을 입증하였다. 대표적인 U-보트 중 하나가 95척이 건조된 Type UB III급 연안형 잠수함이다. 길이 55.3m 수중배수량 661톤으로, 1,100마력의 디젤기관 2기로 수상 최대속도 13.5노트, 788마력의 추진전동기로 수중 최대속도 7.5노트까지 항해가 가능하였다. 무장으로는 직경 19.7인치 선수 무장발사관 4문과 후부발사관 1문, 그리고 88mm 함포를 탑재하였다.

이후 디젤전기추진 잠수함은 2차 세계대전을 통해 점차 대형화되고, 항해능력 및 무장능력이 크게 향상되면서 안정성과 신뢰성을 갖는 무기체계로 발전하였다. 2차 세계대전 당시 독일은 여러 종류의 U-보트를 건조하였으며, 대표적인 잠수함 중 하나가 Type VII-C급 잠수함이다. 수중배수량 885톤, 수상 최대속도 17.7노트, 수중 최대속도 7.6노트, 10노트 기준 시 수상 항속거리 8,500해리이며, 수중에서는 4노트 기준 시 80해리까지 항해가 가능하였다. 무장으로는 21인치 선수 무장발사관 4문과 후부발사관 1문, 그리고 88mm 함포를 탑재하였다. 1943년부터는 사령탑을 수면 위로 내놓지 않아도 수면 상부의 외부공기를 흡입하여 디젤기관을 작동시킬 수 있는 스노클(Snorkel) 장치를 탑재함으로써, 적의 장거리 탐지레이더에 걸릴 위험성을 최소화하고 수중작전 성능을 보강하였다.

그림 3-44
독일 잠수함 Type VII-C호

U-보트의 주 임무는 적 군함을 침몰시키거나 상선을 공격해서 통상을 방해하는 데 있었다. 연합국 선단에 대하여 주로 야간에 해상으로 떠올라 여러 척의 U-보트가 동시 다발적으로 어뢰로 공격하는 '이리떼(Wolf Pack) 작전'은 매우 큰 전과를 올렸다. 그러나 2차 세계대전 중기부터 연합군 측이 레이더와 항공기를 개량하여 대잠작전에 사용함에 따라 잠수함의 작전양상이 크게 변하였고, 수중 고속잠수함이 필요하게 되었다. 이에 따라 독일은 기존 U-보트 성능을 혁신적으로 개선한 Type XXI 잠수함을 개발하였다.

Type XXI 잠수함은 축전지 용량을 대폭 증가시켜 수중속도가 수상속도를 앞지르게 되었고, 이에 따라 작전 시 제한적으로 잠항하는 가잠함(可潛艦, Submersible Boat)에서 전적으로 수중에서 작전이 가능한 진정한 잠수함(Submarine)으로 전환하는 계기가 되었다. Type XXI 잠수함은 수중배수량 2,100톤, 수상 최대속도 15.6노트, 수중 최대속도 17.9노트이며, 디젤기관 및 추진전동기, 2축의 추진장치를 이용하여 수상 15,500해리(10노트 기준), 수중 340해리(5노트 기준)까지 항해가 가능하였다. 무장으로는 21인치 어뢰발사관 6문을 장착하고 어뢰 23기를 적재하였다. 수상항해 상태에서 보다 빠르게 잠수하기 위해 기존 U-보트의 상징이었던 함포도 제거하였다. Type XXI 잠수함은 1943년부터 1945년 동안 총 118척이 만들어졌으나, 급박한 전황으로 인해 전투에 참여할 기회는 거의 없었다. Type XXI 잠수함은 전황 자체에는 영향을 주지 못했으나, 현대 잠수함의 모델이라고 할 만큼 전후 동서 양 진영에서 개발된 잠수함에 매우 큰 영향을 미쳤다. 그림 3-45에 독일 Type XXI 잠수함의 일반 배치도를 제시하였다.

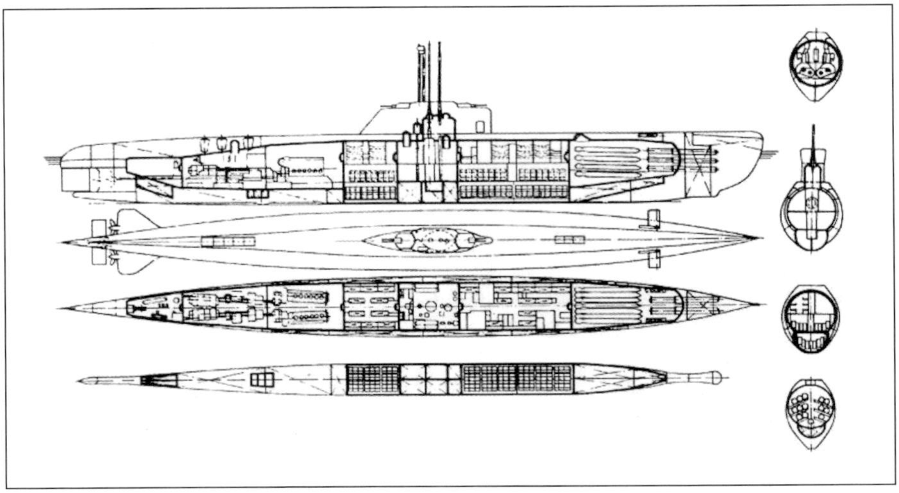

그림 3-45
독일 Type XXI 잠수함 일반 배치도

초기 디젤전기추진 잠수함은 대부분 수상항해 시 조파저항을 최소화하는 선형을 채택하여 수중보다 수상에서의 속도가 빨랐으며, 이런 잠수함 선형은 2차 세계대전 종료 시까지 유지되었다. 2차 세계대전 이후 탐지장비의 발달로 잠수함 수중성능 향상이 절실한 문제로 대두되었고, 미국에서는 수중 고속항해에 적합한 물방울(Tear Drop) 선형에 대한 연구를 수행하였다. 1953년 물방울선형을 가진 실험용 디젤전기추진 잠수함 알바코어(Albacore)를 개발하여 효과를 확인하였으며, 이후 실전용 바벨(Barbel)급 디젤전기추진 잠수함과 스킵잭(Skipjack)급 원자력추진 잠수함에 적용하였다. 이상적인 물방울선형은 전장과 최대폭 비(L/B)가 약 6이며, 함수부는 타원형, 함미부는 포물선형으로 중심선을 축으로 하여 회전시킨 형태이다. 물방울형 선체는 수중에서 저항이 적고 소음발생도 적은 장점을 가지고 있어 잠수함 선체 설계에 혁신적인 변화로 인정받았으며, 이후 잠수함 선체 설계의 표준이 되었다. 그림 3-46에 물방울선형을 최초로 채택한 알바코어 디젤전기추진 잠수함을 제시하였다.

2차 세계대전 이후 잠수함은 소음감소 및 무장증대 등에 따른 추가공간 확보와 수중 체재능력 증대를 위해 점차 대형화되었고, 잠수함 생존성 향상을 위해 수중속도가 고속화되었다. 선체재료도 고장력강을 사용하여 잠항심도가 증대되었고, 컴퓨터의 발전과 더불어 센서 및 전투체계가 첨단화되고 대함 및 대지 유도탄을 탑재하여 장거리 공격능력까지 갖추게 됨으로써, 잠수함의 전술적 가치가 수상함에 비해 상대적으로 커지게 되었다.

그림 3-46
알바코어 디젤전기추진 잠수함

그러나 디젤전기추진 잠수함은 통상 수중에서 4노트 속도로 100시간 정도 항해할 수 있으나, 최대속도에서는 축전지 방전 소요전력이 기하급수적으로 증가하여 약 1시간 정도밖에 항해할 수 없다. 이에 따라 주기적으로 축전지를 재충전하기 위해 스노클 마스트(Snorkel Mast)를 수면 상부로 노출시켜야 하는 취약점이 여전히 남아 있는 상태이다.

그럼에도 불구하고 디젤전기추진 잠수함은 저소음 특성과 소형으로 인하여 지형이 복잡한 연해해역에서는 매우 위협적인 존재이며, 원자력추진 잠수함에 비하면 초기 투자비와 운용비가 저렴하고 핵 문제와 관련된 정치적인 문제도 야기하지 않는다는 장점을 갖고 있다. 현재 전 세계 40여 개 국가에서 운용되고 있으며, 디젤전기추진 잠수함을 개발하고 있는 대표적인 국가로 독일, 프랑스, 러시아, 일본 등이 있다.

2) 독일 디젤전기추진 잠수함

2차 세계대전 종료 후 잠수함 건조가 금지되었던 독일은 Type 201 잠수함 건조를 시작으로 Type 205를 거쳐 수상배수량 450톤, 수중배수량 498톤, 전장 48.6m인 Type 206 잠수함을 건조하였다. 당시 독일이 보유할 수 있는 잠수함 배수량이 450톤 이하로 제한되어 있었기 때문에, 배수량 제한을 받지 않고 잠수함 기술을 확보할 수 있는 방안으로 배수량 1,000톤 이상의 수출용 잠수함 Type 209를 개발하였다. Type 209는 1960년대 말부터 21세기 초반까지 세계에서 가장 인기 있는 수출용 잠수함으로서, Type 209/1,100톤급 기본형에서 시작하여 선체 크기를 점차 대형화한 Type 209/1,500톤급까지 다양한 크기의 잠수함을 13개 국가에 총 50척 이상 수출하였다.

그림 3-47
독일 Type 209급 디젤전기 추진 잠수함

Type 209 잠수함이 인기 높은 이유는 성능이 뛰어난 점도 있었지만, 고객 요구에 대한 높은 충족도와 적극적인 잠수함 건조기술 이전, 그리고 가격 경쟁력 측면에서 우수했기 때문인 것으로 알려져 있다.

Type 209/1,200톤급은 전장 55.9m, 수중배수량 1,306톤, 수상배수량 1,180톤, 수중 최대속도 21.5노트이며, 디젤기관 및 추진전동기, 1축의 추진장치를 이용하여 8,000해리(10노트 기준)까지 항해가 가능하다. 8문의 21인치 어뢰발사관을 사용하여 어뢰, 대함유도탄 발사 및 기뢰부설이 가능하고, 무장은 어뢰와 유도탄을 총 14기까지 적재할 수 있다. 그림 3-47에 수출용 잠수함으로 명성이 높은 Type 209급 디젤전기추진 잠수함을 제시하였다.

3) 프랑스 디젤전기추진 잠수함

원자력추진 잠수함 중심으로 잠수함 세력을 개편한 프랑스 해군은 1970년대 개발된 수중배수량 1,768톤 및 수중속도 20노트의 아고스타(Agosta)급 디젤전기추진 잠수함 이후 더 이상 자국용 디젤전기추진 잠수함은 건조하지 않았으나, 수출용 디젤전기추진 잠수함 개발은 계속하고 있다. 프랑스 국영 DCN사는 아고스타급 잠수함을 1978년과 1979년에 파키스탄 해군에 2척, 1980년대 스페인 해군에 4척 수출하였으며, 1999년부터 2006년까지 아고스타 70급을 개량한 수중배수량 1,788톤, 수중속도 20노트의 아고스타 90B급 3척을 파키스탄 해군에 수출하였다. 아고스타급 후속 모델로 스코르펜(Scorpene) 잠수함을 개발하였으며, 스페인 나반티아(Navantia) 조선소와의 공동 건조 및 마케팅을 통해 칠레와 말레이시아에 각각 2척, 인도에 6척의 수출을 성사시킨 바 있다.

그림 3-48
프랑스 스코르펜 디젤전기추진 잠수함

스코르펜 잠수함은 전장 66.4m, 수중배수량 1,738톤, 수중속도 20노트이며, 6,500해리(8노트 기준)까지 항해가 가능하다. 6문의 21인치 어뢰발사관을 사용하여 어뢰, 대함유도탄 발사 및 기뢰부설이 가능하고, 무장은 총 18기까지 적재할 수 있다. 그림 3-48에 스코르펜 디젤전기추진 잠수함을 제시하였다.

4) 러시아 디젤전기추진 잠수함

러시아의 경우 넓은 연안의 효율적 방어, 대양으로 통하는 좁은 해역에서의 작전 유연성 확보, 수출상품으로서 외화 획득 등을 고려하여 원자력추진 잠수함과 함께 디젤전기추진 잠수함의 개발 및 건조에 노력을 기울이고 있다.

러시아의 대표적인 디젤전기추진 잠수함은 1970년대부터 건조가 시작된 킬로(Kilo)급 잠수함이다. 수중배수량 3,125톤의 킬로급 선체구조는 러시아 잠수함에 전통적으로 사용되는 복각(複殼) 방식 구조로서, 단각(單殼) 방식 서방 잠수함과 달리 예비부력을 크게 가지고 있다. 킬로급 잠수함은 러시아 해군용과 수출용, 개량형 등 다수의 변형 모델이 있으며, 인도, 중국, 이란, 인도네시아 등 여러 국가에 수출되었다.

킬로급 후속 모델인 라다(Lada)급 잠수함은 1997년 12월에 착공하였으나, 2005년 해상 시운전 시 기술적 문제가 발생하여 개선 후 2010년 러시아 해군에 취역되었다. 라다급 잠수함은 전장 66.8m, 수중배수량 2,693톤, 수상배수량 1,793톤, 수중 최대속도 21노트이며, 6,000해리(7노트 기준)까지 항해가 가능하다. 6문의 21인치 어뢰발사관을 사용하여 어뢰, 대함·대지 유도탄 발사 및 기뢰

그림 3-49
러시아 라다급 디젤전기추진 잠수함

부설이 가능하고, 무장은 총 18기까지 적재할 수 있다. 그림 3-49에 라다급 잠수함을 제시하였다.

라다급의 수출형인 아무르(Amur)급 잠수함은 크기가 킬로급에 비해 작지만 무장능력은 동일하고, 라다급의 복각식 선체구조 대신 러시아에선 처음으로 단각식 선체구조를 적용하였다. 아무르급에는 구매 국가 요구사항에 대응하기 위해 아무르 550급/750급/950급/1,450급/1,650급/1,850급 등 여섯 가지 변형 모델이 있다.

5) 일본 디젤전기추진 잠수함

일본은 1970년대 초에 물방울선형의 우즈시오(Uzushio)급 디젤전기추진 잠수함을 개발한 이후 유우시오(Yuushio), 하루시오(Harushio), 오야시오(Oyashio)급으로 발전시켜 왔다.

1998년에 취역한 오야시오급부터는 우즈시오급 이래 사용해 왔던 물방울선형과 복각식 선체구조 대신, 중앙부는 단각구조를 함수와 함미 부분은 복각구조를 갖는 시가(Cigar)형 부분 복각식 선체를 채택하였다. 오야시오급 잠수함은 전장 81.7m, 수중배수량 4,000톤이며, 수중 최대속도는 20노트이다. 6문의 21인치 어뢰발사관을 사용하여 어뢰, 대함유도탄 발사 및 기뢰부설이 가능하고, 무장은 총 18기까지 적재할 수 있다. 그림 3-50에 일본의 기술력이 집약된 오야시오급 디젤전기추진 잠수함을 제시하였다.

2009년부터는 AIP추진 기관인 스털링엔진을 탑재한 소류(Soryu)급 AIP추진 잠수함을 취역시켜, 하루시오급과 점진적으로 교체하고 있다. 일본 해상자위대는 유효수명이 남아 실제 운용이 가능한 잠수함들을 예비역으로 배치하고, 대신 신

그림 3-50
일본 오야시오급 디젤전기추진 잠수함

규 잠수함을 매년 1척씩 획득하여 2개 전단의 잠수함 16척과 훈련함 2척을 포함한 잠수함 전력 18척 체제를 유지해 왔다. 그러나 2010년 일본 방위성은 중국의 군사력 팽창에 대처하고, 정보수집 능력을 강화하기 위해 해상자위대의 잠수함 18척 체제를 20척으로 증강시킨다는 방침을 공표하였다.

3.2.3 원자력추진 잠수함

1) 원자력추진 잠수함 발전과정

원자력 추진체계는 핵분열 반응을 통해 증기를 발생시키고, 이 증기로 터빈을 돌려 동력을 얻는 방식이다. 핵분열 반응이 일어나는 원자로는 산소가 필요 없기 때문에 수상과 수중 항해 중 모두 동력을 공급할 수 있다. 더욱이 소량의 핵연료(농축우라늄)는 동력을 장기간 제공할 수 있어 거의 무제한의 잠항 지속능력을 제공하며, 수중에서 30노트 이상의 고속을 낼 수 있으므로 가장 이상적인 수중 추진시스템이라 할 수 있다. 터빈과 감속기어에서 나는 소음으로 인해 피탐 가능성이 많은 것이 단점이었으나, 소음 감소기술의 발달로 디젤전기추진 잠수함보다 더 조용한 원자력추진 잠수함이 출현하고 있다.

세계 최초의 원자력추진 잠수함은 1954년에 진수된 미 해군의 노틸러스(Nautilus) 잠수함이다. 수중배수량 3,520톤, 수중속도 20노트급의 노틸러스 잠수함은 1955년 첫 항해를 시작한 이래 1957년 첫 번째 연료보급을 받을 때까지 6만 마일을 항해하였고, 1959년 2차 연료를 공급받을 때까지 다시 9만 마일을 항해함으로써 스노클 항해가 필수적이었던 기존 잠수함에 대한 인식을 근본적으로 변화시켰다. 1958년에는 세계 최초로 잠항한 채 북극 빙하 밑을 통과하여 원자력추진 잠수함의 위력을 과시하였다.

노틸러스함은 원자력 추진기관의 유용성 확인을 위해 건조된 잠수함이었기 때문에, 수중 고속선형이 아닌 당시 잠수함에 일반적으로 사용하던 수상함형 선형을 그대로 사용하였다. 원자력 추진체계와 수중 고속항해에 적합한 알바코어 물방울 선형을 동시에 적용한 잠수함은 1959년에 취역한 미 해군 스킵잭(Skipjack) 잠수함이다. 스킵잭급 잠수함은 수중배수량 3,513톤, 수중속도 29노트이며, 가압수형 원자로와 물방울선형을 채택한 최초의 원자력추진 잠수함으로서, 원자력추진 잠수함 설계에 큰 영향을 미쳤다. 노틸러스 잠수함과 스킵잭 잠수함은 그림 3-51과 3-52에 각각 제시하였다.

수중에서 무제한 잠항이 가능한 원자력추진 잠수함은 뛰어난 은밀성으로 인해 전략 탄도유도탄(SLBM) 발사 플랫폼으로 매우 적합하다. 이에 따라 미국과 소련은 1959년 폴라리스 SLBM 16기를 탑재한 수중배수량 6,700톤, 수중속도 25노트의 조지 워싱턴(George Washington)급 전략잠수함(SSBN)과 SS-N-4 유도탄 3기를 탑재한 수중배수량 5,000톤, 수중속도 26노트의 호텔(Hotel)급 원자력추진 전략잠수함을 각각 개발·건조하였다.

러시아는 미국의 노틸러스 잠수함 건조 착수가 보도된 1952년에 원자력추진 잠수함 개발에 착수하여 1958년 수중배수량 3,986톤, 수중속도 28노트인 러시아 최초의 원자력추진 공격잠수함(SSN) 노벰버(November)급 잠수함을 취역시켰

그림 3-51

최초의 원자력추진 잠수함 미 해군 노틸러스함

그림 3-52

미 해군 물방울선형 원자력추진 잠수함 스킵잭함

다. 1959년 호텔급 전략잠수함에 이어 1960년에 수중배수량 5,500톤, 수중속도 25노트이며, 장거리 순항유도탄 SS-N-3 SLCM 6기를 탑재한 원자력추진 순항유도탄 잠수함(SSGN) 에코(Echo)급을 건조하였다.

원자력추진 잠수함은 미국과 러시아의 주도하에 경쟁적으로 발전하였으며, 영국(1963년), 프랑스(1971년), 중국(1974년)도 원자력추진 잠수함 개발 대열에 합류하였다. 마지막으로 2009년 7월 인도가 탄도유도탄을 발사할 수 있는 아리한트(Arihant)급 잠수함을 진수시킴으로써 세계에서 여섯 번째로 원자력추진 잠수함 보유국에 들어가게 되었다. 잠수함 강대국들은 디젤전기추진 잠수함과 원자력추진 잠수함을 동시에 건조하였으나, 잠수함 작전능력과 유지비용의 효율성 측면 등을 고려하여 원자력추진 잠수함만을 운용하는 국가들이 늘어나게 되었다. 현재 미국, 영국, 프랑스 해군은 원자력추진 잠수함만을 운용하고 있으며, 러시아와 중국은 디젤전기추진과 원자력추진 잠수함을 함께 건조·운용하고 있다.

2) 미국 원자력추진 잠수함

미 해군은 원자력추진 공격잠수함(SSN)으로 수중배수량 7,124톤, 수중속도 33노트인 로스엔젤레스(Los Angeles)급 43척, 수중배수량 9,285톤, 수중속도 39노트인 시울프(Sea Wolf)급 3척, 수중배수량 7,925톤, 수중속도 34노트인 버지니아(Virginia)급 7척을 운용하고 있다.

미 해군 잠수함 건조 특징 중 하나는 특정 잠수함이 기술적으로 안정되었다고 판단되면 대량 건조한다는 점이다. 대표적인 예가 로스엔젤레스급으로서, 1976년 1번함이 취역한 이후 1996년까지 총 62척이 건조되었으며 냉전체제 이후 전 세계에서 가장 많은 건조 척수를 기록하였다. 로스엔젤레스급은 장거리 순항유도탄 토마호크를 탑재함으로써 유도탄 잠수함(SSGN) 역할도 수행할 수 있다.

미 해군은 냉전시대인 1980년대 소련의 SSBN 잠수함을 용이하게 추적·공격하기 위해, "보다 빠르게, 보다 깊게, 보다 조용하게"를 목표로 내걸고 당시 미국의 국방과학기술을 총 집약하여 성능 측면에서 최고수준으로 고도화된 시울프급 잠수함을 건조하였다. 척당 약 21.5억 달러에 달하는 막대한 비용이 투입된 시울프급 잠수함은 최대속도 39노트, 최대 잠항수심 약 600m, 수중운항 시 정숙도(靜肅度)도 최고수준으로서 현존하는 최고성능의 잠수함으로 인정받고 있다. 고가의 시울프급 잠수함은 소련의 붕괴 및 국방비 삭감 등으로 인해 29척 건조계획이 변경되어 단 3척만 건조하게 되었다. 이에 반해 미국의 군사적 개입을 위해 보급지원 없이 원거리 분쟁지역에 신속하고 은밀하게 진출할 수 있는 공격잠수함의 필요성은 오히려 증대되었다. 따라서 건조비가 저렴하며 새로운 해전양상에 부합하는 성능을 보유한 버지니아급 잠수함을 개발하게 되었다. 버지니아급 잠수함은 2004년 1번함 전력화를 시작으로 총 30척을 확보하여 운용할 예정이다.

버지니아급 잠수함은 시울프급 잠수함과 달리 대양에서의 작전운용보다는 정보수집, 특수작전, 기뢰전 및 대지공격 등 연해에서의 작전을 효과적으로 수행하도록 개발되었다. 대양에서의 대잠작전 및 항모 전단의 호위 등 공격잠수함의 임무 측면에서도 로스엔젤레스급 잠수함 이상의 능력을 갖추고 있다. 버지니아급 잠수함은 경제성 확보를 위해 시울프급 잠수함에 비해 수중 최대속도 및 최대잠항 깊이의 성능은 감소시켰지만, 음향코팅(Anechoic Coating)과 격리된 갑판구조(Isolated Deck Structure) 기술 등을 적용하여 시울프급 잠수함의 수중방사소음

그림 3-53
미 해군 시울프급 공격잠수함

수준을 유지하였다. 또한 대양 심해에서의 대잠작전에 적합한 긴 탐지거리의 저주파 수동소나 시스템과 해저의 기뢰위치를 확인하는 고해상도 고주파 능동소나를 설치함으로써 음향탐지 성능을 강화하였다. 특수전 지원을 위한 특수전 요원용 수중출입 챔버(Lockout Chamber)를 설치하고 대지 정밀타격을 위한 토마호크 순항유도탄을 탑재함으로써 연해해전 수행능력을 강화하였다.

버지니아급 잠수함의 주요 제원은 전장 115m, 함폭 10.4m, 수중배수량 7,900톤, 수중 최대속도 34노트이며, 12개의 토마호크 유도탄 발사용 수직발사관 및 4개의 21인치 어뢰발사관을 보유하고 있다. 주 추진기관은 미국 GE사의 PWR(Pressure Water Reactor) S9G 원자로 1기와 터빈 2기, 1축으로 추진되는 펌프제트(Pump Jet) 추진기로 구성되어 있으며, 원자력 연료의 수명은 함 수명 동안 재보급이 필요하지 않도록 연장되었다.

무장은 유도탄, 어뢰, 기뢰 등이며, 무인잠수정(Unmanned Underwater Vehicle: UUV)의 탑재·운용도 가능하다. 특수전 작전지원을 위해 어뢰발사관실의 배치를 개량하여 어뢰 저장공간 대신 특수전 부대용 장비의 수납공간 설치가 가능하게 하였고, 함 중앙부에는 9명이 일시에 사용할 수 있는 대형 수중출입 챔버를 설치하였다. 선체 상부 외부갑판 상에는 성능이 향상된 신형 특수전 요원 이송정(Advanced SEAL Delivery System: ASDS)을 장착할 수 있다.

버지니아급 잠수함 설계 및 건조의 가장 큰 특징은 상용 제품(Commercial Off The Shelf: COTS) 적용 확대와 설계 및 건조 단계에서의 IPPD(Integrated Product and Process Development) 기법 적용에 있다. 이는 감소 추세에 있는 국방비에도 불구하고, 미 해군이 계획하고 있는 잠수함 전력을 유지할 수 있도록 건조비용을 절감하고 건조기간을 단축하기 위한 대책이다. 상용 제품의 적용 확대 및 IPPD 기법 적용을 통해 21억 달러에 달하는 시울프급 잠수함의 척당 평균가격을 버지니아급 잠수함의 경우 16.5억 달러로 낮출 수 있었다. 그림 3-54에 버지니아급 공격잠수함을 제시하였다.

버지니아급 잠수함은 EB(General Dynamic Electric Boat)사와 NN(Northrop Grumman Newport News)사에서 각각 할당된 섹션을 제작하고, 홀수 번호 함은 EB사에서 짝수 번호 함은 NN사에서 각각 최종 조립 및 시운전을 수행함으로써 공동으로 건조하고 있다. 이에 따라 1번함인 버지니아함은 2004년, 2번함인 텍사스(Texas)함은 2006년, 3번함인 하와이(Hawaii)함은 2007년에 전력화되었고, 평균 매년 1척씩 전력화할 계획이다. 이러한 건조방식은 제한된 잠수함 발주물량에

그림 3-54
미 해군 버지니아급 공격잠수함

도 불구하고 미국 내 잠수함 설계 및 건조 인프라를 유지하기 위해 창안된 것으로서, 과도한 경쟁을 방지하고 건조하는 잠수함의 성능향상과 경제성 증대에 매우 효과적임을 입증하였다.

미 해군의 전략잠수함(SSBN) 주력은 24기의 트라이던트 II(Trident II) 유도탄(SBM)을 탑재한 수중배수량 19,051톤, 수중속도 24노트의 오하이오(Ohio)급 잠수함이다. 오하이오급 잠수함은 1981년 1번함인 오하이오함이 취역한 이후 1997년 루이지애나(Louisiana)함까지 총 18척이 취역하였다. 수중배수량 약 19,000톤, 수상배수량 약 17,000톤, 전장 및 함폭는 각각 170m 및 12.8m 정도이며, 수중 최대속도는 24노트이다. 트라이던트 유도탄을 발사할 수 있는 24개의 수직발사관과 4개의 21인치 어뢰발사관을 갖추고 있다.

냉전체제 종식 이후 빈번한 국지분쟁 등 연해해전에 대비하기 위해, 미 해군은 오하이오급 잠수함 중 1번함에서 4번함까지 4척을 특수전 및 순항유도탄 발사기지 개념의 유도탄 잠수함(SSGN)으로 개조하기로 결정했다. 2003년 오하이오함 개조공사를 시작하여 2007년 조지아(Georgia)함 개조공사를 완료하였다.

그림 3-55에 제시한 바와 같이 24개의 전략유도탄 발사관 중 22개 발사관을 개조하여 154개의 토마호크(Tomahawk) 순항유도탄을 탑재할 수 있도록 하였으며, 나머지 2개의 전략유도탄 발사관은 특수전 요원 침투작전을 위한 공간으로 개조하였다. 또한 수중침투 요원 이송정(Swimmer Delivery Vehicle: SDV)의 보관

을 위한 DDS(Dry Deck Shelter)를 설치하였으며, 새로 개발한 ASDS(Advanced SEAL Delivery System)도 장착하여 운용할 수 있게 하였다. 그리고 음탐체계, 전투체계, 잠망경, 통신장비, 항해관리체계 등을 버지니아급 잠수함에 적용된 최신장비로 교체하였다. 원자로 등 주요 기관장비는 개조 이전 탑재 중이던 장비를 활용하였다.

이러한 오하이오급 SSBN 개조공사는 현대 해전양상의 변화와 이에 따르는 잠수함 운용개념을 반영하는 대표적인 예로 볼 수 있다. 그림 3-56에 오하이오급 잠수함의 개조공사 장면을 제시하였다.

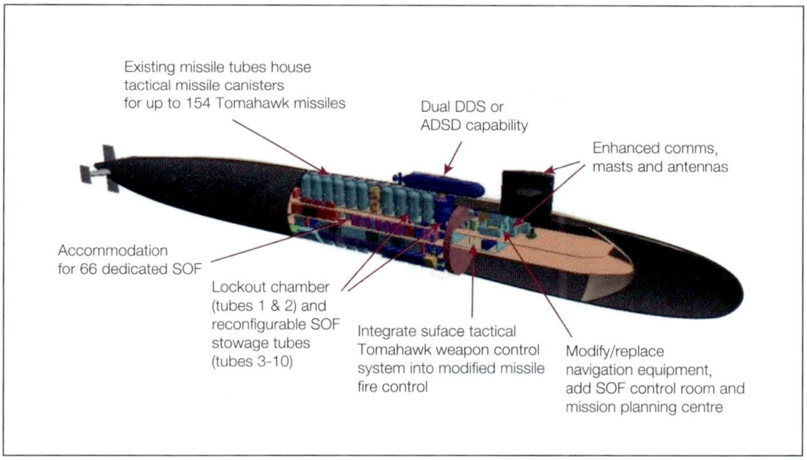

그림 3-55
미 해군 오하이오급 잠수함 개조내용[9]

그림 3-56
미 해군 오하이오급 잠수함 개조공사

3) 러시아 원자력추진 잠수함

러시아는 소련 시절부터 탑재무장의 변화와 기술발전에 맞추어 실험적인 잠수함이나 개량한 잠수함을 지속적으로 건조해 왔다. 유도탄탑재 원자력추진 잠수함의 경우, 새로운 유도탄이 개발되면 이에 맞는 발사장치를 탑재한 잠수함을 새로 개발하였다. 이로 인해 러시아 잠수함의 종류는 미국과 비교하여 매우 다양하다.

러시아 해군은 현재 공격잠수함(SSN)으로 수중배수량 9,246톤, 수중속도 28노트인 아쿨라(Akula)급 10척, 수중배수량 9,246톤, 수중속도 32노트인 시에라 II(Sierra II)급 2척, 수중배수량 6,401톤, 수중속도 30노트인 빅토르 III(Victor III)급 4척, 그리고 순항유도탄 잠수함(SSGN)으로 수중배수량 18,594톤, 수중속도 28노트인 오스카 II(Oscar II)급 6척을 운용하고 있다. 2011년에는 공격잠수함과 순항유도탄 잠수함의 기능을 통합한 신형 다목적 원자력추진 잠수함 야센(Yasen)급 1번함으로 수중배수량 11,800톤, 수중속도 28노트인 세베로드빈스크(Severodvinsk)함을 취역시켰다. 그림 3-57에 세베로드빈스크함이 도크 내에 있는 모습을 제시하였다.

러시아 해군이 보유하고 있는 전략잠수함(SSBN)은 수중배수량 26,925톤, 수중속도 25노트인 타이푼(Typhoon)급 3척, 수중배수량 13,717톤, 수중속도 24노트인 델타(Delta) IV급 6척, 수중배수량 13,463톤, 수중속도 24노트인 델타 III급 3척, 그리고 2010년에 취역한 수중배수량 19,711톤, 수중속도 25노트인 보레이(Borey)급 1척이 있다.

그림 3-57
러시아 세베로드빈스크 공격잠수함

타이푼급 잠수함은 SS-N-20 탄도유도탄(SLBM) 20기를 탑재한 세계 최대크기의 잠수함으로서, '태풍'과 같은 위력과 규모를 가졌다고 해서 냉전시대 타이푼이라는 별명을 얻게 되었다. 1989년까지 6척이 취역하였으나, 소련의 붕괴 이후 예산부족으로 3척이 퇴역하였고 현재 3척이 운용 중인 것으로 알려져 있다. 그림 3-58에 타이푼급 전략잠수함을 제시하였다.

보레이급 잠수함 개발사업은 1982년 Project 935란 명칭으로 시작되어, 1번함 유리 돌고루키(Yuri Dolgoruky)함은 1996년 건조에 착수되었다. 1번함은 개발 중이던 탄도유도탄 바크(Bark)를 탑재할 예정이었으며, 2000년대 초반 취역을 목표로 하였다. 그러나 탑재하려던 탄도유도탄의 개발 실패로 인해 탑재할 탄도유도탄을 블라바(Bulava)로 변경하였으며, 이에 따라 신형 잠수함 개발사업은 사업명이 Project 955로 변경되고 1번함에 대한 광범위한 재설계가 수행되었다. 러시아의 재정문제까지 발생하여 개발·건조 사업은 계속 지연되었고, 1번함 유리 돌고루키함은 2007년에야 진수되었다.

보레이급 잠수함은 수중배수량 19,711톤, 전장 170m, 함폭 13.5m, 수중 최대속도 25노트로 추정되며, 러시아의 신형 탄도유도탄 블라바를 최대 16기 적재할 수 있다. 보레이급 잠수함의 설계는 델타 IV급 잠수함의 설계를 계승하였으며, 델타급 잠수함 개발과정에서 축적된 기술이 적용된 것으로 추정된다. 그러나 기존 델타 IV급 잠수함의 특징적인 형상이었던 탄도유도탄 격납 부위의 돌출된 케이싱 형상이 보레이급 잠수함에서는 유선형으로 변경되었으며, 마스트 등을 수용하기 위한 상부부가물인 세일(Sail) 상단의 면적도 세일 하단의 면적보다 크게 변경되었다. 그림 3-59에서 보레이급 잠수함의 상단이 큰 특이한 세일 형상을 확인할 수 있다.

그림 3-58
러시아 타이푼급 전략잠수함

그림 3-59
러시아 보레이급 전략잠수함 유리 돌고루키함

4) 영국 원자력추진 잠수함

영국은 미국과의 긴밀한 군사협력 관계를 토대로, 미국 잠수함 기술을 활용하여 잠수함을 개발하였다. 영국에서 최초로 개발된 원자력추진 잠수함은 1963년에 취역한 공격잠수함 드레드노트(Dreadnought)함과 1967년에 취역한 전략잠수함 레졸루션(Resolution)함이다.

영국 해군은 현재 공격잠수함(SSN)으로 수중배수량 5,292톤, 수중속도 32노트인 트라팔가(Trafalgar)급 6척, 수중배수량 7,519톤, 수중속도 29노트인 아스튜트(Astute)급 1척, 그리고 전략잠수함(SSBN)으로 수중배수량 16,236톤, 수중속도 25노트인 뱅가드(Vanguard)급 4척을 운용하고 있다.

아스튜트급 1번함은 2010년에 취역하였으며, 2022년까지 트라팔가급 잠수함을 대체할 계획이다. 아스튜트급 잠수함의 최초 설계는 트라팔가급 잠수함을 기본으로 하였으나, 트라팔가급에 탑재된 PWR 1 원자로보다 성능이 향상된 PWR 2 원자로를 탑재하기 위해 선체의 전장 및 직경을 확장하였다. 아스튜트급 잠수함은 전장 97m, 함폭 11.3m, 수중배수량 7,200톤, 수중 최대속도 29노트의 제원을 갖고 있다. 무장으로 6개의 21인치 어뢰발사관을 보유하고 있으며, 능·수동 호밍기능을 가진 선유도어뢰 Spearfish를 적재한다. Tomahawk Block III 순항유도탄과 Sub-Harpoon 대함유도탄을 어뢰발사관을 통해 발사할 수 있다. 센서체계로는 2개의 비관통형 광학마스트, 비관통형 ESM(Electronic Support Measure) 마스트, 함수소나, 인터셉트 소나, 선측 배열 및 예인 소나 등을 장착하고 있다. 추진체계는 Rolls-Royce사의 PWR 2(Pressure Water Reactor) 가압수형 원자로 1기와 20.5MW 용량의 터빈 2기, 1축으로 추진되는 펌프제트 추진기로 구성되어 있으며, 원자력 연료의 수명은 함 수명 동안 재보급이 필요하지 않도록 연장되었다. 그림 3-60과 3-61에 영국의 뱅가드급 전략잠수함과 아스튜트급 공격잠수함을 제시하였다.

그림 3-60
영국 뱅가드급 전략잠수함

그림 3-61
영국 아스튜트급 공격잠수함

5) 프랑스 원자력추진 잠수함

프랑스는 원자력추진 잠수함 개발에 대한 미국의 협력 거부로 독자적인 잠수함 개발체계를 구축하여 유지해 왔다. 1954년 원자력추진 잠수함 개발에 착수하였으나, 미국 원자로 도입이 좌절되면서 원자력추진 잠수함 개발이 중단되었다. 1964년 공격잠수함(SSN) 개발계획을 다시 수립하였으나 전략잠수함(SSBN) 개발로 계획이 변경되어, 1971년 프랑스 최초의 원자력추진 전략잠수함 리다우터블(Le Redoutable) 잠수함이 취역하였다. 1983년에는 프랑스의 첫 번째 공격잠수함인 루비(Rubis)급 잠수함이 취역하였다. 루비급 잠수함은 원자력추진 잠수함으로는 세계에서 가장 작은 2,700톤급의 크기를 갖고 있다.

프랑스 해군은 현재 16기의 탄도유도탄(SLBM)을 탑재한 수중배수량 14,565톤, 수중속도 25노트의 트라이옹팡(Le Triomphant)급 4척과, 수중배수량 2,713톤, 수중속도 25노트인 루비급 6척을 운용하고 있다. 그림 3-62와 3-63에 프랑스에서 운용 중인 트라이옹팡급 전략잠수함과 루비급 공격잠수함을 제시하였다.

루비급 잠수함을 대체하기 위해 바라쿠다(Barracuda)급 원자력추진 공격잠수함을 개발 중인데, 1번함인 수프렌(Suffren)함은 2006년 건조에 착수하여 2017년 취역 예정이며, 2년 간격으로 총 6척이 건조될 것이다. 바라쿠다급 잠수함은 수중배수량 5,200톤, 전장 99.5m, 함폭 8.8m이며, 수중 최대속도는 25노트 이상이다. 루비급 잠수함에 비해 소음특성이 크게 향상된 것으로 알려져 있는데, 수중배수량 약 2,700톤급인 루비급 잠수함보다 증가한 배수량의 상당 부분을 주요 장비

그림 3-62
프랑스 트라이옹팡급 전략잠수함

그림 3-63
프랑스 루비급 공격잠수함

의 받침구조인 래프팅(Rafting)과 기관구역의 소음차단을 위한 소음차폐 설비에 투입한 것으로 추정되고 있다.

개발사업 초기에는 대지 및 대함 순항유도탄을 위한 12개의 수직발사관을 별도로 설치하는 것으로 계획하였지만, 최종적으로는 어뢰발사관을 통해 대함 및 대지 순항유도탄을 발사하는 방식으로 변경하였다. 어뢰발사관은 21인치 발사관 4문을 탑재하고 있으며, 어뢰 및 순항유도탄을 총 24기까지 적재한다.

바라쿠다급 잠수함의 추진계통은 트라이옹팡급 잠수함과 유사하며, 50MW급 K-15 원자로 1기와 1축으로 추진되는 펌프제트 추진기로 구성되어 있다. 원자력 기관 연료는 프랑스 상용 원자력 발전소의 것과 동일하며, 원자력 연료의 재보급 주기는 약 10년으로 추정된다.

6) 중국 원자력추진 잠수함

중국은 1974년 수중배수량 5,639톤, 수중 최대속도 25노트인 첫 번째 원자력추진 공격잠수함 한(Han)급을 자력으로 진수시켰다. 한급 잠수함은 1990년까지 총 5척이 건조되었으나, 당시 서방 측 잠수함에 비해 소음이 심하고 성능이 떨어져 공격 원자력추진 잠수함으로서의 작전능력은 미흡하다는 평가를 받았다. 한급 잠수함을 대체하기 위해 2006년 수중배수량 6,096톤, 전장 107m, 수중 최대속도 30노트인 상(Shang)급 잠수함을 취역시켰다. 상급은 러시아의 협력을 얻어 설계됨으로써 한급보다는 소음과 성능 측면에서 우수한 것으로 평가되고 있다.

중국의 첫 번째 전략잠수함(SSBN)은 1981년에 진수된 수중배수량 8,500톤, 전장 120m, 수중속도 22노트인 시아(Xia)급 잠수함이다. 탑재할 탄도유도탄의 개발이 늦어지면서 취역은 1988년에야 이루어질 수 있었다. 시아급 후속함으로 진(Jin)급 전략잠수함이 2007년에 취역되었으며, 탄도유도탄(SLBM) 12기를 탑재한 진급은 전장 137m, 10,000톤급으로 추정되고 있다.

현재 중국 해군이 운용하고 있는 원자력추진 잠수함은 공격잠수함 한급 3척, 상급 1척, 그리고 전략잠수함 진급 1척 등 총 5척이다. 그림 3-64에 중국의 진급 전략잠수함을 제시하였다.

7) 인도 원자력추진 잠수함

인도는 1980년대부터 원자력추진 잠수함의 개발을 추진해 왔다. 2009년 전략잠수함 및 순항유도탄 잠수함 겸용인 아리한트(Arihant) 잠수함을 진수시킴으로써, 세계에서 여섯 번째로 탄도유도탄 발사능력을 갖춘 원자력추진 전략잠수함 보유국이 되었다. 아리한트급 다목적 전략 원자력추진 잠수함은 러시아의 기술협력을 받아 러시아 야센(Yasen)급 잠수함 설계을 기본으로 하여 개발되었다. 아리한트급 잠수함은 전장 120m, 수중속도 24노트이며, 4개의 대형 수직발사관을 사용하여 4기의 탄도유도탄(SLBM) 또는 12기의 장거리 순항유도탄을 탑재할 수 있다.

그림 3-64
중국 진급 전략잠수함

그림 3-65
인도 아리한트급 다목적 잠수함

3.2.4 AIP추진 잠수함

1) AIP 추진기관 발전과정

AIP(Air Independent Propulsion) 추진기관이란 “대기 중의 공기에 의존하지 않는 추진체계”란 뜻으로, 기존의 디젤전기추진 잠수함의 잠항시간을 연장할 수 있는 추진체계이다. AIP 추진방식은 함 내에 저장된 산소와 연료를 사용하여 수중에서 축전지 충전 및 전원공급이 가능한 추진기관으로서, 디젤전기추진 잠수함의 취약점인 스노클 항해를 상당 기간 동안 배제할 수 있다.

AIP추진 잠수함의 시초는 2차 세계대전 말기 발터기관(Walter Engine)을 탑재한 독일 Type XVII B U-보트로 볼 수 있다. 독일의 헬무트 발터는 1934년 칼 되니츠 해군제독으로부터 잠수함 추진기관의 성능향상 제의를 받고, 과산화수소를 연료로 하는 발터터빈을 설계하였다. 발터터빈은 고농도 과산화수소와 촉매를 반응시켜, 분해 시 발생하는 산소와 수증기의 혼합가스를 작동유체로 터빈을 구동시켜 이를 출력으로 변환하는 추진기관이다. 발터터빈은 연소용 산소를 외부에서 공급할 필요가 없기 때문에 잠수함의 수중 동력원으로 적합하였으며, 출력 2,500마력의 발터터빈을 갖춘 배수량 80톤의 소형 실험함 V-80을 1940년 건조하여 수중 최대속도 25노트라는 놀라운 속도를 기록하였다. 2차 세계대전이 종전으로 다가갈 즈음 독일 해군은 점점 열세로 몰리는 잠수함전의 부진을 만회하기 위해 다양한 수중항해용 동력을 갖춘 고속잠수함을 건조하게 되었는데, 이들 중 하나가 발터터빈이 탑재된 Type XVII B U-보트이다. 2차 세계대전 이후 영국과 미국은 Type XVII B 잠수함을 각각 1척씩 획득하여 연구 및 실험에 사용했다. 1956년 영국 해군은 익스플로러(Explorer)급 잠수함 2척을 자체 건조해 실험에 착수하였으나, 고가의 과산화수소가 대량으로 필요한 점과 과산화수소의 안전성 문제로 인해 실전부대에는 배치하지 못했다. 미 해군도 소형 잠수함 X-1으로 실험하였지만, 보다 효과적이고 안전한 원자력추진 잠수함 건조가 성공하면서 모든 연구가 취소되었다.

AIP 추진기관은 AIP만으로 함 내 모든 동력을 공급하는 AIP 전용시스템(Full AIP System)과, AIP와 기존 디젤기관을 동시에 탑재하여 적에게 노출될 위험성이 없을 때에는 디젤발전기 및 축전지를 사용하고 위험상태에서는 AIP를 사용하는 하이브리드 시스템(Hybrid System)으로 구분할 수 있다. 현재 잠수함에 채택되어 실용화되고 있는 AIP 추진기관으로 폐회로 디젤엔진(Closed-Cycle Diesel

Engine: CCDE), 스털링엔진(Stirling Engine), 연료전지(Fuel Cell), 메스마(Module d' Energie Sous-Marine Autonome: MESMA) 시스템이 있다. 지금까지 기술한 각 AIP 시스템의 특성에 대해서는 4장 2절 〈잠수함 체계구성〉 추진기관 항에서 상세히 기술하였다.

현재까지 잠수함에 탑재하여 운용되는 AIP 추진기관은 디젤발전기-축전지로 구성되는 추진시스템을 보조하기 위한 하이브리드 시스템으로서, 수중에서 저속 운항 시에만 사용되고 있다. 4~6노트의 저속으로 운항할 경우 약 2주 정도 지속적인 수중항해가 가능하다. 그러나 디젤발전기를 대체하는 주 추진기관으로 AIP 추진기관을 채택하는 잠수함도 머지 않은 기간 안에 등장할 것으로 예상된다.

2) 폐회로 디젤엔진 탑재 AIP추진 잠수함

폐회로 디젤엔진은 통상적인 디젤엔진을 사용하나, 액체상태로 저장된 산소와 아르곤과 같은 불활성 가스를 사용하여 외부의 공기 공급 없이 폐쇄된 상태에서 엔진을 작동하는 방식이다. 독일 해군이 연료전지를 선정하기 전까지 독일 티센(Thyssen)사는 많은 예산을 투입하여 폐회로 디젤엔진을 개발하였고, 1988년에는 퇴역 잠수함에 300kW급 폐회로 디젤엔진을 탑재하여 해상시험을 실시하였다. 네덜란드는 폐회로 디젤엔진을 탑재한 모레이(Moray)급 잠수함을 설계하여 수출을 시도하기도 하였다. 폐회로 디젤엔진은 다른 AIP 시스템들에 비해 간단하고 경제적인 AIP 시스템이다. 상대적으로 소음이 클 수 있다는 우려는 소음차폐상자(Enclosure) 방식을 적용하여 해결하였으나, 폐회로 디젤엔진을 탑재하여 실용화한 AIP추진 잠수함은 아직 없다.

3) 스털링엔진 탑재 AIP추진 잠수함

최초로 잠수함에 탑재되어 실용화된 AIP 추진기관은 스털링엔진이다. 스털링엔진은 폐회로 디젤엔진과 유사하나, 내연기관인 디젤엔진 대신 열효율과 소음 측면에서 장점이 있는 외연기관인 스털링엔진을 사용한다.

스웨덴의 코쿰스(Kockums)사는 1982년부터 1985년까지 75kW급 잠수함 탑재용 스털링엔진을 개발한 후, 1988년 Type A14 나켄(Nacken)급 잠수함에 장착하여 해상 시운전을 성공적으로 마쳤다. 그리고 1996년에 75kW 출력의 MK 2 V4-275R 스털링엔진 2기와 디젤엔진 2기를 탑재한 Type A19 고틀랜드(Gotland)급 AIP추진 잠수함을 건조하여 스웨덴 해군에 인도하였다. 수중배수량 1,625톤, 전장 60.4m, 수중속도 20노트의 고틀랜드급 잠수함은 5노트 속도

그림 3-66
스웨덴 AIP추진 잠수함 고틀랜드함

로 운항 시 스털링엔진을 사용하여 2주 동안 스노클링을 하지 않고 수중항해가 가능하다. 스털링엔진 연료로는 디젤유와 액화산소를, 작동가스로는 헬륨을 사용한다. 그림 3-66에 세계 최초의 AIP추진 잠수함인 고틀랜드함을 제시하였다.

고틀랜드급 잠수함은 2005년부터 2년 동안 미 해군에 임대되어, AIP추진 잠수함이 미 해군에 미치는 위협과 대비책을 연구하기 위한 합동훈련에 참여한 경험도 갖고 있다. 현재 스웨덴 해군은 고틀랜드급의 후속 모델로 스털링엔진을 탑재한 Type A-26 차세대 잠수함 프로젝트를 추진 중에 있다.

일본은 스털링엔진을 자국 잠수함에 적용하기 위한 연구를 시작하여, 2000년대 초반 하루시오급 7번함인 아사시오함에 스웨덴 코큼스사로부터 도입한 스털링엔진을 설치하여 해상시험을 실시하였다. 이를 토대로 스털링엔진을 탑재한 소류(Soryu)급 AIP추진 잠수함을 건조하여, 2009년에 1번함을 취역시켰다.

소류급 잠수함은 수중배수량 4,100톤, 수상배수량 2,947톤, 전장 84m, 수중 최대속도 20노트이며, 21인치 어뢰발사관 6문을 탑재하고, Type 89 중어뢰 및 Sub-Harpoon 대함유도탄을 적재하고 있다. 소류급 잠수함은 현재까지 전 세계 디젤전기추진 및 AIP추진 잠수함 중에서 가장 큰 잠수함이며, 디젤엔진 2기와 75kW급 스털링엔진 4기를 탑재하고 있다. 선체 외형은 오야시오급과 동일한 시가형이며, 함미타는 +자형에서 X자형으로 변경하였다. 그림 3-67에 일본 소류급 AIP추진 잠수함을 제시하였다.

그림 3-67

일본 소류급 스털링엔진 탑재 AIP추진 잠수함

4) 연료전지 탑재 AIP추진 잠수함

연료전지 방식의 AIP 추진기관은 물의 전기분해를 역으로 진행하는 개념으로, 산소와 수소를 합성할 때 발생하는 화학에너지를 전기에너지로 바꿔 추진력을 얻는다.

독일 지멘스(Siemens)사와 하데베(Howaldtswerke Deutsche Werft: HDW)사는 100kW 연료전지를 개발하고 Type 205 잠수함에 탑재한 후 항해 시운전을 함으로써 실용 가능성을 입증하였다. 이를 토대로 2005년 연료전지를 탑재한 최초의 실용 잠수함인 독일 해군 Type 212급 잠수함을 건조하였다.

Type 212급 잠수함은 지멘스사에서 개발한 PEM(Polymer Electrolyte Membrane) 연료전지 모듈을 9개 탑재하였으며, 모듈당 평균출력은 34kW, 총 출력은 약 300kW이다. 연료전지에 필요한 수소는 38개의 금속 수소실린더(Metal Hydride Cylinder)에, 산소는 2개의 액화산소 탱크(Liquid Oxygen Tank: LOX)에 저장한다. 연료전지를 탑재한 Type 212급 잠수함은 축전지를 사용하지 않고 8노트 속도로 수중에서 항해할 수 있으며, 연료전지만으로 14일 동안 수중에서 작전이 가능하다. Type 212급 잠수함 1번함인 U-31함은 수중배수량 1,859톤, 전장 55.9m, 수중 최대속도 20노트이며, 무장은 21인치 어뢰발사관 6문과 어뢰 12기를 탑재한다. 그림 3-68에 독일 Type 212급 AIP추진 잠수함을 제시하였다.

독일 하데베사는 Type 212 잠수함 건조와 병행하여, 동일 방식의 연료전지를 탑재한 수출형 AIP추진 잠수함 Type 214를 개발하였다. Type 214 잠수함은 그리스 해군에 수출하였고, 한국 해군도 독일로부터 기술을 도입하여 국내에서 건조한 연료전지 탑재 AIP 잠수함을 2007년부터 운용하고 있다. Type 214 잠수함은 수중배수량 약 1,859톤, 전장 65m, 그리고 총 출력 240kW의 연료전지와 21인치 어뢰발

그림 3-68

독일 연료전지 탑재 Type 212급 AIP추진 잠수함

그림 3-69

그리스 연료전지 탑재 Type 214급 AIP추진 잠수함

사관 8문을 탑재하고 있다. 그림 3-69에 그리스 Type 214급 AIP추진 잠수함을 제시하였다.

러시아는 1970년대 초부터 디젤전기추진 잠수함의 추진 동력원을 대체할 연료전지 방식의 AIP 추진기관을 연구하기 시작하였고, 1991년 130kW급 연료전지 시스템을 개발하였다. 수소저장 방식은 독일의 연료전지와 유사한 수소저장 합금 방식을 적용하였으며, 현재 제1세대 연료전지 시스템을 개량한 Kristal-27E 연료전지를 개발하여 라다(Lada)급 잠수함의 수출형인 아무르(Amur)급 잠수함에 탑재할 계획이다.

캐나다 해군은 영국으로부터 도입한 빅토리아(Victoria)급 잠수함에 탑재할 목적으로 연료전지 시스템 개발을 추진하였다. 1998년 캐나다의 Ballard사는 출력 50kW의 모형에 대한 시험을 수행한 후 현재 250kW급을 개발한 상태이며, 300kW급으로 발전시킬 계획을 추진 중에 있다. 캐나다가 개발하고 있는 연료전지 방식은 독일 및 러시아 방식과 원리와 구성 면에서 흡사하나, 수소공급 방법은 수소저장 합금방식 대신 메탄올로부터 직접 수소를 추출한다는 점에서 다르다. 메탄올은 가격 측면에서 저렴할 뿐만 아니라, 향상된 수소 저장률과 수소 재충전 시간의 단축 등 장점을 갖고 있다. 그러나 메탄올로부터 수소를 추출하기 위해서는 별도의 개질기(改質器, Reformer) 장치가 추가로 요구된다.

스페인은 에탄올을 사용하는 개질기형 연료전지 시스템을 탑재한 AIP추진 잠수함 S-80A를 개발 중에 있다. 수상배수량 2,233톤의 S-80A 잠수함은 스페인 나반티아(Navantia)사와 프랑스 DCN사가 공동으로 개발한 스코르펜 잠수함의 설계를 기반으로 하고 있으며, 2007년 말 건조에 착수하여 2014년 취역할 예정이다. 탑재되는 300kW급 연료전지 시스템의 연료전지 모듈은 미국 UTC Power사에서, 에탄올 개질기는 나반티아사에서 개발하고 있다. 2014년 S-80A 잠수함이 성공적으로 취역할 경우, 최초의 개질기형 연료전지 시스템을 탑재한 AIP추진 잠수함이 될 것이다.

5) 메스마 시스템 탑재 AIP추진 잠수함

프랑스는 1980년부터 원자력 추진기술에 기반한 폐회로 증기터빈 AIP 추진기관인 메스마(MESMA) 시스템을 개발해 왔다. 메스마는 AIP의 불어식 표현이며, 에탄올 또는 디젤유의 연료와 산소를 연소시켜 증기발생기를 구동시키고, 발생된 증기로 증기터빈을 작동하여 추진력을 얻는 시스템이다.

메스마 시스템은 2008년에 취역한 파키스탄의 Agosta 90B형 칼리드(Khalid)급 잠수함 3번함인 함자(Hamza)함에 처음으로 탑재되었으며, 탑재된 메스마 시스템의 출력은 200kW이다. 함자함의 연료는 에탄올을 사용하며, 200kW 출력으로 4노트 속도 기준 시 잠항거리를 4배 이상 증가시켰으며, 3주 이상의 수중 체재 능력을 보유한 것으로 추정된다.

함자함은 수중배수량 2,012톤, 전장 76.2m, 수중 최대속도 20노트이며, 21인치 어뢰발사관 4문을 탑재하고 어뢰 및 대함유도탄을 발사할 수 있다. 함자함은 절단삽입(Plug-In) 방식으로 메스마 시스템을 탑재함으로써 동급 1번함 및 2번함과 대비하여 전장이 8.6m 연장되었다.

그림 3-70
파키스탄 메스마 시스템 탑재 AIP추진 잠수함 함자함

프랑스의 수출용 잠수함인 스코르펜(Scorpene)급 잠수함 또한 절단삽입 방식으로 메스마 시스템을 탑재할 수 있도록 설계되었으며, 스코르펜급 잠수함용 메스마 시스템은 디젤유를 연료로 사용한다. AIP 추진체계를 탑재할 경우 수중배수량은 1,700톤에서 1,900톤으로 증가하며, 항속거리는 4노트 기준 시 약 500~700해리 증가한다.

3.2.5 잠수정

잠수정(Small Submarine)은 소수의 승조원이 탑승하고 함 내 거주설비가 열악한 소형 잠수함을 말한다. 배수량에 대한 명확한 기준은 없으나 일반적으로 200톤급 이하이다. 잠수정은 짧은 거리에서는 독자적으로 항해하며 작전을 수행하지만, 장거리 작전 시에는 모함에 탑재하여 이동하고, 작전구역에 도착한 후 모함으로부터 전개되어 부여된 임무를 독자적으로 수행하게 된다. 잠수정은 천해(淺海) 작전에 적합하기 때문에 일반적으로 특수요원 침투, 기뢰부설, 제한적인 대수상함 공격임무 등을 수행한다.

잠수정은 제한된 에너지원으로 인해 수중 체재시간 및 작전영역이 좁아서 제한적인 작전을 수행할 수밖에 없다. 그러나 다음과 같은 장점으로 인해 소형임에도 불구하고 목표하는 작전효과를 기대할 수 있다.

- 잠수정은 건조비와 운용·유지비가 저렴할 뿐만 아니라, 2~3년 정도의 운용경험으로도 다양한 작전 수행능력을 확보할 수 있다.
- 잠수정이 운용되는 장소 자체가 대부분 대잠작전이 곤란한 연안 인근의 천해지역이므로 탐지 및 식별이 매우 곤란하다.

- 통상적으로 1척의 잠수함을 상대하기 위해서는 다수의 수상전투함이나 대잠초계기가 동원되는 등 잠수함의 탐색 및 식별에 많은 노력이 요구된다. 따라서 잠수함의 크기 및 탑재무장에 관계없이 수중에 위협세력이 있다는 것만으로도 적에게 큰 위협이 될 수 있다. 다수의 잠수정을 이용할 경우, 광범위한 영역에서의 매복 및 특수작전 등은 큰 작전효과를 얻을 수 있다.

잠수함 발전단계 초기의 소형 잠수함들은 대부분 잠수정에 포함될 수 있다. 현재 운용 중인 잠수함 중에는 수중배수량 112톤, 전장 20m, 수상속도 12노트, 수중속도 8노트, 어뢰발사관 2문, 항속거리 550해리의 북한 유고(Yugo)급, 수중배수량 115톤, 전장 25m의 이란 나항(Nahang)급과 수중배수량 125톤, 전장 29m의 연어(Yono)급 등이 대표적인 잠수정이라 할 수 있다.

북한은 잠수정을 개발하고 있는 대표적인 국가이며, 현재 유고급 잠수정 23척을 운용하고 있다. 북한은 이란의 연어급 잠수정 개발에도 참여한 것으로 추정되고 있으며, 잠수정 외에도 수중배수량 281톤, 전장 35.5m, 수중속도 8.8노트, 수상속도 7.6노트의 상어급 소형 잠수함도 38척 운용하고 있다. 그림 3-71과 3-72에 유고급과 연어급 잠수정을 제시하였다.

잠수정 및 특수요원용 수중침투정 전문회사인 이탈리아 코스모스(COSMOS)사는 수중배수량 118톤, 수중속도 9노트의 기존 MG-120/ER급 잠수정의 성능 및 무장을 개선한 SWATS X 201급 잠수정을 천해작전용 잠수함(Shallow Water Attack Submarine: SWATS)으로 개발하고 있다. 이 잠수함은 천해작전을 수행하기 위한 핵심요소인 조종성능, 천해에서의 항해능력, 해저에서의 운항능력 등이 우수한 것으로 알려져 있다. 주요 제원은 수중배수량 200톤, 전장 30.5m, 최대잠항수심 200m, 수중속도 15노트, 항속거리 2,500해리이며, 어뢰발사 및 기뢰부설이 가능하고 수중침투 요원 이송정(Swimmer Delivery Vehicle: SDV)을 탑재할 수 있다. 그림 3-73에 이탈리아 코스모스사가 개발하고 있는 차세대 잠수정을 제시하였다.

그림 3-71

북한 유고급 잠수정

그림 3-72

이란 연어급 잠수정

그림 3-73

이탈리아 코스모스사 SWATS X 201급 잠수정 개념

3.3 | 함정 발전동향

3.3.1 수상함 발전동향

함정을 비롯한 모든 무기체계는 전쟁에서 승리를 쟁취하기 위한 필수적인 수단으로서, 동 시대의 첨단 군사과학기술이 집약된 산물이라고 할 수 있다. 전쟁의 승패 원인은 다양하지만, 해전의 경우 1차적으로 함정의 작전 운용능력 차이로 결정적인 판가름이 난다. 승리를 보장받기 위해 함정의 작전 운용능력은 변화하는 해전 양상에 대응할 수 있도록 발전해 왔다.

2장 〈해전양상의 발전 및 현황〉에서 상세히 기술한 바와 같이, 냉전체제 종식에 따른 국제 안보환경의 변화와 군사과학기술의 급격한 발전에 의해 현대 해전양상은 연해해전, 정보전, 네트워크중심전 등으로 크게 변화하였다. 이러한 해전양상 변화에 부응하여 수상함은 함정 종류별로 체계구성과 작전 운용능력 측면에서 많은 발전을 이루었다.

미 해군은 세계 최강의 해군 전력을 제한된 국방예산 범위 내에서 유지·발전시키고자, 미래 해전양상의 변화·발전을 다각적으로 예측하고 선도적으로 대처해 왔다. 이 절에서는 미 해군이 국방비를 집중 투입하여 실용화를 추진하고 있는 DDG-1000급 육상공격 구축함, 연해전투함(Littoral Combat Ship), 고속 연해지원함(Littoral Support Craft)에 대한 심층분석을 통해 차세대 수상함의 발전동향을 제시하고자 한다.

1) 육상공격 구축함 DDG-1000

그림 3-74에 제시한 바와 같이 기존 함정에서 볼 수 없는 특이한 선형, 산뜻하고 단순한 갑판 상부구조, 강력한 지상타격 능력 등 육상공격 구축함 DDG-1000이야말로 미국이 추구하는 군사혁신의 산물이라고 할 수 있다. 미 해군은 1990년대 초 21세기 수상전투함(SC-21) 계획을 토대로, 1,000해리 이상 장거리에 위치한 적 중심부에 대해 정밀타격을 가할 수 있고, 획기적으로 증대된 대공 방어능력 및 전구 탄도유도탄 방어(Theater Ballistic Missile Defence: TBMD) 능력을 보유한 신규 수상전투함 개발에 착수하였다. 함정 개발 사업계획 이름은 SC-21에서 DD-21로 변경되었고, 2001년에는 DD(X)로 다시 변경되어 실제 건조사업이 추진되었다. 2006년에는 1번함을 DDG-1000으로 명명하였다.

미 해군이 DDG-1000급 차세대 구축함을 개발·건조하면서 목표로 한 작전성

그림 3-74
미 해군 DDG-1000 구축함 개념

능은 세 가지로 요약된다. 첫째, 연안에 전개되어 있는 부대를 지원하기 위해 정밀하고 지속적인 화력지원을 할 수 있는 강력한 육상공격 능력의 확보이다. 둘째, 다양한 작전임무 수행능력을 토대로 연해해역에서 적에 대해 우위를 확보할 수 있는 제해권의 확보이다. 셋째, 작전에 참여하는 타 함정 및 타군 부대와의 합동작전 수행 및 네트워크중심전을 실현하기 위한 상호 운용성의 확보이다.

그림 3-74에 제시한 바와 같이 DDG-1000의 선형은 단동선형(Monohull), 반잠수 쌍동선형(SWATH), 삼동선형(Trimaran)에 대한 검토결과를 토대로 스텔스 성능을 강화한 텀블홈(Tumblehome) 선형으로 결정되었다. 텀블홈선형은 일반적인 함정 선형과 반대로 함수가 파도를 향해 뾰족하게 설계되어 파도를 가로지르는 형태로서, 함정의 요동을 최소화시켜 흔들림에 의한 레이더 피탐을 최소화할 수 있다. 레이더 반사파에 의한 피탐을 최소화하기 위해 갑판 위 상부구조에도 혁신적인 경사면을 적용하였고, 1개의 갑판 상부구조물에 마스트, 연돌 등을 통합시켜 복잡한 상부갑판 구조물들의 크기를 대폭 축소했으며, 전자파 흡수를 위해 복합섬유 재질을 적용하였다. 이를 통해 DDG-1000함의 레이더 반사 단면적(RCS)은 현 이지스급 구축함과 순양함의 약 1/50 수준으로 대폭 감소되었다.

추진체계는 추진용 전원과 함 내부용 전원을 동시에 제공하는 통합전력체계(Integrated Power System: IPS)를 탑재하였으며, 컴퓨터 시스템은 TSCE(Total Ship Computing Environment) 체계로서, 미래전의 핵심인 정보우세 및 통합 지휘통제 환경을 제공할 수 있게 하였다. 함 운용을 자동화하여 현 구축함의 50% 수준으로 승조원을 축소시킴으로써 운용·유지비의 대폭적인 절감효과를 얻었다.

추진기 형식의 변화와 타기(Rudder)의 채택 여부도 집중 검토되고 있다. 기존의 고정피치 또는 가변피치 프로펠러 대신 선회식 전기추진기(Podded Propulsion System)를 적용할 경우, 함 중앙부터 함미까지 선체 하부에 설치되는 추진축계와 타기가 불필요하게 되고 선체 부가물이 최소화됨으로써 선체중량 감소, 유체소음 유발요소 최소화, 내부용적 활용도 및 기관장비 배치의 융통성 증대, 운용인력 절감 등이 가능해지기 때문이다.

탐지센서체계는 현 구축함의 전장 감시능력을 400% 확대시키기 위해 X밴드 레이더를 이용하여 잠수함의 잠망경같이 저고도·소형 표적에 대해서도 탐지 및 추적이 가능하고, S밴드 레이더로 저고도에서 고고도까지 전방위에 대해 탐색이 가능하도록 계획하였다. 그러나 외기권을 비행하는 탄도유도탄을 장거리에서 탐지, 추적, 식별, 요격하는 전구 탄도유도탄 방어체계를 탑재하는 것으로 사업 진행 과정에서 변경되었다.

무장체계로 구경 155mm 신형 함포체계(Advanced Gun System: AGS) 2문을 함수부에 설치하였고, 스텔스 극대화를 위해 갑판 하부에 수직함포를 설치하여 발사 시에만 포신을 갑판 상부로 노출하여 운용하는 방안을 고려했으나 약간의 변경이 예상된다. 사용될 포탄은 최대 사정거리 190km의 장거리 지상타격용 포탄(Long Range Land Attack Projectiles: LRLAP)이며, 총 920발의 포탄 적재능력을 보유하고 있다. 함 측면 갑판부에는 신규 개발한 PVLS(Peripheral Vertical Launch System) 형태의 유도탄 수직발사관을 설치하였다. 그림 3-75에 DDG-1000함에 탑재되는 신규 개발 무장 및 장비 체계와 기술들을 제시하였다.

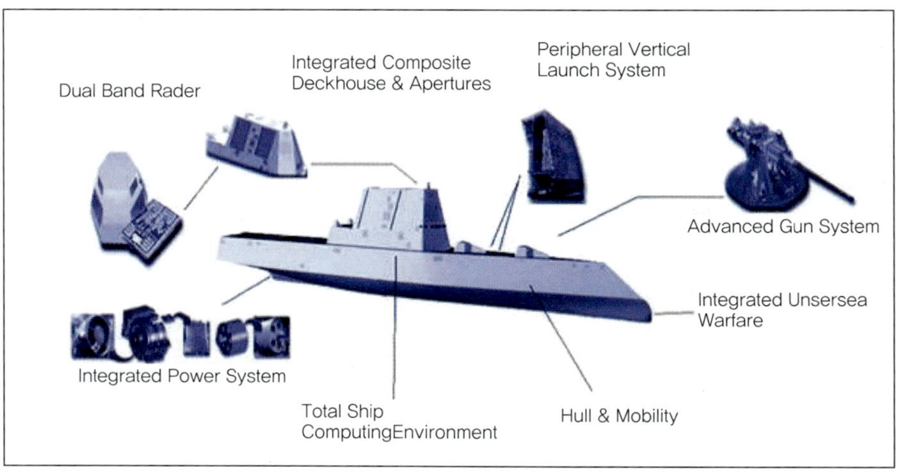

그림 3-75
DDG-1000 구축함 탑재 신규 무장 및 장비 체계[18]

DDG-1000함은 미국이 보유하고 있는 함정 관련 전문기술 능력을 효율적으로 집약하기 위해, 기존 방식과 다르게 설계 및 건조 과정을 추진하였다. 설계단계에서는 Litton Ingalls사와 Raytheon사로 구성된 Gold Team과 Bath Iron Work사와 Lockheed Martin사로 구성된 Blue팀 등 2개의 독립된 설계조직이 시스템 개념도출 및 초기 시스템 설계(Initial System Design)를 수행하게 하고, 이 중 우수 설계팀을 선정하여 총 시스템 설계(Complete System Design)를 수행하게 하였다. 건조단계에서는 Bath Iron Works사 및 Northrop Grumman사가 DDG-1000함 및 DDG-1001함의 건조 주관사 역할을 각기 수행하도록 하며, 두 조선소는 각 사에 할당된 선체구획을 제작한 후 상대 건조 주관사에 납품하도록 하였다. Bath Iron Works사는 2013년 중반까지, Northrop Grumman사는 2014년 중반까지 주관 함정의 건조를 완료할 계획이다.

2) 연해전투함

냉전체제 이후 대양에서 대규모 전투가 발생할 가능성은 없어지고, 연해해역에서 작전을 수행해야 할 소규모 지역분쟁은 급증하고 있는 상황이다. 연해해역의 복잡한 전장환경에 이지스 순양함이나 구축함과 같이 고가의 고성능 함정을 곧바로 투입하는 것은 작전수행 측면에서 부담이 될 뿐만 아니라, 함정 크기로 인해 수심이 얕은 연해해역에서는 제약을 받게 된다. 연해해전 시 요구되는 다양한 작전을 전담하여 수행함으로써 고가·고성능 함정의 투입을 사전에 준비하기 위한 함정이 연해전투함(Littoral Combat Ship: LCS)이다.

연해해역에서는 적군과 아군이 근접한 상태에서 혼재되어 있고, 수많은 섬, 얕은 수심, 다양한 주변 잡음 등으로 인해 전장환경이 매우 복잡하다. 게다가 연안국 해군이 한층 조용해진 재래식 잠수함, 해안에 설치한 대함유도탄, 소형 고속정 및 기뢰를 활용하여 대응할 경우 위협은 더욱 커진다. 이러한 복잡한 전장환경과 다양한 위협에 대처하기 위해 연해전투함이 갖추어야 할 작전 운용능력은 다음과 같이 다양하다.

- 천해 작전능력
- 작전지역에 신속한 접근이 가능한 우수한 기동성
- 다목적 임무 수행능력
- 함정 및 해안기지 등 근접한 적으로부터 피탐지율 극소화
- 소형 목표물 탐색, 식별, 추적 능력

이러한 연해전투함의 요구조건을 충족시키기 위해서는 40노트 이상 고속을 낼 수 있는 고속선형과 천해작전이 가능한 추진체계가 필요하다. 또한 레이더 반사 단면적, 수중방사소음, 적외선, 전자기, 가시영상 등 고도화된 스텔스 성능 및 고성능의 탐지센서체계가 요구된다. 1,000~2,000톤급 사이의 함정 크기로 연해해전에서 요구되는 다양한 작전임무를 수행하기 위해서는, 교체가 용이하도록 작전임무별로 모듈화된 임무패키지(Mission Package)의 탑재 · 운용이 요구된다.

위에 언급한 작전 운용능력을 보유한 연해전투함을 확보하기 위해 미 해군은 이전과는 다른 개발 · 건조 방식을 시도하였다. 2003년 7월 세계 각국의 함정 개발 전문회사를 대상으로 연해전투함 개념(안)을 공모하여, 이 중 6개 후보를 선정하였다. 이 가운데 다시 3개 개념(안)을 선정하여 초기설계를 수행할 수 있도록 재정적 지원을 하였고, 설계결과를 토대로 최종적으로 Lockheed Martin사의 연해전투함(안)과 General Dynamics사의 연해전투함(안)을 선정하여 2004년 5월 시제함 건조계약을 체결하였다. 이러한 과정을 통해 2,000톤급 내외의 고속수상함에 대한 세계 각국의 전문지식(Knowhow)을 파악함으로써, 대형 수상함만을 개발해왔던 미 해군은 연해전투함 개발을 매우 원활하게 추진할 수 있었다.

연해전투함에 탑재할 임무패키지 모듈은 수상전, 대잠전, 기뢰전으로 나누어 함정 건조와 병행하여 개발하였다. 수상전 임무패키지 모듈의 경우 초수평선 발사체계, 무인헬기, 시호크(Seahawk) 헬기, 30mm 기관포 2문 등으로 구성되어 있다. 기뢰전 임무패키지 모듈은 각종 소해구를 운용하는 무인수상정, 기뢰탐색 소나를 예인하는 원격 무인 반잠수정, 장비운반용 헬기, 수직이착륙 무인항공기 등으로 구성되어 있다.

연해전투함 1번함인 Lockheed Martin사의 2,840톤급 프리덤(Freedom)함은 반활주형 단동선형(Semi-Planing Monohull)을 채택하였다. 함수부 선저 형상은 꺾임각이 큰 차인(Hard Chine), 함 중앙부터 함미부까지는 'U' 형의 둥근 형태(Round Type)를 적용하여 유체동역학 측면에서 추진저항을 최소화하였으며, 경하 시에는 50노트, 만재 시에는 45노트의 고속을 발휘할 수 있었다. 반활주형 단동선형이지만 무인수상정을 비롯한 각종 무인기들을 격납하고 헬기를 운용하기 위한 갑판부 공간과 고출력 기관을 설치하기 위한 함 내 공간을 충분하게 확보하고 있다.

프리덤함은 2005년 초에 건조에 착수하여 2006년 말에 진수하고 2008년 11월에 취역하였다. 프리덤함과 동일한 선형을 가진 연해전투함 3번함인 포트워스

(Fort Worth)함은 2009년 3월 건조계약이 체결되었으며, 2012년 12월경 해군에 인도될 예정이다. 그림 3-76에 프리덤함의 선형 및 고속 항주 모습을 제시하였다.

연해전투함 2번함인 General Dynamics사의 2,784톤급 인디팬던스(Independence)함은 삼동체선형(Trimaran)을 채택하였으며, 경하중 시 50노트, 만재 시 47노트의 고속을 발휘하고, 다양한 종류의 임무패키지 모듈 및 헬기를 탑재·운용하기 위한 넓은 갑판용적을 확보하였다. 2000년 영국 국방성은 1,200톤급 시범선 트리톤(RV Triton)호를 건조하여 장기간 해상 시험평가를 수행함으로써, 차세대 수상함의 유망한 후보 선형 중 하나인 삼동체선의 유용성을 실제로 입증한 바 있다. 인디팬던스함은 트리톤호의 성과를 토대로 건조된 세계 최초의 삼동체선형 함정으로서, 실제 운용을 통해 나타날 작전 수행성과에 따라 삼동체선형 함정의 확산 여부가 결정될 것이다. 인디팬던스함은 2006년 초 건조에 착수하여 2008년 10월에 진수하고 2010년 1월 16일에 취역하였으며, 남중국해를 비롯한 연안해역에서 실제로 작전에 투입되어 시범 운용 중에 있다. 그림 3-77에 인디팬던스함의 삼동체선형 및 고속항주 모습을 제시하였다.

그림 3-76
Lockheed Martin사 개발 연해전투함 프리덤함

그림 3-77
General Dynamics사 개발 연해전투함 인디팬던스함

3) 고속 연해지원함

냉전체제 종식 이후 지구촌 곳곳에서 국지분쟁이 빈번하게 발생함에 따라, 미국의 경우 지역 안정화 및 자국민 보호를 위해 육군 또는 해병대 등 미군을 투입해야 하는 상황이 늘고 있다. 이에 따라 실제로 전투를 수행하는 연해전투함(LCS) 외에 분쟁지역에 투입되는 병력과 군수물자를 신속하게 운송할 수 있는 고속 연해지원함(Littoral Support Craft: LSC)이 필요하게 되었다.

미 해군이 필요로 하는 고속 연해지원함은 크게 두 가지로 구분된다. 미국 본토로부터 약 6,000해리 거리에 위치한 미 해군 해상 전진기지 또는 해외 육상기지까지 비교적 많은 병력 및 군수물자를 고속으로 수송하는 고속수송함(High Speed Sealift)과, 해상 전진기지 및 해외 육상기지로부터 약 2,000해리 거리에 위치하는 전투지역까지 비교적 적은 병력 및 군수물자를 고속으로 수송하는 고속커넥터(High Speed Connector)이다. 미 육군과 해군이 고속수송함 또는 고속커넥터로 주목한 선박은 호주 해군이 호주 Incat사로부터 임차하여 1999년 동티모르 사태 발생 시에 군수지원용 수송선으로 운용한 파랑관통 쌍동선(Wave Piercing Catamaran) 제르비스 베이(Jervis Bay)호였다. 86m 길이의 파랑관통 쌍동선 제르비스 베이호는 43노트의 고속으로 11시간을 운항하여 호주에서 동티모르까지 병력, 차량 및 화물을 신속하게 수송하였다. 2년의 임차기간 동안 총 107회를 성공적으로 운항함으로써, 해상 고속 수송수단으로서의 유용성을 확실하게 입증하였다.

이러한 성과를 확인한 미 육군은 2001년 호주 Incat사로부터 파랑관통 쌍동선 2척을 임차하여, HSV-1X 조인트 벤처(Joint Venture)호로 명명하고 군수지원선으로 운용하였다. 96m급인 조인트 벤처호는 만재배수량 1,700톤, 유효 탑재중량 770톤으로서, 325명의 병력과 다수의 군용 차량 및 중무장 기동차량을 수송하며, 헬기 갑판에는 SH-60 등 중량 헬기를 운용할 수 있다. 최대속도는 48노트에 달하며, 494톤의 화물을 적재할 경우 해상상태(Sea State) 3에서 35노트의 고속으로 항해할 수 있다. 미 육군이 연이어 2002년에 임차한 101m급 TSV-1X 스피어헤드(Spearhead)호 또한 군수물자 수송에 운용되었다. 그림 3-78에 군수지원 임무수행 중 쿠웨이트에 기항 중인 조인트 벤처호와 스피어헤드호를 제시하였다.

미 해병대는 2001년 호주 Austal사가 개발한 2,000톤급 쌍동선을 임차하여 웨스트팩 익스프레스(Westpac Express)호로 명명하고, 오키나와 미군 기지와 일본 본토 간 항로 등에서 고속수송선으로 1년에 238일 수준으로 매우 빈번하게 운용하였다. 호주 Austal사가 개발한 쌍동선은 파랑관통선형이 아니라, 그림 3-79에 제시한 바와 같이 고속형 일반 쌍동선이라는 점이 특이하다.

미 해군은 미 육군의 운용성과를 확인한 후, 2003년 10월 1,800톤급 파랑관통 쌍동선을 호주 Incat사로부터 임차하여 HSV-2 스위프트(Swift)호로 명명하고 기뢰전 지휘함으로 운용하고 있다. HSV-2 스위프트호 역시 화물 300톤 적재 시 42노트의 고속을 발휘할 수 있으며, 병력 353명, 다수의 기동차량, 중량 헬기 2대 등 큰 수송능력을 보유하고 있다. 그림 3-80에 HSV-2 스위프트호의 운항장면을 제시하였다.

그림 3-78
미 육군 고속 군수지원함 조인트 벤처호와 스피어헤드호

그림 3-79
미 해병대 고속수송선 웨스트팩 익스프레스호

그림 3-80
미 해군 기뢰전 지휘함 HSV-2 스위프트함

이러한 운용성과를 토대로 미 육군은 파랑관통 쌍동선형의 고속수송선을 요구하게 되었고, 미 국방부는 2008년 11월 호주 Austal사와 상세설계 계약을 체결하여 건조에 착수하였다. 고속수송선은 앞서 언급한 웨스트팩 익스프레스호와 같이 고속형 일반 쌍동선 형태를 갖고 있다.

미 해군은 고속쌍동선이 군용 함정으로 유용한지를 탐색하기 위해, 파랑관통 쌍동선형 고속쌍동선을 임차 운용하는 방식과 병행하여 고속쌍동함의 개발·건조 사업을 2002년부터 독자적으로 추진하였으며, 최근 1번 시제함을 FSF-1 시파이터(Sea Fighter)라고 명명하였다. 미 해군이 시파이터급 고속쌍동함을 개발·건조함에 있어 가장 역점을 둔 것은 다음 세 가지로 요약된다.

첫째, 고속을 발휘하기 위해 폴리머(Polymer) 기술과 미소공동(Microbubble) 기술 등 마찰저항을 줄이기 위한 신기술들을 적용하였다. 미소공동을 분사한 후에 신형 폴리머를 분사하면, 선체 주위에 미소공동층을 형성하여 물의 마찰저항을 40%까지 줄이는 것으로 알려져 있기 때문이다.

둘째, 연안전투함용으로 개발된 모듈 형태의 임무시스템(Mission System)을 갑판구역에 설치된 임무구역(Mission Bay)에 탑재하여 운용함으로써, 연해해전 시 요구되는 다양한 작전임무를 임무시스템 교체를 통해 수행할 수 있도록 하였다.

셋째, 소형 크기로도 헬기 2대와 다수의 무인기를 운용할 수 있도록 넓은 갑판 용적을 제공할 수 있는 쌍동선형을 채택하였다.

시파이터호는 2002년 8월 설계에 착수하여 2005년 2월 건조가 완료되었고, 2005년 7월 시험운항을 시작하여 2007년부터 작전임무 수행에 투입되었다. 배수량 950톤급으로서, 정수(Calm Sea) 중 50노트, 파고 2.1m에서 40노트 속도를 목표로 개발되었는데, 마찰저항 감소기법의 적용 여부 및 성과에 대해서는 공개되지 않고 있다. 일반적으로 30노트 수준에 머물고 있는 수상전투함의 속도수준을 고려할 때, 호주의 고속쌍동선들을 비롯하여 시파이터호의 실제 운항결과는 미래 수상 함정 고속화 여부를 결정짓는 시금석이 될 것이다. 시파이터호는 4,400해리의 긴 항속거리를 갖고 있어, 대서양을 유류공급 없이 횡단할 수 있는 미래형 고속구축함 후보로도 주목받고 있다. 그림 3-81에 시파이터호의 선형과 시험운항 기간 중 수행된 헬기 이·착함 훈련장면을 제시하였다.

4) 무인기 탑재·운용 본격화

2차 세계대전 이후 국제 안보환경의 변화와 해상무기체계의 획기적인 발전으로 인해 현대 해전양상은 대양에서의 대규모 수상해전 형태에서 벗어나 연해해전, 네

그림 3-81
미 해군 시파이터함 선형 및 헬기 이·착함 훈련장면

트워크중심전, 정보전 등으로 바뀌었고, 테러전 등 비대칭전도 빈번하게 발생하고 있다. 이로 인해 지상전에서는 이미 보편화된 무인기체계의 활용이 현대 해전에서도 본격화되고 있다.

연해해전 시 중소형 고속함정 및 잠수함 그리고 기뢰를 활용하는 연안국가의 해상 전투력은 매우 위협적이다. 연해해역의 수중음향 환경은 매우 복잡하여 대잠수함 작전을 어렵게 만들며, 연해해역에 부설된 기뢰는 원시적 수준의 성능이라 하더라도 군사강국의 대형 함정에 치명적인 손상을 입힐 수 있기 때문이다. 따라서 연해해전으로의 전환은 군사강국들로 하여금 유인체계의 접근이 어려운 해역까지 작전영역을 넓히고, 인명피해를 최소화하기 위한 대책의 하나로 무인기의 탑재·운용을 강화하도록 만들었다.

현대 해전의 주요 특성 중 하나인 네트워크중심전에서도 무인기는 네트워크체계를 구성하는 핵심 노드(Node)로 활용되고 있다. 무인기를 네트워크 체계의 구성요소로 활용할 경우 적은 수의 함정으로 넓은 해역에서 많은 표적을 신속하게 탐지·식별·확인할 수 있으며, 전투정보의 공유 및 활용이 용이해지기 때문이다.

2000년 예멘 아덴 항에 정박 중인 미 해군 이지스 구축함 콜(Cole)함이 소형보트의 자폭 공격을 받아 많은 사상자가 발생하고 자항이 불가능할 정도로 큰 손상을 입은 사건이 발생한 이후, 테러 및 기습 등 비대칭전에 대한 수상전투함의 대비책으로 무인기의 활용이 주목받게 되었다. 미 해군의 경우 외국 항구에 정박 중인 대형 수상전투함은 전천후 상시초계를 위해 무인수상정을 활용하고 있다.

위에서 제시한 바와 같이 활용이 본격화되고 있는 수상전투함용 무인기체계는 무인항공기(UAV), 무인수상정(USV), 무인반잠수정, 무인잠수정(UUV) 등으로 구분된다.

무인항공기(UAV)는 해상작전 시 모함이 획득한 정보를 아군 함정 및 지상세력에 전송하거나, 무인항공기가 수집한 해상 또는 지상의 정보를 모함에 전송하는 데 활용되고 있다. 미 해군의 경우 이착용 활주로가 요구되는 글로벌 호크(Global

그림 3-82
수상전투함의 파이어 스카우트급 무인항공기 운용장면

Hawk)급 대형 무인항공기는 항공모함에서 운용하고 있으며, 헬기 형태로 수직 이착륙이 가능한 파이어 스카우트(Fire Scout)급 무인항공기는 헬기 갑판을 보유한 수상전투함에서 운용하고 있다. 그림 3-82에 해상정찰용 파이어 스카우트급 무인항공기 운용장면을 제시하였다. 현재 세계 각국에서 다양한 해상용 무인항공기를 개발하고 있으므로 수상전투함의 무인항공기 탑재·운용은 더욱 확대될 것이다.

무인수상정(USV)은 미국을 비롯한 영국, 프랑스, 독일, 캐나다, 이스라엘 등 세계 각국에서 활발하게 개발하고 있으며, 해상경비, 대기뢰전, 대잠전 등에 활용되고 있다. 미 해군은 구축함 콜(Cole)함의 피격사건 이후 2002년부터 하버(Harbor, 7m)급으로 스파르탄 스카우트(Spartan Scout)형 무인수상정을 개발했으나 실전에 투입하지는 않았으며, 플리트(Fleet, 11m)급으로 대잠전용 ASW USV 및 기뢰소해용 UISS를 개발하여 연해전투함(LCS) 등에 탑재·운용하고 있다. 대기뢰전용으로 영국은 2002년에 MIMIR급, 2012년에 C-Sweep급 무인수상정을 개발했으며, 프랑스는 쌍동선형 Sterenne Du급 무인수상정을 개발하였다. 독일은 라인메탈(Rheinmetall)급 무인수상정을, 캐나다는 바라쿠다(Baracuda)급 무인수상정을, 이스라엘은 해상경비용 프로텍터(Protector)급 무인수상정을 개발하여 실용성을 검증하였다. 싱가포르는 이스라엘의 프로텍터급을 도입하여 항만경비용으로 운용하고 있으며, 대잠전 및 대기뢰전용 비너스(Venus)급과 해상경비용 비질런트(Vigilant)급 무인수상정을 개발하여 공개한 바 있다. 그림 3-83에 주야간 탐지센서 및 자동기관총을 탑재한 이스라엘의 프로텍터급 무인수상정을 제시하였다. 무인수상정은 활용분야가 계속 확대될 것이다. 한 예로 영국 국방연구기관 QinetiQ는 다수의 무인수상정을 이용한 수상 기습공격 개념에 대한 구상을 공표한 바 있는데, 그림 3-84에 제시하였다.

그림 3-83

이스라엘 프로텍터급 무인수상정

그림 3-84

무인수상정을 이용한 수상 기습공격 개념

무인반잠수정은 주로 수상전투함의 기뢰탐색 작전 목적으로 개발되어 운용되고 있다. 미 해군은 반잠수정 형태의 원격기뢰탐색장비(Remote Minehunting System: RMS)를 개발하여 연해전투함에 탑재·운용하고 있으며, 프랑스 DCN은 기뢰탐색용으로 도라도(Dorado)급 무인반잠수정을 개발하였다. 원거리 연해해전 시 탐색소해함 등 대기뢰전 전용함이 출동하지 않더라도 수상전투함이 자체적으로 기뢰를 탐색·제거할 수 있으므로 무인반잠수정의 개발 및 활용 또한 활발해질 것이다.

무인잠수정((UUV)은 오래전부터 대기뢰전 전용함에서 기뢰탐색용으로 운용되어 왔다. 최근 세계 각국에서 개발하고 있는 무인잠수정도 대부분 대기뢰전용으로 초점을 맞추고 있으나 대잠전, 수중 감시·정찰, 음향정보 수집 등으로 적용범위가 넓어지고 있다. 미 해군의 경우 기뢰탐지용 소형·경량급 무인잠수정을 연해전투함에 탑재·운용하고 있으며, 수중에서 60일 이상 장기 체류하며 다중복합 임무를 자율적으로 수행할 수 있는 수상함 및 잠수함 겸용 LDUUV급 대형 무인잠ㅅ수정을 연구개발하고 있다.

3.3.2 잠수함 발전동향

잠수함은 1차, 2차 세계대전에서 주로 민간상선을 상대로 해상교통로 파괴작전을 수행했으나, 1983년 포클랜드전을 통해 단 한 척의 재래식 잠수함이라도 상대국 해상 전투세력에 큰 위협이 되는 핵심적인 해상전력임을 입증하게 되었다. 더욱이 원자력 추진기관을 탑재한 잠수함이 출현함으로써 은밀한 수중작전을 제한 없이 수행할 수 있게 되었을 뿐만 아니라, 탄도유도탄을 탑재함으로써 전략임무까지 수행하게 되었다. 전략잠수함을 추적 및 공격하는 임무를 가진 공격잠수함의 경우, 냉전체제 동안 미국과 소련 간의 치열한 군비경쟁을 통해 수중속도 및 정숙화 측면에서 많은 발전이 이루어졌으며, 수상 기동부대와 동일한 속도로 기동할 수 있게 되었다.

냉전체제 해체 후에도 해전양상의 급격한 변화 속에서 잠수함의 위상과 유용성은 여러 측면에서 높아지고 있다. 때문에 선진 해군 강국들은 미래를 대비하여 대형 원자력추진 잠수함에서 소형 잠수함에 이르기까지 잠수함에 관한 연구개발을 활발하게 추진하고 있다. 이 절에서는 미국의 차세대 잠수함을 비롯하여, 유럽 국가의 중형 디젤전기추진 잠수함과 프랑스와 미국의 연해해전용 소형 잠수함에 대한 연구개발 활동을 중심으로 잠수함 발전동향을 고찰하였다.

1) 미 해군 차세대 잠수함

미국은 세계에서 가장 강력하고 첨단화된 성능을 가진 잠수함 세력을 유지하고 있다. 그러나 원자력추진 잠수함은 해군에서 운용하는 무기체계 중 획득 및 운용·유지 비용이 많이 소요되는 대표적인 무기체계이다. 미국은 획득 및 운용·유지 비용 등 총 수명주기에 걸친 비용을 절감할 수 있고, 변화된 전쟁양상에 부합하는 첨단 성능을 보유한 차세대 잠수함을 획득하기 위해 잠수함체계 및 관련 전문분야에 대한 연구개발을 체계적으로 수행하고 있다. 미 해군 함정체계국 NAVSEA(Naval Sea Systems Command) 및 미 국방부 국방고등연구원 DARPA(Defense

Advanced Research Projects Agency)는 방산조선소 등 관련 전문업체와 함께 2000년대 초반부터 미 해군의 차세대 잠수함 및 이에 적용하기 위한 핵심기술을 연구개발하고 있다. 연구개발 목표는 정찰·감시 능력을 비롯한 연해작전 수행능력을 향상시키고, 현재 큰 제한을 받고 있는 잠수함의 무장탑재 능력을 혁신하는 것이다. 이와 함께 세일(Sail) 형상을 첨단화하고 추진기를 혁신하며, 무인기 활용을 극대화하는 것이다.

가) 탑재무장 다양화 및 수량 증대

전략잠수함이 아닌 일반 잠수함에 탑재되는 무장은 일반적으로 중어뢰, 기뢰 및 유도탄이며, 수평발사관 또는 수직발사관을 통해 발사된다. 무장은 대부분 잠수함의 압력선체 내부에 탑재되며, 때문에 무장의 수량 및 크기는 크게 제한을 받는다. 무장의 함 내 적재 및 발사관 내부로의 장전도 매우 까다로운 작업을 요구한다. 이러한 문제들을 근원적으로 해결하기 위해 새로운 무장탑재 및 발사 방식이 연구되고 있다.

우선적으로 연구되고 있는 것이 무장의 압력선체 외부탑재 방안이다. 그림 3-85에 제시한 바와 같이 잠수함 선체구조가 현재의 단동선체 방식에서 복수선체

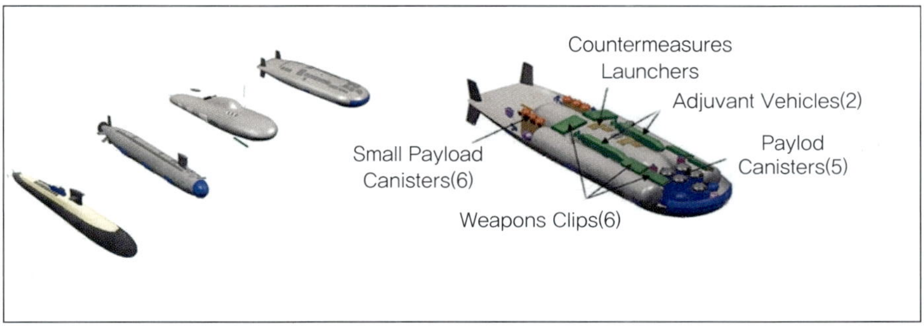

그림 3-85
잠수함 선체 발전단계 및 무장 외부탑재 방식[14]

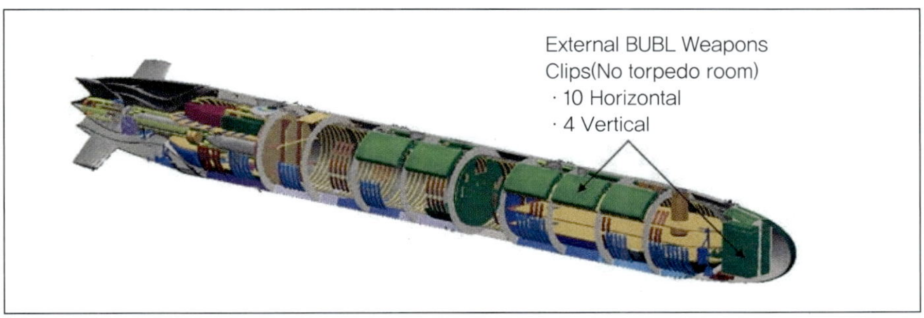

그림 3-86
BUBL 방식으로 무장을 탑재한 미래형 잠수함 개념 [14]

(Multi-Hull) 및 복각선체(Double Hull) 방식으로 발전할 경우, 이를 활용하는 것을 전제로 한다. 내부 압력선체는 운용수심에 따른 압력을 견딜 수 있도록 현재와 같이 실린더 형태로 제작하며, 복수 개의 내부 압력선체를 감싸고 있는 외부선체는 유체동역학적 특성 및 조종성능을 고려한 형태로 제작한다. 무장은 내부 압력선체와 외부선체 사이에 있는 공간에 탑재하여 운용하는 것이다.

무장을 압력선체 외부에 탑재 및 운용할 경우, 탑재무장이 함 운용수심에서의 압력을 견딜 수 있도록 대책이 마련되어야 한다. 잠수함이 운항 중인 상태에서는 승조원의 직접적인 접근이 불가능하므로, 무장의 재장전 등 무장통제 방안과 고장 등 사고발생에 대한 대처방안이 마련되어야 한다. 그러나 무장을 압력선체 외부에 탑재할 경우, 탑재무장 크기에 대한 제한이 현재보다 매우 완화되어 탑재무장에 대한 선택의 폭이 넓어지며 적재 수량도 크게 증가시킬 수 있다.

무장을 적재하는 방법으로는 BUBL(Broaching Universal Buoyant Launcher) 방식 등이 연구되고 있다. BUBL은 캡슐 형태로 무기 등 다양한 적재물을 내부에 탑재하고, 압력선체 외부에 클립 방식으로 부착하거나 또는 압력선체 내부에 탑재한다. 잠수함이 수중에서 운항 중 BUBL을 방출하면 BUBL은 수면에 도달하여 전개되고, 내부에 적재된 무기들이 방출된다. 유사한 운용개념으로 FPM(Flexible Payload Module), SACS(Stealthy Affordable Capsule System) 등이 있으며, FPM 방식은 2.4m의 정사각 단면에 7.6m 길이를 가진 상자를 이용하여 유도탄 등을 탑재한다. 이러한 BUBL 방식의 무장탑재 운용개념은 궁극적으로 MPUUV(Multi-Payload Unmanned Underwater Vehicle) 방식으로 발전할 것이다. MPUUV 방식은 임무에 따라 어뢰, 유도탄 등 다양한 무장 혹은 센서를 선택적으로 탑재할 수 있으며, 임무가 종료되면 잠수함으로 회수될 수 있는 무인잠수정 시스템으로서, 무장의 원거리 발사가 가능하므로 잠수함의 은밀성을 유지하는 데 매우 유리하다. 그림 3-86에 BUBL 방식으로 무장을 탑재한 단동선체 방식의 미래형 잠수함 개념을 제시하였다.

나) 세일(Sail) 형상 혁신

잠수함의 탑재능력 향상을 위한 또 다른 연구로는 첨단형 세일(Advanced Sail)이 있다. 첨단형 세일은 이중 곡률(Double Curvature) 형상으로서, 현재 적용되고 있는 세일 형상에 대비하여 4배 이상의 내부공간을 확보할 수 있으므로 무인잠수정 및 무인항공기 혹은 특수전 요원용 장비를 적재할 수 있다. 첨단형 세일은 세일에서 발생하는 와류를 감소시킴으로써 유체소음(Flow Noise) 감소도 기대할 수 있다. 그림 3-87에 첨단형 세일 형상을 미 해군 버지니아급 공격잠수함의 세일 형상과 대비하여 제시하였다. 세일 형상에 큰 차이가 있음을 알 수 있다.

다) 통합전력 시스템 및 에너지 공급원 일원화

잠수함의 추진 형태는 크게 전기식과 기계식으로 나눌 수 있다. 축전지를 이용한 디젤전기추진 잠수함은 주로 전기식 추진시스템을 적용하고 있다. 원자력추진 잠수함의 경우 프랑스나 중국은 전기식 추진시스템을 채택하고 있으며, 미국과 영국은 기계식 추진시스템을 적용하고 있다.

미 해군의 원자력추진 잠수함에 적용하고 있는 기계식 추진시스템의 경우 출력의 약 80% 정도가 추진시스템에 적용하기 위해 할당되어야 한다. 따라서 잠수함의 다양한 임무를 수행하기 위한 에너지 배분에 문제가 발생할 수 있다.

통합전력 시스템(Integrated Electric Power System)은 원자로가 생산하는 막대한 에너지를 발전기를 통해 전기적 에너지로 변환시키고, 변환된 전기적 에너지를 저장하여 전술적인 필요성에 따라 함 내 주요 소모처에 분배함으로써 잠수함 작전운용에 융통성을 제공한다. 통합전력 시스템의 핵심은 전기식 추진시스템의 적용이다. 이를 위해 필수적인 대용량 전동기를 확보하기 위해, 대용량 영구자석 전동기(Permanent Magnet Motor)와 초전도 전동기(Super Conducting Electric Motor)에 대한 연구개발이 오래 전부터 지속되어 왔다.

기존의 전기식 추진시스템에서는 추진모터에서 생성된 회전력이 추진축을 거쳐 프로펠러에 전달되지만, 추진축이 필요 없는 혁신적인 일체형 추진장치가 제안되고 있다. 일체형 추진장치는 일부 상선에서 적용하고 있는 선회식 전기 추진장치(Podded Propulsion System)와 유사한 개념이다. 일체형 추진장치는 잠수함 압력선체 외부에 설치되며 압력선체 내부의 추진모터, 추진축 등을 제거할 수 있어 기관구역의 효율적인 공간배치와 함께 잠수함의 크기를 줄일 수 있는 장점이

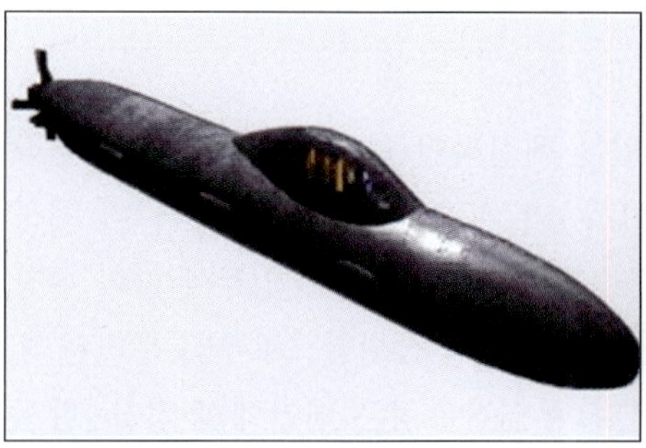

그림 3-87
첨단형 세일 형상 및 미 해군 버지니아급 잠수함 세일 형상

그림 3-88
일체형 추진장치 개념[15]

있다. 또한 추진축 등에서 발생하는 기계적 소음을 제거함으로써 잠수함의 정숙성을 크게 향상시킬 수 있을 것이다. 그림 3-88에 일체형 추진장치 개념을 제시하였다.

일체형 추진장치와 더불어 함 내 주요 에너지 공급원의 형태를 전기에너지로 전환하는 것에 관한 연구도 수행하고 있다. 일반적으로 잠수함에서 사용하는 주요 에너지 형태는 전기, 유압, 압축공기이다. 유압 및 압축공기 시스템은 함 내에 많은 배관작업을 필요로 하며, 이를 보수·유지하기 위해 많은 승조원이 요구된다. 함 내의 유압 혹은 압축공기로 작동되는 장비를 전기작동 장비로 전환할 경우 해당 장비의 설치 및 배관 작업이 불필요하게 되며, 잠수함 건조비 절감과 함께 정비인력 감소로 인한 운용비 절감을 기대할 수 있다. 이에 대한 구체적인 연구사례로 전기작동 선미타를 들 수 있다. 선미타는 잠수함 유압시스템에서 가장 많이 유압을 소모하는 장비이며, 고장에 대비하여 복수의 유압배관이 설치되는 등 잠수함의 대표적인 유압작동 기기이다. 전기작동 선미타는 기존 유압작동 선미타에 비해 배관작업이 필요하지 않으며, 유압발생을 위한 압축기 등 관련 유압설비를 줄일 수 있는 장점이 있다. 이로 인해 건조비 절감 및 보수·유지를 위한 승조원 감소효과도 클 것으로 기대되고 있다.

라) 무인잠수정 운용능력 강화

연해작전 능력의 강화를 위해 수행되고 있는 핵심적인 연구개발 활동은 무인잠수정(Unmanned Underwater Vehicle: UUV)의 개발이다. 1996년부터 미 해군 NUWC 연구소에서 개발하고 있는 무인잠수정 만타(Manta)는 임무에 따라 무장 혹은 센서 등 다양한 장비를 탑재할 수 있으며, 모함인 잠수함으로부터 분리된 후 원격조종 혹은 자율적으로 작전을 수행한다. 무인잠수정은 연안에서 정찰·감시

그림 3-89
미 해군 미래형 잠수함 무인 잠수정 운용개념

작전, 기뢰 탐색 및 제거 작전 등을 수행할 수 있으며, 특히 통신 중계기능을 수행함으로써 네트워크중심전 수행 시 잠수함의 작전 수행능력을 크게 향상시킬 수 있을 것이다. 그림 3-89에 미래형 잠수함이 만타급 무인잠수정을 운용하는 개념을 제시하였다.

무인잠수정과 더불어 무인항공기(UAV)를 잠수함에 탑재하여 운용하는 방안도 연구되고 있다. 작전임무에 따라 다양한 장비를 탑재하기 위해 개발하고 있는 UMM(Universal Modular Mast) 마스트의 경우, 정찰·감시용 센서를 설치한 소형 무인항공기를 탑재할 수 있다. 또한 UMM 마스트에는 근접하는 헬기 및 소형 수상함에 대항하기 위한 소구경 기관총도 설치할 수 있어, 연해해역에서 은밀작전 수행 중 노출 시에 비상 방어수단으로 활용할 수 있다.

2) 1,000톤급 중형 잠수함

바다를 접하고 있는 중소 국가들은 잠수함이 가지는 전략적 및 전술적 가치를 인식하고 잠수함의 확보 및 운용을 희망하고 있다. 그러나 잠수함의 확보 및 운용·유지에 필요한 재정적 소요 및 기술수준을 감당하기 벅찬 국가들이 대부분이다. 이러한 잠재적 수출시장에 대비하여 독일, 프랑스, 이탈리아 조선소들은 기존의 디젤전기추진 잠수함에 비해 건조비와 유지비를 대폭 낮춘 1,000톤급 정규 잠수함의 연구개발에 집중하고 있다.

가) 프랑스 SMX-23형 잠수함

프랑스 DCN사가 공개한 1,000톤급 중형 잠수함 SMX-23형은 이미 개발된 스코르펜(Scorpene) 잠수함의 기술 및 시스템을 70% 이상 적용하고 설계를 단순화함으로써 설계 및 건조 기간을 단축하고 획득 및 정비·보수에 소요되는 비용을 줄인 잠수함이다. 이를 통해 SMX-23형은 기존 재래식 잠수함과 비교하여 50% 수준의 가격으로 건조할 수 있을 것으로 DCN사는 전망하고 있다.

전장 48.8m, 수상배수량 855톤, 잠항수심 200m의 SMX-23형은 4노트 속도로 60시간 수중에서 운항할 수 있으며, 항속거리는 8노트 시 1,850해리, 4노트 시 3,000해리이다. 승조원은 3직제 기준으로 19명이며, 작전기간은 15일이다. 또한 복각식 선체를 적용하였으며, X형 선미타를 채택하여 조종성 및 수심조절 성능을 향상시키고 선회반경을 최소화하였다.

SMX-23형은 해저면에 착저한 상태에서도 감시능력을 가지며, 천해에서 정밀 항해가 가능하도록 설계되어 특수전 작전 및 정보수집과 기뢰부설 임무에 적합하도록 하였다. 무장은 중어뢰 및 대함유도탄을 6문의 어뢰발사관에 저장하고, 별도의 무장 저장공간은 설치하지 않았다. 전투체계(Combat System)는 기본적으로 센서, 무장 및 지휘 시스템의 정보를 전시하는 4개의 다기능 콘솔로 구성되며, 원통형 소나 등 소나체계와 4개의 비관통형 마스트체계와 연계된다. SMX-23형은 자동화 개념을 광범위하게 도입하여 승조원 수를 줄일 뿐만 아니라, 승조원이 임무에 보다 집중할 수 있도록 하였다.

나) 독일 Type 210Mod 잠수함

독일의 TKMS(Thyssen Krupp Marine Systems)사는 잠재적 시장을 겨냥하여 정보수집, 대수상전, 대잠전 및 특수부대 작전이 가능하고 기존의 재래식 잠수함에 비해 가격이 저렴한 다목적 잠수함 Type 210Mod 개념을 제시하였다.

Type 210Mod 잠수함의 선체는 HY-80강을 사용하는 단각식이며, 전장은 56m, 압력선체 직경은 5.3m, 수중배수량은 1,000톤이다. 조종성을 향상시키기 위해 X형 선미타를 채택하고, 잠항수심은 250m이다. 추진계통은 통상의 DC 모터에 비해 저속회전, 저소음 및 소형의 특징을 갖는 독일 Simens사의 PERMASYN

그림 3-90
프랑스 DCN사 SMX-23형 잠수함 개념[18]

그림 3-91
독일 TKMS사 Type 210Mod 잠수함 개념[18]

추진모터를 탑재한다. 축전지는 납 축전지로서 잠수함 전부 및 후부 두 구역에 구역당 216개의 셀(Cell)이 탑재되며, 4노트 속도를 기준하여 운항거리는 4,000해리이다.

소나체계는 기본적으로 원통형 수동소나, 방수소나 및 자함 소음 감시체계를 탑재하고, 선택사항으로 측면 배열소나와 장애물 회피소나가 탑재될 예정이다. 세일에는 스노클마스트, 레이더마스트, 통신마스트와 잠망경 등 4개의 마스트가 설치되고, 잠망경을 제외한 3개의 마스트는 비관통형 마스트이다.

무장은 중어뢰 및 대함유도탄 혹은 기뢰를 운용할 수 있는 8문의 어뢰발사관이 설치되며, 6발의 중어뢰를 저장할 수 있는 무장저장고가 있어 총 14발의 중어뢰를 탑재할 수 있다. Type 210Mod 잠수함의 승조원은 2직제를 운용할 경우 15명, 3직제를 운용할 경우 21명이 필요하며, 승조원 및 특수전 요원을 위한 총 20개의 고정형 침대가 설치된다.

다) 이탈리아 S1000형 잠수함

이탈리아 해군이 요구하는 S1000형 잠수함의 주 임무는 연해해역에서 대잠전, 특수전 작전 및 은밀감시, 정보수집 및 정찰임무이며, 부가적으로 이탈리아에서 운용하고 있는 212급 잠수함과 유사한 성능을 발휘하면서도 절반 이하까지 비용을 감소시키는 것이다. Ficantieri사는 러시아의 Rubin CDBME(Central Design Bureau for Marine Engineering)를 협력업체로 선정하고, 2003년부터 천해와 심해에서 동시에 운용 가능한 1,000톤급 잠수함을 함께 연구해 왔다.

S1000형 잠수함은 잠항수심 250m, 내압선체 직경 5.5m, 전장 56.2m, 최대속도 14노트이며, X형 함미타를 탑재한다. 항속거리는 8노트 기준 1,850해리, 4노트 기준 3,000해리이며, 4노트 기준으로 60시간 이상 수중항해가 가능하다. 추진체계

그림 3-92
이탈리아 S1000급 잠수함 개념[18]

는 통상적인 디젤전기 추진방식이며, 2대의 650kW 디젤발전기와 총 224셀의 납축전지를 탑재한다. S1000형 잠수함 추진체계의 가장 큰 특징은 연료전지 방식의 AIP 추진기관을 탑재한다는 것이다. AIP 추진기관의 용량은 200kW이며, 액화산소는 압력선체 내부에 저장하고 수소는 금속수소 형태로 내압선체 외부에 저장한다. AIP 추진기관 단독으로 운항할 경우 4노트 기준으로 1,000해리를 이동할 수 있으며, AIP 추진기관에 의한 함 최대속도는 6노트이다.

무장은 6문의 533mm 어뢰발사관이 설치되고, 8발의 중어뢰 혹은 대함유도탄을 적재할 수 있으며, 함미에는 어뢰 대항체계 발사대가 설치된다. 소나체계는 함수소나, 방수소나, 기뢰 · 장애물 회피소나, 자체소음 감시체계로 구성된다. 마스트는 비관통형 광학마스트, ESM 마스트, 항해레이더 마스트 및 2개의 통신마스트가 장착된다. S1000형 잠수함에는 고도화된 중앙집중식 함 통제 및 감시 체계가 설치되며, 이로 인해 승조원은 16명이 요구된다.

3) 연해해전용 소형 잠수함

연해해역은 복잡한 해저 지형 및 낮은 수심으로 인해 200톤급 미만 소형 잠수정이 연안에서의 기뢰부설 작전, 특수전 지원작전, 감시 · 정찰 및 정보수집 작전 등에 효과적으로 운용될 수 있다. 그러나 소형 잠수정은 함 내의 거주설비, 연료 및 축전지의 탑재량 등이 제한되며, 이로 인해 항속거리 및 작전 지속일수가 매우 짧다. 200톤급 미만의 소형 잠수정은 수상선 형태의 모함을 이용해야 하는 경우가 대부분이며, 1,200톤급 이상의 정규 재래식 잠수함과 대비할 경우 기능과 크기 측면에서 현격한 차이가 있다. 이에 따라 이 간격을 좁힐 수 있는 500톤급 내외의 연해해전 전용 소형 잠수함에 대한 필요성이 각국에서 제기되고 있으며, 미국 및 프랑스 등에서 이에 대한 연구가 수행되고 있다.

가) 프랑스 SMX-22형 잠수함

프랑스의 DCN사는 소형 잠수정의 단점을 극복하기 위해 새로운 운용개념을 적용한 SMX-22형 잠수함을 발표하였다. SMX-22형 잠수함의 주요 특징은 SM-NCW(Network Centric Warfare)라 칭하는 배수량 2,750톤급 지휘모함 잠수함 1척과 SM-OPS(Operations Submarine)라 칭하는 배수량 480톤급 소형 잠수함 2척으로 편대를 구성한다는 점이다. 그림 3-93 좌측에 제시한 바와 같이 지휘모함은 좌현 및 우현에 소형 잠수함을 각각 1척씩 부착하여 작전해역까지 이동하며, 작전해역에 도달하면 소형 잠수함은 모함에서 분리되어 부여된 임무를 수행한다.

모함 SM-NCW는 소형 잠수함 SM-OPS를 작전해역으로 운송할 뿐만 아니라 해상 보급기지 역할도 수행한다. SM-OPS는 80시간 이상 수중에서 작전을 할 수 있고, 작전을 마친 후에는 SM-NCW로 귀환하여 탑승인원 교체, 식량보급, 축전지 충전 등의 지원을 받는다. 모함인 SM-NCW는 SM-OPS의 2교대 탑승인원을 고려한 총 40명의 추가 거주설비 및 축전지 충전설비 등을 구비하고 있다. 그림 3-93 우측에 제시한 바와 같이 소형 잠수함 SM-OPS는 임무수행에 요구되는 필수 설비만 구비하고, 탑재무장은 출항 전에 무장모듈을 선택하여 탑재함으로써 부여된 임무를 효과적으로 수행할 수 있다. SMX-22를 구성하는 지휘모함과 소형 잠수함은 각기 독자적으로 작전을 수행할 수도 있고, 3척이 동시에 연합하여 작전을 수행할 수도 있어 다양한 전술을 구사할 수 있다.

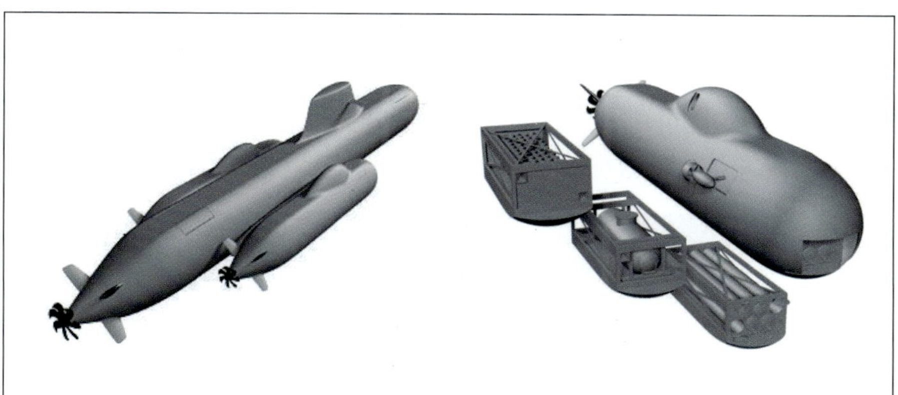

그림 3-93
지휘모함 SM-NCW(좌)와 자함 SM-OPS(우)

나) 미 해군 연해해전 잠수함(SSLW)

원자력추진 잠수함만을 운용하고 있는 미 해군은 연해해전으로 해전양상이 전환됨에 따라, 연해해역에서의 특수전 및 기뢰부설 작전 등 비대칭전 능력을 확보하기 위해 원자력추진 잠수함의 특수전 수행능력을 대폭 강화시켜 왔다. 그러나 연해해역의 환경특성으로 인해 대형 원자력추진 잠수함의 연해작전은 많은 제약을 받을 수밖에 없다. 한 예로 중동 페르시아만(Persian Gulf)의 경우, 수심은 쿠웨이트 인근 해역의 50~60피트로부터 호르무즈(Hormuz) 해협의 300피트까지 매우 낮다. 이에 비해 미 해군의 로스엔젤레스급 및 시울프급 공격잠수함의 경우 길이 350피트, 높이 55피트로서 천해해역에서의 운항은 매우 위험하다. 미 해군이 연해해역에서의 작전을 전담 수행하는 소형 연해해전 잠수함(Littoral Warfare Submarine: SSLW) 개발을 심층 검토하는 이유가 바로 여기에 있다.

이러한 배경하에서 미국 Virginia Tech 연구소가 미 해군에 제시한 715톤급 연해해전용 소형 잠수함(SSLW) 개념의 가장 큰 특징은 기존 AIP 잠수함에서 채택해 오던 하이브리드 방식의 AIP추진이 아닌, 주 추진시스템으로 AIP 추진스템을 선정했다는 점이다.

개질기(Reformer) 방식의 니켈-카드늄 연료전지 2기로부터 2,700 kW-hr의 전력을 생산하여 추진 동력원 및 함 내 전력으로 사용한다. 최대속도 26.5노트, 순항속도 10노트, 항속거리 1,004해리(10노트 기준)이다. 충전을 위해 4~5일마다 필수적으로 스노클(Snorkel) 항해를 해야 하는 디젤전기추진 잠수함의 경우와 달리, 수중에서 연속으로 체재하며 운항할 수 있으므로 연해작전에서 특히 더 요구되는 은밀성을 배가할 수 있다.

Virginia Tech이 제안한 연해해전용 소형 잠수함의 또 다른 특징은 연해해전 시 요구되는 다양한 작전임무를 수행하기 위해 프랑스의 연해 잠수함 SM-OPS와 마찬가지로 무장을 모듈방식으로 탑재 · 운용한다는 점이다. 이를 위해 PIM(Payload Interface Module)이라 칭하는 컨테이너 규격의 모듈방식을 적용하였다. 작전임무에 맞춰 무장 및 장비를 내장한 PIM 모듈 3개를 압력선체 외부 함 내 공간

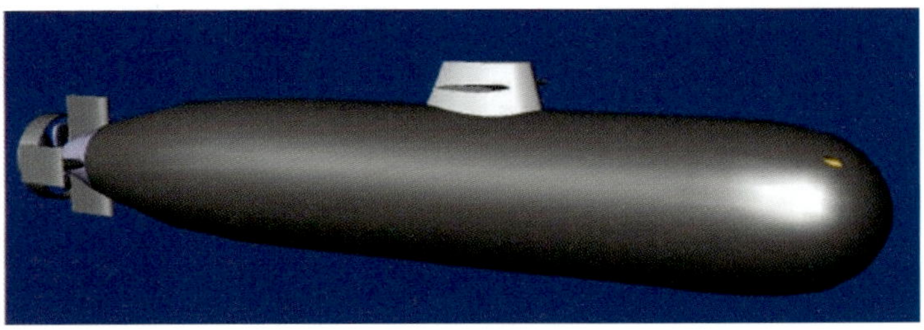

그림 3-94
미 해군 연해해전용 소형 잠수함(SSLW) 개념

에 적재하는 방식으로서, 수중에서 실제로 전개하고 운용하는 방안에 대해서는 공개된 내용이 아직 없다. 그림 3-94에 미국 Virginia Tech이 미 해군에 제시한 연해해전용 소형 잠수함의 외형을 제시하였다.

참고문헌

◈ 수상함

1. 허홍범 역, 〈군함의 역사〉, J. L. George 원저, 한국해양전략연구소, 2004
2. 권재상 역, 〈최첨단 무기시리즈(대양함대편)〉, 이상과 현실, 1997
3. 장학근 외, 〈세계역사를 움직인 배들〉, 해군사관학교, 1996. 2
4. 송준태, 〈미래 전장환경 변화에 따른 해상무기체계 발전방향: 수상전투함〉, 국방과 기술, 2004. 10
5. R. Scott, K. Shaw, 〈New Carrier Ages Takes Off〉, Jane's Navy International, Sept. 2003
6. 〈이지스함: 미국의 이지스함 현황〉, 조사분석서, 국방과학연구소, 2001. 12
7. 〈2차 대전 후의 구축함〉, 세계의 함선, 2001. 10
8. D.l. Ewing, R.w. Holmes II, B.G. Rochon, J.B. Daley, T.T. Hellman, 〈A Surface Combatant for the 21st Centry: DDG 51 Flight IIA〉, Naval Engineers Journal, May 1995
9. K. Lippitz, 〈European Frigate Programmes〉, Naval Forces, No.5, 1998
10. P. Bright, 〈Corvettes Find Their Place in the Market〉, Naval Forces, No.4, 2000
11. P. Haglind, 〈The Visby Class Corvettes〉, Future Naval Plans & Requirements 2005, London, May 2005
12. 〈The Skjold Class Fast Reaction Craft〉, Umoe Mandal Co., 2000
13. 〈미 해군 상륙함 발달사〉, 세계의 함선, 2001. 5
14. S. Truver, 〈LPD-17, the Key to Transformed Expedetions〉, Jane's Navy International, June 2001
15. M. Hewish, 〈Logistics War〉, Jane's International Defense Review, Oct. 2001
16. S.C. Truver, 〈US Navy is Nearing Surface Warfare Renaissance〉, Jane's Navy International, Sept. 2000
17. S.C. Truver, 〈DD(X): Transformational or Revolutionary?〉, Jane's Navy International, Oct. 2004
18. S. Dilisio, 〈 DD(X) Program SHIPTECH 2003〉, Jan. 2003
19. 〈21세기의 군함〉, 세계의 함선, 2001. 2
20. R. Scott, S.C. Truver, 〈LCS Moves Out of the Shadows〉, Jane's Navy International, Sept. 2003

21. H.G. Urlich III, M.J. Edwards, 〈The Next Revolution at Sea〉, Naval Institute Proceedings, Oct. 2003
22. J. Malloy, 〈Littoral Combat Ship〉, IQPC Littoral Warfare Conference, 2003
23. D. Foxwell, R. Scott, 〈Advanced Hullforms Break the Conventional Mould〉, Jane's Navy International, Apr. 2003
24. M. Hewish, 〈Making Waves: Multihulls Move in on Military Markets〉, Jane's International Defense Review, Jan. 2002
25. K. Jacobs, 〈X-Craft and the Future of LCS〉, Naval Forces, No.2, 2004
26. 〈X-Craft to Demonstrate Future Technologies〉, Jane's Navy International, Apr. 2003

◈ 잠수함

1. 〈The Invention of the Submarine〉, greg goebel/public domain, http://www.vectorsite.net/twsub1.html
2. 〈Jane's Fighting Ships 2011〉, Jane's Imformation Group, 2011
3. 〈Jane's Underwater Warfare Systems 2009〉, Jane's Imformation Group, 2009
4. 〈원자력 잠수함 50년사〉, 세계의 함선, 2004년 10월호
5. 송준태/박의동, 〈미래 전장환경 변화에 따른 해상무기체계 발전방향: 잠수함〉, 국방과 기술, 2004. 11
6. 〈Worldwide Submarine Challenges〉, U.S. Navy, Office of Naval Intelligence, Feb. 1996
7. W. Kowenhoven, F.j. Harris, 〈Virginia, On Time, On Budget〉, Naval Institute Proceedings, Oct. 2002
8. R. Scott, S.C. Truver, 〈Nuclear Attack Submarines Cast Off Cold War Shackles〉, Jane's Navy International, June 2003
9. S.C. Truver, 〈Striker Beneath the Sea〉, Jane's Navy International, Apr. 2003
10. J.J. Lok, 〈Battle for the Depths〉, Jane's Navy International, June 2002
11. 이기선, 〈독일 해군의 차세대 212급 잠수함〉, 국방과 기술, 1998. 7, 1998. 8
12. R. Dinse, T. Schelter, 〈Submarine Class 212〉, Subcon'99, Naval Forces, Special Issue, 1999
13. J.J. Lok, 〈Mini Submarines and Special Forces Pose Maximum Threat〉, International Defense Review, June 1998
14. Mark Hewish, 〈Submarines to Cast off Their Shackles-Take on New Roles〉, Jane's International Defense Review, March 2002
15. Katy Glassborow, 〈Tango Bravo-Breaking Down Barriers in Submarine Design〉, Jane's Navy International, Apr. 2007

16. J.E. Sirmalis, 〈Undersea Warfare: The Challenges Ahead〉, Naval Forces, No.1, 1999
17. 〈Revolution Under Waves〉, Jane's Navy International, Dec. 1999
18. R. Scott., 〈New Coastal Submarine Concepts Get Ready to Break the Surface〉, Jane's International Defense Review, May 2008
19. 〈Shipbuilders See Potential at the Bottom for Smaller More Affordable Submarines〉, Jane's Navy International, Nov. 2008
20. Jean Gauthier, 〈SMX 22; The Latest DCN Submarine New Concepts〉, UDT 2005, Amsterdam, 2005
21. 〈Design Report Littoral Warfare Submarine (SSLW)〉, Virginia Tech Team ATLAS, 2005

CHAPTER 04 함정 체계구성

4.1 | 수상함 체계구성

4.1.1 체계구성 개념

함정체계는 선박체계(Platform System)와 전투체계(Combat System)의 결합으로 이루어진 복합체계이다. 이 장에서는 수상함 체계를 구성하고 있는 두 체계를 다시 세분화하여, 세부 체계별로 장비구성과 성능특성을 제시하였다.

선박체계의 경우 선형, 일반배치, 선체구조, 추진기관, 추진기, 전기계통, 보기계통, 의장계통, 항해/통신 계통으로 세분하여 장비구성 및 성능특성을 상세하게 제시하였다. 전투체계의 경우 전술지휘체계, 전투체계, 탐지센서체계, 무장체계 분야로 구분하여 장비구성과 성능특성을 제시하였다.

함정체계는 하드웨어 측면에서는 선박체계와 전투체계의 결합으로 이루어지지만, 함정으로서 요구되는 작전운용성능을 발휘하기 위해서는 선박체계 주요 기능과 연계된 기동성능, 전투체계와 직접 연계된 전투성능, 그리고 적정 수준의 생존성능이 필수적으로 요구된다. 함정 생존성능은 구체적으로 스텔스 성능, 선체방호성능, 함정 복구성능 등을 뜻하며, 함정을 구성하고 있는 세부체계의 성능들이 복잡하게 연계되어 나타나는 복합적 성능이다. 이 책에서는 생존성능과 이에 적용되는 전문분야 특수기술들은 5장 〈함정 작전운용성능〉 및 6장 〈함정 적용 특수전문기술〉에서 별도로 다루었다.

선박체계와 전투체계를 하나의 복합체계로 상호 연계시키기 위해서는 설계단계에서의 체계종합이 필수적으로 요구된다. 체계종합은 구성 하드웨어가 아니라 함정 설계업무가 갖고 있는 특성의 하나이므로, 7장 2절 〈함정 설계특성〉 항에 관련 내용을 기술하였다.

수상함의 종류는 다양하므로 함종에 따라 당연히 구성체계가 다를 수밖에 없다. 이 장에서는 프리게이트급 수준의 수상전투함을 기준으로 구성체계를 분석·제시하였다.

4.1.2 선형

1) 선형의 종류

선형이란 물 또는 공기와 접하는 선체의 외부 형상을 말한다. 일단 선형이 결정되어야 함정을 구성하는 여러 체계의 결정 및 설계가 가능하다. 따라서 선형은 개발·건조 구상단계는 물론 실제 설계단계에서 출발점 역할을 하는 중요한 선박특성이다. 또한 함정의 기동성능, 즉 속도(Speed), 내항성능(Seakeeping), 조종성능(Maneuverability)은 선형특성에 의해 결정적인 영향을 받는다.

수상함의 선형은 여러 가지 기준에 따라 다양하게 분류할 수 있지만, 가장 일반적인 방법은 그림 4-1에 제시한 바와 같이 선박 중량의 지지방식, 즉 선박을 물 위에 떠 있게 하는 방식에 따라 분류하는 것이다.

유체정역학적 지지방식 선형은 물에 잠긴 선체가 아르키메데스(Archimedes) 원리에 의해 생성되는 부력(浮力)에 의해 지지되는 선형이다. 일반적으로 배수량(排水量)형 선형이라 칭한다. 대부분의 일반 수상함이 채택하고 있는 배수량형 단동선형(Monohull)이 대표적인 유체정역학적 지지방식 선형이다. 일반 쌍동선(Conventional Catamaran), 파랑관통 쌍동선(Wave Piercing Catamaran), 반잠수 쌍동선(SWATH), 삼동체선(Trimaran) 등 복수 개의 선체로 이루어진 배수량형 복수선체(複數船體) 선형들도 유체정역학적 지지방식 선형에 속한다.

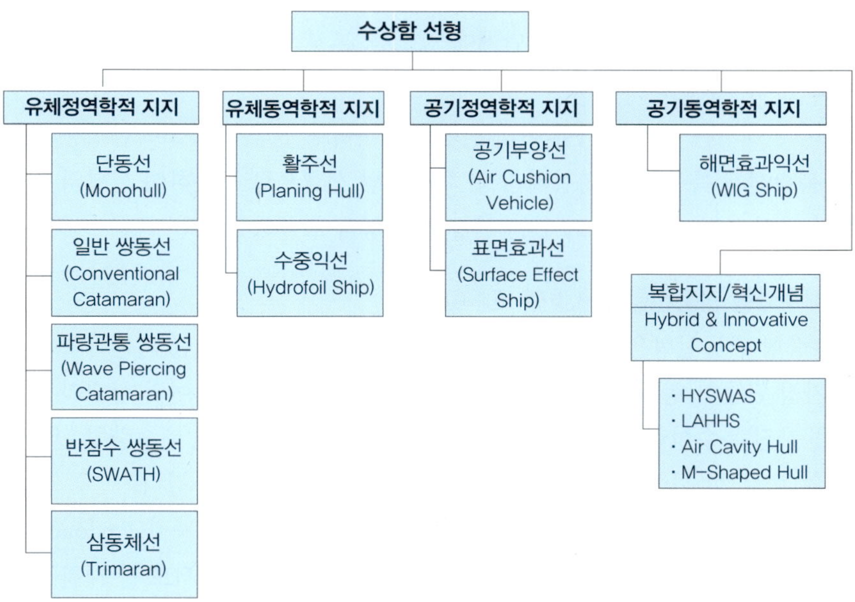

그림 4-1 수상함 선형 분류

유체동역학적 지지방식 선형은 선체를 고속으로 항주시키고 이를 토대로 양력(揚力)을 발생시킴으로써, 선체 중량의 전부 또는 일부를 지지하는 선형이다. 활주선(滑走船, Planing Hull)은 고속항주 시에 선수부(船首部) 수면 하부(下部) 외판에 발생하는 양력을 이용하며, 수중익선(水中翼船, Hydrofoil Ship)은 선체 하부에 설치된 수중날개에서 발생하는 양력을 이용한다.

공기정역학적 지지방식 선형은 기관동력을 이용하여 압축한 공기를 선체 하부공간에 불어넣음으로써, 주 선체를 수면 위로 지지하는 선형이다. 스커트(Skirt)로 둘러싸인 압축공기실 구조를 이용하여 선체 전부를 수면 위로 들어올림으로써 수륙양용으로 사용할 수 있는 공기부양선(空氣浮揚船, Air Cushion Vehicle)과, 측면 선체(Side Hull)와 선수 · 선미 스커트(Skirt)로 압축공기실을 구성하여 수상 전용으로 운용되는 표면효과선(表面效果船, Surface Effect Ship)으로 구분된다.

공기동역학적 지지방식 선형은 비행기 날개가 지면이나 해면에 근접하여 비행할 경우 양력이 증대되는 지면/해면 효과(Wing in Ground Effect)를 이용하는 선형이다. 비행기 형상을 가진 해면효과익선(海面效果翼船, WIG Ship)이 이에 속한다.

복합지지 및 혁신개념 선형은 위에 열거한 여러 형태의 지지방식을 복합하거나 변형 · 혁신시킨 선형으로서, HYSWAS, Foil Assisted Catamaran, Hybrid Lifting Body Ship, Air Cavity Hull, M-Shaped Hull 등이 이에 속한다. 대부분의 경우 시범선의 개발 및 시험운용 단계에 있으나, 본격적인 실용화 단계에 도달한 선형도 있다.

이 절에서는 위에 열거한 여러 선형을 배수량형 단동선형, 고속함정용 특수선형, 복수선체 특수선형, 복합지지 및 혁신개념 선형으로 구분하여 선형의 성능특성과 함정 분야에 적용되고 있는 현황 및 전망을 고찰하였다.

2) 배수량형 단동선형(排水量型 單胴船型)

배수량형 단동선형은 그림 4-2에 제시한 것처럼 유체부력에만 의존하여 지지되는 가장 단순한 형태의 선형으로서 역사가 가장 오래되었다. 여러 형태의 첨단성능을 가진 특수선형이 실용화되었음에도 불구하고, 전통적인 배수량형 단동선형이 수상전투함 선형의 주류를 이루고 있다. 그 이유는 다음과 같다.

첫째, 배수량형 단동선형은 첨단선형들과 달리 유효 탑재중량(Payload)이 배수량에 대비하여 20% 이상 가능하고, 함 내 공간활용 측면에서도 큰 제한을 받지

그림 4-2
배수량형 단동선형을 적용한 수상전투함

않는다. 최근 다양한 작전임무를 위해 대폭 늘어난 수상함의 탑재무장 및 장비의 중량과 용적을 수용하는 데 매우 용이하다.

둘째, 배수량형 단동선형은 순항속도대에서 추진동력 소요가 비교적 적고, 항속거리가 길며, 선체구조가 견고하고 단순하다. 거친 해상에서 장기간 함을 운용하는 데 매우 유리하다.

셋째, 부두나 정비시설 등 기반시스템들이 대부분 배수량형 단동선형에 맞춰 구축되어 있고, 선체 건조비 자체가 저렴하여 경제성 측면에서 유리하다.

배수량형 단동선형의 가장 큰 단점은 고속대역에서 급격히 증가하는 추진동력으로 인해 최대속도를 일정 수준 이상으로 높이기가 곤란하다는 점이다. 때문에 배수량형 단동선형을 채택한 수상전투함의 최대속도는 현재 30+ 노트대에 머물러 있다. 이에 더하여 해상상태가 악화될 경우 운항속도가 저하된다. 그러나 고속초계정 및 고속상륙정 등 고속 발휘가 요구되는 함정을 제외하고 수상전투함의 최대속도에 대한 요구조건은 완화된 상태이다. 정찰·감시 인공위성 등 해상 정찰·감시 능력의 대폭적인 발전, 항공기의 고속화, 첨단무기의 유효사거리 증대 및 고속화로 인해 최근 함정 속도가 작전임무 수행에 미치는 영향이 상대적으로 크게 감소했기 때문이다.

그림 4-3에 제시한 것처럼 수상함은 매우 거친 해상상태에서도 부여된 작전임무를 수행해야 한다. 이때 함정의 내항성능은 탑재된 무장 및 장비 체계의 운용, 승조원의 임무 수행능력, 탑재헬기의 운용에 이르기까지 작전운용에 관련된 전 분야에 직접적인 영향을 미친다. 따라서 속도 요구수준을 충족시키는 범위 내에서 내항성능을 최대한 향상시키는 것이 배수량형 단동선형의 핵심적인 과제이다.

그림 4-3
거친 해상상태에서의 수상함 운항장면

선형설계 시 또 다른 주요 고려사항은 복원성의 확보이다. 배수량형 단동선형으로 된 수상함의 경우 갑판부에 많은 무장과 탐지센서 및 안테나 등을 설치하므로, 최소한의 메타센터 높이($\overline{GM}$)를 확보하기 위해 선저구배 형상 등을 최적화해야 한다. 스텔스 성능 측면에서 레이더 반사 단면적(RCS)을 저감시키기 위해, 수면 상부 선체 형상을 적절한 경사각을 갖도록 최적화하는 것도 중요한 설계 고려사항이다.

3) 고속함정용 특수선형(高速艦艇用 特殊船型)

가) 활주선(滑走船)

활주선은 그림 4-4에 제시한 바와 같이 고속항주 시 선저평면에 발생하는 유체동역학적 양력(Lifting Force)을 이용하여 선수부를 부양시키고, 이를 통해 선체저항을 줄여 고속을 얻는 선형이다. 양력으로 배수량의 50% 이상을 지지할 경우 활주선, 20~30%를 지지할 경우 반활주선이라 칭한다. 활주선형은 2차 세계대전 때부터 함정에 본격적으로 활용된 대표적인 고속선형이라고 할 수 있다. 활주선의 장점은 구조가 단순하다는 것이며, 단점은 내항성이 극히 취약하여 나쁜 해상상태에서 고속 발휘가 곤란하다는 것이다.

1967년 3차 중동전에서 이집트의 코마(Komar)급 유도탄 고속정이 이스라엘 구축함을 격파한 이후, 활주선형을 적용한 고속정이 해군력이 약한 연안 국가를 중심으로 세계 각국에 널리 확산되었다. 걸프전 등에서 방공 측면에서의 취약점이 부각됨에 따라 활주선형 고속정의 확산은 최근 답보상태에 있다. 그럼에도 스

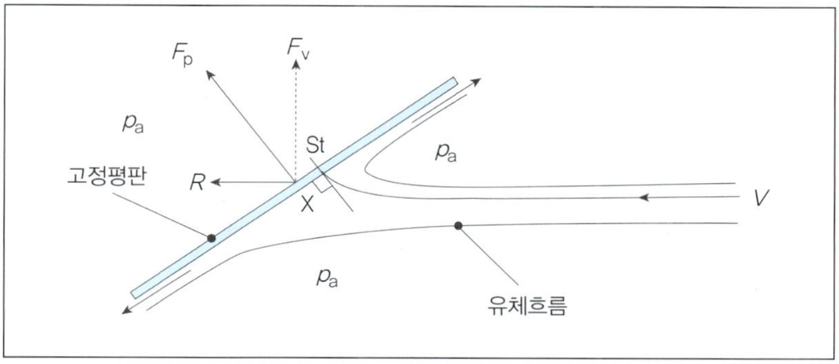

그림 4-4
활주선 양력발생 원리

그림 4-5
핀란드 하미나급 고속정

웨덴, 핀란드, 덴마크 등 북유럽 국가들은 자국의 독특한 해상 전장환경에 적합한 고속초계정에 활주선형을 적용하여 다수 건조·운용하고 있다. 그림 4-5에 핀란드의 270톤 하미나(Hamina)급 고속유도탄정을 제시하였다.

나) 수중익선(水中翼船)

수중익선은 선체 하부에 수중익(Hydrofoil)을 설치하여 항주 시 수중익에서 발생하는 양력(Lifting Force)으로 선체를 수면 위로 부상시켜 선체저항을 대폭 줄임으로써 고속을 발휘하는 선형이다. 수중익은 전몰형(Fully Submerged)과 수면관통형(Surface Piercing Type) 등 두 가지 형태로 구분된다. 수중익선의 최대강점은 고속대역에서 추진저항을 최소화하여 최대속도를 50노트급 이상까지 높일 수 있다는 점과, 선체를 수면 위로 부상시켜 항주하므로 해상상태 영향을 매우 적게

그림 4-6

수중익선 추진저항 특성

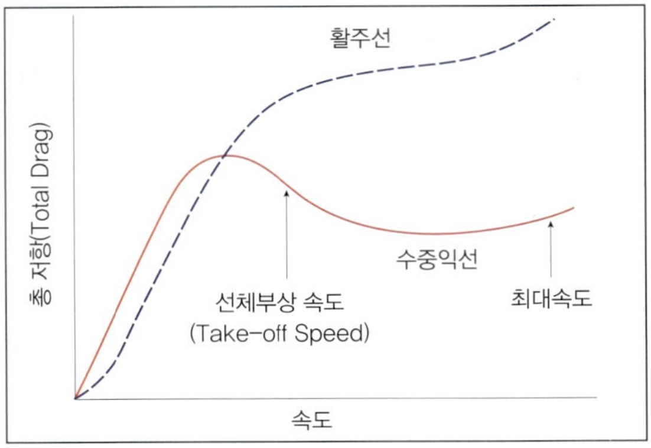

그림 4-7

미 해군 페가수스급 수중익선

받는다는 점이다. 그러나 선체부상(Take-off) 직전 중속단계에서는 추진저항이 최고수준에 달하는 현상(Hump) 이 발생한다. 수중익선의 이러한 추진저항 특성을 활주선과 대비하여 그림 4-6에 제시하였다.

미 해군의 경우 수중익선의 장점을 살린 고속정을 실용화하기 위해, 1960년대 초반부터 막대한 연구개발비를 투입하여 여러 형태의 시범선을 개발·건조하였다. 이를 토대로 미 해군은 1974년 250톤급 페가수스(Pegasus)급 유도탄 고속정을 취역시키고, 총 6척을 건조하여 1990년대까지 고속정 편대로 운용하였다. 이탈리아 및 이스라엘에서도 1980년대에 니보(Nibbio)급 및 심릿(Shimrit)급 등 100톤급 미만의 소형 유도탄 고속정을 수중익선형으로 건조하여 운용한 바 있다. 현재 수중익선형 고속정의 건조 및 운용은 활발하지 않다. 수중익의 정비유지가 매우 까다롭고, 건조 및 운용에 고비용이 소요되기 때문인 것으로 알려져 있다. 그림 4-7에 미 해군 페가수스급 수중익선의 항주장면을 제시하였다.

다) 공기부양선(空氣浮揚船)

공기부양선은 그림 4-8에 제시한 것처럼 선체 아랫부분과 수면 사이에 위치한다. 유연한 재질의 스커트(Skirt)로 둘러싸인 공기부양실(Air Cushion Chamber)에 공기를 분사·압축함으로써 선체를 부양시키고 지지하는 선형이다. 선체 상부에 장착된 공기프로펠러를 이용하여 추진하므로 고속을 발휘할 수 있고 수륙양용이 가능하다.

이러한 장점을 토대로 공기부양선은 주로 상륙작전을 위한 고속상륙정으로 운용되어 왔다. 미 해군 LCAC급 상륙정 및 러시아 포모르니크(Pomornik)급 상륙정이 대표적이다. 핀란드 튜리(Tuuli)급은 전투무장을 갖춘 고속경비정으로 운용되고 있다. 그러나 공기부양선은 내항성이 매우 약하고 소음이 높으며 선체구조 측면에서 대형화가 곤란하므로 고속상륙정 등 특정 분야에 주로 적용될 것이다. 그림 4-9에 핀란드 튜리급 고속경비정을 제시하였다.

라) 표면효과선(表面效果船)

표면효과선은 수상 전용선으로서 고속을 발휘할 수 있고 갑판면적이 넓으며 대형화가 용이하다는 점에서 공기부양선과 달리 적용범위가 넓은 선형이다. 주로 유도탄 고속정에 적용하고 있으나 중형급 수상전투함에도 적용할 수 있으며, 선체구조 특성을 이용하여 기뢰전함에도 적용하고 있다. 그림 4-10과 4-11에 노르웨이에서 개발·건조한 375톤 옥소이(Oksoy)급 기뢰전함과, 미 해군이 1970년대에 구상한 바 있는 3,000톤급 전투함 개념을 각각 제시하였다.

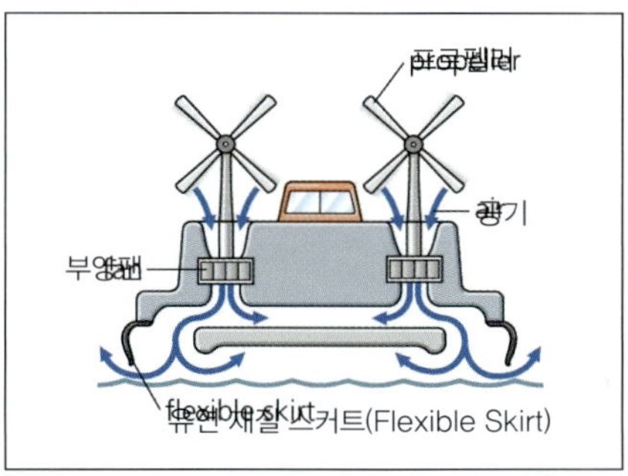

그림 4-8
공기부양선 부양원리(좌)

그림 4-9
핀란드 튜리급 고속경비정 (우)

그림 4-10
노르웨이 옥소이급 기뢰전함

그림 4-11
미 해군 3,000톤급 전투함 개념

마) 해면효과익선(海面效果翼船)

해면효과익선(WIG)은 지면/해면효과(Wing in Ground Effect)를 이용하기 위해 해상위를 낮게 떠서 날아가는 비행기 형상을 가진 선박이다. 국제해사기구(IMO)와 국제민간항공기구(ICAO)는 장기간의 협의 후에 운항고도 150m 이내의 해면효과익선은 선박으로 분류하기로 결정하였다. 함정에의 적용 시도는 1960년대부터 미국 및 소련 양국에서 있어 왔으나, 미국은 표면효과선 등 다른 특수선형 개발에 집중한 반면, 소련은 올려노크(Orlyonok)급 상륙함과 룬(Lun)급 유도탄 발사함을 개발하여 카스피 해 등에서 실제로 운용함으로써 해면효과익선의 기술종주국 역할을 해왔다. 그림 4-12에 소련의 룬급 WIG선을 제시하였다.

연해해전으로의 전환 이후, 미 해군은 장거리 원정작전 수행 시 대용량의 군수물자를 신속하게 수송할 수 있는 능력이 필요하게 되었다. 이에 따라 200노트급 고속을 발휘할 수 있고 대형화가 가능한 WIG선이 주목받게 되었다. 미국 Boeing사는 이러한 용도로 1,400톤급 WIG선 개발을 추진하였으나 중단되었다. 반면 독

그림 4-12
소련 룬급 군용 WIG선

그림 4-13
독일 연안정찰 WIG선 개념

일 Fisher Flugmechanik사는 그림 4-13에 제시한 것처럼 연안해역에서 감시·정찰 임무를 고속으로 수행할 수 있는 소형 WIG선 개념을 발표한 바 있다.

4) 복수선체형 특수선형(複數船體型 特殊船型)

가) 파랑관통 쌍동선(波浪貫通 雙胴船)

일반 선체 2개를 갑판구조물로 연결한 일반 쌍동선(Conventional Catamaran)의 경우, 갑판용적은 커지지만 내항성 및 속도 측면에서 크게 유리한 점이 없어 군용으로는 활용되고 있지 않다. 호주 Incat사가 개발한 파랑을 관통할 수 있는 날카로운 선체로 이루어진 파랑관통 쌍동선(Wave Piercing Catamaran)의 경우 우수한 내항성, 빠른 속도, 넓은 갑판용적으로 인해 대형 정기항로 카페리선의 대부분을 차지하고 있으며 군용으로도 크게 주목받고 있다.

3장 3절 〈함정 발전동향〉에서 기술한 바와 같이, 미 육군은 2000년대 초 호주 Incat사에서 건조한 96m급 및 98m급 파랑관통 쌍동선을 장기간 임차하여 원거리 군수지원함으로 실전에 운용하였으며, 미 해군도 2003년 98m급 파랑관통 쌍동선을 임차하여 기뢰전함으로 운용하고 있다. 파랑관통 쌍동선은 고속수송함의 용도뿐만 아니라 전투함으로도 유용성을 입증하고 있다. 중국 해군은 2004년 호주와의 기술제휴를 토대로 파랑관통 쌍동선형을 적용하여 220톤 후베이(Houbei)급 유도탄 고속정을 자체 개발하였으며, 총 8척을 건조하여 실전에 배치 · 운용하고 있다. 속도는 38노트급이며 대함유도탄 4기를 적재하고 있다. 호주 해군도 파랑관통 쌍동선형을 적용한 수상전투함 구상을 제시한 바 있다. 파랑관통 쌍동선형의 여러 장점에 비추어 수상전투함에의 적용은 더욱 활성화될 것이다. 그림 4-14와 4-15에 중국 후베이급 유도탄 고속정과 호주 파랑관통 쌍동선형 수상전투함 개념을 각각 제시하였다.

나) 반잠수 쌍동선(半潛水 雙胴船)

반잠수 쌍동선형은 그림 4-16에 제시한 것처럼 2개의 잠수체를 유선형 단면을 가진 날카로운 지주를 통해 수면 위 갑판구조물과 연결시킨 선형이다. 이러한 선형

그림 4-14

중국 파랑관통 쌍동선형 유도탄 고속정

그림 4-15

호주 파랑관통 쌍동선형 전투함 개념

구조로 인해 부력을 받는 주 선체는 수면 아래 깊은 곳에 위치하게 되고, 수선면적(水線面積)이 매우 작아져 선체가 파도로부터 받는 외력(Wave Exciting Forces)이 극소화된다. 이에 따라 반잠수 쌍동선형의 내항성능은 타 선형과 비교할 수 없을 정도로 매우 우수하다. 반잠수 쌍동선형은 큰 침수표면적으로 인해 고속 발휘가 곤란하지만, 우수한 내항성능으로 인해 해상상태에 따른 속력저하가 거의 없어 악천후 항해 시에도 항해속도를 그대로 유지할 수 있다.

1970년대 초반 세계 최초의 실용선 카이말리노(Kaimalino)호가 미 해군에 의해 개발·건조된 이래, 민용 및 군용으로 적용하기 위한 시도가 꾸준하게 이어졌다. 민용 선박에서는 여객선, 관광유람선 및 해상시험선으로 활용되고 있으며, 함정 분야에서는 악천후에도 대양에서 장기간 음향 관련 정보를 수집해야 하는 음향정보함으로 운용되고 있다. 그림 4-17에 미 해군이 운용하고 있는 음향정보함을 제시하였다. 수상전투함에 적용할 경우 우수한 내항성능, 넓은 갑판용적을 토대로 중소형으로도 대형함의 임무를 수행할 수 있으므로 유리하다. 그러나 수상전투함에의 적용은 아직 개념연구 단계에 머물고 있다.

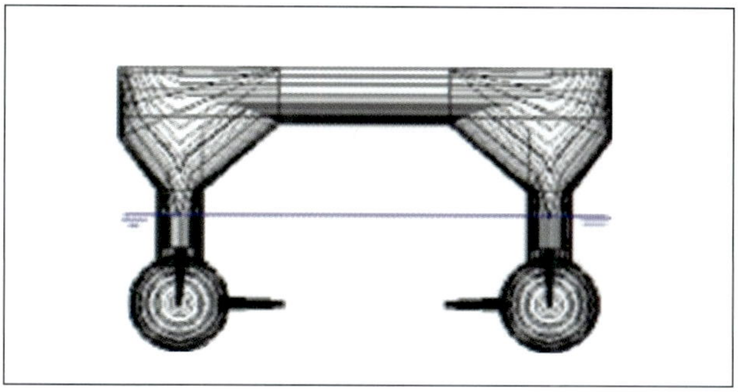

그림 4-16
반잠수 쌍동선 선형개념

그림 4-17
미 해군 빅토리우스급 반잠수 쌍동선형 음향정보함

다) 삼동체선(三胴體船)

삼동체선형은 날씬하고 긴 주 선체와 좌우에 각각 1개의 보조선체를 가진 선형으로서, 주 선체의 경우 일반 단동선에 비해 길이는 20% 정도 길고 선폭은 25% 정도 작다. 이러한 선형 형상으로 인해 중·고속 대역에서 추진저항이 유리하고 내항성능도 우수하며, 갑판용적도 매우 넓어진다. 삼동체선형을 함정에 적용할 경우 헬기탑재 시 요구되는 갑판면적을 중소형 크기로도 확보할 수 있고, 40노트급 이상의 고속 발휘도 용이하다. 때문에 삼동체선형은 차세대 수상전투함 선형으로 큰 주목을 받고 있다.

영국 해군은 오랜 연구활동을 토대로 2000년 1,200톤급 트리톤(RV Triton)호를 개발·건조하고, 장기간의 시험평가를 통해 함정에의 적용 가능성을 입증한 바 있다. 이를 토대로 영국 Vosper Thornycroft사, BMT사, BAE System사, 호주 Austal사 등 함정 관련 전문회사들이 삼동체선형을 적용한 여러 형태의 차세대 전투함 개념을 제시한 바 있다. 그림 4-18과 4-19에 영국 시범선 트리톤호의 항해 장면과, BAE System사가 제안한 삼동체선형 차세대 전투함 개념을 제시하였다.

미 해군은 이미 2,784톤급 연해전투함 인디팬던스(Independence)함을 삼동체선형으로 개발·건조하여 2010년 1월 취역시킨 바 있다. 3장 3절 〈함정 발전동향〉에서 기술한 바와 같이 인디팬던스함은 3,000톤에 가까운 크기에도 불구하고 최대속도가 일반 수상전투함의 한계속도인 30+ 노트를 훨씬 넘는 45노트를 기록할 정도로 빠르며, 넓은 갑판용적과 임무모듈 교체를 통해 다양한 종류의 작전임무를 수행할 수 있다. 이에 따라 미래 수상전투함의 실제 모델로 평가받고 있다.

그림 4-18
삼동체선형 시범선 트리톤호

그림 4-19
영국 BAE System사 삼동체 선형 차세대 전투함 개념

4) 복합지지 및 혁신개념 선형(複合支持 및 革新槪念 船型)

가) 복합지지 선형

복합지지 선형은 말 그대로 여러 형태의 선체 지지방식을 복합시킨 선형으로서, HYSWAS, Foil-Cat, Hybrid Lifting Body Ship, Air Ride Craft 등 여러 종류의 복합지지 선형이 제안되어 왔다. 이 중에서 Foil-Cat은 쌍동선형 선체에 수중익을 장착한 선형으로서 단거리 고속여객선 등 민용 선박에만 적용되고 있으며, 함정에의 적용 가능성이 높은 선형은 HYSWAS와 Hybrid Lifting Body Ship이라고 할 수 있다.

HYSWAS는 Hydrofoil Small Waterplane Area Ship의 약자로서, 그림 4-20에 제시한 바와 같이 수중 잠수체에 수중익을 부착하여 잠수체와 지주의 부력이 70%, 수중익 양력이 30%의 선체중량을 지지하는 선형이다. 내항성능이 우수하고 고속 발휘가 가능한 선형으로서, 미 해군에 의해 초계정부터 다목적 전투함까지 다양한 적용개념이 제시되었으나 실용화에는 이르지 못하고 있다.

Hybrid Lifting Body Ship은 선저 중앙부에 Lifting Body를 선미부에 일반 수중익을 설치한 선형으로서, 속도를 높이고 내항성능을 향상시키는 데 목적이 있다. 미국 NAVATEK사가 2003년 미 해군 지원하에 270톤급 시범선 시플라이(Sea Flyer)호를 건조하여 시험운항에 성공한 바 있다. 그림 4-21에 시플라이호의 Lifting Body 구성개념을 제시하였다.

나) 혁신개념 선형

혁신개념 선형은 말 그대로 기존 방식의 선형을 크게 변형시키거나 혁신한 선형으로서 창의적인 개념의 선형이다. 제안된 여러 선형 중에서 실용화 단계까지 도

그림 4-20

HYSWAS 선형개념

그림 4-21

시플라이호의 Lifting Body 구성개념

달한 혁신개념 선형으로는 Air Cavity Hull과 M-Shaped Hull을 들 수 있다.

Air Cavity Hull 선형은 러시아가 실용화를 주도하고 있는 선형으로서, 선체하부에 공기를 불어넣어 인공적인 캐비테이션(Artificial Cavitation)을 만들어줌으로써 선체 하부의 침수면적과 추진저항을 감소시키는 선형이다. 개발자의 주장에 따를 경우, 유체역학적 저항감소는 15~40%에 달하지만 인공적 캐비테이션을 만드는 데 소요되는 추가동력 소요는 3%에 불과하다. 러시아는 1980년대부터 시범선인 100톤급 머큐리(Mercury)호를 비롯하여 50노트급 속도를 가진 소크초프(Sokzhov)급 경비정 및 듀공(Dugong)급 고속상륙정을 건조·운용하고 있다. 그림 4-22에 Air Cavity Hull 시범선 머큐리호의 운항장면을 제시하였다.

M-Shaped Hull은 선체 하부에 M자 형태의 활주터널(Planing Tunnel)을 설

치하고 항주 시 터널 내에 물과 공기가 혼합된 회오리를 만들어줌으로써, 결과적으로 선수파 에너지(Bow Wave Energy)를 유체역학적 양력과 공기압력으로 전환시켜 선체중량 일부를 지지하게 만드는 선형이다. 미국 M-Ship사가 개발한 선형으로서, 미 해군 특수부대용 시범선 M80-스틸레토(M80-Stiletto)호를 건조하여 실제 운용을 통해 성능을 입증한 바 있다. 그림 4-23에 M80-스틸레토호의 고속운항 장면을 제시하였다. 50노트급 고속이 가능하고 갑판용적이 크며 흘수가 작아 천해해역에서의 운용이 용이하다. 군용 함정 외에도 관광유람선 및 해양레저선 등 민용으로도 적용범위가 넓을 것으로 기대하고 있다.

그림 4-22

러시아 Air Cavity Hull 시범선 머큐리호

그림 4-23

미국 M-Shaped Hull 시범선 M80-스틸레토호

4.1.3 선체구조

1) 선체구조의 기능 및 특성

가) 선체구조 구성요소 및 기능

선체구조는 함정 플랫폼에 요구되는 수밀과 강도의 유지 및 탑재장비의 지지 등 기본적인 기능과 함께 함정의 생존성에도 큰 역할을 한다. 함정 선체구조는 일반 상선과 마찬가지로 판(Plate) 및 보강재(Stiffener)로 구성된 보강판 구조로 대부분 이루어져 있으며, 선체위치에 따라 외판구조(Shell Structure), 갑판구조(Deck Structure), 격벽구조(Bulkhead Structure) 및 상부구조(Deckhouse Structure) 등으로 구성된다. 선체구조는 역할에 따라 주요 구조(Major Structure)와 국부구조(Local Structure)로 구분한다. 주요 구조는 함 전체의 구조배치 및 강도(Strength)에 영향을 미치는 외판, 갑판, 격벽, 상부구조 및 이들을 지지하는 부재를 통칭하고 선체구조 전체 중량의 약 80~90%를 차지한다. 국부구조는 각종 장비받침대, 마스트 및 기타 구조를 통칭한다. 수상함 선체구조의 전형적인 구성 예를 그림 4-24에 제시하였다.

나) 선체구조 중량 및 비용 특성

함정 선체구조는 그림 4-25에 제시한 것처럼 전체 중량(경하)의 약 40~50% 정도를 차지하고, 건조비의 약 10~15% 및 건조비와 운용비를 합친 수명주기 비용의 약 3~4% 정도를 차지한다. 선체구조는 비용 측면에서는 큰 영향을 주지 않으나 중량 측면에서는 큰 비중을 차지하며, 이는 선체구조 설계 시 함정 선체구조 중량

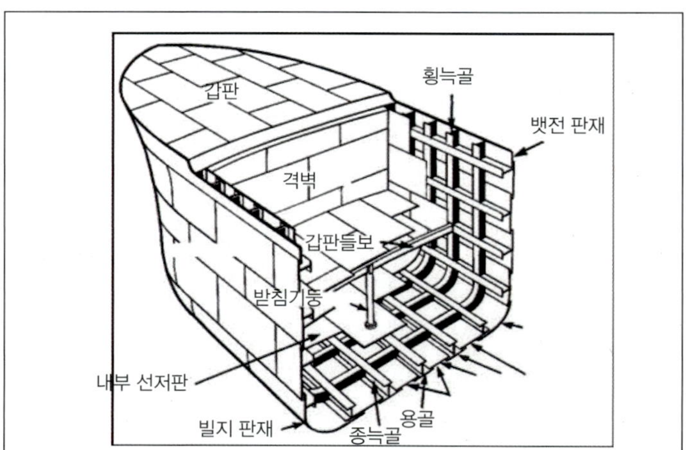

그림 4-24
선체구조 구성

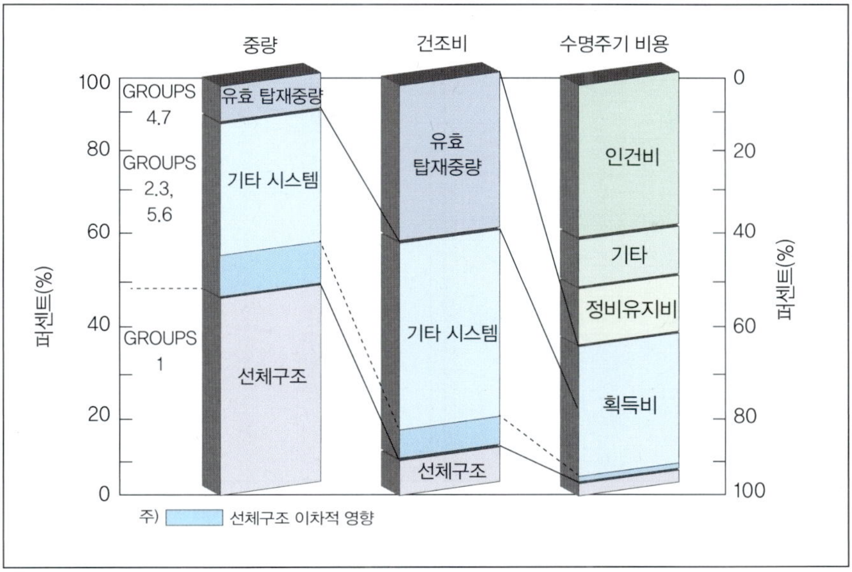

그림 4-25
구축함급 함정의 구성 요소별 중량 및 획득비용

감소가 매우 중요한 과제임을 의미한다.

선체구조는 해상 및 운용 환경에서 작용하는 여러 종류의 하중에 충분히 견딜 수 있도록 설계되어야 하며, 이러한 기본개념은 일반 상선과 함정에 별 차이가 없다. 그러나 함정 선체구조는 전투 및 무장 시스템에 관련된 다양한 공간과 선체구조로 인해 구조배치가 복잡하고, 전투성능 및 생존성능 향상을 위해 엄격한 기준의 진동, 소음 및 충격설계 등이 요구된다. 이러한 요구특성은 선체구조 중량을 증대시키는 요인이 된다. 이에 따라 함정에 요구되는 제반 성능을 충족시키면서도, 구조강도 및 중량 측면에서 보다 유리한 구조방식과 높은 강도의 선체재료 사용 등 선체구조 경량화를 위한 대책이 강화되고 있다.

2) 선체구조 방식 및 형태

가) 선체구조 늑골방식

일반적으로 선박에 적용되는 선체구조 늑골방식은 그림 4-26에 제시한 것처럼 종늑골 시스템과 횡늑골 시스템으로 대별된다. 종늑골 시스템은 공작성이 복잡한 반면 구조강도 및 구조중량 면에서 유리한 구조방식이고, 횡늑골 시스템은 구조중량 면에서는 다소 불리하나 공작성 및 공간활용 면에서 장점을 가지고 있다. 수상전투함에서는 구조강도 및 중량 면에서 유리한 종늑골 시스템을 대부분 채택하고 있으며, 횡늑골 시스템은 지원함 및 보조함의 경우 일부 채택하고 있다.

그림 4-26
선체구조 늑골방식

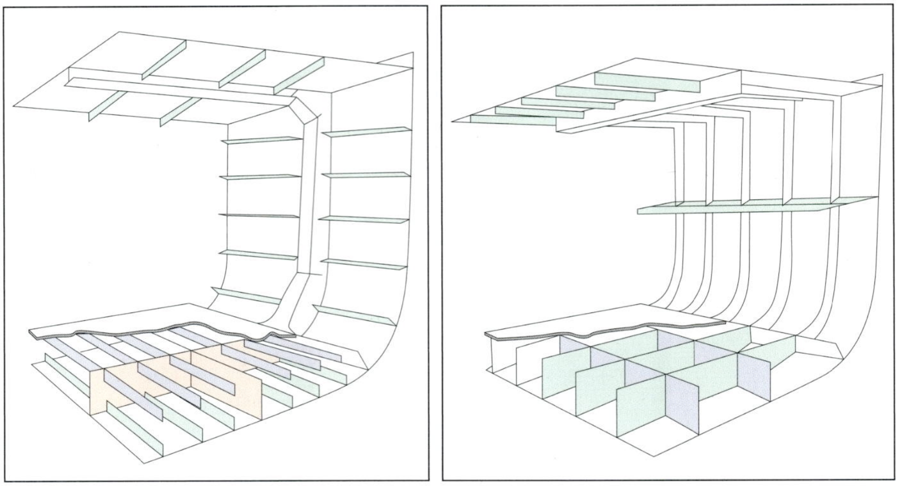

(a) 종늑골 시스템 (b) 횡늑골 시스템

나) 중앙단면 구조

선체재료 및 늑골방식이 결정되면 통상 중앙단면(Midship Section)을 대상으로 하여 주요 구조부재 배치 및 크기 결정 등 구조설계를 진행한다. 선체 구조설계에 가장 큰 영향을 미치는 선체거더(Hull Girder)의 종굽힘 모멘트가 선체 중앙부 근방에서 발생하므로 통상 선체 중앙단면이 선체 종강도 설계의 대표단면이 되며, 중앙단면에서 결정된 주요 종강도 구조부재의 배치 및 크기는 일반적으로 중앙부 0.4~0.6L 범위에 걸쳐 적용된다. 선체 중앙단면에 대한 구조설계는 선체거더 종굽힘 모멘트 및 각 부재요소에 대한 설계하중 계산과 종늑골 및 횡늑골 등 주요 부재의 배치 등을 토대로 수행한다. 늑골 형상은 그림 4-27에 제시한 바와 같이 다양하나 함정에서는 종늑골, 횡늑골 및 각종 보강재로 T형 보강재가 주로 사용된다. T형 보강재는 다른 형상의 보강재에 비해 가격 및 작업성 면에서는 다소 불리하나, 강도 및 중량 면에서 매우 우수한 특성을 가지고 있다.

선체구조에서 종늑골, 횡늑골 등 보강재의 배치간격은 강도 및 중량에 큰 영향을 주며, 구조설계 최적화를 위한 주요 요소이다. 보강판 구조에서 일반적으로 보강재가 좁게 배치될수록 중량 면에서는 유리한 경향이 있으나, 작업성 및 정비성 측면에서는 불리하다. 따라서 함정의 늑골배치는 강도, 중량, 비용 및 관습 등 여러 요소에 의해 결정되며, 각국 해군마다 약간씩 다른 특성을 보이고 있다. 미국 및 러시아 구축함급의 중앙단면도를 보면, 그림 4-28에 제시한 것처럼 미국 함정

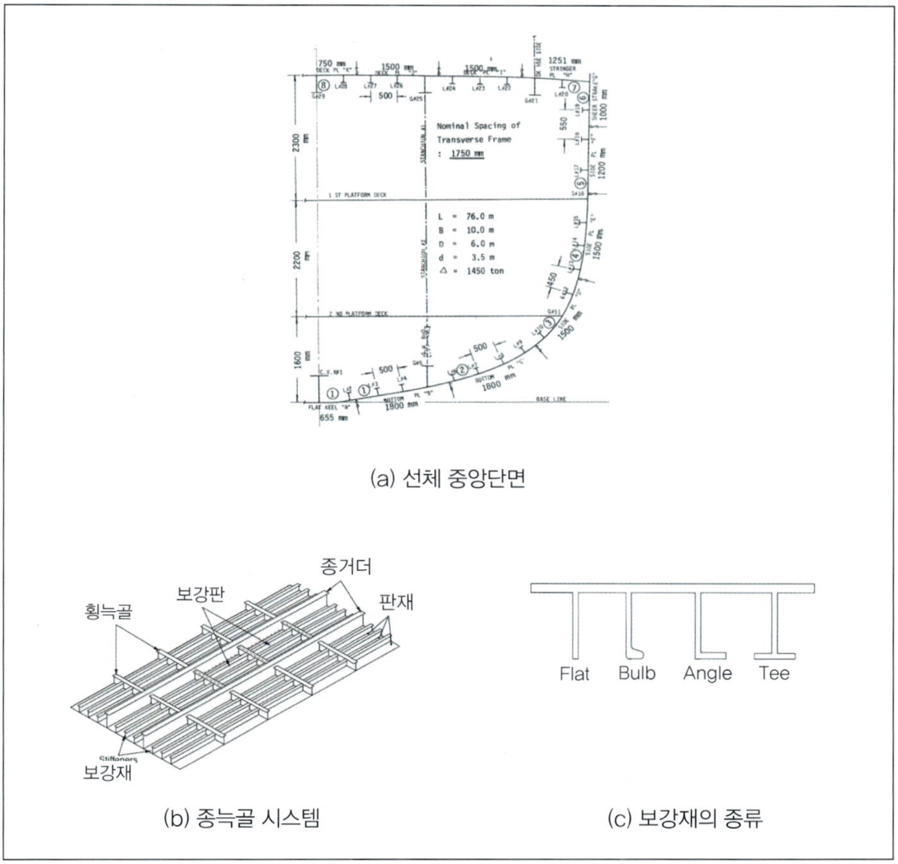

(a) 선체 중앙단면

(b) 종늑골 시스템

(c) 보강재의 종류

그림 4-27

선체 중앙단면 설계

은 구조강도를 중요시하여 넓은 간격의 늑골배치와 두꺼운 외판을 선호하는 구조설계 관습을 가지고 있다. 반면 러시아 함정은 중량을 중요시하여 좁은 간격의 늑골배치 등 중량경감 설계를 중시하는 특징이 나타나고 있다. 미국 함정의 종늑골 간격은 0.6~0.8m, 횡늑골 간격은 2.4m(8ft)를 표준으로 하고 있다. 반면 러시아 함정의 종늑골 간격은 0.5m 내외, 횡늑골 간격은 1.0m 내외이다.

다) 갑판 상부구조 및 국부구조

갑판 상부구조는 그림 4-29(a)에 제시한 바와 같이 주 선체(Main Hull)보다 길이가 짧기 때문에 선체 길이방향으로 구조적 불연속을 일으켜 상부구조 양쪽 끝에 상당한 응력집중이 발생하게 하며, 상부구조 중앙부는 주 선체로부터 전달되는 종굽힘 응력을 받게 된다. 주 선체로부터 전달되는 종굽힘 응력의 크기 및 분포는

그림 4-28
선체 중앙단면 늑골배치 예

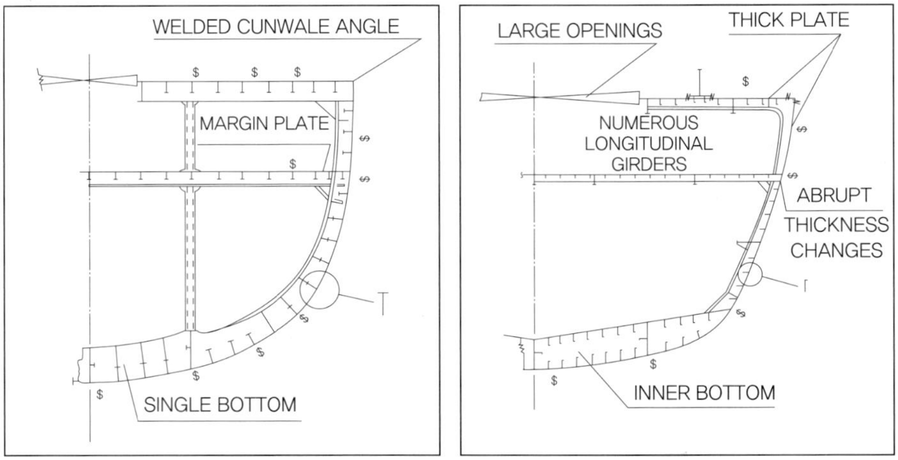

(a) 미국 전투함 (b) 러시아 전투함

상부구조의 위치, 길이 및 강성(Stiffness) 등에 따라 달라진다. 상부구조가 충분히 긴 경우에는 주 선체와 종굽힘 거동이 거의 일치하여 그림 4-29(b)에 제시한 것과 같은 형태로 종굽힘 응력분포를 나타낸다. 함정은 배치 특성상 통상적으로 긴 상부구조를 가진 경우가 많다. 상부구조 설계 시 함의 복원성 확보를 위한 경량화 설계 및 구조적 불연속부에 대한 응력집중 완화대책이 매우 중요하다. 상부구조의 응력집중 완화를 위한 배치설계는 그림 4-29(c)에 제시한 바와 같이 주 선체구조와의 정렬(Alignment)이 매우 효과적이다.

국부구조는 선체 종강도 및 횡강도 등 전체 구조강도에는 기여하지 않고 특별한 목적에 의해 설치되는 구조로서 장비받침대(Foundation), 마스트(Mast), 빌

그림 4-29
갑판 상부구조

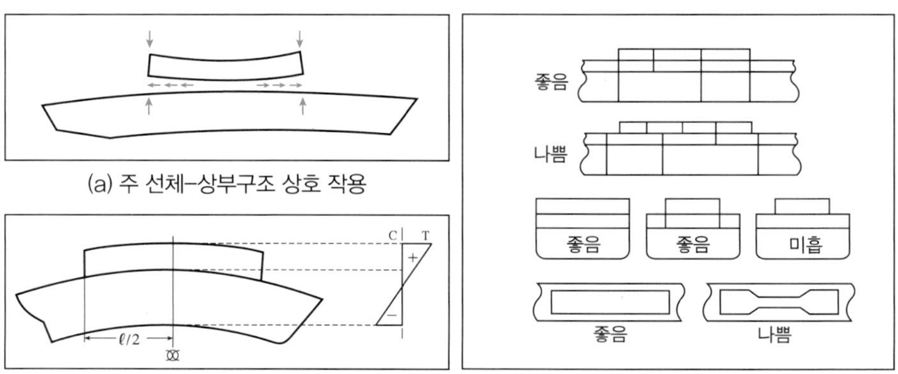

(a) 주 선체–상부구조 상호 작용
(b) 주 선체–상부구조 종굽힘 응력분포
(c) 상부구조 배치설계 예

지 킬(Bilge Keel) 등이 있다. 이들 중 장비받침대 및 마스트 등의 구조는 전투환경에서도 탑재장비의 성능이 충분히 발휘될 수 있도록 엄격한 기준의 진동, 소음 및 충격설계 등이 적용되어야 한다.

라) 방호 선체구조

함정은 전투환경에서 적의 위협무기에 대한 적절한 방어능력을 반드시 갖추어야 한다. 함정의 방어능력, 즉 생존성을 향상시키기 위한 방법은 매우 다양하게 발전해 왔으나, 탐지 및 정밀타격 기술이 고도로 발전한 현대 전투환경에서는 적의 위협무기를 완전히 회피하거나 차단하는 것은 거의 불가능하다. 따라서 함정은 적의 위협무기에 공격받을 가능성이 상존하며, 이에 대한 대책이 선체구조에도 요구되고 있다. 최근 함정의 선체구조에는 전투환경에서의 생존성을 향상시키기 위해 다양한 형태의 방호 선체구조가 도입되고 있으며, 이에 관련된 기술현황은 6장 6절 〈방호 선체구조 기술〉에 상세하게 기술하였다.

3) 선체재료

함정에 사용되는 선체재료로는 연강(Mild Steel: MS), 고장력강(High Tensile Steel: HTS), 고강도강(High Yield Steel: HYS), 알루미늄합금(Aluminum Alloy: AL) 및 복합재료(Composite Material) 등이 있다. 선체구조 재료의 선정 시에는 일반적으로 재료의 강도, 강성, 비중 등 기계적 특성과 아울러 용접성, 가공성, 보수성(Repair) 등 작업성과 내식성(Corrosion Resistance), 내화성(Fire Resistance), 경제성 등이 함께 고려된다. 이들 선체재료의 기계적 특성을 연강을 기준으로 하여 표 4-1에 제시하였다. 고장력강 및 고강도강은 연강에 비해 가격은 비싸지만 강도가 좋으므로 중량을 줄일 수 있는 장점이 있다. 알루미늄 및 복합재료도 연강에 비해 중량을 대폭 줄일 수 있는 장점을 가진 반면, 탄성계수가 작고 가격이 비싼 단점이 있으므로 용도가 제한된다.

고장력강(HTS)에는 강도에 따라 HTS-32(항복강도 32 kg/mm^2) 및 HTS-36(항복강도 36 kg/mm^2) 등이 있으며, 연강에 비해 강도는 좋으나 작업성 및 가격 면에서 다소 불리하다. 고장력강은 고속정 및 전투함 등 선체중량 절감이 중요한 함정에 주로 사용되며, 최근 사용범위가 점차 확대되는 추세이다. 고강도강(HYS)에는 강도에 따라 HY-80(항복강도 80ksi 또는 550MPa) 및 HY-100(항복강도 100ksi 또는 690MPa) 등이 있다. 고강도강은 강도는 매우 우수하나 용접조건이 까다롭고 가격이 비싸기 때문에 중량절감이 매우 중요한 잠수함 압력선체 구조에 주로 사용되며, 수상함에는 사용이 극히 제한된다. 미 해군에서는 그림 4-

표 4-1
선체재료 특성

구분	항복강도	탄성계수	비중	강도/비중	재료비
연강 (MS)	1 (235MPa)	1 (206GPa)	1 (7.85)	1 (235/7.85)	1
고장력강 (HTS-32)	1.3 (315MPa)	1	1	1.3	1.5~2
고강도강 (HY-80)	2.3 (55MPa)	1	1	2.3	3~4
알루미늄 (AL 5086)	2/3	1/3	1/3 (2.78)	2	5~7
복합재료 (FRP)	0.4~1	1/5~1/10	1/5	2~5	-

30에 제시한 바와 같이 대형 수상전투함 주요 부재에 균열멈춤개(Crack Arrester)로 사용하고 있다. 균열멈춤개는 운항 중 극한 하중이나 전투손상에 의한 균열의 전파를 억제하여 선체구조 전체의 붕괴를 방지하는 역할을 한다.

알루미늄합금(AL)은 연강에 비해 강도는 떨어지나 비중이 1/3 정도로 매우 가볍기 때문에 구조중량을 절감할 수 있는 장점이 있다. 선체구조에 알루미늄을 사용하면 연강보다 약 30~40% 정도 중량을 감소시킬 수 있으므로 고가의 재료비에도 불구하고 경중량 선체가 필수적인 고속정, 공기부양선 및 전투함의 상부구조 등에 많이 사용되었다. 알루미늄은 용융점이 낮아 유도탄 피격 등에 녹아버리는 등 전투손상에 매우 취약한 것으로 드러나, 미 해군에서는 1980년대 이후에는 전투함의 상부구조 재료로 사용하는 것을 금지하였다. 따라서 최근에는 함정에 알루미늄 사용이 제한되고 있다.

복합재료 중 선체재료로 가장 많이 사용되는 것은 유리섬유강화 플라스틱(Fiber/Glassfiber Reinforced Plastic: FRP/GRP)이다. 가볍고 비자성(Non-Mag-

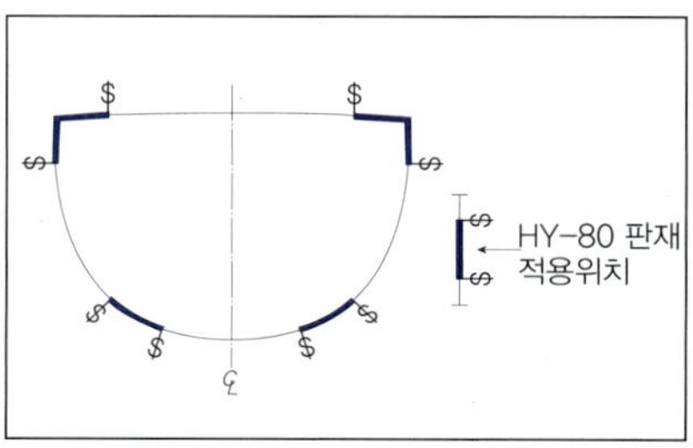

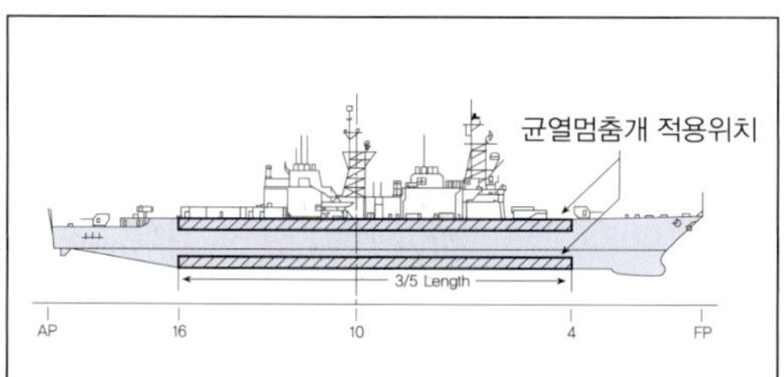

그림 4-30
선체 균열멈춤개 위치 및 범위

netic)의 특성을 가지고 있기 때문에 임무 특성상 비자성 선체재료가 필수적인 기뢰전함에 많이 사용되고 있다. 최근에는 용도에 따라 다양한 복합재료가 많이 개발되고 있으며, 스텔스 성능 향상 등을 위해 함정에의 적용범위가 확대되고 있다.

4) 선체구조 설계

가) 선체구조 설계과정

선체구조의 일반적인 설계과정은 그림 4-31에 제시한 바와 같이 함정의 운용환경 및 일반배치로부터 구조하중, 선체재료 및 초기구조 부재배치를 설정하고, 이로부터 부재크기를 계산(Scantling)한다. 선체구조의 부재크기가 계산되면 구조강도 해석(Strength Analysis) 및 구조설계 최적화 등을 통해 부재 배치 및 크기를 최종적으로 결정하는 일련의 과정을 거쳐 구조설계가 완성된다.

함정의 설계 및 건조는 각국 해군의 독자적인 설계기준, 방법 및 관습 등에 따라 수행되어 왔으며, 구조설계 데이터베이스 및 관련 기술자료는 대부분 공개가 제한되었다. 국내에서는 오랫동안 미 해군의 수상함 구조설계 지침서 및 관련 기술자료 등을 활용하여 구조설계를 수행해 왔다[11, 12, 13, 14].

최근 국방환경 및 정책 변화에 따라 각국 민간 선급에서 상선규칙을 기반으로 수상함규칙을 개발하여 자국 함정에 적용하고 있다. 현재까지 미국 선급(ABS)을 비롯한 총 6개국 선급에서 수상함규칙을 발간하였으며, 국내에서는 한국 선급(KR)에서 수상함규칙을 개발 중에 있다[15, 16]. 선급의 함정규칙 제정에 관해 7장 5절 〈함정 규격〉에 상세히 기술하였다.

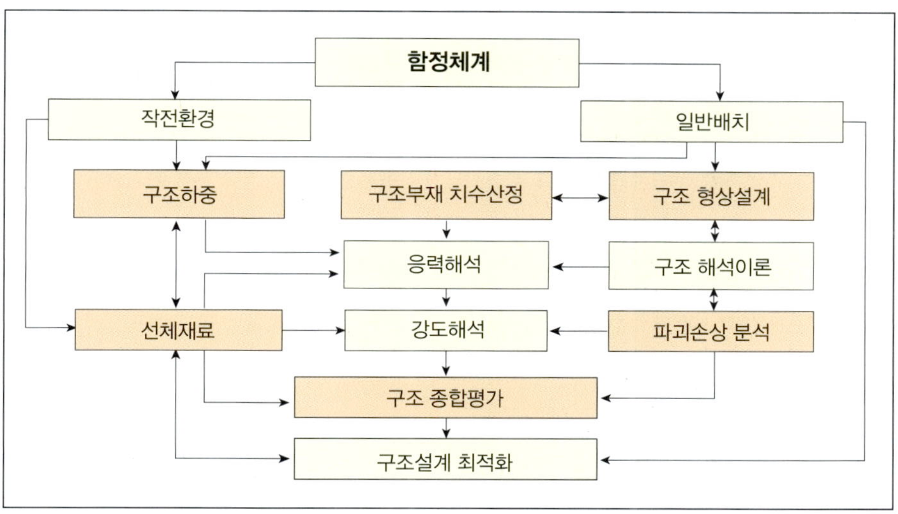

그림 4-31
선체구조 설계과정

나) 선체구조 설계하중

선체는 외부 및 내부로부터 여러 가지 형태의 하중을 받게 되며, 선체구조는 이를 충분히 견디도록 설계되어야 한다. 함정의 선체구조에 작용하는 하중은 그림 4-32에 제시한 것처럼 기본하중(Basic Loads), 해상환경 하중(Sea Environment Loads) 및 운용환경 하중(Operational Environment Loads)과 함정에만 특별히 적용되는 전투환경 하중(Combat Environment Loads) 등 크게 네 가지로 분류된다.

기본하중은 선체 외부 환경과 무관하게 선체 내부에 기본적으로 작용하는 하중으로, 공간의 기능에 따라 정의되는 동하중(Live Loads), 구조물 자체 중량하중(Dead Loads), 장비 중량하중 및 액체하중 등이 있다. 이는 주로 갑판구조의 설계하중으로 사용된다.

해상환경 하중은 파랑(Wave)에 의해 발생하는 하중으로서 선체거더 하중(Hull Girder Loads), 파랑하중(Sea Loads), 기상하중(Weather Loads) 및 선체운동 하중(Ship Motion Loads)이 있으며, 선체구조에 가장 큰 영향을 준다. 특히 선체거더 하중은 선체 길이방향으로의 중량분포와 부력분포의 차이에 의해 발생하는 선체 종굽힘 모멘트 하중으로서, 선체구조 설계에 가장 중요한 하중이다. 선체거더 하중은 그림 4-33에 제시한 바와 같이 모멘트 방향에 따라 호깅(Hogging) 및 새깅(Sagging) 상태가 있다.

운용환경 하중은 함 운용 중에 특별한 상황에서 간헐적으로 발생하는 하중을 말하며, 탱크넘침(Tank Overfill), 도킹(Docking) 및 슬래밍(Slamming) 등에 의한 하중이 해당된다. 전투환경 하중은 교전 또는 작전 중에 발생할 수 있는 하중으

그림 4-32
선체구조 설계하중

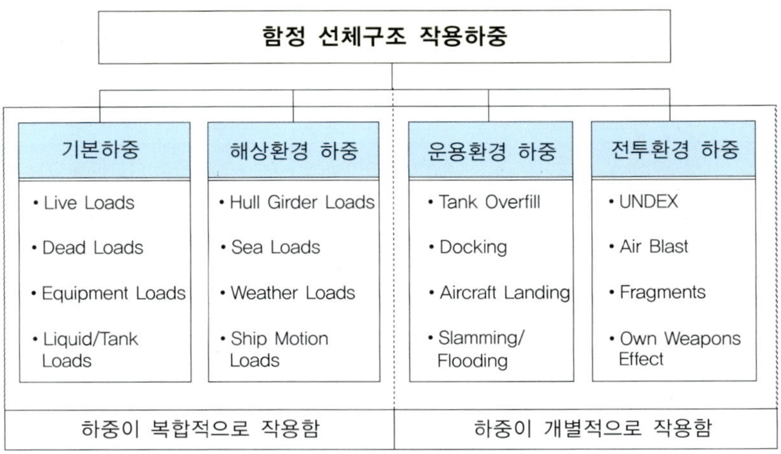

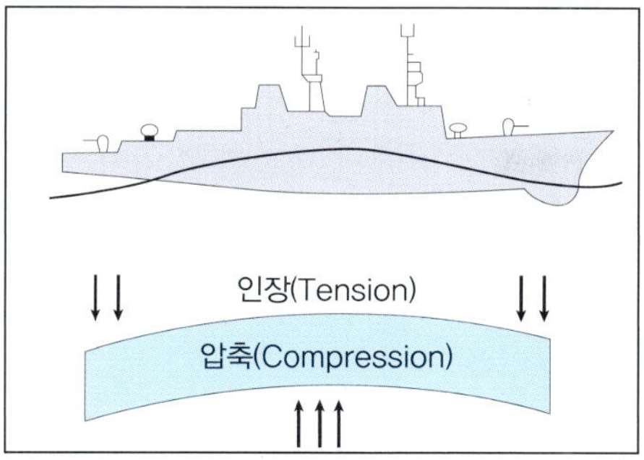

(a) 호깅(Hogging)

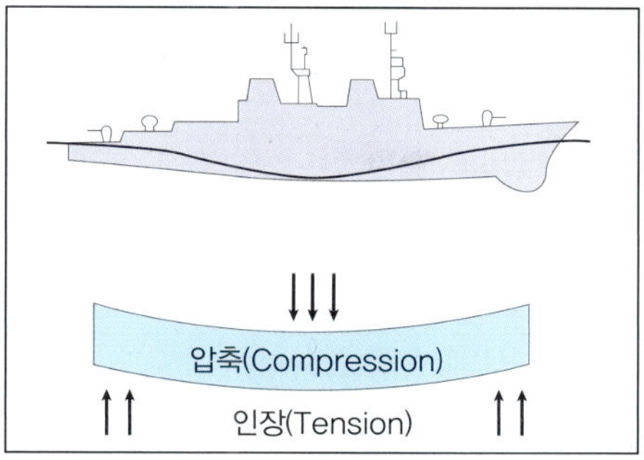

(b) 새깅(Sagging)

그림 4-33
선체거더 하중

로 어뢰 및 기뢰 등에 의한 수중폭발(Underwater Explosion: UNDEX), 유도탄 및 폭탄 등에 의한 공중폭발(Air Explosion), 폭발 파편(Fragments), 함포 및 유도탄 등 탑재무장의 자체 발사충격에 의한 하중 등이 해당된다.

앞에서 설명한 하중 중에서 기본하중 및 해상환경 하중은 함 운용 중 동시에 발생할 수 있는 하중이며, 선체구조 전체 또는 국부에 모두 영향을 미칠 수 있으므로 구조부재에 대한 설계하중은 상호 조합된 하중을 고려해야 한다. 운용하중 및 전투하중은 특별한 상황에서 발생할 수 있는 하중이며, 주로 국부구조에만 영향을 미치는 경우가 많으므로 구조부재에 대한 설계하중은 통상 독립적으로 고려된다.

4.1.4 추진기관체계

함정을 추진시키기 위한 추진기관체계는 가스터빈 및 디젤기관 등 추진동력기관과 추진전동기, 그리고 추진동력을 축계에 전달하기 위한 감속기어로 구성된다.

1) 추진기관체계 구성장비

가) 가스터빈

가스터빈은 압축기에서 압축된 기체가 연료의 연소에 의해 가열되어 고온·고압 가스가 생성되면, 이 가스를 터빈에 작동시켜 회전력으로 바꾸는 열기관이다. 그림 4-34에 제시한 것처럼 왼쪽의 공기흡입구로부터 흡입된 공기는 고정익(Stator, Blade Nozzle)과 회전익(Rotor Blade)으로 된 압축기에 의해 힘이 가해지며, 오른쪽으로 이동함에 따라 압축된다. 압축된 공기는 연소기에 들어가 연료의 연소에 의해 가열되어 고온·고압 가스로 터빈으로 들어가게 된다. 터빈에서 고온·고압 가스가 팽창하는 과정에서 에너지가 회전익에 주어져 회전력이 얻어진다.

얻어진 동력 중 상당 부분이 압축기 구동에 사용되고, 나머지가 유효하게 회전력으로 사용된다. 압축기와 터빈의 기본요소는 고정익과 회전익의 조합이며, 이것을 단(Stage)이라 한다. 압축기 설계 시 유체역학적 측면에서 세심한 주의가 필요하며 끝단까지 서서히 압축하는 것이 중요하다. 터빈은 압력을 속도에너지로 변환시키는 곳으로서, 터빈설계에서는 유체역학적 측면보다는 열역학 및 강도 측면에서의 설계가 중요하다.

가스터빈의 장점은 중량 대비 출력(Power Density)이 매우 높은 기관으로서 고속을 요구하는 함정의 복합 추진체계에 유리하다. 저온 시동성이 좋고 연소가 연속적으로 진행되기 때문에 기관의 추력이 증가하며, 왕복 부분이 없으므로 진동이 적고 높은 회전수를 얻을 수 있다. 그러나 가스터빈은 연료소모량이 많은 단점이 있다. 그림 4-34에 가스터빈의 내부구조를 제시하였다.

나) 디젤기관

원동기(Prime Mover) 중에서 열에너지로부터 동력을 얻는 기관을 열기관(Heat Engine), 수력 및 풍력 등을 이용하여 동력을 얻는 기관을 냉기관(Cold Engine)이라고 한다. 열기관에는 증기터빈(Steam Turbine)과 같이 실린더 외부에서 연료를 연소시키고 증기를 매개로 하는 외연기관(External Combustion)과, 가솔린기관 또는 디젤기관과 같이 직접 연료를 실린더 내에 공급·연소시켜 이때 발생하는 열에너지를 기계일로 변환시키고 가스를 매질로 사용하는 내연기관(Internal Combustion)이 있다. 내연기관 중에서 함정의 주 동력원으로 사용하는 것이 바로 디젤기관이며 작동원리는 다음과 같다. 공기를 실린더 내에서 단열 압축하면 압축온도는 급상승한다. 이 고온·고압 상태의 실린더 내에 연료분사밸브 노즐을 통해 고압의 연료를 분사하면, 연료유가 발화점 이상으로 가열되어 점화되고

그림 4-34
가스터빈 내부구조

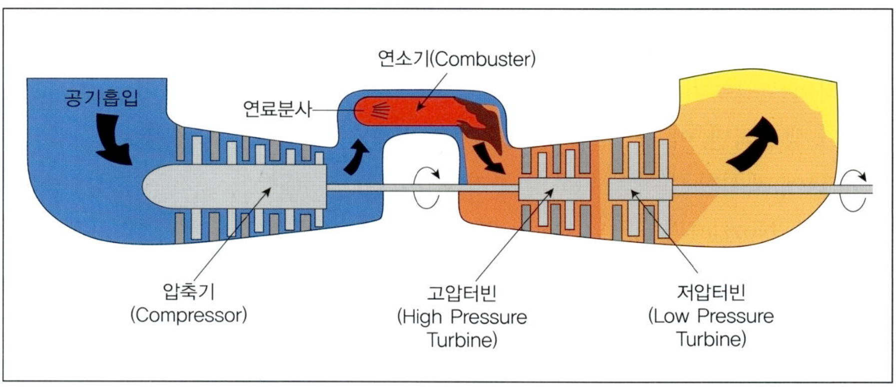

연소하여 압력과 온도가 더욱 상승한다. 이 압력에 의해 피스톤이 밀리고 크랭크 축(Shaft)을 회전시켜 추진동력이 발생한다.

디젤기관은 연료소모율이 낮아 항속거리가 늘어나는 장점이 있으나, 출력에 비해 기관이 크고 무거우며 진동이 많은 단점이 있다. 디젤기관은 다음과 같이 여러 기준으로 분류할 수 있다.

(1) 작동방법에 의한 분류

- **2행정기관**
  2행정기관은 흡입, 압축, 폭발, 배기 행정을 크랭크 축이 한 바퀴(360°) 돌 때마다 수행한다.

- **4행정기관**
  흡입, 압축, 팽창, 배기의 4행정을 크랭크 축이 2회전하는 동안 1사이클을 완료하며, 이 과정을 연속하여 운전한다. 작동행정은 폭발행정이며 배기, 흡입, 압축 행정은 플라이휠(Flywheel)에 의해 운전된다. 동일 용적의 실린더라면 출력은 2행정보다 약 2배 정도 감소한다.

(2) 피스톤 형상에 의한 분류

- **트렁크 피스톤**(Trunk Piston)**형 기관**
  피스톤 로드(Piston Rod)가 없이 연결로드(Connecting Rod)를 직접 피스톤에 연결하는 기관으로서 비교적 소형 기관에 채택된다. 함정에 탑재되는 디젤기관은 주로 이 형태이다.

- **크로스 헤드**(Cross Head)**형 기관**
  크로스 헤드를 설치하여 피스톤에 측압을 주지 않으며 피스톤 핀(Piston Fin)이 과열되는 일이 없고 분해검사도 편리하지만, 운전부의 질량이 커서 고속회전에 부적당하다.

(3) 속도에 의한 분류

- **고속기관**
  피스톤 평균속도: 9 m/s 이상
  회전수: 1,000rpm 이상

- **중속기관**
  피스톤 평균속도: 6~9 m/s 이상
  회전수: 500~1,000rpm 이상

- **저속기관**

  피스톤 평균속도: 6 m/s 이하

  회전수: 500rpm 이하

다) 원자력기관

원자력기관은 원자로에서 가열된 1차계 냉각수를 열교환기를 거치게 함으로써 2차계 냉각수를 증기로 만들고, 이 증기를 이용하여 터빈을 돌림으로써 추진축의 회전력을 얻는 기관이다. 원자력기관을 설치한 선박의 장점은 연료중량이 매우 적어서 장거리 항해 및 가동률이 높은 선박일수록 유리하다는 것이다. 연료유 탱크, 연료유 이송계통 장치의 최소화가 가능하여 선박의 화물적재량을 높일 수 있다. 연소 시 공기가 필요치 않으므로 잠수함에 설치할 경우 장기간의 잠항이 가능하다. CO_2, SOX, NOX 등 연소 배기가스가 배출되지 않으므로 지구온난화 및 자연환경 파괴 방지 등 환경보호 측면에서도 유리하다. 반면 원자력기관의 안전을 확보하기 위한 방책이 엄격하게 적용되어야 하며, 이에 따라 건조비가 높아진다.

원자력기관은 미국, 영국, 프랑스, 러시아, 중국에서 주로 잠수함 또는 항공모함에 적용하고 있으며, 민용 선박으로는 소수의 쇄빙선과 일부 시험선에 적용하고 있다.

라) 추진전동기

추진전동기는 직류(DC) 전동기와 교류(AC) 전동기로 구분된다.

직류전동기는 직류전원에 의해 구동되며, 일반적으로 고정자에 전극(계자)을 형성시킨다. 전류가 공급되는 권선(전기자)을 회전자에 위치시키는 회전 전기자형 구조로서, 계자와 전기자 사이의 전자기력으로 회전한다. 구동원리상 전기자에 입력되는 전류는 회전 중에 계속적으로 극이 바뀌어야 하는데, 이는 회전축에 부착된 정류자편 및 브러쉬로 이루어진다. 상시 마찰이 존재하는 정류자로 인해 정비유지 면에서 불리하며, 대형이고 용량에 한계가 있다. 그러나 직류전동기의 운전특성들은 입력되는 전류나 전압의 크기에 의해 선형적 및 직접적으로 변화하므로 간단한 제어시스템으로 정확하고 신속한 제어가 가능하다. 따라서 교류전동기에 비해 상대적으로 제어가 용이하며, 복잡한 제어가 요구되는 분야에 오래 전부터 사용되어 왔다.

교류전동기는 교류전원에 의해 구동되며, 일반적으로 고정자에 권선(전기자)이 위치하고 회전자에 전극(계자)이 형성되는 회전 계자형 구조이다. 전기자 권선의 전류로부터 유도되는 자장들이 합성되어 고정자 주위에 일정한 자계가 형성되고, 이 자계는 교류 입력의 주기적인 변화로 계속 회전하게 되는데, 교류전동기 구동원리는 바로 이 회전자계에 있다. 이 회전자계에 의해 전자석으로(혹은 영구자석으로) 자화된 회전자는 회전하게 된다. 교류전동기는 전력변환기에서 제어해야 하는 변수들이 많고, 전동기의 운전특성이 비선형적 및 간접적으로 변화하므로 과거에는 복잡한 제어시스템이 필요했다. 현재 전력전자 제어기술의 발전으로 인해 충분한 신뢰성이 확보되었고, 교류전동기 제어시스템의 단순화가 이루어짐으로써 교류전동기가 선박 추진용으로 일반화되어 있는 상태이다.

마) 감속기어

감속기어는 가스터빈 및 디젤기관 등과 같은 추진기관의 동력을 축계에 전달하기 위해 설치되며, 추진체계 형식에 따라 구조 및 주변장치가 달라진다. 감속기어의 출력축 회전수는 각 추진기관의 정격 회전수와 추진기의 설계 회전수를 잘 부합시킬 수 있는 감속 비율로 감속된다. 그림 4-35에 대마력의 추진동력을 전달하기 위한 감속기어를 예로 제시하였다.

2) 추진기관체계 구성방안

추진기관체계를 구성하는 방안은 CODAD, CODOG, COGOG, COGAG, CODAG, CODLAG 및 통합 전기추진체계 등 여러 형태가 있다.

가) CODAD 추진체계(COmbined Diesel And Diesel System)

CODAD 추진체계는 축당 2대의 디젤기관으로 구성되며, 순항 시에는 1대의 디젤기관으로 운용되고 고속 시에는 2대의 디젤기관이 동시에 운용된다. 4대의 디젤기관과 2축의 체계인 경우와, 2대의 디젤기관과 2축의 체계인 경우로 구분될

그림 4-35
대마력 전달용 감속기어

수 있다. 전자의 경우 최대속도에 도달하기 위해 디젤엔진 4대가 동시에 운전되어야 하고, 순항속도에서는 디젤기관 2대(축당 1대)가 동시에 운전된다. 후자의 경우는 상시 디젤엔진 2대가 동시 운전된다.

나) CODOG 추진체계(COmbined Diesel Or Gas Turbine System)

CODOG 추진체계의 구성은 3기 혹은 4기 2축, 즉 1대 혹은 2대의 가스터빈과 2대의 디젤기관 및 2축의 체계로 구성되며, 순항 시에는 디젤기관만 운용하고 최대속도에서는 가스터빈을 운용한다. 디젤기관의 출력은 플랙시블 커플링(Flexible Coupling)을 거쳐 감속기어로 전달된다. 고속으로 회전하는 가스터빈의 출력은 고속의 플랙시블 커플링 축(Flexible Coupling Shaft)을 거쳐 감속기에서 감속되어 추진기로 전달된다. 디젤기관과 가스터빈은 감속기어 입력축에 설치되어 있는 자기동기 클러치(Self Syncrounous Clutch)가 양(+)의 토크(Torque)가 걸릴 때는 연결되고 음(−)의 토크가 되는 곳은 분리되므로, 디젤기관 모드(Mode)에서 가스터빈 모드로 전환하거나 또는 이와 반대로 전환하는 경우에도 외부로부터의 제어신호 없이 추진기관의 상호 변경 운전이 가능하다. 가스터빈은 전 함속범위에서 운전이 가능하나, 저출력 운전 시 연료효율이 나쁘므로 순항 시에는 디젤기관을 사용하여 운전하는 것을 원칙으로 한다. 2축인 경우 추진기가 외 회전하는 것을 고려하기 위해 좌현 감속기어는 가스터빈의 회전방향을 바꿀 수 있도록 아이들 기어(Idle Gear)를 고려해야 하며, 디젤기관은 제작사에 따라 회전방향이 일정하므로 회전방향을 바꾸기 위해 아이들 기어가 필요하다. 그림 4-36에 CODOG 추진체계 구성개념을 제시하였다.

다) CODAG 추진체계(COmbined Diesel And Gas Turbine System)

CODAG 추진체계의 구성은 3기 혹은 4기 2축, 즉 1대 혹은 2대의 가스터빈과 2대의 디젤기관 및 2축의 체계로 구성된다. 순항 시에는 디젤기관으로 운용하고 최

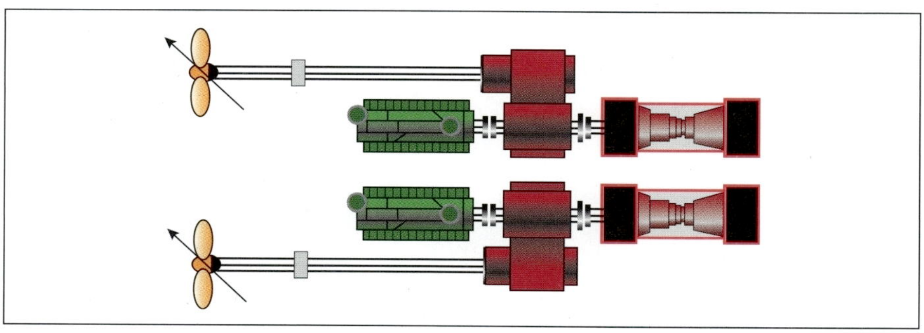

그림 4-36
CODOG 추진체계 구성개념

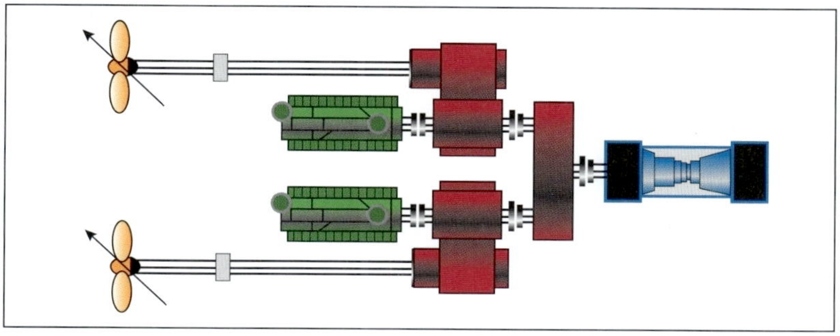

그림 4-37
CODAG 추진체계 구성개념

대속도에서는 디젤기관 및 가스터빈을 동시에 운용한다.

디젤기관 모드로 운전 시 디젤기관의 동력은 플랙시블 커플링을 거쳐 감속기어로 전달된다. 디젤기관 최대 지속속도 이상의 함속이 필요할 때 가스터빈 모드를 선택하면 가스터빈의 동력은 플랙시블 커플링을 거쳐 감속기어로 전달되고, 감속기어 내에서는 클러치(Clutch)와 감속기를 거쳐 추진축으로 전달된다. 이때 디젤기관 클러치들은 단절되어 있다. 가스터빈 최대 지속속도 이상의 함속이 필요할 때 CODAG 모드를 선택하면 가스터빈과 동시에 디젤기관의 출력이 클러치를 거쳐 전달된다. CODAG 추진체계에서 감속기어의 성능을 크게 좌우하는 것은 클러치이다. 그림 4-37에 CODAG 추진체계 구성개념을 제시하였다.

라) COGOG 추진체계(COmbined Gas Turbine Or Gas Turbine System)

COGOG 추진체계는 순항용 가스터빈과 가속용 가스터빈을 추진기관으로 연결하여 사용하며, 달성 가능한 최대속도은 CODOG 추진체계와 같은 방식으로 얻어진다.

마) COGAG 추진체계(COmbined Gas Turbine And Gas Turbine System)

COGAG 추진체계는 축당 1대의 순항용 가스터빈과 1대의 가속용 가스터빈으로 구성되며, 순항 시에는 순항용 가스터빈으로 운용하고 고속 시에는 순항용 가스터빈 및 가속용 가스터빈을 동시에 운용한다. 달성 가능한 최대속도는 CODAD 추진체계와 같은 방식으로 얻어진다.

바) CODLOG 추진체계(COmbined Diesel-Electric Or Gas Turbine System)

CODLOG 추진체계는 기계식 추진과 전기식 추진이 혼합된 하이브리드 추진체계이다. 1축당 가스터빈과 추진전동기가 각각 1대씩 설치되며, 순항 시에는 1축당 1대의 추진전동기를 운용하고 최대속도 시에는 1축당 1대의 가스터빈을 운용한다. 저속에서는 발전기에서 생산된 전력을 이용하여 추진전동기로 추진하며,

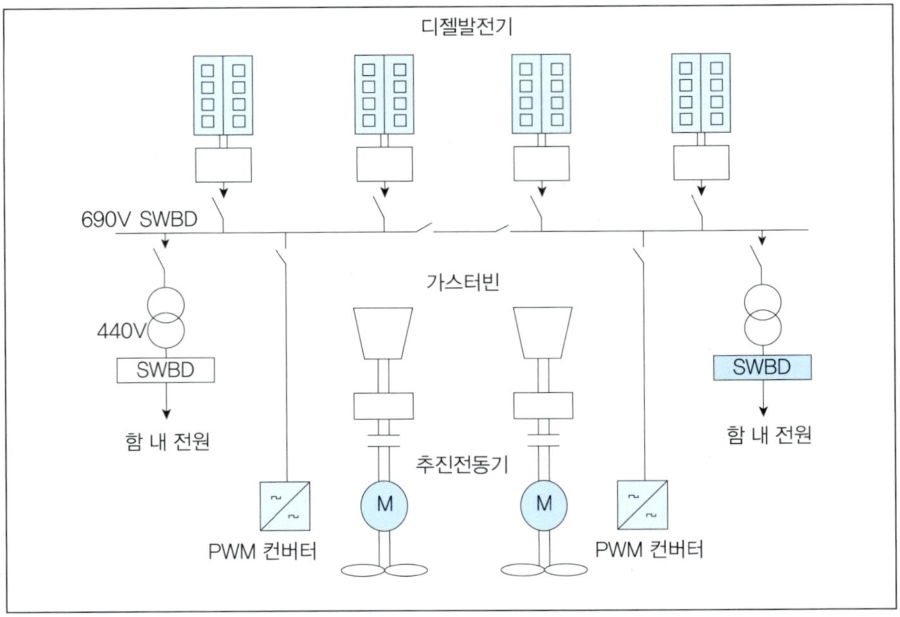

그림 4-38
CODLOG 추진체계 구성 개념

최대속도 시에는 가스터빈을 이용하여 출력을 얻는다. 이 체계는 수중방사소음 측면에서 기계식 추진체계보다 유리하므로 대잠전을 수행하는 함정에 적합한 추진체계이다. 그림 4-38에 CODLOG 추진체계 구성개념을 제시하였다.

사) 통합전기 추진체계(Integrated Full Electric Propulsion System: IFEP)

통합전기 추진체계는 추진계통을 포함하여 함 내 소요되는 모든 동력을 전기로 공급하는 체계이다. 추진 시에 운용하는 가스터빈 발전기와 정박, 묘박(Anchoring) 및 예비용으로 운용하는 디젤발전기로 구성된다. 가스터빈 발전기에서 생산된 전력으로 추진전동기를 구동하여 순항 및 최대 속도를 발휘하며, 추진체계로 1축당 1대의 추진전동기를 설치한다. 추진전동기를 제어할 전력 변환장치, 고조파 필터, 함 전원배전반, 추진배전반, 함 전원변압기 등 관련 장비가 설치된다.

통합전기 추진체계는 주 추진기관과 발전기가 통합되므로 원동기 수량이 감소하고 원동기 운전의 효율을 크게 개선할 수 있으며, 함 운용의 자동화가 증대되어 운용인력 및 정비유지 측면에서 유리하다. 기계식 추진방식에 비해 소음과 진동이 크게 감소하여 생존성 측면에서도 큰 장점을 가진다. 이 추진체계는 미국 및 영국의 최신 구축함급 함정에 탑재되어 운용되고 있다. 그림 4-39에 통합전기 추진체계 구성개념을 제시하였다.

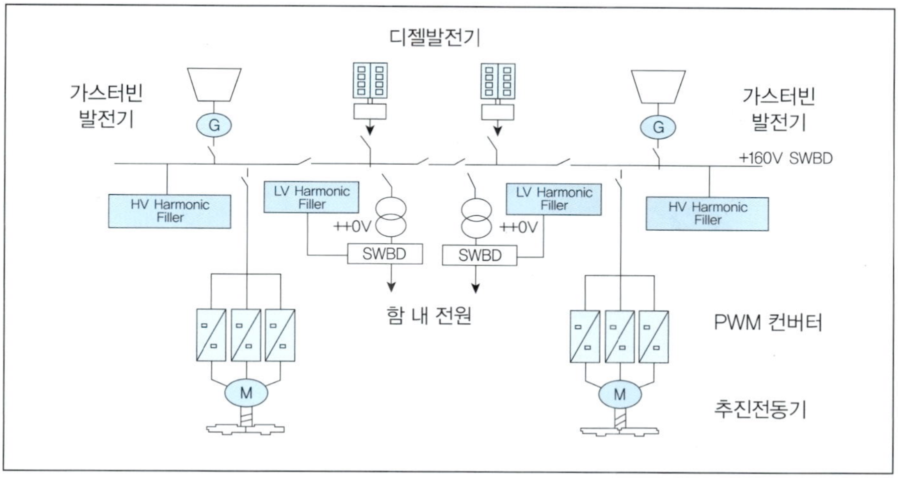

그림 4-39 통합전기 추진체계 구성개념

4.1.5 추진기

추진기란 일반적으로 수상 또는 수중에 있는 선박이 어떤 속도로 운항할 때 추진력을 발생하는 장치를 일컫는다. 오늘날 선박용 추진기 장치는 선박의 특성과 사용목적에 따라 여러 가지 형태가 사용되고 있다.

1) 고정피치 프로펠러

스크류 프로펠러(Screw Propeller)는 선박의 추진기로 가장 많이 사용되는 보편적인 추진기로서, 바다나 강 또는 호수에서 운항하는 선박에서 쉽게 볼 수 있다. 스크류 프로펠러 중에서 회전축과 연결되는 허브(Hub) 부분에 날개(Blade)들이 일체로 고정되어 있는 추진기가 고정피치 프로펠러(Fixed Pitch Propeller: FPP)이다. 축이 회전하면 허브와 날개들이 일체가 되어 동시에 회전한다. 이때 회전하는 날개들의 주위유동으로 인해 배에서 보이는 날개면, 즉 흡입면(Suction Side)에서는 압력이 낮아지고 다른 면인 압력면(Pressure Side)에서는 압력이 높아져 배가 전진하는 방향으로 추력이 발생하게 된다.

추진효율은 다른 종류의 추진기 장치보다 비교적 높은 편으로서, 소형 어선에서부터 일부 고속함정, 초대형 컨테이너선 또는 초대형 유조선 등 선박의 크기와 종류에 거의 무관하게 사용할 수 있다. 구조적으로 비교적 간단하고 제작비 측면에서도 다른 종류의 추진기보다 유리하다. 배의 속도는 프로펠러 회전수를 조절하여 연속적으로 변화시킬 수 있다. 그림 4-40에 고정피치 프로펠러 형상을 제시하였다.

그림 4-40
고정피치 프로펠러

2) 가변피치 프로펠러

고정피치 프로펠러는 날개가 허브에 고정되어 있는 반면, 가변피치 프로펠러(Controllable Pitch Propeller: CPP)는 선박의 운항속도에 따라 날개들이 각각의 날개축을 중심으로 회전하여 날개 자체의 피치각을 조정할 수 있는 프로펠러이다. 다시 말해 가변피치 프로펠러 허브에 연결된 축계 내부를 통해 유압장치로 날개 각도를 조절할 수 있다. 따라서 축에 연결된 엔진의 회전수를 일정하게 한 상태에서도 프로펠러 날개의 피치각도를 조절하여 추력과 함속을 조절할 수 있다.

이 추진장치의 장점은 추진기관 등 추진 관련 기계장치를 가속하거나 감속하지 않고도 추력을 조정할 수 있기 때문에, 선박의 조종성능과 위치제어 성능을 우수하게 만들 수 있다는 점이다. 축계의 내부구조가 복잡하여 초기비용이 높지만, 함정 성능을 향상시키기 위해 수상전투함에 탑재되는 추진기는 대부분의 경우 가변피치 프로펠러이다. 그림 4-41에 가변피치 프로펠러 내부구성도를 제시하였다.

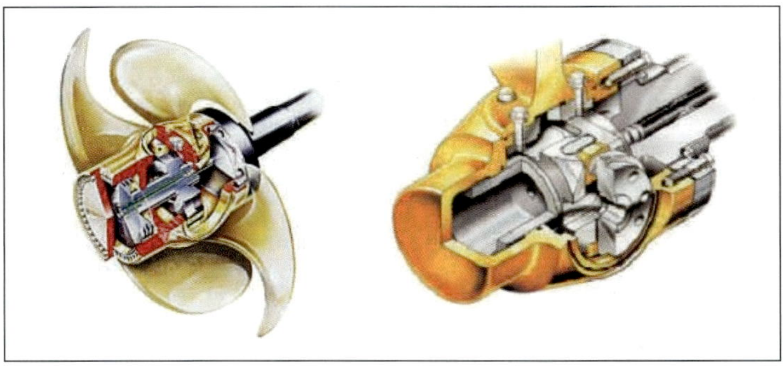

그림 4-41
가변피치 프로펠러 내부구성도

3) 상호반전 프로펠러

상호반전 프로펠러(Counter-Rotating Propeller: CRP)는 동일 축상에 회전방향이 반대인 2개의 프로펠러가 장착되는 형태이다. 프로펠러 축은 동일 축상에 있으면서 안쪽에서 회전하는 프로펠러와 바깥쪽에서 회전하는 프로펠러로 구성된다. 1개의 프로펠러 경우에는 프로펠러를 통과한 물이 회전하기 때문에 물의 회전운동 에너지를 바다에 버리게 되어 에너지 손실이 발생한다. 상호반전 프로펠러는 전방 프로펠러와 후방 프로펠러의 유체역학적 상호 작용을 이용함으로써, 프로펠러에 유입되는 물이 프로펠러를 지나고 난 후 바다에 버리게 되는 회전운동 에너지를 최소화할 수 있다. 따라서 일반 선박에 적용할 경우 추진효율을 약 6~7% 향상시킬 수 있다. 상호반전 프로펠러는 더 작은 직경으로도 고정피치 스크류 프로펠러와 동일한 추진력을 얻을 수 있으므로 프로펠러와 선체와의 간격을 크게 할 수 있다. 이런 상호 간격의 증가는 프로펠러 캐비테이션으로 발생하는 변동압력이 선체에 미치는 영향을 감소시키며, 이에 따라 선체의 진동을 줄일 수 있다.

또 다른 장점은 2개의 프로펠러가 서로 반대방향으로 회전하여 토크 균형(Torque Balance)을 잡을 수 있다는 것이다. 때문에 직진성이 요구되는 어뢰의 추진장치로 많이 사용되어 왔으며, 최근에는 산적(散積) 화물선 및 대형 유조선과 같은 대형 선박에도 활용되고 있다. 이중구조로 되어 있는 회전축 시스템의 복잡성과 초기 투자비가 크기 때문에 특수한 목적을 갖는 선박의 추진장치에 국한되어 활용되고 있다. 그림 4-42에 상호반전 프로펠러 형상을 제시하였다.

4) 워터제트 추진장치

프로펠러형 추진장치는 선체 외부에 돌출되어 있는 반면, 워터제트 추진장치(Waterjet Propulsion System)는 워터제트 유니트(Unit) 내부에 임펠러가 장착되어 있기 때문에 선박이 어망이나 그물 등의 방해를 받지 않고 저수심에서 고속항해가 가능하도록 해준다. 워터제트 추진장치는 고속으로 운항할수록 추진효율

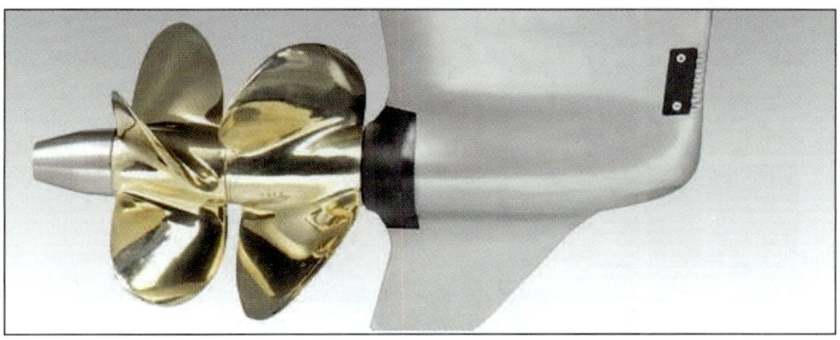

그림 4-42
상호반전 프로펠러

이 증가할 뿐만 아니라 임펠러가 유도관(Inlet Duct) 내부에서 회전하므로, 고속선에서 사용되는 일반 프로펠러에서 문제가 되는 캐비테이션 제어 관점에서도 매우 유리한 추진장치이다. 또한 선체의 진동과 소음을 감소시킬 수 있다. 주로 중소형 크기의 고속여객선 및 고속함정에 활용되고 있다.

워터제트 추진장치는 배 바닥면에 물을 빨아들이는 부분인 흡입구, 흡입구에서 펌프위치까지 이르는 관로인 유도관, 축에 연결되어 회전하는 임펠러와 정지한 채로 물의 흐름을 좋게 하는 스테이터로 구성된 펌프, 물을 배 뒤쪽으로 분사하는 부분인 노즐, 노즐에서 분사되는 제트유동의 방향을 바꾸어 배의 진행방향을 조절하는 장치인 조향장치, 이를 제어하는 각종 유압 제어장치로 구성된다. 그림 4-43에 워터제트 추진장치의 외부 형상을 제시하였다.

5) 보이스 슈나이더 프로펠러

보이스 슈나이더 프로펠러(Voith-Schneider Propeller)는 그림 4-44에 제시한 바와 같이 배의 바닥에 원판을 수면과 거의 평행하게 설치하고, 각각의 날개를 원판에 수직하게 설치하는 프로펠러이다. 원판이 1회전하는 동안 각각의 날개들은 자신의 축 주위를 1회전한다. 원판의 회전각도 위치별로 각 날개의 회전각도가 중심점의 위치에 따라 달라지면서, 각 날개들에 작용하는 힘의 합력방향으로 추력이

그림 4-43
워터제트 추진장치

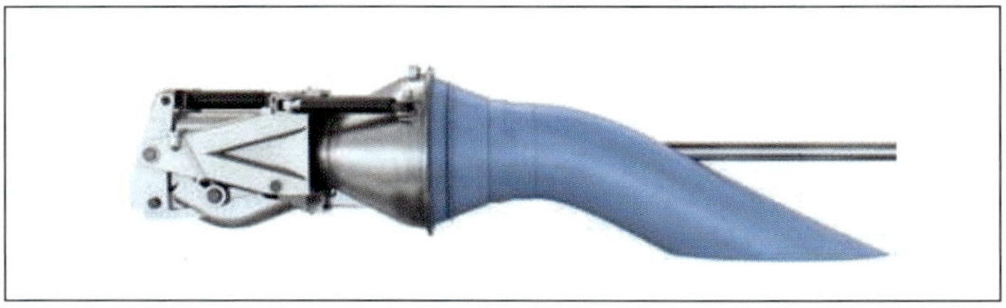

그림 4-44
보이스 슈나이더 프로펠러

발생하게 된다.

일반적으로 나선형 프로펠러보다 효율이 낮지만, 주 기관을 멈추거나 역전시키지 않고 단지 추력을 조정함으로써 선박을 멈추거나 조종할 수 있는 이점이 있다. 혼잡하고 협소한 곳에서 저속으로 움직이면서 우수한 조종성능을 발휘할 필요가 있는 선박에 적합하다.

보이스 슈나이더 프로펠러가 적용되는 함정 종류는 우수한 조종성능이 요구되는 기뢰전함으로서, 미 해군 오스프리(Osprey)급 기뢰탐색함, 영국 샌다운(Sandown)급 기뢰탐색함 및 한국 해군 강경급 기뢰탐색함 등 상당수의 기뢰전함에 장착되었다.

6) 덕트 프로펠러

덕트 프로펠러(Duct Propeller)는 그림 4-45에 제시한 것처럼 노즐 내부에 프로펠러가 있는 형태로서, 가속형 덕트 프로펠러와 감속형 덕트 프로펠러가 있다. 가속형 덕트 프로펠러는 덕트의 형상이 유속을 가속하도록 되어 있어, 프로펠러의 부하가 큰 경우나 프로펠러의 효율을 증가시키는 수단으로 사용된다. 감속형 덕트 프로펠러는 덕트의 형상이 유속을 감속하도록 되어 있어, 노즐 내부에서 프로펠러의 정적 압력이 증가하도록 되어 있다. 따라서 이 추진기는 캐비테이션 발생을 지연시킬 수 있다. 함정의 추진장치로 사용할 경우 대잠작전 등에 큰 영향을 미치는 캐비테이션 소음을 줄일 수 있다.

7) 전류고정날개 추진장치

전류고정날개 추진장치의 모습은 그림 4-46에 제시한 것처럼 고정피치 프로펠러 바로 전방에 프로펠러와 유사하게 생겼으나 회전하지 않는 스테이터(Stator)가 장착된다. 스테이터의 역할은 배에 의해 발생하는 불균일한 물의 흐름을 정류하

그림 4-45
덕트 프로펠러

그림 4-46

전류고정날개 프로펠러

여 프로펠러로 유입되도록 함으로써, 추진시스템 하류로 빠져나가는 물의 회전운동 에너지를 최소화시켜 추진효율을 향상시키는 것이다. 이 추진장치는 주로 대형 선박에 적용되고 있으며, 에너지절약 추진장치로 주목받고 있다. 이 추진장치의 장점은 기존의 선박 추진장치에 스테이터를 추가적으로 장착함으로써 적용 가능하다는 점으로서, 현재 실용화 단계에 있다.

8) 선회식 전기추진기

기존의 일반적인 추진시스템의 동력전달 및 추진 방식이 주 기관(동력원) → 감속기어 → 축계 → 프로펠러인 반면, 선회식 전기추진기(Podded Propulsion System)는 주 기관(동력원) → 발전기(Generator) → 제어기(Driver) → 전동기(Electric Motor) → 프로펠러 방식을 채택하고 있다. 여기에 사용되는 프로펠러는 고정피치 프로펠러와 상호반전 프로펠러 두 가지 유형이 있다. 선회식 전기추

그림 4-47

선회식 전기추진기

진기는 그림 4-47에 제시한 바와 같이 선체 외부에 설치되어 추진장치 자체가 좌우로 회전하므로 조종성능이 우수하다. 특히 선체 내부 축계 및 타가 필요하지 않아 기존의 일반적인 동력전달 방식에 따른 제한사항에서 벗어날 수 있다.

주 기관 등 선체 내부배치의 유연성 증가로 선형의 단순화가 가능하고, 이에 따라 선박의 생산성이 유리해지며 선체저항 및 추진기의 성능이 매우 양호해지는 장점을 갖고 있다. 반면 시스템 전체의 중량이 커지고 제조원가가 높은 단점을 갖고 있다. 따라서 조종성능, 토크 특성, 응답성 측면에서 우수한 성능을 필요로 하는 쇄빙선, 해양조사선, 해저 유정 굴착선과 같은 특수목적의 선박에 주로 적용되어 왔다. 최근에는 호화여객선, LNG선, 컨테이너선 등의 선박에 사용되고 있다. 미 해군은 수상전투함에 선회식 추진기 방식을 적용하기 위해 오래 전부터 연구개발 투자를 해왔으며, 대마력을 소형으로 전달할 수 있는 소형 고출력 전동기의 실용화가 핵심관건이 되고 있다.

9) 초전도 전자추진기

초전도 전자추진 시스템(Superconducting Electro Magento-Hydro Dynamic Propulsor), 일명 MHD 추진기는 초전도 자석에 의해 해수 중에 강한 자장을 형성하고, 자장 중에 전류를 흘릴 때 발생하는 전자 유체력을 추진력으로 이용하는 방법이다. 그림 4-48에 제시한 것처럼 플레밍의 왼손법칙(Fleming' s Left Hand Rule)에 따라 왼손의 검지를 자장으로 중지를 전류방향으로 향하고, 이들의 직각방향으로 엄지를 펴면 엄지방향이 힘의 방향이 된다. 이 힘을 '로렌츠 힘(Lorentz Force)' 또는 '전자력' 이라 부르며, 선박을 전진시키는 추진력이 되는 것이다.

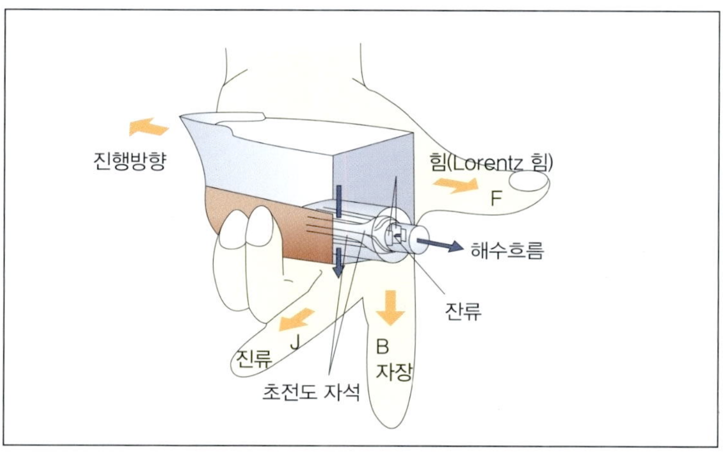

그림 4-48
초전도 전자추진기 추진력 발생원리

이 추진시스템의 장점은 해수에 힘을 직접 전달하므로 진동과 소음이 거의 없다는 점이다. 또한 선체반류에 의한 비정상 힘이 없어지므로 선체저항을 감소시킬 수 있다. 순발력이 뛰어나고 역전을 포함하여 속도제어가 용이할 뿐만 아니라, 전자력의 작용범위를 키워 높은 효율을 얻을 경우 고속화가 가능하다. 그러나 낮은 에너지 효율이 큰 걸림돌이 되고 있다. 일본은 소형 시범선을 건조하여 적용 가능성을 입증하였으나 실용화 단계와는 거리가 먼 상태이다. 미 해군 연구소 NSWC에서도 함정에 적용하기 위해 오래 전부터 많은 연구개발 투자를 하였으나 가시적인 성과는 얻지 못하였다. 초전도 재질 및 초전도 전자석, 고밀도 전류용 코일, 자기차단 시스템 및 저온유지 시스템 개발 등 실용화 단계까지 많은 기술적 과제가 남아 있다.

4.1.6 전기계통

함정의 전기계통은 발전계통, 변환계통, 배전계통과 조명, 동력, 함 내 통신, 사격통제 및 소자 같은 전력 부하(負荷)들로 구성된다. 발전기, 배전반, 배전방식 및 기타 전기장비의 수, 크기, 위치는 연속공급, 미래 여유부하, 단순성, 최소공간 및 중량 요구조건 등을 고려하여 결정한다. 수상함은 전기추진체계를 장착한 특별한 경우를 제외하고 대부분 다음의 전원을 사용한다.

구분	교류	직류
전압	450V, 220V, 115V	24V
주파수	60Hz, 400Hz	

1) 동력계통

가) 발전계통

발전설비 용량은 육전, 정박, 항해, 전투 또는 특수기능 등 함 운용 상태별, 계절별 전력부하 분석에 의해 결정한다. 기본설계 단계에서 5%, 건조단계에서 5%, 그리고 건조 후 수명주기에 대한 10% 여유치를 고려한다. 발전기는 가능한 50~85% 범위에서 운용되도록 설계한다.

발전기는 인접 2개 기관구역 손상 시에도 전투부하에 전력공급이 가능하고,

함 길이 15 % 손상 시에도 함정 비상부하에 전력공급이 가능하도록 각각 2개의 수밀격벽으로 분리된 기관실에 주 배전반과 함께 분산배치한다. 대신 민용 선박에 설치되는 비상발전기는 통상적으로 설치하지 않는다.

발전기의 운전은 병렬운전 및 분할운전이 가능하도록 하고, 각 주 배전반은 전력계통 생존성을 고려하여 함정 좌우현으로 이격된 배전방식의 2개 주 모선에 각각 연결한다.

나) 전력변환계통

함정에는 부하 특성상 함정 발전기로부터 공급되는 주 전원과 상이한 전압 및 주파수 특성의 전원을 요구하는 장비가 있게 마련이다. 이들 장비를 위해 발전기에서 발전된 전력은 전압, 주파수, 전류 형태의 변환을 위해 변압기, 주파수변환기, 직류변환장치 등 전력변환장치를 사용하여 공급한다.

(1) 변압기

함 내 주 전원으로 작동될 수 없는 AC 220V와 AC 115V 장비를 위해 강압변압기(降壓變壓器)로 공급한다. 각 변압기는 단상변압기 3대를 Δ-Δ 결선으로 3상변압기를 구성함으로써, 1대의 단상변압기 손상 시에도 V-V 결선으로 연속적인 전원공급이 가능하도록 한다.

변압기 용량은 대부분 연결부하의 100%를 고려하나, 조명용은 연결부하의 115%, 조타기용은 연결부하의 125%를 고려한다.

(2) 주파수변환기

400Hz 주파수변환기는 회전형에 비해 중량, 소음, 소요공간, 효율 및 전원특성 등이 우수한 정지형(Static Type) 주파수변환기를 사용한다.

통상 400Hz 전력계통의 부하는 함 내 통신계통 및 헬기지원계통 부하로 분류되며, 부하 증가에 대한 여유치는 함 운용 상태별 부하에 설계 및 건조 여유치 5%와 수명주기 여유치 10%를 반영한다.

(3) 직류(DC) 변환장치

직류전원계통은 함정의 주요 부하 비상전원 및 특수용도의 전원으로 이용되며, 함 내 주 전원을 직류전원으로 변환하는 충전기(Battery Charger)와 직류배전반 및 충전기에 의해 충전되는 축전지(Battery)로 구성된다.

통상 최대부하에 대한 100% 예비율을 확보하도록 축전지 충전기 2대와 DC 24V 배전반 1대를 설치한다.

다) 배전계통

발전기에서 발전되었거나 함 외부로부터 수급된 전력을 각각의 부하까지 공급하기 위해 배전설비가 요구된다. 배전계통은 주 배전반(MSBD), 전력 중앙 급전반(PLC) 및 분전반 등으로 구성된다.

전력 배전방식에는 주 배전반에서 분전반으로 직접 전력을 공급하는 방사형(Radial) 배전방식과, 전기구역(Electrical Zone)으로 분할한 후 각 구역에 중앙 급전반을 통해 전력을 공급하는 구역(Zonal) 배전방식이 있다. 대형 함정에서는 구역 배전방식을 채택하고 중소형 함정에서는 방사형 또는 혼합형 배전방식을 채택한다.

라) 특수전력계통

특수전력계통은 비상전력, 재해전력, 육상전력을 말하며, 지속적인 전력공급을 목적으로 한다.

비상전력은 주 전원의 공급중단 시 대체할 수 있는 전력이며, 통상적으로 비상 발전기를 설치하지 않는 대신 모든 주 발전기가 함 손상 시에도 함정 비상부하에 전력공급이 가능하도록 주요 부하에 대해 자동모선 전환장치(ABT)와 수동모선 전환장치(MBT)를 설치한다.

재해전력(Casualty Power)은 영구적으로 설치된 주 전력계통 전로가 전투손상을 입을 경우 일시적으로 급전회로를 구성함으로써 주요 부하에 전원공급이 가능하도록 한다.

함정이 안벽 정박 시에 육상전원을 수급하거나 필요시 계류 중인 타 함정에 함전원을 급전할 수 있도록 적정 수량 및 용량의 육전 수급설비를 설치한다.

2) 조명계통

조명계통은 일반조명, 국부조명, 특수조명 및 저급조명과 특수목적인 항해등, 신호등, 탐조등 및 헬기유도등 등으로 구성된다.

가) 일반조명

일반조명은 함 내 각 구역의 적정한 조도를 얻기 위해 고정 설치되는 일반조명, 국부조명, 특수조명 및 저급조명 장치를 뜻한다. 일반조명은 각 격실별로 요구되는 조도를 만족하도록 설치한다. 국부조명은 거울등, 침대등, 책상등, 챠트등 및 점등으로 일반조명을 보완한다. 침실구역, 등화관제 구역 등에는 홍등을 사용한 저급조명을 설치한다.

나) 항해등 및 신호등

항해등은 야간항해 시 함의 존재나 이동방향 및 상태를 나타내기 위해, 신호등은 야간항해 시 상호 시각적 정보나 신호를 교환하기 위해 국제 해상충돌 예방법규 및 함정의 특성에 따라 설치한다. 민용 선박과 달리 함정은 항공기경보등, 해상보급등, 대잠전등, 위장등, 선체윤곽등 등을 설치한다. 항해등 및 신호등은 함정의 구조특성상 관련 법규를 충족하지 못하는 경우가 발생하는데, 해군 함정과 해경 함정의 경우 면제조항이 있다. 주·야간 신호 및 탐색 목적으로 탐조등이 설치되며, 탐조등은 조타실 내에서 원격조종이 가능하도록 한다.

다) 헬기유도등

헬기유도등은 주·야간 헬리콥터의 안전한 이·착함을 목적으로 하는 등화로서, 국내 함정의 경우 미 해군 헬기 지원설비 규정(Air Capable Ship Aviation Facilities Bulletin)을 준용한다.

3) 소자계통

함정에서 발생하는 영구자기 및 유도자기에 의해 생성되는 외부 자계(磁界)의 신호를 없애거나 감소시켜 함정에 의한 지자기(地磁氣) 왜곡현상을 줄이기 위해 함정은 소자장치(Degaussing System)를 탑재한다.

소자장치는 기본적으로 주 제어장치, 원격 제어장치 및 자력계 시스템 등 제어장치, 전원 공급장치, 소자코일 및 급전선, 기타 자기 콤파스 보상장치, 코일 연결상자 등으로 구성된다. 함정 종류에 따라 자기신호에 대한 기준치와 목표치가 다르므로, 이에 따라 소자수준도 달리한다. 6장 4절 〈전자기 신호 감소기술〉에 전자기 신호 감소에 관해 보다 상세히 기술하였다.

4) 통합제어 및 감시 계통

통합제어 및 감시 계통(Engineering Control System: ECS)은 함 운용의 안전성, 효율성 및 신속성 측면에서 자동화 및 통합 운용에 대한 요구에 따라 중요성이 커지고 있는 분야로서, 자동화 및 정보통신 기술의 발전과 함께 빠른 성장을 하고 있다. 선진 해군 강국은 함정 운용을 위한 통합제어 및 감시 계통의 현대화를 위해 많은 노력을 하고 있다.

통합제어 및 감시 계통은 표 4-2에 제시한 바와 같이 추진, 전력 및 보기 계통에 대한 제어 및 감시 기능과 함께 손상제어계통을 포함하는 통합제어 및 감시 계통을 기반으로 구성된다. 이와 함께 운용자의 업무능력 향상, 업무부하 감소 및 수명주기 비용(Life Cycle Cost)의 절감효과를 얻기 위해 조건평가계통(Condition Assessment System: CAS) 및 함상훈련계통(On-Board Training System: OBTS)도 포함된다.

각 기관실에는 추진계통에 대한 국부제어를 위해 국부제어반(LOP) 및 기관지령장치(Engine Order Telegraph: EOT)를 설치하며, 필요시 원격제어반(Remote Operating Panel: ROP)을 설치하여 추진계통 및 관련 보기계통에 대한 국부 및 중앙집중 제어기능을 수행할 수 있도록 구성한다. 중앙조종실(Central Control Station: CCS)에는 추진 및 보기 계통에 대한 제어를 위한 PACC(Propulsion & Aux. Control Console), 전력계통에 대한 제어를 위한 EPCC(Electric Plant Control Console), 손상제어 및 감시를 위한 DCC(Damage Control Console), 전반적인 총괄 감시를 위한 SVC(Supervisory Console)를 설치한다. 조타실(Pilot House)에는 추진 및 기타 제어와 타기 제어를 통합하여 구성되는 SCC(Ship Control Console)를 설치한다.

표 4-2
통합제어 및 감시 계통

구분	주요 기능	구성품	비고
추진 제어 및 감시	· 추진기관 제어 및 안전 계통 · 감속기어/CPP 제어/감시	PACC, SCC ROP	
보기 제어 및 감시	· 추진 관련 보기 제어/감시 · 일반 독립 보기 제어/감시	PACC	
전력 제어 및 감시	· 발전계통 제어/감시 · 배전계통 제어/감시 · 전력변환장비 제어/감시	EPCC	
연료유 제어 및 감시	· 관련 펌프/밸브 제어/감시 · 연료유 이송/수급 제어/감시	PACC, DCC	
손상제어계통	· 화재탐지 및 소화 계통 · HVAC 및 NBCD 계통 · 침수탐지 및 경보 계통 · Isometric Diagram · Kill Card · Stability Calculation 등	DCC, Sub DCC	전투손상 제어기능 강화
CAS	· 기관 성능/상태 감시 · Trend Analysis	ECS MFCC	조건 기반 유지·보수 개념 적용
OBTS	소프트웨어 기반 시뮬레이션을 통한 훈련 프로그램	ECS MFCC	

4.1.7 보기계통

1) 추진 보기계통

추진 관련 주요 보기계통으로 해수냉각계통, 연소공기 흡입계통 및 폐기계통, 윤활유계통 등이 있다.

가) 냉각계통

냉각계통은 디젤기관 및 보조장비 등 함 내 냉각이 필요한 기기들을 냉각시키기 위해, 해수 냉각펌프로 해수흡입구(Sea Chest)로부터 해수를 흡입하여 각종 기기의 냉각기와 열교환을 한 후 함 외로 냉각해수를 배출하는 계통이다. 이 계통은 해수 냉각펌프 및 해수 흡입계통에 이상이 있을 경우, 소화주관에 지관을 설치하고 감압밸브에서 냉각해수 압력을 조절하여 비상 냉각해수를 공급받을 수 있도록 구성되어 있다.

나) 연료유계통

연료유계통은 갑판 연료 수급구를 통해 연료유 저장탱크에 연료유를 채우는 수급계통, 이송 및 정유 계통, 각 연료유 소모처에 대한 공급계통으로 구성된다. 이송 및 정유 계통 구성장비는 연료유 이송펌프와 연료유 정유기 등이다. 연료유 저장탱크 간의 이송은 연료유 이송펌프에 의해 이루어지고, 연료유 저장탱크로부터 연료유 공급탱크로의 이송은 청정된 연료유를 연료유 정유기에 부착된 펌프를 이용하여 이루어진다.

긴급 시에는 청정되지 않은 연료유를 연료유 정유기에 부착된 펌프 및 연료유 이송펌프에 의해 이송할 수 있다. 가스터빈의 공급계통은 가스터빈 연료유 공급탱크에서 가스터빈 연료유 승압펌프로 공급되도록 하며, 디젤기관의 경우 공급계통은 디젤기관 연료유 공급탱크에서 각 디젤기관에 부착된 연료유 펌프 혹은 전동기구동 연료유 펌프로 공급되도록 한다.

다) 윤활유계통

윤활유계통은 윤활 및 냉각이 요구되는 기기에 윤활유를 공급하기 위한 계통이다. 윤활유 저장탱크에 윤활유를 채우는 수급계통, 각 탱크 간의 이송을 위한 이송계통, 기관구역 장비들의 윤활 및 냉각을 위한 공급계통으로 구성된다. 이송계통은 윤활유의 이송 및 정유를 위해 윤활유 이송펌프와 윤활유 정유기 등으로 구성되며, 공급계통은 사용하는 윤활유의 종류에 따라 디젤기관 및 발전기 윤활계통,

감속기어 및 CPP 윤활계통, 가스터빈 윤활계통 등으로 구성된다. 윤활유는 각 기관에 부착된 기어 구동펌프 혹은 전동기 구동펌프를 이용하여 공급된다.

라) 연소공기 흡입계통 및 폐기계통

흡·폐기 계통은 각 장비의 연소공기 흡입계통과 연소공기 배출계통으로 구분되며, 배기계통은 소음기를 통해 소음을 감소시켜 함 외로 배출시킨다. 스텔스 성능을 강화하려는 함정의 경우, 적외선 신호 감소장치(Infra Red Suppression System: IRSS) 설치와 함께 레이더 반사 단면적(Radar Cross Section: RCS) 최소화를 위해 연돌 형상을 최적화한다.

2) 독립 보기계통

가) 해수 소화계통

해수 소화계통은 소화 해수, 장비 냉각수 및 기타 소요처에 해수를 공급하기 위한 소화 주관계통, 탄약고 및 상비 탄약고의 화재진압을 위한 살수계통 및 화생방전(化生放戰) 시 함 외 세척을 위한 함 외 세척계통으로 구성된다.

나) 빌지, 드레인 및 밸러스트 계통

빌지(Bilge) 계통은 기관실 및 함수미 수면 하부에 고이는 빌지와 격실손상 및 화재발생 시 함 내부에 침입한 해수나 소화수를 소화 주관에서 공급하는 해수로 에덕터(Eductor)를 작동시켜 함 외로 배출시키는 계통이다. 각 기관구역의 빌지배출을 위한 주 빌지 배수계통과, 주 빌지 배수계통에서 처리할 수 없는 기관구역 외 함수미 격실빌지를 배출하기 위한 부(副) 빌지 배수계통으로 구성된다.

드레인(Drain) 계통은 각 기관구역에 설치되는 각종 기기들로부터 드레인, 배관장치의 누수, 기관구역에 설치된 세면기 및 냉수기 등에서 발생하는 드레인을 집적하여 함 외로 배출시키는 계통이다. 함 외로 배출시키는 기름빌지(Oily Waste) 계통 및 기름이 섞이지 않은 오수를 폐수탱크(Waste Water Tank)로 집적하여 폐수펌프(Waste Water Pump)를 통해 함 외로 배출할 수 있는 폐수계통으로 구성된다. 밸러스트(Ballast) 계통은 밸러스트 탱크에 해수를 채우거나 배출하여 흘수, 배수량, 트림 및 복원성을 유지하는 계통이다.

다) 청수계통

청수(淸水) 계통은 함정 내에 필요한 식수, 생활용수, 그리고 각종 세척수 및 기기 작동에 필요한 청수를 생산, 저장, 공급하기 위한 계통이다. 냉수계통(Cold Water System), 온수계통(Hot Water System), 식음수계통(Potable Water System) 및 기기 급수계통으로 구성된다. 구성장비로는 조수기, 청수펌프, 기기 급수펌프, 청수살균기, 온수가열기 등이 있다.

라) 공기조화 냉수계통

공기조화 냉수계통은 공기조화 장치 및 전투체계 냉각계통의 열교환기 등에 냉수를 공급하는 계통이다. 냉수제조기(Chilled Water Plant)에서 생성되는 냉수를 함 내 전반에 걸쳐 설치되는 팬 코일 유니트(FCU) 및 전투체계 냉각기 등에 순환시켜 요구하는 냉각효과를 얻을 수 있도록 계통이 구성된다. 구성장비로는 냉수제조기, 냉수 순환펌프(Chilled Water Circulating Pump), 냉수 팽창탱크(Chilled Water Expansion Tank) 및 팬 코일 유니트(FCU) 등이 있다.

마) 압축공기계통

압축공기계통은 함 내 추진기관 및 발전기관 시동계통, 경어뢰 발사용 고압공기계통, 계통의 제어 및 함 내용 공기를 위한 저압공기계통 등으로 구분된다. 각 계통에서 소요되는 공기의 생성 및 저장을 위한 공기압축기와 공기저장조(Reservoir)를 설치하고, 제어용 공기의 요구품질을 만족시키기 위한 공기건조기(Dryer)와 감압밸브 및 배관 등으로 구성되어 있다. 가스터빈이 설치된 함정의 경우, 가스터빈에서 추출된 공기를 이용하는 방출공기(Bleed Air) 계통이 있다. 방출공기가 가스터빈의 시동이나 가스터빈 공기흡입구(Intake Duct)에 설치된 수분분리기(Demister)의 결빙방지 및 가변피치 프로펠러의 캐비테이션 방지장치인 프레이리(Prairie) 시스템에 대한 공급 공기용으로 사용할 수 있도록 계통이 구성된다.

바) 오수 및 갑판배수 계통

오수계통은 함 내 의료구역이나 대 · 소변기에서 발생하는 오수(Black Water)와 세면기, 욕조, 샤워기, 세탁실 및 취사장 등에서 배출되는 생활하수(Gray Water)를 처리하는 계통이다.

갑판배수계통은 내부구역 갑판과 노천갑판 바닥에 고이는 물을 적절한 크기의 배수구를 통해 처리하는 계통이다.

사) 항공유계통

청정된 항공 연료유를 헬리콥터에 공급하는 계통으로서, 항공유 펌프, 여과분리기, 관련 배관, 호스 장치 및 주유기 등으로 구성된다. 헬기에의 항공 연료유 공급방식은 착함한 상태에서 시행하는 갑판급유 방식과 헬기 부양상태에서 시행하는 공중급유(Helicopter In Flight Refueling: HIFR) 방식이 있다.

4.1.8 의장계통

함정의 의장계통은 크게 선체 의장(Hull Outfitting & Deck Machinery), 선실 의장(Habitability & Accommodation), 공기조화장치 계통(HVAC), 화생방 방어체계(NBC System) 등으로 구분된다.

1) 선체 의장

가) 통행장치

통행장치(Access System)는 함정에서 전투 및 일상생활을 할 때 승조원이 편리하게 통행할 수 있는 통로와 함 안전을 위한 각 격실의 폐쇄장치 등을 뜻한다. 통행장치 의장품으로 문(Door), 해치(Hatch), 맨홀(Manhole), 사다리(Ladder), 패치(Patch), 현문(Gangway), 항해사다리(Pilot Ladder) 등이 있다. 통행장치에 관한 용어를 아래에 정의하였다.

- **통행(Access)**

함정의 내부 및 외부에서 승조원의 이동을 위한 통로 공간이나 개구를 뜻하며, 협의 개념으로는 격실이나 구획 간 승조원이 통과 및 출입할 수 있도록 갑판, 격벽 혹은 경계에 설치된 개구를 의미한다.

- **정상 통행(Normal Access)**

정상상태에서 격실이나 구획을 편리하게 통행할 수 있도록 배치된 통행 경로 및 개구를 말한다.

- **비상 통행(Emergency Access)**

탈출, 위험상황 통제 및 보수 목적으로 사용되는 통행 경로 및 개구를 말한다.

- **통로(Passage)**

통행을 위해 전용으로 설정된 구획을 말한다.

- **통행 공간(Passageway)**

통행이 제한받지 않도록 장애물이나 돌출물이 없는 통로 내의 공간 또는 노천 상의 공간을 말한다.

나) 조타장치

조타장치(Steering Gear System)는 함정의 함미에 위치하며, 타(Rudder)를 잡아주고 동작시킴으로써 함정이 자유로이 항로방향을 선택할 수 있도록 해주는 장치이다.

조타장치는 램 실린더(Ram Cylinder)형과 베인(Vane)형으로 구분된다.

램 실린더형은 보편화된 형태로 민용 선박이나 함정에 많이 사용된다. 함정의 경우 기동성을 높이기 위해 타가 2개 설치되므로 1-램 2-실린더형을 사용하며, 민용 선박은 대부분 타가 1개 설치되므로 1-램 1-실린더형이다.

베인형은 둥근 비행접시 모양으로 최근에 개발된 조타장치로서, 주로 10,000톤급 내외의 민용 선박에 사용되고 있다.

조타장치는 대부분 유압 구동방식이 사용되고 있다. 최근 인공위성 항법장치가 발달하여, 자동항법장치(Auto Pilot)에 연결되어 조타수가 없어도 함정의 항로 선정에 따라 자동적으로 구동된다.

다) 추력장치

추력장치(Thruster System)는 선박의 안벽 계류 시 예인선(Tug-Boat)의 도움 없이 자력으로 안벽에 계류할 수 있도록 기계적으로 추력을 발생시키는 장치이다. 또한 해상에서 추진기관의 작동이 정지되었을 때, 선박을 단거리 이동시키는 데 사용하는 추력장치이다.

선수에 설치하는 스러스터(Thruster)를 선수 스러스터, 선미에 설치하는 스러스터를 선미 스러스터라 칭하며, 일반적으로 함정에는 설치하지 않는다. 해양경찰 소속 구난함 및 보급함(Supply Vessel) 등에는 함 임무특성에 맞춰 설치한다. 구동은 유압식 및 전동식이 있다.

라) 묘박장치

함정의 묘박장치(Anchoring System)는 함정이 해상에 정지한 상태에서 조류 및 바람의 영향으로 떠내려가는 것을 방지하기 위한 수단으로 사용하는 장치이다. 묘박장치는 양묘기(Windlass), 묘(Anchor) 및 묘쇄(Anchor Chain)로 구성되며, 해상상태 및 함정 진행상태에 따라 묘박하는 방법은 여러 형태로 수행된다.

(1) 양묘기

양묘기는 묘 및 묘쇄를 해상에 내리고 올릴 때 사용하는 기계장치이다. 양묘기는 함정에 수직 혹은 수평으로 설치하며, 함정 및 해경 구난함에는 수직형을 사용하고 민용 선박은 수평형을 사용한다. 양묘기 구동은 전기구동식 및 유압구동식으로 구분된다.

(2) 묘와 묘쇄

묘와 묘쇄의 용량은 함정 설계 · 건조 규격에 따르며, 묘박 시 수심 40패덤(Fathom)

기준 풍속 70노트 및 조류 4노트에서 견딜 수 있어야 한다. 민용 선박의 경우 의장(艤裝) 수에 따라 각국 선급(船級)에서 요구하는 묘 및 묘쇄의 크기, 수량, 길이가 결정된다.

마) 계류 및 예인 장치

계류(Mooring)는 함정이 항구의 안벽에 정박하였을 때 함정의 안전을 도모하고자 로프(Rope)를 이용하여 안벽에 붙잡아 주는 방법을 뜻한다. 예인(Towing)은 해상상태에서 함정이 고장나서 표류하거나 바다 속으로 침몰하였을 때 함정 전체를 구조하는 방법을 뜻한다.

(1) 계류장치

계류장치(Mooring System)는 함정의 계선색(Mooring Rope)을 항구 안벽에 고정시키기 위해 로프를 내리고 올릴 때 사용하는 기계장치이다. 계류장치는 수직 혹은 수평으로 설치하는 방법이 있으며, 함정 및 해경 구난함에는 수직형으로 민용 선박에는 수평형으로 설치된다. 계류장치 구동은 전기구동식 및 유압구동식이 있다.

(2) 예인장치

예인장치(Towing System)는 일반적으로 구난함이나 예인선에 설치되어 사용된다. 예인방법은 크게 두 가지로 구분된다.

- 예인기(Towing Winch)라는 기계장치로 예인하는 방법
- 함정과 함정 사이에 로프를 연결하여 함정의 추력으로 예인하는 방법

바) 화물 취급장치

화물 취급장치(Cargo Handling System)는 함정에서 화물을 편리하고 빠르게 이동하며 화물을 해상이나 육지로 이동시키기 위해 사용하는 기계장치로서, 함정의 사용 형태에 따라 종류가 다양하다. 기중기(Crane), 승강기(Elevator), 해상 보급장치(Replenishment System), 대빗(Davit), 포크리프트(Folklift), 팔레트 트럭(Pallet Truck) 등 용도에 따라 많은 장치가 있으며, 대표적인 예를 아래에 제시하였다.

- 기중기: 화물을 안벽에서 배로 이송하는 장치
- 승강기: 화물을 창고에서 사용할 수 있는 장소로 이송하는 장치로서 비행기, 헬기, 탄약, 기타 화물을 이송함. 일반 고층건물 승객용 승강기를 함정에 설치하는 경우도

있음.

- 해상 보급장치: 유류 및 화물을 함정에서 함정으로 이송하는 장치

사) 헬기 운용장치

최근 수상전투함의 경우 대형화 및 작전능력 고도화 추세에 따라 헬기 1~2대를 탑재하는 것이 일반적이다. 헬기 운용장치(Helicopter Handling System)는 헬기 탑재 · 운용에 필요한 설비 및 장치로서, 헬기의 이 · 착함을 원활하게 하고 함정 탑재 및 정비를 용이하게 하는 장치를 뜻한다.

헬기 운용장치는 헬기 제작사의 권고사항과 해군 규정에 따라 헬기 이송장치, 이 · 착함 설비, 격납고, 급유설비 및 안전장치로 구성된다.

(1) 격납고

헬기를 함에 탑재 · 보관하는 장소이다.

(2) 헬기 이송장치

헬기가 갑판에 착함하였을 때 헬기를 격납고로 이송하고, 이함 시에는 헬기를 격납고에서 헬기 갑판으로 이송하는 장치이다.

(3) 이 · 착함 설비

헬기 이 · 착함에 필요한 등(Light), 신호기 및 착륙 그리드(Landing Grid)이다.

(4) 급유설비

헬기가 일정거리 및 시간 내에서 운항할 수 있도록 헬기 유류을 원활하게 공급할 수 있는 장치이다.

아) 구명 및 구조 장치

구명 및 구조 장치(Life Saving and Rescue System)는 항해 중인 함정이 해상에서 난파당하거나 적으로부터 공격받았을 때, 승조원이 안전하게 함정에서 탈출 · 구난할 수 있도록 하는 장치이다. 구명 · 구조 장치는 민용 선박에서는 국제해상인명안전협약(SOLAS) 기준에 따라 설비를 갖추어야 하며, 함정에서는 함정 설계 · 건조 규격 및 해군의 요구에 따라 설비를 갖추어야 한다. 구명 및 구조 장치는 고속단정과 구명정이 있다.

(1) 고속단정

고속단정(Rigid Inflatable Boat: RIB)은 난파당한 선박의 승조원이 해상에서 구난신호를 보낼 때 신속하게 하강하여 구난하는 소형 선박이다.

(2) 구명정

구명정(Life Raft)은 무동력으로 바다에 떠다닐 수 있도록 만든 삼각형 형태의 부유체로서, 구난자의 생존을 돕고 구난신호를 보낼 수 있는 장치를 갖추고 있다.

2) 선실 의장

함정이 주어진 작전임무를 완벽하게 수행하기 위해서는 함정 승조원들이 안락한 거주환경에서 함 내 생활을 영위할 수 있어야 한다. 따라서 함정 거주성에 관한 설계기준에 의거하여 거주구역 배치를 최적화해야 한다.

가) 거주구역 설계기준

함정의 거주구역과 관련된 소요면적 및 배치기준으로서, 한국 해군 함정의 경우 미 해군에서 적용하고 있는 'Shipboard Habitability Design Practice Manual'을 준용하고 있다.

거주성에 관련되는 설비들은 승조원의 욕구변화 및 복지증대 추세에 부합하도록 모듈(Modular) 개념을 적용하는 것이 일반적인 추세이다.

나) 거주구역 구분

함정의 거주구역은 기능에 따라 다음과 같이 분류한다.

- 침실구역: 취침, 개인용품 보관
- 위생구역: 세면, 샤워 등 개인 위생구역
- 취사 및 식기 세척구역: 음식물 준비, 취사, 세척
- 식당구역: 배식 및 식사
- 휴게 및 공동 구역: 휴식 및 여가 이용 장소
- 서비스구역: 후생 및 복지(이발소, 매점)
- 세탁실: 세탁

다) 거주구역 배치특성

거주구역 배치설계 시 다음 특성을 고려한다.

- 계급별로 분리배치한다.
- 승조원 생존성 향상을 위해 함수미로 분산배치한다.
- 여군 승조원의 경우 가능한 같은 계급의 남 승조원과 격리되도록 배치한다.
- 거주성 향상을 위해 동일 공간 내에 침실, 휴게실, 화장실 등이 배치되는 아파트식 개념을 적용하여 배치한다.

- 계급별 침실구역 내 재실인원은 요구조건을 만족하는 범위 내에서 가능한 최소인원으로 배치한다.
- 거주구역은 가능한 소음원 및 진동 등을 유발하는 곳으로부터 멀리 떨어진 곳에 위치하도록 배치한다.
- 거주구역은 함정 선체의 요동으로부터 영향을 덜 받는 곳에 위치하도록 배치한다.
- 거주구역 내에는 특별히 중요한 장비를 제외하고 거주성에 기여하지 않는 장비는 가능한 설치하지 않는다.
- 장교 거주구역은 가능한 부사관 및 사병의 출입으로부터 방해받지 않는 곳에 위치하도록 배치한다.
- 함장 침실은 상부구조물 우현에 위치하도록 배치한다.
- 부장 침실은 가능한 승조원 출입이 자유롭게 보장되는 곳에 위치하도록 배치한다.

라) 휴게 및 공동 구역 배치특성

휴게 및 공동 구역 배치설계 시 다음 특성을 고려한다.

- 함 내 좁은 공간에서의 생활에 따른 긴장과 단조로움에서 벗어나 기분전환을 할 수 있도록 공간을 배치한다.
- 휴게 및 공동 구역은 종교시설, 독서실, 체력단련실, 라운지, 휴게실, 강의실 등으로 운용할 수 있도록 공간을 배치한다.
- 사병의 1/3 인원이 동시에 이용할 수 있는 면적을 갖도록 휴게 및 공동 구역을 배치한다.

마) 취사 및 식당 구역 배치특성

취사 및 식당 구역 배치설계 시 다음 특성을 고려한다.

- 취사 및 식당 구역은 음식물 저장, 배식, 식사, 식기세척 등 일련과정이 상호 연관성을 가지고 효율을 최대한 발휘하도록 배치해야 한다.
- 취사장 배치
  - 분산식: 장교, 상사, 사병들의 취사구역이 별도로 분리배치된 형태로서 가장 일반화된 형태임.
  - 중앙식: 전 승조원의 음식을 한 곳에서 준비하여 배식하는 형태로서 취사인원, 중량, 자재비 등이 감소함.
- 배식기준
  - 장교, 부사관: 사병에 의한 봉사

– 사병: 자율배식

- 취사장 위치는 냉동고와의 연계성, 함 요동, 소음 및 진동 등을 고려하여 보수갑판 상부의 가장 큰 구역에, 함수미 양 방향에서 승조원의 통행성이 가장 편리한 함 중앙부에 위치하도록 배치한다.

바) 위생구역 배치특성

위생구역 배치설계 시 다음 특성을 고려한다.

- 장교, 상사, 사병 화장실은 각 거주구역 내 동일한 갑판에 인접하도록 배치한다.
- 작업공간 근처에 공용 화장실을 설치해야 한다.
- 장교 화장실은 통로에서 직접 출입이 가능하도록 배치하고, 부사관 및 사병 화장실은 거주구역에서 직접 통행이 가능하도록 배치한다.
- 세면기, 소변기와 같이 사용 횟수가 많은 설비는 출입구 근처에 배치하고, 샤워기 및 대변기 등은 출입구로부터 먼 곳에 배치한다.

3) 공기조화장치 계통

공기조화장치 계통(HVAC System)은 통풍장치, 냉방, 난방장치 등 공기조화기기로 구성되며, 승조원의 쾌적한 생활환경을 제공하고 함 임무수행을 위한 주요 장비들이 정상적으로 작동되도록 하는 데 목적이 있다.

가) 구성 장비

(1) 냉수기(Chilled Water Plant)

공기조화기에 냉수를 공급하기 위한 장비로서 압축기, 응축기, 증발기 및 팽창 밸브 등이 주요 구성품이다.

(2) 공기조화기(Air Conditioning Unit)

냉각공기를 이용하여 온도와 상대습도를 조정하기 위한 장치로서, Air Handling Unit(AHU) 또는 Fan Coil Unit(FCU) 등으로 구성된다.

(3) 통풍기(Ventilation Fan)

격실 내 공기의 공급 및 배출을 위한 장치이다. 함정 내 승조원들의 쾌적한 일상생활을 위해 공기의 순도를 일정 수준으로 유지해야 하며, 이를 위해 신선 외기가 공급되어야 한다.

나) 설계 및 운용 기준

- **온도 및 상대습도 기준**

구분		냉방계절 기준(Cooling Season)	난방계절 기준(Heating Season)
외부	공기	90℉(32℃): 건구 온도 81℉(27℃): 습구 온도	10℉(−12℃)
	해수	85℉(29℃)	28℉(−2℃)
내부		81℉(27℃)	65℉(18℃)

- **신선 외기(Replenishment Air) 공급기준**

신선 외기 공급기준은 다음과 같다.

- 일반 계통: 8.5 m^3/h/man(5 CFM/man)
- 주요 계통: 17 m^3/h/man(10 CFM/man)

사관, 부사관 식당 및 휴게실과 사병 식당 등과 같은 격실은 일반 계통이지만, 1인당 신선 외기는 13 m^3/h/man(7.7 CFM/man)를 기준으로 한다.

4) 화생방 방어체계

화생방 방어체계(NBC System)는 고체, 액체, 기체 상태의 화생방 작용제를 사용하여 오염된 대기공기를 정화시켜 함정 내부로 공급하고, 함정 내부에 일정한 양압을 유지시켜 외부로부터의 오염공기 유입을 방지함으로써 승조원을 보호하고 함정의 임무수행에 필요한 주요 장비들이 정상적으로 작동될 수 있도록 하는 방어체계이다. 다음에 제시하는 바와 같이 여러 종류의 방어체계가 적용되고 있다.

가) 차단시스템

차단시스템(Stop System)은 재래식 화생방 보호체계로서, 모든 흡입 및 배출 통풍구를 차단하고 주요 계통구역에 대한 공기조화기만 가동하여 완전 재순환시키는 방식이다. 신선 외기의 공급이 없으므로 함정 내에 양압 유지가 불가능하여 화생방전 시 함정 내부가 오염되기 쉽고, 장시간 재순환 시 각종 장비의 발열로 인해 함정 내부의 온도가 상승하고 산소가 부족하게 된다. 따라서 오염구역을 벗어나기 위한 일시적 운용개념이다.

나) 전환시스템

전환시스템(Change Over System)은 차단시스템과 지속적 보호체계(Constant Sealed System)가 조합된 방식이다. 평상시에는 모든 급·배기구를 개방하여 많은 양의 외기를 유입시켜 함정의 주요 계통구역과 추가적인 필요구역에 통풍 및 공기조화를 하고, 동등한 용량의 배출 통풍기를 통해 배출되므로 50mmWG 양압이 형성되지 않는다.

화생방전 시에는 함정 내부에 화생방 경보가 발령되면 신속잠금밸브(Quick Closing Valve)를 조작하여 모든 급·배기구를 차단하고, 화생방 방어체계를 개방시켜 화생방 필터(NBC Filter)를 통해 제독된 외부공기가 공급된다. 함정 내부에 50mmWG 양압이 유지되므로, 오염된 공기의 유입을 방지하여 함정 내부의 장비 및 승조원을 보호하는 방식이다. 이때 배출 통풍기는 모두 정지되고 함정 외부로의 배출은 고압플랩(Over Pressure Flap)만을 통해 가능하므로, 화생방전 상황에서 장시간 운용은 불가능하다.

전환시스템은 신속잠금밸브의 작동 여부가 함정 및 승조원 보호에 매우 중요하므로 주기적인 성능검사가 필요하며, 운용상 신뢰도 측면에서 불리한 체계이다.

다) 집단 화생방시스템

집단 화생방시스템(Collective Protection System: CPS)은 미 해군이 DDG-51급 구축함에 설치한 이후 현재까지 사용하고 있는 최신 화생방 보호체계이며, 한국 해군에서도 적용하고 있는 방식이다.

화생방 보호장치를 통해 제독된 공기가 유입되어 50mmWG 양압이 유지되고, 제독된 공기의 지속적인 유입으로 함정 내에서 발생하는 냄새 및 혼탁한 공기를 배출하는 방식이다. 각 양압 유지구역(Pressure Zone)에는 압력조정밸브(Pressure Control Valve)를 설치하여 항상 일정한 양압을 유지한다.

4.1.9 항해/통신 계통

1) 항해계통

함정은 항해 안전을 위해 국제해사기구(IMO)의 국제해상인명안전협약(SOLAS)에서 요구하는 항해장비와 함정용 항해장비를 탑재해야 하며, 함정에 탑재되는 항해계통 장비는 아래와 같다.

가) 물표탐색 장비

(1) 항해레이더

항해레이더는 주·야간 및 안개 중 항해 시 항해의 안전, 예정항로의 준수 및 항해시간 단축을 목적으로 운용되는 X-Band의 대역폭을 가진 항해 전용 레이더로서, 기준되는 물표의 방위나 거리를 측정하여 자함의 위치를 판단한다. 전자파 클러터(Clutter) 제거기능 및 자동전시(Automatic Radar Plotting Aid: ARPA) 기능을 보유해야 한다.

나) 방위측정 장비

(1) 자이로 컴퍼스

자이로 컴퍼스(Gyro Compass)는 자이로스코프(Gyroscope)의 원리를 응용한 장비로서, 빠른 속도로 회전하는 팽이의 축이 지구의 자전하는 힘에 의해 항상 남북을 가리키도록 한 장비이다. 일반 선박에서는 침로 방위(Heading)만 요구되지만, 함정에서는 다양한 탐지센서 및 무장체계에 정보를 제공할 수 있도록 횡동요(Roll) 각 및 종동요(Pitch) 각 정보도 제공할 수 있는 장비를 탑재한다. 최신 함정의 경우 정밀한 정보가 요구됨에 따라, 두 방향의 레이저 발광장치로부터 발생한 광입자의 간섭점 현상을 측정함으로써, 정밀한 함수방위와 횡동요 및 종동요를 계산할 수 있는 링 레이저(Ring Laser) 자이로를 탑재하고 있다.

(2) 자기 컴퍼스

자기 컴퍼스(Magnetic Compass)는 지구 자장의 방향을 측정하고 방위를 구하는 항해계기의 하나로서, 필요시 자이로 컴퍼스 예비용으로 사용한다.

다) 항해정보 장비

(1) 전자해도 항해시스템

과거에는 선박이 항해할 때 위치측정 장비를 통해 선박의 경도와 위도를 파악한 후, 이를 종이해도 위에 기록하여 선박이 계획 항로에서 얼마나 이탈하였나를 측정하고, 이를 토대로 침로를 변경하거나 추후 항로계획을 수정하는 일련의 작업을 수행하였다. 그러나 전자기술 및 컴퓨터 기술의 발전으로 인해 전자해도에 자함의 위치 및 레이더 물표 등 선박안전, 선박관제, 자동항해를 위한 종합적인 정보를 제공·전시하는 전자해도 항해시스템이 실용화되어 민용 선박은 물론 함정에도 활용되고 있다.

라) 위치측정 장비

(1) 위성항법장치

위성항법장치(Global Positioning System)는 미국 국방부에서 발사한 높은 고도의 인공위성으로부터 신호를 송신받아 시간, 위도, 경도, 고도 등의 정보를 실시간으로 제공하는 장비이다. 운용 코드방식에 따라 다음과 같이 구분한다.

- C/A 코드: 상용으로 공개(오차 100m 이내)
- P(Y) 코드: 군사용으로 비공개(오차 16m 이내)

(2) 위치보정 위성항법장치

위치보정 위성항법장치(Differential GPS: DGPS)는 상용으로 공개된 C/A 코드를 이용한 위성항법장치의 오차를 보정하기 위해 개발한 장비이다. 이미 위치를 알고 있는 기준점에 GPS 수신기를 설치하여 측정된 위치값과 기준점 위치의 오차를 계산하고 위성 오차값을 보정한 다음, 보정값을 지상 무선통신망을 통해 함정의 DGPS 수신기에 송신함으로써 정확한 측위를 산출하게 한다.

(3) LORAN-C 항법장치

LORAN-C 항법장치는 육상 송신국으로부터 송신된 저주파수대 및 장거리 펄스 신호로부터 자함의 위치를 결정하는 장비이다. 과거에는 기본장비로 사용하였으나, 위성항법장치의 발전으로 인해 현재는 사용하지 않는다.

마) 항공기 유도장비

(1) 전술항공 항법장비

전술항공 항법장비(TACAN)는 아군 항공기 조종사가 비행 중 함정의 방위 및 거리 정보를 얻을 수 있도록 무선 항해정보를 송신하여 헬기 및 항공기를 함정으로 유도하는 장비로서, 최대 100여 대의 항공기에 동시 제공이 가능하다.

바) 속도측정 장비

(1) 전자기 로그

전자기 로그(EM-LOG)는 전자유도(電磁誘導) 법칙을 이용하여 함 속도를 측정해 제시하고, 타 항해장비 및 무장계통에 전기적 신호를 전송하는 장비이다.

(2) 도플러 로그

도플러 로그(Doppler-LOG)는 수중에서 음파의 도플러 효과를 이용하여 선박의 전후방향 대지(對地) 혹은 대수(對水) 속도 및 항적을 측정하는 장비로서, 함정에서는 특별히 필요한 경우에 탑재한다.

사) 수심측정 장비

(1) 측심기

측심기(Depth Sounder)는 수중음파의 전파속도가 거의 일정함을 응용하여 수심을 측정하는 계기로서, 함정의 입·출항, 연안 항해, 상륙 접안 또는 수로 측량이 불가능한 해역에서 안전항해를 지원하며, 대잠 작전용으로도 이용된다.

아) 선박 자동식별 장치

선박 자동식별 장치(AIS)는 민용 선박에서 선박과 선박 간 그리고 선박과 육상관제소 간에 선박의 명세, 위치, 침로, 속도 등의 선박 관련 정보와 항해안전 정보를 자동으로 주고받도록 하여, 선박 간 충돌을 회피하고 지상에서의 통항관제를 원활하게 하는 장치이다. 함정에서는 수신기능만 가능하도록 수정된 장비를 탑재·운용한다.

자) 항해자료 기록장비

항해자료 기록장비(VDR)는 함정에서 발생하는 실시간 운항정보, 음성정보, 레이더 영상정보 및 각종 경보정보 등을 취득하여 저장·가공 및 재생할 수 있도록 하는 장비이다. 조난, 충돌과 같은 해난사고 발생 시 자함 및 인근 제 선박에 대한 사고원인 규명과 사후대책 수립에 사용하기 위해 탑재·운용한다.

차) 추정항법 장비

함 위치 및 항적을 연산하거나 위치측정 장치로부터 수신하여 해도상에 표시하는 장비로서, 항해지원 및 대잠 전술훈련 지원기능을 수행한다.

타) 항해 보조장비

(1) 풍향/풍속계

풍향/풍속계는 함정의 특성에 따라 1개만 설치할 수 있으나, 통상 2개의 검출기를 사용하여 연속적으로 풍향과 풍속에 비례하는 싱크로(Synchro) 신호를 검출한다. 발신기에서 이 두 신호를 비교하여 풍속이 큰 검출기의 풍향과 풍속을 선택하여 지시기로 송신하는 장비로서, 항해 및 무장 계통에 정보를 제공한다.

(2) 기상수신기

이 장비는 높은 고도의 인공위성으로부터 신호를 송신받아, 실시간으로 3차원의 위치와 속도를 정밀하게 제공하는 장비이다.

(3) 공기 기적장치

공기 기적장치(Air Whistle)는 다른 함정 및 선박과의 충돌을 방지하기 위한 신호 발생 수단으로 설치한다. 항해 시 안개 중 신호(Fog Signal) 및 항해신호를 위한 기적장치는 마스트에 설치하되 조타실에서 제어할 수 있어야 한다. 함정의 길이에 따라 국제해사기구(IMO) 기준을 적용한다.

2) 통신계통

통신계통은 함정의 임무를 효과적으로 수행할 수 있도록 지휘통제에 필요한 통신수단을 제공하는 장비로서, 통신구역에 따라 함 내 통신과 함 외 통신으로 구분한다.

가) 함 내 통신

함정 내부의 작전개소 간 정보교환, 명령전달 및 과업지시 등을 수행하는 수단을 제공하며, 운용목적에 따라 다음과 같이 구분한다.

(1) 방송장치

방송장치는 함 전반에 걸쳐 설치된 스피커를 통해 그룹별 또는 함 내 전반에 명령전달, 과업지시, 경보 및 오락 프로그램을 방송하기 위한 수단으로 일반방송, 대함방송, 오락방송 및 경보신호 등을 제공한다.

(2) 자동전화기

자동전화기는 함정의 일반 행정용 통신수단을 제공한다. 자동교환기와 함 내 각 격실에 설치된 전화기의 다이얼을 이용하여 직접호출 통화를 하거나, 항구의 정박식 육상전화에 접속하여 직접 통화할 수 있는 통신수단이다.

(3) 음력전화기

음력전화기(Sound Powered Telephone)는 함정의 전원공급 없이 운용 가능한 비상용 전화기로서, 함 조종, 전투지휘, 기관 및 보수 통제와 관련된 기능을 수행하는 주 통제소 및 운영자를 위한 통신수단이다.

(4) 호출 전화장치

호출 전화장치(Call Bell Telephone)는 통신의 과다소통으로 인한 통신장애가 예상되는 함 조종, 기관 및 무장 통제임무를 수행하는 운용자들이 원활한 정보소통을 할 수 있도록 전용 통신수단을 제공한다.

(5) 함 내 무선통신장치

함 내 무선통신장치(Wireless Internal Comm. System)는 함정 전 구역에서 교신

가능한 무선단말기를 이용하여 일반 행정관리, 재해 및 보수 통제, 헬기 갑판작업, 해상 보급작업 및 정박작업을 수행하기 위한 통신수단이다.

(6) 폐쇄회로 감시장치

폐쇄회로 감시장치(CCTV)는 헬기, 해상 보급 및 유도탄 발사 등과 같은 주요 임무수행의 감시뿐만 아니라 기관구역의 감시, 총기도난 및 군기사고 예방·감시를 수행하고, 효율적인 대응을 위한 시각정보를 제공할 목적으로 탑재·운용하는 장비이다.

나) 함 외 통신

타 함정 또는 육상지휘소와 함정의 작전 임무수행에 필요한 명령 및 정보를 교환하는 수단을 제공하며, 운용 주파수에 따라 다음과 같이 구분한다.

(1) HF 통신기

- HF 송신기

  1kW 출력을 가지며 중·장거리의 함정 또는 육상에 음성, 문자 및 DATA LINK용 자료를 송신한다. 함정 임무에 따라 탑재 수량이 결정된다.

- HF 송수신기

  100W 출력을 가지며 HF 송신기의 예비용으로서, 중·단거리의 함정 또는 육상에 음성 및 문자를 송수신한다. 함정 임무에 따라 탑재 수량이 결정된다.

- HF 수신기

  HF 송신기와의 조합구성을 통해 음성, 문자 및 DATA LINK용 자료를 수신하며, 함정 임무에 따라 탑재 수량이 결정된다.

(2) VHF 통신기

50W 출력을 가지며 단거리의 함정 또는 육상과 음성 교신을 목적으로 하는 송수신기이다.

(3) UHF 통신기

항공기 및 연합작전 지원을 위해 음성 및 문자를 송수신하며, 함정 임무에 따라 탑재 수량이 결정된다.

(4) 위성통신기

한국 해군 함정에서 운용하는 위성통신기는 아래와 같다.

- 위성통신체계(Military SATCOM)

  육·해·공군 통합 지휘통제 통신망으로 운용된다. 적 전파방해를 극복할 수 있는 전자보호(EP) 및 보안기능을 구비한 체계로서, 장거리 음성/그룹 통화, 팩스 및 데이터 통신을 지원한다.

- 해상작전 위성통신체계(MOSCOS)
  한국 무궁화 위성을 이용하여 한국 해군의 각 함대 사령부와 함정 간 장거리 음성/그룹 통화, 팩스 및 데이터 통신을 지원한다.

- 연합 위성통신체계(UHF SATCOM)
  연합작전 시 한·미 해군의 지휘관 및 참모 간 효과적인 지휘통제 및 전술정보 교환을 위한 장거리 통신용으로서, 미 군사위성을 기반으로 운용한다.

- 국제해사 위성통신체계(INMARSAT)
  함정의 원양항해 시 국제해사 위성을 이용하여 장거리 함정 또는 육상지휘소와 음성 및 문자 통신을 지원한다.

(5) 조난통신기

- VHF 조난통신기
  시계(그리니치 천문대의 시차)를 이용한 경도 측정설비를 해도실의 해도대 주위에 설치·운용한다.

- MF/HF 조난통신기
  시계(그리니치 천문대의 시차)를 이용한 경도 측정설비를 해도실의 해도대 주위에 설치·운용한다.

(6) 디지털 전문처리체계

PC 기반의 전문 송수신용 단말기로서, HF 송수신기 또는 해상작전 위성통신체계를 경유하여 다른 함정이나 육상지휘소에 문자통신을 지원한다.

다) 함 내외 통합 통신체계

함 임무수행 시 요구되는 다수의 함 내외 통신 소요를 충족하기 위해 함 내 각 통제소에 함 내외 통합 통신체계의 운용자 단말기를 설치하며, 이를 통해 함 내 통신기능과 함 외 통신기능을 다음과 같이 수행한다.

(1) 함 내 통신기능

- 점대점 통화
- 회의 통화
- 방송 및 경보발령
- 지정된 음력전화 회로 가입

(2) 함 외 통신기능

- 디지털 전문처리체계에 무선통신기 할당
- 무선 및 위성 통신기 연결 음성통화
- 무선 통화내용 녹음
- 무선 침묵 설정

4.1.10 전술 지휘통제체계

1) 체계구성 개념

함정은 비상상황 시 단독으로 작전을 수행하는 경우도 있으나, 대부분의 경우 상급부대 또는 지휘관으로부터 하달된 명령이나 지시에 의해 작전임무를 수행한다. 그리고 대부분의 경우 타 함정 및 타군 세력과 연합하여 작전임무를 수행한다. 따라서 각 단위함정은 해군 전체의 전술 지휘통제체계(Tactical Command Control System)에 의거하여 작전임무를 수행해야 하며, 이를 위한 관련 장비체계를 탑재·운용해야 한다. 함정에 탑재된 전술 지휘통제체계 장비는 상급부대로부터 하달된 임무지시·명령과 전투수행을 위한 각종 전술정보 자료를 획득 및 관리하여 현장 전술집행에 필요한 정보를 지휘관이나 운용자에게 즉각적으로 제공하고, 해상의 각종 전술상황 및 집행결과를 상급부대에 보고하는 장비체계를 의미한다.

전술 지휘통제체계는 전술 C4ISR(Command, Control, Communication, Computer and Intelligence, Surveillance, Reconnaissance) 체계와 전술데이터 링크(Tactical Data Link) 체계로 구분된다. 전술 C4ISR 체계는 상위개념의 정보통신체계로서, 해군·공군 및 육군 등 각 군의 운용이나 작전수행에 필요한 모든 정보를 통신수단을 통해 서로 공유하는 체계이며, 각 군별로 별개의 C4ISR 체계를 보유하고 있다. 전술 C4ISR 체계를 통해 교환하는 정보는 지상·해상 및 공중의 표적들에 대한 정보뿐만 아니라, 인사지원 및 군수지원 정보, 전문관리 및 전문 송수신, 타 무기체계와의 준 실시간 데이터 송수신 등 광범위한 정보들을 포함하고 있다.

이에 반해 전술데이터 링크체계는 해군의 주요 작전기지와 함정에 설치되어, 주로 전술상황을 실시간으로 전파함으로써 적 위협을 조기에 판단하고 신속하게 대응할 수 있도록 지원하는 체계이다. 두 체계의 기능 및 역할을 비교하면 전술 C4ISR 체계가 상위개념의 체계이다. 그림 4-49에 일반적인 전술 지휘통제체계

그림 4-49
해상 전술 지휘통제체계 구성 개념

구성개념을 제시하였으며, 전력지수를 상승시키기 위해 각종 전투세력을 체계적으로 연결시키고 있음을 알 수 있다.

상용 통신 및 IT 기술의 급격한 발전으로 인해 현대전은 네트워크중심전으로 변해가고 있으며, 상호 교환하는 정보의 종류나 양이 대폭 증가하고 있다. 따라서 이를 지원하기 위한 각종 전술 지휘통제체계도 매우 빠르게 발전하고 있다. 이 절에서는 미 해군 및 한국 해군이 수상함에서 운용하고 있거나 운용 예정인 전술 지휘통제체계의 구성 및 운용 개념에 대해 기술하였다.

2) 전술 C4ISR 체계

세계 주요 해군은 현대 해전에서 전장의 주도권을 장악하기 위해 먼저 보고(先見), 먼저 결심하고(先決), 먼저 타격하기(先打) 위한 시스템의 구축 및 운용에 총력을 기울이고 있다. 이러한 전투시스템의 가장 핵심적인 요소가 바로 전술 C4I 체계이다. 한국 해군의 경우 KNCCS(Korea Naval Command Control System)가 바로 해군용 전술 C4ISR 체계로 운용되고 있다. KNCCS는 해군의 작전사령부 예하 전술제대의 지휘통제 및 해상작전 수행절차를 자동화하는 전장관리체계로서, 작전사령부, 함대사령부 등 해군의 육상지휘소와 함정에 설치되어 있으며, KNCCS 체계 및 통신망을 통해 정보를 공유하게 함으로써 해군 작전을 지원한다.

KNCCS의 주요 기능으로 신속 정확한 정보 · 첩보의 수집 · 평가 및 전파, 지휘관 의사결정 및 참모 판단의 적시 지원, 실시간 상황파악 및 효율적 작전통제, 디지털 전장환경 구축 등이 있다. 이러한 주요 기능을 토대로 KNCCS는 전장상황을 실시간 공유하고 통합 전투력 발휘를 보장하며, 전 · 평시 임무수행 절차를 지원함으로써 지휘관과 참모의 전투지휘 능력을 증대시키고 작전 반응시간을 단축시키게 된다.

3) 전술데이터 링크체계

전술데이터 링크체계는 무기체계 및 지휘통제 간에 전술정보의 디지털 전송을 위해 사용되는 표준화된 통신체계이다. 전술데이터 링크는 육상지휘소, 함정, 전투기, 지상 및 해안 레이더/포대 사이트 등을 네트워크로 구축하여 각종 전술정보의 송수신을 가능하게 한다. 현재 한국 해군이 운용하고 있는 대부분의 함정은 전술데이터 링크체계를 기본장비로 탑재하고 있다.

전술데이터 링크 통신망을 통한 네트워크 구축은 근(近) 실시간 전술정보의 제공 및 수신, 전술정보의 높은 신뢰도 및 정확도 보장, 운용자 또는 조종자 개입 없이 각종 정보 및 전술정보 제공, 충분한 의사결정 시간 확보, 조기 타격목표 설정 등의 운용효과를 거둘 수 있다.

현재 미국과 NATO에서 운용하고 있는 상황인식 및 지휘통제용 전술데이터 링크체계로는 Link-11, Link-16, Link-22가 대표적이다. 전술데이터 링크별로 사용하는 주파수 채널(Channel), 전송 프로토콜(Transmission Protocol), 데이터 전송률(Data Transmission Rate), 전송주기(Data Transmission Period), 운용범위 및 표적정보 해상도 등에서 차이가 있다. 한국 해군은 Link-11, Link-14 및 한국 해군 고유의 전술데이터 링크인 ISDL(Inter Site Data Link)을 운용하고 있으며, Link-11을 이용하여 미군과의 연합작전이 가능하다.

Link-11은 순서지정 호출(Roll Call) 방식의 전송 프로토콜이 특징이며, HF (High Frequency) 통신을 통한 수평선 너머 통신이 가능한 장점이 있다. 반면 데이터 전송률이 수 kbps로 다른 전술데이터 링크에 비해 느리고, 항(抗) 재밍(Anti Jamming) 기능이 없는 단점이 있다.

한국 해군의 전술테이터 링크 ISDL은 위성통신을 중간매체로 사용하기 때문에 위성통신 가능 구역 내에서는 전술정보 교환이 가능한 장점이 있다. Link-11보다 빠른 수십 kbps의 데이터 전송률을 가지며, 함정 또는 사이트 등 참여 노드별로 전술정보 처리권한에 차이가 있는 계층구조를 가지고 있는 것이 특징이다.

Link-11의 경우 그동안 한국 해군의 주요 전술데이터 링크체계로 운용되어 왔지만, 현재 성능상의 한계점이 드러나 교체를 고려하고 있다. 최근 들어 네트워크중심전 개념이 발전함에 따라, 각 사이트 간 통신정보의 종류나 정보량이 급속도로 증가하고 있어 Link-11 체계로는 더 이상 요구능력을 충족할 수 없기 때문이다. 해군의 요구능력을 충족시키고, 폭넓은 육·해·공군 합동작전을 위해 미국의 Link-16을 기반으로 한 독자적인 전술데이터 링크인 합동 전술데이터 링크(Joint Tactical Data Link System: JTDLS) Link-K를 개발 중에 있다.

Link-K는 빠른 데이터 전송률과 항재밍 기능이 있는 Link-16을 기반으로 한국군 전장환경 및 무기체계에 적합하도록 센서, 지휘통제 및 타격 체계 간 전술정보를 실시간으로 공유하는 한국형 합동 전술데이터 링크이다. Link-K는 향후 육·해·공군 3군 합동작전 및 미군과의 연합작전 수행이 가능한 한국군 고유의 전술데이터 링크망으로 운용될 예정이다.

4.1.11 전투체계

1) 전투체계 기본기능

함정 전투체계(Combat System) 기능은 센서 및 무장 체계(Sensor and Weapon System), 지휘 및 사격통제 체계(Command and Fire Control System)와 전술데이터 통신체계(Tactical Data Communication System) 등 함정에 탑재된 전투장비 등을 통합하여 지휘관이나 운용자에게 필요한 정보를 제공하는 것이다. 또한 항해 및 작전·전술 계획을 수립하고, 전투 시 교전에 필요한 정보를 산출하여 무장체계에 전달하는 함정의 중앙컴퓨터 역할을 수행하는 장비체계이다.

현대 수상함 전투체계는 표적탐지에서부터 교전까지의 전 과정을 자동으로 수행한다. 전투체계는 함정에 탑재된 레이더, 전자광학장비 및 피아식별장비 등 함 내 센서로부터 획득된 정보와 전술데이터 통신망을 통해 항공기나 타 함정으로부터 획득된 표적정보를 처리·분석하여 대함전, 대공전, 대잠전, 전자전 및 복합전 등에 대한 전술지원 기능, 지휘결심 및 권고를 위한 전술정보 제공, 교전계획 수립 및 무장할당 등 전투지원 기능 등을 수행한다. 또한 연동장비 통제 및 무장통제 등 수상함 작전 임무수행에 필요한 모든 정보를 제공한다. 전투체계의 기능은 인간의 두뇌와 비교할 수 있으며, 인간의 정보판단/인지 과정과 전투체계의 정보처리/반응 과정을 비교하면 그림 4-50에 제시한 바와 같다.

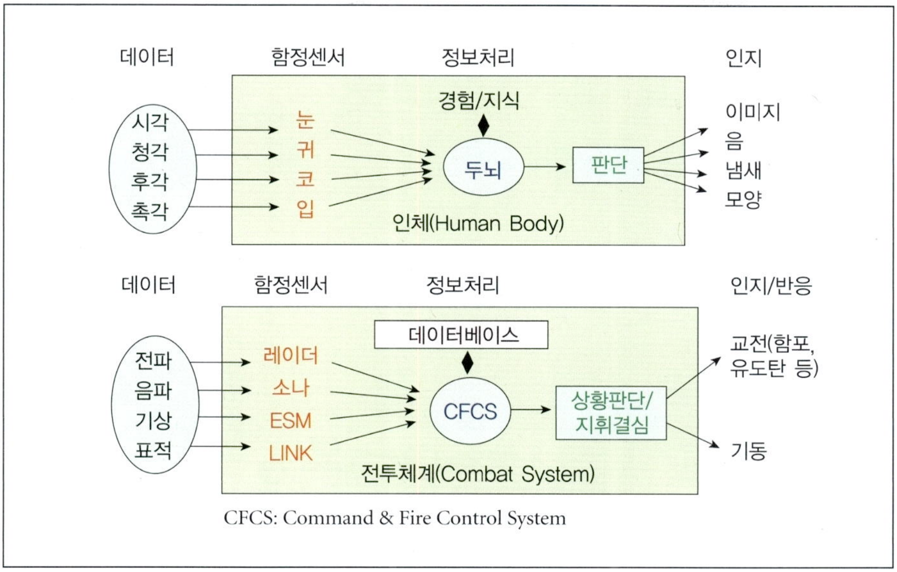

그림 4-50
인간 및 전투체계의 정보처리 및 반응 대비

2) 전투체계 구성장비

가) 하드웨어 구성

전투체계는 그림 4-51에 제시한 바와 같이 구성장비의 범위에 따라 협의 전투체계와 광의 전투체계로 나누어진다. 협의 전투체계는 그림 4-51에서 적색과 흰색 타원으로 표시한 부분으로 지휘 및 사격통제 체계를 의미하며, 최근에는 전투 관리체계라는 용어로도 불리운다. 중앙정보처리 및 전시기 역할을 수행하는 다기능 콘솔(Multi-Function Console)과 센서 및 무장 체계를 연동하는 연동장치, 그리고 각종 자료 및 영상정보를 전달하는 네트워크 장치로 구성된다. 국내에서는 탐지레이더, 추적레이더 및 전자광학장비까지 협의의 전투체계에 포함시킨다. 이에 반해 광의의 전투체계는 지휘 및 사격통제 체계뿐만 아니라, 이와 연동되는 모든 센서 및 무장 체계와 각종 전술데이터 통신체계까지 포함한다.

나) 소프트웨어 구성

전투체계는 하드웨어 및 소프웨어로 구성되지만, 체계 특성상 소프트웨어 위주의 무기체계로 분류된다. 전투체계의 핵심장비인 지휘 및 사격통제 체계는 운용자의 전술 운용개념을 체계 내에 구현해야 하며, 그러한 개념들은 대부분 소프웨어로 구현되어 운용자가 운용하기에 편리하도록 설계된다. 따라서 전투체계를 개발할 때 개발기간 대부분이 소프트웨어 개발에 소요되며, 전투체계 획득비용도 소프트

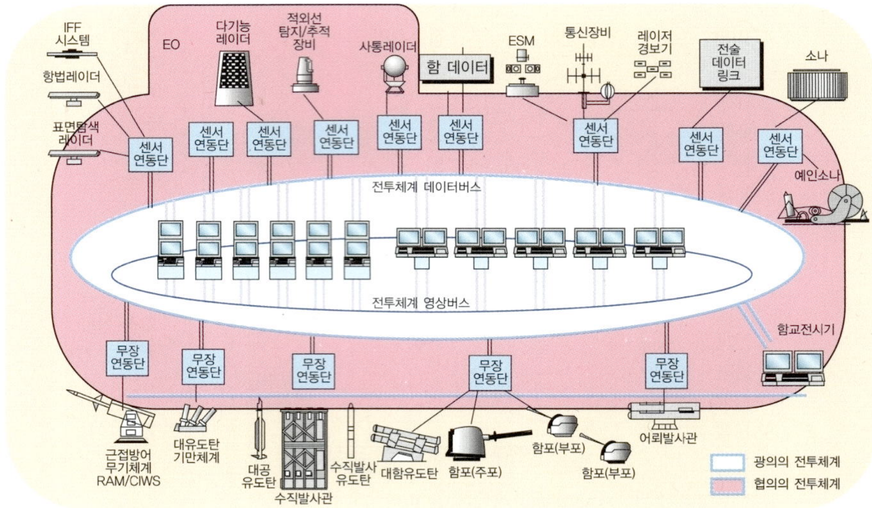

그림 4-51
수상함 전투체계 하드웨어 구성범위

웨어 개발비용이 대부분을 차지한다. 전투체계 개발 시 생성되는 소프트웨어 라인(Software Line of Code: SLOC) 수는 전투체계 규모에 따라 적게는 수백만 라인에서 크게는 수천만 라인에 이른다.

전투체계 소프트웨어 구성은 응용 소프트웨어와 체계 기반 소프트웨어로 나누어진다. 응용 소프트웨어 중 전술운용 소프트웨어는 대공전(Anti-Air Warfare: AAW), 대함전(Anti-Surface Warfare: ASuW), 전자전(Electric Warfare: EW), 항해지원(Nagation Support) 등 성분작전을 지원하는 소프트웨어를 포함한다. 반면 전술지원 소프트웨어는 탑재센서 통제, 무장통제를 포함한 정보처리, 표적추적 및 융합, 위협평가 등 전술운용에 필요한 정보를 생성하는 부분을 의미한다. 소프트웨어 분류는 전투체계의 목적이나 기능에 따라 다소 다르게 분류되기도 하며, 그림 4-52에 전투체계 소프트웨어 구성내용을 제시하였다[17].

3) 전투체계 탑재·운용 현황

함정 전투체계는 대부분의 수상함에 탑재되어 있는 핵심장비지만, 군사 전용 기술, 상용 IT(Information Technology) 및 통신기술과 소프트웨어 기술을 동시에 적용해야 하는 복합기술 분야로서, 미국 및 NATO 국가를 포함한 일부 선진국에서만 개발 및 생산되고 있는 첨단 전자장비체계이다. 현재 세계적으로 가장 널리 알려진 전투체계는 미 해군의 이지스(Aegis) 전투체계로서, 1967년부터 Base Line 1 개발에 착수하여 1983년 함정에 최초로 탑재하였으며, 현재 Base Line 7까

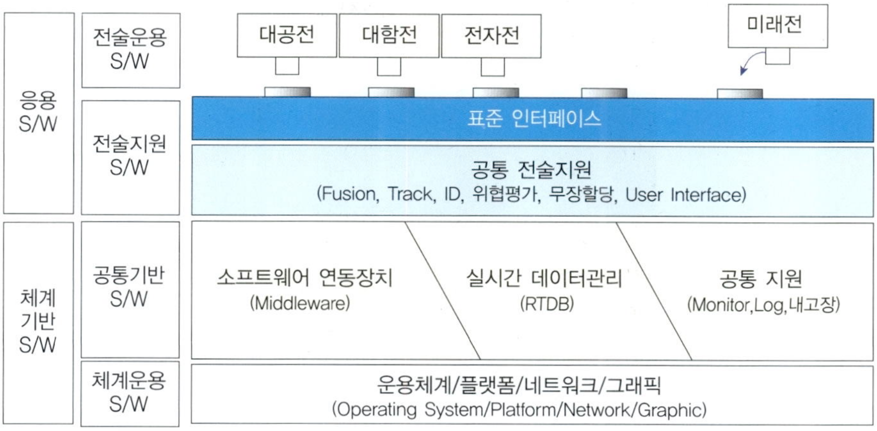

그림 4-52
수상함 전투체계 소프트웨어 구성내용

지 개발되었다. 이지스 전투체계는 세계에서 가장 진보된 함정 대공방어체계를 보유한 전투체계로서, 미 해군의 타이콘데로가(Ticonderoga)급 순양함 27척 및 알레이버크(Arleigh Burke)급 구축함 28척에 탑재되어 운용 중이며, 한국 해군을 포함하여 약 5개국 해군에서 운용하고 있다. 미국은 이지스 전투체계 개발기술을 기반으로 현재 발전된 상용 기술 및 IT 기술을 접목하여 보다 성능이 향상된 차세대 함정용 전투체계를 개발 중에 있다. 그림 4-53에 미 해군 이지스 전투체계 운용장면을 제시하였다.

NATO 국가 중 전투체계 개발의 대표적인 국가는 영국, 프랑스, 독일, 네덜란드로서, 2차 세계대전 이후 수많은 수상함 전투체계를 개발하여 자국 해군 및 타국 해군에 판매해 왔다. 1990년대 초반부터는 자국 해군의 주력 전투함에 탑재할 신형 전투체계를 개발하여 최근 탑재 중에 있다. 미국을 비롯한 선진 해군 국가에서 최근까지 개발하여 운용 중인 대표적인 전투체계를 표 4-3에 제시하였다[18].

한국 해군은 1990년대 말까지 함정용 전투체계를 해외로부터 도입 및 운용해 왔으나, 2000년대 초부터 수상함 전투체계를 국내기술로 개발해 왔다. 독도급 대형 수송함(LPH) 및 유도탄 고속정(PKG) 등 최근에 전력화된 함정들은 국방과학연구소 주도하에 개발된 전투체계를 탑재하고 있다.

그림 4-53

미 해군 이지스 전투체계 운용장면

표 4-3

주요 국가 수상함 전투체계

구분	AEGIS BL6	SSCS MK7	TAVITAC NT	SEWACO FD	9LV MK3
제작국/ 제작사	미국 Lockheed Martin	영국 BAe System	프랑스 Thales France	독일/네덜란드 Thales Netherland	스웨덴 Philips
개발연도	2000	1993	1998	2002	2002
체계구성	연합식	중앙집중식	분산식	분산식	분산식
체계연동	점대점	이중 LAN	이중 LAN	이중 LAN	이중 LAN
주요기능	대공전(AAW) 대함전(ASuW) 대잠전(ASW) 전자전(EW) 함포지원(NGS) 협동 교전능력	대공전(AAW) 대함전(ASuW) 대잠전(ASW) 전자전(EW) 함포지원(NGS)	대공전(AAW) 대함전(ASuW) 대잠전(ASW) 전자전(EW) 함포지원(NGS)	대공전(AAW) 대함전(ASuW) 대잠전(ASW) 전자전(EW) 함포지원(NGS)	대공전(AAW) 대함전(ASuW) 대잠전(ASW) 전자전(EW) 대기뢰전(MW)
센서통제	보유	보유	보유	보유	보유
무장통제	보유	보유	보유	보유	보유
탑재함정	이지스급 구축함/순양함	Type 23 구축함	라파엣급 프리게이트	F124급 프리게이트	비스비급 초계함

4.1.12 탐지/추적 센서체계

1) 개요

무기체계는 전투를 수행하기 위해 목표물의 존재 여부를 탐지할 수 있는 능력과 목표물의 특성을 확인하여, 이러한 정보를 무기체계 내의 연동장비나 무기에 전달하는 탐지 및 추적 센서체계(Sensor System)를 필수적으로 요구한다. 센서체계는 에너지를 발사하여 반사되어 오는 반사파를 이용하거나, 목표물 자체에서 발산되는 에너지를 정보로 이용한다. 센서의 종류에 따라 전자장(Electro-Magnetic), 적외선(Infra-Red), 음향(Sound), 자장(Magnetic) 및 수압(Hydraulic Pressure) 등의 에너지를 사용한다.

탐지/추적 센서체계의 1차적인 역할은 표적을 탐지한 후 식별(Identification), 분류(Classification) 및 표적지정(Target Allocation)을 통해 표적을 확인하고 추적하여 표적에 대한 2차원 및 3차원 정보를 획득한 다음, 지휘 및 사격통제 체계에 정보를 넘겨주는 것이다. 그림 4-54에 함정 탐지/추적 센서체계 구성개념을 제시하였다.

2) 레이더 체계

가) 레이더의 원리

레이더(RADAR)는 무선탐지 및 거리측정(Radio Detection And Ranging)의 약어로서, 박쥐가 어두운 동굴 속에서도 충돌하지 않고 자유자재로 비행하는 것에서 아이디어를 얻어 개발된 체계이다. 박쥐는 비행할 때 매우 짧고 강한 펄스파를 입에서 발사한 후 되돌아오는 신호를 분석하여 동굴 속에 존재하는 장애물들을 인식하고, 이를 토대로 비행하는 것으로 밝혀졌다.

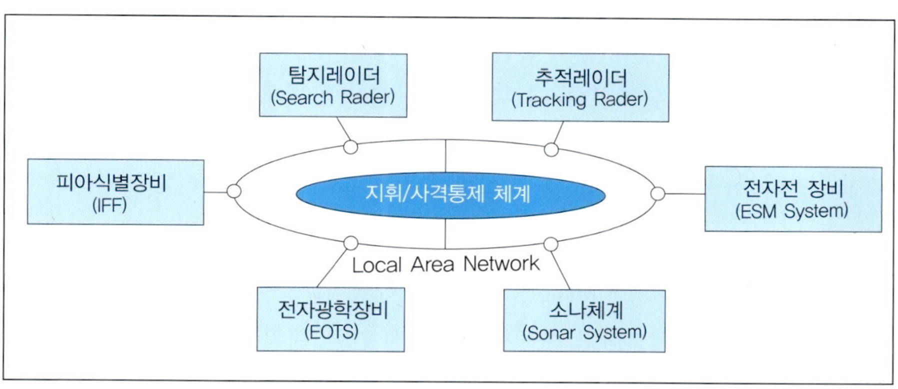

그림 4-54
함정 탐지/추적 센서체계 구성개념

그림 4-55
레이더체계의 구성 및 동작 원리

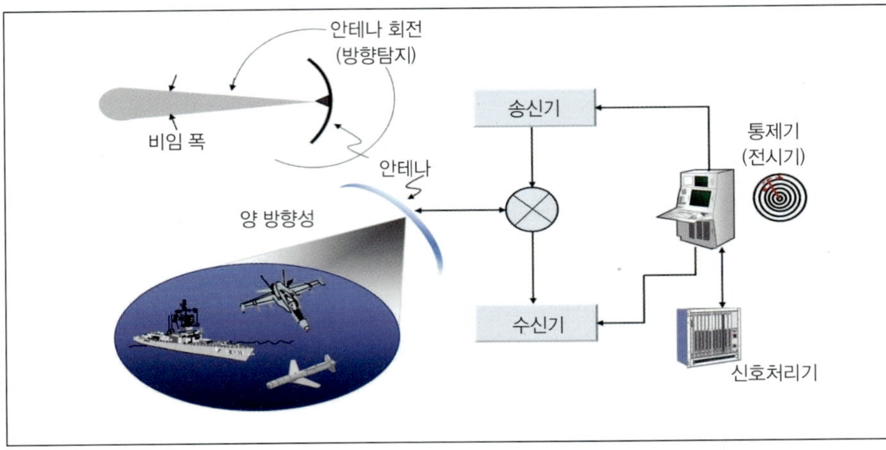

레이더는 그림 4-55에서 제시한 것처럼 송신기(Transmitter), 수신기(Receiver), 신호처리기(Signal Processor) 및 통제기(Control Console)로 구성되며, 송신기에서 전자파를 발사하고 전자파가 물체에 반사되어 되돌아오는 반사신호(Echo)를 분석하여 목표물의 방향 및 거리를 계산한다.

일반적으로 레이더의 안테나는 회전하며, 회전하는 동안 특정 방향으로 표적신호가 되돌아오는 것을 확인하여 방위정보를 측정하고, 빛의 속도로 진행하는 전파가 송신된 후 표적에 부딪쳐 되돌아오는 반사시간을 계산하여 거리를 측정한다. 현재 운용되고 있는 레이더는 매우 광범위한 주파수 영역을 사용하고 있으며, 30MHz(MHz = 1×10^6 Hz) 부근의 고주파 대역(High Frequency: HF)부터 수십 GHz(GHz = 1×10^9Hz) 영역의 밀리미터파(Milli Meter)까지 사용한다.

나) 레이더의 분류 및 종류

레이더는 종류에 상관없이 유사한 동작원리를 가지고 있지만, 적용 분야 및 용도에 따라 종류가 매우 다양하다. 그림 4-56에 제시한 바와 같이 기본적으로 획득정보에 따라 항해용 레이더, 탐지 혹은 탐색용 레이더, 추적용 레이더, 다기능 레이더 및 영상레이더로 분류한다. 대부분의 수상함은 항해레이더, 탐색레이더 및 추적레이더를 기본장비로 탑재하고 있으며, 최근에는 탐색 및 추적 레이더가 통합된 다기능 레이더를 탑재하는 것이 일반적인 추세이다.

(1) 항해레이더

항해레이더(Navigation Radar)는 수상함이 해상임무를 수행할 때 해상 및 해안지역의 지형정보를 제공하고, 주·야간 항해 시 안전, 계획 및 예정 항로 준수 등을

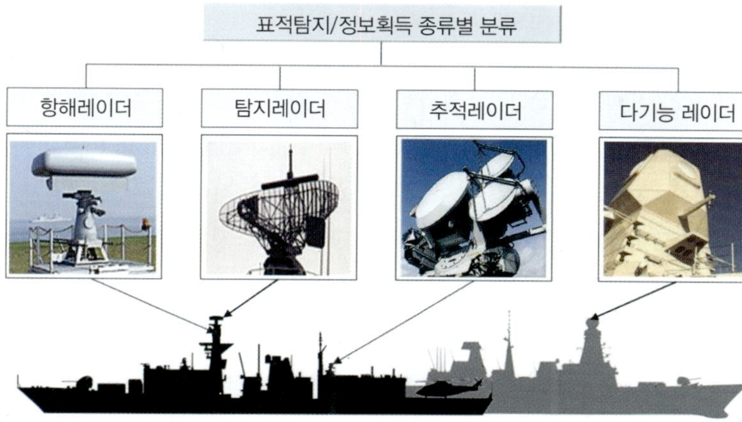

그림 4-56
표적탐지/정보획득 종류에 따른 레이더 분류

위해 운용하는 장비이다. 따라서 항해레이더는 함정에 있어서 가장 필수적인 장비이며, 현대에는 GPS(Global Position System) 장비와 연동하여 보다 정확한 항해정보를 제공해 준다.

(2) 탐지레이더

수상함용 탐지레이더(또는 탐색레이더)는 감시 혹은 탐지 대상 공간에서 표적의 출현을 효과적으로 탐지하기 위해 함정에서 가장 전파 복사조건이 양호한 위치에 설치한다. 넓은 공간에 전자파를 방사하고 수신신호를 획득하여 표적의 존재 여부와 거리, 방위 및 고도 등 위치정보를 제공함으로써, 조기경보 및 전장감시 임무를 수행한다.

수상함용 탐지레이더를 지칭할 경우, 일반적으로 '2차원 장거리 대공 탐지레이더' 혹은 '3차원 중거리 대공 탐색레이더' 등 복합적 용어를 사용한다. 그림 4-57에 최근 개발된 탐지레이더의 예를 제시하였다.

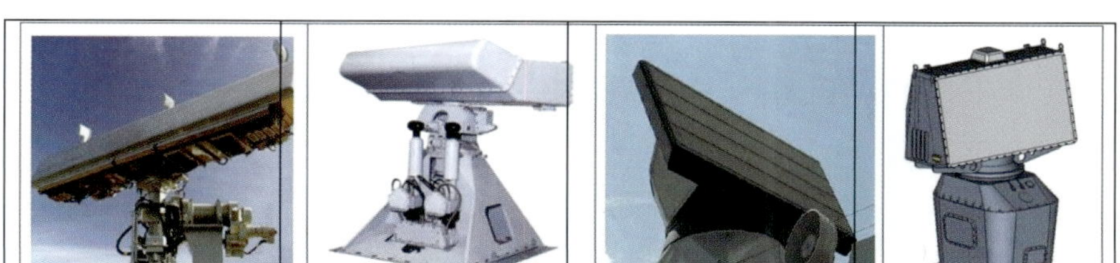

2차원 대함레이더 (영국) | 3차원 중거리 탐지레이더 (네덜란드) | 3차원 장거리 탐지레이더 (네덜란드) | 3차원 단거리 탐지레이더 (한국)

그림 4-57
수상함용 탐지레이더

(3) 추적레이더

함포, 유도탄 등 탑재된 무기체계로 대공 위협표적과 교전하기 위해서는, 위협표적에 대해 거리, 방위 및 고각 등 정확한 3차원 위치정보를 가져야 한다. 이러한 3차원 정보를 제공하기 위해 개발된 장비가 추적레이더(Tracking Radar)이다. 탐지레이더도 종류에 따라 3차원 정보를 제공하지만, 동시에 많은 표적을 탐지해야 하기 때문에 무장체계의 요구조건을 충족시키기에는 정확도 측면에서 부족하다. 따라서 대공표적의 경우 추적레이더 정보를 사용한다.

추적레이더는 표적을 격추할 때까지 무장체계에 계속 정보를 제공해야 하기 때문에, 표적을 지속적으로 추적하고 한 번에 하나의 표적에 대해서만 추적이 가능하다. 추적레이더는 통상 탐지레이더와 연동되어 운용된다. 대함레이더, 대공레이더, 탐색레이더 등이 탐지 및 추적 중인 표적 가운데 지휘 및 사격통제 체계에서 지정한 표적에 대해 표적추적을 수행하고, 추적한 결과를 지휘 및 사격통제 체계에 제공한다. 지휘 및 사격통제 체계는 추적레이더로부터 제공된 정보를 기준으로 함포나 유도탄 발사를 수행한다.

(4) 다기능 레이더

위협표적의 발전과 전장환경의 변화는 더욱 정밀한 레이더를 요구하게 되었고, 이에 따라 탐색기능과 추적기능을 통합한 다기능 레이더(Multi Function Radar)로 발전하게 되었다. 다기능 레이더가 등장한 배경을 요약하면 다음과 같다[18].

첫째, 운용 요구조건에 기인한 것으로서, 위협의 증가에 따라 다중 표적처리 능력, 시스템 반응시간 단축 등이 요구되었다. 함정의 경우 제한된 장비공간과 중량으로 인해 다수의 레이더를 탑재하는 데 한계가 있으므로 탐색기능과 추적기능의 통합화가 필요해졌다.

둘째, 레이더 기술의 발전이다. 위상배열 안테나 등 레이더 기술이 발전함에 따라 표적탐색과 표적추적의 동시 수행이 가능해졌고, 고성능 신호처리 기술의 발전으로 수많은 표적정보의 동시 처리가 가능해졌다.

다기능 레이더의 주요 기능 및 용도는 그림 4-58에 제시한 바와 같으며, 대표적인 다기능 레이더의 종류와 특성은 표 4-4에 제시하였다.

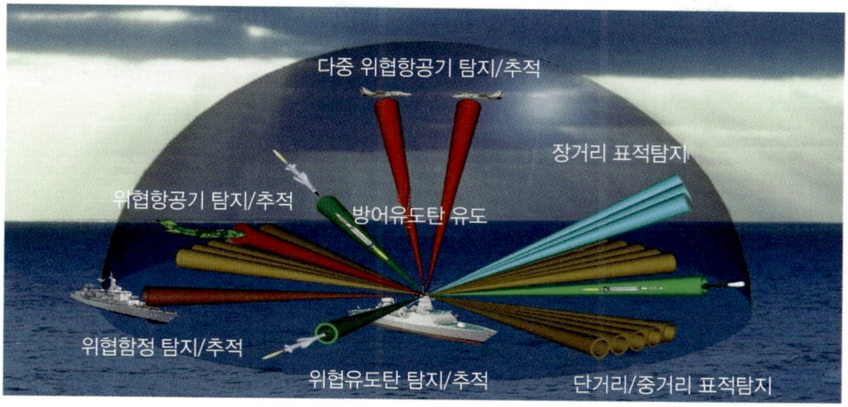

그림 4-58
다기능 레이더 운용개념

표 4-4
선진국의 대표적인 다기능 레이더 및 특징

구분	SPY-1	APAR	EMPAR	SAMSON
개발회사	Lockheed Martin (미국)	Thales Netherland (네덜란드)	Alenia Marconi (이탈리아)	BAe System (영국)
안테나 형태	4면 선체고정식	4면 선체고정식	1면 회전식	2면 회전식
레이더 형태	수동 위상배열 레이더	능동 위상배열 레이더	수동 위상배열 레이더	능동 위상배열 레이더
최대 탐지거리	450km 이상	150km 이상	230km 이상	250km 이상
동시탐지 /추적 표적수	200개 이상	250개 이상	300개 이상	500~1,000개
레이더 형상				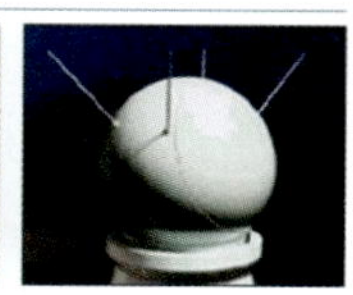

3) 전자광학장비

전자광학장비(Electro Optical System) 또는 전자광학 추적장비(Electro Optical Tracking System: EOTS)는 전자광학적인 방법으로 표적을 자동으로 추적하는 장비로서, 전자광학(Electro Optical: EO) 센서인 CCD TV 카메라와 적외선(Infra Red: IR) 센서를 이용하여 표적의 영상을 획득하는 수동센서이다. 그림 4-59에 전자광학 추적장비의 기본구성을 제시하였다.

EOTS는 표적에서 반사되는 가시광선 및 적외선 신호를 광학센서를 이용하여

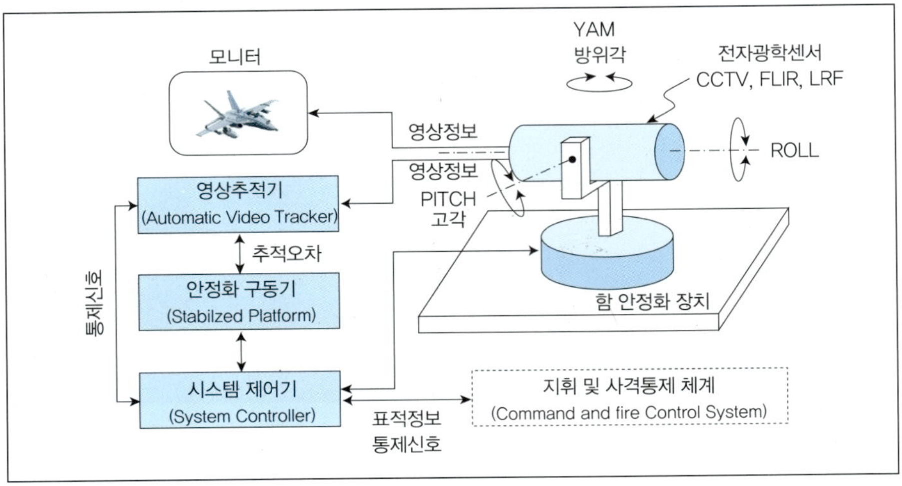

그림 4-59
전자광학 추적장비 구성 및 영상

수동으로 탐지하기 때문에, 표적에 대한 방위 및 고각 정보는 얻을 수 있으나 거리 정보는 얻을 수 없다. 거리정보를 얻고자 할 경우에는 EOTS에 설치된 레이저 거리측정기(Laser Range Finder: LRF)를 이용한다. EOTS는 주간에는 배율이 매우 높은 카메라를 이용하여 표적에 대한 추적 및 탐지가 가능하고, 야간에는 적외선 센서를 이용하여 표적탐지 및 추적이 가능하다. 수상함에 있어 주 탐지센서는 레이더이며, EOTS는 레이더의 보조센서 역할을 담당한다. EOTS가 영상센서이기 때문에 비, 안개 및 해무 등 환경의 영향을 많이 받고, 최대 탐지거리가 15km 이내로서 짧으며, 추적레이더처럼 하나의 표적만 영상추적이 가능하기 때문이다.

최근 전자광학장비의 일종인 적외선 센서만을 이용한 적외선 탐지추적장치(Infra Red Search and Tracking System: IRST)의 개발도 활발하다. IRST는 탐지레이더처럼 동시에 많은 표적을 탐지 및 추적할 수 있고, 표적의 속도가 높을수록 탐지거리가 높아지는 장점을 가지고 있다. 표적의 속도가 높아질수록 표적과 공기 간의 마찰이 증가해 표적 몸체에서 많은 적외선이 발생하기 때문이다. EOTS와 IRST의 운용개념을 그림 4-60에 제시하였다.

4) 소나체계

가) 개요

수중음향 탐지체계인 소나체계(SONAR)는 SOund NAvigation and Ranging의 약어로서, 수중에서 음파를 이용하여 탐지 및 추적을 수행하는 장비이다. 소나체계의 탐지 및 추적 기본원리는 레이더 또는 전자광학장비와 유사하다. 그러나 통

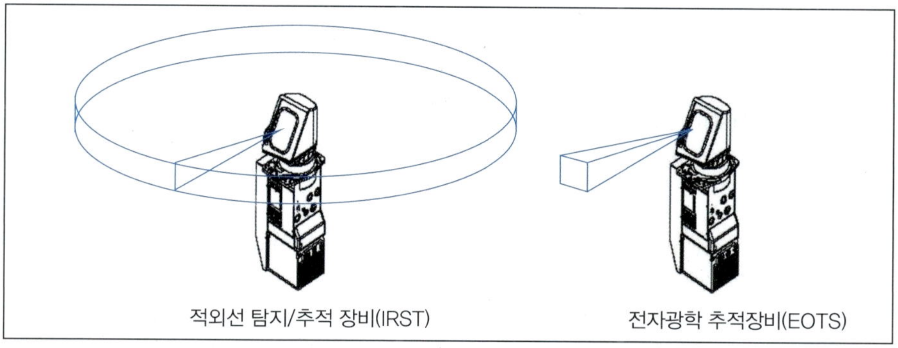

그림 4-60
IRST 및 EOTS 장비 운용개념

신을 위한 매질이 물이기 때문에 음파전달의 물리적 현상이 매우 복잡하다.

그림 4-61에 제시한 바와 같이 수중온도, 염분도, 수중지형에 의해 음파는 수중전파 과정에서 굴절, 반사 및 복반사(Reverberation)를 한다. 따라서 음파를 이용한 수중 표적탐지는 결코 용이하지 않다. 그림 4-61에 제시한 것처럼 잠수함이 음영구역(陰影區域, Shadow Zone)에 위치할 경우, 수상함 소나에서 나온 음파가 전달되지 않으므로 탐지가 불가능하다.

나) 소나체계 종류

소나체계는 수동소나(Passive Sonar)와 능동소나(Active Sonar)로 구분된다. 능동소나는 수중에 음향을 방사한 후 표적으로부터 반사되는 반향신호(Echo)를 처리하여 거리와 방향을 탐지하는 방식이며, 수동소나는 표적이 방사하는 소음을

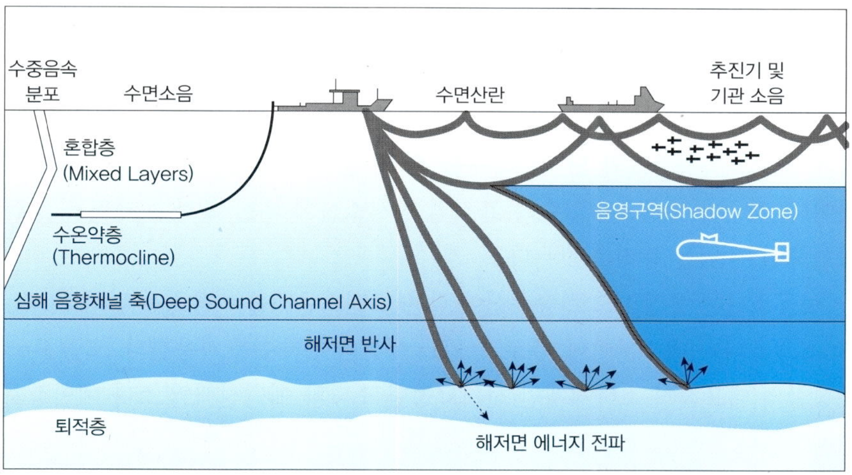

그림 4-61
수중음파 전달특성

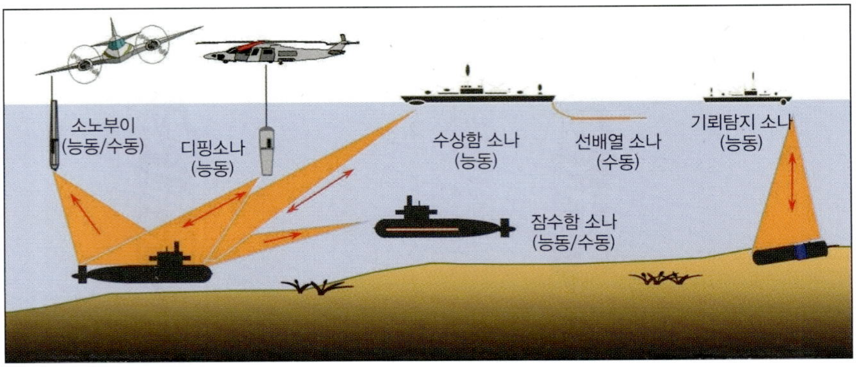

그림 4-62
소나체계 종류

탐지하여 방향을 탐지하는 방식이다[20].

소나체계는 운용개념상 플랫폼(Platform)을 기준으로 하여 수상함 소나(Shipboard Sonar), 잠수함 소나(Submarine Sonar), 항공기 소나(Airborne Sonar) 등으로 분류한다. 그리고 수상함 소나의 경우 설치위치에 따라 트랜스듀서 및 하이드로폰 배열을 선체 밑에 부착시키면 선저고정형 소나(Hull Mounted Sonar: HMS), 케이블로 예인하면 예인형 소나(Towed Array Sonar)로 분류한다. 특성 및 용도에 따라 저주파 선배열 소나(Low Frequency Line Array Sonar), 기뢰탐지 소나와 같은 영상소나(Image Sonar) 등으로 분류하기도 한다. 소나체계의 종류를 그림 4-62에 제시하였다.

수중표적을 탐지하여 식별하고 추적하는 것은 능동방식과 수동방식에 따라 다르나, 기본적으로 획득하는 자료는 방위정보이다. 능동소나의 경우 거리가 직접 측정되는 반면, 수동소나의 경우 방위각 변화율에 따른 표적기동 분석(Target Motion Analysis: TMA)에 의해 표적의 개략적인 위치 및 침로, 속도 등을 예측할 수 있다.

수동소나의 주된 특성은 표적이 방사하는 소음을 듣고 방위를 알아내며, 데이터베이스의 음향자료와 탐지주파수를 비교·분석하여 탐지된 함정을 식별하는 것이다. 저주파 수동소나일수록 표적의 방사소음에 대한 주파수 패턴을 정확히 식별해낼 수 있는 능력을 갖는다.

능동소나는 통상적으로 송수신에 같은 트랜스듀서를 이용하는 단상태(Mono-Static) 소나가 대부분이며, 주로 수 kHz 이상의 주파수를 사용한다. 그림 4-63에 수상함의 대표적인 소나체계인 선저고정형 소나와 예인선배열 소나 예인장치를 제시하였다.

선저고정형 소나(HMS) 수동 예인선배열 소나(TASS) 예인장치

그림 4-63
수상함 소나체계

4.1.13 무장체계

1) 개요

수상함의 무장체계는 크게 하드킬(Hard Kill) 무기체계와 소프트킬(Soft Kill) 무기체계로 구분된다. 그림 4-64에 수상함 무장체계를 총괄하여 제시하였다.

하드킬 무기체계는 포탄 및 유도탄 등을 발사하여 위협표적을 직접 타격하는 체계를 의미하며, 소프트킬 무기체계는 위협표적의 탐지수단을 기만하는 물체를 공중 또는 수중에 발사하여 위협표적을 자함이 아닌 다른 방향으로 유인하는 체계를 의미한다.

2차 세계대전 전후 수상함의 대함 및 대공 표적에 대한 대표적인 대응 무기체계는 함포였으며, 대함 및 대잠수함용 무기체계는 어뢰체계였다. 그러나 군사과학기술이 발전함에 따라 수상함에는 항공기 및 유도탄이 가장 강력한 위협으로

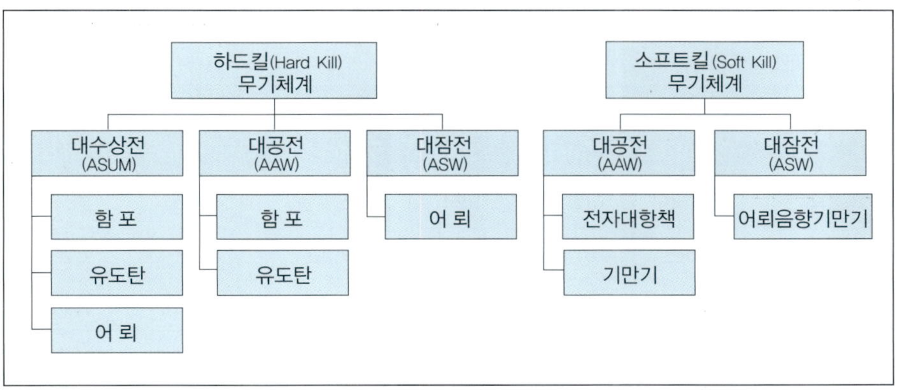

그림 4-64
수상함 무장체계 분류

등장하였고, 이들을 방어하기 위한 유도 무기체계의 수상함 탑재·운용이 보편화 되었다.

2) 함포체계

함정에서 사용하는 일반적인 함포는 구경별로 대구경 함포(구경 76mm 이상), 중구경 함포(구경 25~76mm) 및 소구경 함포(구경 15~25mm)로 구분한다[21].

대구경 함포는 통상 최대사거리가 15km 이상으로서, 원거리 대함표적에 대한 사격, 지상표적에 대한 해상화력 지원, 그리고 대공표적에 대한 위협사격을 목적으로 운용한다. 중구경 함포는 평균 5~10km의 최대사거리를 보유하고 있으며, 수상함에 가장 많이 탑재되어 있는 함포로서 함정의 핵심 방어수단으로 운용되고 있다. 소구경 함포는 2000년 미 해군 구축함 콜(Cole)함이 소형 선박에 의해 폭탄 테러를 당한 이후, 소형 선박의 기습공격 및 해적선 나포작전에 대비한 필수무장이 되었다. 미 해군 대형함의 경우 25mm 기관포 및 기관총을 필수적으로 운용하고 있다. 그림 4-65에 미 해군 함정에서 운용하고 있는 미국 United Defense사의 5인치 함포와 이탈리아 Oto Merala사의 127mm 함포를 제시하였으며, 표 4-5에는 현재 운용되고 있는 대표적인 함포의 종류와 성능을 제시하였다.

그림 4-65
미 해군 5인치/54 함포 및 이탈리아 127mm/54 함포

표 4-5
대표적인 대구경 및 중구경 함포 제원

구분	대구경 함포			중구경 함포		
	76mm/62	127mm/54	5인치/54	57mm Mk3	35mm MG	40mm 노봉
제조국	이탈리아	이탈리아	미국	스웨덴	스위스	한국
중량	7.5톤	37.5톤	24.3톤	7.5톤	3.2톤	6톤
최대사거리	16km	16km	24km	15~17km	5~6km	12km
발사율	80발/분	45발/분	40발/분	220발/분	1,000발/분	300발/분

3) 유도탄체계

가) 유도탄의 구성 및 운용개념

유도탄(Missile)이란 목표물에 도달할 때까지 특정 방법에 의해 유도되는 장치를 가진 무기체계이다. 어원적으로는 "투창, 화살, 총포 등 날아가는 무기"를 의미하지만, 현재는 "자체 추진력을 가진 비행체"를 의미하며, 일반적으로 탄두를 운반하는 군사 목적의 탄체에 한정한다.

유도탄은 그림 4-66에 제시한 바와 같이 유도센서부(Guidance Section), 유도제어부(Guidance Control), 탄두부(War Head), 기체부(Missile Body) 및 추진부(Propulsion) 등으로 나누어진다.

유도 센서부 및 제어부는 각각 인간의 눈과 두뇌에 해당하며, 유도센서의 종류에 따라 유도방식이 결정된다. 탄두의 종류에 따라 고폭탄두, 파편탄두, 자탄탄두 및 핵탄두로 구분된다. 또한 지상표적, 함정, 항공기, 유도탄 등 공격목표에 따라 기체부 및 추진부의 크기나 모양이 달라진다.

일반적으로 유도탄의 발사 및 유도 과정은 그림 4-67에 제시한 바와 같다. 레

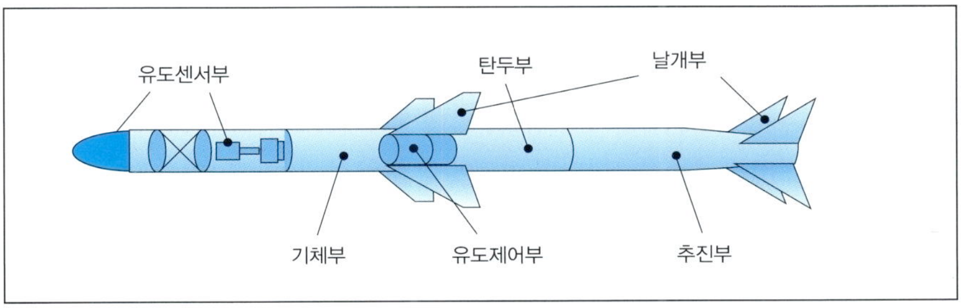

그림 4-66
유도탄 기본 구성도

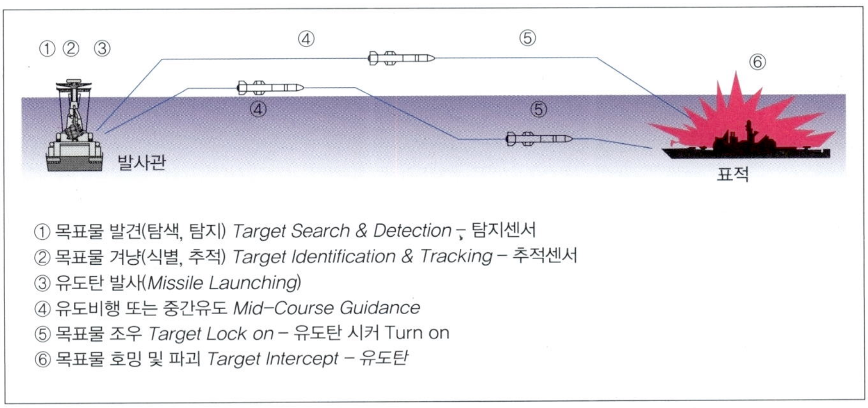

그림 4-67
유도탄 발사 및 유도 과정

그림 4-68

유도탄 운용단계 수행내용

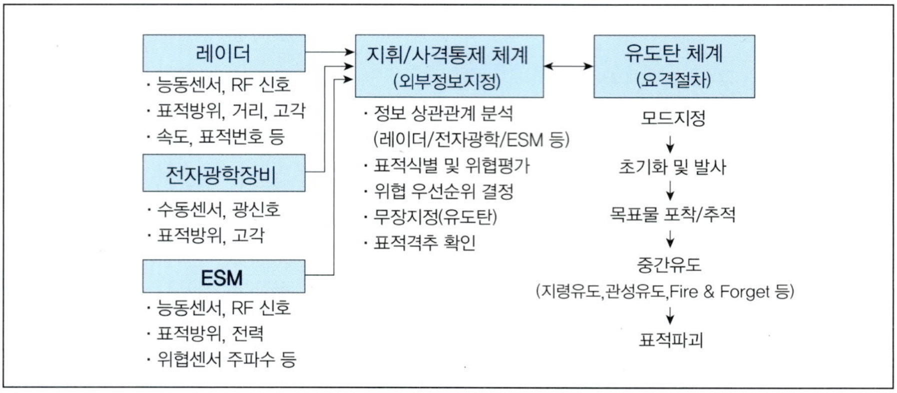

이더 등 함정에 탑재된 센서로부터 위협정보의 탐지 및 추적정보를 수신한 후, 지휘 및 사격통제 체계에서 이에 대한 식별, 상관관계 분석, 위협평가 및 무장지정이 이루어진다. 무장지정이 유도탄으로 선택되었을 경우, 유도탄체계에서는 유도탄의 종류에 따라 이미 설정된 단계를 거친 후 발사를 진행하게 된다.

유도탄 발사 후 표적까지의 유도는 유도탄의 종류에 따라 달라진다. 유도탄 운용단계에서 센서, 지휘/사격통제 및 유도탄 체계에서 수행되는 상세 내용을 그림 4-68에 제시하였다.

나) 유도탄의 분류

유도탄은 표 4-6에 제시한 것처럼 용도, 비행방식, 목표, 유도방식, 추진방식 등에 따라 분류되며, 통상적으로 목표별 분류와 유도방식에 따른 분류가 많이 사용된다. 유도탄의 유도방식에는 다양한 종류가 있으며, 가장 대표적인 방식은 다음과 같다[24].

표 4-6

유도탄 분류

구분	분류
용도별	전략유도탄: 통상 사정거리 1,000km 이상의 탄도유도탄 전술유도탄: 통상 사정거리 1,000km 이하의 유도탄
비행방식별	탄도유도탄, 순항유도탄
목표별	수상함(함대함/함대지/함대공/함대잠), 잠수함(잠대함/잠대지/잠대공) 지상(지대지/지대함/지대공), 항공기(공대지/공대함/공대공)
유도방식별	지령유도, 호밍유도, 관성유도, 복합유도
추진방식별	로켓추진, 제트추진

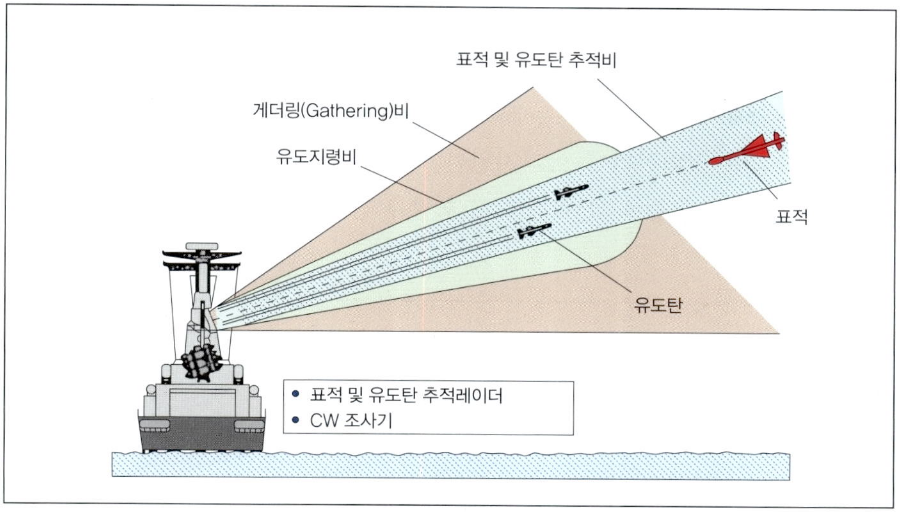

그림 4-69
유도탄 레이더 지령유도 방식

- **레이더 지령유도(Radar Command Guidance)**

그림 4-69에 제시한 바와 같이 레이더 지령유도는 유도탄 외부의 정보원인 표적 추적레이더에서 정보를 획득하여 유도신호를 산출한 후, 지령(Command)으로 유도탄에 전달하여 유도하는 방법이다.

- **시선 지령유도(Line of Sight Command Guidance)**

지령유도 방식의 일종으로, 그림 4-70에 제시한 바와 같이 하나의 추적레이더로 시선상의 표적 및 유도탄을 동시 추적하여 오차를 계속 수정해 나가면서 유도탄을 표적에 유도하는 방식이다. 장점은 정교한 유도 계산방식의 사용이 가능하다는 것이며, 단점은 시스템이 복잡하고 고가이며 전자대항책(ECM)에 취약하다는 것이다.

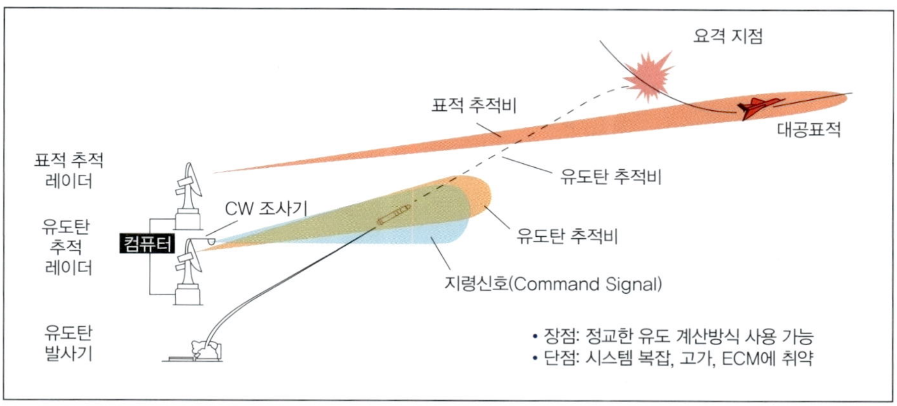

그림 4-70
유도탄 시선 지령유도 방식

● 호밍유도(Homing Guidance)

유도탄에 내장된 탐색기(Seeker)에 의해 표적을 탐색하고 포착하여 추적까지 하는 방식이다. 표적에서 반사 또는 복사되는 전파 혹은 적외선으로 유도탄을 유도하며, 전파 혹은 적외선의 주 에너지원이 어디 있느냐에 따라 능동, 반능동 및 수동으로 구분된다. 그림 4-71에 세 가지 호밍유도 방식을 제시하였다.

그림 4-71
유도탄 호밍유도 방식 구분

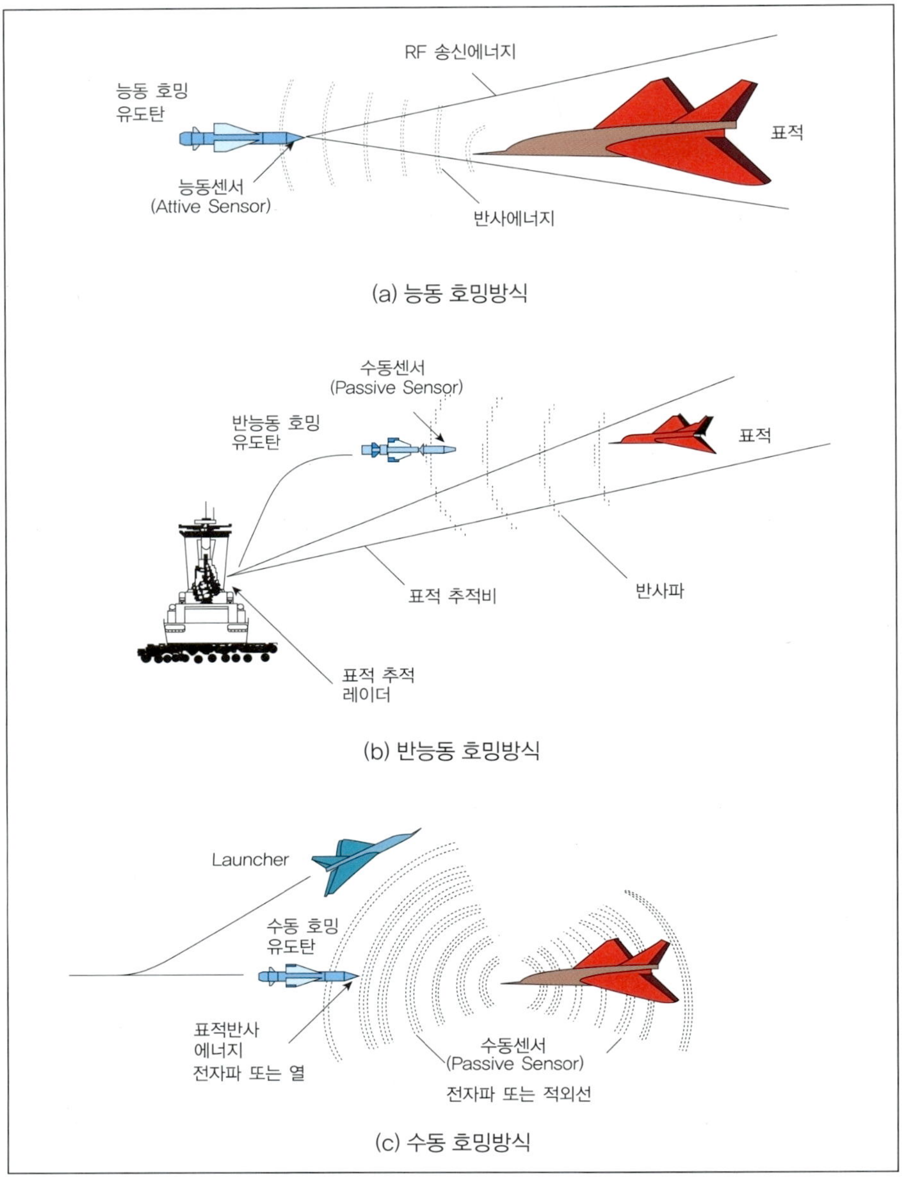

다) 유도탄 운용현황

유도탄은 다른 무기체계에 비해 방어하기가 힘들다는 점 때문에 방어하는 입장에서 가장 많은 대비가 필요한 무기체계이다. 이에 따라 선진국은 성능이 우수한 유도탄을 앞 다투어 개발해 왔고, 현재에도 많은 연구와 투자가 이루어지고 있다. 대표적인 함대함, 함대공 및 함대지 유도탄의 종류와 제원을 표 4-7에 제시하였다.

(1) 함대함 유도탄

대함유도탄(Anti-Ship Missile)은 수상전투함에 가장 위협적인 무기로 인식되고 있다. 현재까지 개발된 함대함 유도탄(Surface to Surface Missile: SSM) 중 가장 대표적인 유도탄으로 러시아의 SS-N-2 스틱스(Styx), 미국의 하픈(Harpoon) 및 프랑스의 엑조세(Exocet) 유도탄을 들 수 있다.

SS-N-2 스틱스 유도탄은 1957년 당시 구소련에서 개발하여 1967년 3차 중동전에서 실제 사용되어 유명해진 후 현재까지 러시아를 포함한 중국, 북한, 인도 및 동구권 국가에 수천 기가 판매되어 운용 중이다. 현재는 함정, 해안포대, 심지어

표 4-7
대표적 함대함, 함대공 및 함대지 유도탄 모델 및 제원

구분	개발국	모델명	사정거리 (km)	속도 (마하)	유도방식	중량 (kg)
함대함 유도탄	미국	RGM-84 Harpoon	130	0.85	관성+능동	682
	러시아	SS-N-2 Styx	40	0.9	능동	2,500
		SS-N-22 Sunburn	110	2.5	관성+능동/수동	2,200
	프랑스	Exocet MM40	70	0.9	관성+능동	850
	이탈리아	Otomat Mk2	160	0.9	관성+지령+능동	770
함대공 유도탄	미국	SM-II MR	70	2.0	관성+반능동	707
		SM-II ER	150	2.5	관성+지령+능동	1,508
		ESSM	50	4.0	지령+반능동	280
	프랑스	Aster-15	30	3.0	지령+능동	310
		Aster-30	120	4.5	지령+능동	450
	러시아	SA-N-11	8	3.0	반능동 레이저	30
	중 국	CSA-N-2	8	3.0	지령+반능동	320
함대지 유도탄	미국	Tomahawk BGM 109C/D	1,300	0.72	관성+지형고도대조	1,500

그림 4-72
프랑스 엑조세 MM40 함대함 유도탄

폭격기에서도 운용이 가능한 파생형이 개발되었다.

미국의 하픈 유도탄은 러시아의 스틱스 유도탄에 대응하기 위해 1979년에 개발한 미 해군의 대함유도탄이다. 수상함, 잠수함, 항공기 및 해안 방어기지에서 운용이 가능하도록 다양한 파생형이 개발되어 있으며, 저고도 및 해면접근(Sea Skimming) 비행이 가능하다. 미국 및 NATO를 포함한 미국의 군사 동맹국에서 주로 운용하고 있다.

프랑스의 엑조세 유도탄은 1982년 4월 포클랜드전 당시 아르헨티나 공군기가 영국 구축함 세필드(Sheffield)호를 공격하여 심각한 손상을 입힘으로써 유명해졌다. 현재 지상, 헬리콥터, 항공기, 잠수함 및 함정 등 다양한 플랫폼에서 발사가 가능한 모델들이 개발되어 있다.

한국의 경우 국방과학연구소 주관으로 1996년 개발에 착수하여 2005년 시험발사에 성공함으로써 한국 해군 함정에 탑재·운용 중인 해성(海星) 유도탄이 있으며, 미국의 하픈 유도탄과 거의 동등한 성능을 보유하고 있다.

지상, 함정, 잠수함 및 항공기 등 각종 플랫폼에서 발사가 가능한 대함유도탄은 90여 종이 개발·운용되고 있다. 대함유도탄에 대한 대항수단이 지속적으로 발전하고 연안해역의 작전환경이 복잡해짐에 따라, 대함유도탄 또한 초저고도 수면비행, 수평면 좌우 변침(Weaving) 기동, 급상승 및 급강하(Pop-Up) 종말단계에서의 기동, 레이더 반사 단면적 최소화, 탐색기 송신신호 최소화 등 지속적으로 성능이 고도화되고 있다.

(2) 함대공 유도탄

1950년대부터 제트항공기가 등장함에 따라 대공포로 고속·저고도로 침투하는 항공기 위협을 방어하기에는 한계가 있었으며, 이에 대한 대책으로 개발하기 시작한 것이 함대공 유도탄(Surface to Air Missile: SAM)이다.

위에서 기술한 바와 같이, 포클랜드전에서 아르헨티나 공군기가 발사한 대함 유도탄에 의해 영국 구축함이 격침됨으로써 수상함에 대한 항공기의 위협이 더욱 명확하게 입증되었다. 이에 따라 대형 수상전투함의 경우, 중고도 및 고고도 항공기를 공격할 수 있는 함대공 유도탄의 탑재·운용이 필수적인 요건이 되었다.

함대공 유도탄은 장거리, 중거리 및 단거리용으로 구분되며, 함정의 임무 및 특성에 따라 한두 종류의 유도탄을 탑재·운용한다. 대형 수상함의 경우 생존성 향상을 위해 다층 대공방어 개념을 토대로 복합체계로 운용한다.

가장 대표적인 함대공 유도탄은 미 해군의 SM(Standard Missile) 계열 유도탄이며, 1960년대부터 끊임없이 성능을 개량하여 미 해군의 표준형 대공유도탄으로 운용되고 있다. 중거리용으로 SM-2 MR(Medium Range) 계열 4종과 장거리용으로 SM-2 ER(Extended Range) Block IV를 개발하여 운용 중이다. SM-2 Block IV 후속형으로 개발한 SM-3는 탄도탄 요격능력을 갖추고 있어, 대륙간 탄도탄 방어용으로 미 해군 이지스급 순양함 및 구축함에 탑재·운용하고 있다.

특히 수직발사관 체계의 발전으로 인해 많은 양의 함대공 및 함대함 유도탄을 적재하고 신속하게 발사할 수 있게 되었다. 그림 4-73에 미 해군 구축함의 SM-3 대공유도탄 발사장면 및 수직발사관 체계를 제시하였다.

(3) 함대지 순항유도탄

미 해군의 토마호크(Tomahawk) 대지 순항유도탄(Land Attack Cruise Missile)은 1970년대 수상함 공격용 유도탄으로 개발되기 시작하여, 1990년대 초부터 원거리 육상표적을 정밀타격하기 위한 순항유도탄으로 운용되었다.

그림 4-73
미 해군 구축함 대공유도탄 발사 및 수직발사관 체계

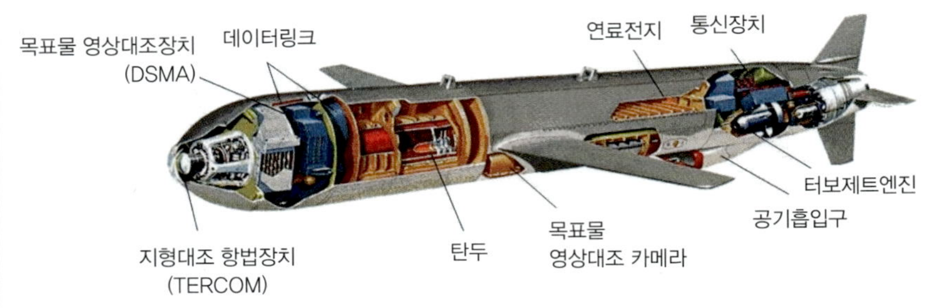

그림 4-74
토마호크 함대지 순항유도탄 구성체계

원해역의 안전지대에 위치하는 잠수함 및 수상함은 토마호크 순항유도탄을 이용하여 1,000해리 이상 원거리에 위치한 육상 전략목표를 명중률 80% 이상으로 정밀하게 타격할 수 있게 되었다. 이에 따라 대지 순항유도탄을 이용한 원거리 정밀타격전은 1991년 걸프전 이래 보스니아전, 코소보전, 이라크전을 통해 군사강대국의 군사력 투사수단으로 정착하였다.

육상 공격용 토마호크 대지 순항유도탄은 사거리가 900~1,300km이며, 핵탄두 적재 시 2,500km에 달한다. TERCOM(Terrain Contour Matching), DSMA(Digital Scene Matching Area Correlation), INS(Initial Navigation System), GPS 등 여러 기법을 이용하여 원거리 목표물에 정밀하게 접근할 수 있다. 그림 4-74에 토마호크 대지 순항유도탄의 구성체계를 제시하였다.

라) 대함유도탄 근접 대공방어체계

대함유도탄은 현재 수상전투함에 가장 강력한 위협이 되고 있다. 따라서 대함유도탄에 대한 근원적인 방어대책은 대함유도탄의 발사 모함인 함정 및 항공기를 선제 공격하여 격파하는 것이다. 만일 이러한 대책이 성공하지 못할 경우, 접근해오는 대함유도탄을 격파하거나 회피해야 한다.

대함유도탄에 대한 탐지레이더의 탐지거리는 대함유도탄의 레이더 반사 단면적에 따라 다르지만 개략 15km 이내이다. 접근해 오는 대함유도탄에 대한 일반적인 근접방어체계로 세 가지 방식이 운용되고 있다.

첫째, 유도탄 요격용 단거리 혹은 근거리 유도탄(Surface to Anti Air Missile: SAAM)을 이용하여 대함유도탄을 직접 격파하는 방법이다. 현재 세계적으로 가장 많이 사용되고 있는 SAAM 체계는 미국의 RAM(Rolling Airframe Missile) 체계 및 이스라엘의 바라크(Barak) 체계이며, 중거리 함대공 유도탄인 미국의 ESSM(Evolved Sea Sparrow Missile) 유도탄도 유도탄 요격능력을 보유하고 있다.

그림 4-75
RAM 요격유도탄 및 볼칸 파랑스 근접방어 함포체계

둘째, 전자전 기만체계(Electro Counter Measure: ECM) 혹은 채프(Chaff) 기만체계를 이용하여 전자적으로 기만하는 방법이다. 전자전 기만체계는 잡음신호를 발생하거나 기만 재밍(Jamming) 신호를 이용하여, 함정과 유사한 허위표적을 발생시켜 대함유도탄 탐색기의 표적탐지를 방해하는 방법이다. 채프 기만체계는 대량의 작은 금속입자를 공중에 살포, 구름 형태를 형성하여 대함유도탄이 채프 쪽으로 유도되도록 기만하는 방법이다.

셋째, 근접방어 함포체계(Closed-In Weapon System: CIWS)는 함포를 이용한 대함유도탄 방어체계로서, 함정의 대공 방어체계를 뚫고 들어오는 대함유도탄에 대한 최후의 방어수단으로 운용되고 있다. 일반적으로 구경은 25mm 또는 30mm, 방어거리는 2km 이내이며, 분당 발사율은 3,000~4,500발 내외이다. 현재까지 가장 많이 운용되는 체계는 미국의 벌칸 팔랑스(Vulcan Phalanx) 체계와 네덜란드의 골키퍼(Goalkeeper) 체계이다. 그림 4-75에 미 해군이 운용하고 있는 RAM 요격유도탄 및 볼칸 파랑스 근접방어 함포체계를 제시하였다.

4) 어뢰

어뢰(Torpedo)는 수상함이나 잠수함 또는 항공기로부터 발사된 후, 자체 추진장치로 항주하여 수상함이나 잠수함을 파괴 또는 격침시키는 무기체계이다. 그림 4-76에 제시한 것처럼 어뢰는 센서부(Sensor), 탄두부(Warhead), 유도제어부(Guidance Control), 추진전지부, 추진전동기부로 구성된다.

어뢰는 중량에 따라 중어뢰와 경어뢰로 나누어진다. 경어뢰는 중량 300kg 내외, 직경 19인치(488mm) 미만의 어뢰를 의미한다. 수상함 및 항공기 등에 탑재하여 근거리 잠수함을 대상 표적으로 하여 운용되며, 대잠로켓에 장착되어 원거리 잠수함 공격에 운용되기도 한다. 400mm 이상의 직경을 가진 경어뢰의 경우, 일부 국가에서 개발되어 잠수함에 탑재 · 운용되고 있다.

그림 4-76
어뢰 구성도

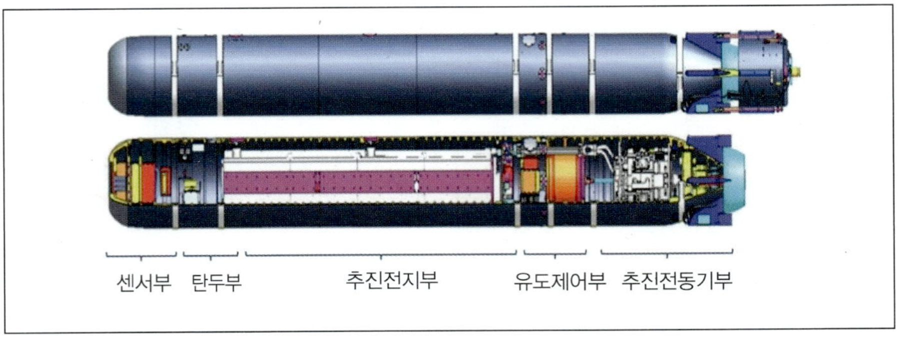

중어뢰는 중량이 1~1.5톤 내외이고 직경이 19인치(483mm) 이상의 어뢰를 통칭하며, 일반적으로 잠수함에 탑재하여 30km 이상의 원거리에서 수상함 및 잠수함을 공격하기 위해 운용된다. 그러나 어뢰정 등에 탑재되어 근거리 수상함을 공격하는 데 운용되는 경우도 있다.

수상함에서 운용하는 경어뢰의 경우, 수중에서 표적을 탐지하기 위해 음향신호 센서를 사용한다. 어뢰에서 음향을 발생하여 표적에서 반사되어 오는 신호를 감지하여 탐지하는 능동방식과, 표적에서 발생하는 소음을 탐지하여 추적하는 수동방식이 있다. 센서에서 탐지한 정보를 기준으로 유도제어부에서는 자세제어 및 표적을 추적할 수 있는 유도정보를 산출한다. 경어뢰의 유도는 기본적으로 중간 유도단계와 종말 유도단계로 나누어지며, 중간 유도단계는 항법유도를 사용하고 표적탐지 후에는 호밍유도 방식을 이행한다. 그림 4-77에 경어뢰의 발사장면을 제시하였다.

5) 어뢰 음향기만기

어뢰 음향기만기는 고출력 음향 방해신호를 수중에 방사하여 적 어뢰를 교란 · 기

그림 4-77
미국 MK46 경어뢰(좌) 및 영국 스팅레이 경어뢰(우) 발사장면

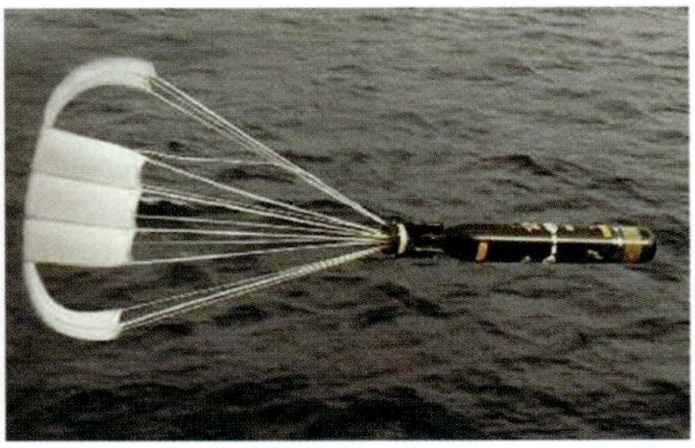

그림 4-78
어뢰 음향기만기 운용개념

만함으로써 자함을 보호하는 음향대항 장비이다. 그림 4-78에 제시한 것처럼 운용방식에 따라 예인형 기만기, 부유식 기만기 및 자항식 기만기로 분류한다. 선유도어뢰나 다중유도 어뢰 등에 대항하여 개발한 자항식 기만기는 스스로 이동하면서 어뢰가 사용하는 주파수 대역의 소음을 방사하는 등 복합적인 기만기법으로 어뢰를 기만하도록 되어 있다.

6) 기뢰

기뢰(Mine)는 항만이나 해역에 대한 봉쇄 또는 방어를 위해 사용되는 무기체계이다. 기뢰는 적 함정의 흘수선(Waterline) 아래 또는 근처에서 폭발하여 함선에 치명적인 손상을 주는 무기로서, 적을 추적하는 것이 아니라 적이 기뢰에 접근하도록 기다린다는 점에서 어뢰와 차이가 있다. 기뢰에 대한 탐지(Detection) 및 위치확인(Location)이 쉽지 않으므로, 일단 부설되어 기뢰원(Mine Field)이 형성되면 적 함정 세력의 항해를 못하게 하는 강력한 위협수단이 된다. 이에 불구하고 항해를 시도할 경우 심각한 함정 손상이나 침몰위험을 감수해야 한다. 기뢰는 매우 저렴한 무기이면서 동시에 가장 전략적인 무기이다. 기뢰는 항공기, 잠수함, 수상함 등 다양한 부설수단에 의해 부설되며, 운용범위는 천해에서부터 심해에 이르기까지 매우 넓다.

기뢰는 그림 4-79에 제시한 바와 같이 부설하는 위치에 따라 해저기뢰(Bottom/Ground Mine), 계류기뢰(Moored Mine) 및 부유기뢰(Floating Mine)로 구분된다. 폭발방식에 따를 경우 접촉 충격에 의해 기폭되는 접촉식 기뢰, 함정에

그림 4-79
부설위치에 따른 기뢰 분류

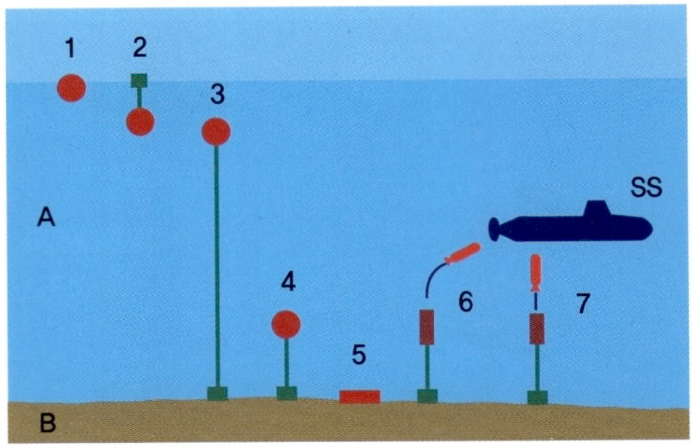

1: 부유기 2~4: 계류기뢰 5: 해저기뢰 6: 어뢰기뢰 7: 부양기뢰

의해 발생하는 자장이나 수중음향 또는 압력 등의 변화를 감지하여 폭발하는 감응기뢰(Influence Mine), 그리고 인위적인 판단에 의해 기폭 여부를 결정하는 조종기뢰(Controlled Mine) 등으로 구분된다. 최근 운용되고 있는 기뢰는 함정의 자기, 음향 및 압력변화에 의해 표적을 탐지하고 작동하는 해저부설 복합감응 기뢰가 주류를 이루고 있다. 해저 바위와 유사한 형상을 갖거나 비금속재를 적용하는 등 탐지 및 식별이 매우 곤란한 신형 기뢰들도 계속 출현하고 있다.

4.1.14 탑재헬기 및 운용지원체계

현대 수상전투함은 대함전을 비롯하여 대잠전, 대공전, 대지전 그리고 대기뢰전까지 다양한 전투작전 임무를 수행해야 하며, 작전을 수행해야 할 해역의 범위 또한 확대되고 있다. 그러나 배수량형 단동선형을 채택하고 있는 대부분의 수상전투함의 경우 최대속도는 30노트 수준이며 레이더 등을 장착하는 마스트의 높이가 20여 미터에 불과하므로, 수상전투함의 해상 기동력과 표적탐지 범위는 근원적으로 제한될 수밖에 없다.

이러한 한계를 극복하기 위해 순양함, 구축함, 프리게이트급 수상전투함의 경우 해상작전용 헬기의 탑재·운용이 보편화되었으며, 초계함급 이하 중소형 수상전투함에도 비상시에 대비한 헬기 이·착함 갑판의 설치·운용이 늘어나고 있다. 수상전투함에 헬기를 탑재·운용할 경우 첫째, 120~160노트에 달하는 탑재헬기의 속도를 활용하여 수상전투함의 저속성 및 저기동성을 효과적으로 보완할 수 있다. 둘째, 탑재헬기는 약 3km 이상 고도에서 작전임무를 수행하므로 감시·정

그림 4-80
수상전투함의 탑재헬기 운용 장면

찰 반경이 마스트에 장착한 장비 대비 약 20배 수준으로 확대되며, 나아가 초수평선(Over The Horizon) 작전을 수행할 수 있게 된다. 셋째, 대잠전 및 대기뢰전 전용헬기를 이용할 경우 연해해역에서 복잡한 수중음향 환경 및 수중 탐지센서의 성능 제한으로 인해 큰 제약을 받는 수상전투함의 대잠전 및 대기뢰전을 효과적으로 수행할 수 있다. 그림 4-80에 수상전투함의 탑재헬기 운용장면을 제시하였다.

수상전투함에 탑재·운용되는 헬기는 대함전 및 대잠전 겸용, 대잠전용, 대기뢰전용, 특공작전 지원용으로 구분된다. 가장 대표적인 대함/대잠전 겸용 헬기는 미 해군이 운용하고 있는 미국 Sikorsky사의 SH-60B 시호크(Seahawk)기로서, 속도 145노트, 항속거리 450해리, 제한고도 3km이며, 미 해군 순양함, 구축함, 프리게이트에 1984년부터 탑재·운용되고 있다. 경어뢰 3기, 대함유도탄 1기, 헬파이어(Hellfire) 유도탄 4기, 기관총, 신형 레이더, 자기탐지 장비, 소노부이, 전자전 장비 등이 장착되어 있다. 일본 해상자위대는 미국 Sikorsky사와 일본 Mitsubishi사가 공동 제작한 SH-60J 및 SH-60K 시호크(Seahawk)기를 운용하고 있다. 유럽 국가들이 운용하는 대함/대잠전 겸용 헬기로는 영국 웨스트랜드 링스(Westland Lynx), 프랑스 NH 90 NFH, 이탈리아 EH 101 멀린(Merlin) 등이 있다. 대기뢰전 헬기로는 미 해군의 MH-53E 시드래곤(Sea Dragon) 및 MH-60S 시호크(Seahawk)가 대표적 기종이며, 특공작전 지원용으로는 영국의 웨스트랜드 시킹(Westland Sea King)이 있다. 그림 4-81에 대잠전 헬기가 잠수함 탐지를 위해 탐지소나를 수중에 진입시키는 장면을 제시하였다.

수상전투함에 헬기를 탑재·운용하기 위해서는 각종 헬기 운용지원체계를 갖

그림 4-81
대잠전 헬기 잠수함 탐지소나 운용장면

추어야 한다. 헬기 운용지원체계는 헬기 이착용 비행갑판, 헬기 보관 및 정비·유지를 위한 헬기 격납고(Hanger), 헬기 고정 및 이송 장치, 연료공급, 전기지원 및 세척 등을 위한 헬기 운용지원 설비, 정비작업 및 부품 보관 등을 위한 헬기 정비·보수 설비, 소화 설비 및 안전망 등 승조원 안전 설비, 헬기 유도장치 등 관제 설비로 구성된다. 이 가운데 헬기 고정 및 이송 장치는 탑재하는 헬기에 따라 다른데, 미 해군은 RAST 및 ASIST 시스템, 영국 해군은 레일식 3 Winch-3/5 Wire 시스템, 유럽 해군은 SAMAHE 시스템을 적용하고 있다. 미 해군의 경우 주야간 운용 여부 및 유도방법, 지원내용 및 지원방법에 따라 헬기 운용지원 수준을 Level과 Class로 상세히 구분하고 있는데, 운용지원 수준에 따라 헬기 운용지원 시스템의 규모가 결정된다. 또한 수상전투함에 헬기를 탑재·운용하기 위해서는 함정의 파도 중 동요성능 등 내항성능이 탑재헬기의 운항기준에 의거하여 도출된 이착함을 위한 내항성능 요구 기준을 만족시켜야 한다.

4.2 | 잠수함 체계구성

4.2.1 기본개념

잠수함(潛水艦)은 수상전투함과 다르게 주로 수중에서 작전을 수행하는 전투함이다. 특히 수상함과 다른 점은 수중으로 잠수하거나 수상으로 부상하여 수상 및 수중 항해를 모두 한다는 것이다. 그림 4-82에 제시한 것처럼 함수(艦首)와 함미

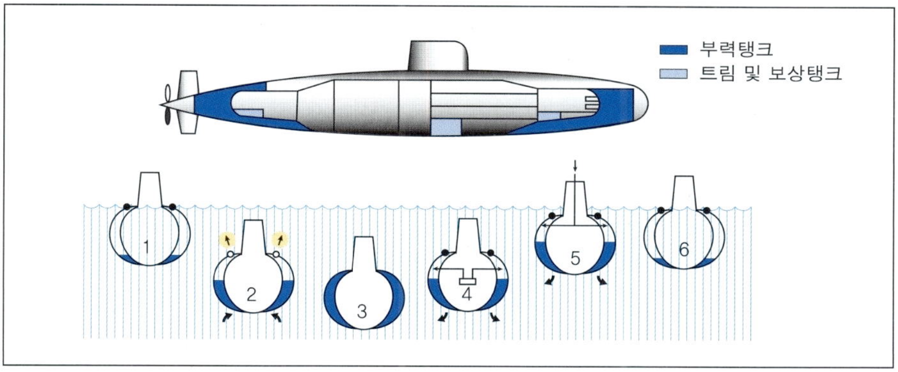

그림 4-82
잠수함의 부상 및 잠수 원리

(艦尾)에 위치한 주 부력탱크(Main Ballast Tank: MBT)에 압축공기를 주입하면 해수가 밀려나가고 잠수함이 부력을 얻게 되어 수상으로 부상하며, 압축공기를 대기로 배출하면 주 부력탱크에 해수가 유입되어 잠수함이 잠수하게 된다.

따라서 잠수함은 일반배치, 선형, 선체구조, 추진기관, 전기계통, 보기계통, 의장계통, 항해통신, 전투체계, 탐지센서, 무장 등 체계구성 개념이 수상함과 크게 달라질 수밖에 없다. 잠수함의 일반배치 설계에서는 원통형 압력선체 내부공간을 최대한 효율적으로 활용할 수 있도록 모든 구성체계를 배치하고, 탑재장비와 설비는 체적과 중량에 대한 기준을 제시한다.

잠수함 선형은 수중저항, 추진, 조종성, 유체소음, 표적강도 및 수중 압력장 등 여러 특성을 고려하여 설계한다. 선수, 선미, 중앙부 등 선체 외부 형상과 세일(sail), 제어판 등 부가물 형상은 잠수함의 수중항해 시 속도, 조종성, 유체소음 등에 직접적인 영향을 주기 때문이다.

잠수함 선체구조는 크게 압력선체와 비압력선체로 구분된다. 압력선체는 외판(Shell)을 원환늑골(Ring Rrame)이 지지하는 구조로서, 외부의 높은 정수압을 지탱하는 구조이다. 비압력선체는 내부선체와 외부선체, 함수/함미 구조, 상부구조, 세일구조로 구성된다.

잠수함 추진기관은 원자력 추진기관과 디젤전기 추진방식의 추진기관, 그리고 최근 실용화된 AIP(Air Independent Propulsion) 추진기관으로 나눌 수 있다. 원자력추진 잠수함은 고속기동과 장기간 수중작전이 가능하므로 전략적 무기체계로 효과적인 운용을 할 수 있다. 디젤전기추진 잠수함은 경제성 및 운용성 측면에서 장점이 있으나, 수중 연속체재 능력에서 제한을 받는다. 최근에 AIP 추진기관의 실용화로 인해 수중 지속능력이 증대되고 있다.

잠수함 전기계통은 주 추진장치에 전력을 공급하는 전기추진계통과 함 일반

부하에 전력을 공급하는 배전계통, 그리고 함의 주요 계통을 제어 · 감시하는 자동화계통으로 구성된다. 잠수함 보기계통은 압축공기계통, 유압계통, 중량보상계통, 해수계통, 청수계통, 스노클 및 배기 계통으로 구성된다. 의장계통은 대기관리계통, 탈출 및 구조 계통, 긴급부상계통으로 구성된다.

잠수함 항법장치는 관성항법장치(INS), 자기함속측정기(EM-Log), 도플러로그(Doppler Log), 음향측심기(Echo Sounder), 위성항법장치(GPS) 등으로 구성된다. 잠수함 통신체계는 위치에 따라 부상통신과 수중통신으로 구분되며, 부상 지휘통신체계는 주로 위성통신 및 HF 버스트(Burst) 지휘통신체계를 이용하고 있다. 수중 통신체계는 잠수함의 주 임무인 은밀성을 유지하기 위해 저주파수 대역(LF, VLF, ELF)의 전파가 수중을 통과하는 것을 이용하고 있다.

잠수함 전투체계는 정보융합, 지휘통제, 무장통제 기능이 자동화되어 있으며, 소나, 레이더, 전자광학장비 등의 탐지체계와 통합을 이루어 기능을 발휘한다.

잠수함 탐지체계는 음향센서인 소나체계와 잠망경, 레이더, 피아식별기, 전자전 지원장비 등 비음향센서가 탑재된다. 대잠전, 대함전, 기뢰부설 작전 등 수중 은밀작전 수행을 위해서는 잠수함 소나체계 성능이 매우 중요하다. 잠수함 무장체계의 핵심은 어뢰발사관으로서, 기본무장인 어뢰는 물론 대함유도탄 및 기뢰를 발사한다. 다양한 무장체계를 탑재하는 수상함에 비해 적재무기 종류 및 적재량이 크게 제한받는다. 잠수함체계의 또 다른 특징은 특수부대 요원을 탑승시키고, 이들이 수행하는 특수작전을 지원하기 위한 특수전 지원체계를 운용한다는 점이다.

4.2.2 일반배치

잠수함은 가장 대표적인 대형 복합 무기체계이다. 따라서 체계종합 설계의 기술수준과 경험이 개발 · 건조하는 잠수함의 작전 운용능력을 결정짓는다고 해도 과언이 아니다. 잠수함의 체계종합 설계 시 통상적으로 다음 원칙사항들이 적용된다.

- 함정의 크기는 가능한 최소화되도록 한다.
- 방사소음, 표적강도, 레이더 반사 단면적, 자기신호 등을 최소화하여 피탐지율을 감소시킨다.
- 격실 용도에 따라 적절한 위치에 배치하여 효율적인 공간배치가 되도록 한다.
- 모든 장비와 설비는 함 운용 시 요구성능을 만족시킬 수 있도록 최적의 위치와 공간에 배치한다.

- 공간활용을 극대화하고 사장공간을 최소화한다.
- 중량과 획득비용을 최소화하고 정비유지가 용이하도록 한다.
- 화재방지를 위해 내열자재를 사용하고, 유류탱크, 탄약고, 통풍관, 전선 등은 불꽃이나 열이 발생하지 않도록 조치한다.
- 침수방지 및 침수 시 피해 최소화를 위해 방수체계를 설치한다.
- 함 내 침수 시 맨몸탈출이 가능한 개인 탈출장비와 구명정을 갖추고, 심해구조정(DSRV)으로 구조될 수 있도록 접합 플랜지(Flange), 긴급통신장비, 조난신호장비 등을 갖춘다.

잠수함은 제한된 함 내 공간에 모든 장비체계를 배치해야 하므로, 일반배치는 체계종합 설계와 직결되어 있다. 잠수함의 일반배치는 위에 제시된 체계종합 설계에 적용된 원칙을 토대로 밀폐되고 한정된 압력선체 내부에 장비의 효율적 배치, 사장된 공간의 최소화, 승조원의 인간공학적 운용환경, 함의 평형유지를 위한 탱크 배치 등을 고려하여 수행한다. 함 내 공간은 추진실, 조종실, 거주실, 무장실, 각종 탱크 등 5개 구역으로 대별(大別)되며, 기계실을 포함한 추진실은 함미부에, 조종실은 잠망경 등이 설치된 함 중앙부에, 거주실과 어뢰발사관을 포함한 무장실은 선수부에 위치한다. 유도탄 수직발사체계를 설치한 잠수함의 경우 세일(Sail)의 전부 혹은 후부에 배치하고 있다.

그림 4-83에 잠수함 일반배치의 한 예로 스페인이 개발하고 있는 S-80급 잠수함의 일반 배치도를 제시하였다. 격실 및 각종 장비배치가 빈틈없고(Compact) 복잡하게 되어 있음을 확인할 수 있다.

디젤전기추진 잠수함의 추진실은 할당된 공간 내에 디젤엔진 및 전동기, 축전지 등 부피가 크고 중량이 많이 나가는 추진장비가 탑재되며, 원자력추진 잠수함의 경우 원자력 추진기관이 탑재된다. 추진기관실에는 차폐장치(Enclosure) 또는 래프트 시스템(Raft System)을 설치하여 잠수함의 은밀성능에 직접적인 영향을 미치는 요소인 진동과 방사소음 수준이 최소화되도록 하고 있다.

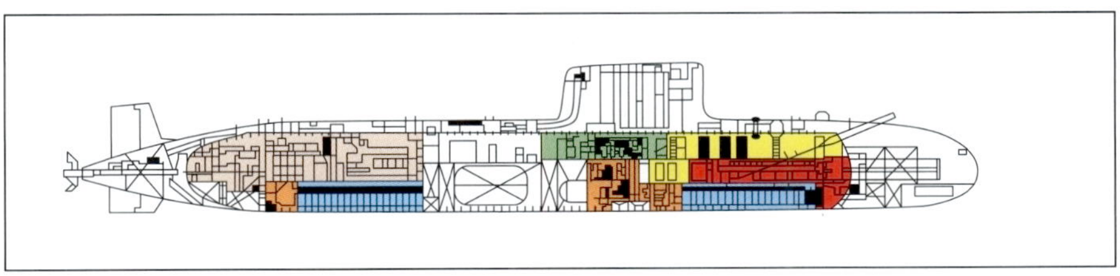

그림 4-83
스페인 S-80급 잠수함 일반 배치 예

잠수함의 두뇌 역할을 하는 조종실은 일반적으로 잠망경 운용이 유리한 세일 하부 상갑판에 배치하고 있으며, 작전지휘를 효과적으로 수행할 수 있도록 각종 모니터 및 콘솔 장비를 설치하는 구역이다. 조종실은 함 제어구역(Ship Control Center), 통신구역(Communication Center), 항해구역(Navigation Center), 소나구역(Sonar Center), 무장통제구역(Weapon Control Center) 등으로 세분화된다. 조종실에 배치된 대부분의 장비가 진동, 충격, 전자파 간섭 등에 취약한 전자장비이므로 이에 대한 대책도 마련해야 한다.

무장실은 통상적으로 함수부에 위치하며, 어뢰발사관을 설치하고 후부 공간에 예비어뢰를 보관한다. 선수부에 배치되는 가장 크고 중요한 체계인 어뢰발사관과 함수소나의 배치위치에 따라 함수소나 능력 및 어뢰발사 능력이 영향을 받으므로 함수부 배치의 주요 쟁점사항이 되고 있다.

함을 조종할 수 있는 각종 탱크는 부상(浮上)과 잠항(潛航) 용도인 주 부력탱크를 제외하고, 함의 보상능력을 위한 보상탱크, 무장 보상탱크, 트림탱크, 연료유탱크, 윤활유탱크, 청수탱크, 오수탱크, 위생탱크 등이 압력선체 데크 하부에 설치된다. 축전지도 압력선체 데크 하부에 설치된다.

잠수함의 전투와 승조원의 의식주가 압력선체 내부 동일 공간에서 이루어지고, 승조원의 체력과 피로도 등은 전투력에 직접적인 영향을 미치게 되므로 이를 고려하여 거주실을 배치한다. 거주실은 전투정보실, 무장발사실, 무장 탑재/취급, 탈출/구조를 고려하여 통상적으로 소음원으로부터 가급적 먼 장소인 선수부에 배치한다. 함 내 통로는 상부높이를 1.9m 이상으로 하고 장교와 부사관을 구분하며, 침실, 화장실, 샤워실, 식당 및 조리시설 등을 갖추고 있다.

은밀성의 극대화를 위해 잠수함 크기를 가능한 최소화하는 것이 기본원칙이므로, 대형 원자력추진 잠수함의 경우에도 탑재하는 장비체계가 차지하는 공간으로 인해 승조원의 거주 생활공간은 매우 협소하다.

4.2.3 선형

1) 선형 형상

잠수함 선형은 수상함형 선형, 물방울형 선형, 시가형 선형 등 크게 세 가지로 구분된다. 그림 4-84에 세 가지 선형의 형상을 제시하였다.

가) 수상함형 선형

그림 4-84
수상함형, 물방울형, 시가형 잠수함 선형

2차 세계대전 이전 초기 잠수함은 수상항해를 주로 하고, 필요시 잠항하여 공격하는 작전을 주로 수행하였다. 따라서 당시 잠수함은 수상항해 시 조파저항이 최소화되도록 뾰족한 함수미를 가지는 수상함형 선형을 보유하였다.

나) 물방울형 선형

2차 세계대전 이후 수중항해에 적합한 선형에 대한 연구가 수행되어, 수중체의 이상적인 형상으로 타원형 함수부와 포물선형 함미부로 구성되는 길이/직경 비가 6 내지 8 정도의 물방울형(Tear-Drop) 선형이 개발되었다. 미 해군 알바코어(Albacore) 실험 잠수함에 적용되어 수중속도 33노트를 기록하였으며, 마찰저항 및 유체소음 측면에서 물방울형 선형의 우수성이 입증되었다.

다) 시가형 선형

이상적인 물방울형 선형은 내부 장비배치 및 압력선체 제작상의 한계로 인해 현대의 잠수함 형상으로 적용하기 어렵다. 이에 따라 그림 4-82에 제시한 바와 같이 중앙평행부를 도입하여 길이/직경 비가 9 내지 12 정도되는 시가(Cigar)형 선형으로 설계하고 있다. 이 선형은 함 내 공간배치에 유리하고 선체 모듈화를 통해 섹션의 교체가 용이하며, 수직발사 시스템의 배치·운용이 용이하다. 특히 대형 원자력추진 잠수함 선형으로 적합하다.

2) 부가물 형상

잠수함에는 마스트 등을 수용하기 위한 세일(Sail), 조종안정성을 확보하기 위한 제어판, 함 외부장비 등을 탑재하기 위한 케이싱(Casing), 용골(Keel) 및 해수입·출구 등 많은 부가물이 있다. 부가물은 어떤 형태든 저항을 증가시키고 힘의 비대칭을 초래하며, 선체-부가물 접합부에서 유동박리 현상이 발생하므로 부가물 자체의 유선형화와 접합부 형상의 유선형화를 위해 많은 노력을 기울이고 있다.

특히 세일은 전체 저항의 약 15~30% 크기의 부가저항을 가지고 있으며, 유체동역학적 양력을 가지고 있어 저항 및 조종성능에 많은 영향을 미친다. 최근 잠

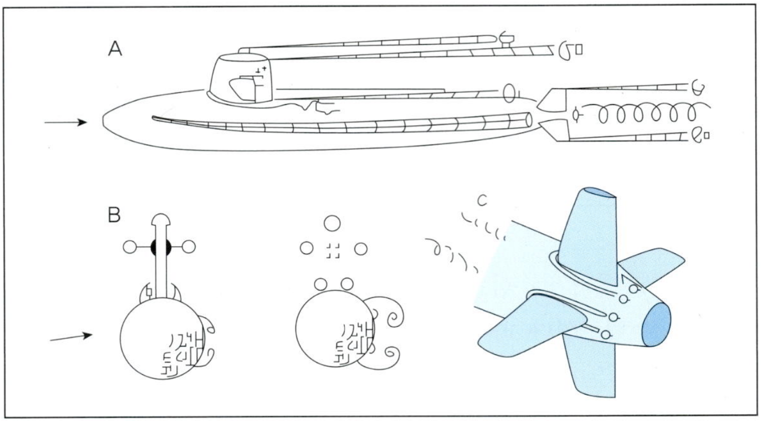

그림 4-85
선체 및 부가물에서 발생하는 유동박리 현상 예

망경과 통신 마스트가 선체 비관통(Non-Penetrating) 형태로 발전함에 따라 세일의 크기가 작아지거나, 조종성능 향상에 맞추어 세일위치를 재선정할 수 있게 되었다.

부가물 설계 시 고려해야 할 사항은 표적강도(Target Strength), 저항, 유동교란 및 통행로 등이며, 그림 4-85에 부가물에 의한 유동박리 현상을 제시하였다.

3) 제어판

잠수함은 항공기와 같이 수중에서 잠수, 부상, 심도제어 및 트림조종 등 3차원 기동을 한다. 따라서 그림 4-86에 제시한 것처럼 조종안정성을 확보하기 위해 제어판을 설치해야 한다. 제어판은 조종성 및 직진안정성을 동시에 고려하여 양력 및 모멘트가 효율적으로 작용하도록 형태, 크기 및 위치를 결정한다. 제어판의 단면

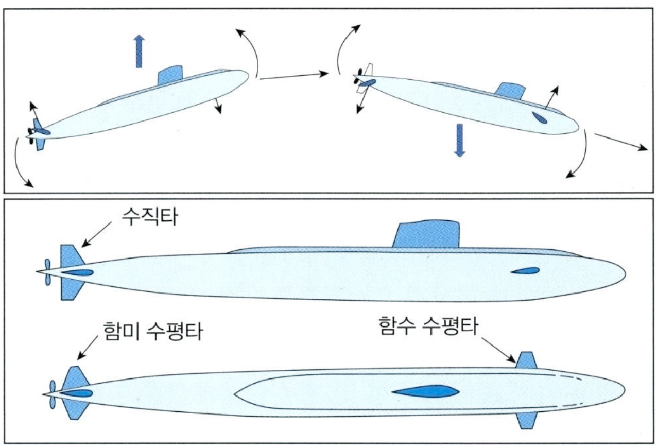

그림 4-86
잠수함의 제어판 종류 및 작용되는 힘

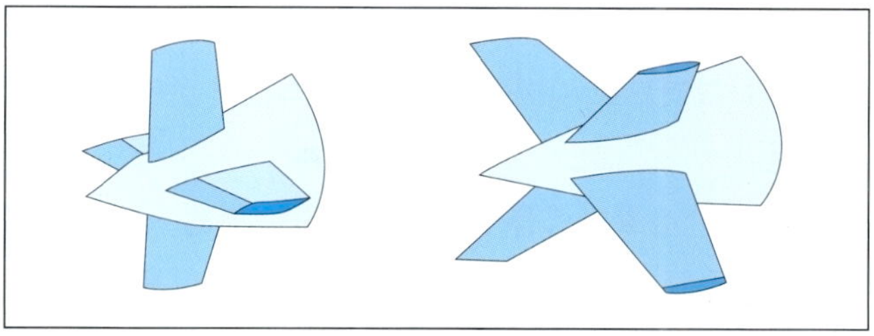

그림 4-87
함미부 수평타 및 수직타 배치 형태

그림 4-88
함수부 수평타 배치 형태

은 양력/저항 비율이 양호한 NACA 0015 ~ 0018 범위를 사용한다.

함미타는 통상적인 심도제어를 담당하며, 구조가 간단하고 조종이 용이한 십자형과 미세조종 및 긴급기동에 유리한 X자형 등이 있다. 그림 4-87에 십자형과 X자형 함미타를 제시하였다.

함수 수평타는 저속에서의 심도제어를 담당한다. 부착위치에 따라 세일 부착형, 함수부 상단 부착형, 함수부 중앙 부착형, 함수부 하단 부착형 등으로 분류할 수 있다. 압력선체와 소나 등 선체구조와 탑재장비와의 조화를 고려하여 배치하며, 최적의 조종특성을 가지도록 설계한다. 그림 4-88에 함수부 수평타 배치 형태를 제시하였다.

4) 선형이 성능특성에 미치는 영향

가) 저항/추진 성능

잠수함이 깊이 잠수한 상태에서의 저항은 마찰저항 및 형상저항으로 구성된다. 저항의 대부분을 차지하는 마찰저항은 선체 표면을 매끄럽게 처리하거나 침수 표면적을 줄임으로써 감소시킬 수 있다. 형상저항은 전체 저항의 15~20%이며, 함수부 형상이 저항에 미치는 영향은 약 6% 정도이다. 그러나 최소저항을 갖는 선체 형상을 결정할 때 2개의 저항성분은 정반대의 조건을 주게 된다. 주어진 일정한 용적에 대해 선체가 길고 가늘수록 형상저항은 감소하나, 표면적의 증가로 마찰저항은 증가한다. 그러므로 길이/직경 비의 최적값이 존재하고, 6~7일 때 총 저항이 최소값이 된다.

주어진 형상에 대한 유효마력을 간단히 추정하는 방법으로 수중배수량 및 속도의 함수인 제독부 계수(Admiralty Coefficient) C_{adm}를 이용한다[1]. C_{adm}가 클수록 요구되는 속도를 달성하기 위한 소요 유효마력(EHP)이 적어진다. 제독부 계수값의 범위는 2차 세계대전 이후 디젤전기추진 잠수함이 90~180, 초기 원자력추진 잠수함이 180~210 정도이며, 현대 원자력추진 잠수함은 350~500이다. 그리고 현대의 디젤전기추진 잠수함은 300 이하로 추정된다.

나) 수중 안정성 및 조종성

선체의 길이/직경 비는 선회성능 및 조종특성에 영향을 준다. 짧고 뚱뚱한 선체형상은 안정핀(stabilizer)이나 제어판이 없을 경우 수평면 및 수직면 운동시 불안정하므로, 동적 안정성을 유지하기 위해서는 더 큰 안정핀이나 제어판이 요구된다. 그러나 짧고 뚱뚱한 선체형상은 수평 및 수직 평면에서 매우 우수한 조종성을 갖는다.

수상함형 함수를 갖는 잠수함은 선회 시 영각(迎角, Angle of Attack)으로 인해 함수 부근에 불안정성을 증대시키는 힘이 작용하고, 함수 하부에서 박리되는 보텍스(Vortex)가 선체와 충돌하거나 제어판과 상호 간섭을 유발하여 조종성 및 소음특성에 나쁜 영향을 준다.

소나돔(Sonar Dome) 배치로 인해 뭉툭해진 함수부는 연직면 조종특성에는 큰 영향을 미치지 않지만, 수평면에서의 조종특성은 소나돔 돌출부에서 발생하는 와동 및 유동박리로 인해 영향을 받는다.

다) 유동소음

함수부 설계의 중요한 요인 중 하나는 소나성능이다. 주요 관심사항은 국부적인 층류영역에서의 유동박리 현상과 층류와 난류 경계층 사이의 천이유동이다. 유동박리는 비교적 높은 수준의 소음을 생성하며, 소나의 성능저하 및 탐지 가능성이 있는 방사소음을 유발한다. 층류와 난류 경계층 간의 소음 차이는 30~50dB이며, 층류는 함수부 일부에서만 유지된다. 주요 파라미터는 레이놀즈수(Reynolds Number), 함수부 형상 및 표면거칠기이다.

소나는 층류유동 영역에 설치하는 것이 좋은데, 이는 보통 층류에서 발생하는 소음은 난류에서 발생하는 소음보다 작기 때문이다. 그러나 이는 넓은 범위의 속도영역을 고려하면 달성하기 어렵다. 최악의 경우는 소나 상부에 천이영역이 생성되는 경우로서, 음향에너지는 난류와 천이의 복합으로 인해 매우 높아진다. 이런 현상은 함수부 형상을 수정하여 천이영역을 후방으로 이동시키고, 층류유동을 확장시켜 전체 음향에너지가 낮아지도록 함으로써 개선될 수 있다.

일정 속도에서 천이위치의 조정이 필요하면 정체점(Stagnation Point) 위치를 변경시키거나 선형의 곡률을 변화시키는 방법이 있다[1].

라) 무장 및 소나 운용

어뢰발사관은 함수부에 집중되어 있으며, 발사관 사이의 거리는 운용장비 및 해치(Hatch) 등에 의해 요구되는 거리로 결정된다. 보통 선체길이는 함 건조비용과 연계되므로 반구(Semi-Sphere)형의 뭉툭한 형상이 비용 측면에서 유리할 수 있다. 이 형상은 발사관 사이의 거리를 넓힐 수 있으며, 어뢰발사 시 외부선체의 간섭을 덜 받을 수 있다. 어뢰발사 시에는 함 형상 및 발사관 위치에 따라 횡유동(Cross Flow)이 존재하고, 그에 따른 회전모멘트(Turning Moment) 발생으로 인해 재밍(Jamming)이 발생할 수 있다. 이런 현상을 해결하기 위해 고려해야 할 사항은 함수 형상, 어뢰 탈출속도, 함 속도 등이 있다.

해치와 이음부는 유동을 천이유동이나 난류유동으로 전이시키며 국부적인 유동박리를 발생시키므로 소나 주위에서의 배경소음을 증가시킨다. 선체 측면에 설치되는 측면배열 소나(FAS)의 경우 유동방향과 평행하게 설치해야 한다.

잠수함이 수중에서 운항할 경우 선체의 배수량 분포, 속도, 거리에 따라 변동되는 압력장이 형성된다. 함수부 바로 뒤에서 형성되는 음압 피크(Pressure Peak)는 잠수함의 존재를 감응기뢰에 노출시키는 원인이 된다.

마) 추진체계 운용

추진기의 최적 작동상태를 유지하거나 추진기 소음발생을 최소화하고 추진효율을 증대시키기 위해서는, 와동이나 박리가 없도록 추진기 유입유동이 교란되지 않아야 한다. 반대로 선체길이를 최소화하기 위해서는 함미부가 뚱뚱해져야 하며, 추진효율을 높이기 위해서는 평균 반류비가 커야 한다. 최근의 연구결과에 따를 경우 수평직진 상태에서 함미각 25°까지는 유동박리가 발생하지 않는 것으로 알려져 있다. 그러나 조종 시에 발생하는 영각은 작은 함미 원추각에 대해서도 유동박리를 유발한다[2].

제어판, 케이싱(Casing), 킬(Keel)뿐만 아니라 잘못 설계된 세일(Sail)도 추진기 유입유동을 교란시킨다. 함미타 뒷날(Trailing Edge)과 추진기 사이의 거리가 클수록 함미타에 의해 교란되는 유동의 영향이 작아진다. 실험에 의하면 비교적 큰 케이싱 구조 및 비대칭 함미유동에 대해서도 제어판의 위치를 잘 조정하면 함미 유동교란을 최소화할 수 있다.

바) 표적강도

능동소나에 의한 피탐지를 줄이기 위해서는 외부 형상의 크기 및 반사율을 줄이기 위한 형상설계가 필요하다. 압력선체 길이 및 형상은 설계에서 변경되기 어려우므로 주로 세일 및 케이싱, 제어판의 형상에 관심이 집중된다. 표적강도(Target Strength)는 투영면적에 의해 1차적으로 좌우되므로, 투영면적을 작게 하는 방향을 우선적으로 고려한 후 측면 기울기를 고려한다.

세일의 경우 측면각은 8° 이상, 앞날(Leading Edge) 기울기는 20° 이상이 되면 표적강도를 크게 줄일 수 있다. 케이싱의 경우 자연스럽게 측면각이 8°를 넘게 형상이 설계되므로 큰 문제는 없다. 유동의 균일화를 위한 유선화(Rounding)의 경우는 표적강도에 큰 영향을 미치지 않으므로 유동해석을 통해 유선화의 크기를 결정하면 된다.

제어판의 경우 전체 투영면적이 세일에 비해 비교적 작으므로 표적강도에 큰 영향이 없다고 알려져 있으나, 측면각을 8° 이상으로 설계하는 것이 바람직하다. X자형 제어판을 채택할 경우, 선체 z축에 45° 방향으로 설치되므로 십자형 타에 비해 상대적으로 작은 표적강도를 가진다.

4.2.4 선체구조

1) 선체구조 형상

잠수함의 선체구조는 압력선체(Pressure Hull)와 비압력선체(Non-Pressure Hull)로 구분할 수 있고, 비압력선체는 내부선체(Internal Structure)와 외부선체(External Structure)로 구성된다. 그림 4-89에 제시한 바와 같이 잠수함의 단각(單殼, Single Hull) 방식 선체구조는 하나의 압력선체로 구성되는 단일선체(Mono Hull) 형태로서, 압력선체가 직접 외부해수에 노출되며 선형형상(Hull Form)을 이루게 된다. 복각(複殼, Double Hull) 방식 선체구조는 압력선체 외부에 선형을 이루는 외판이 설치되고, 압력선체와의 사이에 연료유탱크 등을 설치한 이중구조 선체이다. 반복각(半複殼) 방식 선체구조는 단각식과 복각식의 중간 형태로서 압력선체 일부를 외부선체가 덮고 있는 선체이며, 새들방식(Saddle

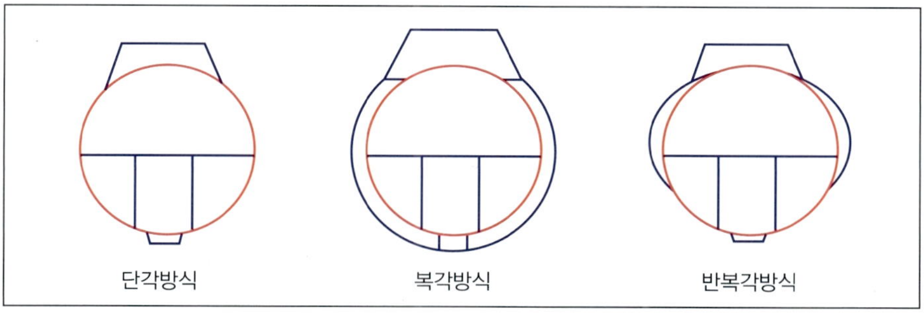

그림 4-89
단각방식 및 복각방식 선체단면 비교

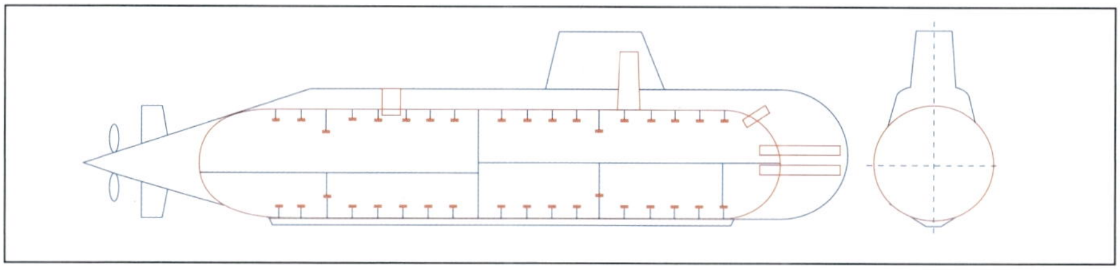

그림 4-90
잠수함 단각 선체구조 배치 예

Type)이라고도 한다.

그림 4-90에 나타낸 바와 같이 단각 선체구조에서 압력선체는 외판(Shell)을 원환늑골(Ring Frame)이 지지하는 구조로서, 외부의 높은 정수압(External Hydrostatic Pressure)을 지탱한다. 비압력선체는 압력선체 내부구조(Inner Structure), 함수/함미 구조(Fore/Aft-Body Structure), 상부구조(Superstructure) 및 세일구조(Sail Structure 또는 Bridge Fin)로서 외부유체가 자유롭게 통과하는 자유충수(自由充水) 구역의 선체구조를 말한다.

압력선체는 외부의 높은 수압을 견디도록 원통형(Cylindrical Type) 또는 원추형(Conical Type) 형상을 가지며, 양끝에 반원형(Semi-Spherical Type) 또는 타원형(Elliptical/Tori-Spherical Type)형상의 끝막이 격벽(End Bulkhead)이 있다. 압력선체의 원통/원추형 외판은 원환늑골 보강재로 지지되고, 보강재는 T형 또는 I형 단면을 갖는다. 단각식 선체인 경우 보강재는 선체 내부에 배치되며, 복각식 선체의 경우 압력선체 외부에 배치된다. 원통형-원추형, 원추형 또는 원추형 연결부인 외판의 너클(Knuckle) 부에는 연결부재(Transition Ring)가 설치된다. 또한 압력선체에는 압력선체의 전체 좌굴강도를 만족시키기 위한 대형 늑골(Deep/King Frame)이 적절한 간격으로 설치된다.

내부선체에는 압력선체 내부의 격실을 이루는 구조격벽(Structural Bulkhead), 방음격벽, 구획격벽(Partition Wall) 등의 구조물과 갑판(Deck) 구조, 각종 탱크구조 및 장비를 지지하는 지지구조 등이 있다. 내부선체 구조를 구성하는 구조격벽과 갑판구조 등은 기본적으로 평판을 보강재가 지지하는 보강평판(Stiffened Plate) 형태를 갖는다.

외부선체는 자유충수(Free-Flooded Area) 구역으로서 함수/함미 구조와 상부구조 및 세일구조로 구성된다. 함수부 구조는 밸러스트 탱크구조, 어뢰발사관 지지구조 등으로 이루어지고, 함미부 구조는 밸러스트 탱크구조, 선미타 지지구조, 추진기 지지구조 등으로 구성된다. 함수/함미 구조는 압력선체와 동일하게 외판을 원환늑골 형태의 보강재가 지지한다. 보강재가 내부에 배치되고, 압력선체 함수/함미부와 연결부재(Bracket)를 사용하여 연결된다. 밸러스트 탱크는 외부의 해수압력과 균형을 이루도록 운용되므로 상대적으로 가벼운 구조이다. 잠수함이 해상에서 운항할 때 외부선체 구조들은 파도에 노출되므로 파랑하중(Sea Slap Loads)을 견딜 수 있어야 하며, 압력선체와의 연결을 위해 충분한 연결부 강도를 지녀야 한다.

압력선체 상부에는 배관류, 갑판장비, 압력선체 해치(Hatch) 및 센서 등의 부가물을 보호하기 위한 케이싱(Casing) 역할을 하는 유선형의 상부구조가 있다. 또한 상부구조 위에는 함의 각종 마스트(Mast)와 잠망경을 지지하고, 코닝 타워(Conning Tower)의 출입문 역할을 하는 해치(Access Trunk Hatch) 등을 격납하는 세일구조가 있다.

각종 압력선체 부가물(Hull Appendage)과 압력선체 관통구(Hull Opening)는 외부압력을 받는 구조물로서 압력선체와 다른 별개의 구조물로 취급한다. 압력선체 부가물은 압력선체 외부로 설치되는 구조물로서 주 출입 트렁크(Access Trunk), 축전지 해치 트렁크(Battery Hatch Trunk), 무장탑재 트렁크(Embarkation Trunk) 등이 있으며, 외부의 수압 및 충격하중을 충분히 견딜 수 있도록 원통/원추 형상의 외판과 원환늑골로 구성된다. 압력선체 관통구에는 각종 해치(Hatch) 관통구, 무장발사관 등이 있으며, 관통구의 존재는 압력선체 구조물의 일부 손실을 의미하므로 이에 대한 보강구조가 필요하다.

잠수함의 선체구조는 기본적으로 다음과 같은 항목에 대해 구조강도 및 요구조건을 만족시켜야 한다.

- 운용수심: 요구강도 충족
- 내부용적: 최대공간 확보
- 중량: 중량 최소화
- 건조비용: 비용절감
- 안전: 요구강도 충족

- 작업성 및 정비성: 용접성, 가공성, 보수성 고려
- 내충격: 수중폭발, 무장발사 충격 고려

2) 잠수함 선체구조 재료

잠수함에 사용되는 선체재료로 압력선체의 경우 연강(Mild Steel: MS), 고장력강(High Tensile Steel: HTS), 고항복강(High Yield Steel: HY), 고강도 저합금강(High Strength Low Alloy Steel: HSLA) 등이 있으며, 내·외부 구조의 경우 연강, 고장력강, 알루미늄합금(Aluminum Alloy), 복합재료(Composite Material) 등이 적용된다. 선체재료 선정 시 고려해야 할 요소로는 재료의 기계적 특성, 중량, 가공성, 용접성 및 가격 등이 있다. 또한 해당 선체재료의 잠수함 실제 적용실적도 큰 고려요소이며, 구조의 기능 및 역할에 따라 선정요소가 달라진다.

잠수함 압력선체는 심해 수압에 견디면서도 경량화가 필수적이므로 고강도 재료가 요구된다. 압력선체의 재료는 통상 잠항심도 및 압력선체의 직경에 따른 중량분석을 통해 결정된다. 압력선체 재료로는 HY-80, HY-100 등의 고항복강이 가장 보편적으로 사용되고 있다. 프랑스 및 일본 등 일부 국가에서는 자국에서 개발한 고강도강(HLES, NK Steel)을 적용하기도 하며, 미 해군 버지니아급 잠수함에는 HSLA강이 일부 사용된 것으로 알려져 있다.

잠수함 내부구조 재료는 자기(磁氣) 신호특성이 중요한 설계 고려사항이 아닐 경우, 용접 시 예열의 어려움이나 피로균열의 결함 발생 가능성이 있는 고항복강 대신 고장력강인 HTS강을 주로 사용한다. 특별히 높은 하중을 받는 구조부재 또는 비자성이 요구되는 구역 등에는 HY-80강 수준의 고항복강 및 스테인리스강 등이 각각 사용된다. 외부구조는 일반적으로 설계하중이 크지 않기 때문에 고장력강을 사용하거나, 요구특성에 따라 GRP(Glass Fiber Reinforced Plastic) 등의 복합재료를 사용한다.

3) 압력선체

가) 압력선체 특성

압력선체 구조는 심해의 외부압력을 이겨내기 위해 요구되는 강도를 충족시켜야 하며, 최소중량을 유지하고 대기압 상태의 밀폐된 최대공간을 확보해야 한다. 이러한 이유로 인해 압력선체가 가장 중요한 잠수함 선체구조라고 할 수 있다. 수상함의 경우 선체구조 설계 시 파랑 중에서의 종굽힘 응력과 횡강도, 내충격성, 개구부의 집중응력, 진동 감소대책 등을 검토하는 데 반해, 잠수함의 경우 외부압력에 대한 압력선체의 내압강도가 가장 중요한 고려대상이다.

잠수함의 내압강도는 수상함의 횡강도와 다소 유사한 면이 있으나, 외부수압이 훨씬 크게 작용한다. 잠수함 압력선체는 큰 외부수압을 견디기 위해 매우 단단하게 건조되므로, 항해 중 발생하는 종굽힘이나 파랑에 의해 발생하는 하중은 문제되지 않는다. 잠수함의 잠항심도가 증가하면 그만큼 생존성이 증대하므로 내압강도는 잠수함 작전운용성능의 중요한 요소가 된다. 잠수함 출입구, 관, 축류, 전선 등 압력선체 관통구 부근의 국부강도와 진동차단도 구조설계 시 중요하게 취급한다. 잠수함 건조 국가들은 수많은 실험과 연구를 수행하여 독자적인 설계규정 및 설계절차를 설정하여 압력선체 구조설계를 수행하고 있다.

나) 압력선체 붕괴양식

잠수함의 압력선체는 일반적으로 원환보강 원통형 또는 원추형 셀 구조(Ring-Stiffened Cylindrical/Conical Shell Structure)와 반구형 또는 타원형 셀 구조(Hemispherical/Tori-Spherical Shell Structure)로 된 끝막이 격벽(End Bulkhead)으로 구성된다. 압력선체는 외부의 높은 수압으로 인한 압축하중으로 인해 주로 좌굴(Buckling) 형태로 파괴된다. 압력선체의 설계는 붕괴수심(Collapse Depth)에서 원통/원추형 셀구조 및 끝막이 격벽구조에 발생할 수 있는 좌굴 붕괴양식(Failure Mode)별 구조강도 계산 및 예측을 토대로 수행한다. 압력선체의 붕괴양식은 다음과 같이 여러 형태가 있으며, 그림 4-91에 붕괴 형태를 제시하였다.

- **외판 항복(Shell Yielding)**
  - 보강환 사이의 외판이 항복에 도달하여 붕괴하는 형태

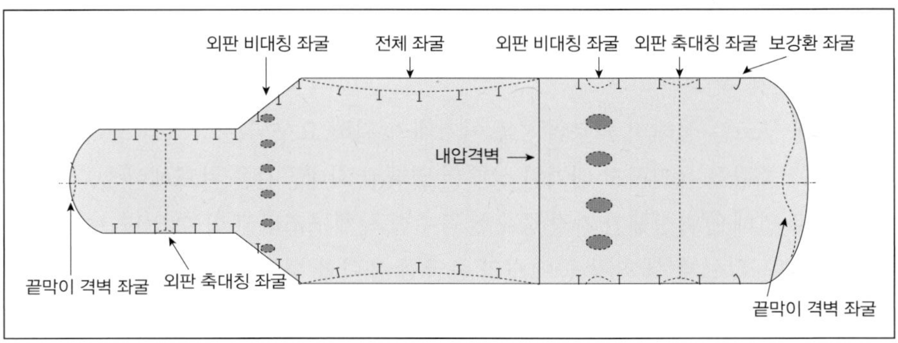

그림 4-91 압력선체 붕괴양식

- **외판 좌굴(Shell Buckling)**
  - 축대칭 좌굴(Axisymmetric Buckling): 외판이 비교적 두껍고 보강환 간격이 좁은 경우, 외판이 아코디언 형태로 붕괴하는 형태
  - 비대칭 좌굴(Lobar Buckling): 외판이 비교적 얇고 보강환 간격이 넓은 경우, 원주방향으로 불규칙한 로브(Lobe)가 발생하는 형태
- **전체 좌굴(General Instability, Overall Collapse)**
  - 보강환의 강도가 비교적 약한 경우, 외판과 보강환이 동시에 붕괴하는 형태
- **보강환 좌굴(Ring Frame Tripping)**
  - 보강환의 플랜지(Flange)와 웨브(Web)가 외측으로 넘어지는 형태
- **끝막이 격벽 좌굴(Shell Buckling of End Bulkhead)**
  - 끝막이 격벽 외판의 붕괴하는 형태

압력선체 설계 시 구조강도 측면에서는 잠항심도에서의 안전한 운항을 위한 최종강도(Ultimate Strength), 충분한 수명유지를 위한 피로강도(Fatigue Strength), 비접촉성 수중폭발에 대한 내충격 향상을 위한 충격강도(Shock Strength) 등을 고려하고 있다. 잠수함 압력선체의 구조강도에 가장 크게 영향을 미치는 하중은 외부의 정수압이며, 수중폭발 충격하중은 구조설계에 거의 영향을 미치지 않는다. 압력선체 구조설계에서는 함의 붕괴수심에서의 최종강도 측면에서 선체재료 및 부재크기가 결정되며, 피로강도를 고려하여 국부적으로 부재가 보강된다.

다) 잠항심도

잠수함의 은밀성을 증대하고 작전영역을 확대하기 위해서는 잠항심도의 증가가 필수적이다. 잠수함의 잠항심도가 증가하면 소나로 원거리 탐지가 어렵게 되는 수온약층(Thermocline) 이하의 수심(水深)에서 은밀한 기동이 가능하며, 대잠전 또는 대수상함전 등 교전상태에서 회피기동을 할 수 있는 수중 작전영역이 확대되어 잠수함의 은밀성을 증가시킬 수 있다. 잠항심도의 증가로 인해 높은 압력에 견딜 수 있도록 설계된 선체는 전투 중에 발생하는 비접촉성 수중폭발 충격에 대한 내충격 능력을 증대시킴으로써 생존성능을 향상시킨다.

잠수함의 최대 잠항심도는 작전수행이 가능한 최대수심을 말하며, 실제 설계되는 수심은 최대 잠항심도에 안전계수(Safety Factor)를 고려하여 결정된다. 안전계수는 잠수함 선체구조의 강도계산 및 건조공작상의 부정확성을 보상하고, 잠

수함이 최대속도로 잠수할 경우 잠수함 파괴가 시작되는 수심을 통과하지 않도록 하기 위한 수심 여유치를 확보해 준다. 압력선체 설계하중은 잠수함의 최대 작전 심도(Max. Operating Depth)에 안전계수를 적용한 붕괴심도(Collapse Depth)로 결정한다. 안전계수는 잠수함 설계·건조에 대한 개념 및 기술에 따라 국가별로 약간씩 차이가 있으며, 대부분의 경우 1.5~2.0 범위에서 적용하고 있다. 미국과 영국은 압력선체 붕괴양식에 따라 다른 안전계수를 적용하며, 독일의 경우 붕괴양식에 동일한 기준으로 안전계수를 적용하고 있다.

4) 비압력선체

잠수함 선체구조에서 압력선체를 제외한 비압력선체 구조인 2차 구조(Secondary Structure)는 압력선체에 비하면 상대적으로 중요성이 떨어지며, 비압력선체 구조 설계를 위한 규정 및 기준이 체계적으로 수립되어 있지 않다. 잠수함 건조를 수행하는 국가는 비압력선체 구조설계를 과거 경험자료를 이용하여 수행하거나, 일반 구조물 규정을 상황에 맞춰 적용하고 있다.

잠수함의 비압력선체는 압력선체 내부구조와 외부구조로 구분되며, 각 부분별로 작용하는 하중과 적용하는 강도 계산방법이 다르다. 비압력선체의 구조부재 구성은 주로 판(Plate)과 보강재(Stiffener)로 이루어져 있고, 외부선체의 외판구조는 외판(Shell)과 원환늑골(Ring Frame)로 구성되어 있다. 따라서 비압력선체 구조설계는 보강판(Stiffened Plate)을 대상으로 판과 보강재의 강도계산을 주로 수행하게 된다.

5) 선체 건조공작

잠수함 선체의 건조공작을 위해 선체를 몇 개의 섹션(Section)으로 분할하고, 섹션은 다시 몇 개의 하부 유니트(Subunit)로 구성하여 결합하는 블록(Block) 조립 방식을 적용하고 있다. 선체구조 섹션의 제작 및 조립 과정은 그림 4-92에 제시한 바와 같이 먼저 원환늑골 보강재를 제작하고, 판을 굽혀 만든 원통에 보강재를 용접하여 하부 유니트를 제작한다. 제작된 하부 유니트를 연결하여 섹션으로 조립한 후 내부탱크들을 용접한다.

섹션 조립이 완성되면 용접 결함 유무를 검사하기 위해 시각 검사(Visual Inspection), 자분 탐상시험(Magnetic Particle Test), 초음파 검사(Ultrasonic Inspection), 엑스선 검사 등을 수행한다. 완성된 섹션은 도장(Painting)한 후 의장(Outfitting) 작업을 수행한다. 의장작업은 작업자의 접근성, 주요 설비와 장비

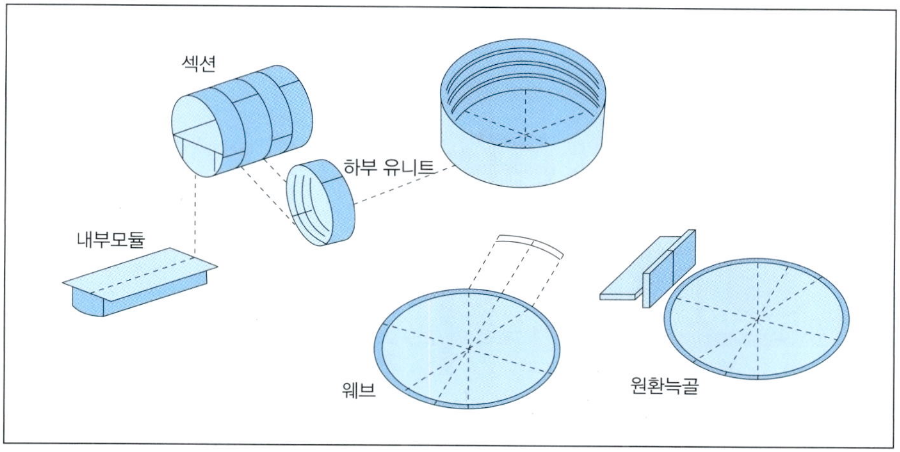

그림 4-92
선체 섹션 조립과정

의 공급 및 설치 시기 등을 고려하여 작업순서를 신중하게 배치해야 한다. 의장작업이 어느 정도 완성되면 각 섹션은 서로 연결되어 잠수함 선체로 완성된다.

4.2.5 추진기관

잠수함을 추진방식에 따라 분류하면 핵연료를 추진 동력원으로 사용하는 원자력추진 잠수함과 디젤전기 추진기관을 이용한 디젤전기추진 잠수함, 그리고 AIP(Air Independent Propulsion) 추진기관을 탑재한 AIP추진 잠수함으로 나눌 수 있다. 원자력추진 잠수함은 디젤전기추진 잠수함보다 고속기동과 장기간 수중작전이 가능하므로 매우 효과적인 전략적 수중 세력으로 사용될 수 있으나 기술적인 어려움, 경제성 및 핵연료에 대한 국제적 문제 등으로 인하여 소수의 국가를 제외하면 건조·운용이 어려운 실정이다. 디젤전기추진 잠수함은 원자력추진 잠수함에 비해 경제성과 운용성 등에 장점이 있으나, 기동성 및 수중 연속체재 능력에 제한을 받는다. 이를 극복하기 위해 최근 AIP 추진기관이 실용화되었으며, 이를 통해 수중 연속체재 능력이 상당 수준으로 증대되고 있다.

1) 원자력 추진기관

원자력 추진기관은 본질적으로 증기기관과 유사한 구조를 가지고 있다. 다만 증기를 발생시키는 장치로 화석연료를 사용하는 보일러 대신 원자로를 채택한 것이 원자력 추진기관이다. 이 항에서는 그림 4-93에 제시한 가압수형 원자로(Pressurized -Water Reactor: PWR)를 기준으로 설명하고자 한다.

그림 4-93

잠수함 가압수형 원자력 추진 시스템

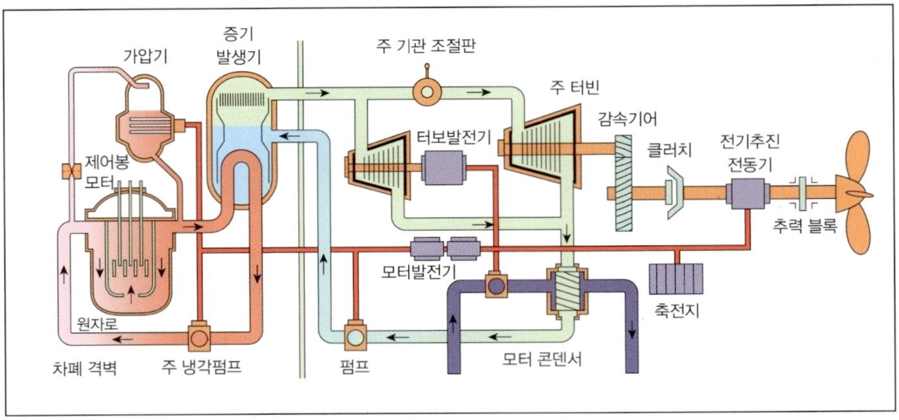

원자로 내부에는 발열을 냉각시키는 동시에 열에너지를 얻기 위해 고압상태의 경수(1차 냉각재)가 채워져 있다. 원자로 내부에서 고온으로 가열된 물은 파이프를 통해 열교환기로 보내져 터빈과 그 밖의 증기기관을 구동하는 증기(2차 냉각재)를 만들게 된다. 열교환기를 통과한 물은 펌프에 의해 다시 원자로로 보내져 노심을 냉각하는 역할을 한다. 잠수함의 경우 중량배분이 중요하므로 보통 함 가운데 배치되며, 만약의 고장에 대비하여 보조 전동기와 축전지 등을 설치하는 경우도 있다. 추진방식은 그림 4-94에 제시한 바와 같이 터빈과 프로펠러축 사이에 감속치차를 넣어 회전수를 떨어뜨려 에너지를 전달하는 기계식 추진과, 추진전동기를 사용하는 전기식 추진으로 구분된다. 기계식 추진은 효율이 높고 고속을 내기에 적합하나, 감속치차로 인한 소음발생이 단점이 되고 있다.

최근에는 높은 자화율의 자성체를 이용하여 경량의 영구자석 전동기 생산이 가능하게 됨으로써 잠수함 추진시스템이 더욱 경량화되었으며, 새로운 전력전자 스위칭 소자 등으로 인해 전기식 추진시스템이 기계식 추진시스템보다 소음특성이

그림 4-94

원자력 추진시스템 분류

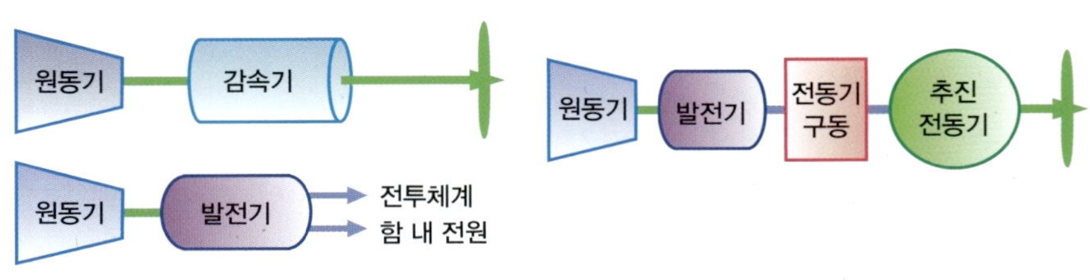

(a) 기계식 추진시스템 (b) 전기식 추진시스템

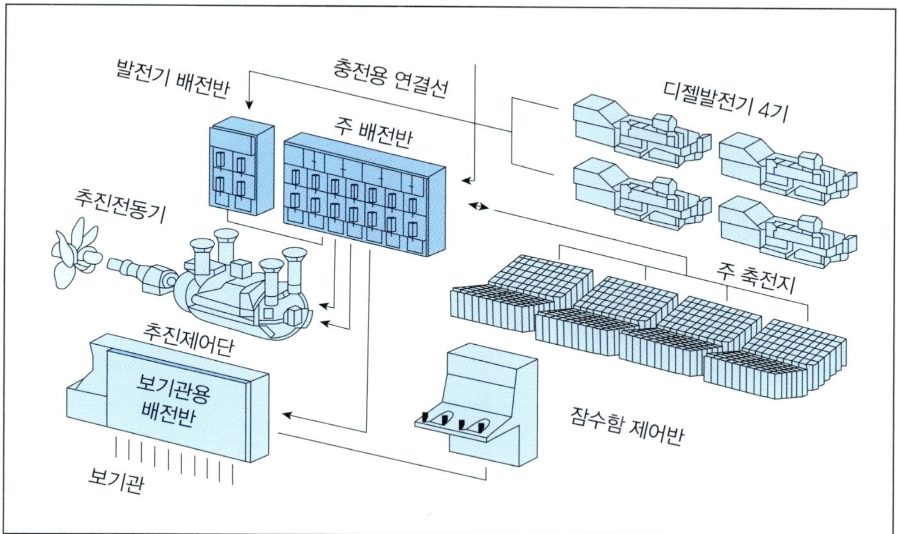

그림 4-95
잠수함 디젤전기 추진 시스템

더욱 우수하게 되어, 은밀성 측면에서도 유리한 것으로 평가받고 있다. 따라서 미 해군은 차기 신형 공격잠수함 등에 전기식 추진시스템을 적용할 것으로 보인다.

2) 디젤전기 추진기관

디젤전기 추진체계는 그림 4-95에 제시한 것처럼 디젤발전기, 축전지, 추진전동기로 구성되며, 디젤발전기로 축전지를 충전시키고 충전된 전기는 스위치 보드를 통해 추진모터와 각종 전기기기로 공급된다. 디젤전기 추진기관은 원자력 추진기관과 비교하여 운용 신뢰성이 높고 운용·유지비가 상대적으로 저렴하며, 소음 수준이 낮아 수중에서는 피탐 확률이 낮은 장점이 있다.

그러나 저속항해 시에만 4~5일의 연속 잠항기간을 허용할 정도로 축전지의 용량이 제한된다. 재충전을 위해서는 스노클(Snorkel) 항해를 통해 디젤발전기를 구동해야 한다. 때문에 스노클 마스트(Snorkel Mast)를 수상에 노출시켜야 하며, 잠수함의 핵심성능인 은밀성이 저하될 수밖에 없다. 특히 상대국 대잠 전력들은 디젤전기추진 잠수함의 스노클 항해를 집중적으로 활용하는 전술을 전개하게 된다.

3) AIP 추진기관

AIP 추진기관은 함 내에 별도로 저장한 산소와 연료를 사용하여 수중에서 축전지 충전이 가능한 추진시스템으로서, 위에 기술한 디젤전기추진 잠수함의 최대 취약점인 스노클 항해를 상당 기간 배제할 수 있다. 이에 따라 AIP 추진기관의 실용화를 위한 연구개발이 여러 국가에서 집중적으로 수행되어 왔다.

그림 4-96
잠수함 AIP 추진기관 운용방식

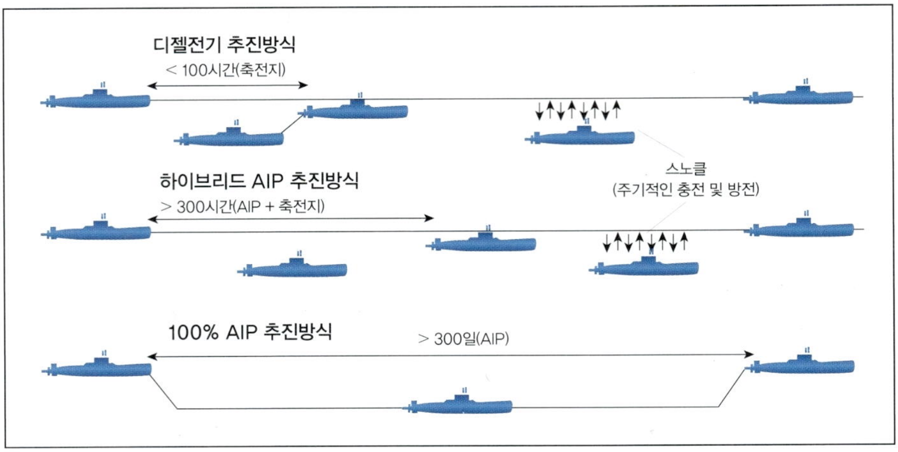

현재까지 잠수함에서 실제 사용이 가능한 AIP 추진기관은 연료전지(Fuel Cell: FC), 폐회로 디젤엔진(Closed Cycle Diesel Engine: CCDE), 스털링(Stirling), 메스마(MESMA) 네 종류가 있다. 그러나AIP 추진기관만 사용하는 경우 항속거리, 최대속도 등의 요구사양을 충족시키기 곤란하므로 디젤전기 추진기관과 AIP 추진기관이 결합된 하이브리드 형태가 주로 사용된다. 그림 4-96에 AIP 추진기관의 하이브리드 운용방식을 제시하였다. 그림에서 제시한 바와 같이 하이브리드 AIP 추진방식을 적용할 경우, 디젤전기 추진방식의 스노클 주기 4~5일을 12일 이상으로 크게 연장할 수 있다.

가) 연료전지

연료전지(Fuel Cell: FC)는 외부에서 연료와 산화제를 공급하여 직접 화학에너지를 전기에너지로 변환시키는 장치이다. 연료전지는 물을 전기분해할 때 발생하는 수소와 산소의 역반응을 연료전지의 기본원리로 이용한 것으로서, 연료인 수소가 음극(Anode)을 통해 흐르면 촉매층에서 수소가 전자와 프로톤(수소이온)으로 분해된다. 수소이온이 연료전지 중심에 위치한 전해질을 통해 양극(Cathode, 산소 전극)으로 이동하면 촉매의 도움으로 양극에서 전자와 산소이온, 그리고 이동된 프로톤이 합쳐 물이 생성된다. 음극에서 이온과 동시에 생성된 전자는 전해질을 통해 이동하지 못하고 외부회로를 통해 이동하며, 이러한 과정을 거치면서 전기와 물을 생성한다. 연료전지의 단위 셀(Cell) 전압은 보통 0.7V이며, 다수의 단위 셀을 연결하여 원하는 전압이 얻어진다. 그림 4-97에 연료전지의 작동원리 및 연료전지 모듈을 제시하였다.

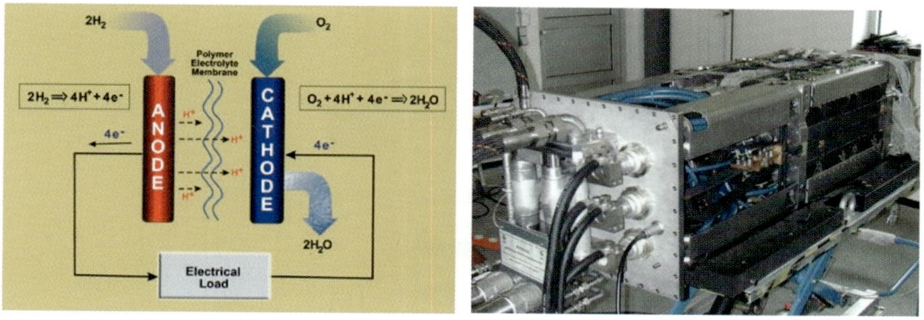

그림 4-97
연료전지 작동원리 및 잠수함용 연료전지 모듈

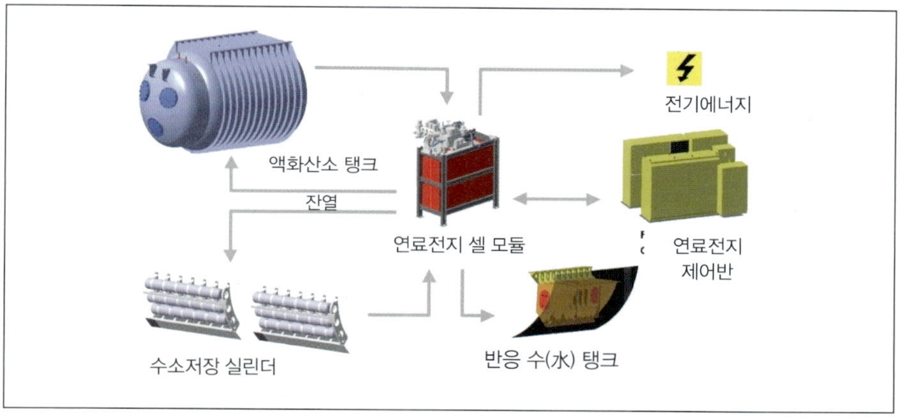

그림 4-98
금속수소 방식 연료전지 구성 개념

연료전지의 전기 생성원리를 이용하여 전기를 발생시키는 주·보조 시스템을 총칭하여 연료전지 시스템이라 정의한다. 연료전지 원리를 실현시켜 주는 최소단위인 셀의 집합체, 전극을 포함하는 연료전지 모듈, 연료전지 보조시스템인 냉각 계통, 안전 및 제어 계통, 연료저장 및 공급 계통, 전력변환 시스템, 제어시스템 등으로 구성된다. 그림 4-98에 연료전지 시스템 기본 구성개념을 제시하였다.

잠수함용 연료전지는 수소를 저장하고 공급하는 방식에 따라 Ti-Fe 합금에 수소를 수소화합물 형태로 저장하는 금속수소 방식 연료전지와, 화석연료를 고온에서 촉매를 사용하여 화학반응시키는 개질(Reforming) 과정을 이용하여 메탄올로부터 수소를 생산하는 개질기 방식 연료전지로 구분할 수 있다.

나) 폐회로 디젤엔진

폐회로 디젤엔진(Closed Cycle Diesel Engine: CCDE)은 일반 디젤엔진과 달리 흡기와 배기 배관을 폐회로에 연결하여 순환시키는 개념을 적용하여 개발된 장치이다. 외부공기의 공급 없이 배기가스의 이산화탄소 성분을 제거한 후 액체로 저

그림 4-99
폐회로 디젤엔진 구성개념

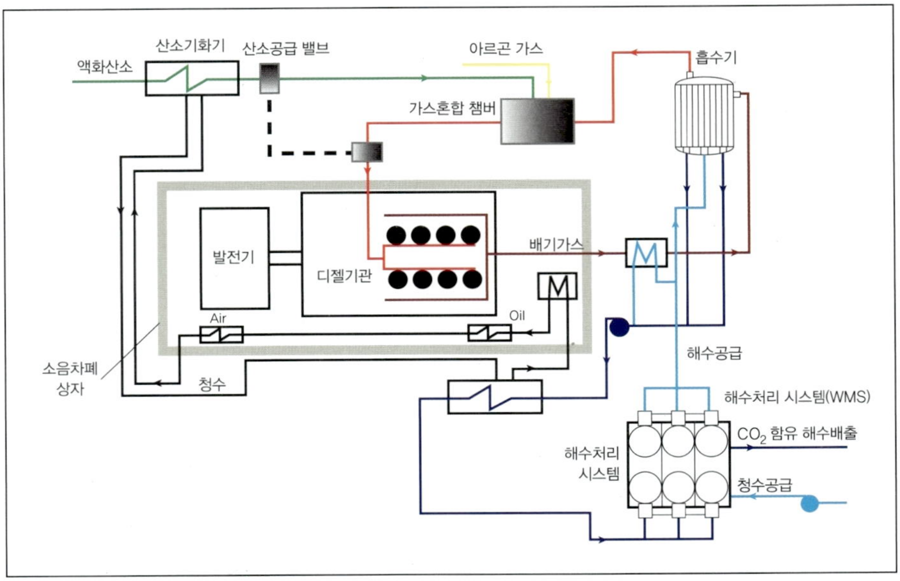

장된 상태에서 기화시킨 산소와 아르곤 가스를 혼합하여 흡기가스를 다시 이용함으로써 디젤엔진을 가동한다.

폐회로 디젤엔진은 연료인 디젤유 연소에 필요한 산소가 낮은 순도로도 충분하기 때문에, 군수지원이 용이하고 유지·보수가 편리하다. 비교적 높은 소음을 감소시키기 위해 소음차폐 장치나 이중 마운트 등이 요구된다. 그림 4-99에 폐회로 디젤엔진 기본 구성개념을 제시하였다.

다) 스털링엔진

스털링(Stirling) 엔진은 실린더에 주입한 기체를 외부에서 가열·팽창시켜 실린더 사이에 밀폐된 작동가스를 상부 고온실과 하부 저온실을 지속적으로 왕복하게 함으로써 회전력을 발생시키는 외연기관이다. 상대적으로 낮은 효율, 고가의 비용 및 낮은 신뢰성 등으로 인해 우주산업 이외의 다른 산업분야에서는 실용화가 늦어지다가, 1980년대 이후 미국, 일본, 스웨덴 등에서 활발하게 연구가 진행되었다.

스털링엔진의 특징은 외부에서 가열하는 외연기관이기 때문에 연료의 제약을 받지 않으며, 작동유체의 선택도 자유롭다. 내연기관과 달리 폭발이 없기 때문에 저소음, 저진동으로 잠수함 등 군용 함정에 유리하다. 그러나 가열부의 내구성, 낮은 열효율 및 출력 저하 등이 단점이다. 그림 4-100과 4-101에 스털링엔진 기본 구성개념과 실제 형상을 제시하였다.

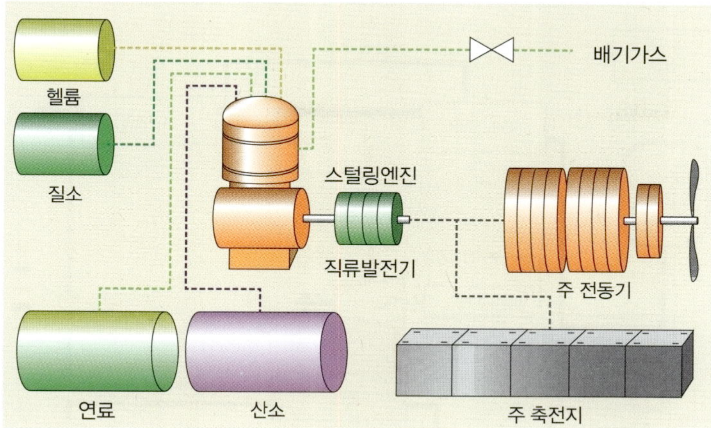

그림 4-100
잠수함용 스털링엔진 구성 개념

그림 4-101
잠수함용 스털링엔진 모듈

라) 메스마

메스마(Module d'Energie Sous-Marine Autonome: MESMA)는 AIP의 불어식 표현으로 프랑스 Bertin사와 해군연구 총괄기관인 DCN사에서 개발한 잠수함용 AIP 추진기관이다. 메스마는 에탄올 또는 디젤유를 연료로 사용하며, 액체산소와 연료가 혼합된 가스연소에 의해 열에너지를 생성한다. 연소가스는 고압증기를 생산하는 증기발생기를 지나면서 재열기의 물을 가열하며, 이때 생산된 고압증기로 증기구동 고속터빈과 연결된 교류발전기를 구동하여 전기에너지를 생산한다. 배기가스 일부는 연소실로 재순환되고, 나머지는 냉각시켜 함 외로 배출한다. 크랭크 왕복운동이 아닌 터빈의 회전운동을 이용하는 기관이므로, 다른 AIP 추진기관에 비해 저주파 소음이 줄어드는 장점이 있으나 최대출력이 상대적으로 낮은 편이다. 그림 4-102에 메스마 시스템의 기본 구성개념을 제시하였다.

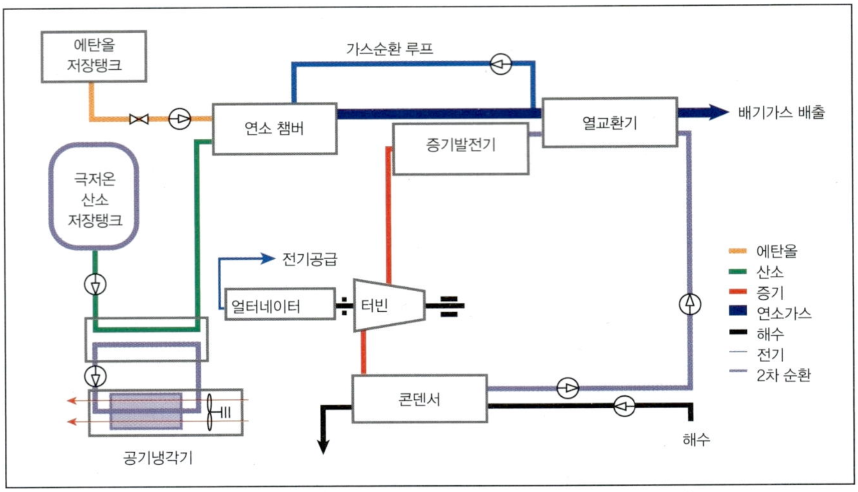

그림 4-102
메스마 시스템 구성개념

4.2.6 추진기

1) 추진기 종류

잠수함의 추진기는 추진전동기나 터빈으로부터 축계를 통해 얻은 동력으로 추력을 발생시키는 장치이다. 잠수함의 추진기로는 일반 프로펠러, 덕트 프로펠러 및 펌프제트(Pump Jet) 등이 사용되고 있다. 현재 운용 중인 대부분의 디젤전기추진 잠수함은 일반 프로펠러를 채택하고 있는데, 비정상 하중에 의한 캐비테이션(空洞, Cavitation) 및 방사소음을 줄이기 위해 일반적으로 날개가 후류방향으로 젖혀진 고(高)스큐(Skew) 프로펠러를 채택하고 있다. 이에 반해 미국, 영국, 프랑스 등은 25노트 이상 고속의 원자력추진 잠수함에 펌프제트로 불리우는 신형 추진기를 채용하여 고속에서의 효율과 소음성능의 향상을 달성하였다. 펌프제트는 고속에서의 효율이 높으며 감속형 덕트를 사용하여 캐비테이션 발생을 지연시킬 수 있고, 덕트는 프로펠러에서 발생하는 소음의 방사를 억제하는 효과가 있다. 고스큐 프로펠러와 펌프제트 형상을 그림 4-103에 제시하였다.

잠수함 추진기에서 발생하는 방사소음을 최소화하기 위해서는 추진기 형상뿐만 아니라 고감쇠 재료의 적용도 필수적이다. 선진국에서는 고감쇠 재질에 대한 연구를 꾸준히 수행하고 있으며, 특히 감쇠성능이 우수한 Mn-Cu 계열 재료를 추진기 재료로 많이 채택하고 있다.

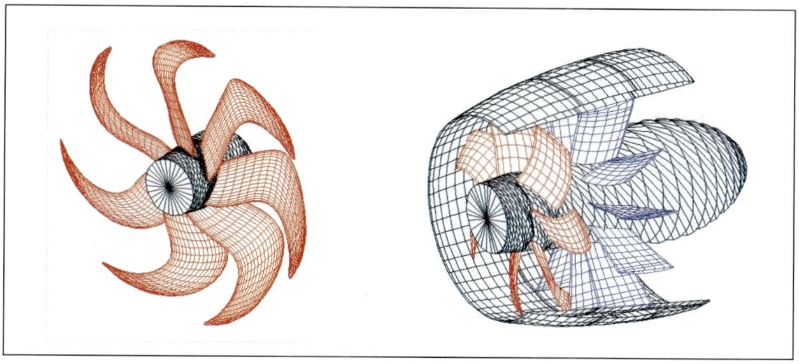

그림 4-103
고스큐 프로펠러와 펌프제트 형상

2) 추진기 설계

추진기의 설계를 위한 기본요건은 설계 최대속도를 만족하는 추진성능을 보유하도록 해야 하며, 다양한 운항모드의 하중에 견딜 수 있는 날개 구조강도를 가져야 한다. 이외에도 추진기에 캐비테이션이 발생하지 않게 하여 추진기에서 방사되는 소음 및 소음징표를 최소화하고, 자함 음향탐지기에 미치는 영향을 최소화해야 한다.

추진기 설계 초기단계에서는 추진기 설계자료(Series Chart)를 이용하는 설계 방법이나 전산유체역학적 계산을 이용하여 주요 제원을 도출하며, 캐비테이션 시험 및 추진기 소음계측 시험 등 일련의 시험계측 및 검증과정을 반복하여 최적화한다. 모형시험에서 계측이 어려운 날개진동에 기인한 비(非)캐비테이션 소음과 싱잉(Singing)은 수치해석 기법을 통해 최소화한다. 추진기 설계 시 고려하는 주요 항목은 날개 수, 직경, 유입각, 스큐, 레이크(Rake), 날개강도, 재질, 캐비테이션 발생속도(Cavitation Inception Speed: CIS), 싱잉, 수중방사소음 등이다.

잠수함용 추진기의 날개 수는 날개당 부하를 줄여 캐비테이션 및 소음특성을 향상시키기 위해 일반적으로 7개를 많이 적용하며, 직경은 추진효율, 축계배치, 소음/진동 특성, 중량, 제작/설치 측면 등을 고려하여 결정한다. 독일의 경우 소음 발생 측면에서 추진기 날개면을 지나는 유동의 상대속도가 35 m/s를 넘지 않도록 제한하여 설계하기도 한다. 유입 유속과 날개회전이 종합된 유입 유동각은 유동 박리를 고려하여 국부 최대반류를 기준으로 6~8° 내외의 일정 범위를 벗어나지 않도록 설계한다. 스큐 및 레이크가 증가하면 유입되는 불균일 반류를 지연시켜 하중을 분산시키는 효과가 있지만, 추진효율 감소, 강도상의 취약점 및 제작의 어려움이 따르므로 스큐 및 레이크는 과도하지 않도록 설계한다.

추진기 날개 두께는 상선에 적용되는 규정을 따를 경우 과도한 두께로 설계되어 날개 양면에 지나친 압력차가 발생하고, 이로 인해 캐비테이션이 발생할 소지가 있다. 따라서 실적함의 설계 경향과 날개강도 수치해석을 통해 검증되어야 한다.

소음을 흡수하는 성질이 강한 재질로는 CRP(Carbon Re-enforced Plastic)가 적합한 것으로 알려져 있으나, 잠수함에 적용한 실적은 아직 없다. 대부분의 잠수함은 소노스톤(Sonoston)이라 불리는 흡음특성이 뛰어난 재질을 사용하고 있다.

일단 설계된 추진기는 추진기 모형시험을 통해 검증되고 개선된다. 잠항 및 스노클 조건에서 캐비테이션 발생조건 및 속도를 면밀히 비교하여, 허브 보텍스 캐비테이션을 줄일 수 있는 허브캡(Hub Cap)을 채택한다. 소음 계측시험을 통해서는 싱잉 및 기타 특이소음 등의 발생 여부를 파악한다. 싱잉은 날개 뒷단(Trailing Edge)의 보텍스 박리(Shedding)에 의한 기진 주파수가 날개 끝단이나 뒷단의 굽힘 진동모드 주파수와 공진하여 유발되는 소음이다. 함정에서 싱잉이 발생하면 작전수행이 불가능하기 때문에 싱잉현상이 발생하지 않도록 엄격히 통제하고 있다. 그러나 기진 주파수 해석과 재질에 따른 진동특성 해석의 어려움과 모형시험 결과의 실선 적용 한계로 인해 싱잉현상에 대한 사전예측이 어려운 실정이다.

4.2.7 전기계통

잠수함의 전기계통은 주 추진장치에 전력을 공급하는 전기추진계통과 함 일반 부하에 전력을 공급하는 배전계통, 그리고 함의 주요 계통을 제어·감시하는 자동화계통으로 구성된다.

전기계통의 신뢰성 향상을 위해 이중의 전원계통이 적용되고 있으며, 배전계통은 함 소요전력 사양에 맞게 일정한 전압을 유지함으로써 계통의 안정성과 효율이 증대된다. 잠수함 자동화계통은 계통 간 연동을 통한 통합 자동제어를 적용하고, 전용 제어반과 다기능 콘솔을 적용함으로써 운용자가 최소화되도록 구성된다.

잠수함 전기추진계통의 최근 추진전동에는 기존의 직류전동기 대신 고효율 경량 소형화된 영구자석형 전동기가 적용되고 있으며, 향후 초전도 전동기의 실제 적용을 위한 연구가 진행 중이다. 전기추진계통은 에너지원에 따라 디젤전기추진과 원자력추진으로 크게 구분되며, 각 계통별로 특성을 설명하고자 한다.

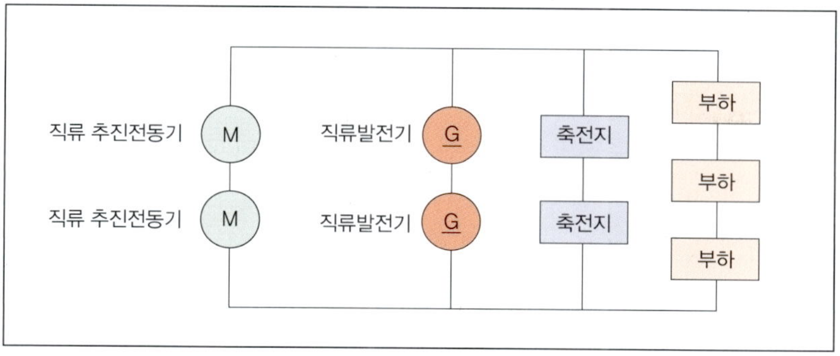

그림 4-104
디젤전기추진 잠수함 전력시스템

1) 디젤전기 추진계통

디젤전기추진 잠수함의 전기추진계통은 그림 4-104에 제시한 것처럼 분산식 또는 계단식으로 축전지용 직류발전기에 의해 충전된 축전지 전기를 함 내 부하에 개별적으로 공급한다.

1차 세계대전 당시 수상항해를 위주로 하던 잠수함에서는 디젤기관이 주 추진기관으로서 추진 축계 중간에 전동기/발전기 겸용 장비를 설치하여 축전지를 충전하고, 축전지로부터 전력을 공급받아 수중항해 시 추진기를 구동하였다. 수상항해 시에는 축계의 클러치를 디젤기관에 연결하여 직접 추진기를 구동, 고속으로 항해하였다. 수상 저속항해 시에는 한 대의 디젤기관은 추진기를 구동하고 다른 한 대의 디젤기관은 발전기를 구동하도록 클러치를 조작하여 수중항해용 축전지에 충전하였다. 수중항해 시에는 디젤기관의 클러치를 떼어내고 축전지로부터 전동기에 전력을 공급, 추진기를 구동함으로써 추진력을 얻었다. 2차 세계대전을 통해 스노클 장치의 도입, 연축전지의 성능향상, 디젤발전기와 추진전동기의 분리 등 많은 발전이 있었다. 이를 토대로 연축전지, 추진전동기, 디젤발전기를 근간으로 하는 잠수함의 디젤전기 추진시스템이 완성되기에 이르렀다.

현대 디젤전기추진 잠수함은 수상보다 수중에서의 성능에 역점을 두고 있으므로, 축전지 탑재량이 전체 중량 대비 초기 약 10%로부터 25%까지 증가되어 수중 고속기동 및 체재능력이 증대되었다. 수중에서는 축전지로부터 전력을 공급받아 추진전동기에 연결된 추진기를 구동하여 필요한 속도를 얻게 된다. 이로 인해 축전지가 방전되면 디젤발전기에 의해 충전해야 한다. 디젤기관 운전에 필요한 공기를 공급하기 위해 잠수함을 수면 가까이 부상시켜 스노클 마스트를 수면에 내놓은 상태로 항해해야 한다. 최근에는 과급기의 도입에 의한 디젤기관의 출력 증대, 축전지의 에너지 밀도 및 충전효율 증대 등으로 인해 전체 항해기간에 대한 스노클 항해기간의 비율인 스노클 비가 감소하는 추세에 있다.

2) 원자력 전기 추진계통

원자력추진 잠수함의 추진방식은 추진기관 항에서 이미 기술한 바와 같이, 기계식 추진방식과 전기식 추진방식으로 나눌 수 있다. 기계식 추진방식은 터빈 원동기로부터 축계 및 추진기로 감속기에 의해 동력이 전달되는 방식으로서, 함 내 전원 및 전투장비에 필요한 전력은 원동기 구동에 의한 발전기의 발전에 의해 공급되도록 구성된다. 전기식 추진방식은 터빈 원동기로부터 발전기에 만들어진 전력을 추진전동기로 공급하여 축계 및 추진기를 구동시키는 방식으로서, 함 내 전원 및 전투장비에 필요한 전력은 컨버터 및 인버터 등에 의해 공급되도록 구성된다.

프랑스의 루비(Rubis)급 원자력추진 잠수함이 채택하고 있는 기존 전기식 추진방식은 그림 4-105에 제시한 것처럼 주 추진전력과 함 내 서비스 전력이 분리되어 있다. 터빈출력을 연결기어를 통해 주 추진용 발전기와 보조발전기를 연결해 사용하는 시스템으로서, 터빈출력 에너지는 추진출력 80%, 함 내 서비스 20%로 고정되어 있어 통합적인 전력관리가 불가능하다. 이에 따라 에너지 효율이 낮아지고 최대전력 사용이 불가능해진다. 주 추진전력 네트워크와 함 내 서비스 전력 네트워크가 분리됨에 따라 추진발전기 2대, 보조발전기 2대 등 전력계통 장비가 증가하게 된다.

원자력추진 잠수함의 전기 추진방식은 고출력 영구자석형 추진전동기 및 발전기, 초전도 전동기, 전력소자 등이 출현함에 따라 통합전력 시스템 방식으로 변화하고 있다.

그림 4-105
기존 원자력 잠수함 전력시스템

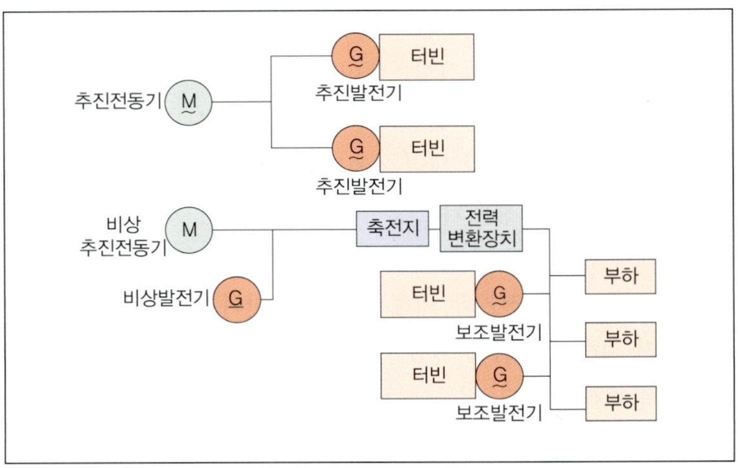

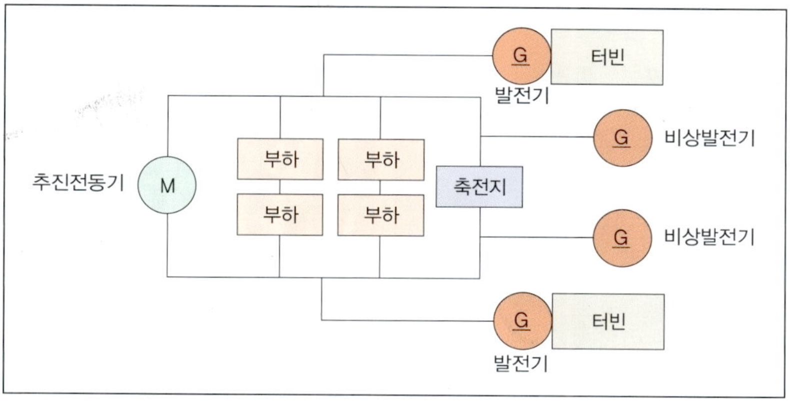

그림 4-106
원자력 잠수함 통합전력 시스템

그림 4-106에 제시한 바와 같이 통합전력 시스템 방식은 모든 에너지원과 모든 부하계통이 동일한 네트워크로 구성되어 일부 에너지원 및 부하의 고장 시에도 연속적으로 전력공급이 가능하다. 통합전력 시스템을 적용한 전기식 추진방식의 핵심은 터빈발전기로서, 원자로의 모든 출력에너지를 전기에너지로 변환시키고 전력선에 의해 필요한 곳으로 분배한다. 에너지의 유연한 배분이 가능한 전력 네트워크 방식으로 인해 전기적 에너지를 추진 부분과 비추진 부분에 동시에 공급할 수 있고, 일시적으로 많은 에너지를 필요로 하는 부분에 적절한 양을 공급할 수 있다.

4.2.8 보기계통

1) 압축공기계통

압축공기는 잠수함의 주요 작동 에너지원의 하나이다. 주 부력탱크(Main Ballast Tank: MBT) 내 해수배출을 포함하여 다양한 곳에서 소모되며, 설계개념과 탑재장비 등에 따라 잠수함마다 다르게 구성된다.

압축공기계통은 압축공기를 생산하기 위한 공기압축기, 저장을 위한 압축공기 저장 실린더, 압축공기에 포함되는 수분과 먼지 등을 제거하기 위한 공기건조기, 공급과 분배를 위한 선로 및 매니폴드, 소모처를 위한 감압단 등으로 구성된다. 압축공기 저장기준은 보통 주 부력탱크 불기 횟수로 정해지며, 일반적으로 3회에서 5회 정도 정상 부상할 수 있는 용량을 저장한다. 공기압축기는 다단의 피스톤 방식이 주로 사용되며, 함 운용개념에 따라 용량을 선정한다. 독일 잠수함의

그림 4-107
잠수함용 공기압축기와 함 내 압축공기 매니폴드

경우 전체 압축공기 저장용량에 대해 80~95%까지 충전하는 데 2시간 이내가 소요되는 용량으로 선정하며, 프랑스 잠수함의 경우 주 부력탱크를 1회 배수하여 정상 부상할 수 있는 용량을 2시간 이내로 충전할 수 있도록 선정한다.

압축공기계통에서 발생할 수 있는 가장 낮은 온도에서도 압축공기 내에서의 빙결을 막고 수분생성을 최대한 억제하기 위해 압축공기를 건조해야 한다. 이를 위해 흡착제를 이용해 수분을 흡착하거나, 반투막을 이용해 수분을 제거하는 공기건조기가 설치된다. 압축공기계통 압력은 독일, 스웨덴 및 프랑스의 경우 250bar를 사용하고 있으며, 영국 및 이탈리아 등은 250bar 이상의 압력을 적용하고 있다. 그림 4-107에 공기압축기와 압축공기 매니폴드를 제시하였다.

2) 유압계통

잠수함에는 조타장치, 양강 마스트 같은 대형 장비로부터 해수 선체밸브까지 기계적으로 작동하는 많은 장치들이 필요하며, 이들의 작동을 위해 함 전체에 유압을 공급할 수 있는 유압계통이 설치된다. 그림 4-108에 제시한 것처럼 보통 1개 이상의 공급배관이 설치되고, 각 사용처에서 배출된 유압유는 복귀배관을 통해 유압유탱크로 돌아간다.

스크류 펌프는 효율이 낮고 비싸지만 저소음 및 저맥동 상태로 유체공급이 가능하므로 주로 유압펌프로 사용된다. 축압기(Accumulator)는 유압에너지를 저장하고 공급함으로써 펌프작동을 효율화하고, 펌프 토출 유량이 부족한 경우 유압유를 공급하며 계통 내 유압을 일정하게 유지시키는 역할을 한다. 피스톤식과 블래더식 축압기가 주로 사용된다. 유압구동 메커니즘과 액추에이터(Actuator) 효율을 높이고 소형화하기 위해서는 보다 고압을 사용하는 것이 유리하나, 계통

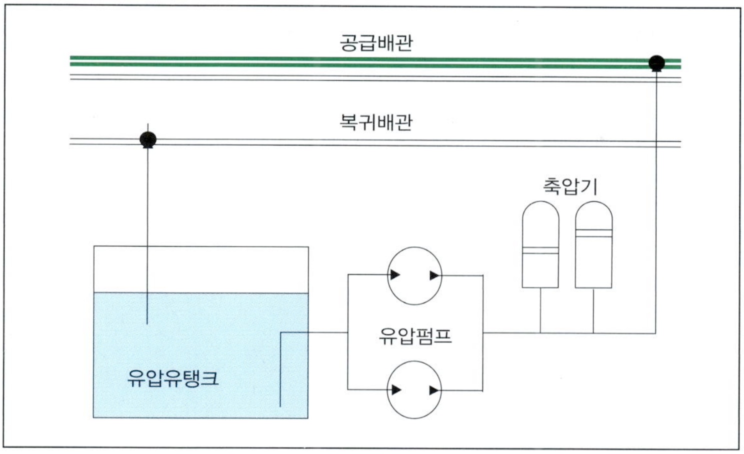

그림 4-108
잠수함 유압계통 구성

유속이 낮을수록 소음과 배관손실을 줄일 수 있으므로 잠수함 소음성능 등을 고려하여 적절한 유압을 선정해야 한다. 스크류 유압펌프와 축압기를 그림 4-109에 제시하였다.

3) 중량보상계통

중량보상계통은 잠수함 운용 시 연료유 사용, 무장발사 등으로 인한 중량 변동 및 해수밀도 차이, 수중환경 변화 등으로 인한 부력 변동을 보상하고 정적 평형을 유지하기 위한 계통이다. 표 4-8에 중량보상을 위해 사용되는 각종 보상탱크를 용도별로 제시했으며, 그림 4-110에 디젤전기추진 잠수함의 탱크배치 예를 제시하였다.

그림 4-109
유압계통 주요 구성품

표 4-8
잠수함 중량보상탱크

탱크명	용도	비고
보상탱크 (Compensating Tank)	· 해수밀도와 심도증가에 따른 압력선체 체적변화에 따른 보상 · 연료유, 식량, 청수 소비중량 보상	· 종방향 부심 근처에 설치 · 천해용과 심해용 등으로 구분해 설치 가능
트림탱크 (Trim Tank)	· 평형트림 상태 유지	· 압력선체 양 끝단에 설치
주 부력탱크 (Main Ballast Tank)	· 수상항해에 필요한 부력 제공 · 충/배수에 의한 잠수 및 부상 · 심해에서 비상 부상 시 배출	· 주로 함수와 함미 외부선체 내에 설치
무장보상탱크 (Weapon Compensating Tank)	· 발사된 무장중량 보상 · 발사관 충수용 해수저장	· 무장발사관 및 무장저장고 근처 배치
연료유탱크 (Fuel Oil Tank)	· 디젤엔진 공급용 연료유 저장 · 압력선체 외부설치 시 연료사용 후 보상탱크로도 사용 가능	· 해수압력(외압)으로 공급

보상탱크(Compensating Tank)는 트림 모멘트 발생이 최소화되도록 가능한 함 부력중심 근처에 좌·우현으로 배치하는 것이 원칙이며, 함 크기에 따라 여러 개의 보상탱크로 분할하여 배치한다. 내압탱크(Pressure Proof Tank)로 된 보상탱크의 경우 잠수함 전체 운용수심에서 중량보상이 가능하도록 설계압력이 고려되어야 한다. 보상탱크 내 해수의 충수는 해수압을 이용하고, 배출은 빌지 펌프(Bilge Pump) 또는 압축공기를 이용한다. 보상탱크 입구에 안전 차단밸브(Safety Shut-off Valve)를 설치하여 보상탱크를 해수압으로부터 보호한다. 트림탱크는

그림 4-110
디젤전기추진 잠수함 탱크 배치 예

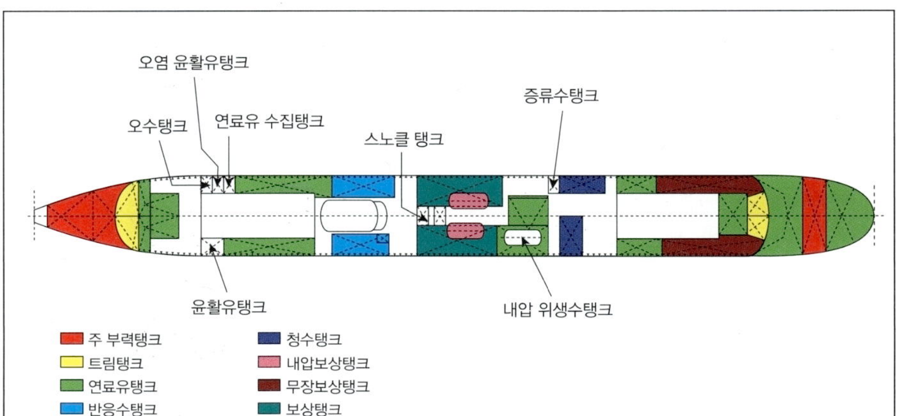

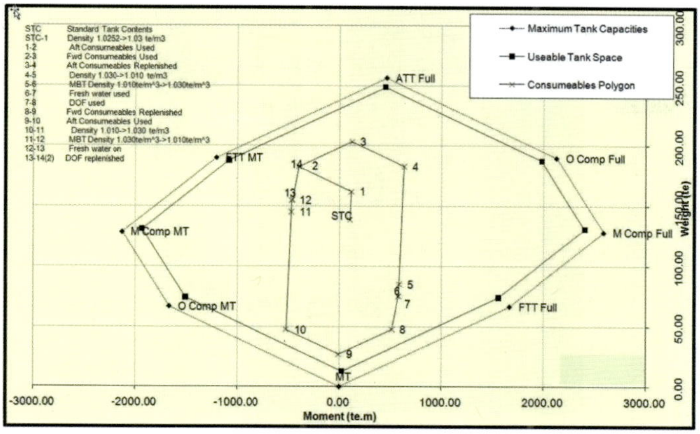

그림 4-111

평형 다각형 예

압력선체 함수와 함미 양 끝단에 위치하며, 압축공기 또는 펌프를 이용해 내부의 물을 이송하여 함 트림을 조정한다.

함 운용 시 변경되는 하중상태 및 트림 모멘트의 보상 가능 여부를 검토하고 각종 보상탱크 및 트림탱크 용량과 배치의 적절성을 확인하기 위해 평형 다각형(Equilibrium Polygon 또는 Trim Polygon)을 사용한다. 평형 다각형이란 잠수함의 정적 평형이 모든 중량 하중상태에서 유지될 수 있는지 여부를 판단하기 위한 자료이다. 보상탱크 및 트림탱크 내의 유체량을 변경하여 보상 가능한 중량 및 모멘트 변화량을 그래프로 표시하고, 극한적인 중량 하중상태가 평형 다각형 곡선 내부에 포함되도록 보상탱크 및 트림탱크를 구성해야 한다. 그림 4-111에 평형 다각형 예를 제시하였다.

4) 청수계통

청수계통은 작전기간 동안 승조원이 사용할 식용수 및 위생수를 생산하고 보관하기 위한 계통으로서, 청수 생산을 위한 조수기와 보관용 청수탱크, 소독·살균기, 온수기 및 각종 배관으로 구성된다. 청수 공급은 펌프 또는 압축공기를 이용하며, 청수 생산 및 공급량은 1일 소모량을 기준으로 각국 잠수함 운용환경에 따라 산정한다. 청수 생산을 위해 원자력추진 잠수함은 풍부한 함 내 전력을 이용하여 해수의 전기분해를 통해 산소와 청수를 생산하는 방식을 사용하며, 디젤전기추진 잠수함은 역삼투압 현상을 이용한 조수기를 사용한다. 한국 해군의 경우 1인당 1일 소모량 30리터를 기준으로 최대 잠항기간 동안 전체 승조원에게 필요한 청수량의 2배 이상을 탑재할 수 있도록 청수탱크 용량을 선정하며, 조수기는 전체 승조

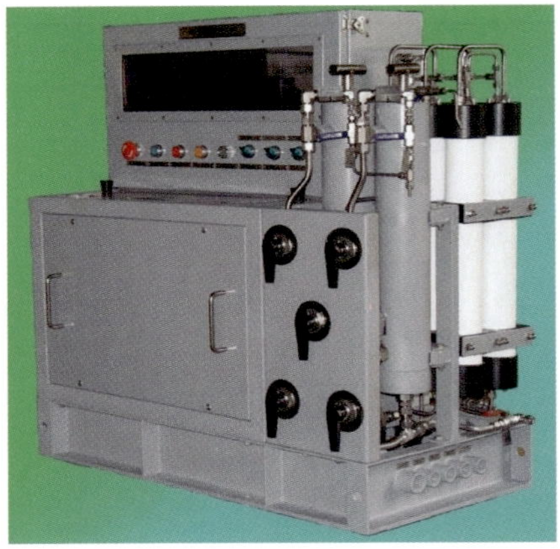

그림 4-112
잠수함 역삼투압 조수기

원의 1일 소모량을 기준으로 용량을 선정한다. 그림 4-112에 디젤전기추진 잠수함에서 사용하는 역삼투압 조수기를 제시하였다.

5) 해수계통

해수계통은 주로 탑재장비 냉각용으로 사용되며, 디젤전기추진 잠수함의 경우 고압해수 냉각계통과 저압해수 냉각계통으로 구분된다. 고압해수 냉각계통은 최대 작전심도까지 각종 장비의 냉각을 위해 구성되며, 추진전동기, 공기압축기, 공기조화장치 및 전자장비용 열교환기 등의 냉각에 사용된다. 저압해수 냉각계통은 스노클 항해 및 수상항해 시에만 작동되는 디젤발전기 및 관련 설비의 냉각을 위해 구성된다.

해수계통은 해수 공급방식에 따라 냉각 대상 장비에 직접 해수를 공급하는 방식과, 열교환기에 해수를 공급하는 간접 공급방식으로 구분된다. 직접 냉각방식은 소용량, 저소음 펌프를 채택할 수 있어 소음이 상대적으로 낮고 냉각효율이 높으며, 간접 냉각방식은 고압해수 배관계통을 줄임으로써 안전성이 높은 방식이다. 그림 4-113에 냉각방식에 따른 해수계통 구성 예를 제시하였다.

6) 스노클 및 배기 계통

스노클(Snorkel) 및 배기 계통은 디젤전기 추진기관을 설치한 잠수함에만 적용되는 계통이다. 발전기 작동을 위해 소요되는 연소용 공기와 함 내 통풍을 위한 외기 공급계통이 스노클계통이며, 발전기 운전에 따른 배기를 함 외로 배출하는 계통이 배기계통이다. 스노클계통은 해수면 위로 나가 직접 외기를 함 내로 공급

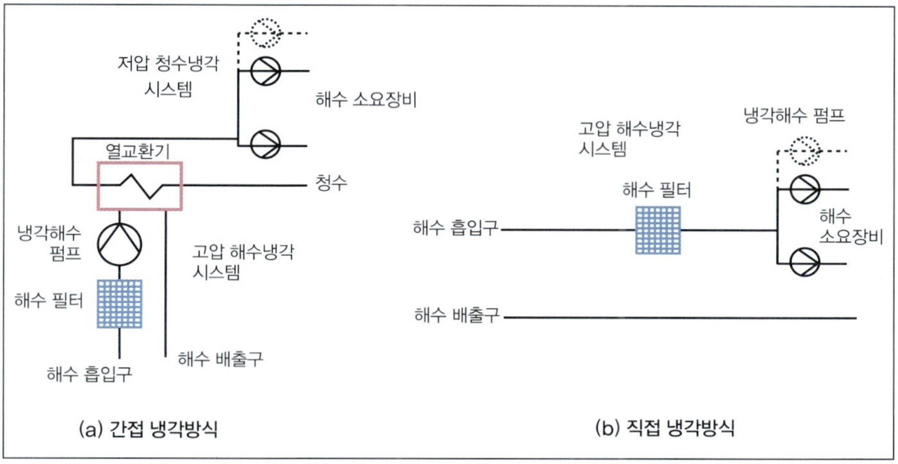

그림 4-113

냉각방식에 따른 해수계통 구성 예

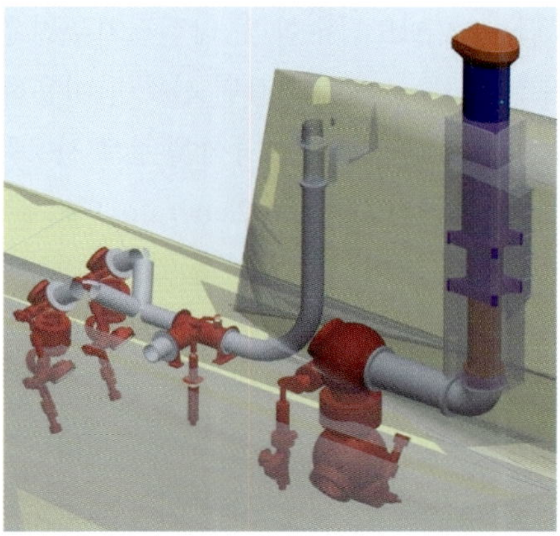

그림 4-114

스노클 및 배기 계통

하기 위한 스노클 마스트, 압력선체 관통부를 이중 차단하는 역할을 하는 스노클 플랩, 스노클 마스트로부터 이어지는 흡기관이 1차적으로 연결되는 스노클 탱크로 구성된다. 스노클 탱크는 스노클 시 유입되는 해수에 대비하기 위한 기능도 가지고 있다. 배기계통은 배기소음기로부터 연결되는 배기관과 압력선체를 관통하는 배기밸브까지를 포함하는 함 내 배기계통과, 외부 배기밸브부터 최종 출구인 스노클 배기구까지를 포함하는 함 외 배기계통으로 구분할 수 있다. 그림 4-114에 스노클 및 배기 계통을 제시하였다.

4.2.9 의장계통

1) 대기관리계통

수상함과 마찬가지로 잠수함에도 송풍, 냉방, 난방을 위한 공기조화장치 계통(HVAC System)이 필요하다. 특히 수중에서는 잠수함의 폐쇄된 내부공간에서 승조원이 작업하고 거주해야 하므로,함 내 대기상태를 안전하게 유지하기 위한 대기관리계통이 매우 중요하다.

장시간 수중항해를 하기 위해서는 승조원들의 호흡으로 인해 소모되는 산소를 공급해야 하고, 발생하는 이산화탄소를 제거해야 한다. 설비 및 장비 운용으로 인해 발생하는 위험물질과 유해물질도 제거하여 함 내 대기상태가 악화되지 않도록 해야 한다. 표 4-9에 대표적인 잠수함 함 내 대기관리 대상물질을 제시하였다.

함 내 산소농도는 보통 18~21% 범위를 유지해야 하며, 자동공급장치를 이용하여 통풍계통으로 공급한다. AIP 잠수함 및 디젤전기추진 잠수함은 제한된 전력에너지 때문에 액체 또는 기체 상태로 저장된 산소를 이용하며, 원자력추진 잠수함은 물을 전기분해하여 산소를 공급하는 방식을 주로 사용한다. 그림 4-115에 디젤전기추진 잠수함의 산소공급기(Oxygen Generator)를 제시하였다.

그림 4-116에 제시한 것처럼 이산화탄소 제거기는 비재생식 제거기와 재생식 제거기로 구분된다. 비재생식 제거기는 소모성 제거기로서 카트리지로 구성된 제거기를 교환하여 사용한다. 재생식 제거기는 이산화탄소 제거제를 일련의 재생과정을 거쳐 재사용할 수 있는 장치이다.

디젤전기추진 잠수함의 경우 충·방전 시 발생하는 수소의 공기 중 농도가 4% 이상만 되어도 폭발위험이 높아지므로, 촉매작용에 의해 수소를 제거하는 수소제거기를 설치한다. 또한 일산화탄소, 메탄, 유기화합물, 먼지 등의 오염물질을 제거

표 4-9
대기관리 대상물질

대상물질	영향	발생원	허용농도
수소	폭발 및 화재 위험	축전지	2.0% 이하
이산화탄소	현기증, 신체기능 이상	호흡	0.5% 이하
일산화탄소	혈액의 산소 공급기능 방해	디젤엔진 배기가스	15ppm 이하
냉매	어지러움 유발	냉동장치 누설	100ppm
기타 유독성 무기화합물 및 유기화합물은 발생 즉시 제거			

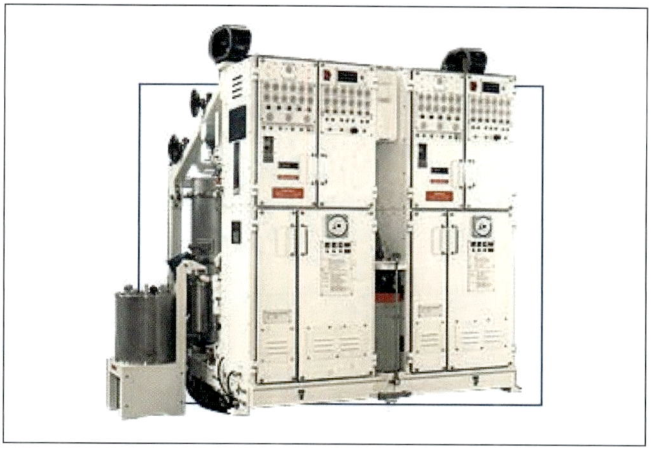

그림 4-115
잠수함 산소공급기

하기 위해 활성 카본필터(Activated Carbon Filter), 상온 또는 고온 촉매연소기(Catalytic Burner) 등을 설치한다.

2) 탈출 및 구조 계통

잠수함의 탈출 및 구조 계통은 수중사고 발생 시 승조원을 수상으로 부상(浮上) 또는 이동시켜 안전하게 구조하기 위한 시스템이다. 그림 4-117에 제시한 것처럼 사고해역의 수심 및 사고 당시 함 상태에 따라 맨몸탈출(Free Escape), 자유부상(Free Ascent) 탈출 및 심해잠수 구조정(Deep Submergence Rescue Vehicle: DSRV) 등 장비에 의한 구조로 구분할 수 있다.

맨몸탈출은 80m 이하 얕은 수심에서, 잠수함의 압력선체 혹은 해수 연결배관 등의 손상으로 인해 해수가 함 내로 유입되어 긴급한 탈출이 요구될 때 사용할 수

(a) 비재생식(LiOH)　(b) 재생식(MPT Scrubber)

그림 4-116
잠수함 이산화탄소 제거장치

그림 4-117
탈출 및 구조 개념도

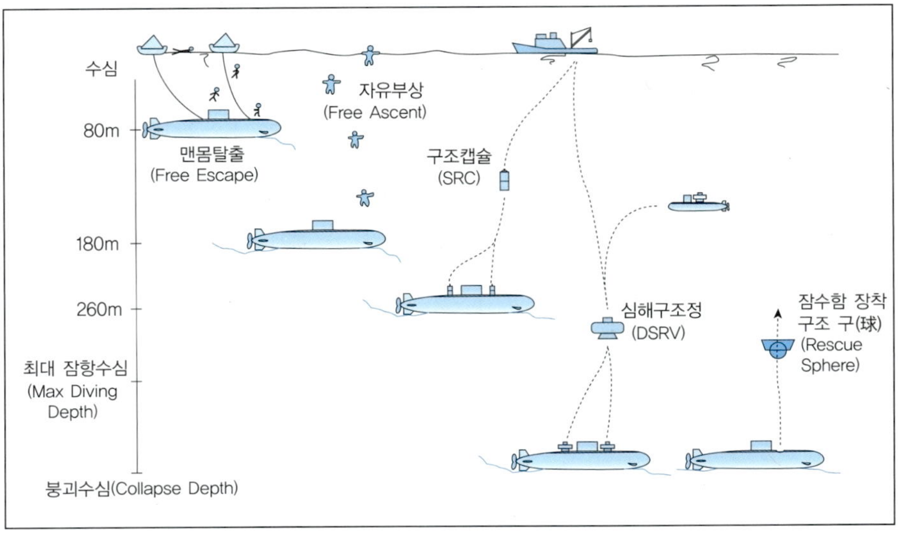

있는 탈출방법이다. 승조원의 탈출을 위해서는 외부와 연결되어 있는 각종 해치를 개방하여 외부와 압력평형을 이루어야 한다. 외부와 압력평형이 이루어지면 해치를 개방할 수 있게 되고 함 내는 해수로 채워지는데, 전체 승조원이 순차적으로 탈출하기 위해 별도의 호흡용 공기 공간이 필요하게 된다. 이를 위해 해치에 설치되어 있는 공기트랩(Air Trap)을 하강시키면 공기트랩이 하강된 지점부터 함 내 천장까지 호흡용 공기를 가둘 수 있게 되며, 구명재킷 등을 착용한 승조원은 공기트랩이 설치된 해치를 통해 탈출한다.

자유부상은 최대 180m 수심에서 압력선체의 손상이 경미하여 승조원이 함 내에 대기할 수 있는 시간이 확보될 경우, 탈출복을 착용하고 탈출 트렁크(Access Trunk 혹은 Conning Tower)를 통해 순차적으로 탈출하는 방법이다. 2개 이상의 압력격벽이 설치된 경우, 압력선체의 손상 등으로 함 내로 해수가 유입되더라도 승조원은 침수되지 않은 구역에서 대기하면서 자유부상으로 탈출이 가능하다. 1회당 탈출 가능 인원은 사고해역의 수심에 따라 결정된다. 그림 4-118에 승조원 탈출복 및 구명정을 제시하였다. 그림에 제시된 바와 같이 탈출복은 단순한 구명재킷이 아니므로 착용하는 데 시간이 소요된다.

맨몸탈출이나 자유부상을 수행할 때 함 내 호흡 및 탈출복 충진 등을 위해 비상호흡계통(Built-In Breathing System: BIBS)이 사용된다. BIBS는 압력선체의 손상, 추진기관 고장 등의 비상상황과 화재, 화학적 오염 등으로 인한 함 내 공기

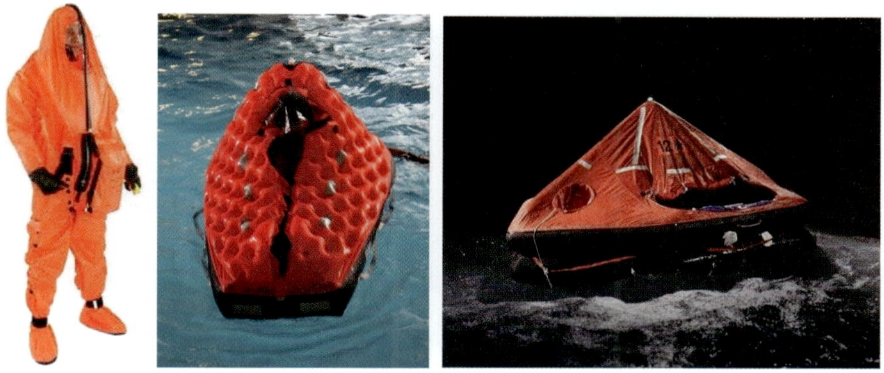

그림 4-118
승조원 탈출복과 구명정

오염 발생 시 승조원들의 호흡을 보장하여 생존능력을 증대시키게 된다. 주요 구성품은 호흡공기 또는 호흡가스 저장 고압용기, 사용처별로 적절한 압력의 호흡가스를 공급하기 위한 감압단, BIBS 공급배관과 탈출복 또는 마스크와 연결하기 위한 커넥터 등이 있다. 그림 4-119에 비상호흡계통과 호흡용 마스크를 제시하였다.

압력선체의 손상이 없는 경우 심해구조정을 이용하여 승조원을 구조할 수 있으며, 1회당 탈출 가능 인원 및 구조 가능 수심은 구조정의 성능에 의해 결정된다. 잠수함은 구조정이 사고해역에 도착하여 구조가 시작되기까지 소요되는 시간 동안 승조원이 생존할 수 있는 식량 및 산소 등을 갖추어야 하며, 구조정이 함 선체에 장착될 수 있도록 필요한 설비를 갖추어야 한다. 그림 4-120에 미 해군이 운용하고 있는 심해잠수 구조정 및 잠수함 장착장면을 제시하였다.

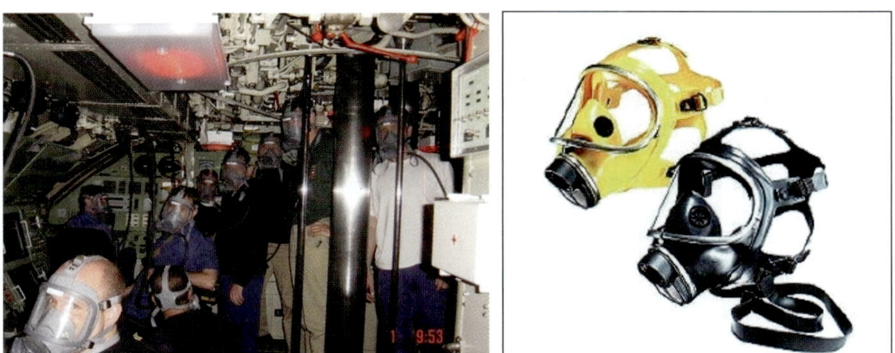

그림 4-119
비상호흡계통 운용장면 및 BIBS용 마스크

그림 4-120

미 해군 심해구조정 및 잠수함 장착 운용개념

3) 긴급부상계통

긴급부상은 함의 정상적인 부상이 불가능하거나 타의 고장 혹은 함의 손상으로 인한 압력선체 내로의 해수유입 등 긴급한 상황에서, 주 부력탱크 내의 해수를 신속히 배출하여 잠수함을 수면으로 부상시키는 것을 의미한다. 그림 4-121에 잠수함의 긴급부상 장면을 제시하였다. 긴급부상은 함 안전을 위해 함 운용수심 전 구역에서 사용이 가능해야 하며, 함 내 다른 계통과 독립적으로 단독 운용이 가능해야 한다. 긴급부상의 일반적인 방법으로 다음 두 가지가 고려될 수 있다.

가) 화학반응에 의해 발생된 가스를 이용한 긴급부상

화학반응에 의해 가스를 발생시키고, 이 고압가스를 주 부력탱크 내로 유입시킴으로써 주 부력탱크 내의 해수를 배출시킨다. 주로 히드라진 가스(Hydrazine Gas)나 불활성 기체(Inert Gas)를 사용한다. 화학반응에 의해 가스를 발생시키므로 일단 긴급부상계통을 작동시키면 그 과정을 조종하기가 용이하지 않다. 가스 사용 후에는 화학제의 재충진이 필요하며, 이 때문에 시간과 경비가 소요된다. 주로 독일 잠수함에서 사용하고 있다. 그림 4-122에 가스발생기를 이용한 긴급부상 시스템 구성개념과 소요장비를 제시하였다.

나) 압축공기를 이용한 긴급부상

정상부상과는 별도로 긴급부상용 압축공기 저장용기를 설치하고, 이로부터 고압의 압축공기를 공급받아 주 부력탱크의 해수를 배출한다. 정상부상과는 달리 많은 유량의 압축공기를 단시간에 주 부력탱크에 공급함으로써 긴급부상을 가능하게 한다. 사용된 압축공기는 함 내 공기압축기를 이용하여 재충진하므로 별도의 시간 및 경비가 소요되지 않고, 필요시마다 승조원으로 하여금 긴급부상 훈련이 가능하다는 장점이 있다. 독일을 제외한 대부분의 국가에서 사용하고 있다.

그림 4-121
잠수함 긴급부상 장면

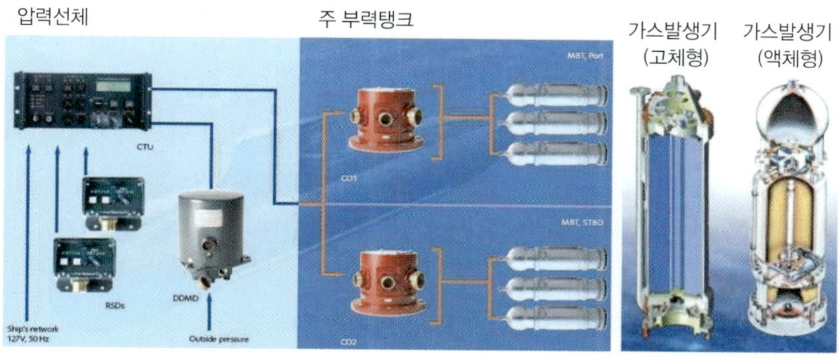

그림 4-122
가스발생기를 이용한 긴급부상 시스템

4.2.10 항해체계

현대 잠수함은 대양, 연해, 천해 등 다양한 해역에서 작전을 수행하므로 정밀항해 능력을 보유해야 한다. 잠수함용 항해체계를 구성하는 장비들은 일반적으로 다음과 같다.

1) 관성항법장치

관성항법장치(Inertial Navigation System: INS)는 가속도계(Accelerometer)와 자이로스코프(Gyroscope)의 두 관성센서로 이루어지며, 수중 운동체의 회전각도와 선형 가속도를 측정하여 외부의 도움 없이 기준항법 좌표계에 대한 수중 운동체의 현재 위치, 속도 및 자세 정보를 제공한다. 출발 시각부터 임의 시각까지의 가속도 출력을 항법 방정식에 넣어 적분하여 속도를 얻고, 이것을 다시 적분하여 함정의 이동거리를 구하며, 최종적으로 현재의 위치를 산출한다. 외부로부터의 신호교란이나 신호감지를 피할 수 있고, 날씨와 시간 등에 구애받지 않는다.

현대 잠수함의 가장 중추적인 항해체계인 관성항법장치는 시간이 지남에 따라 오차가 누적되는 단점이 있으므로 좀 더 정확도가 뛰어난 관성항법장비를 선정하거나, 주기적으로 GPS나 다른 수단에 의해 최신 위치를 수정해야 한다. 정확도가 높은 관성항법장비는 반드시 정부 간의 수출허가 사항이 해결되어야 하는 전제조건이 있으며, 위치수정 수단인 GPS는 위치수신을 위해 안테나를 노출시켜야 하고, 항해용 해저추적(Navigation Bottom Tracking) 장치는 음파를 발사해야 하기 때문에 잠수함의 은밀성을 위태롭게 할 수도 있다.

2) 자기함속 측정기

자기함속 측정기(Electromagnetic Log: EM-Log)는 패러데이(Faraday)의 전자유도 법칙을 적용한 수동 탐지센서이다. 자계의 방향, 운동의 방향 및 기전력의 방향을 상호 직각 관계로 한 트랜스듀서(Transducer)를 선체 밖으로 돌출시켜, 함속에 비례한 기전력 측정을 통해 함의 대수속도(對水速度) 및 항적거리를 측정한다. 또한 관성항법장치와 연동하여 함의 위치를 보정해 주는 기능을 한다.

3) 도플러 로그

도플러 로그(Doppler Log)는 음파 및 도플러 효과를 이용하여 자함의 속도를 측정하는 능동 탐지센서이다. 대수·대지 속도, 거리, 수심을 측정하고 함의 방향과 항로와의 각도를 전시할 수 있다. 특수목적의 정밀항해 시에 속도를 측정하기 위해 사용되는 능동센서이므로 잠수함에서는 운용이 제한적이다.

4) 음향측심기

음향측심기(Echo Sounder)는 레이더와 같은 원리를 토대로 수중음파의 전달속도가 거의 일정한 것을 이용하여 수심을 측정하는 장치이다. 일반적으로 음향측심기 트랜스듀서 하나는 수심을 측정하기 위해 함수 킬(Keel) 근처에 설치하고, 다른 하나는 잠항심도를 측정하기 위해 함 상부에 설치한다.

5) 위성항법장치

위성항법장치(GPS)는 시간, 기상상태 등에 관계없이 지구 전역에서 사용 가능한 이상적인 항법시스템으로, 1970년대 초 개발되기 시작하여 1990년대 중반부터 본격적으로 가동된 항법시스템이다. 잠수함의 경우 마스트 운용을 최소화하려고 노력하므로, 함의 정확한 위치를 제공받기 위해 여러 마스트에 GPS 신호 수신장치를 장착하며, 보다 정밀한 위치정보를 제공받기 위해 DGPS(Differential GPS) 신호도 수신할 수 있도록 구성한다.

4.2.11 통신체계

잠수함의 통신체계는 그림 4-123에 제시한 것처럼 매우 다양하며, 작전상황에 따라 적절한 통신체계를 이용한다. 잠수함의 지휘통신체계는 통신위치에 따라 부상(浮上) 통신과 수중통신으로 구분된다. 부상 지휘통신은 주로 위성통신 및 HF 버스트(Burst) 지휘통신체계를 이용하여 잠수함에서 육상지휘소로 보고하고 있다.

수중통신체계는 잠수함의 주 임무인 은밀성을 유지하기 위해 LF, VLF, ELF 등 저주파수 대역 전파의 수중통과 특성을 이용하는 수중통신체계이다. 잠수함 통신체계의 구성 및 운용특성은 다음과 같다.

1) VLF 체계

VLF 체계는 단방향 통신체계로서, 육상지휘소에서 VLF 송신 시 VLF 신호수신을 위해 수면 가까이 부상하는 시간을 선택할 수 있도록 계획한다. 적절한 송신시간의 선택 및 수신을 확신하기 위해 통상 3회에 걸쳐 반복 송신한다. 잠수함에서는 VLF 신호의 수신을 위해 VLF 수신용 안테나가 필요하며, 안테나는 장착 형태에 따라 고정자석식 루프(Loop) 안테나, 예인형 부이 안테나(BWA) 및 다중센서 부이(Multi-Sensor Buoy) 안테나 등으로 구분된다.

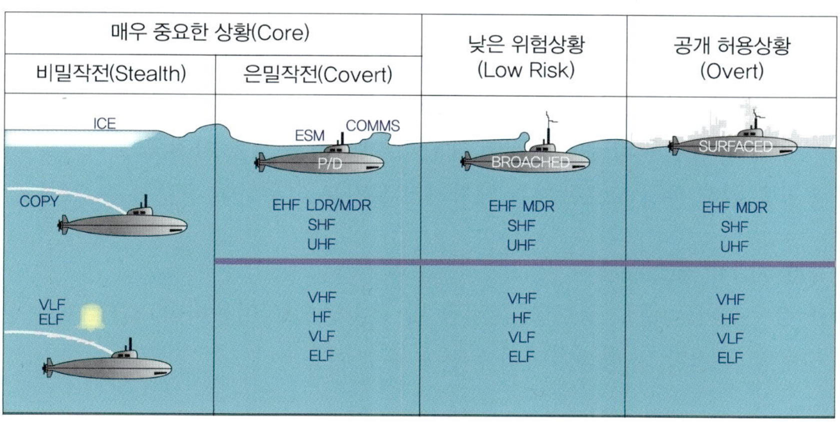

그림 4-123
잠수함 통신체계 운용개념

2) 공중 VLF 체계

공중 VLF 체계는 육상 VLF 송신소의 운용이 불가능한 상황에 처할 경우, 잠수함 VLF 신호 송신을 유지하기 위한 지휘통신체계로 운용된다. 미 해군의 경우 EC-130C 항공기를 VLF 신호를 송신할 수 있는 TACAMO 항공기로 개조하여 24시간 운용태세를 갖추고 있다. 육상지휘소로부터 TACAMO 항공기로는 HF 버스트 통신으로 송신하며, TACAMO 항공기는 약 10km 길이의 안테나를 예인하면서 200kW로 잠수함에 VLF 신호를 송신한다.

3) ELF 체계

ELF 체계는 깊은 수심에서도 잠수함의 수신이 가능하다는 장점이 있으나, 송신체계를 운용하기 위해서는 거대한 면적과 설비가 요구된다. 탄도유도탄을 탑재한 전략잠수함을 운용하기 위한 통신체계로서, 미국과 러시아 2개국만이 운용하고 있다. 미 해군의 경우 위스콘신과 미시간 두 곳에 ELF 송신소를 운용하고 있다. 위스콘신 송신소는 14마일의 긴 ELF 안테나가 남북방향으로 1개, 동서방향으로 1개가 서로 직각을 이루도록 설치되어 있다. 미시간 송신소는 전체 56마일의 안테나로서 위스콘신 ELF 안테나보다 복잡하게 설치되어 있다.

4) HF 통신체계

HF 통신은 잠수함과 육상지휘소 간의 쌍방향 통신을 위한 주 통신수단이다. HF 통신은 VLF 및 ELF 송신체계가 파괴되는 경우를 대비한 예비개념의 통신수단이기도 하다. VLF 통신의 대체수단으로 HF 통신을 사용할 때는 잠수함에서 최적의 주파수를 선택할 수 있는 다중 주파수 방식으로 송신시간을 계획한다.

5) HF 버스트 통신체계

HF 버스트 송신은 잠수함에서 육상지휘소로 전문을 송신할 때 사용하며, 변조된 신호를 이용하여 단시간(140~170μs)에 송신한다. HF 버스트 송신에 대한 방해는 가능하나, 송신원의 위치측정이 대단히 어려운 특성을 가지고 있다. HF 버스트 송신을 위해 통상 코드책자를 제작하고 문자를 이용하여 전문을 송신한다.

6) VHF/UHF 통신체계

VHF 송수신기는 주로 정보망, 작전망 및 전술망으로 이용되며, UHF 송수신기는 정보망, 작전망 및 항공기와의 통신에 주로 이용된다.

7) UHF/SHF/EHF 위성통신체계

위성통신(SATCOM)은 미 해군이 보유하고 있는 SSIXS(Submarine Satellite Information Exchange System)에 의해 실시된다. SATCOM 통신은 위성에 송신하는 것으로 시작된다. 육상지휘소에서 관련 인공위성에 통신 전문을 송신하여 우선순위에 따라 저장한다. 위성에서는 저장된 전문을 시간계획에 의거하여 송신을 실시하며, 잠수함에서 최적 시간을 선택할 수 있도록 동일한 전문을 4회 반복적으로 송신한다. 잠수함이 SATCOM 통신을 수신하지 못한 경우, 잠수함에서 확인번호와 함께 재송신을 위성에 요청하면 위성에서는 이에 의거하여 재송신한다. 또한 잠수함은 위성통신을 통해 표적에 대한 정보를 제공받을 수도 있다. 잠수함에서의 위성통신 수신은 양강용 마스트에 설치된 UHF/SHF/EHF 위성안테나를 통해 수신한다.

미 해군은 함대 위성통신(FLTSATCOM)을 위해 적도 상공 23,000마일에 4개의 통신위성을 설치하여 운용하면서 전 세계 해역에 있는 잠수함과 통신을 수행한다. 각 통신위성에서는 25KHz의 협대역 채널을 사용하며, 잠수함과의 음성통신도 가능하나 은밀성을 유지하기 위해 30초 이내로 통신시간을 제한하고 있다.

4.2.12 전투체계

잠수함의 작전 운용능력을 좌우하는 핵심요소로는 탐지체계, 무장체계, 지휘통제체계, 운용자를 들 수 있다. 이 네 가지 요소 중에서 운용자를 제외한 탐지체계, 무장체계, 지휘통제체계를 통틀어 광의의 전투체계(Combat System)라고 정의한다. 협의의 전투체계는 지휘통제체계를 뜻하며, 각종 탐지장비들로부터 획득한 데이터를 신호처리 과정을 거쳐 운용자에게 필요한 정보를 제공함으로써 작전/지휘통제를 자동화하고 무장통제 기능을 수행한다. 잠수함에 설치된 전투체계의 기능은 수상전투함과 동일하다. 그러나 수상전투함의 전투체계는 레이더에서 획득한 정보를 기반으로 하는 데 반해, 잠수함 지휘통제는 주로 소나에서 획득한 표적정보를 기반으로 한다. 그림 4-124에 잠수함 전투체계의 기능을 제시하였다.

현재 세계 각국 해군이 운용하고 있는 잠수함은 대양, 연해, 천해 등 다양한 전장환경에서 작전을 수행해야 하므로, 전투체계는 광범위한 양의 전투정보를 처리해야 하며, 동시에 상황에 대한 반응시간을 단축하기 위해 간결하고 명확하게 정보를 처리하고 전시해야 한다. 최근 잠수함 전투체계는 상용 컴퓨터 기술의 발전에 따라 다기능 콘솔과 고속·대용량 데이터 버스를 이용한 분산처리 구조를 가지며, 음향/비음향 센서와 무기체계, 항해체계 및 기타 지원체계를 완전히 통합시키고 있다.

통합 전투체계에 사용되는 하드웨어와 소프트웨어는 모듈식으로 설계하여 상용 부품을 다수 적용하는 추세이다. 특히 차후 개발될 장비와도 호환할 수 있게 확장성을 갖도록 설계되고 있다. 그림 4-125에 현대 잠수함 전투정보실의 한 예를 제시하였다. 현대 잠수함 전투체계의 주요 기능을 요약하면 다음과 같다.

- 전술적인 정보수집 및 전시
- 전술계획 지원
- 위협평가
- 무장 및 발사관 상태 관리·감독
- 무장발사 통제
- 유선 유도어뢰 유도
- 센서와 연동 및 통합
- 표적 기동분석

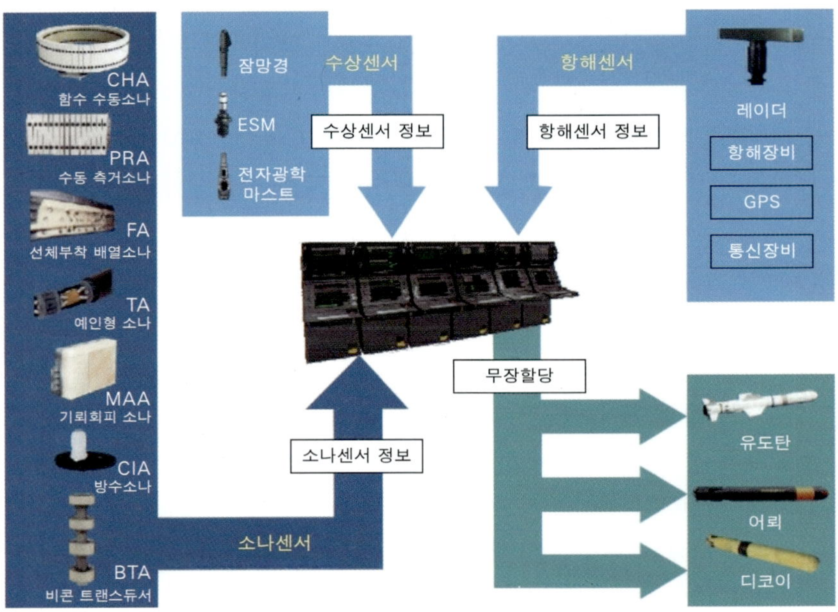

그림 4-124
잠수함 전투체계

그림 4-125
현대 잠수함 전투정보실 예

- 지휘통제
- 무기체계와 연동 및 통합

4.2.13 탐지센서체계

1) 소나체계

잠수함이 부여된 작전임무를 수중에서 은밀하게 수행하기 위해서는 수중표적으로부터 방사되는 각종 음향소음을 원거리에서 먼저 탐지해야 한다. 자함이 탐지되기 전에 표적을 먼저 탐지·식별해야만 선제공격을 할 수 있고, 신속한 대응으로 전술적 우위를 가질 수 있기 때문이다. 따라서 소나체계는 잠수함이 목표한 대로 작전임무를 수행하기 위한 가장 핵심적인 장비체계라 할 수 있다.

소나체계는 센서와 신호처리 장비로 구분되며 전투체계와 연동된다. 센서는 표적으로부터 방사된 신호의 수신과 능동신호의 송신 및 이에 따른 반사신호 수신 등을 주요 기능으로 한다. 신호처리 장비는 각종 센서로부터 수신된 신호에 대해 표적의 방위탐지 및 광대역/협대역 신호처리 등을 수행하며, 처리된 결과들을 전투체계로 전달한다. 전투체계에서는 수집된 표적정보의 융합을 통해 표적추적, 거리추정, 식별 등의 작업을 수행한다.

잠수함은 자신의 위치가 적에게 노출될 경우 적 수상함에게 공격하기 쉬운 대상이 된다. 따라서 수동소나(Passive Sonar)를 주로 사용하며, 능동소나(Active Sonar)는 위급 시를 제외하고 극히 제한하여 사용한다. 최근에는 원거리 탐색이 가능하며 저주파 대역에서의 탐지 및 식별 기능이 강화되고, 자함 소음의 영향이 적으며 센서 배열이 경량화된 예인형 소나(Towed Array Sonar)를 잠수함의 주 센서로 운용하는 경향이 있다. 그러나 잠수함의 기동에 제약을 주는 단점이 있다. 예인형 소나의 운용 및 설치가 곤란할 경우, 선체부착 배열소나(Flank Array Sonar)가 저주파 대역에서의 탐지 및 식별을 담당한다. 선체고정형 소나에는 표적의 기계류 소음 및 추진소음을 탐지하는 함수 수동소나(Bow Cylindrical Sonar), 표적의 거리 및 방위를 탐지하는 수동 측거소나(Passive Ranging Sonar), 표적과의 거리를 정확하게 알기 위해 사용하는 능동소나, 적의 능동소나 송신음을 수신하여 탐지하는 방수소나(Intercept Sonar) 등이 있다. 또한 자함의 각종 기계류 소음이나 유체소음 등 함의 자체 소음을 탐지 · 분석하여 함 운용자에게 알려주는 자체 소음분석(Own Noise Analysis)용 하이드로폰(Hydrophone)도 중요한 음향센서이다. 그림 4-126에 잠수함이 장착하는 각종 소나체계를 제시하였다.

소나체계의 센서들은 잠수함의 운용개념, 작전지역, 주 표적대상 등 전술적인 측면에서 구성되고 배치된다. 기본적인 구성 · 배치 개념은 전방위 표적 탐색능력과 원거리 탐지능력을 기반으로 하며, 이를 위해 자함에서 방사되는 방사소음, 자체소음 등의 최소화를 고려해야 한다. 신호처리 장비는 각 센서로부터 수신된 신호에 대하여 표적정보를 최대한 추출해야 하므로, 고속의 신호처리 능력과 배치된 센서들의 특성 및 목적에 적합한 신호처리 능력을 가져야 하며, 자함 소음에 의한 간섭이 최소화되도록 설계 및 제작되어야 한다.

소나체계의 성능을 결정하는 요소는 출력, 주파수 및 지향성 등이다. 출력을 높이기 위해서는 압전효과가 큰 음향소자를 사용하여 전기적으로 신호를 크게 증폭시키는 방법이 있으나, 여러 가지 물리적 제한이 따른다. 낮은 주파수를 사용하면 음파가 멀리까지 전달되므로 소나의 탐지거리를 증가시킬 수 있으나, 해상도

그림 4-126
잠수함 장착 소나체계

가 저하되어 표적식별이 어렵고 소나의 크기가 커지므로 함정에서 소나운용 시 기동성이 제한된다. 부설된 기뢰 또는 공격해 오는 어뢰와 같이 수백 미터 이내의 근접표적을 탐지할 때는 고주파 소나를 사용하고, 잠수함과 같은 원거리의 큰 표적은 저주파 소나를 사용하는 것이 적절하다. 소나의 크기가 크고 고주파를 사용하면 음파를 집속하여 송수신하는 지향성이 좋아져 표적의 위치를 정확히 찾을 수 있다. 그러나 잠수함의 중량과 공간 측면에서 소나 크기가 제한받을 수 있다.

2) 잠망경 마스트체계

잠망경(Periscope)은 잠망경 수심에서 수상과 대공에 대하여 밤낮으로 은밀하게 관측할 수 있는 잠수함의 양강장치로서, 수중에서 수상 표적정보를 정확하고 신속하게 획득·분석할 수 있는 장비이다. 전투체계의 대수상 및 대공 탐색을 위한 주 센서로서, 광학장비 또는 전자광학장비를 이용하여 수상과 대공 상황을 감시·탐지하고 전투체계에 표적정보를 제공한다. 표적 기동분석(Target Motion Analysis: TMA)을 통해 확인된 표적을 최종적으로 육안 식별할 때도 운용된다.

잠수함 마스트(Mast)는 압력선체 관통형 구조에서 비관통형으로 바뀌고 있으며, 특수목적 안테나의 수량 증가로 인해 전체 마스트 수량도 과거에 비해 증가하는 추세이다. 특히 소형 잠수함과 원자력 잠수함 모두 관통형 잠망경 대신 비관통형 전자광학 마스트를 채택하고 있다. 이 경우 마스트를 모듈화할 수 있으므로 잠망경 마스트를 교체하기가 용이하다.

마스트를 운용하기 위해서는 수면 가까이 부상해야 하므로, 깊은 수심에서 정찰·감시 임수를 수행하기 위해 부이(Buoy) 또는 무인비행체(UAV) 등에 탐지센서를 탑재하고, 자료 송수신용 케이블이나 무선 송수신으로 잠수함에 정보를 제공하는 장치들이 연구개발 및 실용화 단계에 있다. 그림 4-127과 4-128에 잠망경 운용장면과 모듈화된 최신 마스트 예를 제시하였다.

3) 레이더 및 피아식별기

잠수함에 설치된 레이더는 주로 수상항해용으로 사용되며, 협수로 또는 항만의 입·출항 시나 야간의 수상항해 및 초계 시 표적을 탐지·분석하는 데 운용되고 있다. 현재 잠수함용 항해레이더는 주로 I(X) 주파수 대역을 사용하고 있다.

피아식별기는 레이더에 탐지된 모든 표적에 대해 적군과 아군을 식별하는 기능을 하며, 적 고속항공기 또는 적함을 최대한 원거리에서 탐지·식별하는 것이 중요하다. 잠수함의 경우 질문기 사용은 함 위치를 노출시키므로, 은밀성을 유지

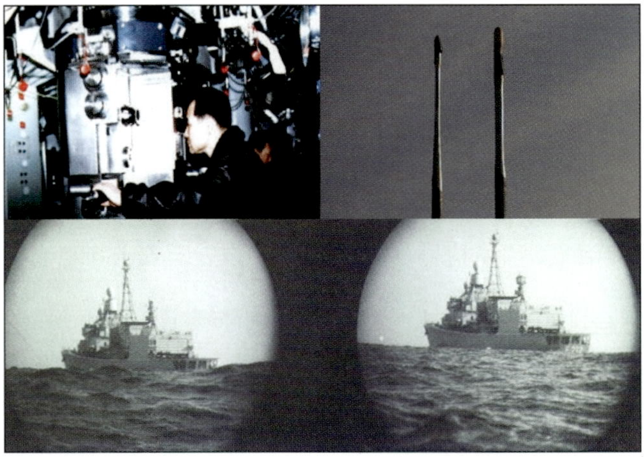

그림 4-127
잠망경 운용 예

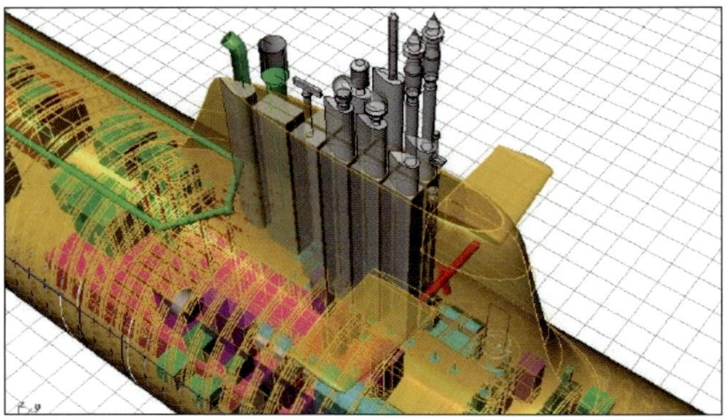

그림 4-128
잠수함 모듈러 마스트

하기 위해 질문기는 보유하지 않고 응답기만 보유하고 있다. 별도의 전용 안테나 대신 통합 안테나와 함께 구성함으로써 잠수함 마스트 최소화 개념을 적용하고 있다. 전자전 지원장비(ES)는 적의 레이더파를 탐지하고 분석·식별하는 장비로서, 적으로부터의 위협을 조기에 경보해 주는 방어대책의 실질적인 부분으로서 매우 중요하다. 전자전 지원장비는 적 레이더 신호를 분석·식별 및 기록하고 작전지역 상황을 전시하는 역할을 수행하며 고주파 식별능력을 가지고 있다. 복잡한 작전상황에서도 효과적인 기능을 수행하기 위해 전자전 지원장비는 매우 빠른 응답속도, 고감도, 위치 및 방위 탐지 정확도 능력을 가져야 한다.

4.2.14 무장체계

1) 전략유도탄

원자력추진 전략잠수함(SSBN)이 탑재·운용하고 있는 잠수함 발사 탄도유도탄(Submarine Launched Ballistic Missile: SLBM)은 수중에서 장거리 육상 타격목표를 직접 공격할 수 있는 전략유도탄으로서, 보통 핵으로 무장한 다탄두 목표재돌입탄(Multiple Independently Targetable Reentry Vehicle: MIRV)으로 구성되어 있다. 잠수함 발사 탄도유도탄은 육상에서 발사되거나 폭격기에 의해 운반되는 탄도유도탄에 비해 고도의 은밀성이 보장될 뿐만 아니라, 타격목표 가까이에 접근해 발사할 수 있으므로 적의 요격망을 돌파하는 데 유리하다. 그리고 잠수함의 기동성으로 인해 적의 공격 시에도 생존할 가능성이 높으므로, 특히 보복수단용 전략무기로 운용되고 있다. 잠수함에서 탄도유도탄을 발사하기 위해 주로 수직발사체계(Vertical Launched System: VLS)를 사용한다. 수직발사체계의 발사방식에는 수직발사관 내에 장착된 가스발생기나 압축공기 시스템을 이용해 유도탄을 발사관 밖으로 밀어내고 수중 또는 수면 위에서 추진제를 점화하는 가스사출 발사(Cold Launch) 방식과, 수직발사관 내에서 유도탄의 추진제가 직접 점화하여 자력으로 발사되는 추력발사(Hot Launch) 방식이 있다. 잠수함에서는 주로 가스사출 발사방식을 사용한다.

잠수함용 순항유도탄(Submarine Launched Cruise Missile: SLCM)은 잠수함에서 수직발사관 또는 어뢰발사관으로 발사하는 전략유도탄이다. 대표적인 잠수함용 순항유도탄으로 미국이 개발한 토마호크(Tomahawk)가 있다. 대함용은 사정거리가 약 500km 내외이고 대지용은 사정거리가 2,500km 이상인 것도 있으며, 핵탄두를 장착할 수 있어 전략적으로도 운용이 가능하다. 순항유도탄을 발사하기 위해 미 해군의 대형 원자력추진 잠수함에서는 수직발사체계를 주로 사용하며, 중형 디젤전기추진 잠수함에서는 어뢰발사관 또는 어뢰발사관을 개조한 형태의 수평발사관을 주로 사용한다. 그림 4-129에 미 해군 잠수함의 토마호크 순항유도탄 발사장면과 순항유도탄이 수면을 뚫고 나오는 장면을 제시하였다.

2) 전술유도탄

수평발사관을 이용하여 발사되는 잠수함용 전술유도탄은 비교적 짧은 사정거리를 가진 대함 또는 대공 유도탄을 의미한다. 대표적인 대함유도탄으로 수상함, 잠수함 및 비행기에서 발사 가능한 미 해군 하푼(Harpoon) 유도탄이 있다. 잠수함

그림 4-129
미 해군 토마호크 순항유도탄 잠수함 발사장면

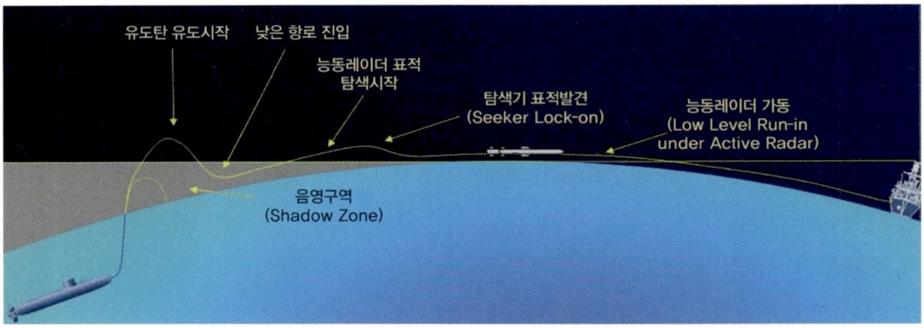

그림 4-130
잠수함 발사 후 하푼유도탄 궤적

발사의 경우 어뢰 형상의 발사캡슐에 내장하여 어뢰발사관에서 발사하면, 양성부력에 의해 수면 위로 부상한 뒤 소형 가스발생기로 캡슐에서 이탈한다. 뒤이어 자체 터보엔진이 점화되어 추진하게 된다. 그림 4-130에 하푼유도탄의 발사 후 궤적을 제시하였다.

딥핑(Deeping) 소나로 잠수함을 탐색하는 대잠헬기의 경우, 스노클링 항해가 필수적인 디젤전기추진 잠수함에는 천적이나 다름없는 위협적인 존재이다. 이를 해소하기 위해 최근 대잠헬기를 타격목표로 하는 단거리 잠대공 유도탄이 등장하였는데, 독일의 IDAS 체계가 대표적이다. IDAS 체계는 광섬유 유선으로 유도되며, 어뢰발사관에 유도탄 4기가 장착된 캐니스터를 탑재하는 방식이다. 대잠헬기 공격이 주목적이지만 수상함 또는 지상 목표물도 공격 가능하다. 그림 4-131에 단거리 잠대공 유도탄체계인 IDAS 체계의 운용개념을 제시하였다.

3) 어뢰

어뢰는 자체 추진장치로 수중을 항주하여 적의 잠수함이나 수상함을 파괴하거나 격침시키는 무기로서, 잠수함의 가장 중요한 공격 및 방어 수단이다. 어뢰는 크기

그림 4-131
단거리 잠대공 유도탄 IDAS 체계 운용개념

그림 4-132
잠수함 중어뢰 운용개념

및 공격대상에 따라 잠수함 공격용인 경어뢰와 잠수함 및 수상함 공격용인 중어뢰로 분류할 수 있다. 유도방식에 따라 스스로 표적을 포착하고 추적하는 호밍(Homing) 방식 어뢰와 유선에 의한 지령유도 방식을 이용한 선유도어뢰로 구분하며, 탐지방식에 따라 음향호밍 어뢰와 항적추적 어뢰로 구분할 수 있다. 수상함 및 잠수함을 대상 표적으로 하는 중어뢰는 잠수함에서 발사하는 주력 무기로서, 과거에는 수상함인 어뢰정에서 운용하기도 하였다. 그림 4-132에 잠수함의 중어뢰 운용개념을 제시하였다.

어뢰 및 전술유도탄은 함수에 위치한 어뢰발사관을 이용해 발사되며, 무장을 발사하는 방식에는 자체추진 방식과 강제발사 방식이 있다. 자체추진 방식은 주로 소형 잠수함에서 사용하는 방식으로서, 어뢰 자체 추진기의 추력을 이용하여 발사관을 이탈한다. 강제발사 방식은 어뢰와 유도탄을 모두 발사할 수 있으며, 압축공기를 직접 발사관에 불어넣는 방식과 압축공기나 유압을 이용한 기계식 발

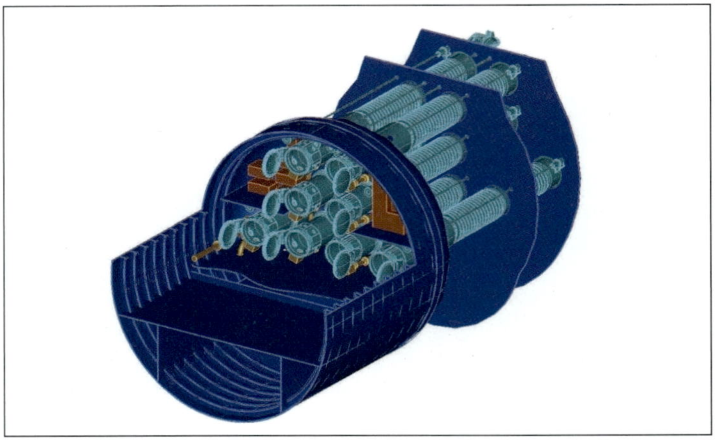

그림 4-133
어뢰발사관 배치 예

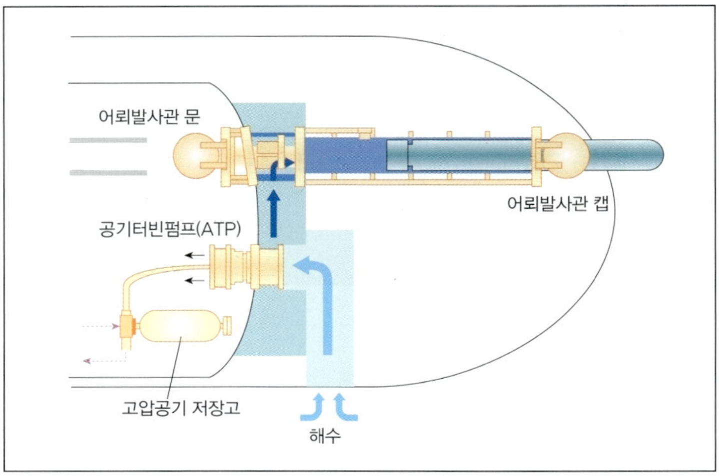

그림 4-134
ATP 방식 어뢰발사체계

사, 그리고 수압식 발사방식이 있다. 공기터빈펌프(Air Turbine Pump: ATP)를 이용한 발사방식은 대표적인 수압식 발사방식으로서, 무장 및 발사수심에 제한이 없으며 소음이 낮고 높은 신뢰성을 가진 방식이다. 영국 해군 아스튜트(Astute)급, 미 해군 버지니아(Virginia)급 등 원자력추진 잠수함뿐만 아니라 스페인 S80급, 호주 콜린스(Collins)급과 같은 디젤전기추진 잠수함에도 채택되어 사용되고 있다. 그림 4-133과 4-134에 어뢰발사관 배치 예와 ATP 방식의 어뢰발사체계를 제시하였다.

4) 기뢰

기뢰는 적 함정의 흘수선 아래 또는 근처에서 폭발하여 손상을 주는 무기체계로서, 항만이나 해역에 대한 봉쇄 또는 방어 작전에 효과적으로 사용될 수 있다. 기뢰는 수상함과 잠수함, 그리고 항공에서 부설이 가능하나, 잠수함이 가장 은밀하고 정확한 위치에 기뢰를 부설할 수 있으므로 적의 항만 및 해역 봉쇄작전 수행 시 매우 효과적이다.

최근 기뢰 탄두와 어뢰 추진부를 결합한 형태로서 원거리에서 잠수함을 이용해 발사하는 자항기뢰(Submarine Launched Mobile Mine: SLMM)와 경어뢰를 캡슐에 내장하여 항공기나 잠수함을 이용해 해저에 부설시키고 적 함정 통과 시 이를 탐지하여 경어뢰로 공격하는 능동 추적기뢰(Captor) 등도 개발되었으나 실제 운용 여부는 명확하지 않다.

4.2.15 특수전 지원체계

특수전 지원작전이란 적 후방 주요 군사 목표에 대한 정찰, 감시, 타격 임무를 위해 특수전 요원의 침투 및 귀환을 지원하는 작전임무를 말한다. 원자력추진 잠수함은 디젤전기추진 잠수함보다 적 해안에서 멀리 떨어진 상태에서 수중침투 요원 이송정(Swimmer Delivery Vehicle, SDV) 또는 성능이 향상된 신형 특수전 요원 이송정(Advanced SEAL Delivery System, ASDS)를 이용하여 다수의 특수전 요원들을 침투시킨다. SDV는 조종사와 특수전 요원이 해수에 노출된 상태에서 탑승하지만, ASDS는 소형 잠수정처럼 조종사나 특수전 요원이 잠수함과 연결된 출입구를 통해 함 내에서 탑승할 수 있으며, 소나와 항해장비를 탑재하고 있어 보다 먼 거리에서 은밀하게 침투할 수 있다.

그림 4-135
미 해군 잠수함에 장착된 DDS 및 SDV(좌), ASDS(우)

유도탄 잠수함(SSGN)으로 개조한 미 해군 오하이오급 잠수함은 특수전 지원을 위해 기존 24개의 전략유도탄 발사관 중 2개의 발사관을 특수전 요원의 침투를 위한 공간으로 개조하였으며, SDV 보관을 위한 DDS(Dry Deck Shelters)를 설치하였다. 버지니아급 잠수함의 경우 어뢰발사관실의 배치를 개량하여 어뢰 저장공간 대신 특수전 부대를 위한 장비 수납공간을 설치하였고, 함 중앙부에는 특수전 요원 9명이 일시에 함 내외로 출입할 수 있는 대형 탈출 트렁크(Integral Lockout Trunk)를 설치하였다. 선체 상부에는 ASDS를 탑재·운용할 수 있다. 그림 4-135에 미 해군 오하이오급 유도탄 잠수함에 장착된 DDS와 SDV, 그리고 버지니아급 공격잠수함에 장착된 ASDS를 제시하였다.

참고문헌

◈ 수상함 체계구성

1. C. Graham, 〈The Modern Monohull〉, Naval Engineers Journal, Special Edition, Modern Ship and Craft, Feb. 1985
2. 송준태, 〈특수선형 선박 개론〉, 강의교재, 울산대학교 조선해양공학부, 2011
3. D. Saitsky, 〈Planing Craft〉, Naval Engineers Journal, Special Edition, Modern Ship and Craft, Feb. 1985
4. M. Hewish, 〈Making Waves: Multihulls Move in on Military Markets〉, Jane's International Defense Review, Jan. 2002
5. T. Lang, 〈The SWATH Ship Concept and It's Potential〉, AIAA/SNAME, Advanced Marine Vehicles Conference, Apr. 1978
6. D.J. Andrews, J.W. Zhang, 〈Trimaran Ships〉, Naval Engineers Journal, May 1995
7. R. Scott, 〈Testing the Trimaran Concept for Tomorrow's Fleet〉, Jane's Int. Defense Review, Apr. 2001
8. 〈Air Cavity Ships Are Ready for a Wider Market〉, www.speedatsea.com
9. T.J. Peltzer, 〈Lifting Body Technology for Transformational Ship Designs>, 9th Naval Platform Technology Seminar, 2003
10. 박병욱, 〈수상함 구조설계〉, 제3회 함정설계 특별강좌, 서울대학교, 2005
11. 〈Structural Design Manual for Naval Surface Ships〉, NAVSEA 0900-LP-097-4010, Dec. 1976
12. 〈DDS 100-4 Strength of Structural Members〉, Design Data Sheet, Naval Ship Egineering Center, Feb. 1979
13. 박병욱, 〈함정의 구조설계에 관한 연구〉, 기술보고서, 코리아타코마(주), 1984

14. 〈Handbook for the Design and Assessment of Naval Surface Ship Structure〉, MIL-HDBK-519, Feb. 2009
15. 〈Rules and Regulations for the Classifications of Naval Ships〉, Lloyd's Register, July 2003
16. 〈Rules for Classification and Construction of Naval Ship Technology〉, Germanischer Lloyd, 2004
17. 김영주, 〈미래 전장 환경 변화에 따른 해상 무기체계 발전방향: 함정전투체계〉, 국방과 기술, 2004. 12, 2005. 1
18. 〈현대 해군 무기체계〉, 해군전투발전단, 2003. 2
19. 김경기/김영주/이동호, 〈함정 대공 방어체계 최적 구성 방안 연구〉, 기술보고서, 국방과학연구소, 1996
20. 〈국방과학기술조사서, 제6권 함정, 수중, 해양감시 무기체계〉, 국방과학연구소, 2003
21. 김영주 외, 〈근접방어 무기체계 기술현황 및 개발 가능성 분석 보고서〉, 연구보고서, 국방과학연구소, 1993. 12
22. 〈전자광학장비 구성개념〉, 국방과학연구소, 2004. 7
23. 〈Fundamental of Electronic Surveillance: Section 7. Guided Missiles〉, US Navy, 1990
24. 김영주, 〈함정용 유도탄 개발현황 및 발전추세〉, 국방과학연구소, 2008. 3
25. B. Longworth, 〈Solution to the Shallow Water Challenge〉, Jane's Navy International, June 1996
26. S.C. Truver, 〈Aegis Evolves for the Future〉, Jane's Navy International, July 2001
27. 이재명, 〈미래 전장 환경 변화에 따른 해상 무기체계 발전방향: 수중유도무기(어뢰)〉, 국방과 기술, 2005. 2
28. 전완수, 〈수중무기체계〉, 강의교재, 국방대학원, 2004

◈ 잠수함 체계구성

1. 1. R. Burcher & L. Rydill, 〈Concepts in Submarine Design〉, Cambridge Univ. Press, 1994
2. H. P. Loid, L. Bystrom, 〈Hydrodynamic Aspects of the Design of the Forward and Aft Bodies of the Submarine〉, Naval Submarines, RINA, May 1983
3. 신용구/고용석, 〈잠수함 기본설계 설계지침서(안)(기본 분야)〉, 연구보고서, 국방과학연구소, 2007
4. K. M Heggstad, 〈Why X-form Rudders for Submarine〉, Maritime Defence, 1984. 1
5. Ulrich Gabler, 〈Submarine Design〉, Bernard & Graefe Verlag, 1986
6. P. Mandel, 〈Some Hydrodynamic Aspects of Appendage Design〉, The Society of Naval Architects and Marine Engineers, 1953

7. K. J. Moore, 〈Vortex Control in Submarine Design〉, WARSHIP '91, RINA, 1991. 5
8. H. P. Loid, L. Bystrom, 〈Hydrodynamic Aspects of the Design of the Forward and Aft Bodies of the Submarine〉, Naval Submarines, RINA, 1983. 5
9. T. Cebeci, H. H. Chen, 〈A Method for Calculating Crossflow Separation Patterns on Submarine Hull/Sail Configurations〉, Aerospace Engineering Department California State University, 1991. 3
10. Robert and Robin Genat, 〈Modern US Navy Submarines〉, MBI Publishing Co. 1997
11. 신용구/임경식, 〈수중함정 전산선형설계 해석기법〉, 해상무기체계발전세미나, 1996
12. P.N. Joubert, 〈Some Aspects of Submarine Design Part 1. Hydrodynamics; Technical rept〉, Defence Science and Technology Organisation, Victoria. 2004
13. 조윤식, 〈잠수함 선체구조 설계〉, 대한조선학회 논문집(2011 춘계), 2011. 6
14. 조윤식, 〈압력선체 설계규정 및 절차에 관한 연구〉, 연구보고서, 국방과학연구소, 2006
15. 조윤식, 〈비압력선체 설계규정 및 절차에 관한 연구〉, 연구보고서, 국방과학연구소, 2007
16. 도진종 외, 〈AIP 적용에 따른 잠수함 추진성능 향상 연구〉, 연구보고서, 국방과학연구소, 2000
17. 공영경 외, 〈잠수함 추진 시스템 특성 비교 연구〉, 연구보고서, 국방과학연구소, 2001
18. 조장현/빈재구, 〈잠수함용 AIP 시스템 발전추세 분석〉, 연구보고서, 국방과학연구소, 2005
19. 공영경/안희철, 〈장보고-Ⅲ급 잠수함 AIP 체계 선정 분석〉, 연구보고서, 국방과학연구소, 2008
20. 김성용, 〈잠수함 기본설계 설계지침서(안)(보기 분야)〉, 연구보고서, 국방과학연구소, 2007
21. 신면섭, 〈잠수함 설계개념〉, 동명사, 2005
22. 손호재/박창수, 〈잠수함공학 개론〉, 대영사, 2001
23. 김상현, 〈잠수함 기본설계 설계지침서(안)(의장 분야)〉, 연구보고서, 국방과학연구소, 2007
24. 박신배/한광섭, 〈잠수함 탑재 무장체계 현황 분석〉, 국방과 기술, 2010. 7
25. 박신배/전재진, 〈잠수함 탑재 무장의 발사체계에 대한 기술현황 분석〉, 국방과 기술, 2010. 8
26. 전완수, 〈세계의 어뢰개발 현황 분석 보고서〉, 연구보고서, 국방과학연구소, 2009
27. 〈Subcon 1995〉, 〈Subcon 1999〉, 〈Subcon 2003〉, 〈Subcon 2007〉, Submarine Conference Proceedings, Naval Forces, 1995, 1999, 2003, 2007

CHAPTER 05

함정 작전운용성능

5.1 | 작전운용성능 정의 및 특성

5.1.1 작전운용성능 정의

함정의 가장 기본적인 임무는 해상전투에서 승리하는 것이다. 따라서 함정은 상대국 함정보다 우월한 전투능력, 다르게 표현하면 우월한 작전 수행능력을 보유해야 한다. 작전 수행능력은 함정이 보유하고 있는 작전운용성능이 함정 병사들에 의해 어떻게 발휘되느냐에 따라 결정된다. 때문에 병사들의 전투능력은 해전 승리를 위해 매우 중요하다. 그러나 개별 병사들의 전투능력에 관한 논의는 이 책의 범위를 넘어서는 것이므로, 여기서는 함정의 작전운용성능에 초점을 맞추고자 한다.

함정이 해상에서 전투를 수행하려면 탐지센서체계를 이용하여 적을 탐지 및 식별하고, 탑재한 무장을 이용하여 공격하며, 적이 반격할 경우 방어해야 한다. 또한 함정은 어떠한 해상상태에서도 원하는 항로로 적정한 속도를 발휘하여 기동해야 한다. 그리고 적으로부터 피격을 당하더라도 손상을 최소화하고 함 기능을 회복시켜 반격을 가해야 한다. 이러한 의미에서 함정 작전운용성능은 함정의 공격 및 방어 성능, 생존성능 및 기동성능을 포괄하는 작전 수행능력으로 정의할 수 있다. 다시 말해 광의의 함정 전투성능을 뜻한다. 반면 함정의 공격 및 방어 성능은 협의의 전투성능이라고 할 수 있다. 이러한 정의를 토대로 그림 5-1에 함정 작전운용성능을 도식화하여 제시하였다.

한국 방위사업관리규정에서는 함정 성능을 일반성능, 특수성능, 성분작전성능, 무장 및 소자 성능 등으로 구분하고 있다. 일반성능은 속도, 내항성능, 조종성능 등 기동성능을 뜻하며, 특수성능은 진동소음, 음향특성 등 스텔스 성능과 내충

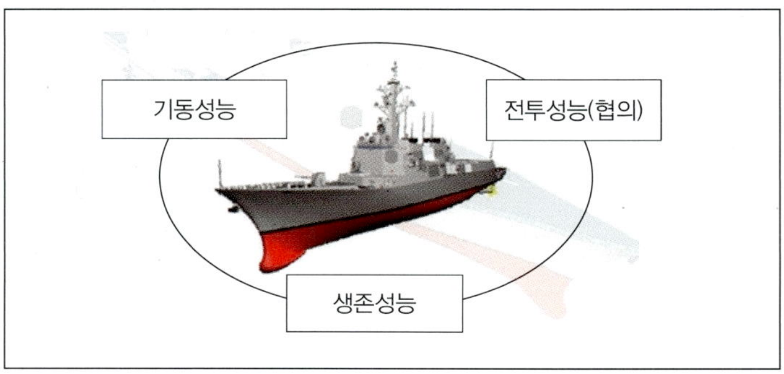

그림 5-1
함정 작전운용성능 정의

격 성능 및 전자파 간섭(EMI) 등을 포함한 것으로서 생존성능을 뜻한다. 성분작전성능, 무장 및 소자 성능은 협의의 전투성능을 뜻한다. 앞에 제시한 작전운용성능 정의와 내용면에서 동일하다. 따라서 이 장에서는 함정의 작전운용성능을 전투성능(협의), 생존성능, 기동성능으로 구분하고 이를 기준으로 기술하였다.

이 장에서는 현대 함정이 보유해야 할 작전운용성능의 특성을 수상함과 잠수함으로 구분하여 고찰하고, 이어 수상함과 잠수함의 전투성능, 즉 함정의 공격 및 방어 작전이 실제 해전에서 어떻게 수행되는지를 성분 작전별로 기술하였다. 함정의 작전운용성능을 결정짓는 핵심요소인 생존성능과 기동성능은 피격성, 취약성, 회복성, 그리고 속도, 내항성능, 조종성능 등 구성 요소별로 기술하였다. 함정 작전운용을 위한 핵심요건의 하나인 승조원에 대해서는, 함정 작전운용을 위한 승조원의 구성 · 운용 현황과 함정 운용 자동화 및 Smart Ship 실용화 추세를 기술하였다.

5.1.2 수상함 작전운용성능 특성

1) 작전임무의 다목적화

대형 수상전투함의 주 작전임무는 2차 세계대전 전까지 적 수상함을 격파하기 위한 대함전이었다. 2차 세계대전을 통해 입증된 잠수함의 강력한 파괴력으로 인해 대형 수상전투함의 경우 대잠전 능력을 필수적으로 갖추게 되었으며, 기동성 및 수중탐지 측면에서의 수상전투함의 약점을 보강하기 위해 대잠용 헬기의 탑재 · 운용이 필수화되었다.

2차 세계대전을 통해 수상전투함은 기동성이 높은 항공기의 공격에 매우 취약하다는 것이 입증되었다. 따라서 현대 대형 수상전투함은 항공기의 공격을 방어하기 위해 대공전 능력을 필수적으로 갖추게 되었다. 연해해전으로 전환된 이후에는 함포 및 유도탄을 이용한 해상 화력지원 및 원격 정밀타격전 등 대지전 임무까지 핵심적인 작전임무로 수행하게 되었다. 이와 같이 현대 수상전투함은 다양한 작전 임무수행이 필수적인 요건이 되었다.

크기와 용적의 제한을 받는 중소형 전투함의 경우, 모듈화된 무장을 탑재 · 운용함으로써 연해해전에서 요구되는 다양한 작전임무를 수행할 수 있도록 발전하고 있다. 대표적인 함정으로 스웨덴의 620톤 비스비(Visby)급 초계함과 미 해군의 2,700톤급 연해전투함(LCS)을 들 수 있다. 두 함정 모두 무장과 장비의 신속한 교체를 통해 대함전, 대잠전은 물론 대기뢰전을 수행할 수 있다.

2) 대함유도탄 방어능력

대함유도탄은 3차 중동전 및 포클랜드전 등을 통해 수상함에 대한 강력하고 효과적인 무기체계로 입증된 이후, 세계 각국으로 급속히 확산되었다. 공격해 오는 대함유도탄은 정상적으로 탐지한 경우에도 대처할 시간이 20~30초에 불과하다. 따라서 수상함의 대함유도탄 방어능력은 생존성을 결정짓는 핵심적인 요건인 것이다. 대함유도탄을 방어하기 위해서는 기본적으로 대함유도탄을 발사하는 모체인 수상함이나 항공기를 공격할 수 있는 대함전 및 대공전 능력의 강화가 요구된다. 또한 대함유도탄을 신속하게 탐지하고 요격할 수 있는 레이더 및 유도탄 요격체계가 필수적으로 요구된다.

연해해전으로의 전환 이후 전자파 클러터(Clutter) 현상이 많이 일어나고 민간선박의 통행이 많은 연안해역이 주 전장이 됨에 따라, 우수한 표적 탐색 및 식별능력과 고도의 기동성을 갖춘 연해해전용 대함유도탄이 새로 개발되어 운용되고 있다.

이러한 상황에 대처하기 위해 등장한 것이 미국 및 유럽 주요 해군 강국에서 실용화한 위상배열 다기능 레이더와 이지스(Aegis)급 수준의 전투체계인 것이다. 대함유도탄의 동시다발 공격을 받을 경우에도 많은 표적에 대한 탐지 및 교전이 가능하며, 요격용 유도탄을 종말단계까지 정확하게 유도할 수 있기 때문이다. 유도탄 요격체계의 고도화와 함께 대함유도탄의 호밍능력을 파괴하거나 기만하는 전자전 기만체계 및 대함유도탄을 최종 단계에서 요격하는 근접방어용 함포체계(CIWS)도 대함유도탄의 성능 고도화에 대처하기 위해 지속적으로 성능 혁신이 이루어지고 있다.

3) 협동작전 능력

연해해전에서 군사 강대국은 우주 공간의 정찰위성 및 고공 항공기를 이용하여 군사목표에 대한 정찰과 감시활동을 수행하며, 해상 원거리에 위치한 함정에서 대지 순항유도탄이나 장사정 함포를 발사하여 육상목표를 공격한다. 이에 반해 연안 국가는 수상함, 잠수함, 항공기는 물론 기뢰까지 부설하여 이를 저지하려 한다. 연해해전은 해상, 수중 , 공중 및 사이버 공간에서 이루어지는 다차원 복합전이 되었고 네트워크중심전으로 발전하였다. 네트워크중심전이란 많은 함정과 항공기 등이 네트워크를 구축하여 전투력을 특정 목표에 집중함으로써 작전효과를 배가시키는 작전운용 개념이다. 작전에 참여하는 함정 세력을 네트워크화하고 센서탐지 · 작전결심 · 교전자료 등을 공유하게 함으로써, 작전에 참여한 여러 척의 단위함정들이 보다 많은 그리고 동일한 전술정보를 토대로 상호 협력하며 교전할 수 있게 해주는 작전운용 개념이다.

현대 해전은 네트워크중심전 형태로 발전해 나갈 것이므로, 함정은 항공기 및 지상군 등 타군 세력과의 협동작전과 함께 무인항공기, 무인수상정, 무인잠수정 등 무인기들을 네트워크의 핵심 노드(Node)로 더욱 활발하게 활용하게 될 것이다.

4) 생존성능

인공위성 및 고공 항공기를 이용하여 정찰·감시 능력을 복합화하고, 레이더 및 전자광학 탐지장비나 소나 등 수상함의 탐지센서 성능들을 고도화하더라도 복잡하고 다양한 현대 전투환경에서 적 함정들을 항상 먼저 탐지한다는 보장은 할 수 없다. 수상전투함은 선제공격을 받을 가능성이 항상 열려 있는 것이다.

따라서 선제공격을 받을 가능성을 최소화하고, 설령 선제공격을 받더라도 반격을 행하기 위해 생존성능의 고도화가 필수적으로 요구된다. 스텔스 성능을 고도화하여 적함으로부터의 피탐 가능성을 최소화하고, 피격당할 경우에 입는 손상의 크기와 범위를 최소화하며, 손상을 복구하고 기능을 회복시키는 능력은 수상함의 공격 및 방어 능력 못지않게 최우선적으로 고려해야 할 작전운용성능인 것이다. 특히 레이더 반사, 적외선 방사, 수중방사소음 수준 등 함정 신호(Ship Signatures)를 저감하기 위한 스텔스 대책은 함정 개발·건조 단계에서 해결해야 할 필수적인 과제가 되었다.

5) 비대칭전에 대한 대비책

예맨 아덴 항에 입항해 있던 미 해군 이지스 구축함 콜(Cole)함에 폭발물을 적재한 소형 보트가 돌진하여 충돌·자폭함으로써, 미 해군 승조원 17명이 사망하고 자항이 불가능한 상태로 선체가 큰 손상을 입는 해상 테러가 2000년 발생하였다. 또한 수년 전부터 중동 해역에서 소말리아 해적들의 상선 납치행위가 빈번하게 발생함으로써, 주요국 해군 함정들이 파견되어 해적 퇴치작전을 수행하고 있다.

모기를 잡는 데 칼을 쓸 수 없듯이, 정규전을 위한 무장체계로는 효과적으로 대처하기 곤란하므로 수상전투함은 비대칭전에 대한 대비책을 별도로 강구해야 한다. 미 해군 함정의 경우 해면에 밀착하여 고속으로 접근하는 소형 선박을 공격할 수 있도록 대형 수상전투함에도 12.7mm 기관총 및 25mm 기관포를 장착하고 있다. 테러 위협이 많은 이스라엘의 경우 무인수상정을 실용화하여 함정 주변의 정찰·감시에 운용하고 있다. 미 해군도 외국 항만 정박 시에는 주변 해상에 대한 정찰·감시를 강화하기 위해 무인수상정의 활용을 확대하고 있다. 대테러 작전 및 해적퇴치 작전 등 비대칭전에 대한 대비책은 더욱 다양화되고 강화될 것이다. 최근 미 해군이 해적 퇴치작전에서 운용하고 있는 비살상 무기의 하나인 지향성 음파발생기(Long Range Acoustic Device: LRAD)가 좋은 예가 될 것이다.

5.1.3 잠수함 작전운용성능 특성

1) 은밀성

잠수함의 독보적인 이점은 한마디로 은밀성(Stealth)이다. 다르게 표현하면 물속에서 활동함으로써 쉽게 눈에 띄지 않는 것이다. 은밀성을 토대로 잠수함은 특공대원을 이용한 특수전 및 기뢰부설 작전 등 수상함이 수행하지 못하는 작전을 효과적으로 수행할 수 있다. 2차 세계대전까지는 소나가 미비하여 대잠전은 주로 시각에 의존하는 형편이었다. 군사과학기술의 발전에 힘입어 능동(Active) 및 수동(Passive) 소나의 성능이 고도화됨에 따라, 잠수함의 은밀성 유지를 위한 대책들이 더욱 강하게 요구되고 있다.

현재 잠수함은 함 내에서 작동하는 기계류의 진동이나 소음이 외부로 전파되지 않도록 차단하기 위해 방진 마운트(Shock Mount)나 흡음제 코팅을 설치하고 있다. 대잠 수상함이나 잠수함에서 방사하는 능동소나의 반향을 차단 또는 감소하기 위해 무반향(Anechoic) 타일을 선체 외부에 부착하고 있다. 현재 수중에서 잠수함을 탐지할 수 있는 유일한 수단은 음파이다. 따라서 수중에서의 음향학적 은밀성(Acoustic Stealth)을 증대하기 위해 잠수함에서 발생하는 진동과 소음을 감소시키려는 노력은 앞으로도 계속될 것이다.

잠수함이 수면 가까이 부상하거나 마스트를 올린 경우, 전파에 의한 탐지를 최소화하기 위해 수상으로 노출되는 면적을 최소화하는 한편 노출 부위에 전파차단 도료를 도포한다. 자기장에 의한 감응을 최소화하기 위한 대책도 적용되고 있다.

잠수함은 성능 측면에서 뿐만 아니라 전술적인 측면에서도 적에 의해 쉽게 노출되지 않도록 잠항수심의 선택, 장비의 선택적 사용, 스노클이나 통신의 시간대 선정, 전파방사 통제, 각종 마스트의 노출 높이나 시간 최소화 등 여러 가지 수단을 강구해야 한다. 한 예로 작전수심을 선택할 수 있는 잠수함의 장점을 활용하여, 상대국 함정 소나음파의 전달이 어려운 음영구역(Shadow Zone)을 선택하여 운항함으로써 상대국 함정 소나에 의한 탐지를 효과적으로 회피할 수 있다.

2) 기동성

잠수함은 비행기와 같이 3차원 공간에서 활동한다. 비행기는 날개에서 발생하는 양력으로 공중에 떠 있지만, 잠수함은 선체 부력의 힘으로 수중에 떠 있는 것이다. 잠수함이 물 위에 떠 있을 때는 양성의 부력이지만, 물속에서는 음성 또는 중성의 부력을 가진다. 물속에 있는 잠수함에는 동적(Dynamic) 및 정적(Static) 부력이 작용한다. 동적 부력이란 잠수함이 물속에서 기동할 때 선체의 형상에 의해 발생하는 것이며, 정적 부력이란 선체와 해수밀도 그리고 잠항심도에 의해 변화하는 것이다.

잠수함은 수평적 및 수직적 기동성(Maneuverability)과 운동안정성이 절대적으로 요구된다. 따라서 잠수함은 함수 또는 세일(Sail)에 장착된 수평타, 함미에 장착된 횡타(Stern Plane) 및 수직타(Rudder)를 이용하여 방향과 심도, 자세각(트림) 등 수중에서의 기동을 적절하게 조종하는 동시에 운동안정성을 확보해야 한다.

잠수함이 물속에서 얼마나 오랫동안, 얼마나 빠르게, 얼마나 멀리 달릴 수 있느냐는 잠수함이 수행하는 작전의 성패를 결정짓는 중요한 척도가 된다. 원자력추진 잠수함의 경우 물속에서 20~30노트 이상의 속도로 거의 무한정 운항할 수 있기 때문에 전술적 이점이 매우 크다. 디젤전기추진 잠수함은 주 추진동력이 축전지이기 때문에 수중 기동에 제한을 받는다. 4~5노트 정도의 저속에서는 3~4일 동안 물속에서 연속하여 작전을 수행할 수 있지만, 20노트 정도의 최대속도로는 1~2시간 정도만 항해할 수 있다. 충전을 위해 3~4일 간격으로 스노클링(Snorkeling)을 하기 위한 수면 근접항해가 필수적으로 요구되므로 은밀성 유지에 치명적인 약점이 된다. 이러한 제한사항을 극복하기 위해 최근 AIP 추진체계가 실용화되어 실제로 적용되고 있다. 또한 잠수함이 잠항할 수 있는 수심도 잠수함의 작전성능을 좌우하는 핵심적 요소이다. 깊은 잠항수심을 갖는 잠수함이 은밀성 및 작전수행 측면에서 유리할 수밖에 없기 때문이다.

3) 탐지성능

물속에서 활동하는 잠수함은 음향·광학·전자 등 모든 탐지장비를 활용하여 표적을 탐지해야만 안전하게 생존할 수 있고, 부여된 작전임무를 효과적으로 수행할 수 있다. 잠수함은 음향·전파·광학 탐지장비를 갖추고 있으나, 주로 수중에서 활동하므로 장비를 활용하는 데 제한을 받을 수밖에 없다. 따라서 잠수함은 전술적 상황에 맞추어 적절한 장비를 선택함으로써 탐지성능(Detectability)을 최대한 발휘할 수 있도록 해야 한다.

현재 수중에서 잠수함을 탐지할 수 있는 유일한 수단은 음파이다. 따라서 잠수함의 가장 중요한 탐지장비는 소나체계이다. 잠수함은 수신되는 소음을 분석해 표적의 종류, 거리, 침로, 속도를 계산하여 적절한 공격위치를 선정한다. 능동소나가 탑재되어 있지만 수중에서 음파를 방사하면 자신의 위치가 노출되기 때문에 거의 사용하지 않으며, 주로 수동소나를 사용하여 표적을 탐지한다. 수동소나를 사용하여 수상함을 탐지하는 것은 매우 용이하나, 잠수함을 탐지하는 것은 고도의 기술과 노력이 요구된다. 잠수함의 수중방사소음 수준은 상대 잠수함을 먼저 탐지하여 선제공격을 하느냐, 아니면 적에게 탐지당하여 선제공격을 받느냐를 결정짓는 핵심적 요소가 될 수밖에 없다.

수중에서의 음향탐지 성능을 고도화하기 위해서는, 탑재소나의 성능 고도화와 함께 자함의 수중방사소음 수준을 필수적으로 저감시켜야 한다. 냉전기간 중 미국과 소련 양국이 자국 잠수함의 수중방사소음을 낮추기 위해 관련된 군사과학기술의 연구개발에 막대한 투자를 한 이유가 바로 여기에 있다.

4) 거주성

생활공간이 매우 좁은 잠수함에서 생활하는 승조원들은 여러 가지 제약을 받는다. 좁은 침대 사용, 세면이나 목욕의 제한, 극심한 활동제한 등 매우 제한된 개인생활을 영위할 수밖에 없다. 승조원들은 철저히 외부와 차단된 좁고 밀폐된 공간에서 생활하기 때문에 상상을 초월할 정도의 스트레스에 노출되어 있다.

대기관리 역시 매우 중요하다. 함 내 대기에 산소가 희박해지고 이산화탄소 등의 위해 요소가 증가하면 제대로 숨을 쉴 수가 없기 때문이다. 잠수함 내 대기 산소 농도는 17% 이상 21% 수준으로, 이산화탄소 농도는 1% 이하로 유지해야 한다. 함 내 기압을 대기압으로 유지하는 것도 중요하다. 기압이 높아지면 공기분압의 균형이 깨지고 인체에 영향을 미치기 때문이다.

식단은 승조원의 사기와 직결된다고 할 정도로 매우 중요하다. 좁고 밀폐된 공간에서의 취사는 제한을 받을 수밖에 없기 때문에 장기 저장식품이나 반가공 식품 등을 주로 사용하며, 신선한 채소류는 임무수행 초기에만 제공될 수 있다.

잠수함의 거주성(Habitability)은 승조원의 생존은 물론 잠수함의 작전운용성능과 직결된 성능요소로서, 잠수함의 설계 · 건조 및 운용 단계에서 최우선적으로 고려해야 할 성능요소인 것이다.

5.2 | 수상함 전투성능

5.2.1 수상함 작전임무

수상함이 수행하는 작전임무 변천과정을 살펴보면, 수상 함정 간의 전투인 대함전만으로 이루어지는 전통적인 해전양상에서 잠수함, 항공기, 그리고 유도탄의 발전에 의거하여 대잠전과 대공전으로 확산되었으며, 오늘날 연해해전으로의 전환에 따라 지상목표를 타격하는 대지전까지 포함된 다차원 복합전으로 발전하게 되었다. 그 외에 기뢰에 대항하는 대기뢰전과 탐지전파를 무력화시키거나 기만하는 대전자전이 있다. 대전자전은 오늘날 모든 수상 함정이 대처해야 하는 기본적인 작전임무가 되었으며, 대기뢰전은 이를 전담하여 수행하는 전용 함정으로 발전하였다.

작전임무의 다목적화 추세에 따라 상륙함, 대기뢰전함, 군수지원함 등 특수목적 함정을 제외한 수상전투함은 다양한 성분작전 임무를 수행할 수 있도록 개발되고 있다. 이에 따라 무장 및 센서 체계가 다양하고 복잡해지며, 수상전투함의 크기도 대형화되고 있다. 수행하는 작전임무는 항공모함을 제외하고 과거처럼 순양함, 구축함, 프리게이트 등 함형별로 크게 차이 나지 않는다. 이 장에서는 이 시대 가장 대표적인 수상전투함이라 할 수 있는 미 해군 알레이버크급 이지스 구축함을 중심으로 대함전, 대잠전, 대공전, 대지전에 대한 성분작전 특성과 이에 소요되는 무장 및 센서 체계를 기술하였다. 대기뢰전은 특수한 작전임무이므로 이에 맞추어 기술하였다.

작전임무에 따른 해상작전을 성분작전이라 하며, 성분작전별 전투성능은 공격과 방어를 위한 무장 및 센서 체계의 성능이 핵심이 될 수밖에 없다. 때문에 우수한 전투성능을 확보하려면 기본적으로 고성능의 무장 및 센서 체계를 갖춰야 하며, 함정의 다른 기능과 연동되고 통합되어야 한다.

공격 측면에서의 전투성능은 탐지 또는 탐색을 위한 센서, 적을 무력화시킬 수 있는 무기와 이를 효과적으로 운용할 수 있는 전투체계(Combat System)의 성능에 의해 좌우된다. 무기 및 센서 체계에 의한 공격능력은 대부분의 경우 방어능력으로 전환될 수 있으며, 원천적인 방어능력은 기만체계에 의한 자함 보호능력과 요격유도탄 등 방어체계에 의한 대응능력으로서 공격능력만큼 중요한 요소가 된다. 수상함의 성분작전별 전투성능을 결정짓는 무기 및 센서 체계를 표 5-1에 제시하였다.

표 5-1
수상함 성분작전별 무장 및 센서 체계

구분		대공전	대잠전	대함전	대지전	대기뢰전
지휘통제		전투체계	전투체계	전투체계	전투체계	기뢰전 정보체계
공격	센서	대공레이더	소나	대함레이더	인공위성 등 정찰·감시 정보	탐색소나 식별소나
공격	무장	대공유도탄 방공유도탄	어뢰 대잠로켓 대잠헬기	대함유도탄 함포 해상공격헬기	대지유도탄 함포 해상공격헬기	소해장비 복합소해장비 소해헬기 기뢰처분기
방어	기만	기만체계	음향기만기	기만체계	–	–
방어	요격	대공유도탄 함포		CIWS 요격유도탄		

표 5-1에 제시한 바와 같이 작전 임무별로 무장 및 센서 체계와 기만 및 요격 체계를 갖추더라도, 수상함이 전투성능을 최대한 발휘하기 위해서는 스텔스 및 기동 성능의 뒷받침이 필수적으로 요구된다.

선제공격을 하기 위해서는 적함으로부터 먼저 피탐되거나 선제공격을 당하지 않아야 한다. 대함전 및 대공전에서는 적함에 의한 피탐률이 최소화되도록 레이더 반사 단면적(Radar Cross Section: RCS)과 적외선(Infrared: IR) 신호를 줄여야 한다. 대잠전에서는 음향 표적강도(Target Strength) 및 수중방사소음(Underwater Radiated Noise: URN) 신호를 최소화하여 잠수함 및 어뢰로부터의 피탐률을 줄여야 한다. 수중방사소음 준위를 낮출 경우 자함의 소나 운용성능을 높일 수 있으므로, 결과적으로 잠수함 공격능력을 향상시킬 수 있다. 대기뢰전에서는 자함의 자기(磁氣) 신호 준위를 최소화하고, 대전자전에서는 자함에서 방사되는 전자파를 효과적으로 통제·운용할 수 있는 시스템을 갖춰야 한다.

수상함의 기동성능도 전투성능 발휘에 매우 중요한 요소이다. 악천후에서도 해상작전을 수행해야 하는 수상함은, 상대 함정과 전투하기에 앞서 거친 파도와 싸워야 하기 때문이다. 악천후 속에서도 적절한 속도를 발휘하여 원하는 방향으로 전진할 수 있어야 하며, 승조원들의 임무수행에 장애가 없도록 우수한 내항성능을 보유해야 하는 것이다.

5.2.2 대함전

대함전(Anti-Surface Warfare: ASuW)은 문자 그대로 수상 함정 간의 전투로서, 긴 역사를 가진 전통적인 해전이라고 할 수 있다. 1차 세계대전까지는 대함전이 해전의 주류를 이루었다. 주 무기는 함포로서, 함포의 성능이 승패를 결정짓는 핵심적 요소였다. 바로 이 때문에 거함·거포의 전형인 전함(戰艦)이 해전의 주역이었다.

2차 세계대전을 통해 해전양상은 항공기와 함정 간의 전투로 전환되었고, 1960년대 이후에는 대함유도탄을 발사하는 수상함 또는 항공기와의 전투와 함께 대함유도탄이라는 무기 자체와 싸워야 하는 상황이 되었다. 이 때문에 대함유도탄과 같은 소형 고속표적을 동시에 다수 탐지·추적할 수 있는 다기능 레이더가 실용화되었다. 전투체계의 경우 단순히 함포사격을 통제하는 사격통제체계(Fire Control System)로부터 표적탐지부터 지휘·결심 및 무장발사까지 통합적인 지휘통제가 가능한 이지스 전투체계와 같은 고도화된 전투체계로 발전하게 된 것이다. 그림 5-2에 이지스 전투체계의 체계구성 개념을 제시하였다.

알레이버크급 구축함의 경우 대함전에서 가장 핵심적인 위상을 차지하는 것은 상대 함정을 탐지하고 탐지정보를 처리하여 지휘통제하는 이지스 전투체계와 대함 공격수단인 하푼(Harpoon) 유도탄 및 5인치 함포이다. 이지스 전투체계의 대함전 체계는 대함 탐색레이더를 중심으로 구성되어 있다. 대함 탐색레이더의 탐지정보는 지휘 및 결심 시스템에 전달되고, 함포사격 통제시스템과 유도탄 통

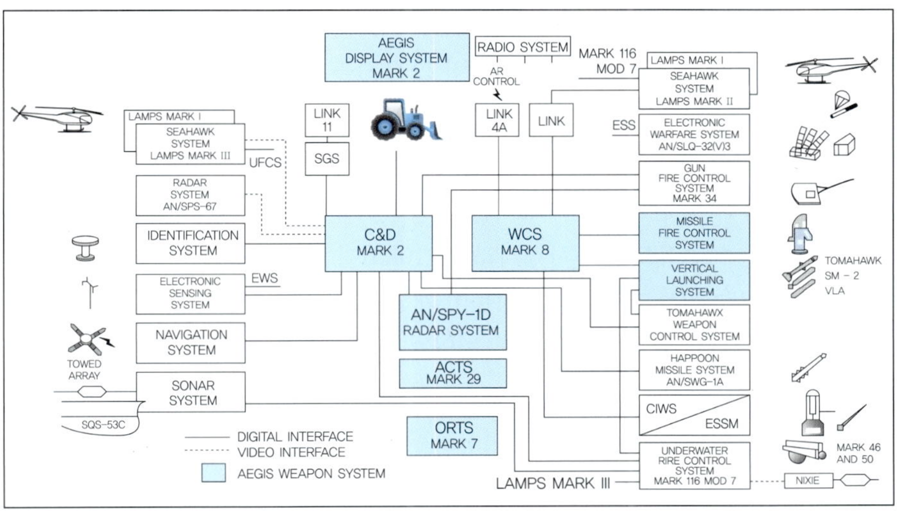

그림 5-2
미 해군 이지스 전투체계 체계구성 개념

그림 5-3
미 해군 이지스 구축함 하픈 대함유도탄 발사장면

제시스템에 입력되어 5인치 함포 및 하푼유도탄을 운용할 수 있도록 한다. 상대 함정에 대한 탐지정보는 무장통제 시스템을 통하여 요격유도탄(RAM), 근접방어 함포체계(CIWS), 토마호크 순항유도탄 시스템에도 전달되어 대함전 무기로 운용된다. 알레이버크급 구축함은 대함전을 수행함에 있어 종전의 구축함과 별 차이가 없으며, 대함 전투시스템이 이지스 전투체계의 일부분으로 편입되어 있어 보다 종합적인 전투상황 관리가 가능하다는 점이 다르다. 그림 5-3에 미 해군 구축함의 대함유도탄 발사장면을 제시하였다.

이지스 전투체계의 핵심 탐지센서인 AN/SPY-1D 다기능 레이더는 대공표적뿐만 아니라 수상표적을 탐색 · 탐지 · 식별 · 추적할 수 있으며, 대함전 헬기의 무장을 포함하여 모든 대함전 무장운용에 필요한 표적자료를 제공한다. 레이더에 대한 보조 센서장비로 전자광학 추적장비(EOTS)를 이용해 주 · 야간 상대 함정에 대한 영상신호와 방위정보 등을 획득한다.

알레이버크급 구축함은 다른 수상전투함과 마찬가지로 대함전에서 주로 대함유도탄을 사용하며, 단거리 전투에서는 함포를 사용한다. 알레이버크급 구축함이 탑재하고 있는 하푼유도탄의 사정거리는 110km이고, 전자동으로 조작되는 5인치 함포의 사정거리는 24km이다. 성능이 개선된 Flight 2A형 이지스 전투체계는 토마호크 순항 대함유도탄을 운용할 수 있기 때문에 250해리 거리상의 함정까지도 공격할 수 있다.

대부분의 현대 수상전투함은 대함유도탄을 갖추고 있으므로, 고속으로 근접해 오는 대함유도탄에 대한 방어대책은 대함전에서 필수적인 요건이다. 현대 수

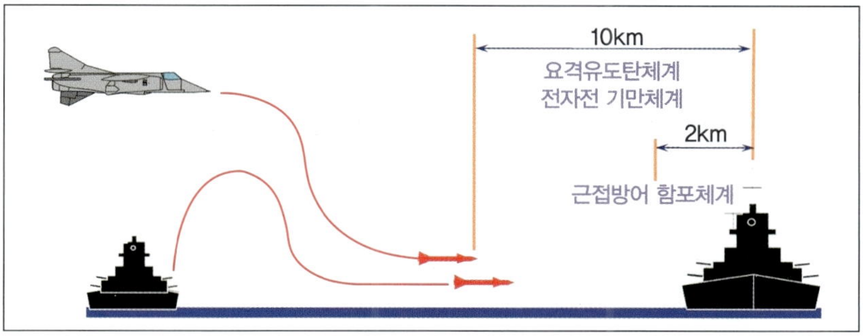

그림 5-4
대함유도탄 복합방어 개념

상전투함들은 대함유도탄을 원거리에서 요격하지 못할 경우 전자전 기만체계, 요격유도탄체계, 근접방어 함포체계 등 복합적인 대함유도탄 방어체계를 이용하여 함정에 접근해 오는 대함유도탄을 격파한다. 그림 5-4에 대함유도탄 근접방어체계 개념을 제시하였다.

5.2.3 대잠전

1차 및 2차 세계대전에서 독일의 U-보트 잠수함 함대가 전투력을 입증한 이래, 잠수함은 수상전투함에 가장 대처하기 까다로운 존재가 되었다. 수중음파 전달특성에 대한 이해와 전자공학의 발달에 힘입어 잠수함을 탐지할 수 있는 혁신적인 장비인 소나가 탄생하였고, 잠수함 공격용 어뢰의 속도와 항주거리가 증가하고 유도방식이 발전함으로써, 수상전투함의 대잠전(Anti-Submarine Warfare: ASW) 능력은 많은 발전을 하게 되었다.

그러나 정규 대잠전을 수행할 수 있는 순양함, 구축함, 프리게이트 등 현대 수상함의 경우에도 은밀성이 장점인 잠수함을 탐지·식별하고, 이를 토대로 유효한 공격을 가하거나 잠수함을 완전히 제압하는 것은 여전히 어려운 일이다. 수중에서의 유일한 탐지수단인 음파는 수중온도, 염분도, 수중지형에 따라 굴절·반사·복반사를 하므로, 음파를 이용한 잠수함의 탐지가 용이하지 않기 때문이다. 이러한 수중음파 전파특성에 의해 발생하는 음영구역에 잠수함이 숨을 경우 탐지가 거의 불가능하다. 수상함이 잠수함을 탐지하기 어려운 또 다른 이유는 기본적으로 수상함의 소음수준이 잠수함보다 높으므로, 잠수함이 수상함을 먼저 탐지할 가능성이 높기 때문이다. 따라서 성능이 우수한 소나 장비체계를 갖추더라도 수상전투함 단독으로 잠수함을 탐지하고 공격하는 데는 한계가 있을 수밖에 없다.

1982년 포클랜드전은 대잠작전이 얼마나 어려운지를 실증적으로 보여주는 대표적인 사례라고 할 수 있다. 포클랜드전 당시 경항모, 원자력추진 잠수함, 구축함 등 약 20척으로 구성된 영국 기동함대에 실질적인 위협을 가할 수 있는 아르헨티나 해군 세력은 디젤전기추진 잠수함 산 루이스(San Luis)호 1척뿐이었다. 그러나 영국 기동함대에 소속된 수많은 함정들은 전쟁기간 내내 정상적인 작전임무 수행이 곤란할 정도로 고도의 대잠 경계작전을 펼쳐야 했다. 산 루이스 잠수함으로 판단된 수중표적을 향해 200발 이상의 수중무기를 발사하였으나, 모두 오탐지된 표적이었다. 1척의 중형급 구형 잠수함도 막강한 세력의 함대에 큰 위협이 될 수 있으며, 잠수함의 탐지와 공격이 매우 어렵다는 것을 전 세계에 입증하는 계기가 되었다.

이러한 대잠전의 한계를 극복하기 위해 미 해군은 네트워크중심 대잠전(Network Centric ASW) 체계를 구축하는 데 많은 연구개발 투자를 하고 있다. 네트워크중심 대잠전체계는 수상함, 잠수함, 헬기, 무인기 등 플랫폼에 탑재되었거나 수중에 설치된 다양한 수중 탐지센서들과 공격무기 체계들을 네트워크로 결합하여 잠수함을 보다 용이하게 탐지·식별·확인하고 적시에 공격함으로써, 대잠전 특유의 불확실성(Uncertainty)을 극복할 수 있기 때문이다. 최근에는 무인항공기(UAV), 무인잠수정(UUV) 및 무인수상정(USV) 등 무인기들을 네트워크의 노드(Node)로 활용하는 방안이 중점적으로 연구되고 있다.

알레이버크급 구축함은 잠수함의 조기탐지·식별·지정·추적을 위한 광대역 및 협대역 수동탐지 능력을 보유하고 있다. 대잠표적 탐지센서로는 고출력 소나로서 능동·수동 모두 사용할 수 있는 함수 고정소나가 있으며, 전술용 예인소나가 있다. 이외에 대잠헬기에 탑재된 디핑(Dipping) 소나, 소노부이(Sonobuoy) 수신기, 자기이상(磁氣異常) 탐지기를 대잠표적 탐지센서로 운용한다. 이들 탐지센서들로부터 소나처리 시스템에 대잠 표적정보가 전송되면, 이를 토대로 교전 여부를 결정한다. 알레이버크급 구축함은 능동·수동 수중감시 시스템, 타 함정 또는 기타 지원세력으로부터 오는 대잠정보를 사용하여 잠수함을 탐색·탐지·식별하고 위치를 확인할 수 있다.

알레이버크급 구축함의 대잠 전투시스템은 각종 소나 및 대잠 전투정보 링크와 대잠 사통장비가 통합된 시스템으로, 잠수함의 탐지·추적 및 교전을 수행한다. 단독 또는 기동 전단대 대잠전 조직의 일부로 대잠작전을 수행할 수 있다. 잠수함에 대한 공격무기는 함정, 대잠항공기 및 대잠헬기에 탑재한 경어뢰이며, 원거리 대잠공격을 할 경우에는 수직발사형 대잠로켓을 사용한다. 그림 5-5에 수상전투함의 경어뢰 운용개념을 제시하였다.

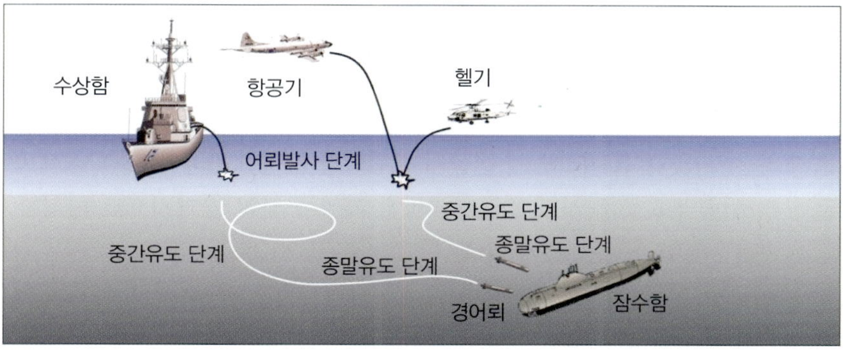

그림 5-5
수상전투함 경어뢰 운용개념

잠수함의 어뢰공격에 대해 수상전투함은 일반적으로 음향대항 기만책도 운용한다. 알레이버크급 구축함의 경우 닉시(Nixie)급 수중소음 발생기를 예인하여 모의 음향신호를 발생시킴으로써, 공격어뢰의 추적을 교란하고 피격될 확률을 감소시킨다.

5.2.4 대공전

수상전투함의 대공전(Anti-Air Warfare: AAW)은 일반적으로 자함을 공격하려는 항공기와의 전투를 의미했으나, 고성능 대함유도탄이 등장함에 따라 오늘날에는 이를 방어하고 요격하는 작전까지 대공전에 포함된다. 수상전투함의 항공기에 대한 공격수단은 2차 세계대전까지 대공함포였으나, 현대에는 함대공 유도탄을 사용한다. 대함유도탄의 경우 이미 기술한 바와 같이 전자전 기만체계, 요격유도탄체계, 근접방어 함포체계 등 다양한 방어수단을 이용해 방어한다.

2차 세계대전 동안 항공모함의 함재기와 수상전투함 간의 전투에서 해전의 승패가 결정되는 사례들을 경험한 이후, 미 해군은 항공모함을 중심으로 하는 항모기동부대를 편성하여 운용하게 되었다. 소련은 미 해군의 항모 기동함대를 격파하기 위한 전술을 중점적으로 개발하고, 다수의 항공기와 함정을 동원하여 다량의 유도탄으로 공격하는 작전을 수립하였다. 이에 대응하기 위해 미 해군은 항모탑재 전투기가 담당하는 광역방어(Outer Defence), 호위 함정의 대공유도탄으로 수행하는 해역방어(Area Defence), 그리고 개별 함정이 방어하는 점방어(Point Defence) 등 3단계로 다층 방어망을 구축하였다. 알레이버크급 구축함은 주로 2단계인 해역방어를 담당함으로써 함대 방공의 핵심적인 역할을 수행한다.

알레이버크급 구축함의 대공전을 위한 핵심체계는 위상배열 다기능 레이더와 대공유도탄이라 할 수 있다. AN/SPY-1D 위상배열 다기능 레이더 4개로 360° 전방위를 탐지·추적할 수 있으며, 적 전자전 능력에 충분히 대응할 수 있다. 또한 150여 개의 목표물을 동시에 탐지·추적할 수 있다. 레이더의 탐지정보는 전투정보실 내의 지휘 및 결심 시스템에 전달되어 위협을 분석한 결과에 따라 공격 우선순위를 정하며, 무장통제 시스템은 전달받은 지령에 따라 효과적으로 대처할 수 있는 무기를 선정하여 발사하게 된다.

항공기와의 전투에는 수직발사관에서 발사되는 SM-2 대공유도탄을 사용하여 대공표적을 공격한다. 성능이 개선된 Flight 2A형 이지스 전투체계는 중·단거리 대공유도탄도 발사할 수 있다. 3개의 일루미네이터(Illuminator)를 갖춘 이지스 전투체계는 12개의 대공표적과 동시에 교전을 수행할 수 있다. 이지스 전투체계는 강력한 전파방해 상황에서도 전천후로 대공전을 수행할 수 있다. 이지스 전투체계는 통합기능을 가진 전투시스템으로서, 공격단계에 들어서면 목표물의 종류·수량·고도·속도 등을 종합하여 적절한 무기체계를 선택해 공격명령을 하달하므로 한정된 무장으로도 효과적인 대응이 가능하다.

또한 알레이버크급 이지스 구축함은 탄도유도탄의 위협에 대비하기 위한 전구유도탄 방어(Theater Missile Defence: TMD) 체계에서 중요한 임무를 수행할 수 있다. 운동에너지 요격체(Lightweigt Exo-Atmospheric Projectile: LEAP)를 장착한 3단계 추진방식의 SM-3 대공유도탄을 발사하여, 탄도유도탄 발사 초기단계 또는 탄도유도탄의 비행 종료 후 종말단계에서 탄도유도탄을 요격할 수 있기 때문이다. 그림 5-6에 알레이버크급 구축함에서 SM-3 대공유도탄을 발사하는 장면을 제시하였다.

그림 5-6
미 해군 이지스구축함 SM-3 대공유도탄 발사장면

5.2.5 대지전

수상전투함이 육상목표를 공격하는 대지전(Strike Warfare: STW)은 과거부터 존재해온 오래된 작전이다. 특히 2차 세계대전 당시 상륙작전 등을 지원하기 위한 함포의 육상공격은 강력한 위력을 발휘하였다. 2차 세계대전 이후 전함은 사라지고 다양한 종류의 유도탄이 실용화됨으로써 함포를 이용한 대지전은 사라지는 듯했다. 최근 연해해전으로의 전환 이후, 군사 강대국의 군사력 투사를 위한 효과적인 수단으로 수상전투함의 대지전 능력이 다시 주목받게 되었다.

현대 수상전투함이 수행하는 대지전은 크게 두 가지로 나눌 수 있다. 연안에 접근한 후 사정거리가 긴 함포 또는 대지공격용 전술유도탄을 이용하여 육상목표를 공격하는 해상 화력지원전과, 해안으로부터 멀리 떨어진 원 해역에서 토마호크 등 장거리 순항유도탄을 이용하여 적의 핵심 지상목표를 정밀하게 타격할 수 있는 원거리 정밀타격전이다.

알레이버크급 구축함의 주포는 5인치 함포로서, 최대사거리는 21해리이다. 미 해병대에서 제시한 상륙군 지원을 위한 한계사거리 41해리 및 목표사거리 63해리에는 미치지 못한다. 따라서 미 해군은 사거리가 대폭 연장된 신형 MK45 MOD4 5인치 함포를 개발하였으며, 사거리 연장 유도포탄 ERGM(Extendede Range Guided Munition)을 사용할 경우 약 45해리의 사정거리를 갖게 될 것이다. 이와 별개로 육상공격용 DD-1000급 신형 구축함에 탑재하기 위해 155mm 구경의 AGS(Advanced Gun System) 함포를 개발하고 있다. 발사속도가 분당 6~12발이며 최대사거리는 185km로서, 해상 화력지원을 위한 사거리 요구조건을 충족시킨다. 그림 5-7에 미 해군 구축함에서 신형 MK45 MOD4 5인치 함포를 발사하는 장면을 제시하였다.

알레이버크급 구축함은 해상 화력지원 작전을 수행하기 위해 위에서 언급한 신형 5인치 함포 외에 전술 토마호크 지상공격용 유도탄(Tomahawk Land Attack Missile: TLAM), 지상공격용 스탠다드 유도탄(Land Attack Standard Missile: LASM), 해군 전술유도탄(Navy Tactical Missile System: NTACMS) 등 다양한 유도탄을 운용한다.

토마호크 순항유도탄은 발사 전 입력한 정보에 따라 관성으로 유도되며, 최종 단계에서는 자체 레이더로 정확하게 목표물을 찾아 돌진하므로 장거리 육상목표를 해상에서 공격하기 위한 원격 정밀타격전에 운용된다. 미 해군이 토마호크 순항유도탄을 원거리 정밀타격 수단으로 사용한 것은 1991년 걸프전이었다. 항모

그림 5-7
미 해군 이지스 구축함 MK45 MOD4 5인치 함포 발사장면

기동부대의 유인항공기를 이용하지 않고, 조종사의 인명손실 없이 원거리에 위치한 전략 및 전술 목표를 정확히 타격할 수 있었다. 걸프전 당시 미 해군 순양함, 구축함 및 잠수함에서 총 288발의 토마호크 순항유도탄이 발사되었으며, 명중률은 80%를 상회하였다. 1993년 이라크에 대한 보복공격, 1995년 보스니아 사태, 그리고 1999년 코소보 사태에도 사용됨으로써 토마호크 순항유도탄은 해상에서의 원거리 정밀타격 수단으로 확실하게 자리매김하였다. 미 해군 수상전투함의 경우 타이콘데로가급 순양함은 16발, 알레이버크급 구축함은 56발, 스프르엔스(Spruance)급 구축함은 45발의 토마호크 순항유도탄을 적재한 것으로 알려져 있다. 그림 5-8에 토마호크 순항유도탄의 항주장면을 제시하였다.

그림 5-8
토마호크 함대지 순항유도탄 항주장면

5.2.6 대기뢰전

연해해전으로 전환된 이후 연안 중소 국가들이 군사 강대국에 맞서 가장 저렴하고 효과적으로 해역을 지킬 수 있는 수단이 바로 기뢰부설이다. 연안에 군사력을 투사하려는 군사 강대국 입장에서는 수상함이 수행하는 성분작전 중 대기뢰전(Mine Counter-Measure: MCM)의 비중이 높아질 수밖에 없다. 대기뢰전은 일반적으로 기뢰전 수행을 목적으로 건조된 기뢰전함에 의해 수행되어 왔다. 기뢰를 탐색하고 식별하는 함정인 기뢰탐색함, 식별된 기뢰를 소해하는 소해함, 기뢰전을 지휘통제할 수 있는 기뢰전 지원함 등이 이에 속한다. 기뢰전함의 발전과정 및 현황에 대해서는 3장 1절 〈수상함 발전과정 및 현황〉에 상세히 기술하였다.

대기뢰전은 기뢰부설 예상 해역에 대한 정보수집 및 정찰·감시로부터 시작된다. 적국 보유기뢰 및 부설 가능한 기뢰 수, 기뢰부설 예상 해역에 대한 환경특성 자료 수집·분석 등이 수행되며, 이를 토대로 대기뢰전 작전계획이 수립된다. 이후 해저에 매몰된 각종 기뢰를 탐색하고, 위치확인(Localization)을 위한 기뢰 탐색작업(Minehunting)이 수행된다. 이를 위해 각종 음향센서 및 비음향센서 시스템이 운용된다. 최근에는 무인잠수정(UUV)을 활용함으로써 깊은 수심에서의 탐색, 선명한 기뢰영상을 통한 식별도 향상, 작전 동원인력의 최소화 등 기뢰탐색 작전이 효과적으로 수행되고 있다. 기뢰가 식별되면 기뢰를 제거하는 소해작업(Minesweeping)이 수행된다. 기뢰가 표적으로 삼고 있는 함정 신호(Ship Signatures)를 모사할 수 있는 장치를 사용하여 기뢰를 폭발시키거나, 기계적 소해장구를 이용하여 계류기뢰의 계류색을 절단하고 폭발시키는 방법들이 사용된다. 최근에는 무인잠수정이 기뢰를 식별한 후 폭파제거용 폭탄을 투하하여 원격으로 폭파하거나, 소모성 기뢰폭파정을 투입하여 폭파하기도 한다.

대기뢰전을 성공적으로 수행하기 위해서는 다양한 기뢰탐색 및 소해용 장치, 숙련된 전문인력, 작전 참여세력 간의 정보교환이 필수적으로 요구된다. 기동함대가 긴급한 해상작전을 수행하기 위해서는 위험을 감수하고 작전을 수행하거나, 아니면 대기뢰전 전담 함대가 도착하여 작전해역을 소해할 때까지 기다릴 수밖에 없었다. 이러한 문제점을 해결하기 위해 미 해군은 2005년부터 수상전투함에 기뢰탐색 및 소해 체계를 탑재하여 소해작전을 직접 수행하는 작전개념을 운용하고 있다. 이 작전개념은 원격 기뢰탐색기 등 7종류의 기뢰탐색 및 소해 체계를 개발하고, 이를 수상함, 헬기, 잠수함 등에 분산 탑재하여 기뢰의 정찰, 탐지, 식별, 제거 작전을 수행하는 개념으로 비상상황에서 신속한 대처가 가능하다. 이와 더불

그림 5-9
미 해군 소해헬기 소해작전 개념

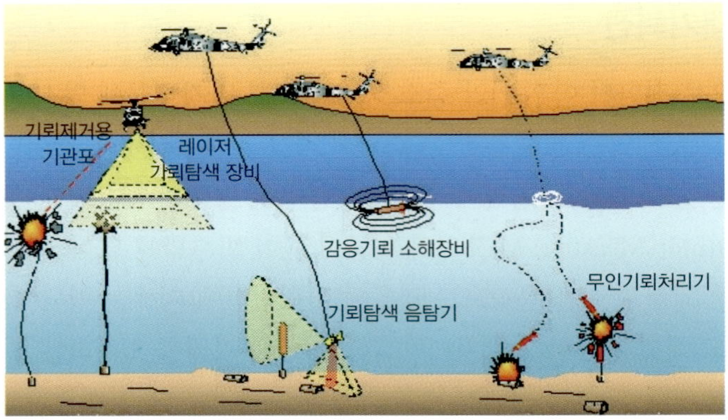

어 미 해군은 소해헬기를 활용한 소해시스템도 운용하고 있다. 그림 5-9에 소해헬기를 이용한 미 해군의 소해작전 개념을 제시하였다.

5.3 | 잠수함 전투성능

5.3.1 잠수함 작전임무

잠수함이 해전에 모습을 드러낸 것은 1차 세계대전부터였으며, 해군의 주 전력으로 해전에서 활동한 것은 2차 세계대전부터였다. 1차 세계대전의 교훈을 바탕으로 세계 열강들은 잠수함을 건조하기 시작했고, 독일과 미국이 가장 열성적이었다. 2차 세계대전이 시작되자 독일은 대규모 잠수함 전력을 건설하여 대서양에서 통상파괴전(Commercial Raiding Operation)을 펼쳐 영국을 항복 직전까지 몰고 갔다. 한편 미국은 잠수함을 주로 태평양 지역의 일본 해상수송로에 투입하여 일본의 전쟁 지속능력을 약화시키는 전략적 임무에 사용함으로써, 잠수함 전력을 가장 효과적으로 운용한 사례로 기록되었다.

2차 세계대전이 끝나자 각국은 잠수함 개발에 더욱 박차를 가하게 되었다. 냉전기간 미국과 소련은 잠수함을 국가 전력의 핵심으로 인식하고 우수한 성능의 잠수함을 개발하는 데 모든 기술력을 집약하였다. 이러한 노력의 결과로 성능이 고도화된 오늘날의 잠수함이 탄생하게 되었으며 해전의 최강자로 자리매김하였다. 그림 5-10에 원자력추진 전략잠수함(SSBN)의 수상항해 장면을 제시하였다.

잠수함의 작전특성은 은밀성으로 대변된다. 물속에서 활동하는 잠수함은 과

그림 5-10
원자력추진 전략잠수함 수상 항해 장면

거에 그랬듯 오늘날에도 여전히 찾아내기 어려운 위협적인 존재다. 소나 등 탐지 장비의 성능향상 등 수상함의 대잠전 능력이 발전한 것은 사실이나, 잠수함의 성능은 상대적으로 더욱 발전했다. 탐지성능, 정숙성, 무장 등 전투성능 측면에서 잠수함은 우위를 점하고 있으며, 향후 격차가 더 벌어질 것으로 전망된다. 수상함의 잠수함 탐지능력은 이미 한계에 다다랐지만, 잠수함의 작전운용성능은 해를 거듭할수록 더욱 발전하고 있기 때문이다. 그림 5-11에 대잠작전을 수행하는 수상함 및 잠수함 세력에 대항하고 있는 잠수함의 전투장면 상상도를 제시하였다.

오늘날의 잠수함은 고도화된 작전운용성능을 바탕으로 다음과 같은 다양한 전술 및 전략 임무를 수행하고 있다.

- **해양통제(Sea Control)**

잠수함의 은밀성과 치명적 공격능력을 바탕으로 잠수함을 전략적으로 운용하는 작전이다. 잠수함을 적의 핵심해역에 투입하여 적으로 하여금 해양을 마음대로 사용하지 못하게 거부(Denial)하는 한편 아군의 해양사용을 보장하는 것으로서,

그림 5-11
잠수함 전투장면 상상도

잠수함 운용의 핵심이 되는 작전개념이다.

- **정찰 및 감시 작전(Reconnaisance and Intelligence Collection)**

적의 핵심해역이나 핵심항만에서 전파정보 및 영상정보를 수집하는 작전이다.

- **대함전(Anti Surface Warfare: ASuW)**

어뢰나 대함유도탄을 이용하여 적 수상함을 공격하는 작전이다.

- **대잠전(Anti Submarine Warfare: ASW)**

잠수함이 잠수함을 공격하는 작전으로, 상대국 전략잠수함을 목표로 하는 공격잠수함(SSN)이 주로 수행한다.

- **대지 정밀타격 작전(Precision Ground Attack)**

과거의 잠수함은 수행하지 않았던 작전으로, 육상표적을 정밀하게 공격할 수 있는 대지공격 순항유도탄을 탑재한 잠수함이 수행하는 작전이다.

- **특수전 지원작전(Special Warfare Support Operation)**

잠수함에 특수전 부대요원을 탑승시켜 적지에 침투시키는 작전으로, 잠수함의 은밀성을 이용하여 적의 연안 깊숙이 침투할 수 있는 장점을 활용한 작전이다.

- **기뢰부설 작전(Mine Laying Operation)**

잠수함의 은밀성을 이용하여 적의 선박이 밀집한 항만 입구나 해상교통로 병목점(Choke Point)에 기뢰를 부설하는 작전이다.

5.3.2 정찰 및 감시 작전

적에 대한 정확한 정보와 획득한 정보의 유효적절한 사용이 전쟁의 승패를 판가름한다고 해도 과언이 아닐 것이다. 적을 알아야 아군의 작전과 방책을 수립할 수 있기 때문이다. 정찰 및 감시 작전은 잠수함의 은밀성을 이용해 적의 활동이 빈번한 해역이나 항만에 근접하여 적의 활동을 감시하는 한편, 유용한 전파정보와 영상정보를 수집하는 작전이다. 잠수함은 잠망경을 통한 영상정보, 전파수신기를 통한 전파정보, 음탐기를 통한 음향정보 등을 은밀하게 수집할 수 있다.

정찰 및 감시 작전을 효과적으로 수행하기 위해 잠수함은 기본적으로 은밀항해 능력을 갖추어야 한다. 잠수함이 은밀항해를 하지 못하면 작전에 돌입하기 도전에 적에게 탐지되어 적으로 하여금 경계를 강화하게 하는 역효과를 가져오기 때문이다. 잠수함은 성능이 우수한 탐색잠망경, 전자파수집 장비들을 갖추어야

그림 5-12
마스트 탐지장비를 이용한 정찰 및 감시 작전 수행장면

하며, 수집된 정보를 실시간으로 지휘부에 전파할 수 있는 통신체계를 구축하여 정보의 적시성을 보장할 수 있어야 한다. 차세대 잠수함에서는 무인잠수정(UUV)이나 무인항공기(UAV)를 탑재하여 정찰 및 감시 능력을 대폭 확장하게 될 것이다. 그림 5-12에 마스트에 장착된 탐지장비를 이용하여 정찰 및 감시 작전을 수행하는 장면을 제시하였다.

5.3.3 대함전

대함전은 잠수함이 가장 보편적으로 실시하는 작전으로서, 어뢰로 수상 선박을 공격하는 작전이다. 2차 세계대전까지는 직주어뢰를 사용하여 수상함을 공격했으나, 오늘날에는 명중률을 높이기 위해 음향호밍(Acoustic Homing Guide) 어뢰 또는 선유도(Wire Guided) 어뢰를 주로 사용한다. 직주어뢰는 잠수함에서 발사된 방향으로 직주(Straight Running)하기 때문에 어뢰를 발사한 후에 표적이 변침하거나 변속하면 명중을 보장하기 어려운 점이 있다. 어뢰의 유효 사정거리는 2km 이내로 한정되며, 명중을 보장하기 위해 잠수함은 무리하게 표적에 접근해야 한다. 이러한 단점을 극복하기 위해 표적함의 추진기에서 발생하는 소음을 추적·공격하는 음향호밍 어뢰가 1960년대에 접어들어 개발되었다. 어뢰의 탐지센서가 표적을 탐지하는 데 한계가 있고, 어뢰대항책에 기만되거나 원하는 표적을 정확히 공격하지 못하는 등 여러 측면에서 음향호밍 어뢰의 한계가 드러나자 신뢰성이 높은 선유도어뢰가 개발되었다. 선유도어뢰의 유도선은 주로 동케이블을 사용해 왔으나, 오늘날에는 강도와 데이터 전송률이 높은 광케이블을 사용한다.

잠수함이 대함전을 수행함에 있어 요구되는 성능의 우선순위는 기동성, 어뢰성능, 탐지장비, 은밀성의 순서가 될 것이다. 잠수함의 기동성은 빠르게 이동하는 수상함을 추적하여 유리한 어뢰 공격위치를 점유하기 위해 필수적이다. 축전지가 추진 동력원인 디젤전기추진 잠수함은 속도와 항속거리 측면에서 수상함을 따라잡을 수 없기 때문에, 수상함의 예상 길목을 차단하는 일종의 매복 형태의 작전을 수행한다. 잠수함의 어뢰공격 성패는 표적을 탐지하여 얼마나 정확하게 공격하느냐에 달려 있다. 이를 위해 표적의 거리, 침로, 속도를 정확히 산출하여 적절한 어뢰발사 위치로 조기에 기동할 수 있어야 한다.

어뢰로 공격하기 위해서는 탐색활동을 통해 표적을 탐지한 후 어떤 표적인지를 식별하고, 표적 기동분석(Target Motion Aalysis: TMA)을 통해 표적의 정보를 산출하며, 공격위치로 기동하여 어뢰를 발사한 후 적절히 회피하는 절차를 따르게 된다. 잠수함의 초기 탐색활동은 주로 수동소나(Passive Sonar)를 이용하여 청음을 실시하나, 음파전달이 순조롭지 못한 점을 고려하여 전자파 수신장비(ES)를 사용하여 적 수상함의 레이더 전자파를 원거리에서 탐지한다. 초기 탐지활동을 통해 탐지되는 표적은 음파나 전자파 특성을 분석하여 표적의 종류, 개략적인 이동방향, 선박의 구성, 고가 표적 여부 등을 식별하는 한편 공격 실시 여부를 결정한다. 현대전에서는 전술 통신망을 통해 자함이 탐지하지 못하는 원거리의 표적정보를 획득하는 전술을 구사하기도 한다. 공격하기로 결정하면 적절한 공격위치로 기동하면서 표적 기동분석을 실시하여 표적의 거리, 침로, 속도에 대한 정보를 획득하고 공격위치를 선정한다. 표적탐지 초기에는 자함의 레이더를 운용하여 탐지 및 추적을 용이하게 할 수 있으나, 적에게 피탐될 가능성이 매우 높기 때문에 극히 짧은 시간 동안만 운용한다. 현대 대잠전에서는 대잠항공기(ASW Aircraft)를 수상 함대의 전방에 배치하기 때문에, 수상함 전방에 대잠항공기가 활동하는지 여부를 파악하고 적절한 항공기 회피계획을 수립해야 한다. 그림 5-13에 잠수함 전투체계 전시화면 및 어뢰 명중장면에 대한 상상도에 제시하였다.

잠수함은 공격을 수행하는 과정에서 적 대잠전 세력의 소나에 조기에 피탐되지 않도록 조치를 취해야 하는데, 일반적으로 잠수함의 심도를 변경하는 방법을 사용한다. 잠수함이 작전구역의 해양환경을 파악하여 수중음파 전달경로에 오래 머무르지 않도록 하는 것인데, 잠망경 심도와 최대 작전수심 사이에서 심도를 수시로 변경하며 기동한다. 이때 작전기동 수심은 수동소나의 수신거리와 적의 능동소나 탐지거리를 고려하여 결정한다.

그림 5-13
다수 표적이 표시된 전투체계 전시화면과 어뢰 명중장면 상상도

원자력추진 잠수함은 기동에 제한받지 않고 거의 무제한 항해할 수 있기 때문에 수중활동에 영향받지 않지만, 추진동력이 축전지인 디젤전기추진 잠수함은 기동의 정확성에 극히 유의해야 한다. 잠수함은 물속에서 활동하는 것이 큰 장점이지만, 적에게 피탐되어 공격받을 경우에는 치명적인 단점이 되기 때문이다. 과거의 직주어뢰나 음향유도 어뢰는 한 발의 어뢰로 명중을 보장하기 어렵지만, 오늘날의 선유도어뢰는 거의 100%에 가까운 명중률을 보장하기 때문이다. 어뢰를 발사한 잠수함은 어뢰가 주행하는 동안 적에게 노출되는 것을 방지하기 위해 최대한 깊은 수심으로 어뢰를 유도하며, 통상적으로 표적의 수킬로미터 전방에서 공격수심으로 변경한다. 선유도어뢰는 물속을 주행하는 동안 필요한 수심, 속도, 탐색모드 등을 변경할 수 있을 뿐만 아니라, 표적이 어뢰 대항책을 구사하더라도 적절히 회피하여 정확하게 표적을 가격할 수 있는 장점이 있다. 어뢰는 동시에 여러 발을 발사하여 다수 표적을 공격하거나 고가 표적에 대한 명중률을 높이기도한다. 어뢰가 항주하는 동안 잠수함은 표적과 적절한 거리를 유지하는 가운데 재공격이나 회피가 유리한 위치로 기동한다.

어뢰는 충격신관(Impact Fuse)과 자기근접신관(Magnetic Proximity Fuse)을 동시에 사용하나, 주로 후자를 사용하여 표적함의 선저에서 폭발하게 함으로써 파괴효과를 극대화한다. 어뢰가 표적함의 선저 10~20m 수심에서 폭발하여 가스구체(Gas Bubble)를 형성함으로써 표적함 선체를 두 동강 내는 방법이다. 어뢰가 표적선체에 부딪쳐서 폭발할 경우, 선체에 큰 파공을 형성할 수는 있지만 표적을 완전히 침몰시키지는 못할 수도 있기 때문이다. 잠수함이 어뢰로 공격하는 동안 피탐되어 역공격을 당할 경우에는, 최대 작전심도로 깊이 잠항하고 침로를 변경하며 어뢰기만기를 발사하는 전술을 구사한다.

어뢰만을 대함무기로 사용하던 과거와는 달리 오늘날의 잠수함은 장거리 공격용 대함유도탄을 탑재하고 있기 때문에 수십에서 수백 킬로미터에 위치한 적

수상함을 유도탄으로 공격할 수 있는 능력을 갖고 있다. 유도탄을 운용하는 경우 잠수함 자체 탐지센서로는 표적을 탐지하기 어렵기 때문에, 아군의 표적정보를 사용하여 유도탄을 발사하는 것이 일반적이 전술이다.

5.3.4 대잠전

대잠전은 잠수함의 새로운 전술분야로서, 잠수함에서 적 잠수함을 공격하는 작전이다. 과거의 잠수함들은 탐지능력과 어뢰성능의 미비로 상대 잠수함을 공격하는 것이 극히 제한적이었다. 원자력추진 잠수함과 AIP추진 잠수함 등 잠수함 자체 성능과 잠수함 소나성능의 발전으로 인해 적 잠수함을 탐지하고 공격하는 것이 가능해진 것이다. 대잠전을 수행하는 잠수함들은 함수의 대형 소나(Spherical Array Sonar 또는 Conformal Array Sonar), 선체부착 배열소나(Frank Array Sonar), 예인소나(Towed Array Sonar) 등을 탑재함으로써 적 잠수함에서 발생하는 소음준위가 극히 낮은 저주파 소음을 탐지할 수 있게 되었으며, 이를 토대로 선유도어뢰로 공격할 수 있게 된 것이다. 대잠전을 수행하기 위해 잠수함에 요구되는 성능 우선순위는 은밀성, 탐지능력, 어뢰성능, 기동성능의 순서가 될 것이다.

수중에서 활동하는 잠수함에는 선체 표면에서 발생하는 유체역학적 소음, 추진기 소음, 함 내 기기류 작동으로 인한 소음 등 함 작동운용에 따른 소음뿐만 아니라 물건을 떨어뜨리거나 오수를 배출하는 등 일시적 소음(Transient Noise)까지 발생하게 된다. 그러나 이런 소음들은 잠수함이 활동하는 해역에서 발생하는 물고기 소음, 파도 소음 등 다양한 주변 소음(Ambient Noise)에 묻혀 있기 때문에 잠수함을 수중에서 탐지하고 식별하는 것은 매우 어려운 과제이다. 잠수함은 각기 특이한 기기류 소음특성이나 유체역학적 소음특성을 지니고 있어, 이런 소음특성을 활용하는 능력은 대잠전 수행능력과 직결된다. 미 해군 잠수함의 경우 방대한 양의 소음특성 데이터베이스를 구축하여 대잠전에 활용하는 것으로 알려져 있다.

대잠전을 수행하는 절차는 수상함을 공격하는 절차와 유사하다. 그러나 수상함에 비해 매우 짧은 거리에서 접촉이 이루어지기 때문에 단시간 내에 공격을 결행해야 하는 특징이 있다. 대잠전을 수행하는 잠수함은 원거리 표적을 탐지하기 위해 예인소나나 선체부착 배열소나를 운용하며, 표적의 소음이 지속적으로 탐지되는 시점에서 함수소나를 이용하여 표적 기동분석(TMA)을 실시하고 표적정보를 산출한다. 잠수함 자체 소음은 적에게 먼저 피탐될 가능성을 높이는 결과를 가

그림 5-14
적 잠수함 어뢰명중 직전 장면 상상도

져오고 자함의 소나성능을 저하시키는 요인이 되므로 잠수함의 정숙도(靜肅度)는 대잠전에서 매우 중요한 요소이다.

상대 잠수함을 추적하는 단계에서는 소음준위가 높고 상대 잠수함 소나의 음영구역이 되는 함미방향(Baffle Zone)을 이용하는 것이 일반적인 전술이다. 때문에 수중을 항해하는 잠수함은 일정한 침로로 장시간 항해를 지속하는 것이 금지되어 있다. 통상 30분 정도의 일정시간 간격으로 함미 부분을 탐색(Baffle Clear)해야 하는데, 지정 침로에서 30° 이상을 변침하여 함미 부분으로 접근하는 소음이 있는지 확인해야 한다.

최종 공격단계에서는, 어뢰발사 직후 곧바로 상대 잠수함에 위치가 노출될 가능성이 높으므로 적의 대응 어뢰에 대비하여 어뢰기만기 발사준비 상태를 유지한다. 잠수함을 이용한 대잠전은 상대 잠수함에 존재를 노출하지 않는 특징이 있기 때문에 더욱 큰 위협이 된다. 그림 5-14에 적 잠수함에 어뢰를 명중시키는 장면에 대한 상상도를 제시하였다.

5.3.5 대지 정밀타격 작전

대지 정밀타격 작전은 잠수함에 장거리 육상 타격용 유도탄을 탑재하게 됨으로써 시작된 작전이다. 이러한 작전수행으로 인해 잠수함의 전략적 가치가 더욱 높아지게 되었다. 적지의 육상표적을 해상에서 타격하기 위해서는 아군의 해상전력이 적의 해안에 접근해야 하는데, 수상함을 이용할 경우 적에게 노출되어 반격을 당할 위험이 매우 높다. 잠수함을 이용할 경우 위협을 받지 않게 될 뿐만 아니라, 적은 공격원을 파악하지 못해 대응에 시간을 허비하는 결과를 낳게 될 것이다.

그림 5-15
잠수함 발사 대지유도탄의 수면발진 장면

미국의 토마호크 순항유도탄은 가장 널리 알려진 잠수함용 대지공격 유도탄으로서, 지상표적을 수미터 오차범위로 정확하게 공격할 수 있다. 따라서 잠수함의 독보적인 은밀성과 장거리 유도탄의 장점을 결합시킨 원거리 대지 정밀타격 작전은 군사 강대국에 매우 유용한 군사력 투사수단이 되고 있다.

잠수함은 어뢰발사관이나 별개의 수직발사관을 장착하여 유도탄을 발사한다. 별도의 수직발사관을 설치하는 이유는 유도탄 적재공간과 어뢰발사를 위한 발사관 수를 확보하기 위해서다. 미 해군이 오하이오급 전략잠수함(SSBN)을 150여 발의 토마호크 전술유도탄을 탑재하는 유도탄 잠수함(SSGN)으로 개조한 이유도 바로 여기에 있다. 그림 5-15에 잠수함에서 발사된 대지 공격 유도탄이 수면 위로 발진하는 장면을 제시하였다.

5.3.6 특수전 지원작전

일반적으로 특수전은 소규모 정예 전투요원을 적지에 투입하여 전략·전술적으로 가치가 높은 표적을 공격하는 작전으로서 은밀성을 전제로 한다. 잠수함의 특수전 지원작전은 잠수함의 은밀성을 이용해 적의 항만이나 표적해안 가까이에 접근하여 특수전 요원을 침투시키는 작전이며, 잠수함의 태동 당시부터 존재해온 작전 형태이다. 1996년 및 1998년 우리나라 동해안에 북한 잠수정이 침투하는 사건이 있었는데, 북한 잠수정이 특수전을 수행하는 과정에서 좌초하거나 장비고장으로 발각된 사례였다.

잠수함에 의한 특수전 지원작전이 각광받는 이유는 잠수함의 독보적인 은밀성, 수송능력, 해상 체류능력 등을 특수전에 활용할 수 있기 때문이다. 특수전 전용 소형 잠수함일 경우 적의 대잠 음탐기에 잘 탐지되지 않을 뿐 아니라, 수백 미터 이내로 연안에 은밀하게 접근할 수 있으므로 상대국에 매우 위협적이다. 소형 잠수함이나 잠수정은 수영자 침투요원, 고무보트, 수중 침투요원 이송정(SDV) 등 다양한 침투수단을 탑재할 수 있다. 특수전에 필요한 잠수장비, 폭약 등 각종 장비를 탑재할 수 있으며, 연안에 근접하여 수중에서 특수전 요원을 회수할 수 있는 능력을 갖고 있다.

규모가 큰 잠수함일 경우 대규모 특수전 인원과 지원장비, 식료품 등의 탑재가 가능하기 때문에 장기간 반복적으로 특수전을 수행할 수 있다. 특히 연안에 접근하여 특수전을 수행할 경우 잠수함을 특수전 기지로 활용할 수 있다. 대형 잠수함은 연안 접근이 제한되며 해저에 착저하기가 용이하지 않기 때문에, 수중정지(Hovering)를 통해 특수전 요원을 내보내고 귀환시키는 방법을 선택한다. 소형 잠수함이나 잠수정의 경우 함수구역에 특수전 요원과 장비를 탑재하고, 수중 진입 및 귀환이 가능한 수중 탈출용 챔버(Lockout Chamber)를 보유하고 있다. 대형 잠수함은 DDS(Dry Deck Shelter)라는 특수전 전용 구조물을 갑판에 부착하여 수중 침투요원 이송정(SDV) 등 장비적재 및 탈출실로 사용한다. 그림 5-16에 특수전 요원이 SDV를 수중에서 운용하는 장면을 제시하였다.

잠수함이나 잠수정은 당일작전 및 장기작전을 필요에 따라 선택·운용하며, 탑재·이동·분리지점 도착·정찰·분리·대기·회수의 절차로 특수전을 수행한다. 특수전 지원작전을 수행하기 위해 요구되는 잠수함의 우선적인 작전성능은 잠수함의 특수전 전력 탑재능력이다. 잠수함의 성능이 우수하더라도 특수전 요원과 작전수행에 필요한 특수전 요원 이송수단 및 장비탑재가 여의치 않다면 작전 자체가 성립하지 않기 때문이다. 다음으로 수중 분리 및 회수 능력이 중요하다. 특수전 요

그림 5-16
특수전 요원 SDV 수중 운용 장면

원과 이송수단을 수상에서 분리하고, 이후 작전이 종료되면 수상에서 회수하는 방법도 있을 것이다. 그러나 이 경우 잠수함이 적에게 노출되는 단점이 있다. 따라서 특수전 요원과 장비를 수중에서 분리 · 회수할 수 있는 탈출용 챔버를 잠수함에 구비하는 것이 필수적이다. 이를 위해 잠수함은 해저 착저 또는 수중정지(Hovering) 능력을 구비해야 한다.

5.3.7 기뢰부설 작전

적 항만을 비교적 용이하게 봉쇄할 수 있는 방법이 잠수함을 이용한 기뢰부설 작전이다. 적 항만 입구나 적 선박의 항해가 빈번한 병목점(Choke Point)에 은밀하게 접근한 후 기뢰를 부설하여 상대국 군함과 선박의 통항을 저지하는 작전인 것이다. 한 척 또는 수척의 잠수함을 이용하여 주요 항만이나 항로를 봉쇄함으로써 상대국 해상전력 및 일반 선박의 자유로운 해상활동을 방해하는 매우 효과적인 작전이다. 대형 잠수함의 경우는 함 내 어뢰 적재공간에 기뢰를 탑재하고 어뢰발사관을 이용하여 기뢰를 투하하며, 중소형 잠수함의 경우는 함 외부에 기뢰 챔버(Mine Chamber) 또는 기뢰장착용 벨트(Mine Belt)를 별도로 부착하여 기뢰를 탑재하는 방법을 사용한다. 기뢰부설 작전을 수행하는 잠수함에 요구되는 전투성능은 기뢰적재 능력, 은밀항해 능력, 연안근접 능력 등이다. 그림 5-17에 대형 잠수함이 기뢰를 부설하는 장면을 제시하였다.

잠수함은 통상적으로 해저에 침잠(沈潛)하는 해저기뢰를 사용하며, 선진 해군 강국의 경우 자항식 기뢰(Submarine Launched Mobile Mine: SLMM)를 사용한다. 자항식 기뢰는 기뢰에 추진장치를 장착한 것이다. 일정거리를 전진한 후에 사전에 입력된 위치에서 수중에 침잠하는 기뢰로서, 대형 잠수함이 무리하게 연안

그림 5-17
잠수함 기뢰부설 개념

에 접근하지 않고 안전하게 기뢰를 부설하는 방법으로 사용된다. 잠수함은 통상 U자, S자 등의 패턴으로 기뢰를 부설하여 표적함에 대한 기폭 확률을 증대시키며, 불규칙적인 위치에 기뢰를 부설함으로써 기뢰수색을 어렵게 한다.

잠수함이 사전에 계획된 위치에 기뢰를 부설하기 위해서는 정확한 함 위치 산출이 필수적이다. 이를 위해 GPS, 잠망경, 도플러 로그(Doppler Log) 등 함 위치를 산출할 수 있는 항해장비를 활용한다. 해저기뢰는 일반적으로 30~150m 수심에 부설하는데, 수심이 얕을수록 폭파효과가 크고 수심이 깊을수록 효과는 반감한다. 해저기뢰의 경우 자기 및 음향 복합감응 센서를 사용하여 선박이 기뢰 상부를 통과할 때 발생하는 추진기 소음이나 선체 자기장을 감지하여 기폭된다. 해저기뢰는 비교적 깊은 수심에 위치하기 때문에 기뢰에 피폭되더라도 어뢰의 경우처럼 함정이 두 동강 나는 현상은 거의 없다. 그러나 폭약 기폭 시에 발생하는 순간적인 강한 충격력은 선체구조를 통해 선체 각 부분 및 함 내에 장착된 장비에 전파되고, 이로 인해 특히 전자장비 내부부품들이 파손된다. 결국 함정을 가동불가 상태로 만드는 치명적인 손상을 입히게 된다.

5.4 | 생존성능

5.4.1 생존성능 특성

군사과학기술의 급격한 발전에 따라 해상 전투환경 또한 크게 변화하고 있다. 단시간에 적을 파괴할 수 있는 고도성능의 무기체계가 함정에 탑재·운용되고 있으며, 단발타격(Single Hit)만으로도 전투력 및 기동성을 상실하게 하고 함정을 침몰에 이르게 할 수 있는 위력을 보유하고 있다.

그림 5-18과 5-19에 제시한 바와 같이 1982년 포클랜드전에서는 영 해군 구축함 쉐필드(Sheffield)함이 엑조세 대함유도탄에 피격당하여 큰 손상을 입었고, 1987년 중동전에서는 미 해군 프리게이트 스타르크(Stark)함이 엑조세 대함유도탄에 피격당했다. 그리고 2000년에는 미 해군 이지스 구축함 콜(Cole)함이 자살보트테러 공격을 받아 많은 사상자와 함께 큰 손상을 입었다. 이러한 실제 사례들을 경험하면서, 미국을 비롯한 선진 해군 강국들은 함정의 생존성능(Survivability Performance)에 대한 인식을 더욱 확실하게 할 수 있었다. 특히 함정은 많은

그림 5-18
영 해군 쉐필드함(좌) 및 미 해군 스타르크함(우) 유도탄 피격장면

그림 5-19
자살 보트테러 공격에 손상을 입은 미 해군 콜함

병력이 탑승한 고가의 대형 무기체계로서, 함정 생존성 강화대책은 함정 설계 시 최우선적으로 고려해야 할 필수적인 과제가 되었다.

5.4.2 생존성능 구성요소

함정의 생존성능은 주어진 작전임무를 수행하면서 인간이 만든 적대적인 환경을 회피하거나 견딜 수 있는 능력으로 정의할 수 있다. 그림 5-20에 제시한 바와 같이 함정의 생존성능은 세 가지 요소로 구성되며 모두 확률로 정량화한다.

- **피격성(Susceptibility)**

함정이 각종 탐지센서, 위협무기 또는 이들의 효과에 노출되어 피격될 확률(P_H)

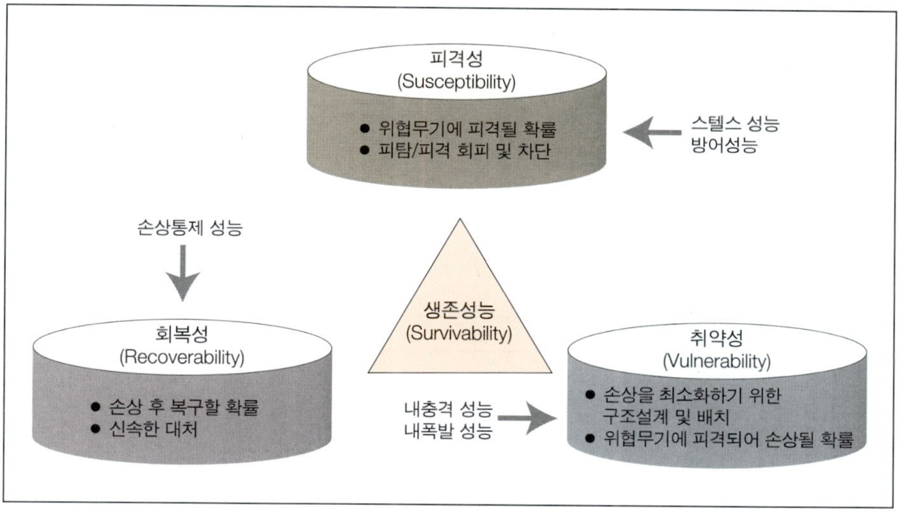

그림 5-20
함정 생존성능 구성요소

로 정의되며, 함정의 능동적 방어능력을 나타내는 척도이다.

- **취약성(Vulnerability)**

함정이 위협무기의 공격을 받은 후 위협무기의 직·간접 효과에 의해 파괴되는 조건부 확률($P_{K/H}$)로 정의되며, 함정의 수동적 방어능력을 나타내는 척도이다.

- **회복성(Recoverability)**

위협무기의 직·간접 파괴효과로 인해 발생한 손상을 신속하게 회복하여 함정이 임무를 계속 수행할 수 있는 함정 시스템 및 승조원의 손상대처 확률(P_R)로 정의된다.

함정의 생존확률 및 구성요소들의 확률 간 수학적 관계는 아래 식과 같다. 여기서 파괴성(Killability)(P_K)는 생존확률(P_S)에 대한 수학적 보수(Complementary Number)로 정의된다.

$$P_K = P_H P_{K/H}(1 - P_R) \tag{5.1}$$

$$P_S = 1 - P_K \tag{5.2}$$

그림 5-21에는 전투환경에서 함정의 임무 수행능력과 생존성 구성요소들 간의 관계를 시간대역을 기준으로 도시하였다. 그림에 제시한 것처럼 피격되기 전 100%로 가정한 대상 함정의 임무 수행능력은 피격 직후에 폭발압력, 파편, 화염, 수중폭발 충격파 등 1차 효과로 인해 급격히 저하된다. 화재, 침수 등 위협무기의 2차 효과로 인해 추가로 저하되다가, 손상통제 노력을 통해 일정 수준까지 회복된

그림 5-21

피격 후 시간에 따른 임무 수행능력 변화

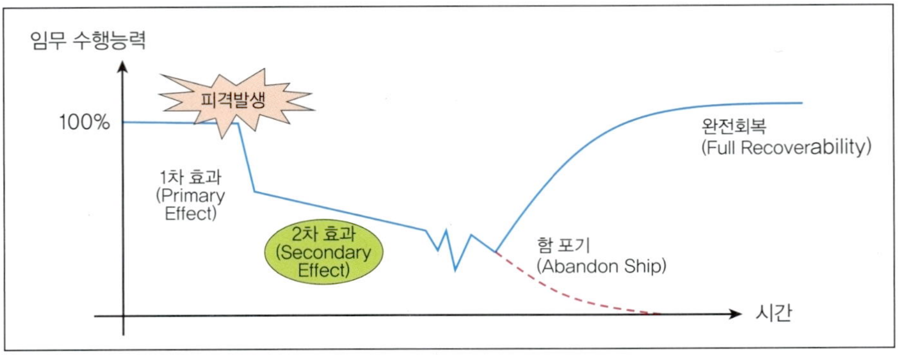

다. 피격될 때까지의 시간이 대상 함정의 피격성 정도를, 피격 후 임무 수행능력 저하수준이 취약성 정도를, 손상된 임무 수행능력의 회복수준과 소요시간이 회복성 정도를 나타낸다. 결국 함정의 생존성능이란 피격성, 취약성, 회복성을 시간 대역별로 종합한 결과인 것이다. 함정의 생존성능을 강화하기 위해서는 피격성, 취약성, 회복성 등을 종합적으로 함께 강화해야 한다.

5.4.3 피격성

함정의 피격성 확률(P_H)은 다음과 같이 피탐성 확률(P_D)과 피탐 후 피격성 확률($P_{H/D}$)의 곱으로 구할 수 있다. 이러한 확률은 주요 국가들이 많은 실험연구를 통해 구체적으로 구하고 있으나, 높은 수준의 보안이 필요한 군사기술로 분류되어 엄격히 관리하고 있다.

$$P_H = P_D P_{H/D} \tag{5.3}$$

1) 피탐성

함정을 탐지하기 위한 장비로 레이더, 소나, 적외선 신호탐지기, 광학장비, 전자기 신호탐지기 등이 사용된다. 레이더와 능동소나는 능동형으로 각각 전파와 수중음파를 목표물에 쏘아 반사되어 돌아오는 신호를 탐지한다. 반면 적외선 신호탐지기, 수동소나, 광학장비, 전자기 신호탐지기는 수동형으로 함정에서 발생하는 적외선 신호, 수중방사소음(Underwater Radiated Noise), 전자기 신호, 가시영상 신호 등을 탐지한다. 따라서 적에게 피탐될 확률은 적의 탐지능력과 아함의 스텔스(Stealth) 성능에 의해 결정된다. 그리고 아래에 열거한 사항에 의해서도 큰 영향을 받는다.

- **아함의 전자전 능력**

전자파를 송출하여 적의 탐지장비 및 무기 통제체계 등에 장착된 전자장비를 교란시키는 기술로서, 잼머(Jammer) 및 전자공격(Electronic Attack)용 장비가 사용된다.

- **아함의 탐지 · 공격 능력**

적이 아함을 탐지하여 공격하기 전에 먼저 탐지하고 공격하여 적을 무력화시킬 수 있는 능력을 뜻한다.

- **함 운용전술**

지형, 날씨 등의 자연조건과 적에 대한 정보를 조합하여 함을 운용함으로써 피격을 회피하는 기술이다. 탐지 및 식별을 제한할 수 있는 은폐물인 작은 섬으로 이동하거나 안개가 낀 날을 이용하여 적외선 신호에 의한 탐지를 회피하는 것 등이 예가 될 수 있다.

2) 피탐 후 피격성

적이 아함을 탐지하고 식별한 후 공격무기를 발사하면, 아함은 기만기 또는 근접방어체계를 사용하여 방어하게 된다. 피탐된 후 피격될 조건부 확률은 아래에 열거한 사항에 의해 결정된다.

- **적 공격무기의 명중률**

- **아함의 위협예고 능력**

접근하는 적의 무기에 대한 대처시간을 확보하기 위해 피격 이전에 적의 위협을 파악하고 예고해 주는 능력으로서, 레이더 경보장치(Radar Warning Receiver: RWR), 유도탄 접근 경보체계(Missile Approach Warning System: NAWS) 등이 사용된다.

- **아함의 기만능력**

적의 위협무기를 기만하는 기술로서 희박화(Dilution), 교란(Distraction), 유인(Seduction) 등의 방법이 있다. 기만기로는 디코이(Decoy), 체프(Chaff) 등이 사용된다.

- **아함의 근접방어 능력**

적의 공격탄두가 아함에 접근하기 전에 이를 요격하는 근접방어체계로서, 고성능 레이더에 고성능 함포 또는 요격유도탄을 연동하여 발사하는 방어체계가 사용된다.

3) 피격성 감소방안

피격성을 감소시키기 위해서는 무엇보다 피격될 가능성 자체를 줄여야 하며, 이를 위한 핵심대책이 바로 함정 스텔스 성능이다. 스텔스 성능을 고도화할 경우, 상대 함정에 탐지되는 확률을 감소시킬 수 있을 뿐만 아니라, 이를 토대로 상대 함정을 먼저 탐지하여 선제공격의 성공률을 높일 수 있게 된다. 스텔스 성능의 중요성에 대해 미 해군 지휘관이 명쾌하게 정의한 바 있다. "스텔스가 되지 않은 함정은 군함이 아니다. 단지 상대의 표적에 불과하다(Without Stealth, It's no longer a WARSHIP. It is a Target)." 이러한 이유로 인해 선진 해군 강국에서는 자국의 군사과학기술을 총 집약하여 스텔스 성능을 고도화하고 있는 것이다.

실제 예로 미 해군이 현재 건조하고 있는 DDG-1000급 육상공격 구축함의 경우, 3장 3절 그림 3-74에 제시한 바와 같이 전자파 반사(RCS) 특성을 저감시키기 위해 기존 수상함과 전혀 다른 수면상부 선형 및 갑판상부 구조물 형상을 채택하고 있다.

최고수준의 스텔스 성능을 보유한 것으로 알려진 스웨덴 비스비(Visby)급 초계함의 경우, 가장 큰 특징은 자연적 및 인위적 전자파 클러터(Clutter)가 혼재하고 수중 배경소음 수준이 높으며, 수중 해양특성이 매우 복잡한 연해해역 전장환경에 맞춰 스텔스 성능을 고도화했다는 점이다. 비스비급 초계함의 개발·건조 시 최저수준으로 감소시킨 함정 신호의 종류는 전자파 반사(RCS), 적외선 신호(IR Signature), 수중 음향신호(Hydro-Acoustic Signature), 수중 표적강도(Hydro-Acoustic Target Signature), 자기신호(Magnetic Signature), 전기신호(Electrical Signature), 가시영상 신호(Visual Signature), 레이저 반사면적(Laser Cross Section), 공기소음(Airborne Acoustic), 유체역학적 수압 및 항적(Hydrodynamic Pressure and Wake) 등 9개에 달한다.

한 예로 전자파 반사 저감을 위해 외부선체는 경사형으로 하였고, 대부분의 센서는 함교 상의 원추형 레이돔에 내장시켰으며, 카본 화이버 강화 플라스틱(CFRP)을 사용한 선체의 주요 부위에는 레이더파 흡수재(RAM)를 사용하였다. 57mm 단장 함포의 포신은 통상 포탑 내에 내장되어 있다가 사용 시에만 포탑 밖으로 나오며, 포탑 외형도 예각의 삼각형 입체 형태로 되어 있다. 항해레이더 안테나 및 통신안테나도 사용 시에만 상부구조물 외각으로 돌출되도록 하였다. 적외선의 경우 적외선 방사수준을 낮추기 위해 아예 연돌을 없애고 배기가스를 냉각시킨 후 함미에서 수중으로 방사하게 하였다. 각종 함정 신호에 대한 감소대책 적

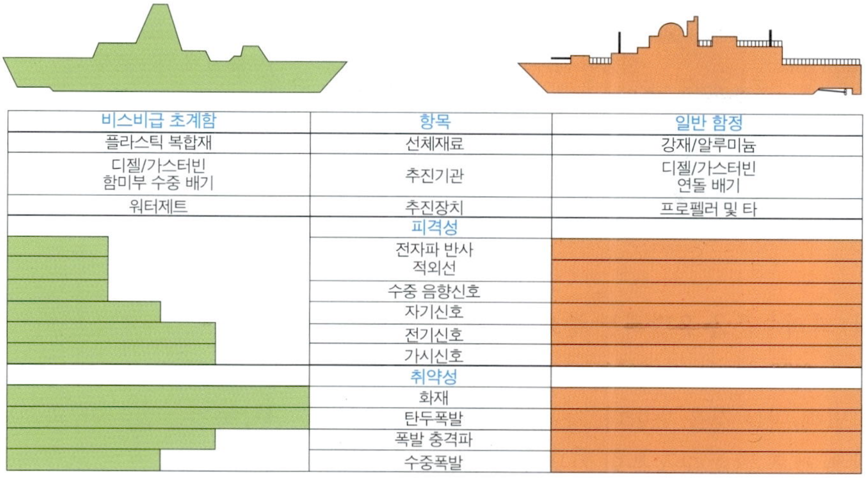

그림 5-22
비스비급 초계함 피격성 및 취약성 감소효과[11]

용을 통해, 비스비급 초계함의 피격성은 일반 함정과 대비하여 크게 향상된 것으로 발표된 바 있다. 그림 5-22에 비스비급 초계함의 피격성 감소효과를 취약성 감소효과와 함께 함정 신호별로 제시하였다. 비스비급 초계함의 전자파 반사, 적외선 방사, 수중 음향신호의 피탐 확률이 대폭 감소된 것을 볼 수 있다. 함정의 피격성을 감소시키기 위한 스텔스 분야 특수전문기술의 발전현황에 대해서는 6장 〈함정 적용 특수전문기술〉에 상세히 기술하였다.

5.4.4 취약성

함정의 취약성이란 적으로부터의 피격에 의한 직접 또는 간접 효과를 견디지 못하고 파괴되는 정도를 말하는 것으로서, 피격 후 파괴될 수 있는 조건부 확률($P_{K/H}$)로 정량화한다. 이 절에서는 취약성 해석방법을 단계별로 제시하고, 취약성을 감소시키기 위한 대책방안을 제시하였다.

1) 취약성 해석방법

가) 파괴수준 분류

함정의 파괴수준은 일반적으로 표 5-2에 제시한 바와 같이, 함 전체 파괴(Total Kill), 기동성 파괴(Mobility Kill), 임무능력 파괴(Mission Area Kill), 구성시스템 파괴(System Kill) 등 4개 수준으로 구분한다. 표에 제시한 것처럼 구성시스템 파괴로부터 함 전체 파괴수준으로 갈수록 더욱 치명적인 파괴를 뜻한다.

표 5-2
함정 파괴수준

구분	정 의
Total Kill	함정이 침몰하거나 화재 등에 의해 함정 전체를 잃게 되는 경우
Mobility Kill	기동성 상실, 함 운용 제한, 조종성 상실이 발생하는 경우
Mission Area Kill	함정 특정 임무(예: 대공전) 수행능력을 상실한 경우
System Kill	시스템 구성장비의 손상으로 해당 시스템의 기능을 상실한 경우

나) 파괴수준을 유발하는 주요 구성품 및 고장모드 식별

표 5-2에 제시한 파괴수준에 이르게 하는 주요 구성품(Critical Components)을 식별해 내는 것을 뜻한다. 자체적으로 중요한 기능을 담당하지는 않지만, 파괴되었을 경우 주요 구성품의 기능에 영향을 줄 수 있다면 주요 구성품으로 분류해야 한다. 주요 구성품은 고장모드 및 효과 분석(Failure Modes and Effects Analysis: FMEA)과 고장경로 분석(Fault Tree Analysis: FTA)을 수행하여 파괴계통도(Kill Tree)를 작성한다.

다) 위협 선정

적의 공격무기로서 폭약탄두를 장착한 무기 외에도 자살 보트테러에 사용되는 소형 보트 등 비전투용 일반 선박뿐만 아니라 최근 급속도로 발전하고 있는 레이저 및 전자전 무기를 고려해야 한다.

라) 피격위치에 대한 확률분포 추정

함정의 피격위치는 공격무기의 유도방식에 따라 결정된다. 예를 들어 적외선 호밍유도탄의 경우 선체의 온도분포에 따라 결정되며, 레이더 호밍유도탄의 경우 레이더 반사 단면적(RCS) 분포에 따라 결정된다. 일반적으로 가장 피격 확률이 높은 위치가 피격위치 분포의 중심이 된다.

마) 손상범위 산정

손상범위를 산정하기 위해서는 적의 공격무기에 피격될 때 함정의 손상현상을 직접 해석하는 폭발 시뮬레이션을 수행하거나, 손상 분석기법(Damage Ellipsoid Method)과 같이 실험식과 경험식에 기반한 간이 해석방법을 사용한다.

탄두가 선체 내부에서 폭발하면 강한 폭발충격파(Blast)와 국부충격(Local Shock), 파편(Fragments), 화염 등이 발생하는데, 이들에 의해 선체와 장비가 파손되고 화재가 발생하게 된다. 이러한 파괴는 최초에 폭발점을 중심으로 구형(球

型, Ball Shape)으로 팽창하다가, 격벽에 이르면 파괴진행이 약화되거나 더 이상 진전하지 못하게 된다. 탄두 폭발에 의해 손상을 입게 되는 범위, 즉 손상체적은 TNT 중량 등 폭발장약의 중량에 의해 결정된다[1].

탄두가 선체 내부에서 폭발하면 폭발에너지가 대부분 선체 내부에 응집되기 때문에, 파괴효과는 선체 근접거리에서의 공중폭발(Nearly External Eexplosion)에 의한 파괴효과보다 훨씬 크다. 비교적 작은 함정의 경우에는 유도탄이 목표함정을 정확히 명중할 확률이 낮으므로 선체 외부에서의 폭발을 대상으로 한다.

탄두가 목표에 접촉하는 순간 또는 근처 상공에서 폭발하는 경우 폭발에너지는 충격파, 파편, 고속으로 팽창하는 가스 등의 형태로 방출되는데, 선체에 영향을 주는 것은 우선 파편이고 그다음이 충격파이다. 생성된 파편의 속도는 약 1.5~2.0 km/sec 정도로서, 충격파의 속도 0.4~0.5 km/sec보다 대단히 빠르다. 파편은 선체의 철판을 고속으로 관통하면서 2차 파편을 생성하고, 이들이 함정 내부의 각종 전기선, 통신선, 제어 케이블, 레이더 도파관 및 장비 등을 파괴한다. 이렇게 손상된 시설과 장비들은 복구에 오랜 시간이 걸리므로, 함정에 대한 파편의 파괴효과는 결코 작은 것이 아니다.

기뢰나 어뢰 같은 수중 위협무기는 선체 내부폭발이나 접촉폭발보다 함정에 더 큰 손상을 입힐 수도 있다. 수중에서의 폭발은 함정에 순간적인 충격을 가하여 탑재장비에 큰 손상을 줄 뿐만 아니라 선체거더의 휘핑(Whipping) 현상을 유발하여 선체손상을 야기할 수 있다. 천안함 피격사건을 통해 알 수 있듯이, 근접 수중폭발의 경우 단발공격으로도 함정을 침몰시킬 수 있는 것이다.

바) 주요 구성품의 손상 확률 계산 및 파괴수준 발생 확률 계산

주요 구성품의 손상 확률은 손상범위 내에 있는 주요 구성품은 손상되는 것으로 간주하여 라) 항과 마) 항에 따라 구성품이 피격 시 손상범위 내에 있을 확률로 결정한다. 아함이 적의 공격무기에 피격되었을 때, 파괴수준 발생 확률은 파괴수준을 유발하는 주요 구성품의 손상 확률로부터 구한다.

2) 취약성 감소방안

가) 다층 수밀구획 구조

다층 수밀구획 구조란 선체를 여러 층으로 구분하고 각 층을 여러 개의 독립된 격실로 세분하여, 그 곳에 각종 전투요소를 갖추게 하는 것이다. 외력을 가장 크게

그림 5-23
주요 구역 배치를 위한 함 내 공간구획 예

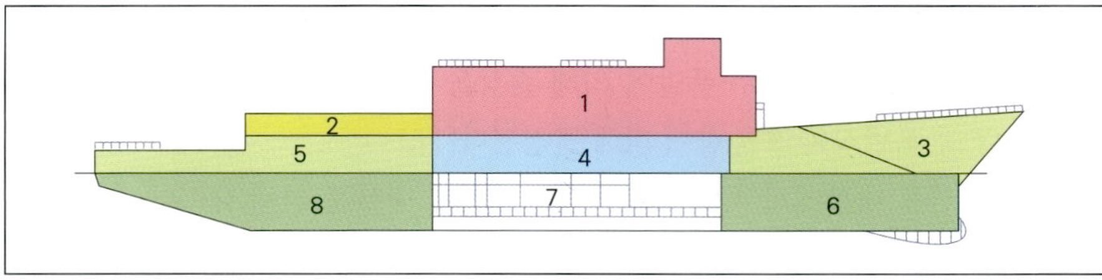

받는 선저부와 현측, 상부갑판에는 소형의 격실을 설치하여 강도를 보강하는 것이다. 다층 수밀구획 구조는 비록 선체의 한 부분이 유도탄이나 어뢰·기뢰에 의해 피격된다 하더라도 그 주위의 격실들이 완충역할을 하여 피해가 다른 곳으로 전파되는 것을 줄이고, 피격된 부위를 한정할 수 있다는 장점이 있다. 함정에서는 대부분 이러한 방식을 채택하고 있다.

나) 주요 구역의 배치 및 보호

주요 구역(Vital Space)은 함정의 전투, 조종, 추진, 통신, 항해 등 주요 임무에 필요한 시설과 장비 및 인력을 배치하기 위한 구역을 의미한다. 주요 구역의 외벽 및 출입구는 연기, 화재, 침수를 막아야 한다. 또한 필요에 따라 폭발, 파편, 탄환에 대한 방호를 강화해야 한다.

조타실, 주·보 기관실, 중앙조종실 등 주요 구역으로 선정된 구역에 대해서는 최적 위치를 우선적으로 선정하고, 공중폭발에 대한 취약성 및 파편·탄환에 대한 보호 필요성을 분석·평가해야 한다. 그림 5-23에 주요 구역 배치 시 기준이 되는 함 내 공간구획 예를 제시하였다.

다) 주요 시스템 및 장비의 다중화와 분산배치

주요 시스템 및 장비의 다중화는 동일 또는 유사한 기능을 갖는 장비를 복수로 갖추는 것을 뜻한다. 분산배치는 동일 또는 유사한 기능을 갖는 장비를 한 곳에 배치하지 않고 멀리 떨어진 곳에 배치함으로써, 한 번의 피격으로 모든 기능이 상실되지 않도록 하는 것을 뜻한다. 내부통신은 어느 하나의 체계가 상실되더라도 전체 내부통신 능력이 상실되지 않도록 여러 개의 다른 체계, 즉 함 내 방송체계, 휴대용 라디오, 전화체계 등이 중복된 기능을 갖도록 한다. 다른 예로 함정에는 일반적으로 함포체계와 유도탄 발사체계가 있는데, 이 두 종류의 시스템이 대공전과 대수상전을 서로 보완하게 함으로써 한 체계가 상실되더라도 임무 수행능력이 전부 상실되지 않도록 한다.

함정 임무수행에 필수적인 주요 체계 및 장비에 대해서는 피격 이후에도 임무수행 가능성을 높이기 위해 다중화 및 분산배치를 적용한다. 다중화와 분산배치가 필요한 주요 시스템은 다음과 같다.

- 전투시스템
  - 무기체계, 항해정보체계, 함 내외 통신체계
- 컴퓨터 네트워크체계
- 추진 및 조종 체계
- 손상통제체계
- 보조체계
  - 전력배분체계, 조명체계, 배관체계, 환기 및 집단보호 체계

라) 탄성마운트를 이용한 주요 장비의 내충격 강화

함정 선체가 유도탄이나 어뢰, 기뢰에 의해 피격될 경우 발생하는 충격력은 선체의 구조 부재를 따라 전파되어 각종 장비에 전달된다. 따라서 장비가 받는 충격력을 완화하기 위해 주요 장비는 탄성마운트(Resilient Mount) 위에 설치한다.

마) 내충격 강화 구조설계

기뢰 또는 어뢰에 의한 수중폭발은 수상 함정이 직면하고 있는 가장 심각한 위협 중 하나이다. 따라서 수중폭발 시 발생하는 충격력에 견디기 위한 내충격(Shock Hardening) 기술을 함정의 설계 및 건조공작 시에 적용해야 한다. 수중폭발 현상 및 함정 손상 형태, 그리고 내충격 설계기술에 대해서는 6장 5절 〈수중폭발 내충격 설계기술〉에 상세히 기술하였다.

또한 유도탄 피격에 의한 내부폭발 시 기존 격벽(Conventional Bulkhead)은 수밀능력이 쉽게 손상되고 인접 구획으로 폭발하중을 진행시켜 연속적인 격벽 손상을 야기한다. 이를 보완하기 위해 기존 격벽보다 강화된 내폭발 강화 격벽(Blast Hardened Bulkhead: BHB)을 적용하기도 하며, 최근에는 더 큰 잔류강도(Residual Strength)를 갖기 위해 갑판 하부 또는 선저에 박스 거더(Box Girder)를 설치하기도 한다. 이러한 방호 선체구조 기술의 발전현황은 6장 6절 〈방호 선체구조 기술〉 항에 상세히 기술하였다.

5.4.5 회복성

함정이 피격당하면 충격파, 국부충격, 파편, 화염 등이 발생하는데, 이들에 의해 선체와 장비가 파손되고 침수와 화재가 발생하게 된다. 이러한 상황에 신속히 대처하지 못하면 피격의 2차 효과인 침수 또는 화재의 확산으로 더 큰 손상을 입게 된다. 침수 확산으로 복원력이 상실되거나 종강도의 부족으로 침몰할 수도 있으며, 화재 발생 후 장비 및 함정 내 각종 가연성 물질들이 연쇄적으로 연소되어 함정을 파괴에 이르게 한다. 1982년 포클랜드전 당시 영국 구축함 쉐필드함이 대함유도탄에 피격된 후 함 내 화재가 확산되어 침몰된 사례는 함상 화재의 위험을 잘 보여준다. 또한 장비의 손상으로 인해 해당 임무를 수행할 수 없게 되므로 장비손상 시 신속히 복구해야 한다.

손상 확산을 방지하고, 발생한 손상에 신속히 대처하여 기능을 회복시키기 위한 손상통제(Damage Control) 기능이야말로 함정이 갖추어야 할 필수적 기능의 하나인 것이다.

1) 회복성 해석방법

가) 개별 구성품의 회복성 확률 산정

손상된 주요 개별 구성품의 고장(故障) 모드를 시간 t까지 회복할 확률[$P_R(t)$]은 고장을 인지하는 데 걸리는 시간, 고장모드를 파악하는 데 걸리는 시간, 수리부품의 함 내 보유상황, 승조원의 숙련도 등 손상통제 및 보수 능력에 의해 결정된다. 이 확률을 결정하기 위해서는 장비보수에 대한 함 운용 경험자료를 이용하여 데이터를 구축해야 한다. 따라서 파괴수준이 발생했을 때 함정의 기능이 회복될 수 있는 확률은 위에 기술한 개별 구성품의 회복성 확률[$P_R(t)$]로부터 구한다.

2) 회복성 향상방안

피격을 당하면 우선 상황을 파악(Situational Awareness)하고 대처방안을 강구하여 손상을 보수(補修, Damage Control Action)해야 하며, 필요한 결정(Decision)을 내려야 한다. 최악의 경우 함정을 포기하고 탈출해야 한다. 이 모든 것을 신속히 결정하고 수행해야 한다. 다음에 제시하는 바와 같이 자동화되고 지능화된 손상통제체계의 확보·운용이 필요하며, 훈련에 의한 승조원의 숙련도 향상도 매우 중요하다.

- **상황파악 능력**

센서를 통해 선체 및 주요 기계류의 손상상황을 실시간으로 모니터링하는 시스템을 운용한다. 명령과 피해상황 보고 및 복구상황 보고가 가능한 한 실시간으로 이루어지도록 컴퓨터와 통신체계를 이용한다.

- **대처방안 강구능력**

손상 대처방안에 대한 의사결정을 지원하는 시스템을 운용한다. 구체적인 예로 침수 시 복원성과 종강도 평가 및 대처방안을 제시하는 구조강도 분석 및 의사결정 시스템과, 발전능력 손상 시 대처방안을 제시하는 자동 전력 재분배 시스템을 운용한다.

- **대처능력**

가능한 한 자동으로 대처하도록 시스템을 구축한다. 화재에 대한 자동소방 시스템(Automatic Fire Fighting System: AFFS)을 설치하며, 파이프 손상 시 자동으로 우회라인으로 연결되는 시스템을 적용한다. 승조원의 숙련도를 향상시키기 위해 교육 및 훈련을 강화하고, 함정에 함상 훈련시스템을 탑재 · 운용한다.

미 해군에서는 DCAMS(Damage Control Action Management System)라는 손상통제체계를 사용하고 있는데, 다음과 같은 기능을 갖추고 있다.

- **컴퓨터 모니터에 손상통제 장비의 위치와 손상상황 전시 기능**
- **컴퓨터에 의한 보고 및 지시**

최근에는 신형 육상구축함 DDG-1000급에 적용하기 위해, DCAMS 시스템과 아래에 제시한 각종 시스템을 연동시켜 운용할 수 있는 DCTMS(Damage Control Tactical Management System)의 실용화 개발을 진행하고 있다. 이러한 자동화되고 지능화된 손상통제체계의 운용을 토대로, 함정이 피격당하더라도 함정 기능을 매우 신속하게 회복시킬 수 있게 된다.

- **훈련시스템**
- **손상상태의 자동 모니터링을 위한 센서시스템**
- **침수 시 복원성(Stability)과 종강도를 해석하는 FCCS(Flooding Casualty Control System) 시스템과 HSSS(Hull Structural Strength System) 시스템, 그리고 대처방안을 제시하는 IDA(Intelligent Decision Aids) 시스템**

- **재해 시 전력 재분배에 대한 의사결정을 지원하기 위한 CPRA(Casualty Power Reconfiguration Assistant) 시스템**
- **함 내 주요 장비상태를 자동으로 모니터링하는 ICAS(Integrated Condition Assessment System) 시스템**

5.4.6 생존성 설계 및 평가

함정은 수행해야 할 작전임무에 따라 적의 탐지장비와 공격무기 등 적의 위협 또한 달라지게 된다. 따라서 생존성 설계를 하기 위해서는 함정이 수행해야 할 임무와 임무를 수행함에 있어 어떠한 위협이 있는지를 분석하는 임무-위협(Mission-Threat) 분석이 우선적으로 수행되어야 한다.

"절대로 피격되지 않는다"라는 낙관적인 가정과 "피격되면 곧바로 죽는다"라는 비관적인 가정은 둘 다 틀린 것이다. 피격성이 0인 함정은 존재할 수 없으므로, 가장 좋은 시나리오는 "거의 피격되지 않으며, 피격된다 하더라도 함정이 귀환하거나 승조원은 아군 지역으로 탈출할 것이다"라는 것이다. 따라서 생존성 설계는 피격성과 취약성의 감소와 회복성 향상이 균형을 이루어야 한다.

생존성의 구성요소인 피격성, 취약성 및 회복성은 피탐신호 감소, 내폭발·내충격 강화, 손상안정성 확보, 손상통제 자동화 및 신속화 등 각 요소에 대한 개별적인 대책뿐만 아니라 비용 대비 효과분석과 절충(Trade-off)을 통해 생존성에 대한 전체적인 관점에서도 대책을 수립해야 한다.

실제 함정의 생존성 검증을 위한 시험평가는 막대한 비용과 인력 및 시간이 요구되므로, 모델링 및 시뮬레이션(Modeling & Simulation: M&S) 기술의 적극적 활용이 요구된다. 함정 획득시간 단축 및 비용절감이라는 제약조건하에서 최적의 함정 생존성을 확보하기 위해서는 동시공학, 다분야 최적 설계기법 및 M&S 기술을 적용하여 생존성 구성요소를 통합적으로 균형 있게 고려해야 한다.

생존성능에 관한 요구조건은 설계 초기부터 구체화해야 한다. 함정 신호의 감소나 취약성의 감소 등을 설계 후기단계에서 실행하려면 불가능하거나, 가능하다 하더라도 중량과 비용이 증가하고 다른 성능의 저하를 감수해야 하기 때문이다. 개념설계 단계에서는 작전운용 개념에 따른 위협들을 선정하여, 그러한 위협에 노출되었을 때 대상 함정이 가져야 할 생존성능에 대한 요구조건(Survivability Requirements)을 제시해야 한다. 기본설계부터 상세설계 및 건조 단계에서는 생존성에 대한 요구조건을 구체화하면서 최소의 비용으로 만족시킬 수 있도록 설계를 수행해야 한다. 함정 설계단계에서 생존성 요구조건을 만족하는지 여부를 평가하기 위한 방법과 절차는 아래와 같다.

- 파괴수준 결정
- 피격위치 결정
- 취약성 산정
- 회복성 산정
- 생존성 산정
- 평가 및 대책

생존성에 대한 평가결과가 요구수준을 충족시키지 못할 경우 다음과 같은 대책을 강구해야 한다.

- 해당 구성품의 회복성 향상
- 해당 구성품의 재배치 혹은 여유분 확보
- 해당 구성품의 설치위치에 대한 구조 보강

5.5 | 기동성능

5.5.1 기동성능 특성

함정의 기동성능(Mobility)은 함정에 주어진 임무를 성공적으로 수행하기 위한 작전운용성능의 하나로서 속도, 내항성능, 조종성능 등 세 가지 성능으로 구성된다. 기동성능은 추진기관이나 함 운동 안정장치 및 조타장치 등 탑재장비 성능에 의해서도 결정되지만, 선형(船型) 특성에 의해 많은 영향을 받으므로 조선공학적 기술이 많이 적용되는 작전운용성능이라고 할 수 있다.

속도(Speed)는 함정의 성능수준을 나타내는 가장 기본적인 성능이다. 비상상황에서 작전을 수행할 때 요구되는 최대속도와 평상시 운항하는 속도면서 동시에 가장 경제적인 속도인 순항속도로 구분된다. 특히 함정의 작전범위를 나타내는 항속거리는 순항속도를 기준으로 산정한다. 때문에 실제 작전운용 측면에서는 순항속도가 더욱 중요하다고 할 수 있다.

내항성능(Seakeeping Performance)은 파도 중에서의 선박에 나타나는 동적

응답(Dynamic Response)으로서, 탑재한 무장 및 장비의 운용과 승조원의 직무 수행능력에 직접적인 영향을 미친다. 거친 해상에서도 주어진 작전임무를 안전하게 수행할 수 있느냐를 결정짓는 핵심적인 작전운용성능이다. 특히 세계 전 해역에서 작전을 수행해야 하는 미 해군의 경우 수상전투함의 선형설계 시 우선적으로 내항성능을 고려하고 있다.

조종성능(Manoeuvring Performance)은 적절한 제어장치를 사용하여 선박의 속도와 방향을 유지 또는 변경할 수 있는 능력으로서, 함정의 기하학적, 운동학적, 동역학적 특성에 따라 성능이 달라진다. 제어판의 형태나 크기, 그리고 해상상태 등도 많은 영향을 준다. 조종성능은 함정의 선형특성과 조종장치 성능에 의해 결정되지만, 함정을 조종하는 승조원의 기능 숙련도나 개인 특성에 의해서도 많은 영향을 받는다는 점이 특이하다.

위에 언급한 바와 같이 함정 기동성능은 조선공학적 측면과 작전운용 측면의 특성을 함께 가지고 있다. 이 장에서는 이를 고려하여 속도, 내항성능, 조종성능의 현황 및 발전동향에 대해 기술하였다.

5.5.2 속도

1) 수상함 속도

수상함의 속도는 근대 수상함이 등장한 이래 수상함의 실제 작전운용성능을 대표하는 성능으로서, 선체 형상과 추진기관의 발전에 따라 꾸준하게 발전해 왔다. 구체적인 예로 배수량 단동선형을 가진 3,000톤과 4,000톤 사이 크기의 수상전투함 최대속도를 고찰해 보면, 1870년대 13노트로 시작하여, 1900년대 초 26노트, 1920년대에는 35노트, 1934년에는 39노트에 이르렀고, 1940년대에는 34노트 수준을 유지하였다. 1930년대 프랑스 수상전투함의 속도가 40노트대까지 근접했던 이유는, 당시 해전에서는 표적으로 삼는 선박에 빠른 속도로 접근해야만 무유도 어뢰와 함포로 공격할 수 있었기 때문이다.

2차 세계대전 이후 1970년대부터는 그림 5-24에 제시한 바와 같이 수상전투함의 속도가 30노트 수준에 머물고 있다. 현대 수상전투함의 속도수준이 이와 같이 정체된 배경에는 여러 가지 이유가 있다.

첫째, 사거리 및 정확도가 증대된 유도탄의 탑재 · 운용, 정찰용 인공위성 등 해상에 대한 감시 · 정찰 능력의 다차원화, 지구 전체를 연결할 수 있는 통신망의 운

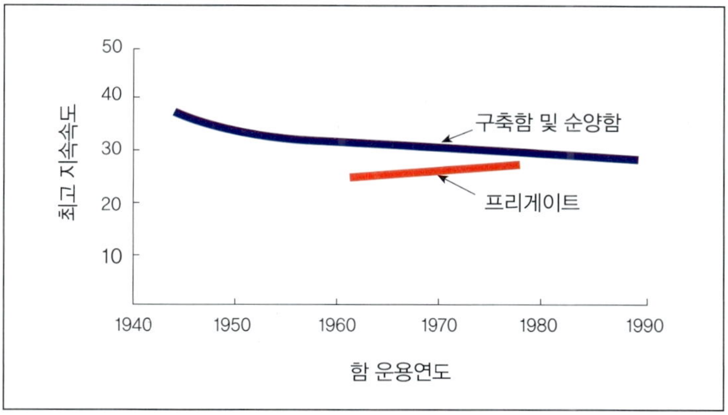

그림 5-24
수상전투함 최고 지속속도 추세

용 등으로 인해 수상전투함의 실제 작전운용 단계에서 속도의 중요성이 상대적으로 줄어들었기 때문이다.

둘째, 수상전투함의 헬기 탑재·운용이 보편화됨으로써, 140노트 이상의 속도를 가진 헬기를 이용하여 최대속도가 30노트 수준에 불과한 수상전투함의 기동성을 매우 효과적으로 보완할 수 있게 되었기 때문이다.

셋째, 추진동력에 대한 제한 없이 수중에서 고속을 발휘할 수 있는 원자력추진 잠수함이 실제 작전에서 운용됨으로써, 악천후와 싸워가며 고속을 발휘해야 하는 수상전투함의 경우 고속화에 대한 필요성이 근원부터 흔들렸기 때문이다.

넷째, 속도를 높이기 위해 큰 추진동력을 사용할 경우, 함 내 진동과 소음이 커지고 함정이 방사하는 열량도 많아지게 된다. 속도 증대는 현대 해전에서 우선적으로 고려해야 하는 함정 스텔스 성능에 직접적으로 나쁜 영향을 끼치기 때문이다.

다섯째, 수상전투함에 탑재되는 가스터빈이나 디젤기관은 출력이 계단식으로 늘어나도록 규격화되어 있다. 함정 설계단계에서는 여러 이유로 추진기관을 먼저 선정한다. 이러한 이유들로 인해 대부분의 경우 함정 크기와 추진기관 출력의 제한범위 내에서 최소한의 요구조건을 충족시키는 데 목표를 두고 함정 속도를 결정하기 때문이다.

수상전투함의 속도가 제한될 수밖에 없는 원인은 위에 열거한 이유뿐만이 아니다. 현재 대부분의 수상전투함에 채택된 배수량 단동선형이 갖고 있는 추진동력 소요특성에도 기인한다.

그림 5-25에 제시한 바와 같이, 배수량 단동선형의 경우 20노트 속도대에서

그림 5-25

배수량 단동선형 수상함 추진 동력 소요특성

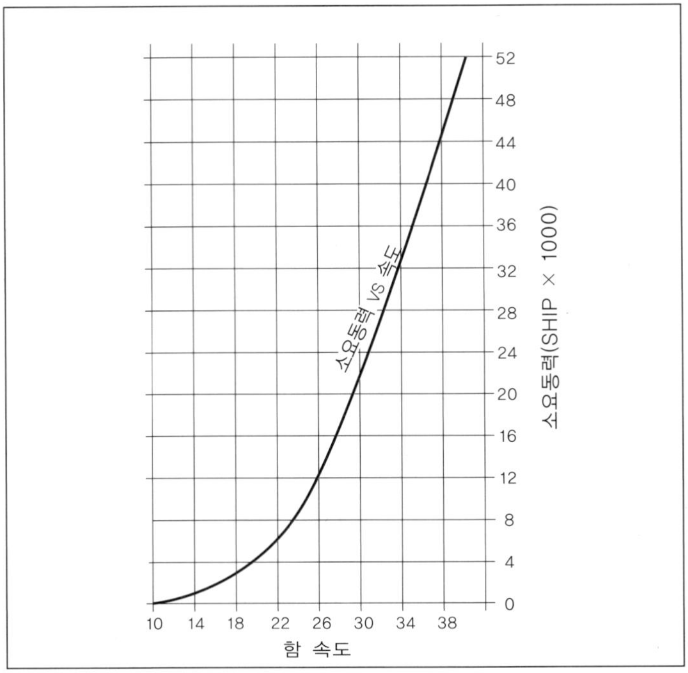

10%의 속도를 높이기 위해서는 약 30%의 추가 추진동력이 요구되고, 30노트 속도대에서 10%의 속도를 높이기 위해서는 약 50%의 추가 추진동력이 요구되며, 40노트 속도대에서 10%의 속도를 높이기 위해서는 약 100%의 추가 추진동력이 요구된다. 따라서 배수량 단동선형으로 30노트보다 높은 속도를 획득하기 위해서는 전체 시스템에 무리한 영향을 미치는 과도한 용량의 추진시스템을 탑재해야 한다.

배수량 단동선형 속도에 대한 또 다른 문제는 파도 중에서의 속도저감 현상이다. 악천후를 만나면 함의 파손을 막거나 선체동요를 줄이기 위해 속도를 줄여야 한다. 파 중에서 일상적으로 작전을 수행해야 하는 수상전투함의 경우, 파 중 속도저감 현상은 작전 수행능력에 직접적인 영향을 미치게 된다. 때문에 정수(Calm Sea) 중에서의 명목상 최대속도보다는 일상적 파 중에서 발휘할 수 있는 실제 운항속도가 훨씬 더 중요하다.

배수량 단동선형의 속도제한 및 파 중 속도저감 현상을 근원적으로 극복하기 위한 대책 중 하나가 특수선형 선박의 군용화이다. 고속 발휘가 가능한 특수선형으로 활주선(Planing Hull), 수중익선(Hydrofoil Ship), 공기부양선(Air Cushion Vehicle), 표면효과선(Surface Effect Ship), 해면효과선(WIG) 등 여러 선형이 있

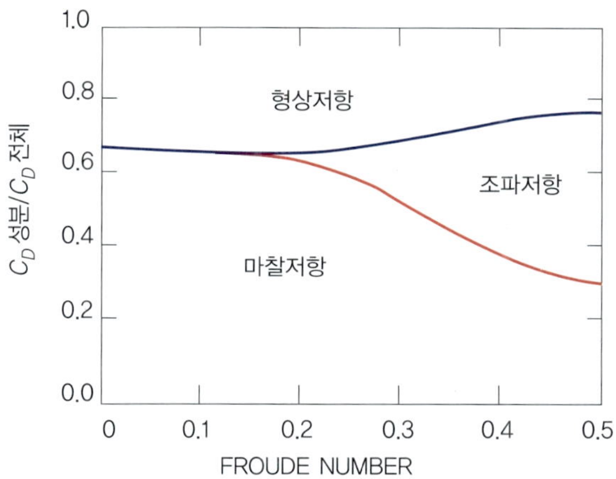

그림 5-26
배수량 단동선형 추진저항 속도대별 구성성분[3]

다. 특수선형의 특성 및 함 적용현황에 대해서는 4장 1절 〈수상함 체계구성〉에 상세히 기술하였으므로 이 절에서는 생략하기로 한다.

특수선형을 적용한 고속함정은 대부분 소형으로서 초계정 또는 상륙정으로 운용되어 왔다. 그러나 해전양상이 연해해전으로 정착됨에 따라, 군사 강대국의 경우 고속이 요구되는 함정 종류가 새롭게 부각되고 있다. 대표적인 예로 원거리에 위치한 작전해역까지 군수물자와 병력을 신속하게 수송할 수 있는 고속지원함과 잠재적 위협이 많은 연해해역에서 고가의 주력 함정 투입 이전에 전투를 먼저 수행하는 연해전투함(Littoral Combat Ship: LCS) 등이 있다.

3장 3절 〈함정 발전동향〉에 상세히 기술한 바와 같이 호주에서 개발된 특수선형인 파랑관통 쌍동선형(Wave Piercing Catamaran)을 적용한 고속지원함은 파중에서도 40노트급의 고속을 발휘하며, 미 해군이 반활주선형과 삼동체선형을 적용하여 개발한 연해전투함은 만재 시에도 45노트급 이상의 고속을 발휘하고 있다. 고속지원함은 1,800톤, 연해전투함은 2,800톤급으로서 중형급 함정이다. 이들 함정의 실제 운용을 통해 고속화 성과가 입증될 경우, 미래 수상전투함의 선형 설계 및 고속화에 큰 영향을 미칠 것이다.

배수량 단동선형의 속도제한을 벗어나기 위한 다른 대안은 마찰저항 감소기법의 개발 및 적용이다. 배수량 단동선형 선체의 마찰저항은 그림 5-26에 제시한 것처럼 속도범위에 따라 총 저항의 30~60%를 차지한다. 마찰저항을 획기적으로 감소시킬 경우, 배수량형 선형으로도 고속을 달성할 수 있기 때문이다.

물과 접하고 있는 선체의 마찰저항을 감소시키는 방법은 경계층에 공기 또는 고분자 폴리머(Polymer) 용액을 주입하는 방법과, 선체 표면에 미세한 홈을 내거나 표면 재질을 변화시키는 방법 등 크게 두 가지로 나누어진다. 현재 가장 가능성이 높은 기법으로 인식되고 있는 고분자 폴리머 용액 주입방법 및 미세 기포(Micro Bubble) 주입방법 등 실용화를 위해 연구되고 있는 기법들을 아래에 제시하였다. 마찰저항 감소기법 연구에 많은 연구개발비를 투입하고 있는 미 해군의 연구개발 활동에 대한 분석에 따를 경우, 실용화 단계에 이르기까지 물리적 현상에 대한 기초적 연구와 실험이 더 많이 필요할 것으로 예측되고 있다[3].

- 고분자 폴리머(Polymer) 용액 주입
- 미세 기포(Micro Bubble) 주입
- 공기방울(Air Cavity) 생성
- 탄성피막(Complaint Wall)
- 미세 홈(Riblet)
- 미세 박리(Micro Cavity)

2) 잠수함 속도

근대적 의미에서 최초의 잠수함이라 할 수 있는 홀랜드 VI호는 최대 수상속도 7노트, 최대 수중속도 6노트에 불과했다. 1차 세계대전 당시 디젤전기추진 잠수함이 등장함으로써 최대 수상속도가 10노트대를 넘어서게 되었다. 1차 세계대전의 대표적인 디젤전기추진 잠수함인 독일 661톤급 Type UB III 잠수함의 경우 최대 수상속도 13.5노트, 최대 수중속도 7.5노트였다. 수상속도가 높은 이유는 축전지 성능 및 용량 등 기술적 측면에도 원인이 있으나, 잠수함의 작전목표가 상선을 공격하여 해상교통로를 파괴하는 데 있었으므로 잠수함 선형 자체를 수상항해에 적합하게 설계하고 갑판 상에 함포를 장착하였기 때문이다. 작전상 필요한 경우에만 수중에서 운항하였으므로 잠항이 가능한 수상전투함이라고도 할 수 있다.

호송선단 공격 등 수상항해 위주의 잠수함 운용은 2차 세계대전 중반까지 계속되었다. 독일의 845톤급 Type VII-C 잠수함의 경우 최대 수상속도 17.7노트, 최대 수중속도 7.6노트로서 수상속도는 더 빨라졌으나 수중속도는 그대로였다. 연합국 측의 대잠작전 능력이 크게 발전함에 따라 독일의 수상항해 위주의 잠수함 운용은 큰 벽에 부딪치게 되었고, 축전지 용량 증대 등 수중운항 능력을 대폭 향상시킨 Type XXI 잠수함을 건조하게 되었다. 수중배수량 2,100톤으로 대형화된 Type XXI 잠수함은 최대 수상속도 15.6노트, 최대 수중속도 17.9노트로서, 수중속도가 수상속도보다 빠른 최초의 잠수함이었다. 2차 세계대전 말기에 건조된

Type XXI 잠수함은 실제 전쟁에는 참가하지 못했으나, 2차 세계대전 종료 후 동서 진영의 잠수함 개발·건조에 큰 영향을 미친 잠수함이 되었다.

2차 세계대전 이후 미국, 소련, 유럽 각국에서 각기 자국형 디젤전기추진 잠수함을 건조함으로써, 디젤전기추진 잠수함은 많은 발전을 하게 되었다. 특히 독일 HDW사가 독자적으로 개발한 209급 잠수함은 잠수함을 건조하지 못하는 중진국에 가장 많이 수출된 잠수함으로서, 1,300톤급의 소형이지만 전후 건조된 대표적인 디젤전기추진 잠수함이라 할 수 있다. 209급의 최대 수중속도는 21.5노트이며, 러시아, 일본, 호주, 네덜란드의 3,000톤급 전후 크기의 디젤전기추진 잠수함도 최대 수중속도는 20+ 노트 수준에 머물고 있다. 예외적으로 미국이 1953년에 건조하여 1972년까지 시험함으로 운용한 알바코어(Albacore) 잠수함은 디젤전기추진 잠수함 최고수준인 수중속도 33노트를 기록한 바 있다. 세계 최초로 물방울(Tear Drop) 선형을 개발·적용하여 잠수함 추진저항의 대부분을 차지하는 마찰저항을 대폭 감소시켰기 때문이다. 알바코어 잠수함은 함정의 마찰저항을 줄이기 위한 기법의 하나인 경계층 제어(Boundary Layer Control: BLC) 기법을 잠수함에 적용하기 위한 실험함으로도 운용된 바 있다. 경계층 제어기법 중 하나인 폴리머 용액 주입기법은 1960년대 후반부터 최근에 이르기까지 러시아가 잠수함에 적용하기 위해 많은 연구를 해왔다. 수상함 속도 항에 기술한 바와 같이 수상함 고속화를 위한 고분자 폴리머 용액 주입기법에 대한 연구가 미국에서 진행 중에 있으므로, 성공할 경우 잠수함에도 영향을 미칠 것으로 보인다.

잠수함의 속도제한은 원자력추진 잠수함이 출현함으로써 근원적으로 해소될 수 있었다. 세계 최초의 원자력추진 잠수함인 노틸러스(Nautilus)호는 수중 고속선형이 아닌 수상항해 중심 선형을 택함으로써, 연속 수중항해 거리는 대폭 늘렸으나 최대 수중속도는 20노트에 머물렀다. 수중 고속선형을 채택하여 건조한 원자력추진 공격잠수함(SSN)은 최대 수중속도가 30노트를 넘게 되었는데, 미국의 로스앤젤레스급 잠수함은 33노트, 시울프급 잠수함은 39노트, 버지니아급 잠수함은 34노트이다. 탄도유도탄을 탑재하기 위해 크기가 큰 전략잠수함(SSBN)은 원자력추진 잠수함이지만 미국, 러시아 모두 최대 수중속도가 24노트 수준에 있다. 반면 주 임무가 상대국 전략잠수함을 추적·공격하는 것이며, 기동전단의 구성원으로서 30+ 노트의 최대속도를 가진 수상함 세력과 합동작전을 수행해야 하는 공격잠수함의 경우 30+ 노트 이상 수준의 고속을 보유하는 것은 당연하다. 예외적으로 프랑스 원자력추진 공격잠수함의 속도는 25노트 수준에 불과하다.

최근 실용화된 AIP추진 잠수함들은 4~5일에 불과한 디젤전기추진 잠수함의 연속 수중체재 능력을 2주 정도로 늘리는 것을 주목적으로 하는 잠수함으로서, 최대 및 순항 수중속도는 디젤전기추진 잠수함과 같은 수준이다. 200톤급 이내의 소형 잠수정들은 최대 수중속도가 대부분 10노트대이다.

잠수함의 궁극적 목적은 은밀한 작전수행에 있으므로, 디젤전기추진 잠수함의 경우 순항속도에서의 연속 수중항해 능력이 순간 최대속도보다 더 큰 비중을 차지하고 있다. AIP추진 잠수함이 출현한 이유도 바로 여기에 있는 것이다. 잠수함 속도는 앞으로도 상당 기간 위에서 기술한 수준으로 유지될 것으로 예측된다.

5.5.3 내항성능

함정은 거친 해상상태에서도 주어진 작전임무를 수행해야 한다. 그러나 파 중에서 운항할 경우 갑판 침수, 슬래밍(Slamming), 선체 손상, 뱃멀미, 선박 전복 등과 같은 현상을 유발할 수 있다. 이러한 현상은 탑재한 무장 및 장비 체계 운용 등 승조원의 임무 수행능력에 직접적인 영향을 미친다. 이런 현상을 최소화하기 위해서는 선박이 파 중에서 일으키는 동적 응답(Dynamic Response)이 최소화되도록 선체운동을 고려한 선형설계가 이루어져야 한다.

해상에서의 선체운동을 이론적으로 해석하기 시작한 것은 오래되지 않았다. St. Denis와 Pierson(1953)은 해상파가 그림 5-27에 제시한 것처럼 파고, 파장, 진행방향이 각기 다른 수많은 규칙파(Regular Wave)의 총합으로 표시할 수 있다는 이론을 발표하였고, 이를 바탕으로 파 중 선체운동도 각각의 규칙파 중에서 일으

그림 5-27
해상파[9]

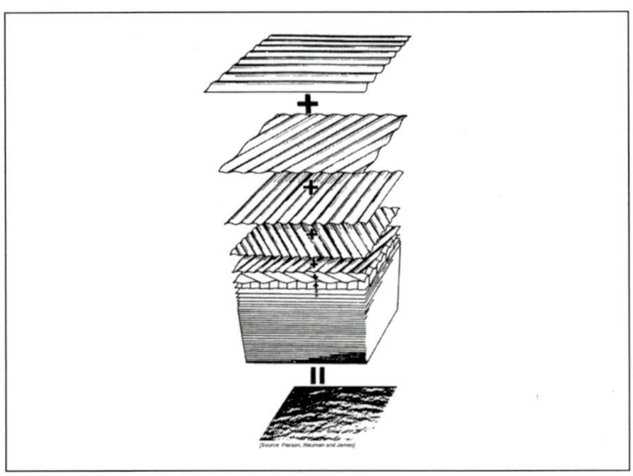

키는 운동응답의 총합으로 해석하게 되었다.

선박이 대양을 항해할 때는 다양한 방향에서 입사하는 파를 만나게 된다. 파가 선박의 진행방향으로 진행할 때를 선미파(Following Sea, $\mu = 0°$)라고 정의하며, 파가 선측에 90° 각도로 입사할 때를 횡파(Beam Sea, $\mu = 90°$)라고 한다. 선미파와 횡파 사이에서 입사하는 경우를 선미사파(Quartering Sea, $0° < \mu < 90°$)라고 한다. 선수방향에서 파가 입사할 때는 선수파(Head Sea, $\mu = 180°$)이며, 선수파와 횡파 사이로 입사하는 파($90° < \mu < 180°$)를 선수사파(Bow Sea, $90° < \mu < 180°$)라고 한다.

규칙파 중에서의 선체운동 해석은 선형이론을 바탕으로 하고 있다. 선체가 고정되어 있다고 가정하고 입사파에 의해 선체가 받게 되는 파(波) 강제력과 파(波) 강제모멘트, 그리고 선체가 정수 중에서 파의 원진동수와 같은 진동수로 동요(Oscillation)할 때 선체에 작용하는 유체력과 유체모멘트의 단순 합으로 선체운동을 기술한다.

파 중 선박의 운동은 그림 5-28에 제시한 바와 같이 선체에 고정된 직각좌표계($G - x_b y_b z_b$)를 사용하여 기술한다. 선박의 운동은 이 좌표계의 세 축과 평행하게 움직이는 운동과, 세 축을 중심으로 하는 회전운동으로 나누어진다. x축과 평행하게 동요할 때를 전후운동(Surge, x), y축 방향으로는 좌우동요(Sway, y), z축 방향으로 움직이는 동요는 상하동요(Heave, z), x축을 중심으로 하는 회전동요는 횡동요(Roll, ϕ), y축을 중심으로 하는 회전동요는 종동요(Pitch, θ), 그리고 z축을 중심으로 하는 회전동요는 선수동요(Yaw, ψ)라고 한다. 각 축 양의 방향이 직선운동의 양의 방향이며, 회전운동은 각 축을 중심으로 반시계 방향으로 회전할 때가 양

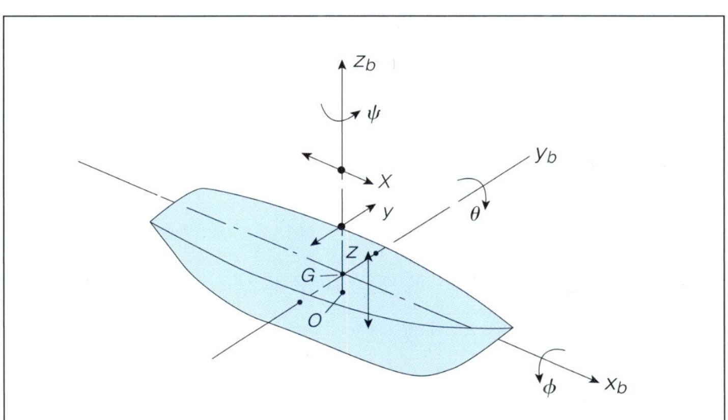

그림 5-28
좌표계

의 회전방향이다.

선형이 중심면(Center Plane)에 대해 좌우대칭이므로 6자유도 운동은 전후동요-상하동요-종동요가 연성되는 연직면 내에서의 운동과, 좌우동요-횡동요-선수동요가 연성되는 수평면 내에서의 운동으로 나누어진다. 선체의 운동을 추정하기 위해 이론적인 해석방법과 모형을 사용한 실험적인 방법이 사용된다. 이론적인 방법으로는 2차원적인 스트립방법(Strip Method)과 3차원적인 패널방법(Panel Method)이 사용되고 있다.

내항성능을 고려하여 선박을 설계할 때 설계인자로 슬래밍(Slamming), 갑판침수, 선체 중앙에서의 굽힘모멘트, 승조원의 안락성, 복원성 등을 고려한다.

슬래밍은 선체와 파가 한계속도(Threshold Velocity) 이상으로 부딪칠 때 나타나는 현상이며, 상당한 충격이 선체에 전해진다. 심한 경우 선체 외판의 손상 또는 주 거더(Main Girder)에 심한 진동이 유발된다.

갑판 침수는 선박의 선수부에서의 운동과 파와의 상대변위 때문에 파가 갑판으로 넘어 들어오는 현상이다. 파, 상하동요와 종동요 진폭과 위상각의 함수로서, 건현이 클수록 갑판 침수는 줄어든다.

승조원의 안락성은 선(線) 가속도와 각(角) 가속도, 횡동요 진폭 등에 영향을 받으며, 뱃멀미 또는 피로 증가로 인해 승조원 직무 수행능력의 저감으로 나타난다.

선박의 연직면(Vertical Plane) 내에서의 운동은 선체의 크기, 배수량, 길이 등의 영향을 받으며, 선체가 커질수록 운동성능은 좋아진다. 길이를 고정하고 배수량을 증가시키는 것은 운동성능에 영향을 거의 주지 못하며, 선박을 길게 하면 운동성능은 좋아진다. 그러나 파장(波長)과 배 길이와의 비를 고려해야 하며, 입사파의 주기와 상하동요 · 종동요의 주기가 동조되지 않도록 해야 한다. 때문에 설계 시에 선체의 운동 고유주기는 가급적 낮게 설계하는 것이 바람직하다.

일반적으로 수선면 형상이 연직면 내에서의 운동에 많은 영향을 준다. 예를 들어 선체 중앙부 앞쪽의 수선면 계수(*Cwpf*)를 0.6에서 0.9로 증가시켰을 때 연직 가속도가 50% 감소했다는 보고도 있다.

측면(Lateral Plane) 내에서의 운동으로는 횡동요가 대표적이며, 연직면 내 운동에서의 선박길이 역할을 선박의 폭으로 바꾸어 생각하면 된다. 연직면 내에서의 운동에서는 점성의 영향을 무시했지만, 측면 내에서의 운동인 횡동요 해석에서는 점성에 의한 감쇠력을 고려해야 한다.

횡동요 감쇠력과 횡동요 복원모멘트는 비선형성이 강하고, 비손상 복원력의 감소, 변수공진(Parametric Resonance)의 주요 원인이 되고 있다. 횡동요 진폭을 줄이기 위해서는 고유 횡동요 주기를 길게 할 필요가 있다. 이를 위해서는 메타센터 높이가 작아야 하고, 결국 횡복원력이 작아진다. 그러나 횡복원력을 보장하기 위해 고유 횡동요 주기를 무한정 길게 할 수는 없다. 선박의 속도를 높이면 횡동요 감쇠모멘트가 증가하고, 이에 따라 횡동요 진폭이 줄어든다. 따라서 고속선은 횡동요에 덜 민감하게 된다.

선체 운동응답은 유체정역학적 특성값만큼 선형에 민감하지 않으며, 길이를 길게 하면 짧은 선박에 비해 좋은 운동성능을 갖게 된다. 선박 특성상 감쇠력이 작아 운동성능이 나쁜 경우에는 다양한 종류의 감쇠장치를 사용한다. 횡동요의 제어는 능동적인 경우와 수동적인 경우로 나누어지며, 빌지킬(Bilge Keel), 횡동요 저감탱크(Anti-Rolling Tank), 핀 안정기(Fin Stabilizer), 타(Rudder) 등이 제어 수단으로 사용된다.

작전해역에서 주어진 작전임무의 수행 여부를 결정짓는 수상함의 내항성능은 내항성능 기준값을 사용하여 평가한다. 내항성능 기준값은 함정의 임무수행에 영향을 미치는 운동응답들, 예를 들어 횡동요·종동요, 수평·수직 가속도 등에 대한 허용 가능한 한계값(Seakeeping Criteria)으로서, 이 값을 넘어설 경우 함정의 내항성능이 충분하지 않다고 판단하게 되는 것이다. 이러한 한계값을 결정하기 위해서는 승조원의 직무수행 효율, 임무수행에 필요한 장비의 작동 효율, 탑재헬기 운용을 위한 내항성능 요구조건 등을 고려해야 한다.

수상함의 선형설계 단계에서 파도방향 및 속도별로 내항성을 이론적으로 계산할 수 있으므로, 위에 언급한 한계값을 적용하고 작전을 수행할 해상상태가 주어질 경우 내항성 측면에서 함정 운항이 가능한 영역을 파도방향 및 속도별로 도출할 수 있다. 이를 내항성능 작전영역(Seakeeping Operating Envelope: SOP)이라 칭하는데, 작전임무 요구 조건별로 개발·건조할 함정의 운항 가능 영역을 상세하게 예측할 수 있다. 그림 5-29에 미 해군 프리게이트의 악천후에서의 내파성능 예측결과를 토대로 한계값을 적용하여 도출한 SOP 예를 제시하였다. 동심원은 속도의 변화를 나타내며, 방사선 방향은 파도방향을 나타낸다. SOP 그림에서 내항성능 요구조건을 충족시키지 못하는 파도방향과 속도영역은 음영으로 표시되고 있다[10].

미 해군이 위에 언급한 과정에 따라 수상전투함의 내항성능을 선형설계 단계에서 철저하게 검증하는 이유는, 아래에 제시한 사례와 같이 냉전시대 소련과의 치열한 군사기술 경쟁을 통해 뼈저린 실패를 경험했기 때문있다.

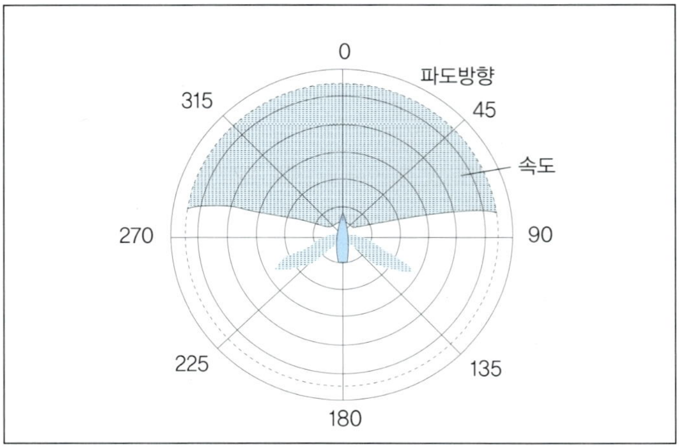

그림 5-29
미 해군 프리게이트 내항성능 작전영역(SOP) 도출 예[10]

1967년 지중해 해역에서 훈련 중이던 미 해군 구축함 함대는 악천후 속에서 맞파도와 싸우며 전진하고 있었다. 미 해군 함대 지휘관은 구축함들의 선수부가 파도에 부딪혀서 엄청난 양의 물보라가 함교(Bridge)까지 뿌려지는 것을 보고 있었다. 미 해군의 해상훈련을 근접 거리에서 관찰하던 소련 구축함은 선수부가 파도에 부딪히더라도 물보라가 선수갑판 변두리에 아주 조금만 뿌려지고 있었다. 더욱이 미 해군 수병들은 두꺼운 겉옷을 입고 물보라가 뿌려지는 선수갑판(Forecastle Deck)에는 나갈 엄두도 내지 못했으나, 소련 구축함 수병들은 반소매 차림으로 선수갑판 위를 자유롭게 나다니고 있었다[11].

1975년 미 해군 함정들이 악천후로 악명 높은 북대서양에서 훈련하고 있었다. 악천후 속에서 미 해군 함정들은 함정 손상을 피하기 위해 전진속도를 늦추거나 훈련을 취소했으며, 함정 선체가 손상되거나 승조원이 부상당하는 사례들도 속출하였다. 훈련을 관찰하던 소련 함정들은 똑같은 악천후 속에서도 어떤 장애도 받지 않고 여유롭게 항해하고 있었다[11].

이러한 사례들을 통해 미 해군은 자국 수상전투함들이 소련 함정들과 싸우기 전에 먼저 해상상태부터 극복해야 한다는 것을 인식하게 되었다. 미 해군은 1970년대에 막대한 연구개발 투자를 통해 선형 설계기법을 고도화함으로써, 배수량 단동선형 형태를 가진 수상전투함의 내항성능을 대폭 향상시켰다.

5.5.4 조종성능

1) 수상함 조종성능

수상함의 조종성능이란 제어판을 사용하여 함정의 속도와 방향을 변경 또는 유지할 수 있는 능력을 뜻한다. 수상함의 조종성능은 선박의 기하학적 형상, 운동학적·동역학적 특성, 제어기구의 형태와 크기, 선박과 제어요소들과의 상호 작용에 따라 달라지며, 해상에서의 외력이 매우 중요한 작용을 한다.

수상함의 조종은 그림 5-30에 제시한 바와 같이 폐회로 제어시스템에 의해 이루어진다. 정해진 항로와의 차이가 모니터에 나타나면 조타사 또는 자동조종장치(Auto-pilot)가 침로수정에 필요한 타각(舵角)을 명령한다. 이에 따라 조타가 이루어져 최종 조타각이 모니터에 보이고, 조타에 의한 제어력에 의해 선박의 항로가 변하게 된다. 항로변화에 따른 새로운 항로각은 모니터로 전달되어 지정된 항로와 비교하게 되며, 필요시 새로운 명령을 내리게 된다.

수상함의 조종성능은 다음과 같은 항목에 의해 판정된다.

- 선수각 유지능력(Course-Keeping Ability)
- 초기선회/침로변경 능력(Initial Turning/Course Changing Ability)
- 선회멈춤 능력(Yaw Checking Ability)
- 선회능력(Turning Ability)
- 정지능력(Stopping Ability)

위에 제시한 수상함 조종능력들은 제어판이 고정된 상태에서 선박 고유의 동역학적인 안정성(Inherent Dynamic Stability)에 의해 직접 또는 간접적으로 영향을 받는다. 함정 고유의 동역학적 안정성이란 함정이 외력을 받고난 후 스스로 원래의 평형상태로 되돌아가는 능력을 뜻한다. 수상함 조종성과 관련된 안정성으로는 직선 안정성, 방향 안정성 및 위치 안정성이 있다.

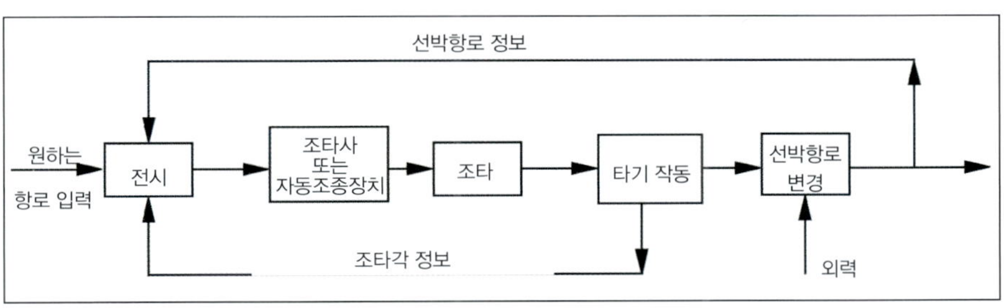

그림 5-30
선박 조종·제어 시스템

외력에 의한 교란을 받고난 후에, 그림 5-31에 제시한 바와 같이 직선항로로 항주하면 이 함정은 직선 안정성(Straight Line Stability)을 갖는다고 말한다. 그림 5-32에 제시한 바와 같이, 함정이 교란을 받은 후에 원래의 진행방향과 동일한 진행방향을 갖게 되면 이 함정은 방향 안정성(Directional Stability)을 갖는 선박이다. 수상함과 달리 잠수함은 연직면 내에서의 운동에서 방향 안정성을 가질 수 있다. 위치 안정성(Positional Stability)은 그림 5-33에 제시한 것처럼 함정이 교란을 받은 후에 교란을 받기 전의 방향과 항로로 돌아갈 수 있는 능력으로서, 일반적으로 별도의 제어장치를 부착하지 않는 한 함정이 가질 수 없는 안정성이다.

그림 5-31
직선 안정성

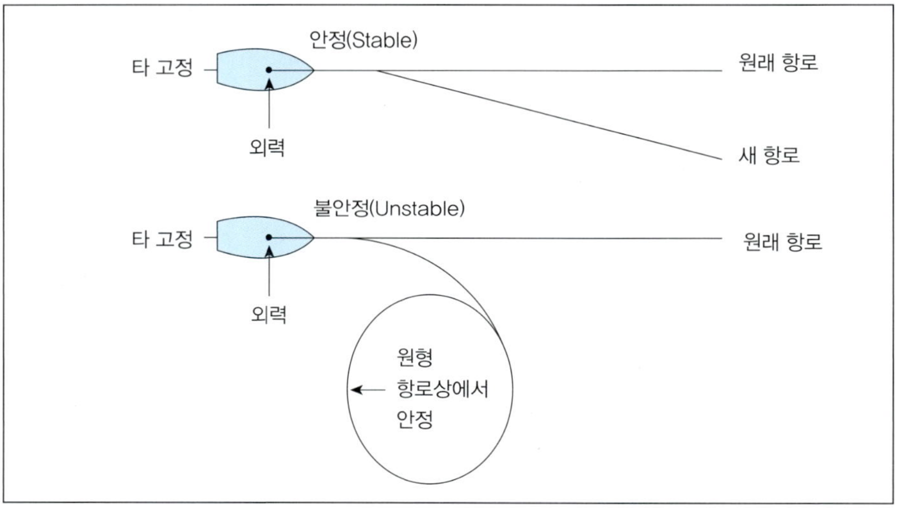

그림 5-32
방향 안정성

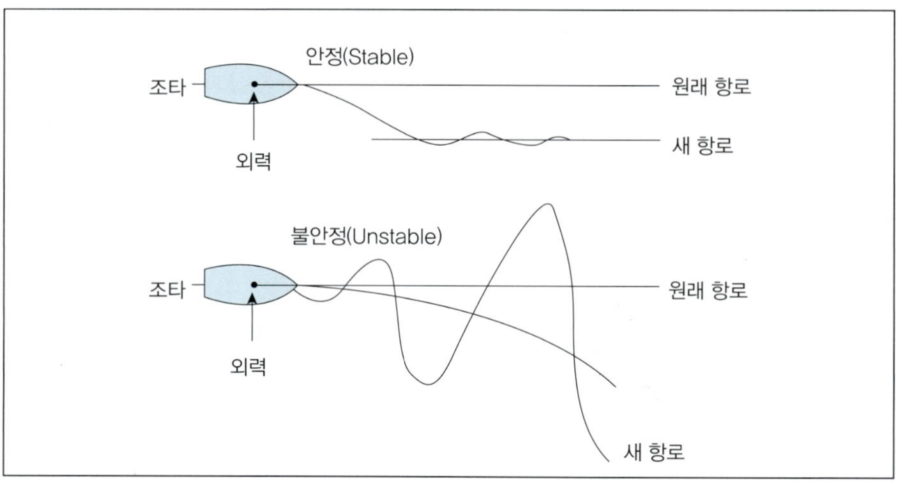

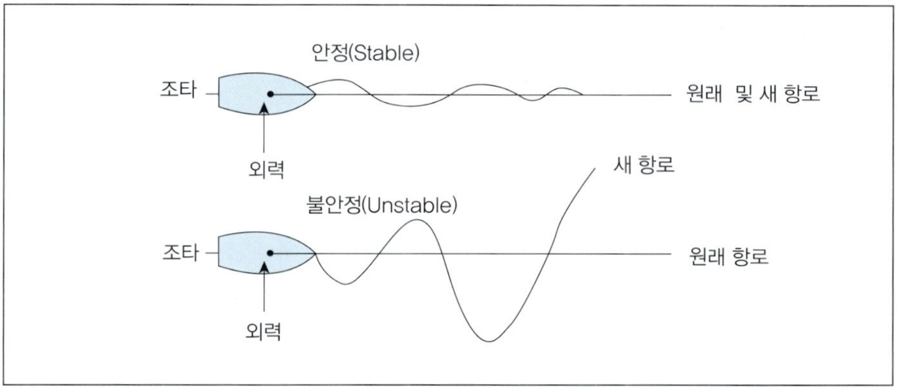

그림 5-33
위치 안정성

선박의 안전운항을 위해 국제해사기구(International Maritime Organization: IMO)에서는 상선에 필요한 조종성능 기준을 정해 놓고 이 기준을 만족하는 선박을 설계·건조할 것을 권장하고 있다. 수상함의 경우 IMO의 조종성능 기준을 적용하고 있으나, 최근에는 함정의 작전임무에 따라 적절한 조종성능 기준을 제안하고 있다. 이러한 기준을 만족시키기 위해 타(Rudder)의 성능을 고려한 선형설계가 요구된다. 타의 형태, 프로펠러와의 상대적인 위치 및 크기는 타의 효율과 선박 조종성능에 매우 큰 영향을 미치기 때문이다.

IMO 조종성 기준[Resolution MSC.137(76), 2002]은 선박이 선회능력, 초기 선회능력, 선회멈춤 능력, 침로유지 능력, 그리고 정지능력을 갖기 위한 최소한의 기준이다. 길이 100m가 넘는 일반적인 상선의 경우, 최대 엔진출력의 85%에 해당하는 속도의 90% 이상 속도로 35° 정상 선회시험, 10°/10°와 20°/20° Zig-Zag 조종시험, 정지시험(Full Astern Stopping Test)을 실시하도록 하고 있다.

함정의 경우 주 임무가 단순한 상선과 달리 다양한 임무를 수행해야 한다. 임무 수행에 필요한 속도대역에서 앞에 기술한 다섯 가지 조종능력 외에 직선침로 유지 능력(Track Keeping Ability), 정지상태로부터 가속 선회능력(Turning from Rest Ability), 가속능력(Acceleration Ability), 후진 시 선수각 유지능력(Astern Course Keeping Ability), 위치 유지능력(Station Keeping Ability), 저속 조종능력(Slow Speed Steering Ability) 등을 추가로 보유해야 한다.

수상함 설계단계에서는 위에 기술한 조종성능을 평가하기 위해 이론적인 해석방법과 모형시험을 수행하고 있다. 이론적인 해석을 위한 수학 모형으로는 Taylor 전개로 선체에 작용하는 외력을 표현한 전선 모델(Whole Ship Model 및 Regression Model), 선체에 작용하는 외력을 선체·타·프로펠러 등 모듈로 나누어서 표현한 모듈러 모델(Modular Model), 그리고 운동방정식을 선형화(Linearize)해서 응답을 표현한 응답 모델(Response Model) 등이 있다. 모형시험은 선형예인 수조(Model Ship Towing Tank), 사각수조 또는 해양공학 수조(Square Basin)에서의 구속 모형시험(Captive Model Test)과 자유 항주시험(Free Sailing Model Test) 등이 있다.

수상함의 경우 설계·건조가 끝난 후에는 실선에 대해 조종 시운전을 수행하여 최종적으로 함정의 조종성능을 평가한다. Zig-Zag 조종시험으로 선수각 유지능력(Course Keeping Ability), 직선침로 유지능력(Track Keeping Ability), 초기선회·침로변경 능력(Initial Turning/Course Changing Ability), 선회멈춤 능력(Yaw Checking Ability)을 평가한다. 35° 정상 선회시험으로 선회능력(Turning Ability)을, 정지시험(Full Astern Stopping Test)으로 정지능력(Stopping Ability)을 평가한다. 정지상태로부터의 가속 선회능력(Turning from Rest Ability)은 가속 선회시험(Acceleration Turning Test)을 통해, 가속능력(Acceleration Ability)은 가속시험(Acceleration Test)을 통해 평가한다.

2) 잠수함 조종성능

잠수함은 수중에서 3차원 기동을 해야 하므로, 수평면에서 기동하는 수상함과 달리 연직면에서의 운동을 다루어야 한다. 잠수함의 조종성능은 수평면에서의 침로유지능력(Course Keeping Ability), 선회능력(Turning Ability), 가감속 능력(Acceleration/Deceleration Ability)으로, 그리고 연직면에서의 심도 유지능력(Depth Keeping Ability)과 심도 변경능력(Depth Changing Ability)으로 평가된다. 고속기동 시 발생하는 심도이탈과 선회 초기에 세일(Sail)에 작용하는 경사모멘트로 인해 매우 큰 횡경사가 발생하는 스냅롤(Snap Roll) 현상과 제어판의 재밍(Jamming)에 따른 긴급 복구·기동 성능들도 분석해야 한다.

잠수함은 연직면 조종을 위해 함수타 및 함미 수평타를 이용한 동적(動的) 제어와 주 부력탱크, 보상탱크, 트림탱크를 이용한 정적(靜的) 제어를 동시에 이용하므로, 정역학 및 동역학적 균형이 잘 유지되도록 해야 한다.

대부분의 잠수함은 세일 및 상부구조로 인해 상하 비대칭 형상을 갖게 되므로, 수중 직진 시 위로 뜨는 유체력이 작용하고 트림각 에러(Error)가 발생한다. 이 효과를 감쇄시키고 일정 심도를 유지하며 항해하기 위해서는 피치(Pitch)각을 제어하거나 제어판을 작동하여 중립운항(Neutral Level Flight) 조건을 맞추어야 한다.

수중에서 운동하는 잠수함에 작용하는 유체동역학적 힘의 중심을 중립점(Neutral Point)이라 하는데, 속도에 무관하게 함수로부터 배 길이의 1/4 위치에 존재한다. 여기에 힘을 가하면 선체에 트림을 유발시키지 않은 상태로 수심변경이 가능하므로, 함수타를 중립점에 설치할 경우 트림의 변화 없이 미소(微小)한 심도제어가 가능하다.

임계점(Trim Point 또는 Critical Point)은 점 앞에서 양력(Lift Force)을 주면 선체가 위로 올라가는 효과(수심 감소)가 발생하고, 점 뒤에서 양력을 주면 선체가 아래로 내려가는 효과(수심 증대)가 발생하는 위치를 뜻하며, 속도에 따라 변화한다. 함미타 등 제어판이 설치된 위치에서 임계점이 생성되는 속도를 임계속도(Critical Speed)라 하는데, 이 속도 이하에서는 타의 효과가 반대로 작용한다. 그림 5-34에 중립점, 임계점, 제어판의 위치에 따른 효과를 제시했다.

잠수함이 최대 허용심도에서 운항할 경우, 저속에서는 해수 침수로 인해 고속에서는 제어판 재밍으로 인해 심도유지에 실패하여 위험에 처할 수 있다. 스노클(Snorkel) 심도 부근 수면 근처에서는 고속항해 시 제어판 재밍으로 인해 수면으로 부상하게 되어, 적에게 탐지되거나 수상선과 충돌할 위험성이 커진다.

잠수함은 안전심도에서 운항할 경우 수면 위로의 브로칭(Broaching)을 피해야 하며, 최대 작전심도에서 운항할 경우 최대 잠항심도 이하로 이탈하지 않아야 한다. 이를 위해 제어판 재밍이나 침수 시의 기동성능을 분석하여 안전운항 영역(Safety Operational Envelope: SOE)을 산출해야 한다. 안전운항 영역이란 사고 발생 시 심도 복구에 필요한 오버슈트(Overshoot) 심도를 속도별로 정의하여 도출한 영역으로서, 잠수함이 이 영역 안에 있을 경우 사고 시에도 안전하게 수면으

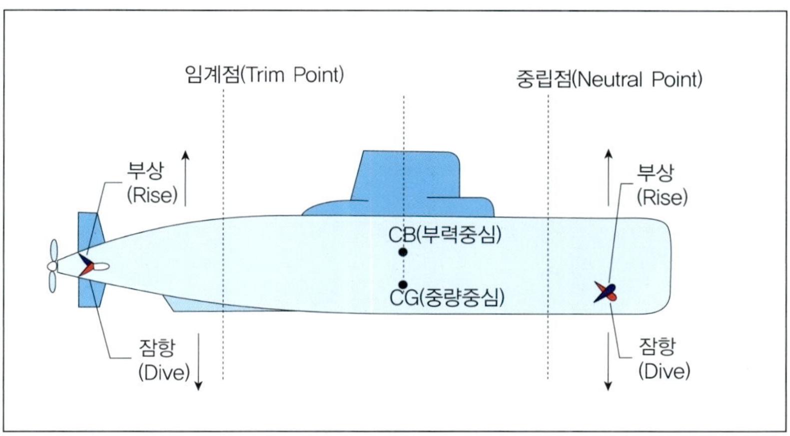

그림 5-34
중립점, 임계점과 제어판 위치에 따른 효과

로 부상할 수 있다.

안전운항 영역을 도출하기 위해서는 주요 변수인 속도와 제어판 재밍각에 대해 대응방안을 조합하여 많은 시뮬레이션을 수행하고, 각각의 경우에 대한 복구효과를 분석해야 한다. 안전운항 영역은 매시간 시뮬레이션을 수행할 수 없으므로 미리 함 운동변수에 따른 재현식을 구성하여 함 상태변수에 따라 실시간으로 함 조종 콘솔에 전시되어야 한다. 그림 5-35에 잠수함 안전운항 영역 예를 제시하였다.

사고 유형에 따라 복구 대응방법은 여러 가지가 있다. 최대 허용수심 근처에서 해수 침수가 발생한 경우 압축공기로 주 부력탱크를 비우고 보상탱크를 배수시킴으로써 부상시키는 방법이 가장 효과적이다. 또한 속도를 증가시키거나, 부상을 위해 함수미 수평타에 전타(全舵, Rudder Hardover)를 동시에 적용할 수 있다. 최대 허용수심 근처에서 고속운항 도중 제어판, 특히 함미 수평타에 재밍이 발생하여 심도가 증가하는 경우 다음과 같은 세 가지 대처방법이 유효하다. 실제 비상상황에서 효과적이고 안전하게 잠수함을 부상시키기 위해 아래 기술한 대처방안들을 토대로 기기작동에 대한 세부 실행절차를 정립하여 적용해야 한다.

- 함수부 주 부력탱크를 압축공기로 긴급 블로잉(Blowing)하여 피치각과 부력을 증가시킨다. 이 방법은 매우 효과적이지만, 수면으로 돌출(Jump Out) 시 큰 횡경사각이 유발될 수 있고, 함이 불안정해질 수 있으므로 신중히 고려해야 한다.
- 함미 수직타를 최대타각으로 전타(全舵)하여 긴급선회(Tight Turn)시킴으로써, 유

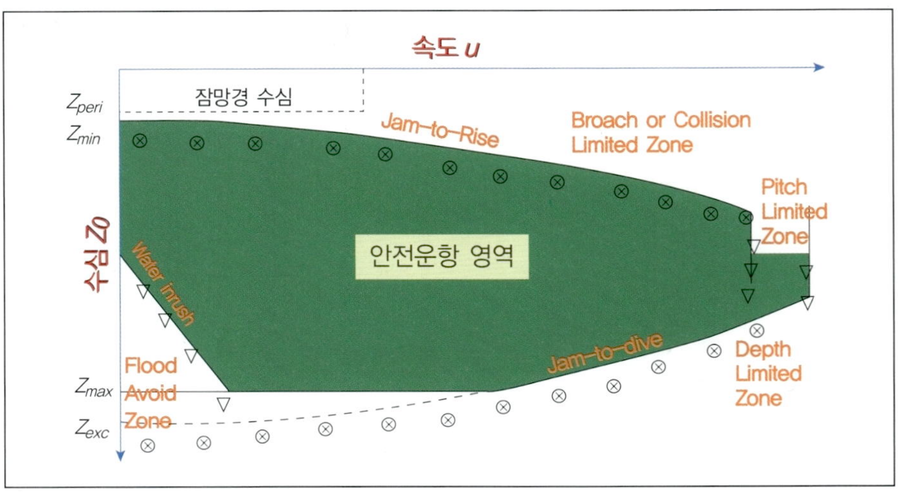

그림 5-35
안전운항 영역

체역학적 연성 힘을 유발시켜 피치각을 회복시킨다. 회전 시 감속되는 효과로 인해 심도 증가도 둔화시킬 수 있다. 전타(全舵)했을 때 피치각이 증가하는 경우에만 유효한 방법이다.

- 추진기(Propeller)를 긴급 후진(Backing)에 대응하는 회전수로 역회전시킴으로써 심도 증가율을 둔화시키고 피치각을 증가시킨다.

5.6 | 승조원 운용

5.6.1 승조원 구성 및 운용

함정의 크기를 비롯한 주요 제원 및 기본성능은 함정에 부여된 작전임무의 종류와 요구조건에 따라 결정된다. 한편으로는 승조원 수에 따라 침대, 식당, 위생설비와 같은 거주설비와 주·부식 등 식량의 저장용량, 청수 저장용량 및 냉난방장치 용량 등 생활 지원설비의 용량이 결정되므로, 승조원 수는 함정의 크기에 영향을 미치는 중요한 요소라고 할 수 있다. 뿐만 아니라 프랑스 5,000톤급 구축함에 대한 연구조사 결과에 따르면, 승조원 운용에 지출되는 인건비 비중은 수명주기 총 비용의 40%에 가까울 정도로 높게 나타나고 있다. 함정의 건조·획득 비용이 수명주기 총 비용의 20%를 약간 상회하는 수준이므로, 인건비 감축은 건조·획득 비용의 감축과 함께 함정의 경제성을 높이는 데 매우 중요한 요건이 된다. 선진 해군 강국이 함정 운용 자동화를 위해 많은 연구개발 투자를 하고 있는 이유가 여기에 있다. 이에 따라 승조원의 구성·운용 현황과 함께 함정 운용 자동화 및 이를 토대로 한 Smart Ship 개념의 실용화 추세를 기술하였다.

1) 승조원 구성

함정의 승조원은 부여된 임무에 따라 조직화된다. 일반적으로 함정 승조원의 임무는 항해임무, 기관장비와 관련된 임무 및 승조원 의식주와 관련된 지원임무 등 상선과 동일한 임무에 부가하여 함정만의 특성인 작전 및 포술 분야 임무가 추가된다. 이러한 수행 임무별로 조직으로 구성되며, 해당 조직에 승조원들이 소속된다. 함정의 일반적인 승조원 조직 형태는 그림 5-36에 제시한 바와 같다.

함정의 승조원 수를 결정하기 위해 작전임무, 당직개념 및 해군관습 등을 기본적으로 고려하며, 기술적인 측면과 조직적인 측면을 세부적으로 검토한다. 기술적

그림 5-36
함정 승조원 조직 예

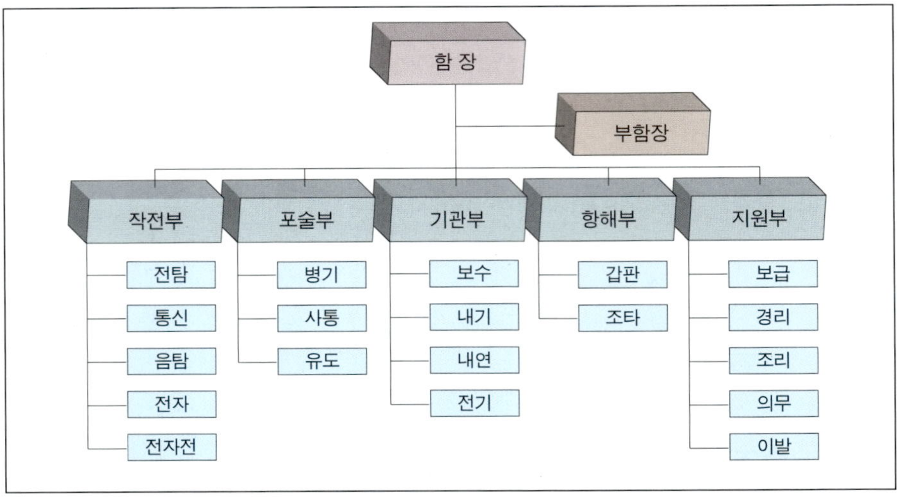

인 측면에서는 함정에 탑재되는 각종 장비들과 무기체계들의 운용개념과 자동화 수준, 운용비용, 승조원 교육·훈련 수준 등을 고려한다. 조직적인 측면에서는 작전 임무 영역, 항해 및 통신 체계 운용, 정비 및 보수 체계 운용 등을 고려한다.

함정의 기본조직에 따른 계급별 적정 인원수는 함정에 주어진 작전임무, 3직제 당직교대 여부, 소속부서에서 관리하는 장비의 운용, 유지 및 보수와 교육 및 훈련 여부를 고려하여 결정한다. 함정의 작전 임무수행에 따른 인원은 직무에 숙달되어 직무를 완수할 수 있는 인력을 기준으로 소요를 판단하며, 해당 장비를 100% 가동할 수 있도록 배치한다. 당직임무 요원은 함정이 항해 또는 정박 시 부여된 작전 또는 임무 수행을 위한 인원을 뜻하며, 24시간 동등한 수준에서 임무수행이 가능하도록 2개 또는 3개 조로 조직된다. 전투배치 등과 같은 전투상황에서는 특수직무 분담조직을 별도로 구성하여 운용하게 된다.

함정의 승조원 수를 결정하기 위해 일반적으로 유사한 임무를 수행하거나 유사한 크기를 가진 국내외 함정들의 승조원 수를 검토하고, 이를 토대로 전체 인원에 대한 장교, 부사관, 사병의 계급별 구성인원을 산정한 다음 부서 및 계급별 인원구성을 검토한다. 이어 함정의 기본임무면서 가장 많은 인원이 소요되는 전투배치 인원을 판단하여 승조원 수를 최종적으로 결정한다. 함정 승조원의 일반적인 계급별 구성비와 미 해군 구축함의 실제 적용 예를 표 5-3에 제시하였다.

2) 승조원 운용

함정의 승조원은 함정 크기와 작전임무에 따라 차이가 난다. 항공모함은 함 운용

표 5-3
함정 승조원 계급별 구성비

직위	구성 비율	미 해군 DDG-51급 구축함 예	
		Flight-Ⅰ	Flight-ⅡA
장교	6 ~ 10%	29명(8.5%)	32명(8.4%)
원/상사	6 ~ 10%	27명(7.9%)	28명(7.4%)
사병	80 ~ 88%	287명(83.7%)	320명(84.2%)
계	100%	343명(100%)	380명(100%)

을 위한 승조원 외에도 탑재항공기의 운용요원과 항모 기동전단을 지휘하기 위한 작전 지휘부대 요원들까지 포함되어 매우 많은 수의 장병들이 탑승한다. 미 해군의 10만톤급 항공모함인 니미츠(Nimitz)함의 경우 승조원, 항공요원, 지휘부대원을 모두 합쳐 약 5,750명에 달한다. 많은 승조원이 좁은 함 내 공간에서 장기간 생활해야 하므로 승조원에게 불편함이 없는 근무환경을 만드는 것이 큰 과제이다. 미 해군 항모의 경우 함 내에서만 통용되는 현금카드제 운용 및 24시간 개방형 식당 등 항모 특유의 근무환경을 만들어 시행하고 있다. 표 5-4에 제시한 것처럼 4만톤급 정규 항모의 경우 승조원이 2,000명 수준이며, 2만톤급 경항모의 경우 700명 수준으로 낮아진다.

대형 수상전투함의 경우 부여된 작전임무가 복잡·다양하고, 다수의 무장 및 탐지장비 등을 탑재하고 있어 많은 승조원이 탑승하게 된다. 미 해군과 일본 해상

표 5-4
항공모함 승조원 운용[1]

국명	함명	배수량 (톤)	승조원 (명)	항공요원 (명)	탑재항공기 (대)
미국	Nimitz	91,487	3,200	2,480	52
미국	Gerald R. Ford	100,000	2,700	1,960	75
러시아	Kuznetsov	45,900	1,960	626	22
프랑스	Charkes De Gaulle	42,500	1,256	610	30
이탈리아	Cavour	27,100	528	168	20
영국	Invincible	20,600	685	366	24
스페인	Principe De Asturias	17,188	555	201	13
이탈리아	Garibaldi	13,850	582	230	15

표 5-5
구축함 및 프리게이트 승조원 운용[1]

국명	함명	배수량(톤)	승조원(명)
미국	Arleigh Burke	8,946	274
일본	Kongou	9,485	300
영국	Daring	7,450	191
프랑스	Forbin	7,050	195
이탈리아	Andrea Doria	6,635	200
일본	Takanami	5,300	176

자위대의 이지스 구축함 승조원은 각각 275명과 300명으로 비슷한 수준이다. 절대 인원수 측면에서 항모급 함정에 비해 적으나, 함 크기 및 함 내 공간에 대비할 경우 결코 적지 않은 인원이다. 최신 구축함 및 프리게이트의 경우 함 운용 자동화 설비의 설치·운용 등을 통해 승조원 수를 줄이는 데 많은 노력을 기울이고 있다. 이지스 구축함보다 약간 작은 크기의 영국의 신형 구축함과 프랑스와 이탈리아의 신형 프리게이트 승조원이 200명 이하 수준인 것은 이에 기인한다. 표 5-5에 구축함 및 프리게이트 승조원 현황을 제시하였다.

잠수함의 경우 승조원 수가 함 운용에 직접적으로 미치는 영향이 매우 크다. 잠수함에 승조원 1명을 더 태우는 것은 그만큼 함 내 공간, 물, 식량, 공기청정장치 용량 등의 증가를 가져오고 결국 함 크기를 키우게 된다. 다시 말해 동일한 속도, 항속거리, 무장을 가진 잠수함에서 승조원 수가 늘어날 경우 함 크기에서 큰 차이가 발생한다. 따라서 잠수함의 경우 승조원 수를 최소화하기 위해 더 많은 노력을 기울이게 된다. 표 5-6에 제시한 것처럼 정규 크기의 원자력추진 잠수함의 경우 130명 수준의 승조원이, 3,000톤급 디젤전기추진 잠수함의 경우 50~60명 수준의 승조원이, 2,000톤급 이하 디젤전기추진 잠수함의 경우 30명을 약간 넘는 승조원이 탑승하고 있다. 신형 AIP 잠수함은 크기가 늘어났음에도 불구하고 30명 이하 수준의 승조원이 탑승한다.

표 5-6에서 볼 수 있는 바와 같이, 일본 잠수함의 승조원 수가 다른 나라의 동급 잠수함에 비해 월등히 많다. 호주 콜린스(Collins)급 잠수함의 승조원이 42명인데 반해, 배수량이 유사한 오야시오(Oyashio)급 잠수함의 승조원은 70명에 달한다. 이에 대해 잠수함 자동화 설계 미흡에 기인한다는 분석도 있으나, 매년 신규 잠수함을 취역시키면서 내구연한(耐久年限)이 많이 남은 잠수함을 예비역

표 5-6
잠수함 승조원 운용[1]

국명	함명	배수량(톤)	승조원(명)
미국	Virginia SSN	7,800	134
미국	L.A. SSN	7,011	134
영국	Astute SSN	7,400	140
프랑스	Rubis SSN	2,670	68
일본	Oyashio	3,500	70
일본	Harushio	3,200	75
호주	Collins	3,350	42
러시아	Kilo	3,076	53
중국	Song	2,250	60
그리스	Type 214(AIP)	1,860	27
독일	Type 212A(AIP)	1,830	28
스웨덴	Gotland A17(AIP)	1,599	27
말레이시아	Scorpene	1,758	31
스페인	Agosta 90B	1,760	36
그리스	Type 209	1,285	38

으로 비축하고 있는 상황에 비추어 볼 때, 훈련에 오랜 시간이 걸리는 잠수함 승조원을 평시에 육성해 놓으려는 정책수단의 하나라는 분석도 있다.

5.6.2 Smart Ship 발전동향

1) Smart Ship 기본개념

Smart Ship개념은 함 운용 자동화 및 상용 기술(COTS)을 이용하여 함정 운용인력과 관련 비용을 절감하기 위한 미 해군의 함정 설계개념을 말한다. 1995년 미 해군 연구자문위원회에서 처음으로 필요성이 제기되었는데, 함정의 수명주기 총비용 중 인력 운용비가 매우 높은 비율을 차지할 뿐만 아니라, 함정 운용인력 확보가 어려워짐에 따라 적은 인력으로도 효과적으로 운용할 수 있는 Smart Ship 개념이 제기되었던 것이다. 미 해군의 경우 국방예산 삭감과 더불어 노후화된 함정의 도태로 인해 함정 세력의 감축이 불가피한 상황에서, 국지분쟁의 증가로 함정 세력은 오히려 더 필요하게 되었다. 이를 극복하기 위한 간접적인 수단이 적은 인력, 즉 적은 비용으로 함정을 운용할 수 있는 Smart Ship 개념인 것이다.

Smart Ship 개념을 실용화하기 위해 구체적으로 연구된 주요 분야는 당직분야, 정비유지 분야, 자동화 기술분야이다. 당직분야는 당직 지침과 절차의 개선으로서, 기존의 4직제 당직개념에서 핵심분야에만 인원을 배치하고 나머지는 자동화 기술로 대체하여 상황에 따라 인원을 증감 배치하는 개념의 유연한 당직제도를 도입·운용하는 것이다. 정비유지 분야는 시간 단위 정비(Time Phased Maintenance) 개념에서 신뢰성 중심의 정비유지 및 예방정비 개념으로 전환시키는 것이다. 자동화 기술분야는 함 운용인력을 감축시키기 위해 함 운용을 자동화하는 것이다. 자동화 기술분야는 여덟 가지로 구분된다. 주 추진계통, 전력계통, 밸러스트계통을 원격제어 및 감시하는 기관통제체계(Machinery Control System: MCS), 소화주관·화재감시 및 기타 손상통제 관련 장비들을 원격제어 및 감시하는 손상통제체계(Damage Control System: DCS), 연료계통에 대한 원격제어 및 감시를 수행하는 연료통제체계(Fuel Control System: FCS), 장비 운전상태 진단 및 기술교범·군수품 정보자료를 통합하여 정비를 요구하고 장비고장 진단과 문제해결 지침을 제공하는 통합상태 평가체계(Integrated Condition Assessment System: ICAS), 항법 정보에 대한 함교 통합전시 및 자동항해 기능을 수행하는 통합함교체계(Integrated Bridge System: IBS), 함 내에서 음성·데이터·화상통합 네트워크 서비스를 제공하는 함정 광역 네트워크(Ship Wide Area Network: SWAN), 함정 자체 또는 인근 함정 간에 개별 통화용으로 이용하는 무선통신 연결체계(Wireless Internal Communication System: WICS), 함 내에서 동적 시뮬레이션을 지원하는 함상 훈련체계(Onboard Training System: OBTS) 등이다.

Smart Ship 개념이 처음 적용된 함정은 미 해군 순양함 요크타운(Yorktown)함으로서, 1996년 11월 자동화 장비설치를 완료하고 시험적으로 운용되었다. 그 결과 장교 2명, 사병 44명 등 총 46명의 함 운용인력을 감축할 수 있었다. 10~15% 수준의 인력감축 후에도 작전수행에 필요한 전투태세를 전과 같이 유지할 수 있었으며, 연간 200만 달러의 인력운용비 절감효과, 수명주기를 기준으로 할 경우 3,000만 달러 이상의 예산 절감효과를 가져올 것으로 확인되었다.

2) Smart Ship 적용 자동화 기술

Smart Ship 개념의 궁극적 목적은 함정 운용인력의 효과적인 감축에 있다. 이를 위한 가장 효과적인 대책이 바로 함 운용의 자동화이다. 수작업에 의존하던 작업을 자동화할 경우 즉각적으로 운용인력을 감축할 수 있기 때문이다. Smart Ship 개념의 실용화 여부는 함 운용을 위한 자동화 기술의 발전에 달려 있다고 할 수 있다.

가) 통합함교체계(IBS)

재래식 해군 함정의 경우 항해 및 기동용 장비의 조작은 함교 당직자들에 의해 수동적으로 이루어져 왔다. 이는 승조원에게 상당한 업무부하를 강요했으며, 이로 인해 작동자의 실수가 불가피하게 발생하였다. 통합함교체계(IBS)는 상선용으로 처음 개발되었으며, 자동화된 자료수집 · 처리 · 제어 및 선박의 항해와 기타 센서 데이터 전시가 주요 기능이었다. 이를 이용하여 선박 운용자의 수를 줄이면서도 항해계획의 실행, 적정 선박항로 및 항해안전에 있어서 조타실 팀의 효율을 극대화할 수 있었다. IBS는 모든 항해 및 함 제어작업을 위한 상황인식에 있어서의 혁신적 개선을 가져왔으며, 항해 안전성을 증대시켰다. 미 해군은 DDG-91 이후 신규 함정에 IBS를 탑재하고 있으며, DDG-51급 구축함 및 CG-47급 순양함에 IBS를 설치하기 위한 계획을 가지고 있다.

나) 기관통제체계(MCS)

기관통제체계(MCS)는 함정의 추진, 전기 및 선택된 보기계통에 대한 제어 및 감시 기능을 수행하는 자동화된 디지털 체계이다. MCS는 주 추진 가스터빈, 가스터빈 발전기 및 관련 보기의 시동 · 정지 · 감시 및 작동 수단을 제공한다. MCS는 배전반 회로차단기 및 버스 회로차단기를 감시 및 제어하며, 축계 및 프로펠러를 감시한다.

MCS는 모든 기능들이 윈도(Window) 네트워크 운용환경 기반의 다기능 제어콘솔에서 함정 광역통신망(SWAN)을 통해 이루어지며, 통합조건 평가계통(ICAS) 및 함상 훈련 프로그램(OBTS)과 연동되도록 구성된다.

다) 연료제어체계(FCS)

FCS는 연료 저장탱크(Storage Tank)의 수급, 저장탱크 간의 연료 이송, 정유된 연료의 공급탱크(Service Tank)로의 이송, 연료 제거기능 등을 포함한다. 일반적으로 연료유계통의 밸브 제어, 펌프 동작, 연료율, 탱크 부피와 압력 등의 계산은 운용자에 의해 수동으로 수행되었으며, 이는 업무부담을 가중시킬 뿐만 아니라 운용자의 실수를 유발할 수 있었다. FCS는 운용자로 하여금 상기 업무에 대한 자동 및 수동 제어수단을 지원하며, 부가적으로 연료공급의 안정성을 극대화할 수 있고, 이를 통해 함정 연료공급에 필요한 시간을 줄일 수 있게 한다.

라) 통합상태 평가체계(ICAS)

함정 운용에 요구되는 승조원 업무의 상당 부분이 장비시스템의 유지 · 보수에 기인한다. 일반적으로 실제적인 장비의 조건 및 상태에 관계없이 미리 정해진 일정에 따라 유지 · 보수가 이루어지는 계획정비(Planned Maintenance System) 개념이 적용되어 왔으며, 예상치 못한 문제가 발생할 경우 즉각적으로 대응하는 유지 · 보수 활동이 이루어졌다. 이러한 접근방법은 함 운용에 큰 부담을 주게 된다. 불필요한 비용을 줄이고 승조원의 업무부담 감소를 위해 대상 장비의 조건, 성능, 운용 상태에 따라 탄력적으로 유지 · 보수를 수행하는 상태 기반 정비(Condition Based Maintenance) 개념이 바로 통합상태 평가체계(ICAS)이다. ICAS 적용을 통해, 신뢰성 중심의 유지 · 보수로 인해 발생하는 공수(Man-Hour) 감소효과 등을 얻을 수 있으며, 성능 및 장비 노후화에 대한 경험적 데이터 축적을 통해 미래 장비설계 및 유지 · 보수 계획을 수립하는 데 도움을 얻을 수 있다.

마) 손상제어체계(DCS)

손상제어체계(DCS)는 함정 광역통신망(SWAN)을 통해 함정 전반에 걸쳐 정보 공유 및 통신을 위한 수단을 제공하며, 주요 제어위치는 중앙조종실(Engineering Central Control Station), 보수제어실(Damage Control Repair Stations), 조타실(Pilot House)이다. 각 제어위치에서는 다음과 같은 제어 및 감시를 수행할 수 있다.

- 화재 탐지
- 침수 탐지
- 소화펌프 제어 및 감시
- 포말 소화계통(AFFF) 제어 및 감시
- 통풍계통 제어 및 감시
- 연료유 제어 및 감시
- 손상제어 밸브 및 Fitting류 제어 및 감시

바) 함상 훈련체계(OBTS)

함상 훈련(On-Board Training System: OBTS) 프로그램은 기관통제체계(MCS)

를 위한 소프트웨어 기반시스템을 이용하여 운용된다. 함정 플랫폼에 대한 실제 제어 및 감시 기능을 수행하는 실제 모드(Live Mode)와, 훈련자가 단지 기관장치 시뮬레이션에 따라 훈련을 수행하는 시뮬레이션 모드(Simulator Mode)로 구분하여 운용이 가능하다. 함상 훈련기능 실행 시 함정의 기동성, 운용능력 및 안전에 어떠한 영향도 미치지 않으며, 시뮬레이션은 가능한 현실에 가깝게 그리고 훈련생들이 충분히 인지할 수 있도록 구성한다.

3) Smart Ship 제한사항

함 운용 자동화를 통해 추구하는 목표는 함정 승조원 수 절감을 통한 비용절감과 함정의 생존성 향상 및 승조원의 생활여건 향상이다. 그러나 함 운용 자동화를 통해 어느 수준까지는 효과를 얻게 되지만, 일정 수준을 넘어서면 오히려 역효과를 가져오기도 한다. 때문에 함정 승조원을 무작정 줄일 수는 없다. 함정의 고유 임무인 훈련 및 전투, 정비·유지, 그리고 안전성 측면에서 역효과를 가져와서는 안 되기 때문이다.

훈련이나 전투임무 수행의 경우, 일상적인 함 운용 관점에서는 승조원을 줄일 수 있다. 그러나 해상 보급(Under Way Replenishment) 작업의 경우 적하역 장치의 설치나 개별 적하역물 이송작업을 설정된 시간 내에 완료하기 위해서는 다수의 승조원이 직접 작업에 참여해야 한다. 다수의 승조원이 요구되는 함정 임무들로 인해, 자동화를 통해 감축 가능한 최소인원보다 더 많은 승조원을 유지해야 하는 것이다.

자동화를 통해 추구하는 또 다른 목적의 하나는 정비·유지에 따른 승조원의 작업부하를 감소시킴으로써 승조원의 함정 생활여건을 향상시키는 것이다. 이 경우 전체적인 작업부하는 줄일 수 있지만, 개인의 작업부하는 오히려 증가시킬 수 있다. 함정의 청소 및 탑재장비의 단순 정비와 같은 일상적인 업무의 경우, 인원감소로 인해 오히려 업무부하가 증가하게 되는 것이다. 함정 운용업무 대부분이 엔지니어링 절차의 숙지를 전제로 하는 숙련과 경험이 요구되는 작업이므로, 이에 부합하는 전문인력이 탑승할 경우 상당한 양의 허드렛일을 해야 하는 비효율성이 발생하는 것이다. 반대로 경험이 없는 비숙련 인력이 탑승할 경우 장비고장이 빈발하고 고장 시 대처능력도 취약해진다.

함정의 안전성 측면에서도 함 운용 자동화는 제한을 받는다. 함정은 모든 전투상황에 대비해 승조원이 미리 직접 점검하는 예비 운용개념을 갖고 있으며, 예상치 못한 불가항력적인 상황이 발생한 경우 최종적인 확인 및 판단의 일정 부분은

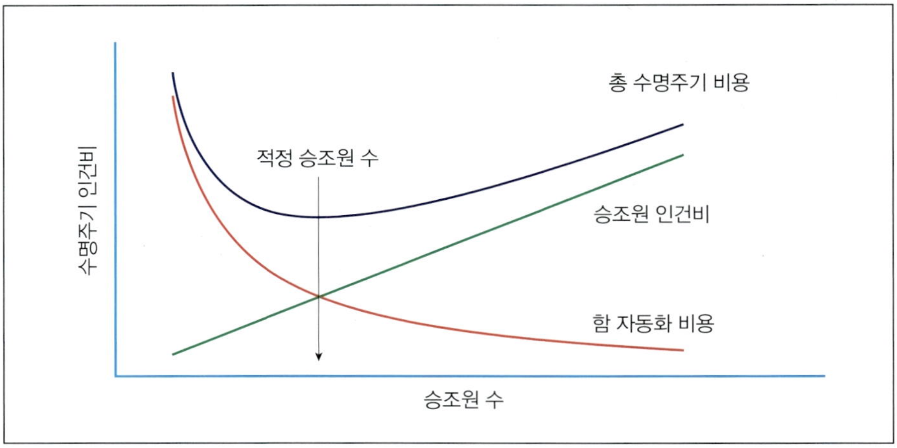

그림 5-37
수명주기 비용 측면에서의 승조원 정원 최적화 개념[8]

반드시 승조원이 해야 한다. 승조원을 지나치게 감소한 경우 이러한 부분에 대한 해결방안이 매우 취약해진다. 해적침범과 같은 최악의 상황이 발생할 경우 승조원이 직접 퇴치해야 함에도 불구하고 퇴치가 곤란하게 되는 것이다.

위의 검토결과에 의거할 경우, 승조원 수는 함 운용 자동화 수준과 실제적인 함 운용 상황과의 절충을 통해 도출되어야 함을 알 수 있다. 단순히 비용 측면만을 고려한다면, 적정 승조원 수는 그림 5-37에 제시한 바와 같이 승조원의 수명주기 소요비용과 함 운용 자동화 설비 설치 및 운용에 소요되는 비용과의 절충을 통해 도출할 수 있을 것이다.

참고문헌

◈ 수상함 전투성능

1. 〈이지스함: 미국의 이지스함 현황〉, 조사분석서, 국방과학연구소, 2001. 12
2. 이윤우, 〈이지스(Aegis) 전투체계〉, 합참 제20호, 합동참모본부, 2003. 1
3. 이장호/양욱, 〈알레이버크의 다양한 작전능력〉, Combat Arms, 1999. 7
4. R. Scott, 〈Anti-Ship Weapons Updated to Target the Shore〉, Jane's Navy International, July 2005
5. M.R. Sherr, 〈Revolution and Transformation of Anti-Ship Warfare〉, Naval Forces, No.1, 2004
6. 〈Network-Centric ASW〉, Naval Forces, No.3, 1999
7. 이운형, 〈Tomahawk 장거리 대함 및 육상공격 순항 미사일〉, 국방기술정보, 국방과학연구소, 2000. 11

8. M. Hewish, 〈From the Sea to the Land〉, Jane's Navy International, July 2002
9. M. Annati, 〈Naval Guns- Latest Developments in Mounts and Ammunition〉, Naval Forces, No. 6, 2003
10. M. Hewish, 〈Mine Warfare Starts Organic Diet〉, Jane's International Defense Review, March 2001

◈ 잠수함 전투성능

1. R. Scott, 〈RN Enters the Tomahawk Era〉, Jane's Navy International, May 2000
2. S. Truver, 〈Striker Beneath the Sea〉, Jane's Navy International, Apr. 2003
3. K. Glassborow, 〈A Picture of Stealth: Seeing Becomes Vital to Submarines〉, Jane's Navy International, May. 2001
4. R. Scott, S.C. Truver, 〈Nuclear Attack Submarines Cast Off Cold War Shackles〉, Jane's Navy International, June 2003
5. S.R. Gourley, 〈To Come Unseen: Special Forces Delivery from Submarines〉, Jane's Navy International, Dec. 2003

◈ 생존성능

1. Gates, P.J., 〈Surface Warships〉, Brassey's Defence Publishers, London, 1987
2. Julia A. Lillis, 〈Analysis of The Applicability of Aircraft Vulnerability Assessment and Reduction Techniques to Small Surface Craft〉, Naval Postgraduate School, 2002
3. John A.W. Sajdak, David Klinkhamer, 〈Four Levels of Ship Survivability〉, 2005
4. 김재현/박명규, 〈함정 설계의 생존성 향상 방안에 관한 연구 I: Box Girder를 고려한 설계 방법〉, 한국해양항만학회지, 2003
5. 임길혁, 〈함정의 취약성 해석기법에 관한 연구〉, 학위논문(석사), 충남대학교, 2006
6. 박준길, 〈함정 생존성 향상을 위한 피격성 감소설계 정립 연구〉, 학위논문(석사), 충남대학교, 2006
7. 정정훈/이현엽 외, 〈함정 생존성 해석 및 향상을 위한 기술개발 동향〉, 대한조선학회, 추계 학술대회, 2006
8. M. O. Said, 〈Theory and Practice of Total Ship Survivability for Ship Design〉, Naval Engineers Journal, July 1995
9. J.H. King, 〈Stealth Means Survivability〉, Naval Institute Proceedings, Dec. 2001
10. J. Peddell, S. Turner, 〈Stealth and Signature Management-Capability〉, Technology and Cost, Naval Forces, No.4, 2002
11. J. Nilsson, 〈Stealth Philosophy, Real Solutions from Sweden〉, Kockums AB, Sweden

◈ 기동성능

1. C. Graham, 〈The Modern Monohull〉, Modern Ships and Craft, Naval Engineers Journal, Special Edition, February 1980
2. D.A. Rains, 〈Surface Combatant Technology Directions For The U.S. Navy〉, Naval Engineers Journal, March 1984
3. M. Perlin, 〈Science and Engineering of Friction Drag Reduction on Ships〉, 초빙강연, 울산대학교, 조선해양공학부, April 2007
4. H.E. Payne III, 〈The Albacore: Backto the Future〉, Naval Institut Proceedings, Apr. 1993
5. 이기표, 〈함정 내항 성능 기준 연구〉, 연구보고서, 서울대학교 해양시스템 공학연구소, 2001. 12
6. 이기표, 〈한국 해군 수상함 조종성능 평가기준 개선안 연구〉, 연구보고서, 서울대학교 해양시스템 공학연구소, 2006. 11
7. Edward V. Lewis, 〈Motions in Waves and Controllability〉, Principles of Naval Architecture, Vol. III, SNAME, 1989
8. STANAG 4154, 〈Common Procedures for Seakeeping in the Ship Design Process〉, NATO Military Agency for Standardisation
9. J.M.J. Journee and Jakob Pinkster, 〈Introduction in Ship Hydromechanics〉, Delft University of Technology, April 2002
10. E.N. Comstock, R.G. Keane, Jr, 〈Seakeeping By Design〉, Naval Engineers Journal, April 1980
11. S.L. Bales, 〈Design Ships to The Natural Environment〉, Naval Engineers Journal, March 1983
12. International Maritime Organization, MSC.137(76), 〈Standards for Ship Manoeuvrability〉, adopted on 4 December 2002
13. ANEP-70, 〈Guidance for Naval Surface Ships mission oriented Manoeuvring Requirement〉, NATO Naval Armaments Group, August 2003
14. ITTC Report of Manoeuvring Committee, 23rd International Towing Tank Conference, 2002
15. 신용구, 〈잠수함 조종성 및 안전운항영역 설계〉, 함정설계특별강좌, 서울대학교, 2011

◈ 승조원 운용

1. J.L. Carrasco, 〈A Manpower Comparison of Three U.S. Navies: The Current Fleet, A Projected 313 Ship Fleet and A More Distributed Bimodal Alternative〉, Naval Postgraduate School, 2009

2. J.A. Hiltz, 〈Damage Control Technology- A Literature Review〉, Defense R&D Canada-Atlantic, March 2006
3. 〈Smart Ship Project Assessment〉, Department of the Navy, U.S.,Sept. 1997
4. 조석진, 〈최신 수상전투함 건조현황 및 적용 신기술 소개〉, 함정지 74호, 해군본부, 2006. 12
5. 〈미 해군의 스마트함 추진현황〉, 국방과학연구소, 국방기술정보, 1999. 4
6. S.C. Truver, 〈Thinking Smart: Better Ships and Smaller Crews〉, Jane's Navy International, Dec. 1998
7. P. Howard, 〈Reduce the Manpower-Don't Increase the Risk〉, Jane's Navy International, Sep. 2000
8. Cornels van Es, 〈Affordability Driven Development of Total System Concepts in Naval Ship Design〉, Royal Netherlands Navy

CHAPTER 06

함정 적용 특수전문기술

6.1 | 수중방사소음 감소기술

6.1.1 수중방사소음 특성

수중에서 함정이 피탐지(彼探知)될 수 있는 수중신호는 그림 6-1에 제시한 바와 같이 크게 음향신호(Acoustic Signature)와 전자기 신호(Electro-Magnetic Signature)로 구분할 수 있다. 이들 신호 중 원거리에서 피탐지될 가능성이 높은 신호가 수중 음향신호이다. 수상함 대 잠수함 또는 잠수함 대 잠수함 등 수중 전장환경에서는 수면 상부에서 이용되는 광학신호, 적외선 신호, 레이더 신호 등은 활용이 거의 불가능하므로 음향신호를 이용한 정보수집에 의존할 수밖에 없다. 수중방사소음 수준의 증대는 상대 함정 소나에 의한 피탐지 가능성을 증대시킬 뿐만 아니라, 자함(自艦) 소나의 자체소음 수준을 증대시켜 상대를 탐지하는 능력을 저하시키게 된다. 때문에 수중방사소음 감소기술의 연구개발 및 적용은 함정의 생존성 강화를 위해 매우 중요한 활동이다.

함정 및 수중 무기체계가 수중 탐지수단으로 운용하는 능·수동 소나시스템의 성능이 고도화되고, 수중 전투방식이 네트워크중심전 형태로 변화·발전함에 따라 현대 함정의 경우 수중 음향스텔스 성능의 중요성이 더욱 강조되고 있다.

수중에서 은밀성을 유지하고 있는 상황에서 잠수함은 매우 위협적인 존재지만, 상대 함정에 존재가 노출될 경우 수중 체류능력, 무장탑재 능력 등의 한계로 인해 생존성에 치명적인 영향을 받게 된다. 때문에 잠수함은 음향스텔스 성능을 수상함보다 더욱 중요하게 다루고 있다. 잠수함의 수중 음향신호는 수동소나에 탐지되는 신호인 수중방사소음(Underwater Radiated Noise)과 능동소나에 탐지

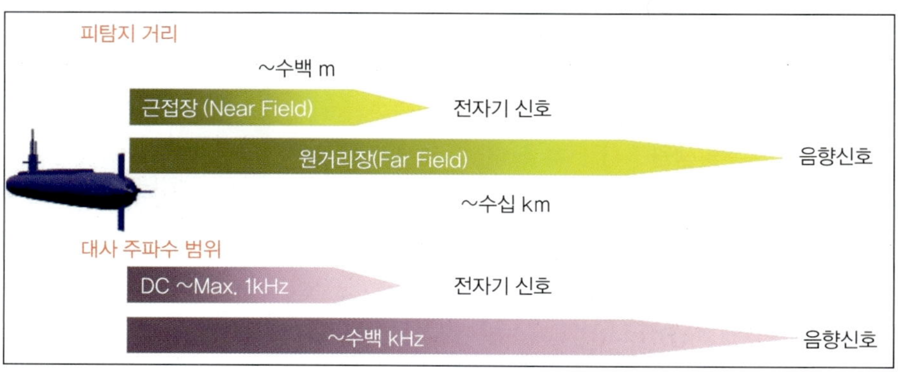

그림 6-1
수중신호 특성

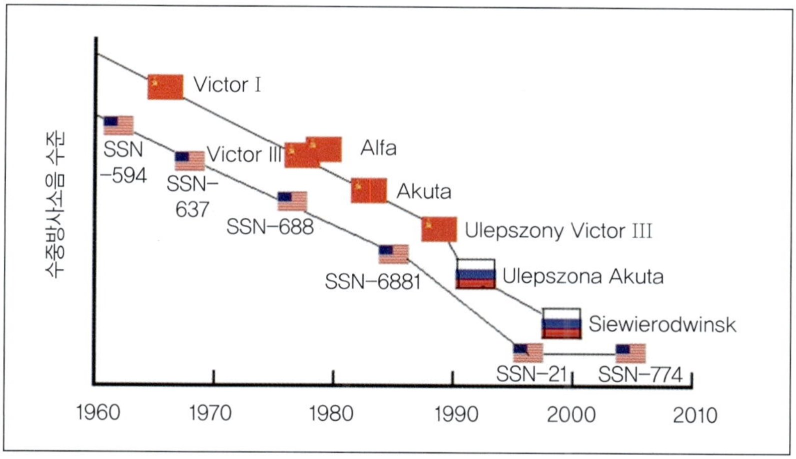

그림 6-2

원자력추진 잠수함 수중방사소음 감소동향[1]

되는 음향표적강도(Acoustic Target Strength)로 구분된다. 능동소나를 운용할 경우 고출력의 소나음을 발산하기 때문에 오히려 자신이 노출될 수 있어 상대를 탐지하기 위한 수단으로는 제한적으로 이용되며, 대부분의 경우 수동소나를 이용하여 상대방의 수중방사소음을 은밀히 탐지한다. 잠수함의 수동소나에 탐지되지 않기 위해 수상함 또는 잠수함의 수중방사소음 수준을 가능한 낮추는 것이 무엇보다 중요하다.

그림 6-2에 제시한 바와 같이, 냉전시대 이래 미국과 소련은 경쟁적이고 지속적으로 잠수함의 수중방사소음을 감소시켜 왔다. 특히 원자력추진 공격잠수함의 경우 적을 먼저 발견하고 선제공격하기 위해서는 수중방사소음 수준이 가능한 낮아야 유리하기 때문이다. 수상전투함도 수중 위협세력에 대한 생존성 향상을 위해 수중방사소음 성능을 지속적으로 향상시키고 있으며, 진수해서 폐기될 때까지 수명주기 동안 지속적으로 관리하는 핵심성능이다.

수중 무기체계가 상대를 탐지하기 위해 운용하고 있는 수중 음향센서의 주파수는 그림 6-3에 제시한 바와 같이 매우 다양하다. 함정의 수중방사소음을 탐지하여 찾아가는 수동 음향호밍 어뢰(Passive Acoustic Homing Torpedoes)의 경우 10kHz 이상이며, 음향기뢰(Acoustic Mines)는 수 Hz 대역의 소음에 대해서도 탐지 및 반응하도록 설계되어 있다. 특히 소나체계의 탐지 대역은 매우 넓다. 함정이 적 함정, 수중무기 및 음향탐지 체계에 대응하여 생존성능을 확보하기 위해서는 매우 광범위한 주파수 대역에서 낮은 소음수준을 보유해야 한다.

함정의 수중방사소음은 함 내 기계류의 구동이나 구조물의 떨림 그리고 함정 내부의 소음이 구조물을 투과하여 수중에서 발생하는 소음을 의미하는 협의의 의

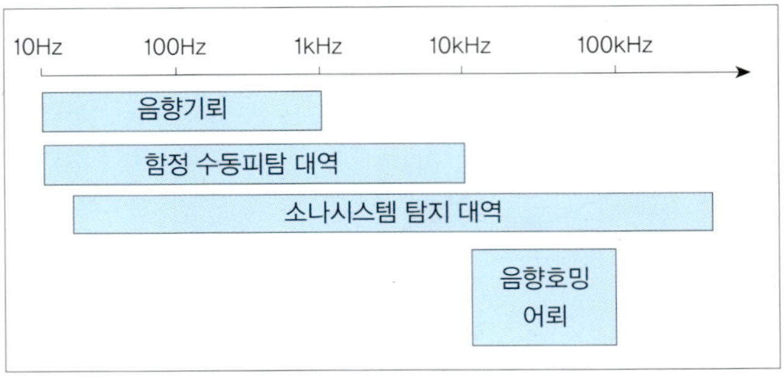

그림 6-3
수중 위협세력 운용 주파수 영역

미와, 함정 내·외부에서 발생하여 수중에서 음향센서로 계측되는 미세한 압력변동 전체를 의미하는 광의의 의미도 가지고 있다. 일반적으로 수중방사소음 수준을 감소시키기 위한 대상은 광의의 방사소음으로, 이는 함정이 기동하면서 함정 내·외부에서 발생하는 압력변동 성분이 압력민감도(Pressure Sensitivity)를 가진 음향센서로 모두 계측될 수 있기 때문이다. 수중에서의 파동은 공기 중에서의 파동 전파와 같이 종파(Longitudinal Wave) 형태로 전파되기 때문에 전파현상을 음향학 파동방정식으로 표현할 수 있다. 다만 수중과 공기 중 파동전파의 크게 다른 차이는 캐비테이션(Cavitation) 현상이 수중에서는 발생하는 것이다.

음향스텔스 기술이 매우 중요하게 다루어지는 또 다른 이유는 수중방사소음이 수중에서 가장 멀리 전파되는 함정 신호이기 때문이다. 함정 수중방사소음 신호특성은 함정 운용속도에 따라 저속과 고속에서 발생하는 신호들로 구분할 수 있다. 저속에서는 기계류에 의한 순음 성분(Tonal Components)의 협대역 소음(Narrow Band Noise)과, 기저(基底)를 이루는 광대역 소음(Broadband Noise)으로 구성된다. 협대역 소음은 함정의 고유한 특성을 내포하고 있어 함정의 식별인자로 매우 중요한 함정 신호 정보이며 수중방사소음 감소대책의 주요 대상이다. 고속에서는 유체동역학적인 소음과 추진기 소음에 의해 함정 소음수준이 결정되며, 추진기 캐비테이션 발생으로 인해 고주파수 대역의 광대역 소음수준이 상대적으로 증대되어 수동 음향호밍 어뢰 공격에 취약해질 수 있다.

함정 수중방사소음은 시간축을 기준으로 할 때, 반복적이고 규칙적인 운동으로 인해 발생하는 미세한 압력변화 특성과 난류유동과 같은 랜덤(Random)한 변화특성이 혼재되어 있다. 규칙적인 운동으로 인해 발생하는 변화는 균일한 회전운동과 같은 조화운동이 있는가 하면, 규칙적이지만 엔진류와 같이 반복적인 충격운동에 의한 특성을 갖는 것도 있어 한마디로 표현할 수 없는 매우 복잡하고 다

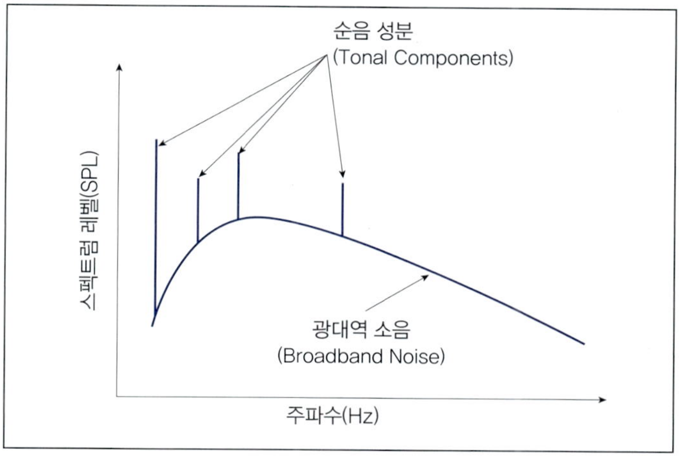

그림 6-4
수중방사소음 스펙트럼

양한 현상을 포함하고 있다. 이러한 수중방사소음을 주파수 영역으로 변환해 보면 그림 6-4에 제시한 것처럼 규칙적인 운동에 의한 순음 성분을 갖는 협대역 소음특성과 일정한 특성을 갖지 않는 광대역 소음성분으로 구성되며, 수중방사소음을 발생시키는 소음원의 소음발생 구조에 따라 스펙트럼 형상이 다르게 나타난다.

6.1.2 수중방사소음원

함정에서 발생하는 수중방사소음은 여러 가지 소음원에 기인한다. 함정 내부에서 발생하는 소음은 함정 선체를 직접 투과하거나 함정의 선체구조 및 배관 등 여러 경로를 거쳐 선체에 전달되어 수중방사소음으로 변화되며, 추진기에 의한 소음 등 외부에서 발생한 소음은 직접 전파되어 함정의 방사소음으로 나타난다.

그림 6-5에 제시한 방법에 따를 경우 함정의 수중방사소음원은 함 내 공기소음과 진동에 의한 기계류 소음원(Mechanical Source), 해수를 공급하고 배출하는 배관에 의한 유체소음원(Fluid Sources), 함정 주위의 유동과 선체구조와의 상호 작용에 기인하는 소음과 추진기 소음 등에 의한 유체동역학적 소음원(Hydrodynamic Sources)으로 구분할 수 있다. 이에 더하여 함정 기동 시 쇄파(碎波)와 물가름 등으로 인해 생성되는 물방울이 해수면과 부딪히면서 발생하는 스프래싱 소음(Splashing Noise)도 있다. 함정 방사소음의 각 소음원은 함정의 기동속도에 따라 전체 방사소음 수준에 미치는 영향에 차이가 있으며, 그림 6-6에 제시한 것처럼 주파수 스펙트럼도 각기 다른 특성을 가진다.

그림 6-5
수중방사소음원 및 전달경로

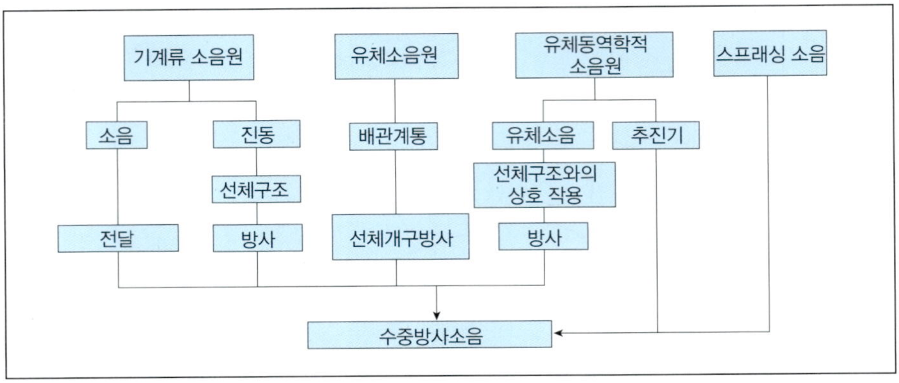

그림 6-6
수상함 속도에 따른 주파수 스펙트럼 특성

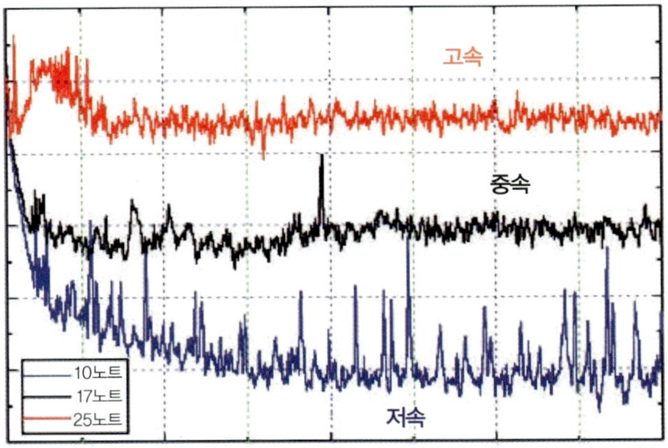

함정 속도가 낮은 저속에서는 기계류 소음원에서 발생하는 소음이 주 소음원으로 나타나며, 기계류의 규칙적인 운동으로 인해 수중방사소음의 주파수 특성은 조화성분을 가진 순음 성분 형태를 갖는다. 이들 순음 성분은 함정 속도에 따라 주파수가 변화되는 성분과 변화되지 않는 성분으로 구성된다. 함정 속도에 따라 주파수 특성이 변화되는 성분은 추진(Propulsion) 계통에서 발생하며, 그렇지 않은 성분은 보조 기계류(Auxiliary Machinery)에 의해 발생한다. 이들 순음 성분은 동급 함정일지라도 함정마다 다른 특성을 보이고 있어 함정을 분류하고 식별할 수 있는 인자가 되며, 함정별로 수집된 음향데이터는 작전운용 측면에서 비밀로 관리하고 있다.

함정 속도가 증가하면 유체동역학적 소음이 증대하며, 함속이 더욱 증가하면 추진기에 의한 캐비테이션 소음이 발생하게 된다. 그림 6-7에 함정 속도와 추진기가 구동되는 깊이에 따라 변화하는 추진기 캐비테이션 소음특성을 제시하였다.

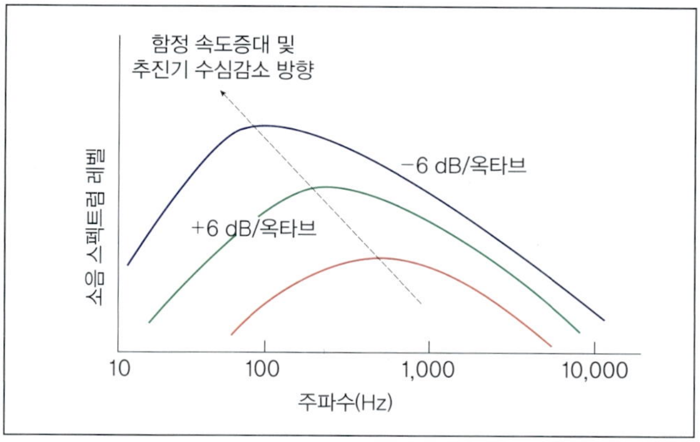

그림 6-7
함속과 수심에 따른 추진기 캐비테이션 소음특성[2]

수상함의 경우 함정 속도가 증가하면서 수면효과에 의한 스프래싱 소음이 크게 발생하며, 추진기 소음과 같이 광대역 소음특성을 나타낸다. 함정 속도가 큰 경우 이들 소음원에 의해 전체 수중방사소음이 지배받는다.

일반적인 소음 외에 추진기 등 함정의 수면 하부에 설치된 부가물이 특정한 함속에서 유동기인 소음(Flow-Induced Noise)을 크게 발생시킬 수 있는데, 이러한 소음 중에 싱잉소음(Singing Noise)이 있다. 싱잉소음은 함정 추진기 등 외부 구조물의 공진(共振) 주파수와 유동을 일으키는 가진(加振) 주파수가 일치할 때 발생하는 소음으로서, 매우 높은 순음특성의 방사소음 수준을 가지고 있다. 함정이 원거리에서 피탐지되는 원인이 되며, 함정의 생존성 측면에서 반드시 제거해야 할 수중방사소음원이라 할 수 있다.

6.1.3 수중방사소음 감소대책

1) 함 내부 소음원 대책

함정의 수중방사소음을 낮추기 위한 기본적인 대책은 소음을 발생시키는 소음원의 수준을 낮추는 것이므로, 저소음 탑재장비를 선정하는 것이 우선적인 대책이 될 수 있다. 그리고 함정 내부 소음원으로부터 선체로 전달되어 방사소음으로 변화되는 과정에 적용하는 감소대책들도 매우 중요하다. 함정의 수중방사소음은 다양한 발생원과 매우 복잡한 전달경로를 가지고 있으므로 다양한 감소대책이 적용되고 있으며, 소음을 감소시키는 원리를 기준으로 할 경우 다음 세 가지 방법으로 나눌 수 있다.

- 음향에너지 흡수(Sound Absorption)
- 음향에너지 전달차단(Sound Insulation)
- 방사효율 통제(Radiation Efficiency Control)

음향에너지 흡수는 소음원에서 발생한 음향에너지가 전파 또는 전달되는 과정에서 열에너지로 소모시켜 소음을 감소시키는 방법으로, 진동 감쇠재(Vibration Damping Materials)와 공기음향 감소를 위한 음향 흡음재(Acoustic Absorption Materials)가 있다. 진동 감쇠재의 경우 소음원에서 선체까지의 전달거리에 따라 감소효과가 비례하므로, 선체까지의 전파거리가 원거리인 경우 효과적인 감소대책이다. 음향에너지 흡수방법을 이용한 다른 방법으로 해수 연결 배관계통이나 유압전달 배관계통에 적용되는 유체소음 감소기(Fluidborne Noise Silencer)가 있다. 자동차의 머플러와 같은 역할을 하는 것이지만, 내부에 해수나 유압유가 흐르고 있어 다소 차이가 있다.

음향에너지 전달차단 방법은 음향에너지 전달경로에 임피던스(Impedance)가 다른 재료를 삽입함으로써 구조적인 연결을 단락시켜 수중방사소음을 감소시키는 방법이다. 삽입되는 재료의 강성(Stiffness)을 조절하여 소음전파를 효과적으로 감소시킬 수 있다. 탄성마운트(Resilient Mount), 음향 인클로져(Acoustic Enclosure), 유연 연결호스(Flexible Hose) 등이 있다. 탄성마운트와 유연 연결호스는 소음원에서 발생한 진동에너지가 다른 곳으로 전파되는 것을 차단하기 위해 소음원 가장 가까운 위치에 설치하는 기구이다.

탄성마운트는 함정의 수중방사소음을 감소시키기 위해 가장 널리 이용하는 방법으로서 탑재장비 무게, 작동 주파수, 소음 차단량에 따라 마운트를 선정하고 함정 탑재성을 고려하여 최종 사양을 결정한다[3]. 그림 6-8에 함정 탑재장비에 적용하는 탄성마운트 설치 · 운용 개념을 제시하였으며, 탄성마운트 적용에 의한

그림 6-8
탄성마운트 적용개념

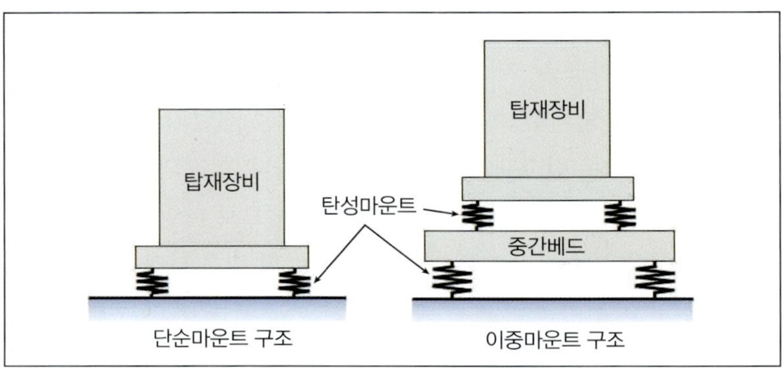

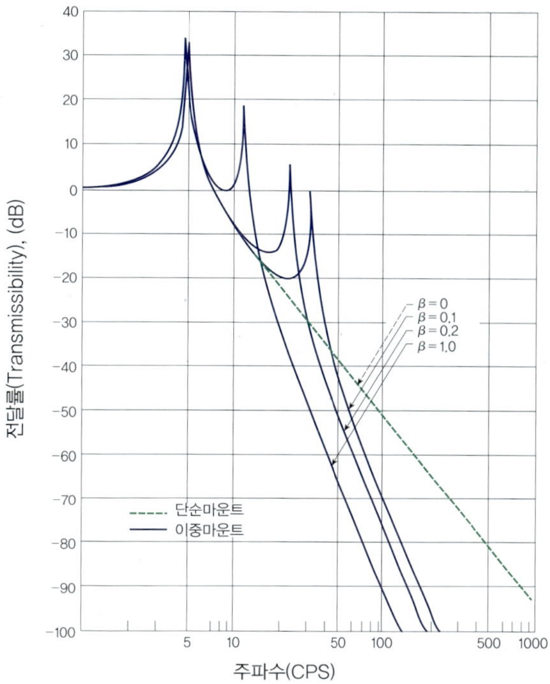

그림 6-9
천연 고무재질 마운트를 이용한 이중마운트 구조의 소음 전달률[4]

소음차단 특성은 그림 6-9에 이론적인 소음 전달률로 제시하였다. 그림에 표기된 β는 중간베드와 탑재장비의 무게비로서, 단순마운트 구조에 비해 이중마운트 구조는 고주파수 대역에서 소음전파를 보다 많이 차단할 수 있으며, 중간베드의 무게가 증가할수록 소음이 보다 효과적으로 차단됨을 알 수 있다. 잠수함의 경우 소음을 보다 효과적으로 차단하기 위해 여러 개의 장비를 하나의 공통 베드에 설치한 이중차단 마운트 시스템을 적용하기도 한다. 이를 래프트 시스템(Raft System) 또는 공통 베드(Common Bed)로 칭하며, 방사소음을 효과적으로 감소시키지만 함정 중량을 증가시키는 단점도 있다.

음향 인클로저는 가스터빈엔진이나 디젤엔진과 같이 공기음이 고소음(高騷音) 특성을 갖는 장비에 적용하는 방법으로서, 탄성마운트와 마찬가지로 소음원에 매우 근접하여 적용하는 방법이다. 음향 인클로저를 적용하면 그림 6-10에 제시한 것처럼 음향차폐용 상자가 장착되므로 적용 전의 탑재장비에 비해 외곽 크기가 상당히 증가한다. 따라서 충분한 공간할당이 필요하며, 함정 개념설계 단계부터 적용 여부에 대한 검토가 필요하다. 음향 인클로저를 효과적으로 적용하기 위해 대부분 이중마운트 구조를 동시에 채택하고 있다.

그림 6-10
디젤엔진용 음향 인클로저(정비용 문이 열린 상태)

방사효율 통제(Radiation Efficiency Control) 방법은 함정 내부에서 발생한 소음이 선체로 전파되어 수중으로 전파되는 것을 감소시키기 위해 선체 외부에 적용하는 대책으로서, 소음 주파수가 200Hz 대역 이상일 때 효과적이다. 방사효율 통제방법은 선체와 해수 사이의 음향 임피던스를 해수의 임피던스보다 현저히 낮추어, 음향 임피던스를 불일치(Acoustic Impedance Mismatching)시킴으로써 선체 진동이 수중전파 음향에너지로 전환되는 효율을 낮추는 방법이다. 이러한 방법의 예가 미 해군에서 함정에 적용하고 있는 마스커 시스템(Masker Air System)인데, 선체 바깥에 공기벨트를 설치하고 고압의 공기방울을 분사하여 선체 하부 전면에 공기층을 만들어준다. 다른 방법은 점탄성 재료(Elastomer) 등의 코팅재를 수면 하부 선체 외벽에 부착하는 방법으로서, 이러한 재료를 음향 방음재(Acoustic Decoupler)라고 한다. 그림 6-11에 독일 잠수함에 적용되고 있는 함 내부 소음원에 대한 대책들을 제시하였다.

2) 함 외부 소음원 대책

함정 외부 소음원에 대한 방사소음 감소대책으로 함정의 주요 소음원 중 하나인 추진기 소음의 감소대책이 매우 중요하다. 추진기는 함정 후미 유동장 내에서 회전하므로, 추진기 소음은 후미 유동장 형태에 많은 영향을 받는다. 추진기 소음은 함정 속도에 따라 비(非)캐비테이션 소음과 캐비테이션 소음으로 나눌 수 있다.

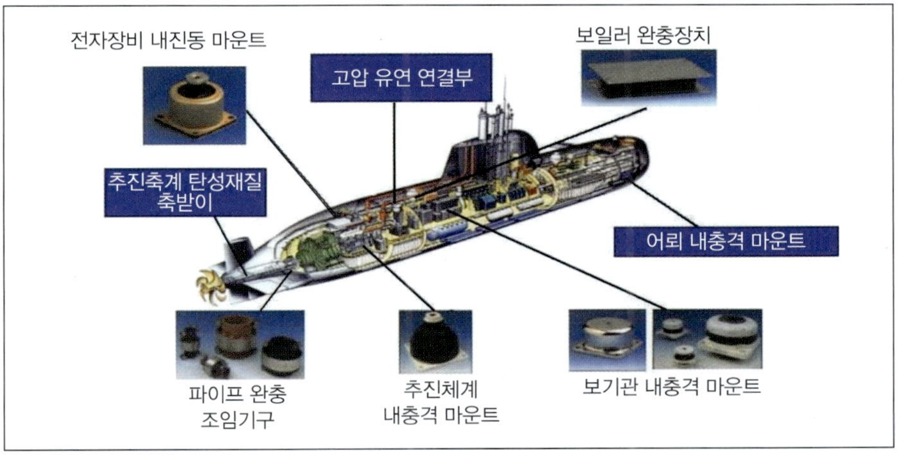

그림 6-11 독일 잠수함에 적용된 소음 감소대책 예[5]

비캐비테이션 소음은 일반적으로 수준이 낮아 계측에 어려움이 있으며, 추진기로 유입되는 유동장의 특성과 추진기 날개 형상에 따라 소음수준이 다르게 나타난다. 추진기에서 발생하는 캐비테이션 소음은 고속으로 항주할 때 발생하는 소음이다. 추진기 회전에 의해 캐비테이션이 발생하면 함정의 소음수준이 급격하게 증가하고, 상대 음향탐지체계에 의해 원거리에서 탐지됨으로써 함 작전운용 및 생존성에 큰 영향을 미친다. 대잠수함 작전 등 수중방사소음이 큰 영향을 미치는 작전을 수행할 경우, 캐비테이션 소음이 발생하지 않는 최대속도 이하에서 함정을 운용하게 된다. 추진기 캐비테이션 소음이 발생하기 시작하는 속도(Cavitation Inception Speed: CIS)를 가능한 높게 설계하려는 이유가 바로 여기에 있다.

수상함의 경우 잠수함과 달리 추진기에서 캐비테이션 소음이 전혀 발생하지 않도록 함정을 운용할 수는 없으므로, 추진기에서 캐비테이션 소음이 발생할 때 소음을 낮추기 위한 방법을 적용한다. 즉, 추진기 날개 끝에 작은 구멍을 뚫어 축계를 통해 공급된 고압공기를 분사시킴으로써, 캐비테이션 현상으로 발생된 기포의 붕괴를 지연시키는 프레이리(Prairie) 시스템을 적용한다.

싱잉소음(Singing Noise)은 추진기 날개 끝단에서 와동류 이탈주기(Vortex Shedding Frequency)와 추진기의 고유 진동수가 일치할 경우 큰 소음이 발생하는 현상이다. 날개 끝단의 형상을 바꾸어 와동류 이탈주기를 변화시켜 싱잉소음을 제어하는 방법이 일반적인 방법이다. 추진기의 고유 진동수는 매우 넓게 분포되어 있어 날개 끝단의 형상 변경만으로 해결하는 것은 쉽지 않다. 따라서 추진기 재료로 Mn-Cu 계열의 소노스톤(Sonostone)과 같은 고감쇠 재료를 사용하여 추진기 고유 진동수를 변화시킴으로써 싱잉소음을 감소시키기도 한다. 이러한 재료는 일반 추진기 재료보다 강성이 약해 일반 수상함에는 거의 사용하지 않으며 주로 잠수함 추진기에 사용된다.

6.2 | 전자파 반사 감소기술

6.2.1 레이더 반사 단면적 특성

레이더는 2차 세계대전에서 처음 사용된 후 전천후 장거리 센서로서 전장감시, 조기경보, 유도탄 유도 등 다양한 분야에 활용되고 있다. 최근에는 표적의 탐지와 추적 등 전통적인 기능뿐만 아니라, 표적의 기동과 진동 등을 이용하여 종류를 식별하는 수준으로 발전하고 있다. 전자공학기술의 발전에 따라 진공관 방식의 송신기는 반도체 소자를 이용한 송신기로 대체되었고, 기계식 빔(Beam) 조향방식의 레이더는 감소하고 전자식 빔 조향방식의 레이더가 증가하고 있다. 레이더는 항공기, 함정, 지상 장비, 위성, 유도탄 등 다양한 종류의 플랫폼에 탑재되어 운용된다. 레이더를 탑재한 플랫폼이 스텔스화된 경우 레이더로 인한 노출이 최소화되도록 저피탐 기술이 적용되고 있다. 또한 레이더의 광범위한 활용으로 인해 함정이나 전투항공기 설계 시 레이더에 대비한 스텔스 성능을 최우선적으로 고려하게 되었다.

1) 레이더 반사 단면적 정의

레이더에 의한 표적의 피탐특성은 레이더 탐지거리로 정량화할 수 있다. 레이더의 탐지거리는 레이더의 성능, 환경 및 표적의 전자파 반사강도 등에 의해 계산된다[1]. 레이더 방정식에서 표적의 전자파 반사강도를 나타내는 변수는 레이더 반사 단면적(Radar Cross Section: RCS)이다. 레이더 반사 단면적(이하 RCS)의 단위는 제곱미터이며, 데시벨로는 dBsm(dB Square Meter)으로 표시된다. RCS가 단면적으로 표시되지만 실제로 단면적과 연관성이 적은 이유는 전자파 반사강도로부터 산출되기 때문이다. 동일한 단면적을 갖는 금속 평판과 구(球)의 RCS가 다른 것은 모양의 차이로 인해 레이더 방향으로 반사되는 전자파 반사강도가 다르기 때문이다. 실제 단면적과 레이더 반사 단면적이 일치하는 표적은 구(球)이다. 구의 반지름이 충분히 큰 경우 구의 RCS는 πa^2(a는 반지름)으로 주어진다.

실제 레이더에서 표적의 탐지거리는 레이더 시스템의 특성, 환경과 표적의 RCS가 복합적으로 영향을 미친다. 따라서 RCS와 탐지거리의 관계는 주로 레이더 방정식에서 주어지는 비례관계로 설명된다. 레이더 방정식에 따르면, 탐지거리는 RCS의 1/4승에 비례하므로 탐지거리를 1/2로 줄이려면 표적의 RCS는 1/16로 감소되어야 한다. RCS 변화에 대한 탐지거리 변화를 표 6-1에 제시하였다.

레이더 운용환경은 레이더 탐지거리에 큰 영향을 미친다. 그림 6-12는 레이더가 수신하는 전력을 탐지거리에 대비하여 나타내고 있다. 레이더 수신신호는 표적의 유무에 관계없이 잡음과 클러터(Clutter) 신호를 포함하고 있기 때문에, 표적의 탐지는 잡음과 클러터를 고려한 임계값에 의해 결정된다. 함정의 경우 해면 클러터가 존재하는 환경에서 운용되고 속도가 느리기 때문에, 함정을 탐지하는 레이더가 도플러 효과를 이용하여 클러터 신호와 함정 신호를 분리하는 것이 어렵다. 따라서 플랫폼의 RCS 감소 목표를 설정할 경우 플랫폼의 운용환경을 고려해야 한다.

표 6-1
RCS 변화에 따른 레이더 탐지거리 변화

RCS 변화	탐지거리 변화
1/2(−3dB)	0.84
1/4(−6dB)	0.71
1/8(−9dB)	0.60
1/6(−12dB)	0.50

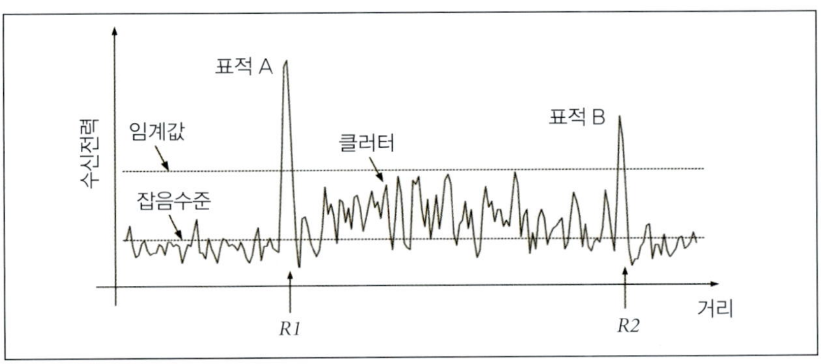

그림 6-12
레이더 수신신호를 구성하는 주요 성분

2) 표적의 RCS 특성

표적의 단면적, 재질 및 형상에 의한 전자파 반사특성을 상징적으로 단순화하면 표적의 RCS는 $A_p \times \Gamma \times D$로 주어진다. A_p는 입사방향으로 투영된 표적의 단면적이고, Γ는 표적의 반사율(Reflectivity)이며, 표적의 각도에 대한 반사특성은 지향성을 나타내는 D(Directivity)로 표현되었다. 이 관계식은 RCS가 단면적, 재질의 전자파 반사특성 및 형상에 따라 달라질 수 있음을 나타낸다. 따라서 레이더에 대한 스텔스 성능은 반사 단면적의 최소화, 전자파 흡수체 적용, RCS 감소형상 설계를 토대로 고도화될 수 있음을 알 수 있다.

그림 6-13에 함정, 항공기, 유도탄 등 다양한 레이더 표적의 RCS를 레이더 운용 주파수 대역과 주요 관심각도에서 구해진 평균값으로 제시하였다. 실제 함정의 RCS 예는 그림 6-14에 제시하였다. 그림에 제시한 RCS는 주파수 대역 10GHz에서 예측된 것이며, 미 해군의 DDG-51급 구축함과 유사한 형상과 크기를 가진 함정을 대상으로 하였다. 그림에 제시한 바와 같이 함정의 큰 면이 향하는 방향인

그림 6-13
표적별 RCS 범위

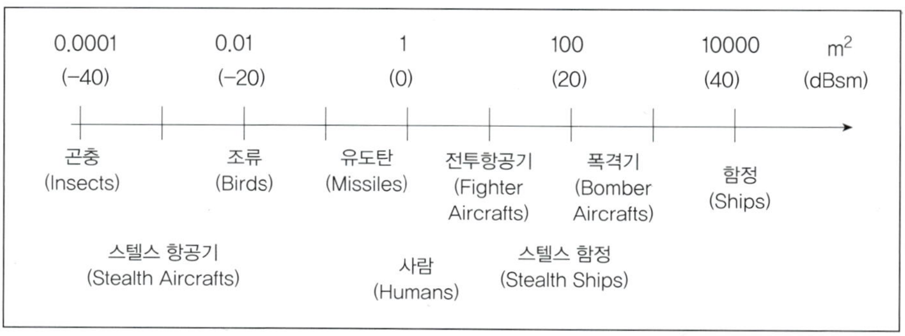

그림 6-14
미 해군 DDG-51급 구축함 모델의 RCS 특성

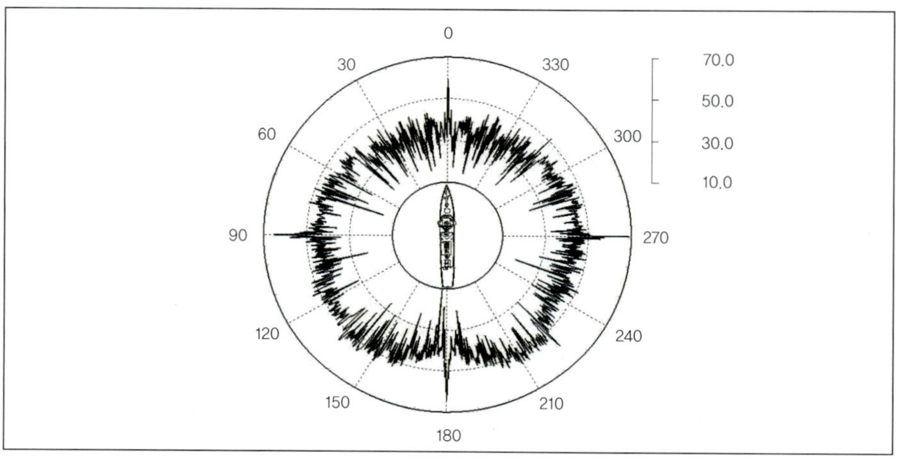

0°, 90°, 180°, 270°에서 큰 RCS가 나타나며, 그 외 각도에서의 RCS는 대부분 30~50dBsm 범위에 있다.

3) 표적의 전자파 산란특성

RCS는 주파수, 편파, 그리고 각도의 함수이다. 편파는 그림 6-15와 같이 전자파를 구성하는 전기장의 진동방향을 나타내는 벡터이며, 전자파의 진행방향에 수직하는 면에서 정의된다. 따라서 수직면에서 2개의 직교하는 편파에 대해 RCS가 얻어지면 임의 방향의 편파에 대한 RCS 산출이 가능하다. 재래식 함정과 같이 RCS가 매우 큰 표적은 편파에 대한 RCS 변화가 적지만, 채프(Chaff)나 통신 안테나와 같이 종횡비가 매우 크고 짧은 쪽의 길이가 파장에 비해 짧은 산란체의 RCS는 편파에 대해 매우 민감하게 변화한다.

RCS에 영향을 미치는 또 다른 중요 독립변수는 주파수이다. 주파수 변화가 RCS에 미치는 영향을 제시하기 위해 그림 6-16에 구의 RCS를 제시하였다. 구의 산란현상은 파장과 산란체의 상대적 크기를 기준으로 3개 영역으로 나누어진다.

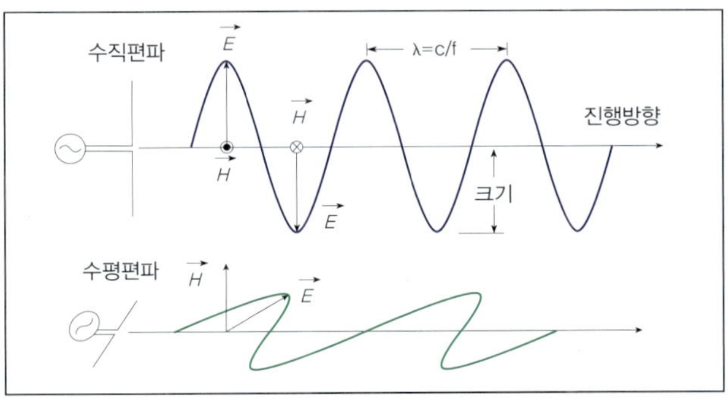

그림 6-15
전자파의 수직편파와 수평편파

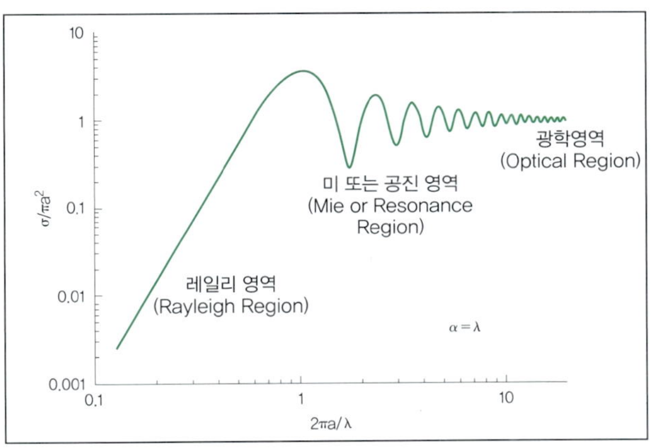

그림 6-16
구의 RCS

레일리(Rayleigh) 영역은 저주파 산란, 미(Mie) 영역은 공진 산란, 그리고 광학영역은 고주파 산란으로 구분된다. 함정은 전체 크기를 기준으로 하면 대부분의 레이더 파장에 비해 매우 크기 때문에, 함정의 전자파 산란은 고주파 산란이 주를 이룬다고 볼 수 있다. 그러나 함정은 단일 산란체이기보다는 여러 산란체의 군집(群集)으로 볼 수 있으므로, 실제 산란현상은 저주파, 공진 및 고주파 산란현상이 복합적으로 나타난다. 단, 스텔스 기술이 적용되지 않은 재래식 함정의 경우 RCS에 기여하는 부위가 면적이 넓은 면이기 때문에 대부분의 전자파 산란현상은 고주파 산란으로 간주할 수 있다.

산란 메커니즘에 의하면 산란은 반사(Reflection), 회절(Diffraction), 표면파(Surface Wave), 덕팅(Ducting) 등으로 분류된다[1]. 반사는 가시광선이 거울에 의해 반사되는 현상과 유사하다. 금속은 종류에 관계없이 전자파를 모두 반사하므로, 금속 구조물로 이루어진 재래식 함정의 RCS는 주로 반사에 의해 결정된다. 반사에 의한 RCS는 면적에 비례하며, 다른 산란에 비해 강도가 세기 때문에 주로 최대 RCS를 결정하는 요인이 된다. 회절은 모서리(Edge, Wedge)에 의한 산란으로서, 반사에 비해 강도는 약하지만 반사에 의한 산란이 약한 방향에서 RCS에 큰 영향을 미친다. 표면파는 산란체의 표면을 따라 전파하는 성분을 나타내며, 구와 원통에서 나타나는 포복파(Creeping Wave)가 이에 해당한다. 덕팅(Ducting)은 전자파가 통로를 따라 전파하는 경우에 발생하는 산란현상을 뜻하며, 함정의 연돌이나 전투기의 공기흡입구에서 일어나는 산란이 대표적인 예이다.

6.2.2 함정 RCS 감소기술

재래식 함정의 RCS는 수천 제곱미터 이상의 값을 가진다. 함정의 RCS를 항공기 수준으로 줄이려면 많은 비용이 투입되고 탑재장비의 성능을 희생해야 한다. 함정은 항공기와 달리 해면 클러터가 항상 존재하는 환경에서 운용되므로, 함정의 RCS 감소목표를 항공기와 동일한 기준으로 할 필요는 없다. 함정의 전자파 산란성분 중에서 크기가 작은 회절파(Diffraction Wave)나 포복파 등은 RCS 감소대책 수립 시 고려하지 않으며, 주로 고주파 산란을 억제하기 위한 기술이 사용된다.

함정 RCS 감소는 레이더에 대한 피탐거리를 줄이려는 목적과 기만기를 이용해 대함유도탄을 효과적으로 방어하는 목적으로 나눌 수 있다. 미 해군이 개발·건조하고 있는 차세대 구축함 DDG-1000함의 경우 레이더의 피탐거리 축소에 초점을 맞추어 설계된 함정으로 알려져 있다. 대부분의 경우 함정의 RCS 감소는 수동

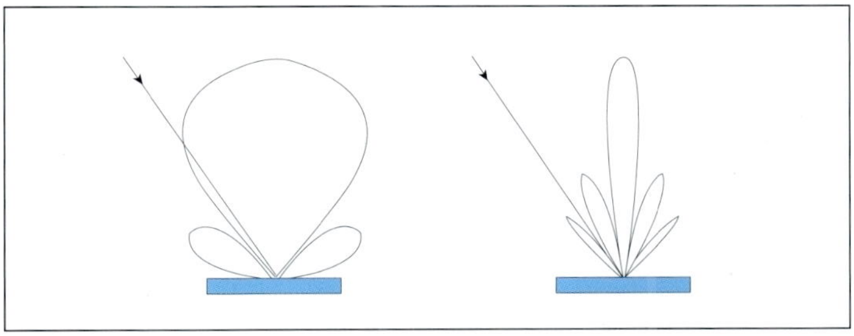

그림 6-17
주파수 특성에 따른 면의 전자파 산란현상

및 능동형 기만기와 전자전 장비의 효과를 증대하여 생존성을 증가시키는 데 목적이 있다고 볼 수 있다.

1) 함정 형상제어

형상제어에 의한 RCS 감소방법은 레이더 에너지의 반사방향을 레이더 수신기로부터 먼 방향으로 유도하여 레이더 방향의 RCS를 감소시키는 방법이다. 이 방법은 대함유도탄이 모노스태틱(Monostatic) 레이더, 즉 송수신 안테나가 동일한 레이더를 사용하고 있는 것을 이용하는 기법이다. 함정의 형상제어 방법은 매우 단순한 두 가지 방법을 사용한다. 첫 번째 방법은 광범위한 각도에 걸쳐 큰 RCS를 발생하는 코너 반사판 구조를 제거하는 것이다. 두 번째 방법은 대함유도탄이 주로 접근하는 해수면 방향의 RCS를 감소시키기 위해 선체 외판의 면을 경사지게 하는 것이다.

면을 경사지게 하는 RCS 감소방법이 효과를 거두려면 두 가지 요소가 고려되어야 한다. 첫 번째 요소는 반사면의 크기가 파장에 비해 충분히 넓어 반사파의 주엽(Main Lobe)에 레이더 수신기가 포함되지 않도록 하는 것이다. 그림 6-17에 서로 다른 2개 주파수의 전자파가 금속판에 입사했을 때 나타나는 산란 패턴을 제시하였다. 이 그림은 주파수가 낮은 전자파가 주파수가 높은 전자파에 비해 상대적으로 넓은 각도 범위로 산란되는 것을 보여주고 있으며, 이는 전자파 산란의 일반적인 특징이다. 따라서 반사방향 제어에 의한 방법이 효과를 발휘하기 위해서는 면의 크기가 파장에 비해 충분히 커야 한다. 두 번째 요소는 해수면 방향뿐만 아니라 여러 방향의 RCS를 감소하기 위해 반드시 공간상의 일정 구역을 희생각으로 설정해야 한다는 것이다. 이러한 설계기법에 따라 함정 외벽은 5~10° 범위로 기울고, 경사면의 방위각 방향은 전후좌우 네 방향의 좁은 각도 범위 내로 정렬된다.

현재 거의 모든 신규 함정은 RCS 감소를 위해 상부구조물에 일정 수준의 경사

그림 6-18
러시아 순양함 모스크바함(좌)과 이탈리아 프리게이트 안드레아 도리아함(우)

각을 적용해 설계하고 있다. 그림 6-18에 제시한 바와 같이, RCS 감소기술을 적용한 이탈리아 최신 프리게이트와 RCS 감소기술을 적용하지 않은 러시아 구형 순양함의 선체 상부구조 외부 형상은 현격한 차이가 날 수밖에 없는 것이다.

함정은 항공기와 달리 RCS 예측 시에 사용된 이상적인 형상에 비해 건조 및 운용 시에 상당한 변형이 발생하며, 이러한 선체 외판의 구조적 변형은 아마효과(餓馬效果, Hungry Horse Effect)라 불린다[4]. 아마효과는 횡늑골 사이의 외판이 선체 안쪽 방향으로 휘는 현상으로서, 변형의 크기는 최대 수밀리미터에서 수센티미터에 이르며, 10GHz(파장 3cm)를 기준으로 할 경우 파장의 약 1/30~1배에 해당한다. 이 값은 반사각도에는 큰 영향을 미치지 않지만 부엽(Side Lobe) 수준을 심각하게 증가시키는 요인이 되므로, 함정 설계 시에 적용된 경사각과 희생구역 설정이 효과를 발휘할 수 없게 된다. 아마효과에 의한 평균 RCS 증가는 표면의 변형 정도에 따라 다르게 나타나므로, 건조 및 운용 단계에서 RCS 설계목표와 연동하여 관리되어야 한다.

선체의 형상설계와 함께 함정 탑재장비의 RCS 또한 중요한 요소이다. 탑재장비의 RCS 감소는 크게 두 가지 방법으로 이루어진다. 첫 번째 방법은 플랫폼의 스텔스 형상에 적합한 장비의 개발이다. 미 해군 차세대 구축함 DDG-1000함에 적용된 공간탐색 레이더(Volume Search Radar: VSR)와 다기능 레이더(Multi-Function Radar: MFR)는 선체의 스텔스 형상에 부합하도록 장비를 개발한 예이다. 미 해군 차세대 구축함 DDG-1000함에 신형 레이더가 장착된 모습은 3장 3절 그림 3-74와 3-75에 제시되어 있다. 두 번째 방법은 탑재장비가 스텔스 형상에 적합하지 않더라도 장비의 원형을 유지한 상태에서 부가적인 방법으로 RCS를 줄이는 것이다. 대표적인 예가 미 해군 산 안토니오급 상륙전함으로서, 레이더 안테나로 인한 RCS를 줄이기 위해 레이더 안테나를 내장한 AEMS(Advanced Enclosed

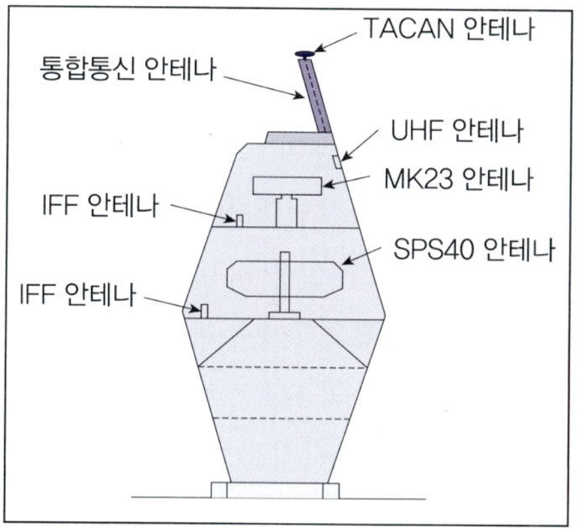

그림 6-19
AEMS 마스트 내부구조 예 및 산 안토니오함 레이돔 설치장면

Mast/Sensor) 마스트 구조와 FSS(Frequency Selective Surface) 레이돔을 적용하였다[5]. FSS 레이돔은 자함의 레이더 주파수 대역의 전자파는 통과시키고, 그 외 주파수 대역의 전자파는 차단한다. 따라서 레이돔의 적용을 통해 레이더 노출 시 야기되는 RCS 증가를 차단할 수 있다. 그림 6-19에 AEMS 마스트 내부구조 예 및 산 안토니오급 상륙함에 FSS 레이돔을 설치하는 장면을 제시하였다.

2) 전자파 흡수체 적용

전자파 흡수재료 또는 전자파 흡수구조에 의한 RCS 감소방법은 형상제어에 의한 RCS 감소가 곤란할 경우 국부적으로 사용하는 방법이다. 전자파 흡수재료는 전자파 흡수방식에 따라 그림 6-20에 제시한 바와 같이 임피던스 정합형과 공진형 흡수체로 구분된다[6]. 임피던스 정합형 흡수체는 대역폭이 넓은 반면 두껍기 때문에 장착성이 좋지 않으며, 따라서 RCS 감소목적으로 많이 사용되지 않는다. 이

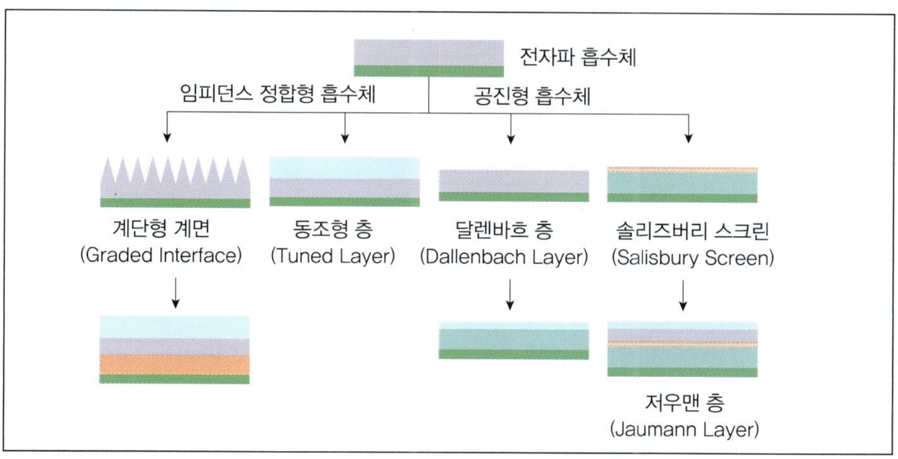

그림 6-20
흡수특성에 따른 전자파 흡수체 종류

에 반해 파장의 1/4 두께인 공진형 흡수체는 유전율과 투자율을 제어하여 얇게 만들 수 있기 때문에 RCS 감소목적으로 많이 활용된다.

공진형 흡수체는 자성손실 재료를 주로 사용하는 달렌바흐 층(Dallenbach Layer)과 유전손실 재료를 주로 사용하는 솔리즈버리 스크린(Salisbury Screen)으로 나뉜다. 달렌바흐 층은 페인트나 고무에 자기장의 손실을 유발하는 카보닐 철(Carbonyl Iron)과 같은 물질을 혼합하여 만들며, 파장의 1/4 두께로 금속면에 도포된다[7]. 솔리즈버리 스크린은 금속면으로부터 파장의 1/4 거리만큼 떨어진 위치에 전기장의 손실을 유도하는 저항 박판을 설치하여 전기장을 흡수하며, 박판과 금속면 사이에 유전체를 삽입하기 때문에 달렌바흐 층에 비해 다소 두껍다. 그러나 흡수체로 탄소와 같이 가벼운 물질을 사용하므로, 무거운 자성재료를 사용하는 달렌바흐 층에 비해 상대적으로 가볍다. 저항 박판은 탄소섬유로 이루어진 그물망으로 제작할 수 있고, 이 박판을 FRP(Fiberglass Reinforced Plastics)에 적층하면 솔리즈버리 스크린은 구조재로도 사용할 수 있다. 공진형 흡수체의 최대단점은 전자파 흡수 대역이 좁다는 것이다. 이 단점은 저우맨 층(Jaumman Layer)과 같이 광대역 임피던스 정합을 위한 여러 가지 유전율의 유전체를 도입하거나, 전파흡수 박막을 FSS(Frequency Selective Surface)로 제작하여 극복할 수 있다[6, 8].

함정의 RCS를 축소하려면 구조변경보다 전자파 흡수재료를 사용하는 방법이 효과적일 수 있다. 그러나 흡수재료의 적용은 시공이 쉽지 않을 뿐만 아니라 운용·유지를 어렵게 한다는 단점이 있다. 예를 들어 달렌바흐 층을 부착하여 10dB 이상의 흡수성능을 얻으려면 0.1mm 단위의 두께제어가 필요하므로, 엄격한 제작공정 관리와 사후관리가 필요하다. 전자파 흡수체의 사용을 최소화하기 위해 금속재질의 주름 모양을 가진 판을 부착할 경우, 재래식 함정의 RCS를 크게 만드는 원인인 코너 반사판 구조의 RCS를 제거할 수 있다[9].

6.2.3 전자파 기만기 기술

수동형 및 능동형 전자파 기만기(Decoy)는 유도탄으로 하여금 기만기를 함정으로 오인하도록 기만하여 함정이 피격되지 않도록 하는 장비이다. 레이더 호밍장치를 장착한 유도탄을 방어하는 데 매우 효과적인 수단으로 평가받고 있다. 수동형 기만기는 단순히 전자파를 반사하는 데 비하여, 능동형 기만기는 레이더 신호를 수신한 후 증폭 및 가공하여 재전송한다. 1967년 3차 중동전에서 레이더로 호밍되는 스틱스(Styx) 유도탄에 의해 이스라엘 해군의 구축함이 피격된 이후, 1973년 라타키아 전투에서 이스라엘 해군이 채프(Chaff)와 전자전(Electronic Counter Measure: ECM) 장비를 이용하여 스틱스 유도탄을 무력화시킨 것이 수동형 기만기의 최초 운용 사례이다[14]. 기만기 특성에 따라 최초 표적획득 방해 및 지연(Confusion), 허위표적 제공(Distraction)과 추적 차단 또는 방해(Seduction) 등의 용도로 사용된다[15].

수동형 기만기는 채프형 기만기와 구조형 기만기 두 종류가 있다. 채프형 기만기는 위협 대상 주파수 파장의 1/2 길이를 가진 유리섬유에 알루미늄 등 금속 박막을 도포한 다이폴(Dipole)로 만든다. 위협 주파수 대역이 넓으면 여러 길이의 다이폴이 동시에 사용된다. 채프형 기만기는 가벼워서 채공시간이 길며 효과가 오래 지속되는 반면, 전개 후 수초가 지나면 각각의 다이폴이 수평으로 정렬하는 특성으로 인해 수직 편파형 전자파를 이용하는 레이더에 취약하다. 채프형 기만기의 단점을 해소하기 위해, 삼중코너 반사판(Trihedral Corner Reflector)이 일정 간격으로 공중에 배치되는 구조형 기만기가 도입되었다. 구조형 기만기는 코너 반사판의 무게 때문에 채공시간이 짧지만, 채프와 같이 특정 주파수에 공진하는 다이폴이 아니므로 대응 주파수 대역이 넓고 편파에 대한 RCS 차이가 미미하다. 그림 6-21에 채프형 기만기와 구조형 기만기의 운용개념을 제시하였다.

기만기와 유도탄의 상호 대응능력은 대함유도탄이 출현한 이래 끊임없이 발전해 왔다. 초기 대함유도탄의 분해능(分解能)은 수백 미터 수준이므로, 수백 미터 크기의 채프 운(雲)은 모양이나 크기와 상관없이 채프 운 전체가 하나의 점으로 인식된다. 그러나 10m 수준의 분해능을 갖는 레이더를 장착한 유도탄은 RBOC(Rapid-Blooming Offboard Chaff)와 같은 단순한 형태의 채프를 구분할 수 있는 능력을 갖추게 되었다. 유도탄 레이더의 채프 구분능력에 대응하기 위해, 채프는 다가이(DAGAIE) MK2와 같이 추적 차단효과가 향상된 지능형으로 발전

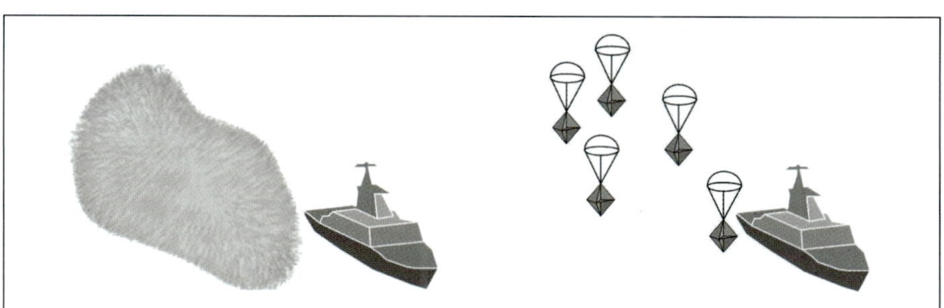

그림 6-21
채프형 기만기(좌)와 구조형 기만기(우)

하였다. 다가이 MK2는 풍향과 유도탄 접근방향을 고려하여 얇은 접시 모양의 채프 운을 자동으로 전개하며, 채프의 넓은 면이 레이더 방향으로 정렬된다. 유도탄 레이더가 분해능을 이용하여 채프와 함정을 구분하는 것을 차단할 수 있다. 전개 후 바람에 의해 이동하는 동안 함정과 교차하므로 유도탄의 함정 추적을 방해할 수 있다. 채프는 본질적으로 임의 방향으로 위치한 다이폴에 의해 반사파를 생성하므로, 채프 운의 RCS는 시간에 대한 변화주기가 함정에 비해 매우 짧다. 시간에 대한 통계적 특성분석을 이용할 경우, 채프와 함정이 구분될 수 있는 근본적인 취약점을 가지고 있다.

구조형 기만기는 채프가 쉽게 함정과 구분되는 점을 보완하기 위해 고안되었다. 레이더로 함정을 관측하면 함정은 유한한 수의 불연속적 산란점의 집합체로 보이는데, 함정의 산란점을 모사할 수 있도록 여러 개의 삼중코너 반사판을 공중에 전개하는 것이 바로 구조형 기만기이다. 삼중코너 반사판은 낙하속도가 채프에 비해 빠르므로 지속시간이 비교적 짧다. 하지만 함정의 반사신호와 유사한 형태의 반사신호를 생성하므로, 기존의 채프형 기만기를 구분하던 알고리즘으로는 기만기와 함정을 구분할 수 없게 된다. 표 6-2에 현재 각국에서 운용 중인 수동형 기만기의 성능특성을 제시하였다.

수동형 기만기의 RCS는 기만기의 형상이나 면적에 따라 결정되므로 일정 수준 이상의 RCS를 얻기 어렵다. 기만기의 이동이 바람과 밀접한 관계가 있으므로, 표적의 기동특성 분석을 통해 함정과 기만기를 구분할 가능성이 여전히 남아 있다. 그리고 수동형 기만기는 함정의 회전하는 레이더에서 발생하는 마이크로 도플러를 모사할 수 없다. 이러한 문제점을 극복하기 위해 고안된 것이 능동형 기만기이다. 능동형 기만기는 광대역 자동중계장치(Repeater)가 호버링(Hovering), 즉 공중에서 정지할 수 있는 로켓 플랫폼에 장착된 것으로서, 대표적인 예가 미 해군 DDG-51급 구축함에서 운용하고 있는 눌카(Nulka) 시스템이다[16]. 눌카 시

표 6-2
수동형 기만기 성능특성

구분	DAGAIE MK2	Super RBOC	DAGAIE NG	WIZARD
형태	채프형	채프형	구조형	구조형
주파수(GHz)	6~18	2~20	-	-
RCS(dBsm)	37~42	33~46	38~40	31~40
지속시간(초)	10분 이상	20분	〉40초	30~60초

스템은 복수 유도탄에 대해 동시 대응이 가능하고, 함정과 유사하게 기동할 수 있으며, 송신신호의 크기와 위상을 제어하여 함정 반사신호를 모사할 수 있다. 수동형 기만기보다 기만효과가 우수한 것으로 알려져 있다.

6.2.4 함정 RCS 예측 및 측정 기술

1) RCS 예측

RCS 예측은 함정의 설계단계에서 CAD 전산모델을 이용하여 수행된다. RCS 예측기법에는 여러 종류가 있으나, 함정에 사용되는 주파수 대역이 I와 J 대역(8~20GHz)이므로, 함정 RCS 예측에는 주로 고주파 RCS 예측기법이 사용된다[10, 11].

함정 설계단계에서의 RCS 예측은 주로 상용화된 RCS 예측/분석 소프트웨어가 활용된다. 대부분의 RCS 예측/분석 소프트웨어는 RCS 예측기능뿐만 아니라 다양한 데이터 분석기능을 갖추고 있다[11, 12]. 이러한 기능은 사용자가 전자파 산란현상, 형상변경 및 흡수체 적용효과 등을 신속하게 분석할 수 있도록 한다. 설계자는 아마효과(Hungry Horse Effect)와 같이 건조·운용 과정에서 발생하는 RCS 증가와 해상 운용환경에서의 RCS 측정결과를 예측할 수 있다. 현재 세계적으로 여러 종류의 소프트웨어가 개발되어 운용되고 있으나, 기술보호 정책으로 인해 관련 소프트웨어는 수출금지 또는 허가 품목으로 지정되어 엄격하게 관리되고 있다.

2) RCS 측정

RCS 측정은 표적의 종류, 측정조건 및 데이터 형태에 적합한 측정장비 또는 시설로 이루어진다. 측정조건은 각도, 거리, 주파수 등이며, 획득하는 데이터 형태는 RCS, ISAR(Inverse Synthetic Aperture Radar) 등 신호처리 후의 최종 결과를 뜻한다. 세계적으로 다양한 형태의 RCS 측정장비나 시설이 운용되고 있으며, 레이더와 표적 간의 거리, 송수신 위치의 분리 여부, 실내 또는 실외 등 네 가지 관점에서 표 6-3과 같이 분류될 수 있다[13].

실내 측정시설은 측정 표적의 크기에 한계가 있으므로 비교적 작은 표적의 RCS 측정에 활용된다. 실내 측정은 측정환경의 엄격한 제어가 가능하므로 정확도가 높다는 것이 장점이다. 그러나 정밀한 축소 모형을 만들기가 쉽지 않고 축소

표 6-3
RCS 측정시설 분류

분류기준	측정시설 명칭
거리	원전계 측정시설(Far Field Range)
	컴팩트 레인지 측정시설(Compact Range)
	근접전계 측정시설(Near Field Range)
송수신 위치	모노스태틱 측정시설(Monostatic Range)
	바이스태틱 측정시설(Bistatic Range)
실내·외	실내 측정시설(Indoor Range)
	실외 측정시설(Outdoor Range)
표적기동	정적 측정시설(Static Range)
	동적 측정시설(Dynamic Range)

비율만큼 주파수를 증가시켜야 하기 때문에 실내에서 실제 함정의 측정은 불가능하다. 따라서 함정 RCS 측정은 해상의 운용환경에서 야외 측정장비로 수행된다. 함정용 야외 RCS 측정장비는 지상 레이더형과 항공기 탑재형으로 분류된다. 한국 국방과학연구소가 운용하고 있는 AVRIS(ADD Vehicle-based RCS Instrumentation System)는 지상 레이더형이며, 미 해군연구소 NSWC에서 운용하고 있는 DSMS(Deployable Signature Measurement System)는 항공기 탑재형이다.

6.3 | 적외선 신호 감소기술

6.3.1 적외선 특성

1) 일반특성

적외선(Infrared: IR)의 발견은 1800년 영국 허쉘 경(Sir Frederick William Herschel)이 태양관찰 도중 가시광선 중에 빨간색보다 긴 파장영역의 광선이 존재할 것이라는 인식으로부터 시작되었다. 보이지 않는 적외선 부분에 열의 발생이 있다는 사실이 최초로 관측된 후, 1864년 맥스웰(Maxwell)은 전자파의 존재를 이론적으로 제시하였으며 1871년 빛도 역시 전자파라는 학설을 제시하였다. 그러나 광전효과에서 빛의 입자적 성질이 드러남으로써, 양자역학에 의해 빛의 파동성과 입자성을 설명하게 되었다.

허쉘 경처럼 프리즘의 뾰족한 부분을 위쪽으로 해서 태양광을 분광하면 빨간색이 가장 위쪽이 된다. 무지개의 경우도 가장 위쪽 부분은 빨간색이다. 허쉘 경은 적외선을 "보이지 않는 광선"이라고 했는데, 이때 적외선에 이름을 붙였다면 Infra[下]가 아닌 Ultra[上]였을 것이다. 적외선이라는 용어는 처음에는 "보이지 않는 빛" 또는 "열을 발생하는 빛" 등으로 불리었다. 적외선이 전자파이며 파장이 가시광선보다 길다는 사실이 알려진 이후, 1880년부터 파장이 가시광선보다 아래라는 의미로 사용되기 시작했다.

지구상에는 주야를 불문하고 적외선 신호(Infrared Signature)를 매체로 하는 정보가 흘러넘치고 이들 정보를 활용하고자 하는 바람이 간절했으나, 적외선 신호처리 기술의 개발과 응용은 미진하였다. 적외선이 대기 중의 수분과 탄산가스 등에 의해 산란·흡수되어 나타나는 감쇠효과로 인해 전파에 비해 유효거리가 짧다는 점, 적외선 정보를 정확하게 처리하는 센서의 개발이 느린 점, 개발된 적외선 장치가 고가인 점 등으로 인해 우주기술과 군사용으로 제한되어 사용되었다.

최근 들어 적외선이 지닌 여러 특성을 살려 다양한 분야에서 활용되고 있으며, 반도체 제조와 동일한 기술을 이용해 개발된 고성능 센서가 저렴해짐으로써 적외선 이용영역이 크게 확대되고 있다. 특히 군사분야에서는 야시경을 시작으로 유도탄의 표적탐색기로 적용됨으로써, 적외선 호밍유도탄은 함정과 항공기에 대해 주·야간에 걸쳐 커다란 위협으로 자리 잡았다. 따라서 함정의 적외선 저감은 함정 설계단계에서 매우 중요한 과제가 되었다.

2) 물리적 특성 및 주파수 대역

적외선 신호의 발생구조는 현대물리학 양자론(Quantum Theory)으로 설명할 수 있다. 절대온도 0도(섭씨 -273.15°C) 이상의 모든 물질은 특정한 양의 운동에너지를 갖고 있다. 물체가 뜨거울수록 회전운동과 진동으로부터 만들어진 원자의 활동은 더욱 활발해지고, 물체 내 원자의 진동은 주기적으로 정상궤도를 벗어나 더 높은 궤도에서 이웃해 있는 원자 주변의 전자와 충돌한다. 이렇게 위치가 잘못 놓인 전자는 광자의 형태로 잉여 에너지를 발산하면서 원래의 궤도로 다시 돌아간다. 물체 표면에서 발산된 광자는 그림 6-22에 제시한 것처럼 주변 공간으로 뻗어나간다. 이를 전자기 방사선(Electromagnetic Radiation)이라 하는데, 전자기 방사선은 빛의 속도로 움직이면서 반구형의 모양으로 표면을 빠져나간다. 전자기

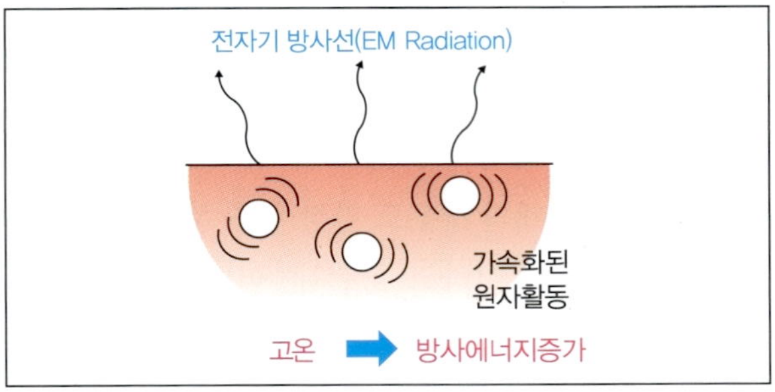

그림 6-22
전자기 방사 발생구조

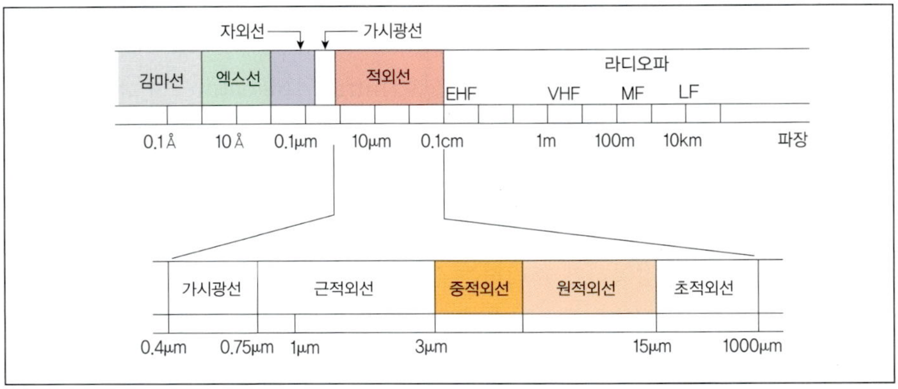

그림 6-23
적외선의 전자기 스펙트럼 대역

방사선은 매우 넓은 범위의 주파수로 방출될 수 있으며, 주파수 범위는 전자기 스펙트럼 대역으로 나타낼 수 있다.

그림 6-23에 제시한 것처럼 적외선은 전자기 스펙트럼 대역에서 라디오파인 마이크로파와 가시광선 사이에 놓여 있다. 적외선은 파장에 맞는 렌즈, 반사경 및 프리즘을 이용하여 신호의 집속, 직진 및 확산이 가능하다. 가시광선을 이용한 사진기와 동일한 형태로 영상을 활용할 수 있게 된다. 적외선은 파장이 가시광선보다 길어 가시광선이 투과하지 못하는 불투명체 물질도 투과가 가능하다. 적외선은 대기 중에 있는 공기와 에어로졸(Aerosol) 등에 의해 산란되며, 특히 가스 및 분자, 비, 눈, 연무, 안개, 아지랑이 등의 수증기에 흡수되거나 산란되어 전파과정에서 신호가 감소한다.

적외선 신호의 파장은 레이더가 이용하는 라디오파보다 매우 짧고 기상환경에 많은 영향을 받는 특성을 지닌다. 광학계를 활용할 경우 장비의 소형화가 가능하고, 대상 물체로부터 방사되는 적외선 신호를 검출하는 수동적인 특성을 지니고 있다. 따라서 적외선을 이용하는 센서는 별도의 능동적인 신호를 필요로 하는

표 6-4
레이더 및 적외선 센서의 특성 대비

항목	레이더	적외선 센서
신호원	필요(능동)	불필요(수동)
환경/기상	둔감	민감(습도, 온도)
공간분해능력	떨어짐	아주 좋음
전자기만(ECM)	ECM 용이	ECM 어려움
크기/가격	대형, 고가	소형, 상대적 저가
거리정보	획득 가능	획득 불가능(레이저 이용)

레이더와 많은 차이가 있으며, 표 6-4에 특성의 차이를 제시하였다.

적외선 센서의 특성을 이용하는 무기체계 및 탐지장비로는 적외선 탐색기(IR Seeker)를 장착한 대함 순항유도탄, 적외선 영상장비를 이용하는 탐지장비 FLIR(Forward Looking Infra-Red), 전자광학 추적장비(EOTS), 그리고 적외선 탐지기를 장착한 대함유도탄을 탐지 및 추적하는 적외선 탐지·추적 장치(IRST)가 있다.

6.3.2 함정 적외선 방사특성

함정에서 방사되는 적외선 신호는 해양 및 대기환경으로부터의 복사열이 함정 표면에 반사되어 열에너지가 방사(放射)됨으로써 발생한다. 함정 운항에 필요한 에너지원을 얻기 위한 엔진에서 화석연료를 사용한 후 폐기되는 고온 배기가스로부터 방출되는 신호도 함정이 방사하는 적외선 신호이다. 함정에서 방사되는 적외선 신호와 주변 환경 방출신호와의 대비를 함정의 복사 대비 적외선 신호(Radiosity)라고 표현한다.

실제 해상환경에 놓여 있는 함정은 그림 6-24에 제시한 바와 같이 함정 내부의 열원과 함정 외부 주변 환경에 의해 매우 복잡한 열전달 과정을 겪는다. 이러한 열전달을 요약하면 온도 차에 의해 이동하는 열에너지라고 정의할 수 있다. 열전달 과정은 전도, 대류, 복사의 형태로 이루어지며, 각각의 형태 또는 이들의 조합으로 이루어진다.

함정의 적외선 신호는 표면특성과 온도에 의한 표면 자체의 방사신호와 환경으로부터 입사된 신호가 표면에 반사되어 나가는 신호의 합으로 나타난다. 방사

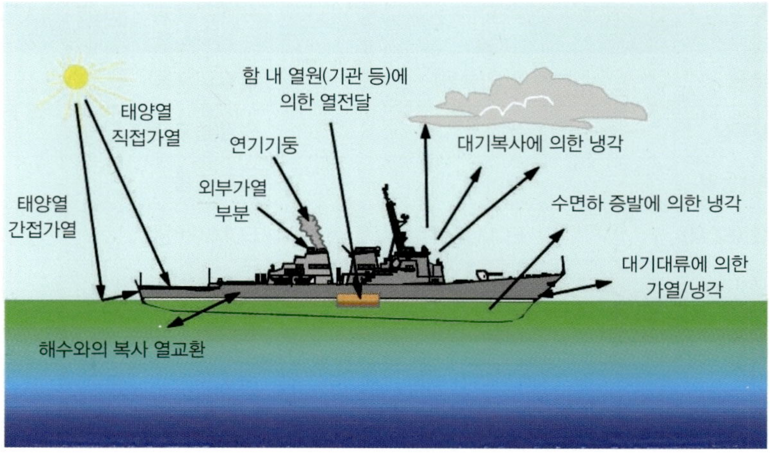

그림 6-24
함정의 열평형 상태(주간)

된 적외선 신호는 대기환경 조건에 의한 감쇠과정을 거쳐 관측기 위치에 최종 신호로 도달하게 된다. 이와 같이 함정의 적외선 신호는 주변 해양환경 조건에 의해 표면온도가 결정되는 열전달 과정과, 함정 표면에서 방사되는 신호의 대기감쇠 과정을 통해 매우 민감하게 영향을 받는다. 때문에 태양이 있는 주간의 함정 방사 신호는 주변 환경으로부터 많은 영향을 받게 된다.

해상의 함정은 비교적 균일한 환경에 놓여 있으므로, 함정에서 방사되는 복사 대비 적외선 신호는 적외선 유도무기에 좋은 표적이 되며 함정의 생존성을 떨어뜨리는 결과를 가져온다. 따라서 함정 적외선 신호의 감소는 레이더 반사 단면적(RCS) 감소와 마찬가지로 함정의 생존성 측면에서 매우 중요한 과제가 되고 있다.

6.3.3 함정 적외선 신호 감소대책

적외선 호밍 대함유도탄의 위협이 현실화된 이후, 함정의 피탐 가능성을 감소시키기 위해 최근 함정은 적외선 신호 저감장치(Infra-Red Suppression System: IRSS)를 설치하고 있다. 신호 저감장치를 설치하더라도 보다 낮은 적외선 신호 수준을 유지하기 위해서는 함정 설계과정에서 세심한 주의를 기울여야 한다. 함정 적외선 신호는 내부에서 발생한 신호원과 외부에서 발생한 신호원으로 구분할 수 있으며, 이에 따라 적외선 신호 감소대책도 달라진다.

1) 함정 내부신호 감소기술

적외선 내부신호는 함정 내부에서 발생하는 열원을 가리킨다. 적외선 내부신호는 특성을 쉽게 확인할 수 있고, 함정 설계단계에서 신호저감 방안을 적용하기가 용이하다. 함정 내부에서 적외선 신호가 발생하는 가장 큰 원인은 엔진의 뜨거운 배기가스에 의해 달구어진 연돌 부위의 금속 표면과 주 추진기관의 배기장치에서 나오는 가스이다. 대표적인 적외선 신호 감소대책은 배기가스 냉각장치와 시각적으로 드러나 보이는 금속 표면을 냉각시키는 방법이다.

추진기관 배기장치의 적외선 신호 저감장치(IRSS)는 배기가스를 포함한 배기장치의 온도를 낮추는 장치로서, 신선한 외부공기를 흡입하여 배기가스와 혼합시키는 장치이다. 그림 6-25에 적외선 신호 저감을 위한 배기장치의 여러 형태를 제시하였다. 그림에서 작은 화살표는 외부공기의 흡입을 의미한다.

추진기관 배기가스는 함정의 다른 부분에 영향을 끼쳐 부차적인 열방출과 센서의 성능에 영향을 미칠 수 있다. 뜨거운 배기가스가 외부의 금속면이나 민감한 센서장비들과 부딪쳐 비정상적으로 온도를 높임으로써, 선체 표면의 적외선 신호 방사를 증가시키고 센서장비의 온도가 허용 작동온도를 초과하게 만들기 때문이다. 배기가스의 영향을 직접 받는 금속 표면이 없도록 배기가스의 배출방향을 바꾸거나, 센서장비의 설치 위치를 변경하는 등 대책을 적용한다.

공기조화장치(HVAC)의 통풍시스템에 대해서는 적외선 저감을 위해 특별한

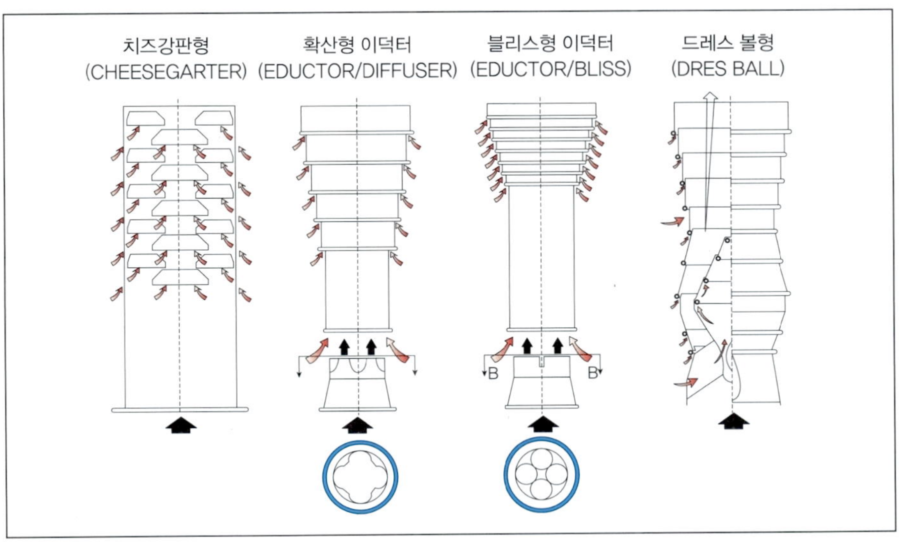

그림 6-25
연돌 배기가스 냉각방식 예 [5]

저감장치를 적용하는 방법과, 설계과정에서 충분한 검토를 통해 최적화시키는 방법이 있다. 적용해야 할 기본원칙은 통풍용 공기로 가열되는 표면이 최소화되어야 한다는 것이다. 통풍구 배기장치의 더운 공기를 적외선 신호 저감장치(IRSS)가 설치된 연돌 부위로 내보내거나, 통풍용 배출격자를 외부에 쉽게 보이지 않는 장소에 위치시킴으로써 가능해진다.

갑판에 설치된 다양한 센서장비와 기타 설비는 함정 적외선 신호에 영향을 미치면서도 잘 드러나지 않는 요인들이다. 갑판에 설치된 장비의 작동온도를 설계단계에서 미리 확인하고, 높은 온도에 대비하여 조치를 취해야 한다. 특히 적외선 신호를 방사하는 갑판장비의 경우 실제 운항해역에서의 실선 적외선 측정실험(Full Scale IR Measurement at Sea Trial)을 통해 확인하고, 적외선 방사신호가 높을 경우 필요한 조치를 취해야 한다.

2) 함정 외부신호 감소기술

함정의 내부열원이 단열되었을 때, 함정의 선체 표면온도는 태양의 위치, 바람의 세기와 방향 등 주위 자연환경에 영향받는다. 때문에 함정의 외부 적외선 신호는 외부 환경의 절대적 지배를 받는다.

선체 표면은 태양, 바다, 하늘의 방사뿐만 아니라 주변 공기와의 자유로운 대류순환에 의해 온도가 결정된다. 주간에 함정이 태양에 노출될 때 태양에 의한 가열은 선체 표면의 온도 차를 80°C까지 높일 수 있다. 태양에 의한 가열의 중요성은 겨울철에도 줄지 않으며, 표면 대조 온도는 일반적으로 여름만큼 겨울에도 크다. 외부신호의 속성으로 인해 그동안 신호저감 노력을 하지 않았으나, 최근 해수냉각 방법 등이 활용되고 있다.

현대 함정은 대부분의 경우 화생방전(Nuclear, Biological, Chemical: NBC)에 대비하여 함정의 표면을 씻어내는 스프링클러 시스템을 설치하고 있다. 이러한 스프링클러 시스템은 선체 표면 냉각시스템으로 활용되고 있으며, 스프링클러 시스템을 확장하여 함정의 전체 표면을 해수로 냉각하기도 한다. 이런 방식으로 적외선 신호를 저감할 경우, 주변과의 복사 대비가 크게 감소하여 함정의 적외선 영상이 잘 나타나지 않는다. 수직 표면을 갖는 전통적인 함정은 레이더 반사 단면적(RCS)을 줄이기 위해 선체 경사각을 많이 줄이기를 원한다. 그러나 적외선 신호 측면에서는 수직면 선체가 더 낮은 신호를 방출한다. 따라서 적외선 신호와 레이더 반사 단면적(RCS)을 동시에 저감시키기 위해서는 선체 표면의 경사각을 절충할 필요가 있다.

6.3.4 적외선 기만기 기술

적외선 호밍 대함유도탄에 대한 함정의 방어수단으로 함정의 적외선 신호보다 강력한 열방사 신호를 만들어 유도탄을 유도하는 적외선 기만기가 있으며 플레어(Flare)가 주로 사용된다.

플레어는 영어로 섬광탄이란 뜻을 갖고 있는데, 섬광탄과 비슷하게 빛을 내지만 실제로는 빛 자체보다 적외선을 더 많이 방출한다. 플레어는 레이더 기만기인 채프(Chaff)와 마찬가지로 통 속에 장입되어 있다가 발사되어 공중에 뿌려진다. 함정의 적외선 신호보다 더 많은 열을 내기 때문에 적외선 호밍 대함유도탄은 플레어의 섬광을 목표물로 인식하고 추적하게 된다. 가장 강력한 적외선을 추적하게 되어 있는 유도탄 적외선 탐색기의 원리를 이용한 기만수단인 것이다. 그림 6-26에 발사된 기만기의 플레어 전개장면을 제시하였다.

최근 유도탄 적외선 호밍기술은 단순히 적외선만을 감지하여 추적하는 것이 아니라, 목표물 표적을 영상카메라로 확인하여 추적하는 열영상 추적방식으로 바뀌고 있다. 종래의 열추적 방식 유도탄은 유인하기 쉬웠지만, 열영상 추적방식 유도탄은 목표물 표적의 형상을 구분하여 추적하므로 유인하기가 매우 까다로울 수밖에 없다.

이에 대응하여 최근에는 차세대 적외선 디코이(Decoy)가 개발되고 있다. 차세대 적외선 디코이는 함정에서 발사된 후 적외선 물질로 구성된 적외선 구름층을 형성하게 되어 있다. 최초 발사된 디코이가 함정 앞부분에 하나의 구름층을 형성하고, 중간 발사 디코이들이 수개의 구름층을 형성하며, 종말 발사단계에서는 더 많은 구름층을 형성함으로써 적외선 호밍 대함유도탄을 유인하게 된다.

그림 6-26
함정 적외선 신호 기만기 플레어 전개장면

6.4 | 전자기 신호 감소기술

6.4.1 함정 전자기 신호특성

1) 감응기뢰의 위협

기뢰(Mine)는 항만이나 해역을 봉쇄 또는 방어하는 효과적인 무기체계로서, 천해에서 바다 위를 항해하는 함정에 큰 위협이 되는 수중무기이다. 빈자(貧者)의 무기로도 알려진 기뢰는 경우에 따라 단 한 발로 고가의 대형 함정을 침몰시킬 수 있는 매우 위협적이고 효과적인 무기체계로 200년 이상의 역사를 가지고 있다.

기뢰는 1차·2차 세계대전, 한국전쟁 등을 통해 기존의 접촉식 기뢰에서 자기, 음향, 압력, 항적 등 함정에서 발생하는 다양한 신호들을 감지하여 폭발하는 감응식 기뢰로 발전하였으며, 현재 많은 국가들이 운용하고 있다.

감응식 기뢰의 대부분은 함정에서 발생하는 자기장 신호를 탐지하여 최종 발화시점을 결정한다. 함정의 수중 전자기 신호(Underwater Electro-Magnetic Signature) 수준은 기뢰가 부설되어 있는 전시 상황에서 함정의 생존 여부를 결정짓는 핵심적인 요건의 하나라고 할 수 있다.

2) 지구 자기장의 영향

우리가 살고 있는 지구에는 자전에 의해 지구 내부의 외핵을 구성하고 있는 니켈, 철과 같은 액체 금속 성분들의 대류현상이 일어나 지구 자기장(Earth Magnetic Field)이 발생한다. 이러한 현상을 이해하기 쉽게 표현하면 지구는 내부에 하나의 거대한 자석이 들어 있는 구라고 가정할 수 있다. 지구 자석에 의한 북극과 남극은 지리적인 북극과 남극에 비해 약간의 편차가 있으며, 지구 자석에서 발생하는 자기력선의 방향은 그림 6-27에 제시한 바와 같이 자기적인 북극(지리적인 남극 부근)에서 나와 자기적인 남극(지리적인 북극 부근)으로 들어가는 방향이 된다. 우리나라의 경우 약 7° 편차를 가지며 수평 자기장 및 수직 자기장 성분이 동시에 존재한다. 이러한 지구 자기장의 존재는 강자성체로 만들어진 함정 선체 및 탑재장비를 자화시켜 함정 자기장 신호를 발생하게 한다. 다시 말해 함정이 자기감응 기뢰 등 수중 무기체계에 탐지되는 근본 원인은 지구 자기장의 존재인 것이다. 그림 6-27에 지구 자기장의 발생현상을 제시하였다.

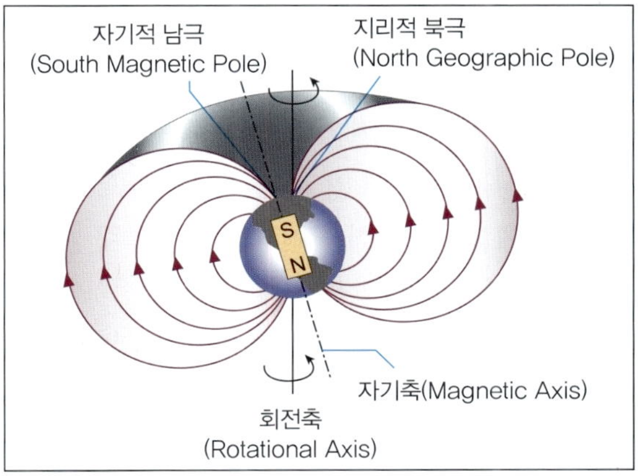

그림 6-27
지구 자기장 발생

6.4.2 함정 전자기 신호 발생원

함정에서 발생하는 수중 전자기 신호를 발생 원인별로 분류하면, 그림 6-28에 제시한 것처럼 강자성 재질의 선체 및 탑재장비에 의한 전자기 신호, 선체 부식 및 부식방지 장치에 의한 전자기 신호, 프로펠러 및 전력기기, 전동기, 발전기 등 함내 전력기기에 의한 전자기 신호 등이 있다[1~3].

1) 강자성 선체 및 탑재장비에 의한 전자기 신호

자기장 내에 도체를 놓으면, 도체의 양 단에 자극이 나타나면서 자기장의 분포가 교란되는데 이것이 자화(磁化)이다. 자화가 되는 물질은 자성체, 자화가 되지 않는 물질은 비자성체라 한다. 자성체 중 철(Fe), 니켈(Ni), 코발트(Co) 등을 강자성체라 하며, 강자성체는 스핀(Spin)에 의한 자기 모멘트가 서로 접근하여 원자 전

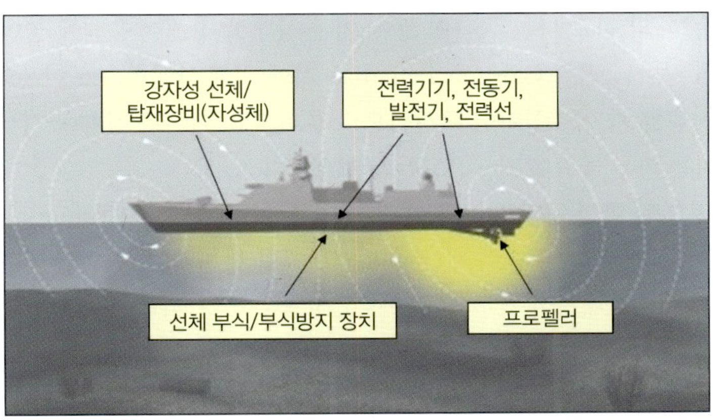

그림 6-28
함정 발생 전자기 신호원

체의 모멘트를 동일 방향으로 정렬하고 있는 자구(Magnetic Domain)를 가지고 있다. 여기에 강한 외부 자기장이 가해지면 자구가 일정한 방향으로 정렬한다. 이와 같은 상태에서 외부 자기장이 제거되면 자구는 다시 원래의 방향으로 되돌아가는데, 일부는 완전히 되돌아가지 않고 잔류하여 영구 자석으로 남게 된다.

강자성 선체 및 탑재장비에 의한 자기장 신호는 지구 자기장 환경에서 함정의 영구적 또는 일시적 자화에 의해 발생하며, 구성성분을 구분하면 아래와 같다.

첫째, 함 건조과정에서의 기계적 또는 열응력에 의해 강자성 재질의 선체 및 탑재장비에 영구적으로 자화되는 영구 자기장(Permanent Magnetic Field) 성분

둘째, 지구 자기장 환경에서 함정 항해방향 및 자기 위도 변화에 의해 일시적으로 유기되는 유도 자화에 의한 유도 자기장(Induced Magnetic Field) 성분

셋째, 횡동요(Rolling), 종동요(Pitching) 등 함정 요동에 의해 선체 표면에 발생하는 와전류에 의한 와전류 자기장(Eddy Current Magnetic Field) 성분

넷째, 함정 내 전력기기 및 전력선 등에 의한 누설 자기장(Stray Magnetic Field) 성분

이들 중 강자성 선체재질로 건조되는 일반 함정의 경우 영구 자기장 및 유도 자기장 성분이 함정 자기장의 대부분을 차지한다.

2) 선체 부식 및 부식방지 장치에 의한 전자기 신호

가) 선체 부식에 의한 전자기 신호

선체 부식은 부식의 여러 종류 중 갈바닉(Galvanic) 부식에 해당한다. 갈바닉 부식에서는 2개의 서로 다른 금속이 쌍을 이룬 상태로 전해질 용액에 놓이게 되면, 두 금속의 갈바닉 전위(Galvanic Potential) 차에 의해 상대적으로 이온화 경향이 큰 (−) 전위를 가지는 금속이 우선적으로 부식되고, 이온화 경향이 작은 (+) 전위를 가지는 다른 금속은 부식으로부터 보호된다.

일반적으로 함정 프로펠러의 재질은 청동 합금(Nickel Aluminum Bronze: NAB)이며, 함정 선체는 철로 제작된다. 일반적인 함정 선저 전위는 약 −0.6V이며, 청동계통 프로펠러인 경우에는 약 −0.2V 부근이다. 따라서 선체의 갈바닉 전

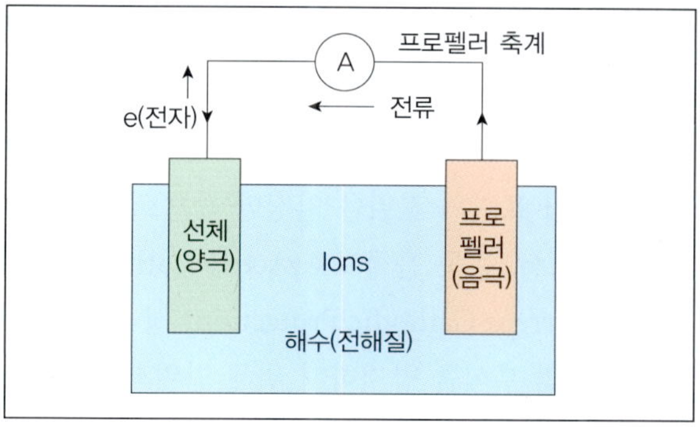

그림 6-29
갈바닉 부식 모델

위가 프로펠러에 비해 상대적으로 (−) 전위를 가지므로, 그림 6-29에 제시한 바와 같이 선체 표면에서 갈바닉 부식현상이 일어나고 프로펠러는 부식으로부터 보호되는 것이다.

상대적으로 (−) 전위를 가지는 선체는 이온화($Fe \rightarrow Fe^{2+} + 2e^{-}$)되어 전자(Electron)는 프로펠러 축계를 통해 상대적으로 (+) 전위를 가지는 프로펠러로 이동한다. 따라서 부식전류는 전자의 이동경로와 반대로 선체 → 해수 → 프로펠러 → 프로펠러 축계의 폐루프(Closed Loof)를 통해 흐르며, 이러한 전류에 의해 전기장 신호가 수중에서 발생하고, 전기장 신호로 인해 자기장이 추가로 발생하게 되는 것이다.

나) 선체 부식방지 장치에 의한 전자기 신호

선체의 부식을 방지하기 위해 일반적으로 선저 표면에 내부식성 도료를 도장하는 방법이 사용된다. 그러나 장기적인 함정 운용으로 인해 국부적인 도료 손상이 일어나므로, 이 방법으로는 선체의 부식현상을 통제할 수 없다. 이를 보완하기 위해 함정에서는 선체 표면에 선체보다 갈바닉 전위가 낮은 금속을 부착하는 수동 부식방지 장치와, 비소모성 양극을 통해 선저 전위를 일정한 전위로 항상 유지시켜 주는 능동 부식방지 장치를 적용하고 있다.

(1) 수동 부식방지 장치

수동 부식방지 장치는 함정 선저 표면에 선체 금속보다 갈바닉 전위가 낮은 금속인 아연, 마그네슘, 알루미늄 등을 인위적으로 부착하여 선체보다 먼저 부식이 일어나게 하는 장치로서, 수동 음극보호(Passive Cathodic Protection) 장치라고도 한다. 선체와 프로펠러는 음극이 되고, 선저에 부착된 금속들은 선체보다 먼저 부식이 일어나므로 선체는 부식으로부터 보호된다. 수동 부식방지 장치를 사용하는 경우, 부식방지 전류가 폐루프를 형성하므로 수중에서 전기장과 자기장을 발생시키는 주요 원인이 된다.

(2) 능동 부식방지 장치

능동 부식방지 장치는 선저 표면의 전위를 일정한 값으로 유지하여 선체를 부식으로부터 보호하는 장치로서, 능동 음극보호(Active Cathodic Protection) 장치 또는 ICCP(Impressed Current Cathodic Protection) 장치라고도 한다. 능동 부식방지 장치의 경우, 선체의 부식을 방지하기 위해 인위적으로 방식전류를 해수를 통해 선체 표면으로 흘려주므로 수중 전자기 신호를 발생시키는 요인이 된다. 또한 함정 프로펠러 축계 회전에 의해 선체 부식방지 전류의 변조현상이 생김으로써 수십 Hz 대역까지의 교류 전자기 신호가 발생할 수 있다. 능동 부식방지 장치의 전원 필터 특성이 나쁜 경우 수백 Hz 대역까지의 교류 전자기 신호가 발생한다. 함정 내 60Hz와 400Hz를 사용하는 각종 전력기기 및 전력선에서 방사되는 수 kHz 대역의 교류 전자기 신호도 해수를 통해 수중으로 전파되어 수중 전자기 신호를 발생시킨다.

6.4.3 함정 전자기 신호 감소대책

1) 강자성 선체 및 탑재장비에 의한 전자기 신호 감소대책

강자성 선체 및 탑재장비에 의한 전자기 신호를 감소시키기 위해 수동 및 능동식 자기 보호대책이 강구되고 있다. 수동식 전자기 보호대책으로는 비자성 선체재질의 사용, 함정 건조 시 신호관리 대책 적용, 탈자(脫磁) 등 함정 선체의 자기처리, 누설 자기장 감소를 고려한 탑재장비 설계 등의 방법이 있다. 능동식 자기보호 대책으로는 소자(消磁) 장비를 함정 내부에 탑재·운용하여 함정의 자기장을 능동적으로 감소시키는 방법이 있다. 일반적으로 강자성 선체를 가진 함정에서는 자기장 감소대책으로 주로 자기처리 및 소자 방식을 사용한다.

가) 비자성 선체재질의 사용

함정 선체에서 발생하는 자기장을 줄이기 위한 가장 좋은 방법은 선체를 비자성 재질로 건조하여, 별도의 소자장비를 탑재하지 않더라도 함정에서 발생하는 자기장 신호의 크기를 최소화하는 것이다. 현재 세계 각국에서 운용 중인 소해함의 경우 목재, FRP(Fiber Reinforced Plastic) 복합재, 스테인리스 스틸 등 비자성 재질로 선체를 건조하고 있다.

나) 함정 건조 시 신호관리 대책

선체를 비자성 재질로 건조하지 않을 경우, 건조단계에서 선체에 영구자화가 형성되는 것을 최대한 억제하고 특정 부위에 영구자화가 집중 형성되는 것을 방지하기 위한 대책이 필요하다. 함정 건조 시 영구자화의 형성을 억제하기 위해 사용되는 방법은 다음과 같다.

- 강한 자기장 신호에 노출 억제 및 기계적인 응력 최소화
- 길이방향 영구 자기장을 최소화하기 위해 함정을 동서방향으로 둔 상태로 건조
- 용접 시 교류전원을 사용
- 함정 건조일정의 절반이 완료되는 시점에서 함수 방향을 180° 회전
- 함정 섹션(Section) 건조·공작 시, 인접 섹션들을 반대방향으로 위치시킨 상태로 제작

다) 함정 선체의 자기처리

탈자방식, 즉 자기처리(Deperming) 방식은 함정 선체의 영구자화 성분을 제거하는 과정으로서, 2차 세계대전 이후 미국, 영국을 포함한 대부분의 국가에서 적용하고 있다. 일반적으로 함정 자기처리 시설은 그림 6-30에 제시한 바와 같이 함정 종축방향 자화를 제거하기 위한 솔레노이드형 X-Coil 시스템과, 함정 수직방향 자화를 제거하는 Z-Coil 시스템으로 구성된다. 함정의 자기처리는 먼저 함정의 이전 자기 이력(Magnetic History)을 제거하여 자기 평형상태(Equilibrium State)를 형성한 후, 수평·수직 방향의 영구 자기장 성분을 제거하는 절차로 수행된다. 독일, 스웨덴 등에서는 그림 6-31에 제시한 바와 같이 해저 바닥면에 자장발생 코일들을 설

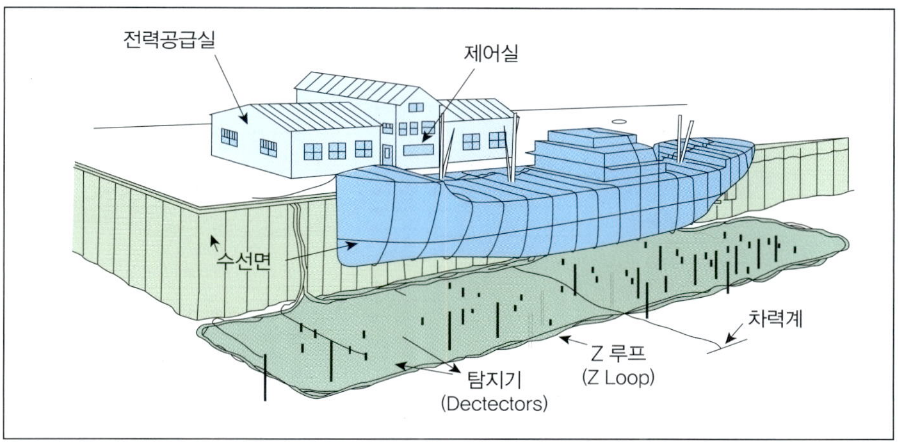

그림 6-30
코일시스템 방식 자기처리 설비

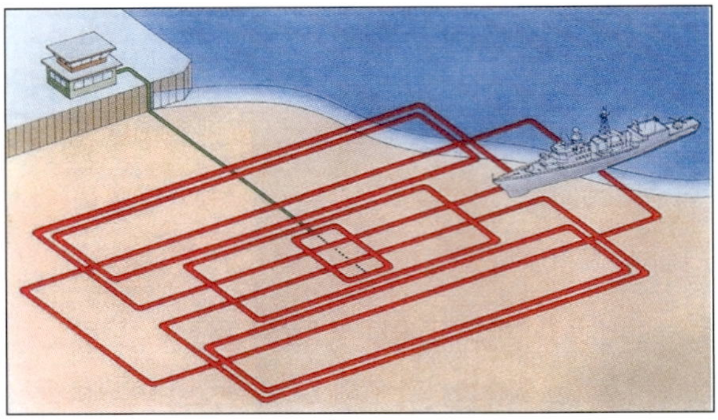

그림 6-31
오버런(Over-Run) 방식 자기처리 설비

치한 후 함정 통과 시 저주파수 교류전류를 인가하여 함정 영구자화를 제거하는 오버런(Over-Run) 자기처리 방식을 사용하고 있다.

라) 함정 소자장비의 운용

소자장비(Degaussing System)는 함정 내부에 설치되는 장비로서, 자기기뢰가 부설되어 있는 해역을 항해할 때 자함을 보호하기 위한 수단이다. 자기처리(Deperming) 후 잔류된 영구 자기장 성분과 선수방향, 지자기 환경 등 함 운용조건에 따라 발생하는 유도 자기장 성분을 상쇄하는 기능을 수행한다. 소자장비는 그림 6-32에 제시한 바와 같이 함정의 각 축별 발생 자기장 신호를 상쇄시키기 위해 수직축, 수평 종축 및 수평 횡축 방향으로 설치하는 소자코일과 각 코일에 전류를 공급하기 위한 전원공급기, 항해 중 함 요동에 의한 유도 자기장 성분의 변화를 실시간

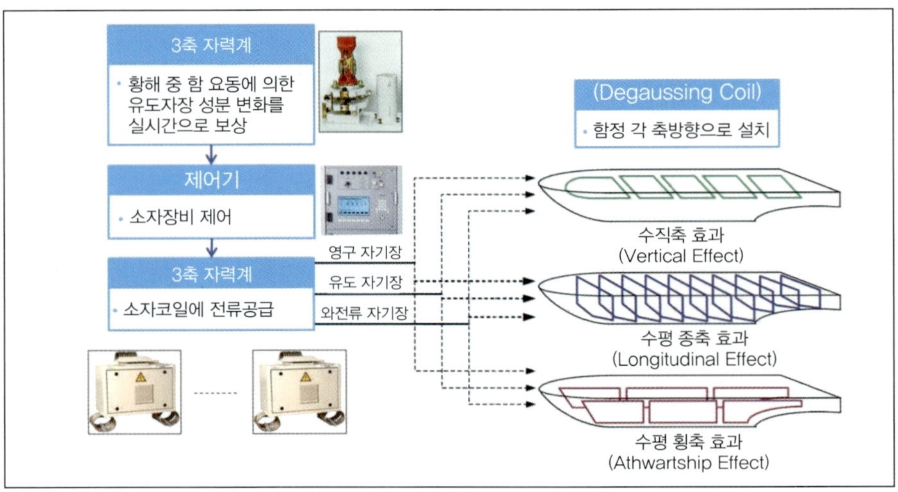

그림 6-32
함정 소자장비 구성

으로 보상하기 위한 3축 자기센서(Triaxial Probe), 그리고 소자장비 전체를 제어하기 위한 제어기 등으로 구성된다[4].

함정의 영구 자기장 신호는 크기가 함정 운용환경에 따라 급격히 변하지 않으나, 유도 자기장 신호는 함정이 운용되는 지자기 환경과 횡동요, 종동요 등 함정 움직임에 따라 변화한다. 영구 자기장과 유도 자기장 신호는 개별 보상되어야 하며, 소자코일에 인가되는 전류를 설정하기에 앞서 영구 자기장과 유도 자기장 성분을 명확히 분리하는 절차가 필요하다. 영구 및 유도 자기장 신호 성분은 함정 건조 후 해상 자기측정소(Magnetic Measurement Range)에서 함정 진행 방향별 자기장 신호 측정을 통해 분리할 수 있다.

2) 선체 부식 및 부식방지 장치에 의한 전자기 신호 감소대책

선체 부식 및 부식방지 장치에 의한 수중 전자기 신호는 선체 재질과 구조, 선체 도료 종류와 도장 손실 정도, 함정 운용수심, 수동·능동 부식방지 장치 등 운용조건과 수심·수온, 해수 및 해저면의 전도율 등 환경조건에 따라 크게 달라진다. 세계 각국 해군에서는 함정 운용 및 환경조건 변화에 따른 함정의 수중 전자기 신호 특성을 예측할 수 있는 모델 개발 및 축소 모형 제작을 통한 모형시험 등 대책을 강구하고 있다. 최근 개발되고 있는 능동 부식방지 장치는 프로펠러 축계와 선체 사이의 저항 변화에 따른 전위를 실시간으로 감시하여 축계의 저항을 낮추기 위한 점검과 정비를 함으로써, 프로펠러 축계의 부식방지와 부식전류 변조에 의한 교류 전자기 신호발생을 최소화하고 있다. 또한 전원 주파수 차단특성이 우수한 필터를 사용하여 장비의 전원 리플(Ripple)에 의한 교류 전자기 신호 발생을 통제하고 있다.

3) 함정 내부의 전력기기 사용에 의한 전자기 신호 감소대책

강자성 선체로 건조된 일반 함정의 경우, 함정 내부에 탑재되는 전력기기, 전동기, 발전기 및 전력선들에 의한 누설 전자기 신호발생을 억제하기 위해, 전자기 신호 차폐, 접지 및 전력선에 의한 전류환(Current Loop) 형성 최소화 등 일반적인 저주파 신호 감소대책을 적용하고 있다. 비자성 선체로 제작된 소해함의 경우, 강자성 선체 함정들에 비해 더욱 엄격한 전자기 신호 허용기준을 함 내 탑재장비에 적용하고 있다.

6.5 | 수중폭발 내충격 설계기술

6.5.1 내충격 설계 기본개념

함정 선체에 근접하거나 선체 바로 밑 부분에서 폭탄의 수중폭발이 일어날 경우, 선체에 큰 파괴 손상이 일어나며 대부분의 경우 침몰에까지 이르게 된다. 승조원의 인명손실도 크게 마련이다. 이러한 접촉성 수중폭발(Contact Underwater Explosion)의 폭발 충격력에 견딜 수 있는 방호능력을 가진 함정을 설계·건조하는 것은 합리적인 대책이 될 수 없다. 접촉성 수중폭발에도 견딜 수 있게 함정을 설계할 경우, 쇳덩어리나 다름없는 비정상적 형태의 함정이 될 것이기 때문이다.

수중폭발의 또 다른 형태는 함정 선체로부터 측면 및 하부 방향으로 상당한 거리를 가진 수중의 한 지점에서 폭탄이 폭발하는 경우이다. 이를 비접촉성 수중폭발(Noncontact Underwater Explosion)이라 부르는데, 대부분의 경우 수중충격파에 노출된 선체 구조물은 아무런 손상을 입지 않으나, 함정 내부에 탑재된 전자장비, 장비 받침대, 마스트에 장착된 장비 등은 기능을 발휘하지 못할 정도로 손상되어 함정을 정상적으로 운용할 수 없게 된다. 이러한 형태의 함정 손상은 2차 세계대전 기간 중 기뢰 및 폭뢰의 원거리 비접촉성 수중폭발에 의해 함정들이 겪은 실제 손상 사례를 통해 인지하게 되었다.

수중에서 고에너지 폭탄이 폭발하여 비접촉성 수중폭발이 발생하면, 함정 선체에는 큰 임펄스의 충격파와 가스버블이 작용한다. 수중에 잠긴 외판을 타격하는 수중충격파는 내부구조를 통해 함 내부의 각종 탑재장비에 충격운동(Shock Motion)을 전달하며, 이에 의해 탑재장비 내부가 손상을 입게 되는 것이다. 가스버블은 함정 선체구조에 저주파 과도응답(Transient Response)을 일으키며, 공진이 일어날 경우 선체 종강도 구조가 크게 손상될 수 있다. 이러한 문제들에 대책을 세우는 것이 수중폭발 내충격 설계인 것이다.

함정 내충격 설계목표는 비접촉성 수중폭발에 의해 함정이 받는 충격력이 함정 설계 시 적용하는 기준 이하일 경우, 함정이 정상적인 기능으로 전투를 지속하고 자력으로 기동할 수 있도록 탑재장비 및 장비 받침대 등의 내충격 강도를 확보하는 것이다. 수중폭발에 의한 함정의 취약성(Vulnerability)을 보강하기 위한 방호대책이라고 할 수 있다.

6.5.2 수중폭발 현상

1) 수중충격파

폭약 폭발이란 매우 큰 에너지를 갖고 있는 불안정 상태 물질인 폭약이 급속한 화학반응을 거쳐 안정된 물질인 가스로 변화하는 과정을 말한다. 폭발반응이 일단 시작되면 폭약이 남아 있는 한 지속되며, 기폭원점으로부터 방사상으로 반응이 이어진다. 폭발반응은 폭약 내부에 최대압력 50,000기압, 최대온도 3,000°C에 이르는 가스를 생성함으로써 폭발파동(Detonation Wave)이 전파되도록 한다. 폭발파동은 폭발반응이 계속적으로 생성하는 가스의 높은 압력으로부터 에너지를 공급받으며 폭발반응과 동시에 진행된다[1].

폭발파동이 폭약 체적의 끝에 이르러 물을 만나면 부근에 있는 물을 타격하여 압축한다. 이 압축교란은 물의 탄성으로 인해 소밀파 형태로 수중으로 전파되며, 이를 충격파(Shock Wave)라고 한다. 폭발원점과 상당히 떨어져 있는 함정 측면에서 보면, 폭발반응 시작으로부터 수중충격파 최초 생성까지의 과정을 순간적인 것으로 간주할 수 있다. 같은 관점에서 폭약 형상과 체적은 충격파가 진행하는 매질의 영역과 비교하면 한 점으로 간주할 수 있다. 따라서 수중충격파가 폭발과 동시에 폭발원점으로부터 방사상 전 방향(Omni Direction)으로 전파된다고 생각할 수 있다. 다르게 표현하면 수중충격파는 폭발원점으로부터 구상 파동(Spherical Wave)으로 물속을 진행한다.

폭발반응이 끝날 때까지 에너지가 계속 보충되는 폭발파동과 달리, 수중충격파는 새로운 에너지 추가 없이 처음 생성될 때 보유한 양 이하의 유한 에너지를 갖고 전파되어야 한다. 수중충격파 전파범위를 폭발원점으로부터 비교적 단거리로 한정하여 수중충격파가 일정한 에너지를 보유하고 전파된다고 가정하더라도, 구상으로 전파되는 충격파의 파동 선단은 계속 확산되는 구면에 위치하므로 구면 확산에 의한 압력손실(Spherical Spreading Loss)이 발생한다. 수중충격파는 최초 생성 시 폭발파동과 대등한 수준의 고압으로서 초음속으로 진행하지만, 폭발원점을 떠난 후 곧이어 발생하는 압력손실에 의해 수중음속으로 전파된다. 결국 폭발원점을 제외한 수중에서 전파되는 충격파는 구면 형상으로 파동 선단이 확산되며, 수중음속으로 진행되는 음향파동(Acoustic Wave)으로 간주할 수 있다.

수면에 잠긴 함정의 외판에는 수중을 통해 전달된 충격파와 외판에서의 반사파가 중첩된 타격이 발생한다. 수중충격파가 수중음속으로 빠르게 진행하므로 순간적으로 수면에 잠긴 외판 전체가 가속되며, 외판에 연결된 주요 강력구조를 통해 충격이 전달되므로 함정은 결국 지진응답과 유사하게 전체적으로 가속된다. 수중충격파를 반사하는 자유수면의 영향을 받아 수상함의 전반적 충격거동(Shock Behavior)은 주로 수직방향에서 발생하며, 잠수함의 경우 선체 횡단면의 반경방향에서 주요 충격거동이 발생한다. 수중충격파가 과도하게 강력할 경우 선체 외판 패널의 영구 변형인 디싱(Dishing) 또는 파단을 유발하는 등 선체구조의 손상도 일으킬 수 있다. 그러나 함정 설계에서 일반적으로 고려하는 선체구조 강도 측면에서 비접촉 수중폭발은 선체구조에 대한 영향이 크지 않다[2]. 내충격 설계 관점에서 수중충격파에 대해 고려해야 할 것은 탑재장비에 대한 보호대책인 것이다.

2) 가스버블

일반적으로 폭발원점에서는 높은 열과 고압이 형성되는데, 공기 중 폭발은 이 원점에서의 파괴력을 주로 사용한다. 공기 중 폭발은 주변 매질인 공기의 밀도가 낮으므로 폭발 주위에 강한 폭풍(Air Blast)을 발생시키며 소멸한다. 수중폭발의 원점에서도 폭발반응 생성물인 가스로 인해 매우 높은 열을 갖는 고압 공간이 형성되나, 이 공간은 주변의 높은 밀도를 갖는 막대한 체적의 물로 인해 비산되지 않고 갇혀 있게 된다. 이와 같이 수중폭발로 수중에 생성되는 고열·고압 공간을 가스버블(Gas Bubble)이라 부른다.

가스버블은 수면과 해저면의 영향을 받지 않을 경우 구(Sphere)의 형상을 갖는다. 최초 발생 시 최대압력 50,000기압 수준에 이르는 가스버블은 수중충격파 방사로 약 50% 정도의 에너지를 방출하지만, 여전히 매우 높은 압력을 보유하고 있다. 수중충격파 구상 전파로 인한 후류(After Flow) 효과가 함께 작용함으로써, 버블 내부압력이 주변 정수압과 같아지게 되는 체적에 이르더라도 이를 상당히 초과하여 팽창한다. 최대체적에 이른 버블은 수면이나 주변 경계의 영향으로 파괴되지 않을 경우 정수압의 영향으로 수축하며, 이 수축과정 역시 관성의 영향으로 정수압과의 평형점을 넘어서까지 진행된다. 가스버블의 팽창 및 수축은 수심에 따라 수회 반복도 가능하나, 팽창 및 수축으로 에너지가 감소하므로 함정에 영향을 미치는 것은 1~2회 정도의 팽창·수축 과정이다.

가스버블의 팽창 및 수축은 각각 주변의 물을 밀어내고 당기는 작용을 함으로써 인근에 위치한 함정에 영향을 준다. 그림 6-33에 제시한 바와 같이 가스버블이 팽창할 때 호깅(Hogging), 수축할 때 새깅(Sagging)이 발생할 수 있다. 특히 팽창

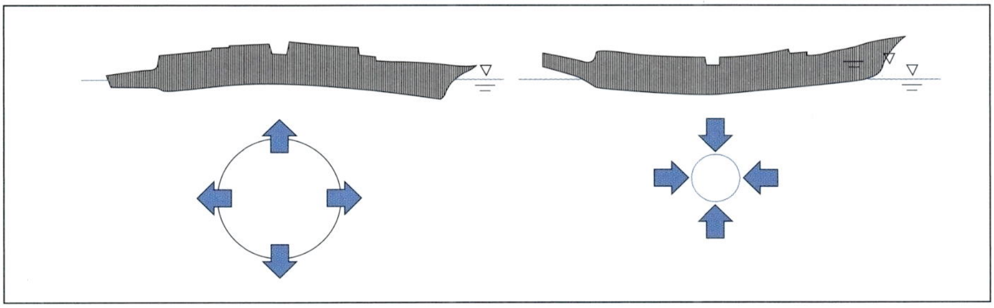

그림 6-33
가스버블 팽창에 의한 호깅(좌)과 수축에 의한 새깅(우)

했다가 최소로 수축하는 가스버블은 당기던 물을 정지시키며 반동하는데, 이때 주변으로 펄스 형태의 압력을 전달한다. 함정은 세장비가 큰 거더(Girder)로 간주할 수 있는데, 가스버블이 처음 발생하여 팽창했다가 최소로 수축하는 데 걸리는 시간이 함정 선체거더의 2절 진동주기와 비슷하므로 공진 가능성이 있다. 가스버블이 팽창 및 수축하면서 선체 주위에 일으키는 압력교란은 적당한 조건이 갖춰졌을 때 함정을 급격히 호깅 및 새깅하도록 만들고, 함정 종강도 구조에 치명적인 손상을 가져올 수 있다. 이와 같은 현상을 수중폭발에 의한 휘핑(Whipping)이라 한다.

한편 가스버블은 자신이 가진 부력으로 수직 상승하려고 한다. 상승속도에 따른 저항과의 상호 작용으로 인해 가스버블이 최소 체적일 때 상승속도가 가장 빠르다. 가스버블이 이동하다가 함정 선체에 부착되어 붕괴될 경우, 가스가 이탈하며 발생하는 빈 공간을 주변 물이 급속히 채우려는 과정에서 워터제트(Water Jet)가 발생할 수 있으며, 함정 선체에 파공(破空)을 유발할 정도로 매우 강력하다.

3) 수상에서 관측되는 현상

수중폭발이 발생할 경우 수상에서 관측되는 현상에는 폭음, 슬릭(Slick), 스프레이 돔(Spray Dome), 물기둥(Plume) 등이 있다[1]. 이 현상들은 일률적인 것이 아니라 폭약 중량, 폭발수심, 해저면 영향 등 여러 요인에 따라 크게 달라진다. 폭발수심이 매우 깊다면 어떤 현상도 수상에서 식별하지 못할 수 있다. 수중충격파가 수면을 통과하여 수상 공기압으로 투과되는 비율이 매우 낮으므로, 수상에서 관측할 수 있는 폭음은 수중보다 매우 낮은 수준이다.

수중폭발을 공중에서 관측하면, 가장 먼저 폭발원점 직상방의 수면상 위치를 중심으로 수면을 따라 환형(Ring Shaped) 파문이 빠르게 전파되는 것을 볼 수 있다. 마치 잔잔한 수면에 돌을 던졌을 때 수면에 퍼지는 동심원과 비슷한 모양이다. 수중폭발에 의해 발생하는 파문을 슬릭(Slick)이라 한다. 슬릭은 수중충격파가 수면에서 반사되는 시점에 수면에 발생하는 캐비테이션(Cavitation)의 영향으로 나타나는 것이다. 파문이 전파되는 것처럼 보이는 것은 수중충격파가 수면에 도달하는 시간이 수면의 각 위치마다 다르기 때문이다. 슬릭 전파속도의 충격파 전파방향 성분이 충격파 속도여야 하므로, 슬릭은 수중음속보다 빠르게 진행한다. 수백 분의 일 초 정도에 시야에서 사라지므로 제대로 관찰하려면 고속촬영을 해야 한다.

슬릭에 이어 나타나는 것은 스프레이 돔 현상으로서, 수중충격파와 수면에서의 반사파가 수면 하부를 교란함으로써 발생한다. 수중충격파와 수면에서의 반사파는 위상이 반대인 상태로 중첩되어, 폭발원점 직상방 수면 하부에 넓은 캐비테이션 영역을 만든다. 캐비테이션 영역에서 거품화된 물입자들은 집합적 상승 거동을 하면서 중심부가 높고 주변이 낮은 커다란 돔 형상을 수면에 만든다. 이것이 스프레이 돔이며, 수중충격파에 의해 발생한다 하여 충격파 돔(Shock Wave Dome)이라 부르기도 한다. 충격파 돔 이후에도 후기 돔(Later Dome)이 발생할 수 있는데, 가스버블이 최소 체적으로 수축하면서 발생하는 버블 펄스에 의한 것으로 형태가 불규칙하고 크기가 작다. 깊은 수심에서의 폭발로 버블이 여러 번 수축하면 후기 돔이 여러 번 나타날 수 있다.

마지막으로 관찰할 수 있는 현상은 물기둥(Plume)이다. 물기둥은 가스버블이 수면 근처에 이르러 공기 중으로 분출되는 현상으로서, 거품화된 물, 거품화되지 않은 물, 폭발반응 생성물인 재를 포함하고 높게는 수십 미터까지 상승하기도 한다. 다른 수면현상과 마찬가지로 물기둥의 형상, 상승 높이, 규모는 폭발수심에 따라 매우 다르다. 특히 가스버블의 수면 도달 시 팽창 또는 수축 여부, 버블의 수직 상승 속도, 수중에서 이미 진행된 팽창-수축 횟수에 따라 매우 다르게 나타난다. 예를 들어 가스버블이 가장 빠른 상승속도를 갖고 있는 맨 처음의 최대수축 단계에서 수면에 이르러 분출하면, 상대적으로 폭이 좁으며 수직방향으로 집중된 높은 물기둥이 발생한다. 낮은 심도에서 폭발이 발생하여 가스버블이 팽창운동을 하는 단계에서 분출하면, 물기둥은 폭이 넓고 방사형으로 퍼지는 모양이 된다.

그림 6-34에 여러 가지 수면현상이 발생한 예를 제시하였다. 그림 6-34의 (a)는 폭발발생 직전이며, (b)에서 함정 주위로 퍼져나가고 있는 슬릭이 보인다. 충격파 돔은 (b)에서 시작되어 (c), (d)에서 가장 발달하고 (e)에서 사라지고 있다. (f)에서 충격파 돔이 완전히 사라지기 전에 물기둥이 발생하고 있음을 볼 수 있다. 제시된 폭발 사례의 경우 (a)~(i)까지의 과정은 약 10초 이내이며, 특히 (a)~(f)까지는 약 2초 미만의 짧은 시간에 이루어진다[3].

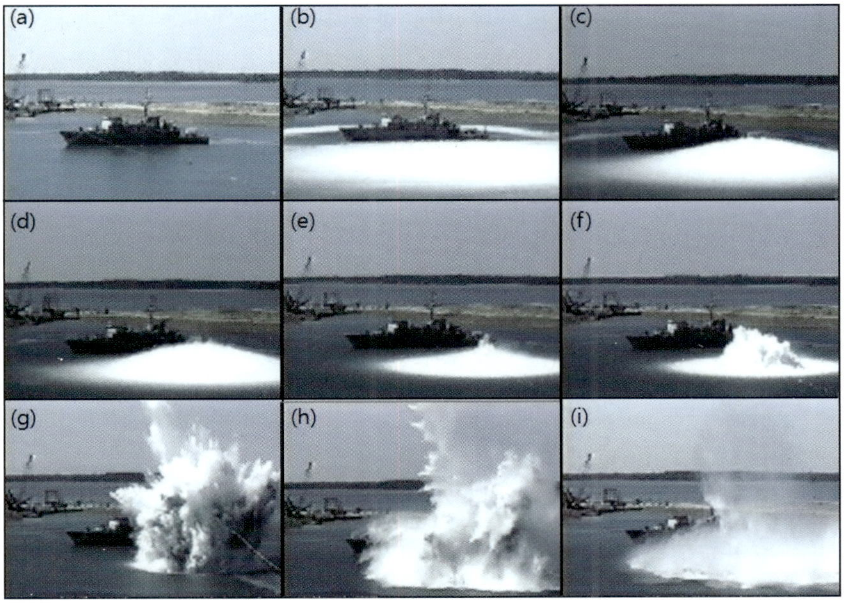

그림 6-34
수중폭발에 의해 수면에서 발생하는 현상[3]

6.5.3 내충격 설계 요구수준

1) 수중폭발 유형 설정

함정에 작용하는 수중폭발은 이미 기술한 바와 같이 폭발원점과 함정이 떨어진 정도에 따라 접촉 폭발(Contact Explosion)과 비접촉 폭발(Non-Contact Explosion)로 나눌 수 있다. 접촉 수중폭발은 선체에 직접 접촉하거나 접촉으로 볼 수 있을 정도로 매우 근접하여 일어나는 폭발로서, 폭발원점에서의 파괴력이 직접 작용하는 경우로 볼 수 있다. 폭뢰 또는 기뢰가 선체에 접촉하여 폭발하거나, 테러리스트가 폭약을 실은 보트를 함정에 충돌시키는 경우 등이 해당한다. 접촉 수중폭발에 피격될 경우, 국부적이지만 치명적인 파괴와 손상이 발생하여 함정이 운용불능 또는 침몰 상태에 이르게 된다. 접촉 수중폭발에 대응할 수 있도록 함정을 설계하고 건조하는 것은 비현실적이므로, 함정 스텔스 성능의 강화 등 피격을 원천적으로 회피할 수 있는 대책의 수립 및 적용이 오히려 합리적이라고 할 수 있다.

비접촉 수중폭발은 폭발원점과 함정이 상당한 거리를 두고 떨어져 있는 경우로서, 함정은 수중충격파와 가스버블의 작용을 받게 된다. 접촉하는 정도는 아니더라도 함정과 수미터 정도 떨어진 매우 가까운 거리에서 폭발이 일어나는 근접 비접촉 수중폭발의 경우에도, 수중충격파와 가스버블의 작용이 매우 밀접하게 결합되어 나타나므로 접촉성 폭발에 준하는 치명적인 손상을 함정에 유발한다. 수중충격파는 선체 외판을 심하게 변형시키거나 파단에 이르게 할 수 있으며, 가스버블은 선체에 과도한 휘핑을 발생시킬 수 있다. 가스버블이 선체에 접촉하여 워터제트를 발생할 가능성도 높아진다. 근접 비접촉 수중폭발의 경우에도 이에 대비하여 함정을 설계하는 것은 전투 효과도 측면이나 경제성 측면에서 합리적이지 않다. 따라서 함정 내충격 설계는 폭발원점과 함정이 좀 더 떨어져 있어서 수중폭발의 주요 작용인 수중충격파와 가스버블의 영향을 분리하여 고려할 수 있는 비접촉 수중폭발에 대해 수행한다.

2) 내충격 설계 요구수준 설정

비접촉 수중폭발에서 수중충격파와 가스버블에 대한 대책을 분리하여 고려할 수 있으므로 요구수준 역시 분리하여 설정할 수 있다. 일반적으로 수중충격파에 대한 선체 주요 구조의 내충격성이 탑재장비에 비해 월등하므로, 수중충격파의 강도를 선체구조 설계가 아닌 탑재장비 설계 관점에서 설정한다. 수중충격파 작용 조건과 별도로 또 다른 폭발 조건을 설정하여 가스버블에 의한 선체구조 휘핑 손상이 방지되도록 한다.

가) 수중충격파에 대한 내충격 설계 요구수준

함정 내충격 설계를 위한 비접촉 수중폭발의 요구수준을 설정하기 위해 충격계수(Shock Factor)를 사용한다. 충격계수는 그림 6-35에 제시한 바와 같이 정의하며, 비접촉 수중폭발에 의해 함정에 전달되는 수중충격파가 갖는 에너지 수준을 나타낸다. 충격계수는 용골 충격계수(Keel Shock Factor: KSF)와 선체 충격계수(Hull Shock Factor: HSF)로 구분하며, 일반적으로 수상함에는 용골 충격계수를 적용하고 잠수함에는 선체 충격계수를 적용한다. 충격계수는 실용적인 구현 가능성을 염두에 두고 설정되며, 함정에 적용되는 내충격 설계기준으로 활용된다.

충격계수는 실선 충격시험, 해수 중에 노출된 장비의 충격검증, 전산 충격해석 분야 등에서는 구체적인 요구조건이 될 수 있다. 그러나 함 내부로 전달되는 충격 수준을 나타낼 수 없기 때문에 탑재장비 또는 받침대 등에 적용되는 세부적인 충격 요구수준으로 활용하기에는 부적절하다. 탑재장비 또는 받침대 등에 대한 내충격 요구조건은 이들에 대한 실질적 검증이 가능한 형태로 다시 설정되어야 한다. 미국의 경우 실제 전투 또는 실선 충격시험에서의 탑재장비 손상수준을 참고하여 장비

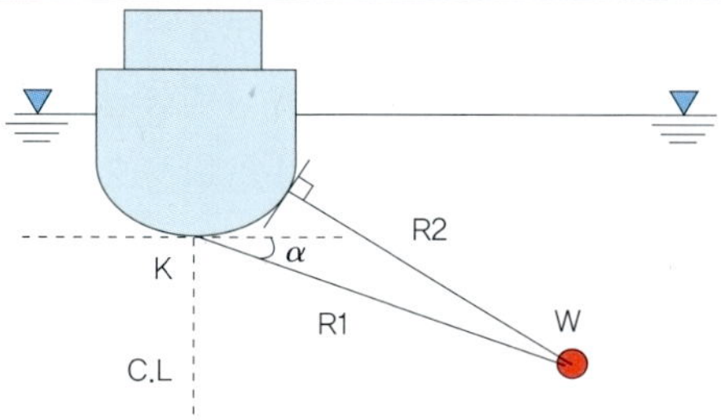

$$KSF = \frac{\sqrt{W}}{R1}\frac{(1 + \sin\alpha)}{2}$$

$$HSF = \frac{\sqrt{W}}{R2}$$

· KSF: Keel Shock Factor
· HSF: Hull Shock Factor
· W: 사용된 폭약의 TNT 환산 중량
· R1: 폭약 중심에서 관심 횡단면 중심선 용골(K)까지의 거리(Stand-off)
· R2: 폭약 중심에서 관심 횡단면 외판까지의 최단 거리
· α: 폭약 중심으로부터 K점까지의 연장선과 수평선이 이루는 각도

그림 6-35
충격계수 정의

충격시험 기준을 수립 · 적용하고 있으며, 시험기준에 부합하도록 장비 및 받침대 내충격 설계 및 계산 기준을 수립하여 적용하고 있다. 독일 등 주요 유럽 국가들은 미국과 유사한 수준으로 도출한 충격응답 스펙트럼(Shock Response Spectrum)을 장비 및 받침대 충격시험 및 내충격 계산기준으로 적용하고 있다. 내충격 계산은 내충격 설계단계에서 수행하는데, 충격시험이 불가능한 경우 내충격 강도 검증단계에서 수행한다.

수중충격파가 수중에 잠긴 선체 외판 전체를 타격하면 내부구조를 따라 전파되는 충격운동이 발생한다. 선저로부터 연결되어 있는 구조격벽 등 강력 선체구조를 따라 전파되는 충격운동이 가장 강하며, 주요 구조로부터 충격운동을 전달받는 2차 선체구조에서는 충격운동이 감소한다. 따라서 탑재장비와 받침대가 설치되는 위치에 따라 요구수준을 구분하여 적용한다. 일반적으로 수중에 잠긴 선체 외판 내부에 직접 부착되는 품목(Shell Mounted Item), 수중에 잠긴 외판으로부터 직접 연결되는 내부 강력 선체구조에 설치되는 품목(Hull Mounted Item), 내부 강력 선체구조에 2차적으로 연결되는 갑판 등에 설치되는 품목(Deck Mounted Item)으로 구분하며, 나열한 순서로 충격 요구조건을 감소하여 적용한다. 수중에 노출된 품목(Wetted Surface Mounted Item)은 별도로 지정하여 수중충격파의 직접 작용 시에도 견뎌야 하는 조건을 추가로 부여한다.

동일한 위치에 설치되는 품목이라도 전투 생존성 관점에서 해당 품목이 갖는 중요도가 다르므로 이를 반영하여 충격등급을 차등 지정한다. 각국 해군은 통상 충격등급을 세 가지로 분류하는데, 미국과 한국 해군의 경우 충격등급을 A, B, C

로 지정한다. 충격등급 A 품목은 함정의 생존 및 연속 전투능력 유지에 필수적인 것으로서, 충격을 받아도 기능을 손실하지 않아야 한다. 충격등급 B 품목은 생존성과 연속 전투능력 유지에 필수적인 것은 아니나, 충격을 받음으로써 등급 A 품목 또는 사람에게 위험요소가 되지 않도록 내충격 설계가 되어야 한다. 등급 C 품목은 해당 품목 자체에 대해서는 내충격 검증이 강제되지 않으나, 위험요인이 되지 않도록 배치 또는 고정되어야 한다.

나) 가스버블에 대한 내충격 설계 요구수준

가스버블에 대한 내충격 설계 요구조건은 탑재장비 또는 받침대 설계와 관계없으며, 가스버블이 선체 주요 구조에 일으키는 휘핑 손상을 방지하기 위해 주어진다. 일반적으로 작은 폭약이 선체와 가까운 곳에서 폭발하여 맥동 에너지를 구상으로 선체에 전달함으로써 가스버블 맥동 진동수가 선체 저차 진동수에 근접할 때 휘핑응답이 커진다. 때문에 가스버블 작용에 대한 내충격 요구조건은 선체구조 설계결과와 관계없이 주어질 수 있는 독립 조건은 아니다. 수중폭발과 상관없는 1차적인 선체구조 종강도 설계결과가 필요하며, 상정할 수 있는 여러 위협을 적용하여 이미 설계된 선체구조에 휘핑을 일으키기에 적합한 폭발 조건을 설정하는 과정이 필요하다.

6.5.4 내충격 설계 및 검증

1) 내충격 설계

내충격 설계가 필요한 품목을 분류하여 충격등급을 지정하고 설치위치를 구분하며, 검증방법을 설정하는 것이 내충격 설계의 중요한 부분을 차지한다. 세부적인 내충격 설계는 이미 입증된 실적 사례를 참고하는 경우가 많다. 과거의 경험과 공학적 분석을 토대로 내충격 설계에 대한 전문지식(Knowhow)이 축적되어 있기 때문이다. 구체적인 예로 취성재료(Brittle Material) 사용 억제, 응력집중 회피, 경량화 설계와 같은 대책이 있다. 장비 또는 장비 구성품을 외팔보(Cantilever)나 돌출구조(Overhang)에 설치하는 것은 피해야 한다. 지지구조는 칼날형으로 설치하는 것을 피해야 하며, 정렬이 중요한 품목은 가능한 공통 베이스상에 설치해야 한다. 전기전자 장비 및 배관설계 등에도 내충격 설계를 위한 자료와 경험이 많이 축적되어 있다. 이러한 전문지식은 개별 장비 충격시험, 실선 충격시험 등을 통해 얻어지는 새로운 자료에 의해 계속 확장되고 있다.

탑재장비의 내충격 설계과정에서는 설계결과의 확인과 충격시험 검증에 대비하기 위해 동적충격 설계해석법(Dynamic Design Analysis Method: DDAM) 등 모달(Modal) 이론과 충격응답 스펙트럼 이론에 기초한 다양한 동역학 계산들이 수행된다. 반면 수중폭발에 대비한 선체 구조강도 설계에서는 가스버블의 팽창-수축 맥동으로 발생하는 휘핑에 대한 대책을 수립하여 해석적인 방법으로 수행한다[4].

2) 내충격 성능검증

탑재장비 및 받침대는 충격 요구조건에 따라 설계 또는 제작되었다는 것이 규정된 절차에 따라 검증되어야만 함 탑재가 허용된다. 손상발생 메커니즘을 완전히 예측하여 설계하거나 해석적으로 검증하는 데에는 한계가 있으므로, 내충격 성능검증은 해석보다 시험을 우선하는 것이 원칙이다.

탑재장비 및 받침대 내충격 성능검증 방식은 미국 방식과 독일, 네덜란드 등이 채택하고 있는 유럽 방식으로 나눌 수 있으며, 표 6-5에 두 방식의 차이를 비교하였다.

미국의 시험방법은 그림 6-36에 제시한 바와 같이 기본적으로 해머(Hammer) 임팩트를 가하여 충격손상을 시뮬레이션하는 방식이다. 임팩트의 크기는 수많은 장비의 손상 사례분석에 근거하여 도출된 경험적인 것이다. 탑재장비의 중량이 시험기별로 규정되어 있으며, 해머 시험기의 정격 시험중량을 초과하거나 수중에 노출된 장비는 중(重)중량 충격시험기(Heavy Weight Shock Test Platform)로 시험하도록 되어 있다. 중중량 충격시험기는 정해진 수상 플랫폼에 장비를 탑재하고 실제 수중폭발 충격을 가하는 방식이다. 시험 대상 장비는 실제 탑재상태를 모사하도록 규정하고 있으며, 함에서 운용될 때와 같이 작동상태로 시험하는 것이 원칙이다. 미국 방식의 장비 충격시험에서 충격하중을 측정하는 요구사항은 원칙적으로 없으며, 장비의 손상 및 기능이상 여부만을 판정기준으로 한다.

표 6-5 미국과 유럽의 장비 충격시험 검증방법

구분	미국	유럽
적용규정	MIL-S-901D[5]	STANAG 4141(NATO), BV043(독일) 등
충격 모사개념	충격손상 모사	충격응답 모사 + 충격손상 모사
충격시험기	표준화(LWSM, MWSM)	비표준화(일반충격 시험장치)
충격하중	해머 높이로 규정	충격응답 스펙트럼 규정

그림 6-36
미국 중간중량 충격시험기

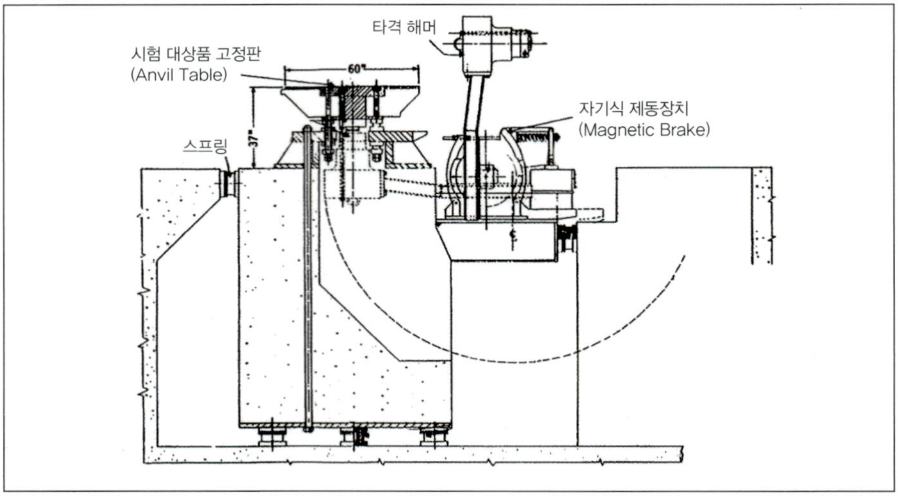

표 6-6
미국 충격시험기

충격시험기		시험 가능 품목
경중량 충격시험기(Light Weight Shock Machine: LWSM)		총 중량 250kg 이하 품목 (시험품목 110kg 이하)
중간중량 충격시험기 (Medium Weight Shock Machine: MWSM)		총 중량 3.35톤 이하 품목 (시험품목 2.7톤 이하)
중중량 충격 시험기	부유식 충격시험기(Floating Shock Platform: FSP)	총 중량 27톤 이하 품목 또는 수중노출 품목
	대형 부유식 충격시험기(Large FSP: LFSP)	총 중량 180톤 이하 품목 또는 수중노출 품목
	잠수식 충격시험기 (Submarine Shock Test Vehicle, Full Scale Section, A/B-1 등)	잠수함 탑재장비

표 6-6에 미국에서 사용하고 있는 충격시험기의 종류를 제시하였으며, 여기서 제시된 LWSM, MWSM, FSP, LFSP는 미 해군에 의해 표준화된 시험기라야 한다[6].

유럽 방식의 충격시험 방법도 기본적으로 임팩트를 가하는 것이다. 사전에 충격 스펙트럼을 규정하고 시험 시 충격 스펙트럼을 다시 계측하여 규정된 충격 스펙트럼을 만족하는지 여부를 판정한다. 충격응답 시뮬레이션과 충격손상 시뮬레이션을 병행하는 방식이라고 할 수 있다. 사용 가능한 충격시험기를 해군이 승인하지만, 특정 장비로 표준화하지는 않는다. 시험중량이 정격 중량을 초과하거나 수중에 노출된 장비는 미국의 중중량 충격시험기와 유사한 충격시험용 플랫폼에 탑재하여 시험하도록 되어 있다.

충격시험에 의한 내충격 성능검증이 불가능하다고 판단되는 경우, 수치계산으로 최소한의 내충격성을 입증해야 한다. 1960년대에 미국에서 개발된 동적충격 설계해석기법(DDAM)은 대표적인 장비 및 받침대 내충격 계산방법이다. 미국의 경우 계산과정에서 임의성을 가능한 배제하기 위해 모델링, 계산절차 및 판정절차를 문서로 상세히 규정하고 있다[8]. DDAM은 장비가 마운트를 통하지 않고 선체에 직접 부착된 경우에 적용하는 것이 원칙이므로, DDAM 적용이 불가능한 경우와 특별히 요구하는 경우에 시간이력 하중(Time History Loading)에 의한 과도응답 해석(Transient Analysis)을 할 수 있다.

모든 장비가 탑재되고 건조 완료된 상태의 함정에 대해 종합적인 내충격 성능을 확인하기 위해 실선 충격시험을 실시할 수 있다. 선진국 해군은 동형 함급의 선도함에 대해 실선 충격시험을 실시하는 것을 원칙으로 삼고 있다. 실선 충격시험은 실제 건조가 완료된 상태에서 함정의 전투환경 대응 정도를 검증한다는 점에서 큰 의미가 있으며, 승조원들에게 전투상황을 체험하게 하는 훈련의 의미도 있다. 내충격 설계기준에 대한 개선점 도출과 설계 또는 건조상의 오류 발견 및 후속함 보완사항 도출도 가능하게 한다. 함정 설계 및 건조 과정에서 내충격 성능의 보다 엄격한 통제를 유도하는 부수적 효과도 거둘 수 있다.

실선 충격시험에서 적용하는 폭발강도는 설계 충격계수의 1/3~2/3 수준 내에서 구현하는 것이 일반적이다. 설계 충격계수 수준으로 시험한다면 내충격이 요구되지 않은 항목들의 손상을 비롯하여, 함정의 향후 운용에 지장을 초래할 수 있는 영구적 손상이 발생할 수 있기 때문이다. 함정 전체에 유효한 충격을 가하기 위해 가능한 한 큰 폭약으로 원거리에서 시험하며, 가스버블에 의한 영향을 피할 수 있도록 시험 조건을 설정한다.

3) 수중폭발에 대한 함정 전체 거동 해석방법

수중폭발 작용을 받는 함정의 전체 거동(Behavior)을 이론적으로 분석하기 위해 1940년대 이후 현재까지 꾸준한 연구가 수행되어 왔다. 1970년대에 유한요소법과 유한체적법을 함정 수중폭발 충격해석에 응용하기 위한 연구가 시작되어 현재 많은 선체 충격응답 해석방법이 개발되어 있다. 표 6-7에 고전적인 방법부터 현재 사용되고 있는 선체 충격응답 해석방법을 제시하였다[6]. 이러한 해석방법은 함정 내충격 대책수립과 관련한 여러 분야에서 유용하다. 우선 설계에 적용하여 설계대안 분석 또는 타당성 분석을 수행할 수 있다. 특히 시험이 불가능한 수준의 폭

표 6-7
선체 충격응답 해석방법

방법	특징
G. I. Taylor's Flat Plate Model	수중충격파 작용을 받는 평판의 충격 초기거동을 해석하는 고전적 방법
Mindlin-Bleich Approach	무한 실린더에 수중충격파가 평면파로 작용할 때 초기거동을 해석하는 고전적 방법
DAA(Doubly Asymptotic Approximation)	수중충격파 작용에 대해 충격 초기부터 후기까지 임의 물체에 대한 충격응답을 해석하는 유체-구조 상호 작용 해석방법
Hicks Bubble Model	가스버블에 의해 발생하는 선체구조 휘핑을 해석하는 방법
Coupled Eulerian Lagrangian Method	통상 구조를 Lagrangian 방법으로, 유체는 Eulerian 방법으로 모델하여 연동함으로써 유체-구조 상호 작용을 해석하는 범용 수치해석 방법

발강도로 시뮬레이션을 할 수 있다는 측면에서 유용하다. 시험계측 데이터를 통해 시뮬레이션을 한 후, 계측하지 않은 곳의 정보를 시뮬레이션을 통해 확장할 수 있다. 실선 충격시험에 앞서 수치 시뮬레이션을 수행하여 시험조건 설정 및 위험 예측에 활용하는 것도 중요한 응용분야이다.

6.6 | 방호 선체구조 기술

6.6.1 함정 방호 기본개념

함정이 전장환경에서 충분한 전투력을 발휘하기 위해서는, 공격능력뿐만 아니라 적의 위협무기에 대한 적절한 방어능력인 생존성(Survivability)을 반드시 갖추어야 한다. 함정의 생존성 향상을 위해서는 적의 공격을 사전에 회피 또는 차단하는 능동적 방어(Active Defense) 능력과, 위협무기에 노출되어 직접 공격을 받더라도 피해를 최소화하는 수동적 방어(Passive Defense) 능력이 모두 필요하다.

함정의 생존성 향상에는 능동적 방어가 보다 효과적이다. 그러나 현대 전장환경은 매우 복잡하고 다차원적이며 탐지기술 또한 고도로 발달하여 적의 위협무기를 완전히 회피하거나 차단하는 것은 불가능하다. 적의 위협무기에 노출되어 공격받을 가능성이 항상 있다고 간주해야 하며, 수동적 방어를 위한 다양한 방호대

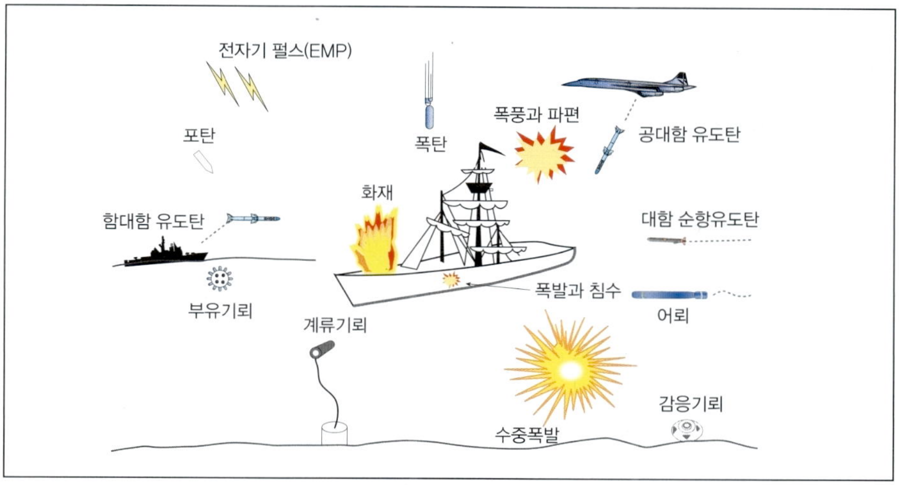

그림 6-37
함정에 대한 위협무기 및 형태[1]

책이 필요하다.

그림 6-37에 제시한 바와 같이 현대 함정은 매우 다양한 무기로부터 공격받을 수 있다. 함정의 생존성 확보를 위해서는 손상 확산방지 또는 침몰방지 등 피격에 의한 피해를 최소화하기 위한 대책이 매우 중요하다. 이러한 대책이 바로 함정 방호(Warship's Protection)의 기본개념인 것이다. 이 장에서는 함정 방호에 대한 여러 대책 중 가장 기본적이며 핵심적인 대책인 방호 선체구조에 대해 기술하고자 한다.

6.6.2 방호 선체구조 발전과정

함정의 생존성을 향상시키기 위한 방호대책은 새로운 위협무기의 출현 및 해전양상의 변화에 따라 발전해 왔다. 시대 변화에 따른 방호 선체구조의 발전과정을 표 6-8에 제시하였다.

19세기 중반 함포가 대형화되고 포탄의 위력이 증대됨에 따라 수선 상부 선체구조의 방호가 요구되었다. 1859년 프랑스 5,000톤급 전함 글로리(Gloire)함에는 선체 주요 부분에 120mm의 매우 두꺼운 철판을 설치하였다. 이러한 방호구조를 설치한 전함이 보편화되어 2차 세계대전까지 이어져 왔으며, 방호구조의 과도한 중량과 함포의 위력 증대로 인해 실효성이 없어짐으로써 점차 소멸되었다[2, 3].

1914부터 1918년까지 1차 세계대전 중에는 접촉기뢰의 출현으로 많은 함정이 피해를 입었다. 이에 따라 1차 세계대전 후반부터는 접촉성 수중폭발에 의한

표 6-8
방호 선체구조 발전과정

시기	위협무기	방호대책	비고
19세기 중반	대형 함포	• 수선 상부 방호구조	• 소멸(중량/실효성
1차 세계대전	접촉기뢰	• 수선 하부 방호구조 • 수밀구획 세분화	• 소멸(중량/실효성) • 현재까지 적용
2차 세계대전	감응기뢰/어뢰	• 수중폭발 내충격 설계 (장비 및 받침대)	• 현재까지 적용
1960~1980년대	대함유도탄	• 상부구조 재료 변경	• 현재까지 적용
1990년대 이후	정밀탐지/유도무기	• 스텔스 설계 • 취약성 감소 구조설계	• 적용 보편화 • 선체방호 강화

침몰을 방지하기 위해 함정의 수밀구획 배치를 세분화하였다. 수선 하부 현측 부분에 다수의 종격벽을 설치하고, 그 사이 공간에 방호구획 또는 연료탱크를 배치하여 수중 방호구조를 설치하였다. 당시에 도입된 조밀한 간격의 수밀구획 배치 개념은 오늘날까지 계속 적용되고 있다. 그림 6-38에 전함의 수상 및 수중 방호구조를 제시하였다.

1939부터 1945년까지 2차 세계대전 중에는 어뢰, 자기기뢰 및 음향기뢰 등 수중무기의 위협이 크게 증가하여 전투에 참여한 함정의 절반 이상이 손상을 입었다. 특히 기뢰의 비접촉성 수중폭발로 인한 피해가 가장 심했다. 비접촉성 수중폭발은 선체구조의 직접적인 손상보다는 탑재장비 및 기기에 손상을 입혀 함정의 기동성 및 전투능력을 마비시키기 때문이다. 이에 따라 2차 세계대전 중반부터는 함정 탑재장비 및 받침대 구조에 대해 내충격 설계를 도입했으며, 당시 도입된 비접촉성 수중폭발에 대한 내충격 설계개념은 현재까지도 적용되고 있다.

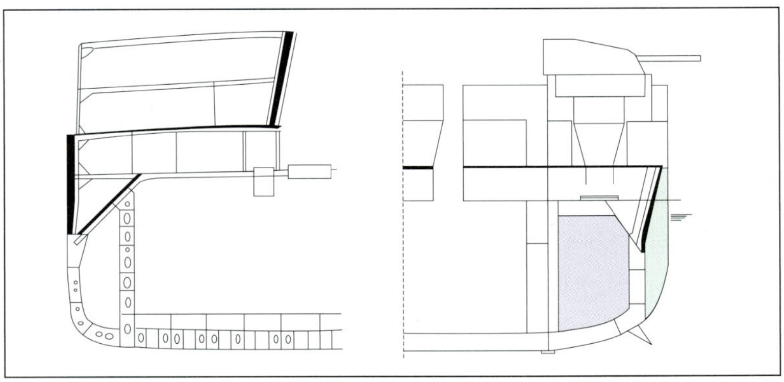

그림 6-38
전함의 수상 및 수중 방호구조[3]

1960년대 이후의 해전에서는 대함유도탄이 가장 위협적인 무기로 등장하였다. 유도탄 공격에 의해 함정이 침몰된 첫 번째 사례는 1967년 3차 중동전에서 이집트 소형 고속정이 대함유도탄 4발을 발사하여 이스라엘 구축함을 침몰시킨 사건이다. 1982년 5월 포클랜드전에서는 아르헨티나 전투기에서 발사한 2발의 공대함 유도탄에 의해 영국 구축함이 침몰한 바 있다. 유도탄 공격으로 발생한 화재 피해는 당시 수상전투함 상부구조에 알루미늄을 채용하던 세계 각국 해군에 큰 교훈을 주었으며, 미 해군은 1984년부터 수상전투함 상부구조 재료를 내화성이 보다 강한 강재(鋼材)로 변경하였다.

6.6.3 방호 선체구조 설계동향

함정에 대한 방호대책은 주로 위협무기에 의한 전투손상과 교훈을 토대로 구축된 경험적 방법에 의존해 왔다. 그러나 현대 무기의 성능 고도화 및 정밀화에 따라 함정 취약성의 강화를 효과적으로 달성하기 위해 체계적이고 공학적인 방법이 요구되고 있다. 1990년대부터 미 해군은 추상적이 아닌 실제적인 위협상황을 고려하여 정량화된 요구기준을 마련하고, 이를 충족시키기 위한 방호 선체구조 설계방안을 연구하고 있다.

함정 취약성에 대한 설계기준으로 과거에는 위협무기의 폭약 크기와 거리로 정의되는 충격계수(Shock Factor)를 주로 사용했으나, 정량화된 요구기준에서는 "TNT 탄두 1톤의 대함유도탄 또는 어뢰 등의 위협무기 중 1발이 선체에 명중되어도 선체구조는 최소한 생존해야 한다" 등으로 매우 구체화된 기준을 제시하고 있다[4]. 함정에 적용되는 실제 요구기준 및 설계기술은 군사 비밀자료로 분류되어 공개하지 않고 있으며, 관련 요소기술 일부가 학술적 연구결과로 공개된 바 있다. 한 예로 미 해군에서는 1990년대 후반부터 수중폭발에 의한 선체구조의 생존성 향상을 위해 선체휘핑 설계기준을 구체화하여 적용하고 있다[6, 7].

영국 선급(Lloyd's Register of Shipping: LR) 수상함 규칙에서는 규정된 특정 위협상황에 의해 선체구조가 손상을 입을 경우 주어진 해상상태에서 일정 시간을 생존할 수 있어야 하며, 이를 위한 선체거더의 잔류강도 요구기준을 규정하고 있다[8]. 최근 개발된 방호 선체구조 대책으로 폭발강화 격벽, 선체거더 강화구조, 이중 선체구조, 복합 선체구조 등이 있으며, 설계개념 및 적용현황은 다음과 같다.

그림 6-39
폭발강화 격벽[11]

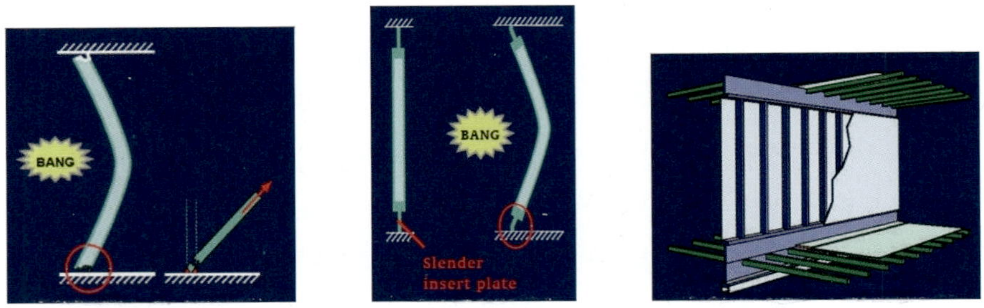

(a) 일반격벽 및 폭발 (b) 강화격벽의 손상 형태 (c) 폭발강화 격벽 설계 예

1) 폭발강화 격벽

폭발강화 격벽(Blast Hardened Bulkheads)은 유도탄 등의 피격에 의해 발생한 손상이 선체 길이방향으로 확산되지 않도록 하는 데 목적이 있다. 기본개념은 그림 6-39에 제시한 바와 같이 격벽 연결부 구조에 두께가 얇은 판재(Slender Insert Plate)를 사용함으로써, 폭발하중에 의해 대변형이 발생하더라도 파단손상이 발생하지 않도록 하는 것이다. 폭발강화 격벽은 현대 함정에 널리 적용되고 있으며, 격벽 형태는 단판 형식(Single-Plate Type) 또는 파편 방호수준을 향상시킨 이중판 형식(Double-Plate Type) 등이 있다[9, 10].

2) 선체거더 강화구조

선체거더 강화구조는 선체 종강도를 대폭 강화하여 폭발하중에 의해 선체거더가 붕괴되지 않도록 하는 데 목적이 있다. 선체거더 강화방법은 선체 횡단면 중립축에서 가장 멀리 떨어진 부분인 주 갑판 하부 및 선저에 몇 개의 상자형 구조를 설치하는 상자형 거더 형식(Box Girder Type)과 주 갑판–현측 연결부, 용골 및 빌지(Bilge) 부분에 매우 두꺼운 판을 설치하는 형식(Strengthened Corner Type) 등이 있다. 두 가지 구조 형식 모두 웬만한 폭발하중에도 견딜 수 있도록 설계된다. 이와 같이 설계된 선체구조는 선체 종강도가 강화됨에 따라 수중폭발로 인한 선체휘핑에 견딜 수 있는 능력도 향상된다.

이러한 방호 선체구조 개념은 1980년대에 제안되어 현대 함정에 일부 적용되고 있다[12, 13]. 그림 6-40에 독일의 최신 프리게이트에 적용된 상자형 거더 형식의 선체거더 강화구조를 제시하였다.

3) 이중 선체구조

이중 선체구조(Advanced Double Hull)는 폭발하중에 대한 생존성을 향상시키

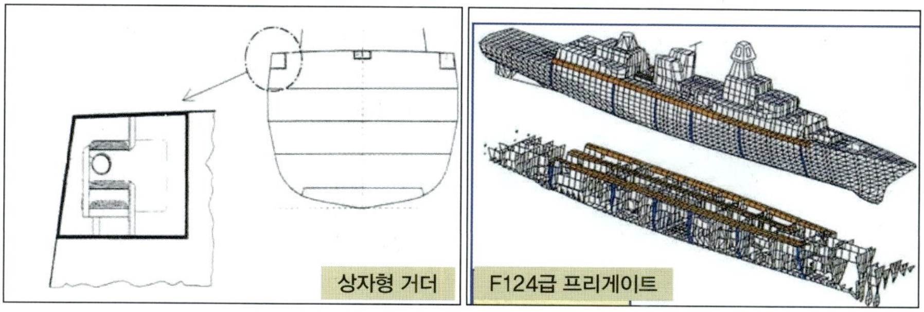

그림 6-40
선체거더 강화구조[13]

고, 선체 건조비용을 절감시키는 데 목적이 있다. 그림 6-41에 제시한 바와 같이 이중 선체구조는 횡늑골 부재를 완전히 제거하고 종거더 및 이중 외판구조로만 구성되는 외판구조 형태로서, 상선에 통상 채용되고 있는 이중 선체구조와는 다른 형식의 선체구조이다. 횡늑골 부재의 완전한 제거는 일반적인 선체구조에 비해 건조작업을 좀 더 쉽게 만들고 선체 내부를 기하학적으로 단순화시켜 도장 및 배관, 케이블, 닥트 등 분배시스템 설치작업을 용이하게 하며, 이에 따라 건조비용을 절감할 수 있다. 이중 선체구조는 선체거더 단면계수를 증가시켜 종강도를 향상시키며, 이중 외판은 폭발하중에 대한 저항력을 향상시킬 수 있다.

이중 선체구조는 1980년대 후반 미 해군 연구소에서 개념연구에 착수한 이후, 응력 및 거동, 최종 강도 및 생존성능 관련연구를 광범위하게 수행하였다. 설계지침서도 개발된 상태이며, 미국의 육상공격 구축함 DDG-1000에 적용된 것으로 알려져 있다[14, 15].

4) 복합 선체구조

복합 선체구조(Advanced Hybrid Hull)는 함정의 생존성능을 혁신적으로 향상시키기 위해 제안된 선체구조이다. 선체재료로 중앙부 구조는 스테인리스 강재 등 비자성 강재(Non-Magnetic Alloy)를 사용하고 함수미 구조는 복합재료(Composit Material)를 사용하며, 중앙부 구조는 허니콤(Honey Comb) 구조의 이중

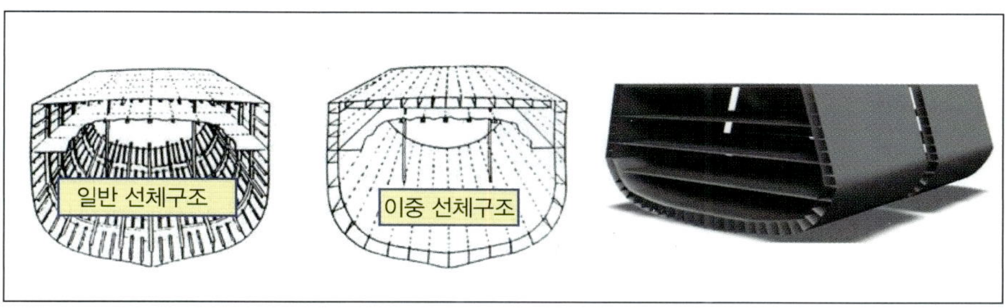

그림 6-41
이중 선체구조[15]

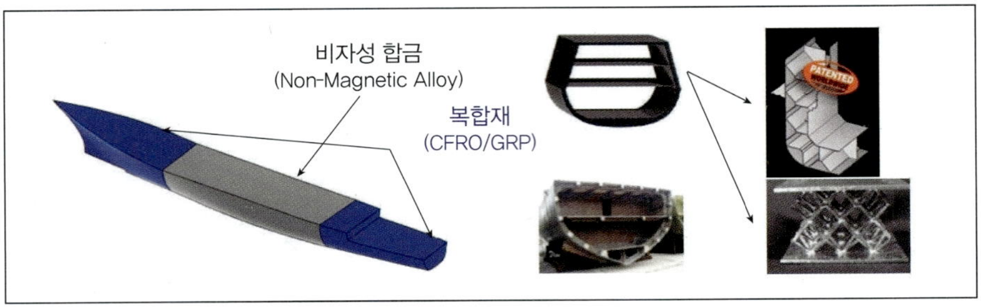

그림 6-42
복합 선체구조 개념[16]

선체구조를 적용하는 것을 기본개념으로 한다. 복합재료를 사용한 함수미 구조의 도입은 선체거더 길이를 감소시키는 효과를 주며, 선체거더의 종강도 향상으로 이어져 수중폭발 휘핑에 견딜 수 있는 능력을 강화시킨다. 비자성 강재 및 복합재료의 사용과 허니콤 구조의 도입은 자기 및 음향 스텔스 성능과 내충격 성능을 향상시킴으로써 함정의 생존성능을 강화시켜 준다[16]. 그림 6-42에 미 해군 연구소가 제시한 복합 선체구조 형상을 제시하였다.

6.7 | EMI/EMC/EMP 기술

6.7.1 EMI/EMC 및 전자기 복사위해 현상

현대 함정은 다수의 통신기, 레이더 등 센서와 수많은 전기전자 장비를 탑재하고 있다. 그러나 함정의 제한된 공간에 탑재된 각종 통신기, 레이더 및 전기전자 장비는 조성된 전자기 환경에 의해 전자기 간섭(Electromagnetic Interference: EMI)과 전자기 복사위해(Electromagnetic Radiation Hazard: EMRADHAZ) 등을 야기할 수 있다. 낙뢰나 전자기 펄스(Electromagnetic Pulse: EMP) 같은 외부 환경에 의해서도 함정에 전자기 간섭이 발생할 수 있다. 실제로 외국에서는 함상 레이더에 의한 유도탄 발사회로 오동작 사례와 HF 통신신호에 의한 근접방어체계 간섭으로 인하여, 유도탄 공격을 탐지하거나 방어하지 못해 함정이 피격된 사례가 발생하기도 했다[1].

전자기 간섭(이하 EMI)이란 불필요한 전자파 신호로 인해 신호 탐지 및 해석에 간섭을 일으키거나 성능저하 또는 오동작을 일으키는 현상을 말한다. 함정에서 EMI를 발생시키는 전자파 발생원으로는 주로 통신기, 레이더와 같이 안테나를 통해 전자파를 송출하는 장비가 해당된다. 이러한 장비는 통신, 탐지, 추적 등을 위해 필수적으로 운용해야 하지만, 송출된 전자파가 함정에 탑재된 다른 전자장비에 불필요한 영향을 끼칠 수 있다. 피해체는 주로 수신장비, 센서, 각종 지시기 등이다. 전자파가 결합되는 형태로는 복사(Radiation)와 전도(Conduction) 결합이 있으며, 전자기 간섭을 일으키는 이러한 결합을 최소화하기 위해 안테나의 최적 배치, 차폐, 필터링 등 여러 대책들이 적용되어야 한다[3].

여러 가지 EMI 대책이 적용되어, 시스템 및 장비 등이 전자기 간섭현상 없이 정상적으로 동작하는 전자기 환경을 전자기 적합성(Electromagnetic Compatibility: EMC)이 이루어진 상태라고 한다.

전자기 복사위해(이하 EMRADHAZ)는 함정의 고출력 통신기, 레이더로부터 복사되는 전자파가 인체, 연료 및 병기에 미치는 나쁜 영향들인 HERP(Hazards of Electromagnetic Radiation for Personnel), HERF(Hazards of Electromagnetic Radiation for Fuel), HERO(Hazards of Electromagnetic Radiation for Ordnance) 현상을 뜻한다. MIL-STD-464 등 군사 표준서에 전자파에 대한 EMRADHAZ 노출 기준치가 HERP, HERF, HERO 현상별로 제시되고 있으므로, 함정의 안테나 및 상부구조물 배치설계는 EMI뿐만 아니라 EMRADHAZ까지 고려해 설계되어야 한다. 그림 6-43에 EMI/EMC 및 EMRADHAZ 현상을 제시하였다.

6.7.2 함정 전자기 환경 통제기법

EMI는 장비나 무기체계의 성능을 저하시켜 함정의 임무달성을 어렵게 할 뿐만 아니라 사고발생의 원인이 될 수 있다. 따라서 함정의 복잡한 전자기 환경영향

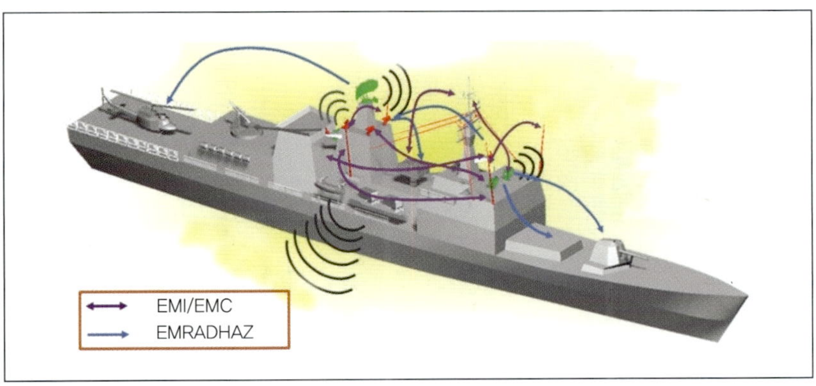

그림 6-43
함정 EMI/EMC 및 EMRADHAZ 현상

(Electromagnetic Environmental Effects: E3) 아래에서 함정 운용성능이 제대로 발휘되기 위해서는 탑재장비 간의 전자기 간섭은 물론 외부 환경과 탑재장비와의 전자기 간섭이 일어나지 않도록 설계해야 한다. 이를 위해서는 운용 전자기 환경 분석, EMC 요구조건 수립, 설계, 적용, 평가, 검증 등 함정 설계단계 및 수명주기 전반에 걸친 전자기 환경영향 통제가 필요하다. 구체적으로 전자기 환경영향 통제계획 수립, 대책기술의 설계 · 적용 및 검증 등의 활동이 요구된다. 그리고 통신, 항해, 전투체계 장비 상호간의 EMI 및 EMRADHAZ 영향을 최소화하기 위해 상갑판에 대한 전자기 환경분석을 통해 상갑판 안테나 최적 배치설계를 해야 한다 [1, 2].

1) 함정 설계단계에서의 수행과제

EMI/EMC 및 EMRADHAZ 등 함정 전자기 환경영향 통제를 위한 설계과정은 그림 6-44에 제시한 흐름으로 진행되며, 그림에 제시한 각 활동에 대한 세부내용을 부호별로 설명하면 아래와 같다[4].

(a) 기본설계 및 상세설계 등 진행 중인 함정 설계단계
(b) 함정의 임무를 달성하기 위해 요구되는 전자기 특성에 대한 검토 및 수립을 통해 탑재장비 및 무기체계 선정
(c) 함정 상갑판 초기 배치설계를 위한 전자기 배치기준 정의
(d) 전산프로그램을 이용한 함정 상갑판 전자기 환경 예측 및 분석

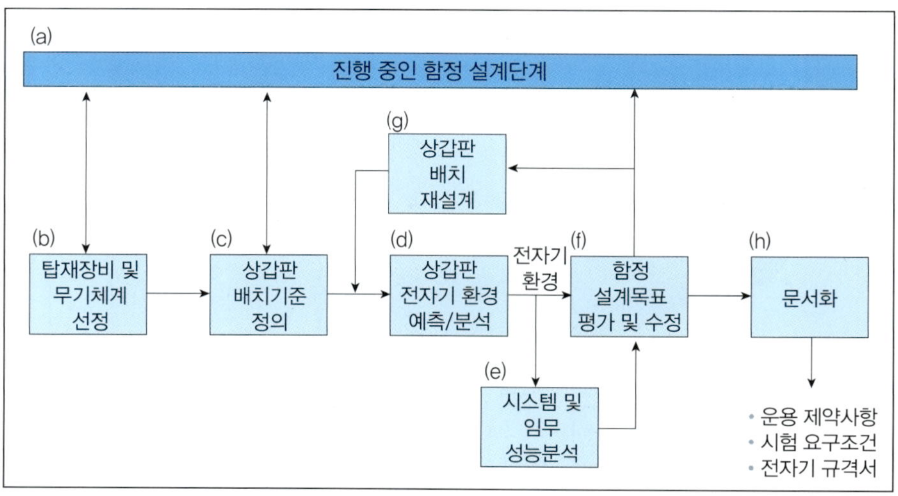

그림 6-44
함정 전자기 환경영향 통제 설계과정[4]

(e) 예측된 전자기 환경이 함정의 시스템 및 임무에 미치는 영향분석
(예: EMRADHAZ 분석, 레이더의 전자기 영향분석 등)
(f) 전자기 환경 예측/분석 결과, 함정 시스템/임무 분석결과를 토대로 함정 설계목표 평가 및 수정 여부 판단
(g) 상갑판 배치 재설계 및 만족한 설계결과 도출을 위해 (d), (e), (f) 과정 반복
(h) 함정 건조·운용 및 유지·보수 기간에 필요한 자료의 문서화
[예: 송·수신기 전력, 주파수 관리 및 블랭킹(Blanking), 필터링(Filtering)과 같이 간섭 억제를 위한 운용 제약사항 등]

2) EMI 대책

함정의 EMC 조건을 충족시키기 위해서는 접지·접속, 차폐, 케이블링 등 실제적인 EMI 대책이 적용되어야 한다. 전기 및 전자 시스템의 성능과 안전운용의 최적화, 그리고 EMI 통제를 위해 접지 및 접속이 유지되어야 한다. 상갑판에 포설되는 케이블은 안테나 또는 레이더에 의해 방사된 고출력 전자기 에너지에 노출될 경우 전자기가 유기되어 연결된 장비에 전자기 간섭을 일으킬 수 있으므로, 모든 전기전자 장비용 케이블은 전자기 차폐 케이블을 사용해야 한다. 그리고 선체 또는 격벽을 통해 차폐구역 내부로 인입되는 차폐 케이블 및 금속 파이프 등은 관통지점에서 360°로 접속 처리해야 하며, 별도의 명시가 없다면 일반적으로 선체 관통부는 차폐장치를 해야 한다. 송신기 및 수신기의 신호 입·출력 케이블은 단자 보호장치(Terminal Protection Devices: TPDs) 등을 적용하는 것이 바람직하다[5].

케이블 간 누화(Crosstalk) 현상을 최소화하기 위해서는, 함정에 포설되는 모든 전기 케이블을 전송신호 크기 및 운용장비 중요도에 따라 그룹핑하여 이격 설치해야 한다. 현재 미 해군에서는 케이블에 따라 16개의 그룹으로 분류하고, 그룹 간 최대 30cm까지 이격 설치하고 있다. 독일 수상함에서는 크게 5개 그룹으로 분류하고, 그룹 간 최대 20cm까지 이격 설치하고 있다[6].

함정에 탑재되는 전기전자 장비는 군사규격 MIL-STD-461에 제시된 개별 장비품목에 대한 EMI 특성 요구조건을 만족해야 한다. 이는 함정에 탑재되어 운용될 경우 발생할 수 있는 장비 간 EMI 문제를 최소화하고, 해당 장비의 스펙트럼 특성을 파악하기 위함이다. 최근에 개정된 부체계/장비에 대한 미 해군의 EMI 표준서는 군사규격 MIL-STD-461F이며, 미 해군 함정 탑재용으로 신규 개발되는 모든 전기전자 장비는 이 규격을 적용하고 있다[7]. 관급장비 및 표준장비 등의 비개발품은 함정 운용성능 요구조건을 만족하도록 적합한 EMI 특성 통제 요구조

건을 만족해야 한다. 해당 장비가 함정의 전자기 적합성 요구조건을 만족하지 못할 경우 EMI 요구수준을 만족하도록 필터, 차폐보완 등 장비설계를 변경하거나 요구조건을 만족하는 다른 장비로 교체해야 한다[2].

함정 상갑판의 안테나는 통신, 항해, 전투체계 장비를 동시에 운용할 때 장비 상호간의 EMI를 최소화하기 위해 최적의 위치를 선정하여 배치 · 설계한다. 일반적으로 HF, VHF, UHF 각 대역 내 안테나 간 최소 이격거리는 각각 15m, 12m, 3m이다. 최소 이격거리를 설계에 반영할 수 없을 경우, 각 대역 내 장비운용 시 주파수 이격범위는 각각 15%, 5%, 2.5%이다. 안테나 배치에 따른 EMI 영향은 다음 항에 기술하는 바와 같이 수치해석 기법을 통해 분석이 가능하며, 실선 시험평가 시 전자기 간섭이 발생하는 주파수(채널)를 확인하여, 함 운용 시에는 이를 고려해 장비운용 주파수를 선정해야 한다. 그리고 인체, 병기, 연료, 장비에 대한 EMRADHAZ를 최소화하기 위해 전자파 흡수체의 적용 및 경고표지판을 설치해야 한다.

3) 함정 안테나 배치설계 및 분석기법

EMI 및 EMRADHAZ 영향이 최소화되도록 함정 안테나를 최적 배치하기 위해서는, 기본설계 및 상세설계 단계에서 M&S 기법을 이용하여 함정 상갑판에 대한 분석을 수행하고, 이를 토대로 안테나 및 구조물 설계를 해야 한다. M&S 분석기술로는 축소 모델 측정을 이용한 예측기술과 전산 수치해석 기법을 이용한 예측기술이 있다. 축소 모델 측정기법은 최근 전산프로그램을 이용한 수치해석 기법이 본격적으로 적용되기 이전에 사용하던 분석기술로서, HF 대역에 대한 분석만 가능하다. 축소 모델 자체 및 측정 방법상의 오류 요인으로 인해 예측결과에 많은 오차를 포함하고 있어 현재 사용되지 않고 있다. 반면 전산프로그램을 이용한 수치해석 예측기법은 컴퓨터 성능의 발전에 따라 활용도가 증가하고 있으며, 종래의 소형 함정 및 저주파 대역에만 국한한 예측으로부터 현재는 구축함급 이상의 대형 함정 및 X-밴드 이상의 고주파 대역까지 예측범위가 넓어지고 있다.

EMI 및 EMRADHAZ 분석에 사용되는 전자파 수치해석에는 지금까지 여러 방법들이 개발되었으며, 산란체의 구조 및 크기에 따라 적용 범위가 결정된다. 저주파 해석방법과 고주파 해석방법은 적용 주파수의 절대적인 크기에 의해 구분되는 것이 아니고, 적용할 전자파 파장에 대한 산란체의 상대적인 크기에 의해 구분된다. 저주파 해석방법에는 모멘트법(Method of Moment: MoM), 유한요소법(Finite Element Method: FEM), 경계요소법(Boundary Element Method:

BEM) 등이 있고, 고주파 해석방법에는 기하광학(Geometrical Optics: GO), GTD(Geometrical Theory of Diffraction), UTD(Uniform GTD) 등의 방법과 전자기학 해석방법에서 출발한 물리광학(Physical Optics: PO), PTD(Physical Theory of Diffraction) 등의 방법이 있다.

6.7.3 EMP 현상 및 대책

1) EMP 현상

EMP는 급격하게 변하는 펄스 형태의 전자기 신호를 총칭하는 용어지만, 일반적으로 고고도 핵폭발로 인해 발생하는 고고도 전자기 펄스(High Altitude EMP: HEMP)를 뜻한다. 핵폭발 시 방사능, 열복사, 폭풍파, 엑스선, 감마선 등이 방출되는데, 이 중 감마선은 핵폭발 시 최초로 방사되어 높은 에너지를 가지며 지속시간은 수 μ-sec(micro-second, 10^{-8}초) 정도이다. 지상 약 100km 이상에서의 핵폭발 시 지표면에 형성되는 HEMP의 발생원리를 그림 6-45에 제시하였다.

핵폭발과 함께 발생한 감마선이 지상고도 약 20~40km 영역(Source Region)을 통과할 때 공기입자와 충돌하여 콤프톤(Compton) 전자를 발생시킨다. 이렇게 발생된 전자들은 지구 자기장의 영향을 받아 이동하게 되며, 동시에 방사형으로 가속된다. 이러한 전자의 흐름은 결과적으로 전자기파 에너지의 방사를 유도한다

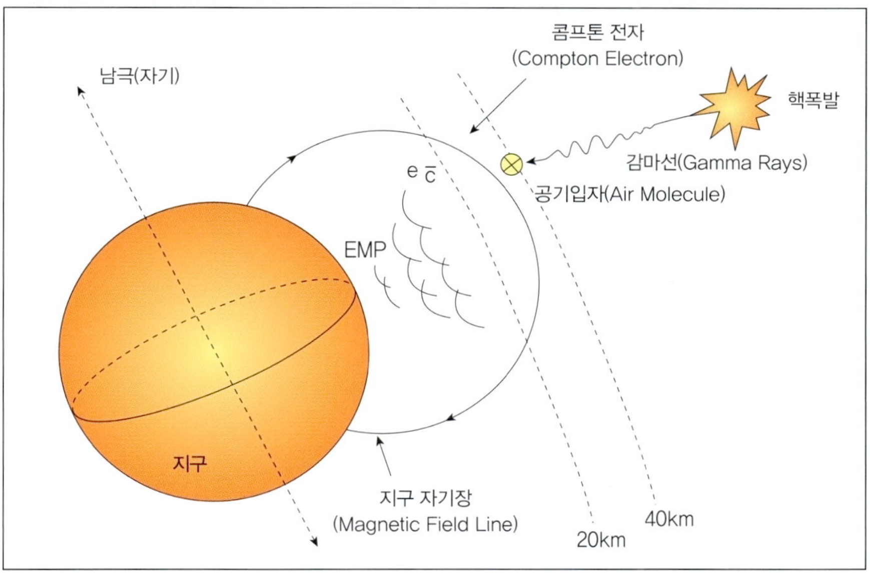

그림 6-45
HEMP 발생 개념도

[1, 8]. 지표면 광범위한 지역에 걸쳐 생성되는 HEMP는 10 nano-sec(nano-second, 10^{-9}초) 이하의 매우 빠른 상승시간과 50 kV/m 이상의 높은 전계 세기를 가진 과도신호로서, 100MHz 이상의 고주파 대역까지 포함하고 있어 전자기 펄스 방지대책이 없는 시스템이나 장비에는 치명적인 손상을 입힐 수 있으며 영향을 미치는 반경이 매우 넓다. 최근에는 핵폭발을 이용하지 않고도 전자기 펄스를 발생시킬 수 있는 전자폭탄(EMP탄이라고도 칭함)에 관한 연구가 러시아, 독일 등 일부 국가에서 진행되고 있다. 그러나 전자폭탄의 영향 반경은 HEMP와 달리 매우 국부적인 것으로 알려져 있다.

국제전기기술위원회(IEC) 규격 및 미국 군사규격(MIL-STD-464, MIL-STD-461)에 HEMP 환경기준이 제시되어 있으며, 일반적으로 널리 사용되는 기준파형은 그림 6-46에 제시한 바와 같다[2, 9].

2) EMP 대책

EMP는 케이블, 도관 등과 같은 구조물에 결합되어 과도 전류를 유기시키며, 이러한 과도 전류는 전자회로 및 부품 등을 손상시킨다. 또한 EMP는 공간으로 침투하여 결합되기도 한다. 함정에 대한 EMP 대책의 기본개념은 함정 구조물이 전체적으로 전자파로부터 차폐되도록 하고, 차폐된 선체 외부에 노출된 케이블을 통해 EMP가 결합되지 않도록 해야 하는 것이다. 그리고 외부 케이블에 EMP가 결합되더라도 유기된 과도 전류가 선체 내부로 침투하지 않도록 해야 한다. 이를 위해서는 다음과 같은 EMP 대책 적용이 필요하다[1].

그림 6-46
HEMP 기준파형[7]

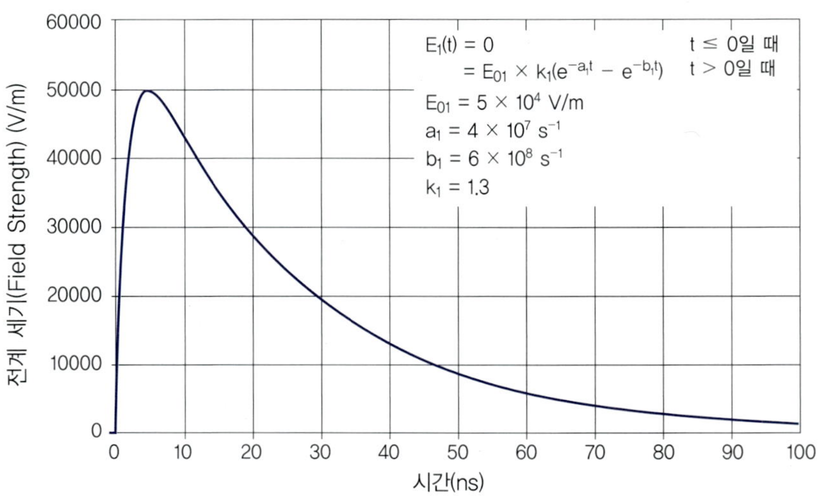

- 구조물 금속 차폐를 통한 시스템 방호
- 개구부(開口部) 개수 및 크기 최소화
- 차폐 매쉬(Mesh) 및 투명한 EMI 필름코팅 처리된 창문 사용을 통해 함교, 격납고 등 적절한 차폐가 불가능한 구역의 장비에 대한 보호조치
- 케이블 차폐 및 선체 외부 노출 최소화
- 함정 선체 내·외부 관통 케이블 접지·접속 및 신호 사양별 그룹핑
- 안테나 및 선체 관통 케이블에 대한 EMP 방호장치 적용

함정에 대한 EMP 시험평가는 EMP 침입이 가능한 함정 구조의 모든 침입점을 식별하여, 지점들에 대한 시험 가능성을 판단한 후 시험계획을 수립하여 실시한다. 함정 EMP 시험은 해상에서 EMP 시뮬레이터를 사용하여 함정 전체에 EMP 환경을 조성한 후, 개구부와 케이블을 통한 EMP 침입 및 결합량, 그리고 탑재장비의 작동상태 등을 평가한다. 그림 6-47에 미국의 함정 EMP 시험시설인 EMPRESS(Electro Magnetic Pulse Radiation Environmental Simulator for Ships) I과 EMPRESS II를 제시하였다[10].

EMP에 대한 방호대책은 함정 설계 및 시험평가 단계에서 많은 노력과 예산, 시간이 투입되므로 함정 운용 요구조건에 명확히 제시되어야 한다.

(a) EMPRESS I EMP 시험시설

(b) EMPRESS II EMP 시험시설

그림 6-47
미 해군 EMP 시험시설[10]

참고문헌

◈ 수중방사소음 감소기술

1. http://www.fas.org/man/dod-101/sys/ship/deep.htm
2. R.J. Urick, 〈Principles of Underwater Sound〉, 3rd ed., McGraw-Hill Book Co., 1983
3. 〈A Guide for the Selection and Application of Resilient Mountings to Shipboard Equipment〉, Report 880, 1958
4. J. C. Snowdon, 〈Vibration and Shock in Damped Mechanical Systems〉, John Wiley & Sons, Inc., 1968
5. 〈Vibration and Shock Handbook〉, Paulstra, France
6. 전재진, 〈함정 Integrated Signature Management〉, 함정스텔스 워크샵, 국방과학연구소, 2006
7. 전재진, 〈수중방사소음 감소설계〉, 함정설계 특별강좌(2006), 서울대학교, 2006
8. 〈Resilent Mount System for Marine Gears〉, Naval Forces, No.4, 2002
9. J.C. Poulain, N. Touraine, 〈Acoustic Descretion of Scorpene Submarines〉, Naval Forces, No.5, 2003

◈ 전자파 반사 감소기술

1. D. C. Jenn, 〈Radar and Laser Cross Section Engineering〉, AIAA, 1995
2. M. Skolnik, 〈Radar Handbook〉, 2nd ed., McGraw-Hill, 1990
3. E. F. Knott, J. F. Shaeffer, M. T. Tuley, 〈Radar Cross Section: It' s Prediction, Measurement and Reduction〉, Artech House, 1985
4. 〈Naval Ship Design〉, 16th International Ship and Offshore Structures Congress, Southampton, UK, Vol. 2, Aug. 2006
5. B. A. Munk, 〈Frequency Selective Surfaces: Theory and Design〉, Wiley, 2000
6. K. J. Vinoy, R. M. Jha, 〈Radar Absorbing Materials: From Theory to Design and Characterization〉, Kluwer Academic Publishers, 1996
7. Y.-B. Feng, T. Qiu, C.-Y. Shen, and X.-Y. Li, 〈Electromagnetic and Absorbtion Properties of Carbonyl Iron/Rubber Radar Absorbing Materials〉, IEEE Trans. on Mag., Vol. 42, No. 3, Mar. 2006
8. F. Costa, A. Monorchio, G. Manara, 〈Analysis and Design of Ultra Thin Electromagnetic Absorbers Comprising Resistively Loaded High Impedance Surfaces〉, IEEE Trans. on Antenna and Propagat., Vol 58, No. 5, May 2010
9. M. R. Jones, P. Stafford, and W. C. Anderson, 〈Tenix Panels: A Solution to the Problem of RCS Reduction for Ships in Service〉, Proceedings of the International Radar Conference, 2003

10. N. N. Youssef, 〈Radar Cross Section of Complex Targets〉, Proceedings of the IEEE, Vol. 77, No. 5, May 1989
11. D. Andersh, J. Moore, S. Kosanovich, D. Kapp, R. Bhalla, R. Kipp, T. Courtney, A. Nolan, F. German, and J. Cook, 〈Xpatch 4: The Next Generation in High Frequency Electromagnetic Modeling and Simulation Software〉, The Record of the IEEE 2000 Radar Conference, 2000
12. S. H. W. Simpson, P. Galloway, M. Harman, 〈Applications of EpsilonTM: A Radar Signature Prediction and Analysis Tool〉, International Radar Symposium, IRS Munich Germany, 1998
13. 권경일/유지희, 〈국내외 RCS 측정시설과 기술의 현황〉, 국방과학기술정보 통권 19호, 국방기술품질원, 2009
14. J. C. Schulte, 〈An Analysis of the Historical Effectiveness of Anti-Ship Cruise Missile in Littoral Warfare〉, Naval Postgraduate School, US Navy, Sep. 1994
15. 김봉석, 〈함정탑재용 디코이의 기술현황 분석〉, 연구보고서, 국방과학연구소, 1997
16. MK-53 Nulka Decoy Launching System(DLS), www.fas.org/man/dod-101/sys/ship/w

◈ 적외선 신호 감소기술

1. R.D. Hudson, 〈Infrared System Engineering〉, John Wiley & Sons, 1969
2. 久野治義, 〈赤外線工學〉, (社)電子情報通信學會編, 1994. 2
3. 〈The Infrared & Electro-Optical Systems Handbook〉, Vol. 1-8, SPIE Press, 1993
4. 〈RadTherm 7.0 -User' s Guide-〉, Thermo Analytics, Inc, TAI, 2002
5. 〈Recommended IR Signature Reduction Techniques〉, Report A132-003, Rev.0, Davis Eng. Int., April 2002
6. 〈Star Training Material〉, IRE Korea 교육자료, 2003. 2
7. 조용진 외, 〈함정 IR 설계 및 관리 지침서〉, 연구보고서, 한국해양연구원 해양시스템안전연구소, 2003. 11
8. 조용진 외, 〈해양환경 변화에 따른 적외선 신호 특성 예측 연구〉, 연구보고서, 한국해양연구원 해양시스템안전연구소, 2004. 11
9. J. Thompson, D. Vaitekunas, A.M. Birk, 〈IR Signature Suppression of Modern Naval Ships〉, Warship Technology, March 1999

◈ 전자기 신호 감소기술

1. S. J. Davidson and G. J. Webb, 〈Why bother with signature reduction〉, Ultra Electronics PMES, United Kingdom, 1998

2. S. J. Davidson , T. Bailey, A. Parker, R. Twelvetrees and M. Turener, 〈Advanced signature control system〉, Ultra Electronics PMES, U.K., 2000
3. R. Holt, 〈The Source of Electric Fields in Seawater, and Their Measurement〉, Warship Cathodic Protection 2001, Aug. 2001
4. 〈Guide to the Design of Ferro-magnetic Signature Control Systems And Degaussing〉, Ministry of Defence, Defence Standard 02-612, Issue 2 Publication, July 2008
5. 양창섭, 〈함정에서 발생되는 수중 전자기장 신호의 특성 및 스텔스 대책〉, 함정 스텔스 워크샵, 국방과학연구소, 2006. 9

◈ 수중폭발 내충격 설계기술

1. R.H. Cole, 〈Underwater Explosions〉, Princeton University Press. 1948
2. 〈Handbook for the Design and Assessment of Naval Surface Ship Structure〉, Handbook MIL-HDBK-519, Department of Defense, 2009
3. 〈USS Osprey (MHC 51) Shock Trial AUG-OCT 1995〉, Naval Sea Systems Command, 1995
4. A.N. Hicks, 〈The Theory of Explosion Induced Ship Whipping Motion〉, NCRE Report R579, 1972
5. 〈Shock Tests, H. I. (High Impact) Shipboard Machinery, Equipment and Systems, Requirement for〉, Military Specification MIL-S-901D, DODSIF Issue, March 1989
6. R.J. Scavuzzo, H.C. Pusey, 〈Naval Shock Analysis and Design〉, The Shock and Vibration Information Analysis Center, 2000
7. E.W. Clements, 〈Shipboard Shock and Navy Devices for its Simulation〉, NRL Report 7396, 1972
8. 〈Shock Design Criteria for Surface Ships〉, Report 0908-LP-000-3010, Rev. 1, NAVSEA, 1995
9. 박병욱/안진우/조윤식, 〈수중폭발 내충격설계 연구〉, 연구보고서, 국방과학연구소, 1995. 12
10. 박병욱/안진우/조윤식, 〈수중폭발의 조건에 따른 선체거어더의 충격응답 해석〉, 연구보고서, 국방과학연구소, 1996. 9

◈ 방호 선체구조 기술

1. M.O. Said, 〈Theory and Practice of Total Ship Survivability for Ship Design〉, Naval Engineers Journal, April 1995
2. E. Aoki, 〈A Short History of Warship's Protection〉, Ship of the World, Japan, April 1976

3. M. Shigeru, 〈A Comparative Study of Japanese & U.S Battleships〉, Ship of the World, Japan, 1987. 9/11-1988. 4/9
4. R.M. Reese, C.N. Calvano, T. M. Hopkins, 〈Operationally Oriented Vulnerability Requirements in the Ship Design Process〉, Naval Engineers Journal, Jan. 1998
5. S.W. Surko, 〈The Residual Strength of a Ship After an Internal Explosion〉, M.I.T., Master Thesis, 1988
6. 〈LPD 17 Request for Proposal: Section 100 General Requirements for Hull Structure〉, U. S. Navy, April 1996
7. 〈Handbook for the Design and Assessment of Naval Surface Ship Structure〉, MIL-HDBK-519, 19 Feb. 2009
8. 〈Rules and Regulations for the Classifications of Naval Ships〉, Lloyd' s Register, July 2003
9. D.L. Ewing, et al., 〈A Surface Combatant for the 21st Century: DDG 51 Flight IIA〉, Naval Engineers Journal, May 1995
10. J.Y. Morand, P.M. Fabienne, 〈Frigate La Fayette: The French Revolution in Ship Design〉, ASNE Symposium 1995, Feb. 1995
11. A. van Erkel, 〈Ship Vulnerability Naval Combatants or Naval Ships〉, TNO Prins Maurits Laboratory
12. E. Niessen, 〈Structural Design for Enhanced Survivability of Ship's Hulls〉, Advances in Marine Structures-2, Elsevier Applied Science, 1991
13. R. Ronken, J. Bakenhus, 〈F124-Modern Combat System Design〉, WARSHIP' 98, June 1998
14. J.P. Sikora, E.A. Devine, 〈Guidelines for the Design of Advanced Double Hull Vessels〉, NSWCCD-65-TR-2002/04, Jan. 2001
15. J.E. Beach, J.P. Sikora, 〈Advanced Double Hull Concept Reduces Costs, Increases Capabilities〉, AMPTIAC, Vol. 7, No.3, 2003
16. Roshdy G. S. Barsoum, 〈Advanced Ship Protection and Low Signature Hulls〉, Navy-Industry R&D Partenership Conference, August 2002

◈ EMI/EMC/EMP 기술

1. P.E. Law, Jr., 〈Shipboard Electromagnetics〉, Artech House, 1987
2. 〈Electromagnetic Environmental Effects Requirements For Systems〉, MIL-STD-464C, Department of Defense, 1 Dec. 2010
3. W.G. Duff, 〈Fundamentals Of Electromagnetic Compatibility〉, Interference Control Technologies, 1988

4. H. M. Judson, 〈Electromagnetic Engineering in Ship Design〉, The Society of Naval Architects and Marine Engineers, 1992
5. 〈Standard Practice for Shipboard Bonding, Grounding, and Other Techniques for Electromagnetic Compatibility and Safety〉, MIL-STD-1310G, Department of Defense, 28 June 1996
6. 〈Electromagnetic Compatibility - Fundamentals and Measures for the Development of Systems and Equipment, Part 3. Cabling〉, VG 95375
7. 〈Requirements for The Control of Electromagnetic Interference Characteristics of Subsystems and Equipment〉, MIL-STD-461F, Department of Defense, 10 Dec. 2007
8. K.S.H. Lee, 〈EMP Interaction: Principles, Techniques, and Reference Data〉, ASUMMA Book
9. 〈Electromagnetic Compatibility(EMC)-Part 2: Environment - Section 9 : Description of HEMP Environment - Radiated Disturbance Basic EMC Publication〉, IEC-61000-2-9
10. J.M. Nelson, C.S. Jones, L.A. Poston, 〈USS Anzio EMPRESS II Trial〉, Naval Engineers Journal, May 1996
11. 김응조, 〈EMI/EMC〉, 함정설계 특별강좌(2005), 서울대학교, 2005

CHAPTER 07

함정 개발 및 건조

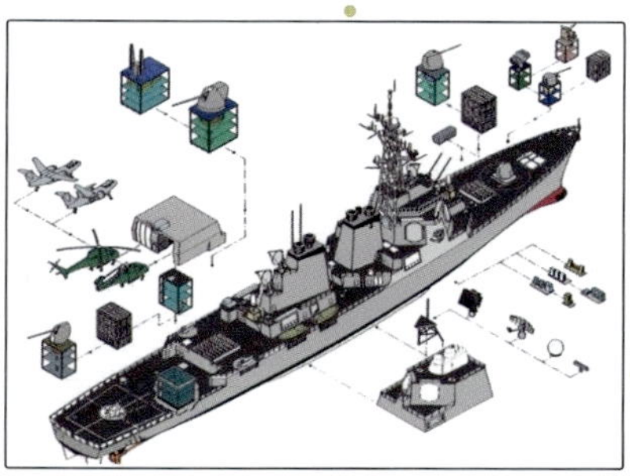

7.1 | 함정 개발 · 건조체제

7.1.1 함정 개발·건조 총 순기

함정 개발 · 건조 구상단계를 시작으로 설계단계를 거쳐 실제로 건조된 후 실전부대에 배치 · 운용되고, 이후 퇴역하여 폐기될 때까지의 전 과정을 함정의 수명주기(Life-Cycle) 또는 총 순기(巡期)라고 부른다. 그림 7-1에 제시한 바와 같이 미 해군을 비롯한 선진 해군 강국의 경우, 시제함의 개발 · 건조(Platform Development) 단계에 앞서거나 또는 병행하여 함정에 탑재할 무장체계 개발(Weapon System Development) 단계를 수행하며, 이에 앞서 체계개념 형성(Concept Formulation) 단계를 수행하고 있다.

체계개념 형성을 첫 단계로 수행하는 이유는 해전양상의 변화와 기술적 발전 추세를 예측 · 분석하여, "미래에 어떤 함정체계를 확보하여 운용할 것인가"를 결정하는 단계이기 때문이다. 체계개념 형성단계는 해전양상에 부합하는 함정 및 무기체계의 요구조건을 도출하며, 상대에게 기술적 기습을 가하고 우월한 전투력을 발휘할 수 있는 새로운 함정 및 무기체계 개념을 도출하는 단계인 것이다. 따라서 그림 7-2에 제시한 미 해군의 예와 같이, 체계개념 형성단계에서는 미래 해전양상에 대한 심층적 검토 · 분석을 토대로 도출되는 작전 요구조건(Operational Needs)

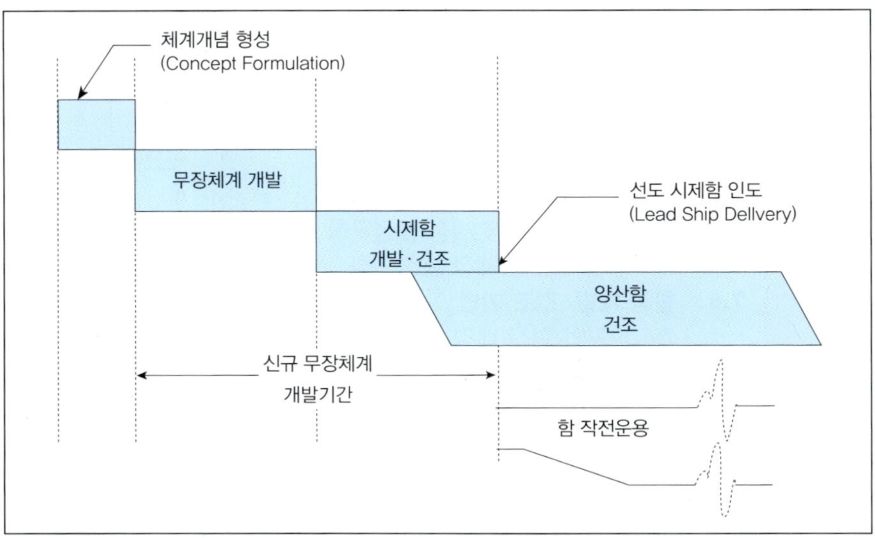

그림 7-1
함정 총 순기과정

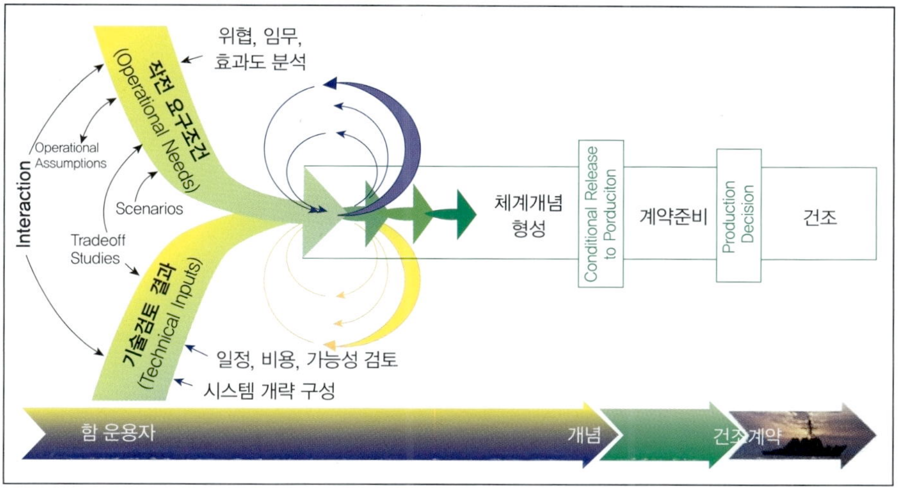

그림 7-2
미 해군 신규 함정 체계개념 형성과정[8]

과 군사과학기술의 발전 추세에 대한 심층분석을 통해 도출되는 기술검토 결과(Technical Inputs) 간 수많은 협의와 절충 및 조정이 이루어져야 한다. 함정 획득 체제 혁신 이후, 미 해군은 체계개념 형성단계에서 기존 고정관념이나 경험적 요소에서 벗어나 창의적 개념의 함정 및 무기 체계가 최대한 도출될 수 있도록 하고 있다.

영국의 경우 초기 개념형성을 중시하여, 체계개념 형성단계(Preliminary Studies)를 해군 자체적으로 수행하고 있다. 이를 토대로 방산업체로 하여금 개념설계에 해당하는 COEIA(Combined Operational Effectiveness and Investment Appraisal) 단계를 수행하게 하고, 이후 함 개발·건조 사업을 주관하게 한다. 일본의 경우 구상(構想) 설계라고 칭하는 초기단계에서 체계개념을 형성한다. 위에 기술한 바와 같이 주요 국가들이 체계개념 형성단계를 중시하는 이유는 막대한 건조비용과 10년 이상의 건조기간과 건조 후 30년 이상 운용해야 하는 함정체계의 경우, 초기에 도출된 함정 체계개념 완성도에 따라 함정 개발·건조 사업의 추진방향과 성공 여부 등 함정 세력 발전계획 추진이 직접적으로 영향받기 때문이다.

그림 7-1에 제시한 바와 같이, 체계개념이 형성되면 함정체계의 작전성능을 충족시키기 위해 요구되는 새로운 탑재무기 및 장비 체계의 연구개발 단계로 이어진다. 무기 및 장비 체계의 개발이 성공적으로 완료되거나 원활하게 진행되는 중간 시점에 비로소 신규 함정 시제함의 개발·건조 사업이 착수된다. 신규 함정 개발·건조 사업의 공식적인 첫 단계는 개발 가능성 검토단계(또는 개념설계 단계로도 칭함)로서, 초기에 형성되었던 체계개념을 토대로 개발·건조할 함정에 대한 개념

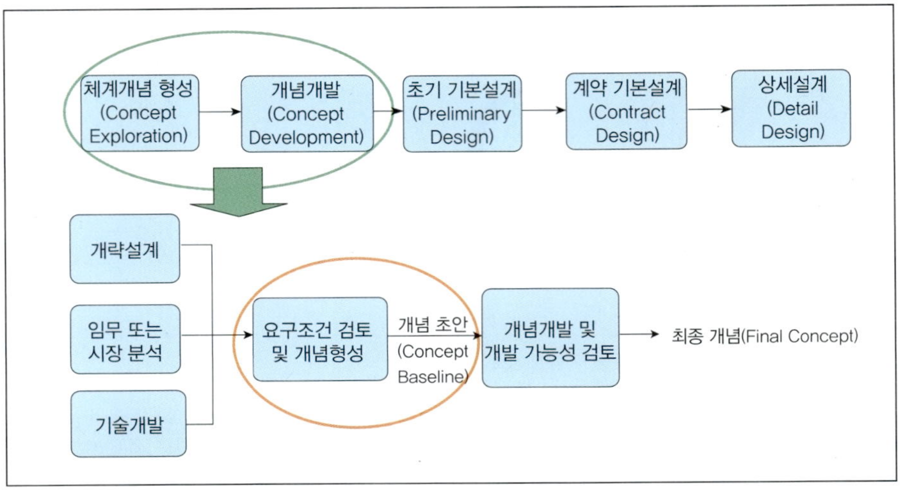

그림 7-3
미 해군 초기 개념형성 단계와 함 건조를 위한 개념개발 단계와의 연관성[9]

설계를 수행하여 함정 개발·건조 목표를 구체적으로 검토하고 사업계획을 수립하게 된다. 그림 7-3에 체계개념 형성단계와 실제로 함정을 개발·건조하기 위한 개념개발(Concept Development) 단계, 즉 개발 가능성 검토단계와의 연관성을 제시하였다. 개발 가능성 검토(또는 개념설계)가 완료되어 함 건조사업의 추진이 확정되면, 초기 기본설계(Preliminary Design) 및 계약 기본설계(Contract Design) 등 기본설계 단계가 이어진다. 기본설계 수행 후 설계결과가 군 요구조건을 충족시키는 것이 확인되면, 상세설계(Detail Design) 및 건조공작 단계로 이어져 실제로 시제함을 건조공작하게 된다.

건조공작이 완료되면, 시제함은 시운전 단계 및 시험평가 단계와 전력화 단계를 거쳐 실전부대에 배치되어 퇴역할 때까지 운용된다. 퇴역 후에도 다시 현역함으로 복귀하거나, 다른 국가에 공여 또는 매각되어 운용되기도 한다. 퇴역 이후 완전히 폐기되면 함정으로서의 수명을 다하게 된다.

그림 7-1의 미 해군 함정 총 순기과정에 제시된 바와 같이, 양산함의 경우 시제함이 운용되기 이전 시제함의 기본설계 단계만 완료된 상태에서 이미 건조가 시작된다. 이와 같은 양산함의 조기 착수는 함정 전력화를 조기에 달성하고, 더불어 무기 및 장비 체계를 생산·제작하는 방산업체의 지속적인 가동을 지원하기 위한 것이다. 양산함의 조기 착수는 개념형성 단계부터 무기 및 장비 체계 개발, 그리고 시제함의 기본설계 단계에 이르기까지 10여 년에 가까운 장기간의 연구개발 및 설계활동을 통해 신규 함정의 목표달성 가능성이 입증되었고, 기술적 측면의 실패 위험성이 극소화되었다는 것을 뜻한다. 이는 함정 설계단계가 함정 개발·건조 사

업의 성패를 좌우할 만큼 차지하는 비중이 크다는 것을 의미하기도 한다.

위에서 기술한 바와 같이, 함정 개발 · 건조 총 순기는 원칙적으로 체계개념 형성단계와 탑재무기 및 장비 체계 개발단계까지 포함해야 한다. 그러나 선진국 함정의 모방이나 부분 개량을 바탕으로 함정을 설계하거나 선진국의 무기 및 장비체계를 도입하여 함정을 건조하는 국가의 경우, 체계개념 형성단계와 무기 및 장비 체계 개발단계를 수행하지 않으므로 함정 개발 · 건조 순기는 시제함의 건조사업에만 국한하게 된다. 이 경우 함정 개발 · 건조 사업은 시제함에 대한 개발 가능성 검토 또는 개념설계 단계부터 시작하게 되므로 소요기간은 그만큼 짧아진다. 그러나 선진국 함정에 대한 모방건조 수준에 머물게 되므로, 해전양상과 자국의 전장환경에 부합하는 창의적 개념의 함정체계를 구현하는 것은 곤란해진다.

7.1.2 함정 개발 · 건조 사업특성

함정은 대표적인 대형 복합 무기체계로서 일반 무기체계와 현격하게 다른 여러 특성을 갖고 있다. 때문에 함정 개발 · 건조 사업 또한 일반 무기체계의 개발 · 생산과 매우 다른 고유한 특성을 갖고 있다.

첫째, 함정체계는 시제품을 시험평가 용도로 사용하는 일반 무기체계와 달리, 초도생산 시제함을 실전부대에 배치하여 운용한다. 작은 크기의 시험정(試驗艇)을 건조하여 새로운 함정체계의 기술적 가능성을 검증하는 경우도 있으나, 예외적인 경우에 한한다. 시제함의 배치 · 운용은 방대한 예산과 장기간이 소요되는 함정 개발 · 건조 사업이 기술적 측면에서 위험성이 매우 높음을 뜻한다. 대부분의 경우 기술적 위험도를 극소화하고 최적화된 함정체계를 도출하기 위해, 세분화된 함정 설계과정을 통해 연구개발 및 설계활동이 체계적으로 수행된다. 미 해군이 시뮬레이션 기반 설계기법 및 IPPD 기법 등 혁신적 개념의 기법 적용을 통해 함정 개발 · 건조에 관련된 전문기술 능력을 함정 설계과정에 총 집약하는 이유가 바로 여기에 있다.

둘째, 부품 단위의 제품으로 구성되는 일반 무기체계와 달리 함정은 선체구조체계, 추진기관 등 기계장비체계, 레이더나 소나 등 탐지체계, 항해통신 장비 등 전자장비체계, 지휘통제 및 함포와 유도탄으로 이루어진 무장체계 등 다양한 대형 체계들이 결합되어 이루어지는 대형 복합 무기체계이다. 신규 함정에 탑재 · 운용하려는 무기체계 및 주요 장비 등 대형 체계는 선체 건조공작 단계 이전에 이미 생산되어 있거나, 최소한 연구개발 및 성능평가가 완료된 상태에 있어야 한다. 함정 개발·건조 사업착수 이전 체계개념 형성단계에서 도출된 요구사항을 충족시키는 무기 및 장비 체계의 개발과정이 수행되어야 한다. 신규 무기 및 장비 체계를 탑재하는 함정의 경우, 함정 자체의 설계 및 건조 기간 외에 수년의 기간이 더 소요된다. 그림 7-1에 제시한 총 순기과정에 따를 경우 총 16년이 소요된다. 급격하게 변하는 국제정치, 군사, 경제 동향에 비추어 매우 긴 기간으로서, 함정 개발·건조 사업은 직·간접적 영향을 받는다. 함정 개발·건조 사업은 불확실성(Uncertainty)이 높은 대규모 투자사업인 것이다.

셋째, 양산함의 건조는 시제함 건조완료 후 시험평가 및 운용 단계가 이루어지기 훨씬 이전인 계약 기본설계 단계가 완료된 시점에서 착수하는 것이 일반적인 관례이다. 양산함의 조기 착수는 이미 기술한 바와 같이 장기간이 소요되는 함정의 전력화 기간을 단축하고, 무기 및 장비 제작업체의 지속적인 가동에 필요한 조달 물량을 확보하는 데 큰 이점이 있다. 동시에 이러한 관례는 시제함의 함정 설계 내용 및 결과가 기술적 측면에서 완벽한 수준에 도달해야 함을 뜻한다. 함정 설계 과정은 단순히 개발·건조할 함정의 형상이나 제원을 도면화하는 단계가 아니며, 함정 설계과정에서 수명주기 동안 예상되는 모든 기술적 문제들을 해결해야 하는 것이다. 개발·건조하려는 함정이 기술적으로 실현 가능한 체계인지를 구체적인 설계활동과 이를 뒷받침하는 이론적 계산 및 실험적 검증을 통해 입증하는 단계인 것이다. 때문에 함정 설계단계는 별도의 연구개발 과제수행에 의해 획득된 이론적 및 실험적 성능 분석기법과 설계기법, 설계수단(Design Tool) 등 새로운 기술들을 체계적으로 적용하는 단계이다.

7.1.3 함정 개발·건조 사업 관리체제

1) 함정 개발·건조 사업 관리체제 구분

함정 개발·건조 사업을 보다 효율적으로 관리하기 위해, 미국을 비롯한 주요 국가들은 자국의 전통과 함정 기술발전 정책에 의거하여 각기 독자적인 형태로 함정 개발·건조 사업 관리체제를 구축하여 운용하고 있다. 이를 크게 세 가지 유형으로 구분할 수 있다.

첫째 유형은 국가기관의 주관하에 민간 방산업체가 참여하는 형태로서, 국가가 함정 개발·건조 사업을 주관한다. 함정 설계단계도 국가기관에 소속된 함정 설계 전담조직에서 주관한다. 민간 방산업체는 함정 설계단계에 적극적으로 참여해 지원하며, 함정의 건조공작을 주관하여 수행한다. 미국과 일본의 체제가 이에 속한다.

둘째 유형은 민간 방산업체 완전 주관 형태이다. 국가기관은 개발할 함정에 대한 요구조건 및 인수요건 등을 제시하고, 주관업체로 선정된 민간 방산업체가 모든 권한과 책임을 갖고 함정 개발 · 건조 사업을 주관한다. 독일과 영국의 체제가 이에 속한다.

셋째 유형은 국가기관 완전 주관 형태로서, 함정에 관한 사업관리 조직은 물론 함정 설계조직 및 건조 조선소까지 국가기관에 속하거나 국영기업체 형태로 운영된다. 따라서 함정 개발 · 건조 사업은 국가기관 주관하에 수행된다. 프랑스와 러시아의 체제가 이에 속한다.

냉전체제 해체 이후 초래된 국방환경의 급격한 변화는 함정 개발 · 건조체제에도 많은 변화를 가져왔다. 국방비 삭감으로 인해 함정 발주량이 감소했고, 이에 따라 조선소 및 장비, 부품업체의 합병 또는 폐쇄를 초래하였다. 특히 러시아의 경우 냉전체제 종식 이후 함정 개발 · 건조체제가 붕괴하는 상황에 이르러 함정의 건조 자체가 중단되었다. 함정 개발 · 건조 및 군수지원 능력의 저하 등 함정 세력의 유지 · 발전이 위기에 처하자, 미국을 비롯한 주요 국가들은 함정 개발 · 건조체제를 대대적으로 혁신해 왔다. 세계 최강의 해군력을 보유 · 운용하고 있는 미국은 국방환경의 변화 및 기술발전 추세에 맞춰 함정 개발 · 건조 체제 및 기법을 변화 · 혁신시켜온 선도적인 국가라고 할 수 있다. 미국 함정 개발 · 건조 기법의 혁신내용은 7장 6절에 상세히 기술하였으며, 이 절에서는 각국 함정 개발 · 건조체제가 보유하고 있는 특성을 중점적으로 기술하였다.

2) 미국 및 일본 체제특성

미 해군의 경우 함정체계국(Navy Sea Systems Command: NAVSEA)이 함정 개발 · 건조 사업을 총 주관한다. 함정체계국은 사업관리 및 품보활동 등 함정 건조사업 관리조직과 함께 2,000여 명의 민간 설계전문가로 이루어진 방대한 규모의 함정 설계조직을 갖추고 있다. 또한 수상전체계연구소(NSWC) 및 수중전체계연구소(NUWC) 등 연구기관이 배속되어 있어, 탑재무기 및 장비 체계와 관련 핵심기술을 연구개발하고 있다. 상세설계 및 건조공작 등 함 건조업무는 방산조선소가 전담한다. 또한 함정 설계 전문회사(Design Agent)들이 육성되어 있어, 필요시 계약기본설계 등을 함정체계국에서 발주받아 수행한다.

미 해군체제의 첫 번째 특징은 함정 개발 · 건조의 핵심주체인 함정 설계조직과 첨단기술 연구개발을 수행하는 연구조직이 한 기관 내에 속한다는 것이다. 함정 설계활동과 연구활동을 긴밀하게 상호 연계시킴으로써 개발하는 함정체계의 성능을 고도화할 수 있으며, 특히 함정 설계기술을 지속적으로 유지·발전시킬 수 있게 된다. 두 번째 특징은 해군 자체 설계전문가와 함께 방산조선소 및 설계전문회사의 전문가를 참여시켜 IPT(Integrated Product Team)라 부르는 통합설계팀을 구성하고, 설계 초기단계부터 공동으로 설계업무를 수행하는 것이다. 이를 통해 미국이 보유하고 있는 전문기술 능력을 효율적으로 집약하여 활용할 수 있게 된다. 그림 7-4에 미 해군 함정 설계단계에서 이루어지고 있는 방산조선소 등 민간 기업체와의 긴밀한 협력체계를 제시하였다.

미국 체제와 달리 일본의 방위청 산하 기술연구본부는 함정 연구개발 및 설계활동을 주관하고 조달실사본부는 건조계약 체결단계부터 함정 건조사업을 주관하게 함으로써, 함정 기술개발 업무와 함정 건조업무를 원천적으로 분리하고 있다. 기술연구본부는 함정 설계조직, 함정 탑재무기·장비 개발조직, 함정 기술연구조직 등을 갖추고, 함정 관련 기술의 유지·발전에 전념한다. 약 50명으로 구성된 함정 설계조직은 구상설계(체계개념 형성 해당), 개산요목 자료(개념설계 해당), 기본계획(초기 기본설계 해당), 기본설계(계약 기본설계 해당) 등 함정 설계 전 과정을 주관한다. 계약 기본설계 단계에서는 소수 인원으로 방대한 업무를 수행하기 곤란하므로, 방산조선소에서 파견되는 설계인력의 지원을 받는다. 정부기관과 민간 방산업체의 임무와 역할이 명확하게 구분되어 있으면서도, 협력관계가 매우 원활한 것이 일본 체제의 장점이다.

3) 독일 및 영국 체제특성

2차 세계대전 패전 이후 독일은 함정을 비롯한 무기체계를 개발할 수 있는 조직과 인력이 붕괴하였고, 연합국에 의해 정부기관 주도의 무기체계 개발이 금지되었다.

그림 7-4

미 해군 함정 설계단계 해군/방산업체 기술협력 개념[8]

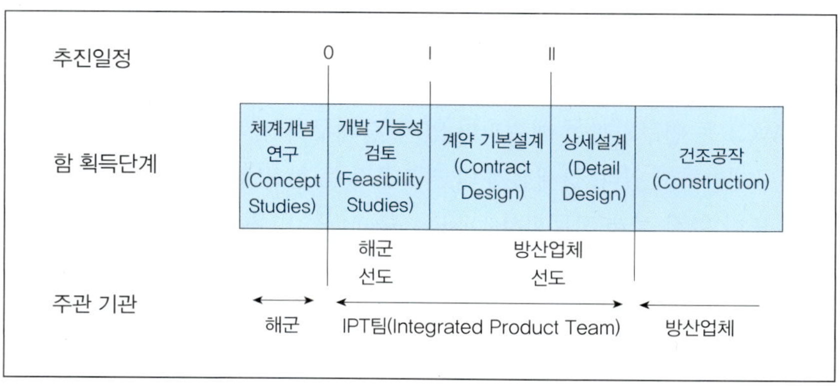

이에 따라 민간업체가 주도하는 형태의 국방획득체계를 구축하여 운영하게 되었다. 함정의 경우 총괄계약자(General Contracter)로 선정된 방산업체가 총체적인 권한과 책임을 갖고, 초기 개념설계 단계부터 함정 인도 후 군수지원 단계까지 함정 개발·건조 사업을 주관한다. 정부기관인 국방기술획득본부(BWB) 산하 함정사업국은 함정 획득사업 계획수립과 계약체결 및 관리를 수행하며, 함정 분야 국방기술센터(WTD)는 장비 시험평가 및 인증 업무를 토대로 성능검증 등을 수행함으로써 방산업체를 지원한다. 이러한 체제특성으로 인해 방산업체는 함정 설계 및 건조공작 기술능력을 자체적으로 세계적 수준으로 고도화하고 함정 수출에 전력을 쏟게 된다. HDW사와 Blohm & Voss사의 경우, 각기 209급 디젤잠수함 및 MEKO 계열 수상전투함 등을 독자적으로 개발·건조하여 세계 각국에 다수 수출하고 있다.

영국은 1990년대 초 독일의 함정 개발·건조 사업 관리체제를 도입하여, 총체적 함정 구매(Whole Ship Procurement)라 칭하는 방식으로 함정을 개발·건조하고 있다. 주 계약업체(Prime Contracter)로 선정된 방산업체가 공식적인 사업착수 단계인 개념설계부터 기본설계 및 건조공작 단계까지 총 주관한다. 국방성 및 해군은 함정 개발목표의 합리적 설정에만 능력을 집중하고, 이를 구현하기 위한 함정 개발·건조 과정에서는 민간기업의 창의적 기술개발과 합리적 경영활동을 최대한 지원하여 개발 함정의 성능향상과 개발·건조 비용을 절감하는 데 궁극적 목적을 두고 있다. 이러한 정책에 따라 함정 관련 장비 및 기술을 연구개발하는 연구개발 기관도 2001년 기초과학 연구분야만 국가조직으로 유지하고 나머지 분야는 QinetiQ라는 민간기업체 형태로 전환시켰다. 이를 통해 함정 기술 연구개발 분야에서도 경쟁력을 강화하고 있다.

독일과 영국처럼 업체 완전 주도형으로 함정 개발·건조체제가 운영되는 경우에도, 양산 함정의 추가 발주 등 방산조선소의 정상적 운용을 돕기 위한 정부 차원의 정책적 지원이 필수적으로 요구된다. 예를 들어 방산조선소가 수주 물량을 충분히 확보하지 못하거나, 경영합리화 방침에 따른 구조조정 등 여러 이유로 인해 기술적 경험을 가진 전문인력을 대폭 감축할 경우, 함정 개발·건조 능력의 안정적 유지 측면에서 국가 차원의 심각한 문제가 야기될 수 있기 때문이다.

4) 프랑스 및 러시아 체제특성

독일이나 영국과는 반대로 프랑스의 경우 오래 전부터 국가기관인 병기본부(DGA) 산하 DCN에서 함정 설계조직 및 추진기관 등 장비 개발조직과 방산조선소를 운영해 왔으며, 이를 기반으로 함정 개발·건조 사업을 주관하고 있다. 프랑스는 함정 개발·건조 사업을 수직적인 체계로 국가 차원에서 관리·운용함으로써, 함정에 관련된 기술능력을 체계적으로 유지관리하고 있다. 이러한 체제는 첨단성능을 가진 함정체계의 개발·건조와 해외 함정 수출시장에서의 경쟁력 제고에 매우 유리하다. 그러나 내부조직의 관료화에 따른 폐해가 심화될 수 있다. 이러한 문제를 극복하고 창의적이고 적극적인 업무수행체제를 구축하기 위해 프랑스 정부는 1994년, 1997년, 2000년 세 차례에 걸쳐 대대적인 조직혁신 조치를 시행한 바 있다.

러시아도 프랑스와 마찬가지로 함정 개발·건조 사업 전반을 국가가 주관한다. 국방성에 소속되어 있는 제일중앙함정건조연구소(The First Central Research Institute of Naval Shipbuilding)에서 함정 개발·건조 사업 전 과정을 관리 및 통제한다. 경제성 산하기관인 함정설계국과 Rubin, Malachite, Lazurit 등 경제성 산하 함정 설계 전문회사에서 함정 설계를 수행하며, Krylov 선박기술연구소 등에서 함정 관련 기술을 연구개발한다. 국가가 전 과정을 관리하는 경직된 체제특성으로 인해, 냉전체제 붕괴 이후 정부의 재정파탄에 따라 40여 개 방산조선소 중 극소수를 제외하고 대부분 파산하는 상황을 맞게 되었다. 최근 러시아의 경제적 여건 상승세에 힘입어 중단되었던 원자력추진 전략잠수함과 공격잠수함의 건조공사를 완료하였으며, 신형 디젤전기추진 잠수함 및 신형 프리케이트 개발에도 성과를 거두었다. 이를 통해 러시아는 함정 개발·건조체제가 정상화되고 있음을 국내외에 과시하고 있다. 방산조선소 및 함정 설계전문 회사들이 정부 지원에만 의존하지 않고 해외시장 개척 및 유사 분야에의 진출 등 자생력 증대를 위해 노력해 왔던 것도 이러한 발전을 뒷받침하는 원동력 중 하나일 것이다.

7.2 | 함정 설계

7.2.1 함정 설계특성

함정 설계단계가 함정 개발·건조 사업의 성패를 판가름하는 핵심적인 요건인 이유를 보다 구체적으로 분석하면 다음과 같이 요약된다.

첫째, 함정 설계단계에서 개발·건조하려는 함정의 성능수준은 물론 개발·건조 투자비용 및 소요기간 등 핵심적인 사항 대부분이 결정되기 때문이다. 그림 7-5에 제시한 바와 같이 개념설계 및 기본설계 단계에서 실제 집행되는 예산(Cost Incurred)은 총 건조예산의 약 5% 수준으로 극히 미미하다. 그러나 함정 설계단계에서 결정되는 함정의 개발·건조 비용과 성능(Amount of Cost and Performance Locked In)은 총 개발·건조 비용과 목표성능의 80% 수준에 달한다. 이러한 특성을 개발·건조비 구성요소를 기준으로 분석하면 그림 7-6에 제시한 바와 같다. 설계단계 비용은 재료비, 인건비와 비교하여 매우 적은 5%에 불과하나, 함정체계 성능 전반에 미치는 영향은 70%로서 나머지 비용에 의한 것과 비교할 수 없을 정도로 크다. 이와같이 함정 설계활동은 개발·건조하고자 하는 함정의 건조 및 운용·유지 비용 등 수명주기 비용과 작전운용성능을 결정짓는 핵심적인 요건인 것이다. 특히 모방하거나 개량하는 것이 아닌 창의적인 개념의 함정체계인 경우, 함정 설계가 개발·건조 사업의 성패에 미치는 영향은 더욱 커지게 된다.

둘째, 기술적인 오류를 함정 설계단계가 아닌 건조공작 단계나 운용과정에서 발견할 경우, 이를 수정·보완할 수 있는 융통성(Flexibility)이 매우 작아지기 때문이다. 그림 7-7에 제시한 바와 같이 함정 운용에 지대한 영향을 미칠 수 있는 오류를 설계단계에서 발견할 경우, 이에 대한 수정·보완이 용이하게 이루어질 수 있으며 소요되는 비용도 매우 적다. 그러나 건조공작이 진행되는 단계에서 발견될 경우 수정·보완을 할 수 있는 가능성 자체가 크게 줄어들며, 소요되는 비용도 기하급수적으로 증가하며 심할 경우 수정·보완이 거의 불가능해진다. 바로 이 때문

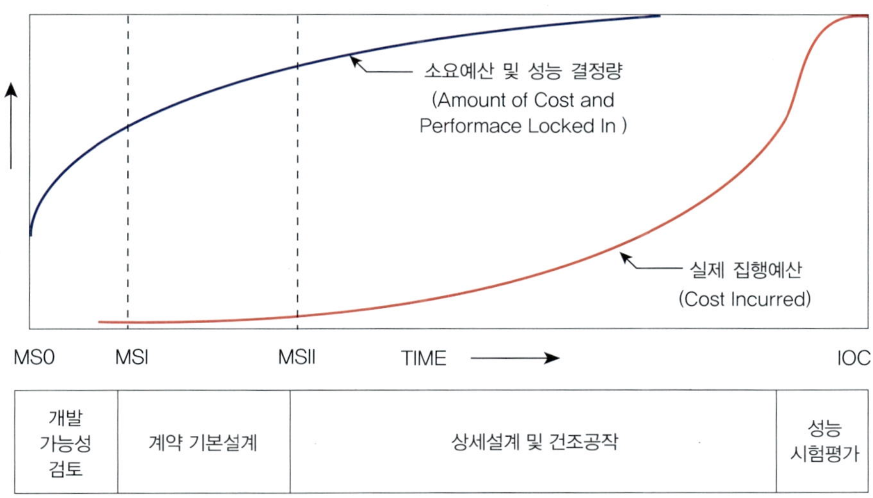

그림 7-5
함정 설계단계에서의 소요예산 및 성능 결정량[8]

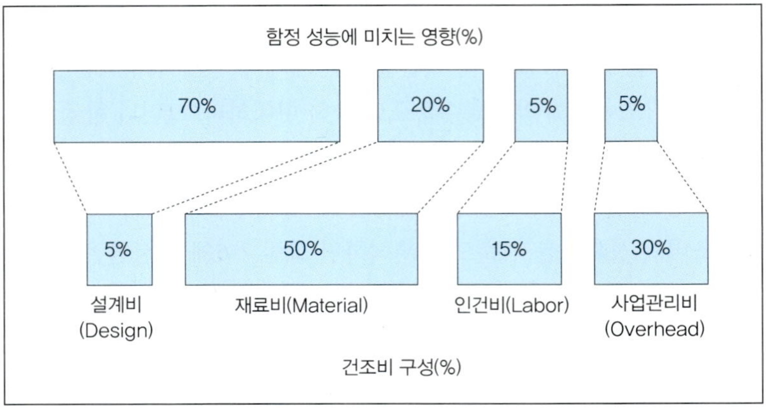

그림 7-6
구성요소별 건조비 및 함정 성능에 미치는 영향[8]

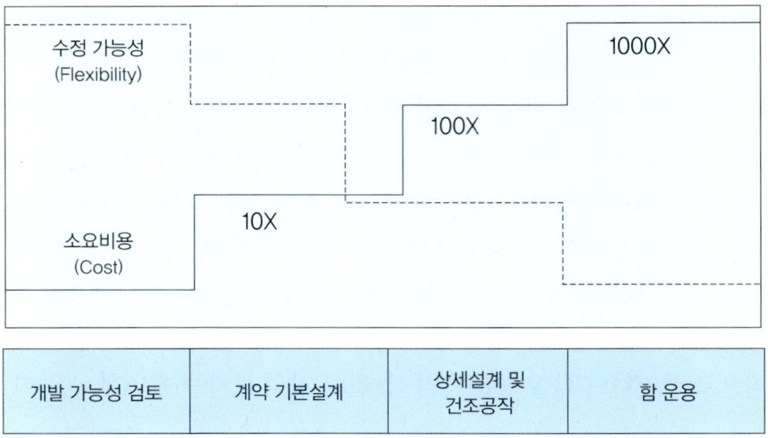

그림 7-7
함정 개발·건조 단계별 오류 수정 가능성 및 소요비용[8]

에 주요 선진 국가들은 함정 설계단계를 개발 가능성 검토(또는 개념설계 단계), 초기 기본설계, 계약 기본설계 단계 등으로 상세하게 구분하여 시행하는 것이다. 세분화된 함정 설계과정을 통해 건조공작 단계나 운용과정에서 발생 가능한 문제들을 미리 찾아내고 해결함으로써, 함정 개발·건조 사업의 기술적 실패 위험도를 극소화할 수 있기 때문이다. 특히 초기 기본설계 단계는 기술적 문제점들을 찾아내고 이에 대한 해결책을 강구함으로써, 목표성능의 성취가 가능하다는 것을 기술적 측면에서 입증하는 데 목적을 둔 설계단계인 것이다.

셋째, 함정 설계단계에서 수명주기 내에 일어날 수 있는 모든 문제점을 파악하고 대안을 강구하여 반영할 뿐만 아니라, 작전 요구조건 및 경제성을 충족시키는 최적의 함정체계를 개발·건조할 수 있기 때문이다. 함정의 최적화 설계를 위한 일반적인 대책은 앞 항에서 기술한 바와 같이 기본설계 단계를 초기 기본설계 단계와 계약 기본설계 단계로 세분화하여 수행하는 것이다. 복수의 설계과정을 통해 기술적 측면의 검증 및 보완을 한층 강화할 수 있기 때문이다. 그러나 우수한 설계 전문가라 하더라도, 생산자 및 운용자로서의 경험은 갖고 있지 않으며, 함정체계를 전 수명주기 측면에서 최적화하기에는 한계가 있다. 따라서 설계팀에 조선소의 건조공작 전문가, 무장 및 장비 제작회사 소속 전문가, 그리고 함정 운용자까지 함정 수명주기에 관련된 전문가(Life Cycle Process Owner)들을 참여시켜 공동으로 설계를 수행하는 새로운 설계기법이 등장하게 되었다. 이러한 설계기법을 미 해군은 IPPD(Integrated Product and Process Development) 기법이라 칭하며, 법제화하여 모든 신규 함정에 적용하고 있다.

위에서 상세히 기술한 바와 같이, 함정 설계는 함정 개발·건조 사업의 성패와 목표성능 달성 여부를 판가름하는 핵심적인 단계라고 할 수 있다. 바로 이 때문에 미국을 비롯한 주요 국가들이 함정 개발·건조체제를 혁신함에 있어 최우선적으로 함정 설계체제부터 재정립하고, 새로운 설계기법들을 개발하여 적용하고 있는 것이다.

7.2.2 함정 설계단계

함정 설계단계는 각국 설계체제에 따라 단계 구분과 명칭이 다르다. 그러나 일반적으로 개발 가능성 검토(Feasibility Studies) 단계와 초기 기본설계(Preliminary Design), 계약 기본설계(Contract Design), 상세설계(Detail Design) 단계로 구분된다. 체계개념 형성연구는 7장 1절에 기술한 바와 같이 미국을 비롯한 선진 해군 강국에서 신규 함정의 개발구상을 구체화하기 위해 주요 성능 및 탑재무장과 장비체계를 검토하고 초기 작전운용요구(안)을 도출하는 단계로서, 실제 함정 개발·건조가 착수되기 이전에 수행하는 단계이다. 따라서 함정 설계단계에서는 일반적으로 제외한다. 또한 상세설계 단계는 함정 건조공작을 위해 공작도면을 작성하는 단계로서, 상세설계 및 건조공작 단계(Detail Design and Construction)로 함께 묶는 것이 상례이다. 따라서 핵심적인 함정 설계단계는 개발 가능성 검토단계와 초기 기본설계 및 계약 기본설계 단계라고 할 수 있다. 그림 7-8에 체계개념 형성단계를 포함하여 함정 설계 및 건조공작 단계의 흐름과 수행내용을 제시하였다.

1) 개발 가능성 검토단계

미 해군은 종래에는 초기설계 단계를 개발 가능성 검토단계와 개념설계 단계로 나

그림 7-8

함정 설계 및 건조공작 단계

누어 수행했으나, 1990년 초 개발 가능성 검토 한 단계로 합했으며 비용 대비 효과분석을 위해 COEA(Cost Operational Effectiveness Analysis) 과정을 개발 가능성 검토단계 내에서 별개로 수행하고 있다. 독일은 개발 가능성 검토단계를 Pre-Feasibility Studies, 영국은 COEIA(Combined Operational Effectiveness and Investment Appraisal), 프랑스는 Feasibility Studies, 러시아는 Concept Design으로 칭하고 있다. 이와 같이 개발 가능성 검토단계는 각국마다 명칭이 약간씩 다르나, 단계 내에서 개념설계를 수행하므로 개념설계 단계로 표기해도 무방하다.

개발 가능성 검토단계는 본격적인 함정 개발·건조 사업의 착수 여부를 결정하기 위한 준비단계로서, 기술적 가능성, 작전운용성, 경제성 측면에서 세부자료를 확보하는 단계인 것이다. 수행하는 업무를 요약하면 다음과 같다.

- 초기 작전운용요구(안)을 만족하는 여러 대안을 도출하고, 기술적 위험도, 경제성, 작전 효용성 측면에서 분석을 수행하여 최적 대안을 선정함.
- 가장 가능성이 높은 대안에 대해 심도 있는 개념설계를 수행하여 기술적 가능성을 입증하고, 이를 토대로 개발·건조 대상체계(안)을 건의함.

주요 국가들은 개발 가능성 검토단계에서 가능한 많은 설계대안을 도출·분석하는 데 중점을 두고 있다. 기존 함정 운용경험을 바탕으로 도출된 대안에 국한하지 않고, 창의적인 아이디어와 첨단기술을 토대로 도출된 혁신적인 개념까지 포함하는 넓은 범위의 대안을 대상으로 하려는 것이다. 미 해군의 경우 70년대 후반까지 함정 종류별로 초기설계용 프로그램(Synthesis Model)을 사용하여 대안을 도출해 왔으며, 1980년대 중반부터는 상세한 성능분석 및 비용산정과 소요인원 분석까지 수행할 수 있는 초기 제원도출 프로그램을 개발하여 사용하고 있다.

미 해군의 경우 함정 개발·건조체제 혁신 시 COEA 과정의 추가 등 개발 가능성 검토단계의 수행내용을 강화하였는데, 이 단계가 함정 개발·건조 사업 추진방향 결정에 매우 큰 영향을 주기 때문이다. 막대한 투자비와 장기간이 소요되는 함정 개발·건조 사업을 목표한 연도에 일정대로 완료할 수 있는지, 건조 함정을 운용할 경우 목표한 작전효과를 획득할 수 있는지 여부를 사업착수 이전에 정확하게 판단할 수 있도록 충분한 관련 자료를 획득하기 위해서다.

2) 초기 기본설계 단계

미 해군은 1970년대까지 함정 기본설계 단계를 초기 기본설계(Preliminary Design) 단계와 계약 기본설계(Contract Design) 단계로 명확하게 구분하여 수행해 왔다. 그러나 1980년대 및 1990년대 초반까지 함정 설계기간 단축과 설계 업무량 축소를 위해 초기 기본설계 단계와 계약 기본설계 단계를 한 단계 내에서 수행하였다. 1990년대 후반에는 국방획득 혁신정책에 의거하여 초기 기본설계 단계를 공식적으로 삭제하고 계약 기본설계 단계 내에서 필요한 설계업무를 수행하도록 하였다. 미 국방성은 2000년대에 들어서 시스템 엔지니어링(System Engineering) 개념을 토대로 새로 정립한 무기체계 획득단계를 함정에도 똑같이 적용하게 하였으며, 이로 인해 함정 기본설계 업무는 체계종합(System Integration)이라 칭하는 단계에서 수행하고 있다. 미 해군의 신규 함정 개발·건조 단계에 대해서는 7장 6절 〈함정 개발·건조 기법〉에 상세히 기술하였다.

초기 기본설계 단계 목표는 막대한 투자비를 투입해야 하는 함정 개발·건조 사업의 기술적 실패 위험도를 사전에 제거하기 위해 개발 함정의 기술적 가능성을 검증·확인하는 것으로서, 수행업무와 결과물은 다음과 같이 요약된다.

우선 개념설계 결과를 토대로 기본설계를 수행하여 함정 형상을 구체화하고 주요 제원 성능을 계량화한다. 설계과정을 통해 기술적 위험요소 또는 장애요소를 찾아내고, 이에 대한 해결방안을 구체화한다. 또한 설계결과를 토대로 함정 개발·건조 비용을 추산한다. 초기 기본설계 단계의 결과물에는 함 건조 기본지침서(Top Level Requirement: TLR)를 비롯하여 선체체계 및 무장체계 분야 주요 도면, 복원/손상 안정성 분석 및 중량예측 등 각종 계산·예측 결과, 개발·건조 비용 추산결과, 함 인력운용 개략계획 등 설계 산출물이 포함된다. 그리고 요구 작전운용성능(ROC) 안이 설계결과를 토대로 작성된다. 초기 기본설계 단계는 기술적 측면에서 함정 개발·건조 사업 추진방안을 구체적으로 결정짓는 핵심적인 단계라고 할 수 있다.

이러한 이유로 독일은 Feasibility Phase, 러시아는 Preliminary Design, 일본은 개산요목(概算要目)이라는 이름으로 초기 기본설계 단계를 공식화하여 수행하고 있다. 미 해군의 경우 초기 기본설계 단계를 공식적으로 수행하는 대신, IPPD 기법을 적용하여 해군 자체 역량은 물론 방산조선소 및 설계전문회사 등 함정 설계에 관련된 기술능력을 기본설계 단계에서 총 집약하는 데 주력하고 있다.

3) 계약 기본설계 단계

계약 기본설계(Contract Design) 단계는 한 마디로 기본설계를 완성하는 단계로서, 건조계약 체결을 준비하는 단계이다. 계약 기본설계 단계에서 수행하는 주된 업무는 초기 기본설계 단계의 기술적 검증결과를 토대로 건조하고자 하는 함정체계의 건조사양(Specification)을 확정하는 것이다. 또한 개발·건조 비용과 기간을 최종적으로 판단하고, 이를 토대로 함 건조계획을 수립해야 한다. 제시되어야 할 주요 결과물은 함 건조사양서(Top Level Specification: TLS), 건조계약을 위한 설계도면, 주요 장비 목록, 관급 장비 목록 및 관련 자료, 시험평가 계획 등이다. 때문에 그림 7-9에 제시한 바와 같이 계약 기본설계 단계에서는 작성해야 할 연구보고서, 도면 및 기술문서(Technical Document)가 매우 많아지고, 설계 업무량도 대

그림 7-9

미 해군 프리게이트 FFG-7함 함정 설계단계별 기술문서

기술문서 형태	개념설계	초기 기본설계	계약 기본설계
연구보고서	1	68	196
도면(Drawings)	6	47	142
사양서(Specifications)	1(TLR)	1(TLR)	1(SHIP SPEC.)
모형시험(Model Tests)	0	8	28
설계 발표/협의(Design Briefings)	3	24	30
사업계획서(Planning Management)	1	11	52
설계 노트(Design Notebook)	30	79	66
계	42	238	515

폭 늘어난다. 기술문서는 함정 설계과정에서 획득한 갖가지 이론적 계산 및 실험 내용과 설계결과들을 체계적으로 정리한 것으로서, 설계기술을 지속적으로 축적하고 발전시키기 위한 유용한 수단이다. 때문에 함정 분야 선진국들은 함정 개발 · 건조 사업의 결과물이 단순히 건조된 함정과 건조공작 도면에 그치지 않고, 가능한 많은 기술문서들이 설계과정에서 산출되도록 하고 있다.

7.2.3 함정 설계업무

부품 단위의 제품으로 구성되는 일반 무기체계와 달리 함정은 선체구조체계, 추진기관 등 기계장비체계, 레이더 · 소나 등 탐지센서체계, 항해 통신장비 등 전자장비체계, 지휘통제 및 함포와 유도탄 등 무장체계 등 다양한 대형 체계들이 결합되어 이루어지며, 대형 체계 하나하나가 다시 수많은 부 체계와 부품으로 이루어진다. 이와 같이 수많은 체계와 장비, 부품들이 결합되어 하나의 유기적인 체계로 기능을 발휘하는 함정이야말로 가장 대표적인 대형 복합 무기체계라 할 수 있다. 함정 설계 및 건조공작 업무의 범위 또한 넓어질 수밖에 없으며, 업무를 분류하는 기준의 설정 자체가 용이하지 않다.

가장 대표적인 함정 업무 분류기준은 미 해군이 사용하고 있는 함정 작업분해구조(Ship Work Breakdown Structure: SWBS)이다. SWBS는 함정의 개발 · 건조 및 운용 · 유지에 소요되는 모든 작업(Work) 요소를 최종 생산제품(End Product)의 분해과정(Break-Down)을 통해 하향식(Top-Down) 계층구조 방식으로 분류한 것으로서, 함정에 관련된 작은 작업요소까지 정의할 수 있다. 미 해군의 경우 설계단계에서 수행되는 업무들은 SWBS 체계에 의해 분류하며, 설계조직별 업무할당도 이를 토대로 이루어진다. 독일의 경우 BGI(Building Group Index) 체계를 이용하여 함정 관련 업무를 분류하고 있는데, 분류체계만 다를 뿐 기본개념은 SWBS와 동일하다. 표 7-1에 미 해군 SWBS 체계의 대분류 항목을 제시하였다.

국내 방산조선소에서 수행되고 있는 함정 설계업무는 일반적으로 다음과 같이 분류된다.

- 기본성능 분야
  - 주요 제원 선정 및 선형설계
  - 일반배치도 작성

표 7-1
미 해군 SWBS 체계 대분류 항목

대분류	관련항목
Group 000	일반지침 및 행정(General Guidance and Administration)
Group 100	선체(Hull)
Group 200	추진기관 및 추진체계(Machinery and Propulsion System)
Group 300	전기체계(Electric System)
Group 400	지휘 및 감시 체계(Command and Surveillance System)
Group 500	보기체계(Auxiliary Systems)
Group 600	의장 및 거주설비(Outfit and Furnishings)
Group 700	무장(Armament)
Group 800	체계종합(Integration/Engineering)
Group 900	조립 및 지원 체계(Ship Assembly and Support System)

- 중량 산출 및 통제
- 함 기본성능(저항/추진 성능, 내항성능, 조종성능, 복원성 등) 검토

- 선체 분야
  - 선체구조 설계 및 구조도 작성
  - 선체재질 선정 및 강재 발주
  - 선체 블록(Block) 분할
  - 건조공작 도면 작성
- 추진체계/보기계통 분야
  - 추진체계 구성 및 기관구역 배치
  - 주기계통 및 보기계통 설계
  - 공기흡입 및 배기계통 설계
  - 축계 설계
- 의장계통 분야
  - 공기조화계통
  - 통로 및 통로장치 설계
  - 계선 계류장치 및 예인계통 설계
  - 해상 보급계통 설계

- 거주구역 설계
- 의무/취사설비 설계

- 전기계통 분야
  - 발전계통 설계
  - 배전계통 설계
  - 조명계통 설계
  - 기관실 제어 및 통제계통 설계
- 항해/통신 계통 분야
  - 항해계통 설계
  - 통신계통 설계
- 무장 분야
  - 지휘통제체계 설계
  - 무기체계 설계
  - 탐지/추적 센서체계 설계
- 특수성능 분야
  - 생존성능
  - 수중방사소음
  - 함 내 소음/진동
  - 레이더 반사 단면적
  - 적외선 신호 방사
  - 수중 전자기 신호
  - 수중폭발 내충격
  - 전자파 간섭/적합성

7.2.4 함정 설계조직

양이 방대하고 범위가 넓은 함정 설계업무를 수행하기 위한 실무조직의 구성과 운용은 간단하지 않다. 함정체계는 선박 형태를 가진 복합 무기체계로서, 설계업무에 참여하는 전문기술 인력의 범위가 매우 넓을 수밖에 없기 때문이다. 미 해군의 설계 주관기관인 함정체계국(NAVSEA)의 설계조직에 소속된 전문기술 인력의 전문분야는 표 7-2에 제시한 것처럼 매우 다양하다.

함정 설계업무를 수행하기 위한 실무조직은 일반적으로 그림 7-10에 제시한

표 7-2

미 해군 함정체계국 (NAVSEA) 함정 설계인력 전문분야

- Systems Engineering
- Naval Architecture
- Propulsion System Engineering
- Electrical Engineering
- Auxiliary Systems Engineering
- Hull & Deck System Engineering
- Material Engineering
- Combat Systems Design & Engineering
- Control & Monitoring Systems Engineering
- Ship Signatures Engineering
- Environmental Engineering
- Ship Survivability & Structural Integrity Engineering
- Specification/Standards

바와 같이 선박체계, 전투체계, 그리고 이들을 결합하기 위한 체계종합 등 크게 세 분야로 구성되며, 세부조직은 앞 항에서 기술한 설계업무 세부분야에 의거하여 구성된다.

7.2.5 함정 설계과정

함정 설계 초기에는 설계변수가 대부분 결정되어 있지 않으므로, 그림 7-11에 제시한 바와 같이 설계변수 상호간에 미치는 영향을 분석해 가며 점진적으로 설계변수를 결정해 나간다. 이러한 설계과정은 민용 선박 설계과정과 마찬가지로서, 나선형 설계절차(Design Spiral)라고 부른다.

그림 7-10

함정 설계수행 조직구성을 위한 업무구분 예

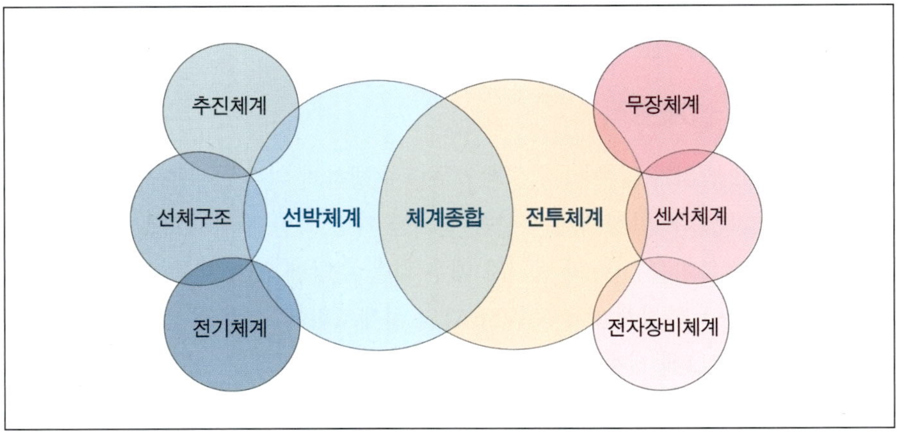

실제 설계를 수행하는 세부절차는 설계조직 및 대상 함정에 따라 달라질 수 있으며, 일반적인 절차는 다음과 같다. 먼저 설계 요구조건을 만족하는 주요 제원 및 개략적 선형을 산정한다. 일반적으로 함의 제원을 크게 하면 요구조건의 충족은 용이해진다. 그러나 건조 및 운용·유지 비용 측면에서 불리해지므로 가능한 최소화해야 한다. 소요마력을 추정하고, 이를 토대로 추진기관을 개략 선정하게 된다. 다음 작전임무를 효과적으로 수행할 수 있도록 주요 장비에 대한 위치를 결정하고 내부구획을 구분하며 격실을 배치한다. 각종 무기와 통신용 안테나, 레이더 등의 갑판 상부 배치방안을 타 장비와의 간섭 및 운용요소 등을 고려하여 작성한다. 일반배치는 선형, 선체구조, 추진, 전장, 의장 등과 밀접하게 관련되어 있으므로 전문분야와의 협의가 필요하다.

일반배치가 결정되면 함의 중량과 중심위치를 산출하여 트림상태와 손상 및 비손상 복원성을 계산하고, 충분한 건현(Free Board)이 확보되어 있는지 확인한다. 또한 내항성능, 조종성능 등에 대한 시뮬레이션 또는 모형시험을 실시하여 작전 임무수행을 위한 요구조건이 충족되는지 검토한다. 항해 및 정박 중 선체에 가해지는 각종 하중을 견딜 수 있도록 적절한 구조강도를 지닌 선체구조를 설계한다. 함정 경하중량의 증가는 함정 속도에 직접적인 영향을 주어 주 기관의 출력 및

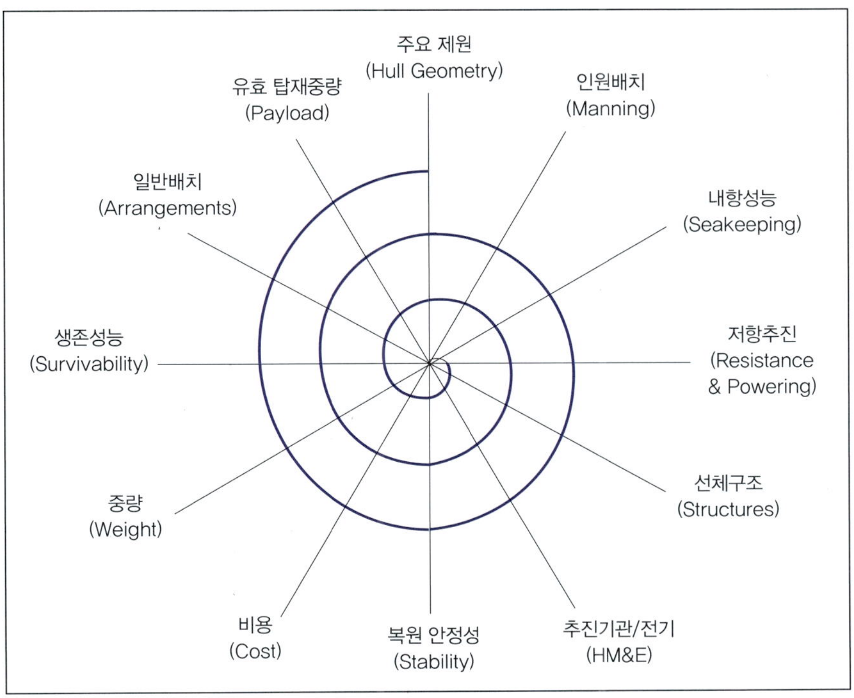

그림 7-11
함정 나선형 설계절차[9]

연료소모량을 증대시키고 결국 함의 크기에도 영향을 미치므로 구조강도의 허용범위 내에서 선체구조의 경량화가 요구된다. 선형, 선체구조, 추진체계, 전기체계 등 주요 체계가 결정되면 함정 운용에 필요한 항해/통신 계통, 보기계통 및 의장계통의 각종 장비, 설비, 계기류 등에 대한 사양과 배치를 검토하여 설계에 반영한다. 함정 내·외부 선체와 선체 부가물의 부식방지를 위한 선박용 도료와 선체 방식장치를 결정한다.

설계변수는 순차적으로만 영향을 끼치지 않는다. 그림 7-12에 제시한 바와 같이 설계변수는 여러 설계변수에 동시에 영향을 끼치므로, 설계변수 간에는 비선형적인 관계가 성립한다. 함정 설계는 결코 기계적으로 한 번에 이루어질 수 없으며, 반복적인 검증과 조정, 보완 과정을 통해 이루어진다. 이러한 설계과정의 특성으로 인해 보다 신속하게 나선형 설계절차를 반복할 수 있도록 모델링 및 시뮬레이션(Modeling and Simulation: M&S)을 기반으로 하는 설계기법이 실용화되었다.

7.2.6 함정 설계지침

함정의 설계과정이란 요구 작전운용성능을 만족하는 여러 대안 중에서 최적의 대안을 도출하는 과정이라 할 수 있다. 때문에 설계목표(Design Objectives)를 달성하기 위한 설계상쇄(Design Trade-off) 과정에서 준수해야 할 설계지침(Design Dis-

그림 7-12
함정 설계과정의 비선형 특성 [11]

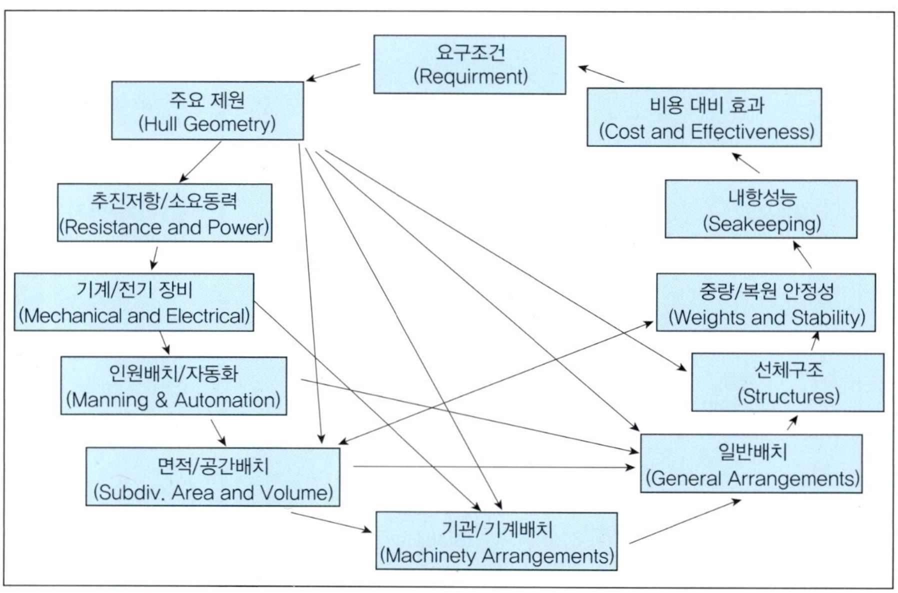

ciplines)이 요구된다. 설계지침이란 설계과정에서 중요한 결정을 내릴 때 방향이나 기준을 제시해 주는 설계 고려사항(Design Considerations), 설계철학(Design Philosophy) 또는 설계원칙(Design Principle)을 포괄하는 의미를 갖고 있다.

설계목표는 설계를 통해 달성해야 할 함정체계의 성능목표로서, 원칙적으로 요구 작전운용성능을 뜻한다. 설계목표는 작전운용성능 외에도 비용절감이나 실패 위험도 저하 등을 포함할 수 있으며 중복되지 않아야 한다. 또한 함정체계의 최적화를 위해 '극소화(Minimize)' 또는 '극대화(Maximize)' 라는 개념을 적용할 수 있으며, '비용절감(Reduce Cost)' 또는 '전투 효과도 증대' 처럼 가능한 명확하게 제시되어야 한다.

설계지침은 설계목표와 설계속성(Design Attributes)을 계층구조로 표시할 수도 있고, 단순한 설계속성의 열거 또는 설계 고려사항의 우선순위 형태로도 표현될 수 있다. 독일의 경우처럼 설계단계에서 적용되어야 할 설계원칙들을 전문분야별로 제시할 수도 있다. 표 7-3에 경비함 설계 시 적용된 우선순위 형태의 설계 고려사항 예를 제시하였다. 이 경우 함 건조비용(Acquisition Cost), 전투 방어능력(Combat Capability, Defensive), 취약성 감소(Vulnerability Reduction), 운용인력 감소(Manning Reduction) 등이 설계의 우선적 고려사항임을 명시하였으며, 함 건조비용 최소화를 위해 승조원의 함 내 거주성(Habitability)은 마지막에 고려해야 할 사항으로 제시하였다. 이 예가 보여주는 바와 같이 설계지침은 함정설계를 수행하는 과정에서 서로 상충되는 요소를 조정하고 설계목표를 달성하는 데 매우 유용함을 알 수 있다.

표 7-3 경비함 설계 고려사항 우선순위 예[10]

1. Acquisition Cost
2. Combat Capability, Defensive
3. Vulnerability Reduction
4. Manning Reduction
5. Combat Capability, Offensive
6. Reliability, Maintainability and Availability(RM&A)
7. Appearance
8. Singature/Detectability Reduction
9. Standardization
10. Upgradability
11. Sustainability
12. Environmental Impact
13. Future Growth Capability
14. Habitability

설계지침의 정립과 함께 설계 제한조건(Constraints)도 제시되어야 한다. 예를 들어 파나마 운하를 통과하기 위한 선폭의 제한, 환경오염 방지를 위한 규제 법률, 함정 탑재장비 선정 시 자국 제품 우선권 부여, 함정 개발·건조 비용 상한선 등 설계 시 고려되어야 할 제한조건들이 설계착수 단계에 제시되어야 한다.

7.3 | 함정 건조공작

7.3.1 함정 건조공작 특성

함정 설계단계가 함정 개발·건조 사업의 성패에 미치는 영향은 매우 지대하다. 이에 비해 함정 건조공작 단계가 개발·건조 사업의 성패에 미치는 영향은 상대적으로 적다. 그러나 이러한 상황은 함정 건조공작에 요구되는 시설 및 장비, 숙련된 전문기술 인력, 그리고 건조공작 경험과 공정관리 기술을 충분하게 갖춘 선진국의 경우에만 국한된다. 함정 건조공작을 위한 기술능력을 충분하게 갖추지 못한 상당수 국가들은 상세한 설계도면이 제공된다 하더라도 독자적인 함정 건조를 시도할 수 없기 때문이다.

함정 건조공작 단계는 선박체계에 속하는 수많은 기자재와 전투체계에 속하는 무장 및 전자장비 체계들을 조립하여 목표한 성능을 발휘할 수 있도록 새로운 함정체계로 만들어내는 매우 복잡한 공정이다. 숙련된 기술, 충분한 기술적 경험(Knowhow), 뛰어난 공정관리 기술을 보유하지 않는 한 함정을 계획한 일정과 요구하는 품질수준에 맞춰 건조할 수 없다.

현재 선박수출 세계 1위를 지키고 있는 한국은 대형 크루즈선 및 고속여객선 분야를 제외한 일반 상선 선박 분야에서 설계는 물론 건조공작에 이르기까지 세계 최고수준의 기술력을 보유하고 있다. 함정 분야의 경우 설계기술 측면에서는 선진국과 어깨를 겨룰 수준에 도달했으나 발전해야 할 여지가 아직 남아 있다. 반면 함정 건조공작 기술 측면에서는 이지스급 구축함에서 AIP 잠수함에 이르기까지 세계 최고수준에 도달한 것으로 인정받고 있다.

7.3.2 수상함 건조공작 과정

수상함 건조공작에서 최초로 시행하는 작업은 가공공장에서 시작되는 강재(鋼材)

전(前) 처리작업, 강재 절단작업, 성형작업이다. 철판을 잘라서 선체 모양에 맞도록 접고 굽혀 도면에 요구된 형상대로 만든다. 최초의 강재 절단작업을 착공(Work Commence: W/C)이라 한다. 다음 단계는 소조립 단계로서, 소조립 공장에서 크기가 작은 몇 개의 부재(部材)를 서로 결합시키는 작업을 한다. 소조립된 부재들은 대조립 공장으로 넘겨져 선체 블록(Block)의 일부가 된다. 크기에 따라 몇 개에서 몇백 개에 이르는 블록들이 제작된 후, 도크(Dock) 안에서 탑재 · 조립되어 함정 모양의 선체공작이 이루어진다.

선체 블록들은 형상에 따라 이에 맞는 공장에서 효율적인 공법으로 만들어지며, 완성된 선체 블록은 도장공장에서 도장한다. 탑재기간을 줄이기 위해 크레인이 들어올릴 수 있는 범위까지 2~3개의 선체 블록을 미리 결합하며, 이 공정을 선행탑재(Pre-Erection)라고 한다.

선체 블록이 만들어지는 선각(船殼) 공사와 병행하여 파이프 및 철 의장품을 블록 내부에 설치하는 선행 의장(艤裝) 공사도 동시에 진행된다. 선체 블록이 완성되면 선행탑재 공장에 적치되고, 이때 파이프나 전선과 관련된 공사들을 진행한다. 한편 기계류, 파이프류, 교통장치, 통풍장치 등도 유니트(Unit) 선행의장 공사를 진행하며, 제작이 완료된 유니트들은 선행탑재 공장 또는 도크에서 탑재되고 설치된다. 장기간의 제작기간이 소요되는 추진체계, 전투체계 등 주요 장비들은 탑재시점에 맞추어 입고한다.

도크에 첫 번째 선체 블록을 배치하는 것을 기공(Keel Laying: K/L)이라 한다. 도크 내에서 선체 블록을 탑재하고 용접하여 선체가 완성되고 함정 모양을 갖추게 되면 도크 내의 바닷물에 함정을 띄워 바다로 내보내게 되는데, 이것이 진수(Launching: L/C)이다. 진수는 새로운 함정이 탄생하는 순간으로서, 성대한 진수식을 거행하며 함명을 부여한다. 진수 후에는 안벽에 계류시켜 안벽 의장공사를 하게 되며, 전투체계, 추진체계, 전력체계, 의장설비 등에 대한 정렬 및 작동 시운전을 한다. 이어 해상에서 성능종합 시운전을 하고 보완작업을 한다. 이후 공식적인 인수 시운전 단계를 거쳐 함정을 해군에 인도(Delivery: D/L)하게 된다. 수상함의 건조공작 전체 과정을 그림 7-13에 제시하였다.

7.3.3 잠수함 건조공작 과정

잠수함 건조공작 과정은 기본적으로 수상함 건조공작 과정과 유사하다. 그러나 압력선체 등 잠수함의 특이한 선체구조 및 좁은 함 내 공간에서의 장비배치 등으로

그림 7-13

함정 설계 및 건조공작 단계

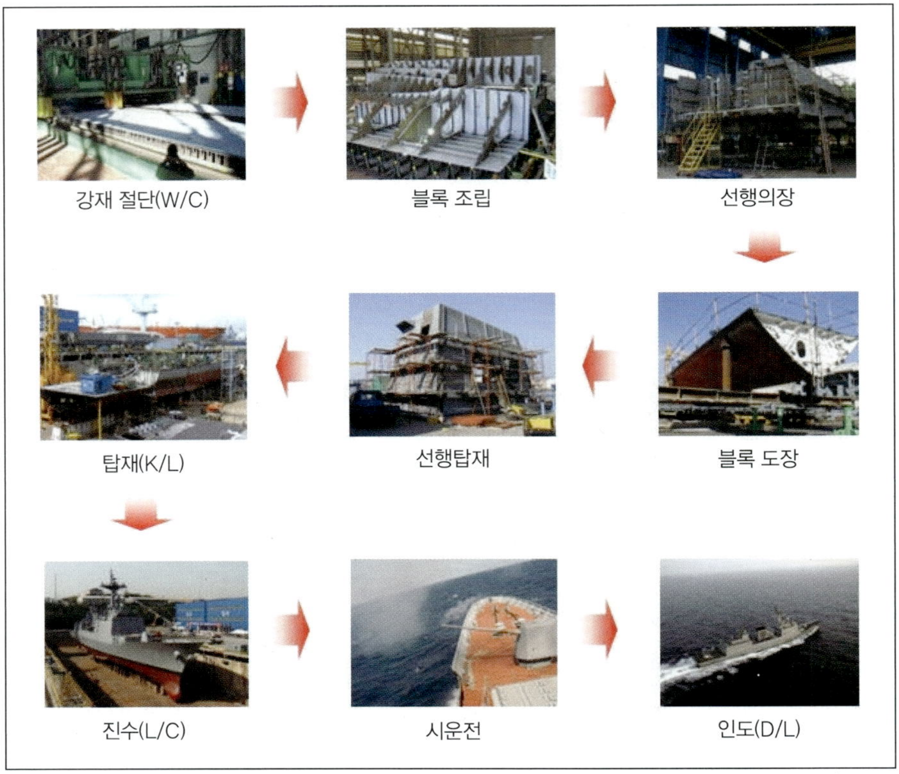

인해 압력선체 및 외판 가공용 공작기계장비(Horizontal Plano Miller, Vertical Boring & Milling M/C), 외판 및 함수미 성형 가공용 대용량 기계장비(Bending Machine and Press), 다양한 자동용접 장비 및 지그(Jig) 등 잠수함 건조공작을 위한 전용 특수장비와 공작기구들이 요구된다. 고장력강 용접기술 등 전문 숙련인력의 고도 정밀한 공작기술도 필수적으로 요구된다. 제한된 수의 국가만이 잠수함을 건조할 수 있는 것이다. 잠수함 건조공작 단계는 서브유니트(Sub-Unit) 및 섹션(Section) 제작, 관통구 및 압력부가물 설치, 함수부/함미부/평행부 압력선체 제작, 비압력선체 제작, 압력선체 선행의장, 도장, 후행의장, 탑재조립, 진수, 시운전 단계로 구성된다. 잠수함의 건조공작 전체 과정을 그림 7-14에 제시하였다.

잠수함의 건조공작은 수상함의 블록과 다르게 원통 형상을 가진 섹션으로 압력선체를 구분하여, 각 섹션별로 강재 전(前) 처리, 절단, 원환늑골(Ring Frame) 제작, 서브유니트 및 압력선체 부가물 제작, 관통구 및 압력부가물을 설치한다는 점이 특이하다. 잠수함 압력선체 재료인 고장력강에 대한 용접은 자격증을 취득하고 숙련된 기술을 가진 전문 용접사에 의해 시행되어야 하며, 변형을 방지하기 위

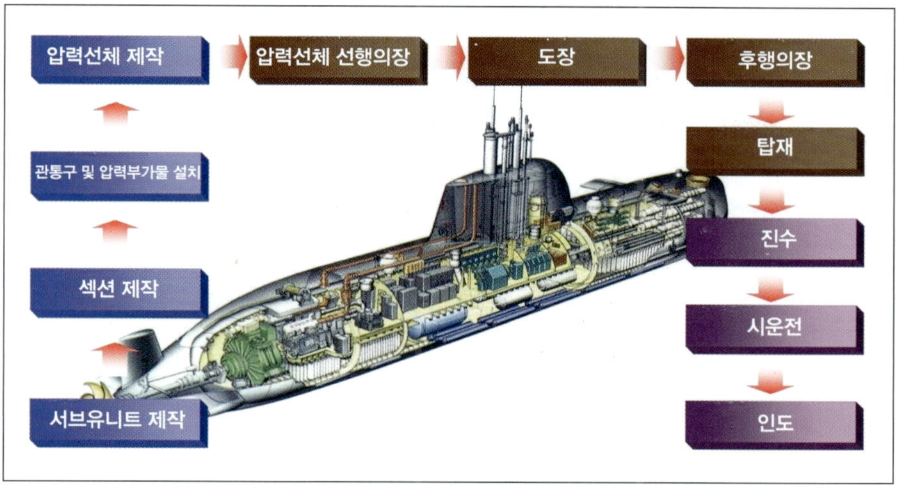

그림 7-14

잠수함 건조공작 전체 과정

한 예열, 용접온도 준수 및 적정 전류의 유지 등 엄격한 작업조건이 준수되어야 한다. 용접 후 품질보증은 비파괴 검사방식으로 수행된다. 잠수함의 압력선체 건조공작 과정을 그림 7-15에 제시하였다.

압력선체를 공장 내에서 제작하면, 완성된 압력선체 섹션을 건조 도크 받침대에 올려 놓고 탱크탑재 및 선행의장 작업, 블라스팅(Blasting) 및 도장, 후행의장 작업, 탑재한 선체 조립 등 의장 및 탑재조립 공정이 진행된다. 의장 및 탑재조립 공정은 모듈 방식을 주로 적용한다. 좁은 공간에 많은 장비와 기기를 설치해야 하므로 작업 오류를 최소화하고 작업을 효율적으로 수행하기 위해 1/5 축척 모형과 컴퓨터를 이용한 모델링 및 시뮬레이션(M&S) 기법을 함께 활용한다. 의장 및 탑

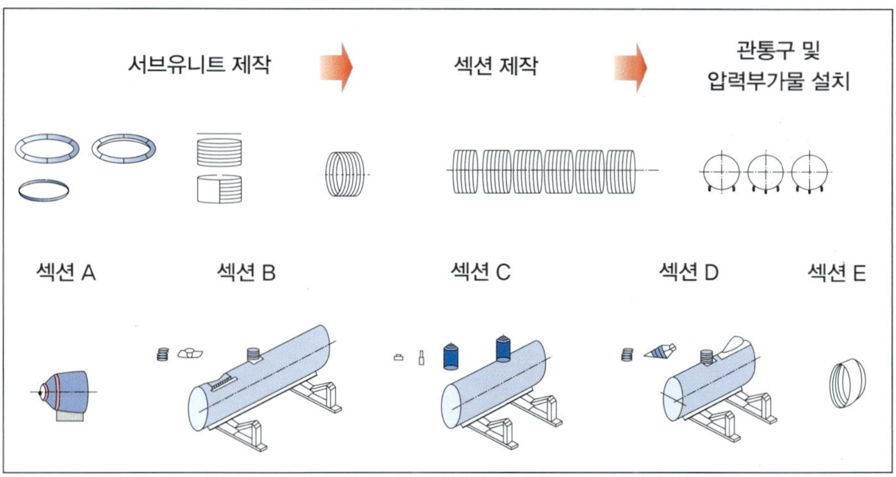

그림 7-15

잠수함 압력선체 건조공작 과정

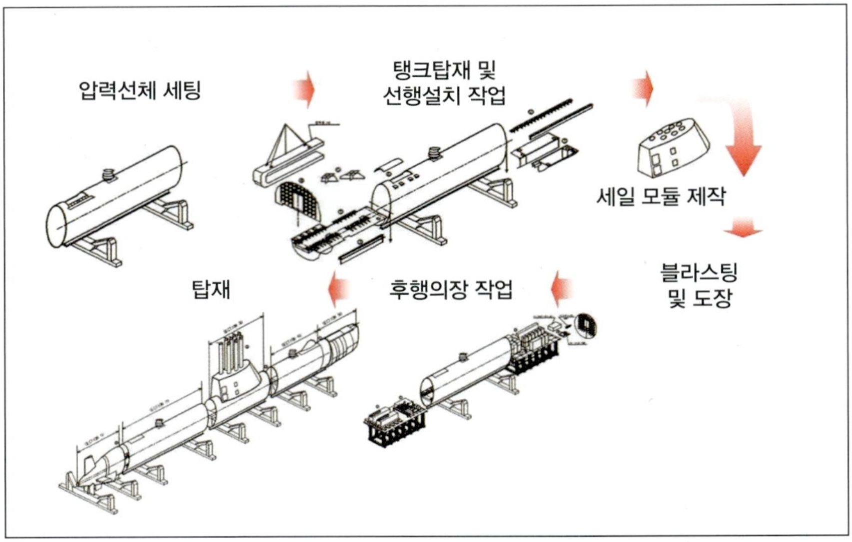

그림 7-16
잠수함 의장 및 탑재조립 공정

재조립 작업이 최대한 깨끗한 작업환경에서 수행될 수 있도록 작업이 수행되는 공장에는 방풍, 항온, 항습 설비를 갖춰야 한다. 잠수함의 의장 및 탑재조립 공정을 그림 7-16에 제시하였다.

특히 잠수함의 건조공작은 잠수함 전용 특수설비 및 공작장비와 함께 매우 숙련된 전문기술 인력, 고도한 수준의 공정관리 및 검사기술, 체계적으로 축적된 기

그림 7-17
독일 조선소 AIP 잠수함 최종 탑재조립 공사[1]

그림 7-18
프랑스 조선소 AIP 추진기관 탑재모듈 제작[2]

술적 경험(Knowhow) 등을 요구한다. 이런 측면에서 209급 디젤전기추진 및 214급 AIP 잠수함을 독자적으로 건조하고 있는 국내 방산조선소의 잠수함 건조공작 기술은 디젤전기추진 잠수함의 세계 수출시장을 주도하고 있는 독일과 프랑스 잠수함 전문조선소에 버금가는 수준임을 알 수 있다. 그림 7-17과 7-18에 독일 조선소의 AIP 잠수함 탑재조립 공사장면과, 프랑스 조선소의 잠수함 삽입(Plug-In)용 AIP 추진부 모듈 제작장면을 각각 제시하였다.

7.4 | 함정 성능 시험평가

7.4.1 함정 성능 시험평가 특성

함정은 항해, 기동, 통신 등 선박으로서 가져야 하는 기본적인 성능과 작전임무를 완수하는 데 필요한 전투성능을 함께 보유해야 한다. 위협세력에 의해 자함의 위치가 노출되지 않아야 하며, 위협세력을 조기에 탐지하여 대응방안을 신속하게 결정하고 필요시 정확하게 타격을 가할 수 있어야 한다. 이로 인해 함정에 대한 성능 시험평가는 일반 민용 선박에 대한 성능 시험평가와 대비하여 절차가 매우 까다롭고, 시험평가 기법도 복잡하고 정밀하다.

함정은 다양한 무기체계를 탑재하여 운용하는 고가의 복합 무기체계이며, 무기체계들을 운용하고 전투임무를 수행하기 위해 많은 장병들이 함정에 상주하게 된다. 때문에 함정 성능 시험평가에서 성능 및 기술적 결함을 간과할 경우 함정 운용단계에서 전투기능을 발휘하지 못하게 되고, 이로 인해 탑승한 수많은 장병들의 생명을 잃게 하는 결정적인 요인이 될 수 있다. 함정 성능 시험평가는 전투력 극대화와 생존성 보장 관점에서 건조된 함정의 성능을 최종적으로 확인하고 검증하는 단계로서 매우 중요한 의미를 갖는다.

7.4.2 함정 성능 시험평가 단계

1) 함정 성능 시험평가 단계구분

무기체계 개발 및 획득 과정에서 시험평가는 무기체계의 성능을 확인하고 결함을 해소·보완하는 과정이다. 일반적으로 무기체계 시험평가는 개발 시험평가(Development Test and Evaluation)와 운용 시험평가(Operational Test and Evaluation)로 구분한다. 무기체계에 대한 개발 시험평가는 시제품이 개발 요구성능을 충족시키는지 검증(Verification)하는 단계이며, 운용 시험평가는 시제품의 작전운용성능 충족 여부와 군 운용 적합성 여부를 확인(Validation)하는 단계이다. 검증단계에서는 요구사양의 충족 여부를, 확인단계에서는 운용자 요구에 대한 적합성 여부를 각각 평가한다.

함정 성능 시험평가는 일반 무기체계 시험평가 단계와 다르게 건조자 시운전(Builder's Trials), 인수 시운전(Acceptance Trials) 및 인수 후 시험(Post-Delivery Tests and Trials) 단계로 구분하여 수행되며, 함정의 배치·운용 단계에서는 주기적으로 운용 함정에 대한 특수성능 시험을 수행한다.

함정 성능 시험평가의 전반적인 수행개념은 모든 국가가 유사하다고 볼 수 있다. 그러나 국가마다 함정 성능 시험평가 제도와 절차가 상이하며, 시험평가 단계별 시험항목도 조금씩 다르다. 미 해군의 경우 특수성능 시험 대부분을 함정 인수 후 시험평가 단계에서 수행하는 데 반하여, 한국의 경우 특수성능 시험을 인수 시운전 단계에서 일부분을 그리고 건조단계 시험평가의 일부인 운용 시험평가 단계에서 수행한다. 한국과 미 해군의 함정 성능 시험평가 단계별 차이점을 표 7-4에 제시하였다.

2) 기본설계 시험평가 단계

기본설계 시험평가는 선도 시제함 기본설계를 시행한 후 요구성능 충족 여부를 확인함으로써 기본설계 다음 단계인 상세설계 및 건조 단계로의 추진 여부를 판단하기 위한 절차이다. 함정 설계과정에서 기술적 실패 위험성이 높은 분야를 도출하고 이를 해소할 목적으로 수행된다. 실선 건조 이전이므로 기본설계 시험평가는 자료에 의한 시험평가로 수행한다. 미 해군은 육상에서 장비와 모델 및 모형(Mock-Up) 등을 활용하여 시험하며, 육상시험기지(Land Based Test Site: LBTS) 시험평가로 부른다. 후속함 건조가 계획되어 있는 경우, 일반적으로 선도 시제함의 건조완료 이전에 후속함 건조사업에 착수하게 된다. 기본설계 결과가 요구성능을 충족하는지 여부를 확인해야 후속함 건조사업 착수 가능성을 판단할 수 있다. 함정에 탑재되는 장비의 기종이 기본설계 과정에서 결정된 이후 기본설계 시험평가를 수행함이 원칙이지만, 사업추진에 영향이 크지 않은 경우 탑재장비의 기종 결정 전이라 하더라도 기본설계 시험평가를 실시할 수 있다.

미 해군의 경우 육상시험기지 시험평가에서는 다음 사항에 대한 확인이 이루어진다.

표 7-4 미국 및 한국 함정 성능 시험평가 단계

단계	세부단계	
	미국	한국
탑재체계 시험평가	Individual System T&E: Development T&E, Operational T&E	탑재 무기체계 시험평가(별도 절차): 개발 시험평가, 운용 시험평가
기본설계 시험평가	Land Based Test Site T&E: 육상장비에 의한 시험 (Model 및 Mock-Up 활용 포함), 후속함의 건조 승인 근거로 활용	기본설계시험평가: 자료에의한시험평가, 후속함의건조승인근거로활용
건조단계 시험평가	Ship Construction Tests and Trials • 1단계: 입고 검사 • 2단계: 설치 검사 및 시험 • 3단계: 개별 장비 시험 • 4단계: 개별 체계 시험 • 5단계: 체계 연동 시험 • 6단계: 특수 시험 • 7단계: 건조자 시운전 및 인수 시운전	건조단계 시험평가 • 시운전(선도함 및 후속함) – 1단계: 검사(입고 및 설치 검사) – 2단계: 건조자 정박 시운전 – 3단계: 건조자 항해 시운전 – 4단계: 정박 인수 시운전 – 5단계: 항해 인수 시운전 • 운용 시험평가(선도함) – 특수성능 위주의 시험평가
인수 후 시험평가	Post-Delivery Tests and Trials: 특수성능 위주의 시험평가	전력화 평가: 건조단계 시험평가에 대한 보완

- 장비와 부 체계 성능점검 및 체계종합
- 전산프로그램의 운용, 진단, 보완 및 성능 입증
- 설치절차 확인
- 운용, 정비, 지원절차 확인
- 시험절차 확인
- 체계에 대한 장비의 변경 및 개조에 대한 평가
- 체계수준에서의 승조원 훈련

한국의 경우 기본설계 시험평가 항목은 일반성능, 특수성능, 성분 작전성, 무장 및 소자 성능, 장비별 성능 등으로 구분되어 있다.

3) 건조단계 시험평가 단계

건조단계 시험평가(Ship Construction Tests and Trials)는 검사와 시운전으로 수행된다. 미 해군의 경우 7개 단계로 세분하고 마지막 7단계를 건조자 시운전 및 인수 시운전으로 구분한다. 한국의 경우 미 해군의 3단계에 해당하는 개별 장비 시험을 건조자 시운전에 포함시키므로 총 5개 단계로 시운전을 수행한다. 검사단계에서는 입고되는 장비와 자재들의 검사부터 시작하여 함정의 배관계통, 전선계통 및 장비 설치상태를 확인하고 장비, 체계 및 관련 계통에 대한 작동 이상 유무를 확인한다. 건조자 시운전은 인수 시운전 준비상태의 입증을 위해 건조업체 주관으로 수행한다. 인수 시운전은 건조 함정의 성능이 함정 건조계약서에 명기된 요구조건과 일치하는지 여부를 기술적 측면, 운용 적합성 및 정비성 측면에서 확인하기 위해 소요군 주관하에 수행한다.

한국의 경우 건조단계 시험평가에서 선도 시제함의 운용 시험평가를 수행한다. 운용 시험평가 항목은 기본설계 시험평가 항목을 포함하여 작전운용성능 시험과 군 운용 적합성 시험 항목으로 구성된다. 작전운용성능 시험 항목으로는 일반성능, 특수성능, 성분 작전성능, 무장 및 소자 성능, 장비별 성능이 있다. 군 운용 적합성 시험의 세부항목으로는 운용 및 조작 편의성에 관한 적합성 및 안정성, 환경 적응성, 기존 무기체계와의 상호 운용성, 전술적 운용의 적합성 등이 해당된다.

4) 인수 후 시험평가 단계

인수 후 시험평가(Post-Delivery Tests and Trials) 단계는 함정 인수 후에 수행됨에도 불구하고, 건조계약이 완전히 끝나지 않은 상태에서 수행되는 시험이다. 보증 수리기간 내의 시험으로서, 이 단계의 시험평가가 완전하게 이루어져야 함정 획득업무가 종료되었다고 판단한다. 미 해군의 경우 주요 특수성능 시험 대부분이 이 단계에서 수행되나, 한국에서는 건조단계 시험평가 결과에 대한 재확인이 필요하거나 보완이 필요하다고 부기한 항목의 시험평가 및 승조원 숙련훈련 위주로 수행된다. 주요 시험평가 항목으로는 수중폭발 내충격 시험, 음향측정 시험, 센서정확도 시험, 전자전 성능시험, 전자장비 특성시험, 전투체계 종합능력 평가시험, 잠수함 무기체계 정확도 시험, 전자기 적합성 및 전자기 복사 위해도 시험, 소자시험, 구조강도 시험 등이 있다.

7.4.3 함정 성능 시험평가 기법

1) 기본성능 시험

함정이 선박으로서 갖고 있는 기본적인 성능, 즉 속도, 기동성능, 내항성능 등을 계기에 의한 실측으로 시험한다. 함정에 탑재된 계기의 정확도 수준까지 점검하며, 일반적으로 함정을 건조한 조선소에서 수행한다. 수상함의 경우 최대 연속출력, 단계별 속도, 조타기와 각종 타력의 성능시험이 포함되며, 내항성능 시험을 통해 거친 해상상태에서 파도의 충격을 어느 정도 견디는지 점검한다. 잠수함의 경우 최대 연속출력, 항속거리, 단계별 속도 및 선회, 타기와 자동심도 및 자동침로 조종, 잠항심도, 충·방전, 긴급잠항 및 긴급부상 등에 대한 성능시험이 포함된다.

2) 수중폭발 내충격 시험

함정과의 거리가 상당히 떨어진 수중의 한 지점에서 폭약이 폭발할 경우, 폭발 충격에 의해 함정 기능들이 심각한 장애를 받거나 큰 손상을 입을 수 있다. 이에 대처하기 위해 함정 설계과정에서 적용된 내충격 설계기술의 결과를 검증 및 확인하는 것이 수중폭발 내충격 시험의 목적이다. 함정의 선체와 선체 주위 및 탑재장비에 가속도계, 변위계, 응력계, 압력계 등의 센서를 부착하여 수중폭발 시의 센서 수신 신호를 측정하며, 폭발 순간의 상태를 보기 위해 함정의 주요 부분에는 고속 카메라를 설치하여 촬영한다.

수중폭발 내충격 시험은 실제로 폭약을 터뜨리는 해상시험이므로 위험이 수반되며, 폭약과 함정과의 거리 및 폭약 강도에 대한 사전설계가 매우 중요하다. 많게는 200개에 달하는 센서를 동기화시켜 동시에 측정해야 한다. 특히 측정 전과 측정 중의 신호 크기는 큰 차이가 나므로, 센서와 측정장치의 수신 및 녹음 가용범위 등을 사전에 예측하고 설계하는 기술이 요구된다.

수중폭발 내충격 시험을 수행한 직후에는 육안으로 함정의 손상 부분을 파악하여 보강이 필요한 곳을 도출한다. 그리고 녹음된 신호를 분석하여 어느 정도의 충격수준까지 함정이 제 기능을 발휘하는지를 판단한다. 그림 7-19에 실선에 대한 수중폭발 내충격 시험장면을 제시하였다.

3) 음향측정 시험

수상함이나 잠수함이 수중음향 탐지를 통해 적을 먼저 탐지하기 위해서는 함정의 정숙화가 절대적으로 요구된다. 함정의 정숙화 수준, 즉 음향스텔스 성능을 측정하고 확인하는 시험이 음향측정 시험이다. 음향측정 시험에서는 함정의 진동소음, 수중방사소음 및 소나 자체소음을 측정한다.

진동소음 측정시험에서는 함정이 기동하는 과정에서 작동하는 각종 탑재장비와 선체가 발생시키는 함 내 소음, 선체 및 축계 진동, 탑재장비 진동, 환경 진동 등을 측정한다. 소음은 마이크로폰을, 진동은 가속도계를 각각 이용하여 측정한다. 200개에 달하는 많은 측정센서들을 동기화시켜 대상 신호들을 동시 녹음함으로써, 진동과 소음이 전달되는 과정 및 상호 관련성을 분석할 수 있도록 한다. 진동과 소음이 함정 밖으로 전파해 나갈 때 발생하는 수중방사소음은 함정 외부에서 청음기(Hydrophone)를 이용하여 측정한다. 정박 중 수중방사소음 시험은 함정을 정박시킨 상태에서 탑재장비들을 개별적으로 작동시키면서 측정한다. 기동 중 수중방

그림 7-19
수중폭발 내충격 시험장면

사소음 시험은 심해에서 함정이 각 속도 단계별로 기동하는 가운데 추진계통의 음향을 포함한 전체 음향을 동시에 측정한다. 광대역에서의 음압 세기와 협대역에서의 토날(Tonal) 크기 및 시간축 상의 변화 추이를 분석함으로써, 설계치 초과 여부 확인, 캐비테이션 발생속도 식별, 싱잉(Singing) 발생 여부 판단, 과다소음 발생원인 규명 등을 수행한다. 시험결과는 함정 정숙화를 위한 기초자료로 활용되며, 적함 소나에게 탐지되는 확률을 예측하는 데 사용된다.

소나 자체소음 측정시험은 함정이 발생시키는 음향이 자함 소나에 어느 정도 유입되는지 파악하기 위한 시험이다. 함정이 기동하는 가운데 소나의 각 방위별 수신센서 끝단에서 전압을 측정하여 음압 준위로 환산한다. 소나 자체소음은 속도별로 대표값을 추출하여 해당 속도에서의 소나 자체소음 준위로 산출한다. 일반적으로 소나 자체소음은 시험기준치가 아닌 설계치로 주어지며, 소나를 이용하여 적 잠수함을 어느 정도 탐지하는지 예측하는 근거자료로 활용한다. 최근 개발되는 소나시스템은 스스로 측정을 수행하여 결과를 알려주는 기능을 갖고 있다.

음향측정 시험은 함정의 정숙성을 평가하는 시험이다. 그러므로 시험 중에 함정 탑승자들은 최대한의 정숙을 유지하여 측정을 왜곡시키는 부가적인 진동이나 소음을 발생시키지 않도록 유의해야 한다. 그림 7-20에 미국 알래스카 주에 위치한 미 해군 SEAFAC 음향시험장에서 잠수함을 바지선에 계류시키고 함정 외부에 청음기를 내려 정박 중 수중음향을 측정하는 장면과, 음향측정 전용선 헤이즈(Hayes)호가 수중에 청음기를 부설하여 잠수함 기동 중에 수중음향을 측정하는 방법을 제시하였다.

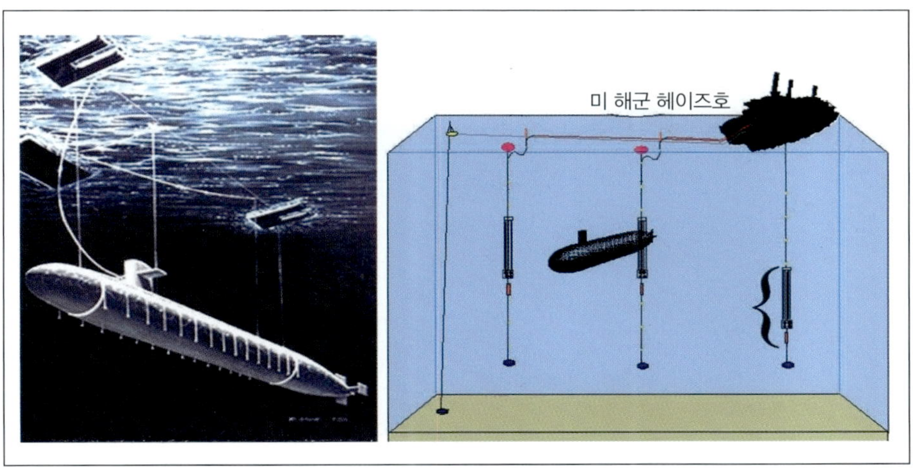

그림 7-20
미 해군 잠수함 정박 음향측정 시험 및 기동 음향측정 시험

4) 적외선 및 레이더 반사 단면적

함정의 적외선(Infrared: IR)과 레이더 반사 단면적(Radar Cross Section: RCS)은 적의 유도무기와 레이더에 자함의 존재와 위치를 노출시키는 원인이 된다. 함정 설계단계에서는 함정의 적외선 및 RCS를 감소시키기 위한 기술이 적용되며, 함정 건조 후에는 이들 특성을 측정하고 결과에 따라 이를 감소시키기 위한 보완대책이 적용된다.

함정 적외선은 표적과 뚜렷이 대비되는 배경을 갖는 해역에서 함정과 일정 거리를 두고 적외선 카메라를 이용하여 측정한다. 적외선은 기상상태 또는 태양의 위치 등 환경적인 영향을 많이 받으므로, 시험할 때마다 함정의 주요 위치별 온도와 적외선 대기투과도를 병행 측정하여 보정함으로써 환경적 영향을 최소화시킨다. 측정 적외선은 시간 및 각도별로 분석한다.

RCS 측정시험에서는 전자파를 함정에 송신하고 되돌아오는 전자파의 크기를 측정함으로써 RCS를 산출한다. RCS는 형상과 재질에 따라 크기가 달라지므로 절대치 계산을 위해서는 표준표적을 이용한 보정과정이 수반된다. 주파수, 편파, 각도 변화에 따른 3차원의 방대한 자료분석을 통해 절대값과 방위별 패턴을 도출하고 전자파 산란위치를 식별한다. 전자파가 평면파로 송수신되어야 측정결과의 신뢰성이 보장되므로, 피측정 함정과 측정체계와의 충분한 이격거리가 요구된다. 일반적으로 함정 RCS 측정을 위해 너무 먼 거리가 요구되기 때문에 근거리에서 측정한 신호를 원거리로 매핑시키는 기술이나 근거리에서 평면파 발생효과를 나게 하는 기술이 활용된다. 그림 7-21에 한국 국방과학연구소가 운용하고 있는 지상레이더형 측정장비 AVRIS(ADD Vehicle-based RCS Instrumentation System)를 제시하였다.

그림 7-21
함정 RCS 측정체계

5) 센서정확도 시험

센서정확도 시험에서는 함정에 탑재되는 레이더, 소나, 자이로, 전자전 장비, 전자광학장비, 항해장비 등 대잠전, 대공전 및 대함전을 위한 센서체계의 기본적인 기능과 탐지방위 및 탐지거리에 대한 정확도를 측정한다. 센서정확도 시험을 수행하기 위해서는 함정을 정박시키고, 각 센서체계가 함수방향을 기준으로 배치된 상태에서 자이로의 정렬오차(Settled Error)를 측정한다. 이어 정확한 위치의 실시간 파악이 가능한 모의 표적을 이용하여 센서체계가 이를 정확하게 탐지하는지 여부를 시험평가한다.

모의 표적은 시험 대상 센서체계에 따라 다르다. 함정 레이더 시험을 하기 위해서는 전 방향 반사특성을 갖는 레이더 표적부이를 해상에 부설하여 점표적으로 이용하며, 전자광학장비 시험 표적으로는 인근 육지에 설치된 임의 물표를 활용한다. 전자전 장비 시험에서는 위협 전자파 신호를 모사하여 발생시키는 장비와 이를 송신하는 안테나가 요구된다. 따라서 전자전 장비는 위협신호를 송신하는 안테나를 탐지하고 추적하게 된다. 소나시험은 능동과 수동 기능의 표적을 필요로 한다. 소나운용 주파수에 일치시킨 임의 신호를 발생시키는 수동형 기능과 소나가 송신한 음향을 수신하여 이를 다시 송신하는 능동형 기능을 갖춘 음향 표적을 수중에 부설하여 소나 센서정확도 시험을 수행한다. 소나 표적은 수중에 설치되므로 정확한 위치를 산출하는 기법이 요구된다.

한국 해군의 경우 신조 함정 및 수리완료 함정, 그리고 외국에서 타국 함정과의 연합 해상훈련이 계획된 함정에 대해 국방과학연구소 센서정확도 시험장을 이용하여 레이더를 비롯한 각종 센서의 정확도를 측정하고 이를 토대로 보정작업을 한다.

6) 전자전 성능시험

전자전 성능시험은 함정의 전자지원(Electronic Support: ES) 성능, 전자공격(Electronic Attack: EA) 성능, 레이더 전자보호(Electronic Protection: EP) 성능 등을 점검하는 시험이다. 전자지원 성능시험에서는 함정 전자전 장비가 위협 전자파 신호를 수신하여 얼마나 정확하게 분석하는지를 확인한다. 시험체계에서 시험 시나리오에 따라 위협 전자파 신호를 모사하여 함정으로 송신하면, 시험대상 함정의 전자전 장비가 이를 수신 및 식별하여 반송 주파수, 펄스 반복률, 펄스 폭, 스캔 주기 등 위협신호 제원을 분석한 후 오차를 산출함으로써, 전자전 장비의 신호분석 정확도를 점검하게 된다. 전자공격 성능시험은 단일 및 다중 위협 전자파 신호에 대한 전자전 장비의 잡음과 거리,방위 기만, 재밍신호 발생능력 및 정확도를 측정하는 시험이다. 시험체계가 모사하여 송신한 위협세력의 전자파 신호를 전자전 장비가 수신하여 분석한 후 이에 대응하는 재밍신호를 발생시키고, 시험체계가 그 재밍신호를 수신하여 파라미터를 분석하는 절차로 시험이 이루어진다.

레이더 전자보호 성능시험에서는 레이더의 기본적인 신호발생 및 송신에 대한 정확도를 점검한 다음, 레이더에 재밍신호가 주입되었을 때 레이더가 이를 인지하여 주파수와 펄스 반복률을 가변시킴으로써 적의 재밍 시도를 무력화하고 레이더가 정상 운용되도록 하는 전자보호 성능을 확인한다. 그림 7-22에 미 해군 전자전 성능시험을 위한 장비체계를 제시하였다.

7) 전자장비 특성시험

전자장비 특성시험에서는 항해, 통신 및 탐지를 목적으로 함정에 탑재되는 전자장비의 기본적인 성능을 시험하고 점검한다. 각종 통신장비, 탐지 및 추적 레이더, 전파방향 탐지기(RDF), 능·수동 전자전 대항체계, 피아식별기 등에 대하여 작동기능 및 상호 연동성, 전압 정재파비(Voltage Standing Wave Ratio: VSWR), 안테나 위치의 적정성, 수신단의 수신감도 등을 점검한다.

일정 기점을 중심으로 함정이 원형 기동하는 가운데 시험대상 체계가 송신하는 신호를 외부에서 계측하거나, 외부 시험체계가 송신하는 신호에 대한 시험대상 체계의 수신상태를 육안 관찰 또는 수신신호를 녹음하고 분석하는 절차로 시험이 수행된다.

8) 전투체계 종합능력 평가시험 및 잠수함 무기체계 정확도 시험

전투체계 종합능력 평가시험(Combat System Ship Qualification Trials: CSSQT)은 함정 전투체계를 중심으로 하여 함정의 전투체계 종합능력을 시험평가하는 과정이다. 잠수함의 대잠전 전투능력에 대하여는 무기체계 정확도 시험(Weapon System Accuracy Trials: WSAT)으로 구분하여 시행한다.

그림 7-22

미 해군 전자전 성능시험 장비: 위협레이더, 원격계측체계, 시험통제소

CSSQT 시험과 WSAT 시험은 대공표적 또는 수중표적을 작전운용 시나리오에 의해 기동하게 하고, 함정이 표적에 대해 탐지 및 식별, 추적, 위협평가, 대응방안 결정, 유도무기 발사 및 유도, 명중 여부 판단 및 후속 대응 등을 수행하는 전 과정에서 함정의 전투체계 능력을 평가한다. 때문에 함정 근무자들의 숙련도를 함께 점검하게 된다. 표적과 함정 및 유도무기의 기동상태를 광해역에 걸쳐 동시 추적하는 인프라 설비, 시험기술, 전투 이벤트 정보를 추출하여 시험과정을 재구성하고 분석하는 장비와 시험기술 등이 요구된다. 종래의 전투체계는 센서체계와 유도무기체계에 대한 조정통제 능력이 제한적이었으나, 최근 전투체계가 보다 지능화되고 센서체계와 유도무기체계에 대한 조정통제 범위가 확장되면서, CSSQT 시험과 WSAT 시험은 수상전투함과 잠수함을 실전에 배치하기 이전에 필수적으로 통과해야 하는 시험평가 항목이 되고 있다.

9) 전자기 적합성 및 전자기 복사 위해도 시험

이 시험에서는 함정에 탑재한 전자장비의 전자기 적합성(Electromagnetic Compatability: EMC)과 전자기 복사 위해도(Radiation Hazards: RADHAZ)를 시험한다. 전자기 적합성 시험에서는 탑재장비들의 연결 후 상호 임피던스 매칭이 되는지, 필터 등에 의한 손실이 발생하지 않는지 등을 정박상태에서 점검한다. 이어 기동상태에서 시험대상 장비들이 규정된 수준 이상으로 신호를 송신하는지 점검하고, 송신 시 타 장비의 작동에 영향을 주는지 확인한다.

전자기 복사 위해도 시험은 고출력 송신장비가 최대출력을 송신하는 동안 함정 근무자 위치, 통신장비 위치, 연료 주입구 위치, 전자기폭 병기 위치에서 각각 전계를 측정하여 인체, 연료, 통신 및 전자기폭 병기에 대한 영향을 분석한다.

7.4.4 함정 성능 시험평가 결과관리

함정 성능 시험평가의 첫 번째 목적은 함정이 소요군의 요구에 맞도록 설계되었는지, 설계한 바대로 건조되었는지 확인하는 데 있다. 선도 시제함의 기본설계 시험평가 결과는 요구성능 충족 여부를 확인함으로써 기본설계 다음 단계인 상세설계 및 건조 단계로의 추진 여부를 판단하는 자료로 활용된다. 일반적으로 선도 시제함 건조완료 이전에 후속함 건조사업에 착수하게 되므로, 후속함 건조가 계획되어 있는 경우 기본설계 결과가 요구성능을 충족하는지 여부를 확인함으로써 후속함 건조사업의 착수 가능성을 판단하게 한다. 건조 함정의 성능이 함정 건조계약서에 명기된 요구조건과 일치하는지 여부를 확인하기 위한 인수 시운전 결과와 작전운용성능, 군 운용 적합성 및 전력화 지원요소를 확인하기 위한 운용 시험평가 결과를 종합하여 소요군은 건조 함정의 인수 여부를 결정한다.

함정 성능 시험평가의 두 번째 목적은 함정 운용을 위한 기초자료를 제공하는 것이다. 특히 함정의 정숙도, 센서체계의 정확도, 전자장비 능력, 탐지 확률, 피탐지 확률 및 피탐지율 감소 기동능력, 종합 전투능력 등 특수성능 시험평가 결과들은 함정의 전투력을 극대화하고 생존성을 증대시키기 위한 기초자료가 된다.

함정은 실전부대 배치 후 주기적으로 장비를 수리하거나 정비하게 된다. 수리 또는 정비 후 성능 시험평가를 수행하고, 시험평가 결과를 함정 건조 당시의 초기값과 비교함으로써 수리와 정비 작업에 대한 평가가 가능하다. 운용 함정에 대한 특수성능 위주의 주기적 성능 시험평가는 운용 함정의 전투 준비태세를 확인하게 함으로써 임무수행이 효율적으로 이루어지도록 한다. 또한 시간 경과에 따른 함정 노후화 진행 정도를 파악하게 한다.

건조 함정과 운용 함정의 성능 시험평가 결과자료는 시험 당시 상황 재현이 불가능하므로, 국가적으로 매우 귀중하고 영구적으로 보존해야 하는 자산이다. 미국을 비롯한 선진 군사 강국일수록 성능 시험평가 결과를 데이터베이스 관리시스템에 의해 안전하게 보관하고, 보안 측면에서 엄격하게 관리한다. 데이터베이스로 구축한 자료들은 새로운 함정의 설계와 성능평가 기준치를 설정하기 위한 가치 있는 기술적 근거자료이기 때문이다.

7.4.5 주요국 함정 성능 시험평가체제

1960년대부터 해상시험장 인프라를 구축한 미국은 대서양과 태평양에 세계 최대 시험장을 비롯한 다수의 시험장을 운영하고 있다. 이 가운데 21개 시험장은 주요 시험장 시설(Main Range and Test Facility Base: MRTFB)로 분류하여 중점 관리한다. 미국은 알래스카에 위치한 SEAFAC 음향시험장을 비롯하여 대서양과 태평양에 8곳 이상의 고정형과 이동형 음향시험장을 운영하고 있으며, 하와이를 비롯한 5개 지역에 설치된 센서정확도 시험장(Fleet Operational Readiness Check Site: FORACS)에서 센서정확도 시험을, 6개 지역에 설치된 전자장비 시험장(Ship Electronics System Evaluation Facility: SESEF)에서 전자장비 시험을 수행한다. 광해역의 대규모 인프라 설비가 필요한 CSSQT 시험과 WSAT 시험은 하와이에 위치한 태평양 유도탄 시험장(Pacific Missile Range Facility: PMRF)과 영국령 바하

마 제도에 위치한 대서양 수중시험장(Atlantic Undersea Test & Evaluation Center: AUTEC)에서 수행한다. 미국은 시험장 설비와 시험기술뿐만 아니라 정책과 제도 면에서도 세계의 함정 성능 시험평가체계를 선도하고 있다.

영국과 프랑스는 시험별로 적합한 시험장들을 확보하여 CSSQT 시험과 WSAT 시험을 포함한 함정 성능 시험평가를 모두 자국에서 수행한다. 독일, 호주, 뉴질랜드, 이스라엘, 노르웨이, 남아공 등에서는 특화된 시험시설을 확보하여 부분적인 시험을 수행하며, 필요에 따라 국가 간 상호 출자에 의해 시험장을 건설하여 공동 운영하기도 한다.

한국의 경우 1970년대 초 독자적인 함정 건조를 시작한 이래, 국방과학연구소 주관하에 함정 성능 시험평가 업무를 수행해 왔다. 개별 계측체계를 이용하여 아날로그 방식으로 함정 성능 시험평가를 수행하였으나, 1995년 독자적 기술로 해상시험장을 건설한 이후 CSSQT 시험과 WSAT 시험을 제외한 모든 함정 성능 시험평가를 디지털 방식에 의해 체계적으로 수행해 왔다. 최근 이지스급 구축함과 잠수함의 확보·운용에 따라 CSSQT 시험과 WSAT 시험을 수행하기 위한 시험능력 확보를 추진하고 있다.

7.5 | 함정 규격

7.5.1 함정 규격 변화·발전 배경

민용 선박의 경우 선박의 안전과 감항성(堪航性) 확보를 위해 미국 선급 ABS, 영국 선급 LR, 독일 선급 GL, 한국 선급 KR 등 국제선급연합회(IACS)의 13개 정회원 선급이 각기 선급규칙(Class Rules)을 제정하고, IACS 및 각국 정부로부터 공인받은 선급규칙을 근거로 하여 선박의 설계, 건조, 등록, 검사 등 관련 업무를 수행한다. 함정의 경우 국제적으로 공인된 선급규칙이나 기술기준이 아니라, 각국 해군이 군사 규격 및 기준사양을 제정하여 함정의 설계, 건조 및 운용 단계에서 적용해 왔다.

미국과 소련 등 주요 국가들은 냉전체제가 지속되던 기간 중에는 상대를 압도하는 최고수준의 전투성능을 보유한 함정의 확보 및 운용을 목표로 삼았다. 이에 따라 비용에 제한받지 않고 높은 수준의 군사 규격 및 사양을 적용하여 최고성능의 함정을 건조하는 것이 당연하게 여겨졌다. 그러나 높은 수준의 군사 규격 및 사양을 엄격히 적용할 경우, 무기체계 및 군수물자의 개발비용과 생산제작 단가는 대폭 증가할 수밖에 없었고 비용 대비 효과 측면에서도 문제를 야기하였다.

냉전체제 종식 이후 미국을 비롯한 주요 서방 국가들은 국방예산을 감축하였으며, 이에 따라 국방 투자비의 절감과 효율적 사용은 국가 차원의 필수적인 과제가 되었다. 미 국방 당국은 보다 근원적인 국방예산 절감대책으로 상용 규격의 적용 및 상용 물자의 사용 확대 등 민수산업 및 민용 과학기술을 적극적으로 활용하는 정책을 수립 · 적용하게 되었다. 이러한 국방획득정책의 방향전환을 계기로, 막대한 개발 · 건조비가 소요되는 함정의 경우 상용 기술의 활용이 더욱 절실하게 요구되었다.

유럽의 주요 국가들도 함정을 포함한 무기체계에 대하여 "가능한 한 최고"에서 "비용을 고려한 가장 효과적"인 방안을 찾는 데 많은 관심을 갖게 되었다. NATO 회원 국가들은 각국 선급별로 함정규칙(Naval Vessel Rules)을 개발하였고, 국제해사기구(IMO)에서 제정하는 해상인명안전협약(SOLAS)을 함정 기준의 하나로 활용하고자 하였다. 이에 따라 NATO 회원 국가들은 국제협약 관련 기준을 토대로 해군 함정 코드(Naval Ship Code)를 개발하였다.

함정은 대형 복합 무기체계이므로 각종 상용 규격이나 선급에서 새로 제정한 함정규칙이 함정에 적용되어 왔던 모든 군사 규격 및 기술기준을 대체할 수는 없다. 함정의 특성상 요구되는 필수적인 분야에서는 여전히 군사 규격 및 기술기준이 적용되어야 한다.

7.5.2 미 해군 함정 규격

미 해군은 2차 세계대전 이후 함정 설계 및 건조 전반을 주관하는 조직인 함정체계국(NAVSEA)에서 함정 개발 · 건조에 적용하기 위한 군사 규격 및 기술기준을 지속적으로 발전시켜 왔다. 일반사양서(General Specification)와 함께 설계자료표(Design Data Sheet), 기술 매뉴얼(Technical Manual), 군사 규격 및 기술기준(Military Spec. & Standards) 등 많은 종류의 기술문서를 제정하였고, 이를 바탕으로 수많은 함정을 개발 · 건조해 왔다.

그러나 냉전체제 종식 이후 초래된 국방환경의 대폭적 변화는 함정 개발 · 건조 시 적용해 오던 군사 규격 및 기술기준에 많은 변화를 가져왔다. 1994년 2월부터 윌리엄 페리 국방장관 주도하에 전개된 국방획득개혁(Acquisition Reform)의 핵심은 민군 겸용기술 연구개발, 민군 겸용생산, 상용 능력 활용 등 세 가지 정책을 기반으로 하는 민군 겸용정책이라고 할 수 있다. 민군 겸용정책의 목적은 무기체계의 개발, 생산, 운용 단계에서 첨단 상용 기술을 지속적으로 도입함으로써, 궁극적으로 획득에 소요되는 기간과 비용을 줄이고 긴급상황의 경우 민간 관련 능력을 활용하는 데 있다. 이 중에서도 상용 능력 활용정책이란 군사 분야에 상용 제품(Commercial-off-the-Shelf: COTS) 사용을 증대하는 것으로서, 단순한 권고사항이 아니라 법제화 및 정책지침을 통해 시행되었다.

이러한 상용 능력 활용정책은 함정 개발·건조를 위한 군사 규격 및 기술기준 적용에 직접적인 변화를 가져왔다. 그동안 미 해군의 모든 신규 함정 개발·건조 시 절대적 기준으로 적용되어 왔던 일반사양서는 1998년에 폐지되었고, 군사 규격이나 기술기준은 아예 적용이 배제되거나 일반 상용 기준으로 대체되었다. 불가피한 경우를 제외하고 군사 규격 및 기술기준을 반드시 적용했던 종래의 정책과 정반대 현상이라고 할 수 있다. 미 해군 상륙전함 산 안토니오(San Antonio)함은 국방획득개혁의 회오리 속에서 개발·건조가 진행된 함정으로서, 상용 규격을 혁신적으로 적용한 대표적인 사례라고 할 수 있다.

국방획득 사업수행 시 상용 기준을 최대한 활용하라는 국방획득개혁 시행지침이 시달된 1994년 6월 상륙전함 산 안토니오함은 계약설계 단계에 있었다. 새로운 지침에 부응하기 위해 이미 작성된 건조사양서를 토대로 해군 설계팀과 설계에 참여한 5개 조선소는 상용 규격이나 상용 제품으로의 전환 가능성을 각기 세심하게 검토하여, 합동회의를 통해 최종 결과를 도출하였다. 그 결과 1,452건의 도면 등 각종 기술문서 중에서 23%는 군사 규격 및 기술기준 적용을 아예 배제하였으며, 31%는 상용 규격으로 대체하였다. 함정의 수명주기 비용감소에 기여하거나 상용 규격 적용이 불가능한 23%에 해당하는 327건만을 군사 규격 및 기술기준 적용대상으로 선정하여, 국방부 승인절차를 밟아 적용하였다. 그림 7-23에 산 안토니오함 설계 시 적용된 군사 규격 조정내용을 제시하였다.

국방획득 혁신정책에 의거하여 상용 규격 적용을 대폭 확대하더라도, 산 안토니오함의 예와 같이 함정의 고유 요구사양 및 작전임무 특성을 충족시키기 위해 필수적인 분야에서는 군사 규격 및 기술기준의 적용이 필요하다. 표 7-5에 현재 미 해군에서 함정 개발·건조 시 적용하는 군사 규격 및 기술기준을 제시하였다.

그림 7-23

미 해군 상륙전함 산 안토니오 함 군사 규격 적용내용[9]

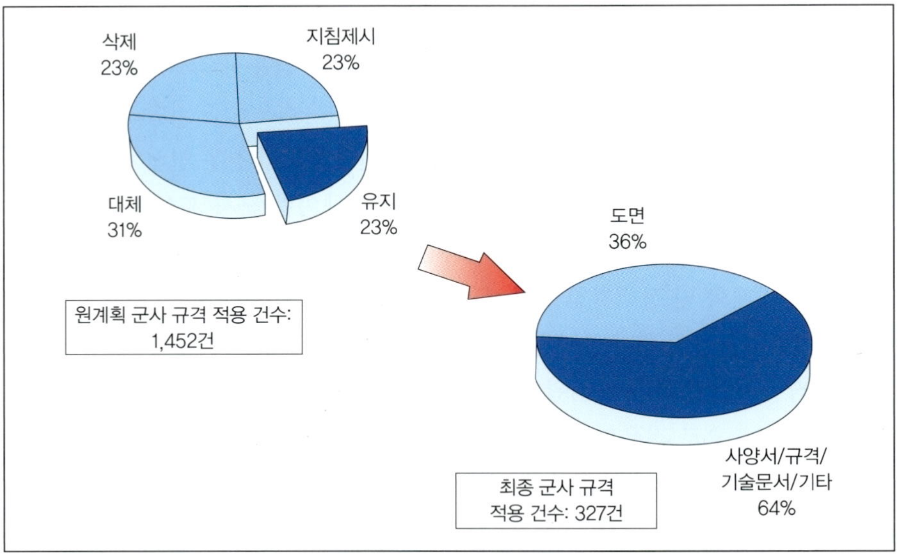

표 7-5

미 해군 함정 적용 군사 규격 및 기술기준 상세

문서 종류	내 용
Military Standard	함정에 탑재되는 장비, 계통 및 함정 자체가 만족해야 하는 설계기준, 요구조건, 시험방법 등을 기술한 문서이다.
Military Specification	군 표준 요구조건에 대한 구체적이고 세분화된 절차와 방법을 기술한 문서이고, 주로 제품에 대한 요구조건을 기술한 문서이다.
Military Handbooks	설계에 사용되는 규격 및 공학적 자료를 제공하는 참고문서이다.
DDS(Design Data Sheet)	함정의 설계와 건조에 필요한 설계절차, 계산방법 등을 예시하고 있는 설계기준서이다.
Naval Ship's Technical Manual	함정의 정비, 운용 및 관리를 수행하는 인원에게 기술적인 정보를 제공하기 위한 문서이다.
NAVSEA Standard Drawings	계통, 장비, 부품의 상세한 배치를 설명하고 규정한 미국 해군의 표준도면이다.
AISI(American Iron Steel Institute)	미국 철강협회 표준규격이다.
ASTM(American Society for Testing and Materials)	미국의 재료시험협회 규격으로, 모든 공업용 재료에 대한 시방서 및 시험법을 표준화하고 있는 규격이다.
ASME (American Society of Mechanical Engineers)	미국의 보일러, 압력용기에 관한 규격으로, 이들의 구조, 재료, 유지 등에 대해 규정하고 있는 규격이다.
Naval Vessel Rules	함정의 설계 및 운용 관리를 포함하는 전반적인 기술기준을 규정하는 규격이다.

7.5.3 주요국 선급 제정 함정규칙

미국을 비롯한 유럽 주요 국가들은 국방획득개혁의 일환으로 자국의 선급(船級) 기관과 협력관계를 구축하고 함정규칙을 새롭게 제정해 왔다. 이러한 함정규칙의 새로운 제정 및 적용을 통해 얻을 수 있는 성과는 다음 세 가지로 요약될 수 있다.

첫째, 해군의 함정 개발·건조 관련 전문기술 조직과 민간선박 기술발전을 주도하는 선급 기관과의 긴밀한 기술협력을 통해, 함정 설계·건조 기술을 지속적이고 체계적으로 발전시킬 수 있다.

둘째, 민용 규격의 적용범위를 확대함으로써, 상용 제품의 적용을 증대시키고 함정 건조비용 및 정비유지 비용을 절감할 수 있다. 이에 의거하여 함정의 개발·건조 단계에서의 최우선 고려사항인 함정의 경제성을 향상시킬 수 있다.

셋째, 기존 방식처럼 군사 규격의 제정 및 변경, 품질관리 및 통제를 군 조직에서 전담할 경우 관련 조직이 비대해질 수밖에 없다. 그러나 선급 기관을 활용할 경우, 규격 제정·수정은 물론 검사·승인 등 함정 관련 규격의 제정 및 유지·관리에 요구되는 해군의 관련 조직 및 업무량을 감축할 수 있다. 표 7-6에 주요 국가 선급의 함정규칙 제정현황을 제시하였다.

1) 미 해군 함정규칙 제정 및 적용현황

미 해군 함정체계국(NAVSEA)과 미국 선급 ABS 사이에 기술협력을 강화하기 위

표 7-6
주요 국가 선급 함정규칙 제정 현황[5]

선급	함정규칙
미국 ABS	Guide for Building and Classing High Speed Naval Craft, Naval Vessel Rule
영국 LR	Rules & Regulations for the Classification of Naval Ships
프랑스 BV	Rules for the Classification of Naval Ships
이탈리아 RINA	Rules for the Classification of Naval Ships
독일 GL	Rules & Guidelines (III–Naval Ship Technology, Part 1–Surface Ships, Part 2–Sub–Surface Ships, Chapter 1–Submarines)
노르웨이 DNV	Rules for Classification of High Speed, Light Craft and Naval Surface Crafts

한 여러 조치 중 하나가 함정에 적용할 함정규칙의 공동개발이었다. 개발된 함정규칙은 원자력 추진을 하지 않는 일반 전투함의 설계, 건조, 유지·보수 및 성능개량 시에 적용되고 있다. 미 해군과 ABS는 해상 수송선과 해군 보조함 프로그램에 ABS 선박 입급절차를 수년 간 적용하였으며, 이를 토대로 일반 전투함에 대한 입급 및 인증에 대해 협력하기로 했다.

2005년 일반 전투함이 선급에 입급한 이래, ABS 선급은 연해전투함(LCS), 강습상륙함(LHD), 육상공격 구축함(DDG-1000) 등 미 해군 신규 함정 획득 프로그램 진행과정에서 입급 또는 인증 업무에 참여하고 있다. 또한 해안경비대 경비 함정에도 새로 제정된 함정규칙이 적용되기 시작하였다. 표 7-7에 미 해군과 ABS 선급이 제정한 ABS NVR(Naval Vessel Rules) 구성내용을 제시하였다.

2) 영국 해군 함정규칙 제정 및 적용현황

영국 해군은 함정의 획득 및 유지 비용을 절감하기 위해, 함정 획득 및 수명유지를 산업계에 위임하는 기회를 확대하기로 하였다. 이에 따라 영국 국방부(MoD)와 영국 선급(LR)은 계약체결을 통해 함정규칙 개발을 가속화하고, 2000년 영국 해군 최초로 Type 45형 신규 구축함 설계 시 새로운 함정규칙을 적용하여 수행하였다.

3) 프랑스, 독일, 이탈리아 해군 함정규칙 제정 및 적용현황

IMO 협약 및 EU 표준 등 국제적인 표준은 해군 함정에 강제적으로 적용하지 않아도 된다. 그러나 프랑스 해군은 군 요구사항과 함께 해상인명안전조약(SOLAS)이나 해양오염방지조약(MARPOL)과 같은 국제협약을 자국 함정에 적용하기로

표 7-7
미 해군 함정규칙 NVR 구성 내용

Part 0	General Provisions
Part 1	Hull and Structure
Part 2	Propulsion and Maneuvering Systems
Part 3	Electrical Systems
Part 4	Control and Navigation Systems
Part 5	Auxiliary Machinery Systems
Part 6	Habitability and Outfit
Part 7	Military Environment
Part 8	Materials and Welding

결정했다. 프랑스는 일반적인 선급규칙에 탄약의 저장 및 취급, 전자기 적합성, 스텔스 문제 등에 대한 기술규칙을 추가함으로써 새로운 개념의 기술규정을 제정하였다. 새로운 선급규칙의 핵심은 민간기업체와 해군의 협력관계를 정립할 수 있게 하고 상용 장비나 재료를 선택하게 함으로써, 해군용으로 특별하게 설계된 장비나 재료보다 훨씬 낮은 비용이 소요되도록 하는 데 있다. 프랑스 해군은 새로운 선급규칙과 함께 해상인명안전조약과 해양오염방지조약의 규정을 적용하여 미스트랄(Mistral)급 상륙전함을 선급에 입급시킨 바 있다.

독일 선급(GL)은 수상함과 함께 잠수함을 위한 함정규칙도 제정하였다. 잠수함에 대한 새로운 규칙은 다른 국가에 수출하는 잠수함에도 적용되었다. 이탈리아 선급(RINA)은 상선 분야의 경험과 기술을 토대로 함정 절차 및 관행에 맞도록 전투함과 지원함을 위한 함정규칙을 개발하였다. 새로운 함정규칙은 함정 운영절차 및 관행과 충돌하지 않으면서, 운용주기 동안 함정의 유지·보수를 위한 기술적 기반을 제공하는 데 목적을 두었다. 무기 및 군사통신을 제외하고 화재방지, 손상 안정성, 환경보호를 포함한 항목을 다루고 있으며, 해양오염방지조약 규정과 관련된 사항은 전체 함정에 적용하였다.

7.5.4 한국 선급 제정 함정규칙

1) 함정 설계·건조 기술기준 개발

한국 해군은 미 해군 함정체계국(NAVSEA)에서 제정한 일반사양서를 준용하여 함정을 건조해 왔다. 그러나 일반사양서의 구성이 매우 복잡하고 설계자에 따라 사양서의 적용 또는 해석방법이 상이한 경우가 발생하여적용의 일관성 유지에 어려움이 있었다. 외국의 규격 및 기준에 의존함으로써, 수십 년의 독자적인 함정 개발·건조 실적을 보유하고 있음에도 불구하고 함정 개발·건조 과정에서 획득한 기술적 경험(Knowhow)을 체계적으로 축적하기가 매우 어려웠다.

이러한 국내 함정 개발·건조 여건을 개선하고, 함정의 해외수출을 증진하기 위해 명문화된 기술표준의 개발 필요성이 대두되었다. 이에 따라 한국 선급(KR)은 해군, 방위사업청, 방산조선소와 공동으로 함정 설계·건조 기술기준에 대한 연구개발을 수행하였다. 이 사업은 한국 해군과 방산조선소에서 보유하고 있는 함정 설계·건조 기술과 축적된 경험을 체계화하여 대한민국 해군의 독자적인 설계·건조 기술기준을 개발하기 위한 사업으로서 2000년 초부터 2008년까지 진행되었다.

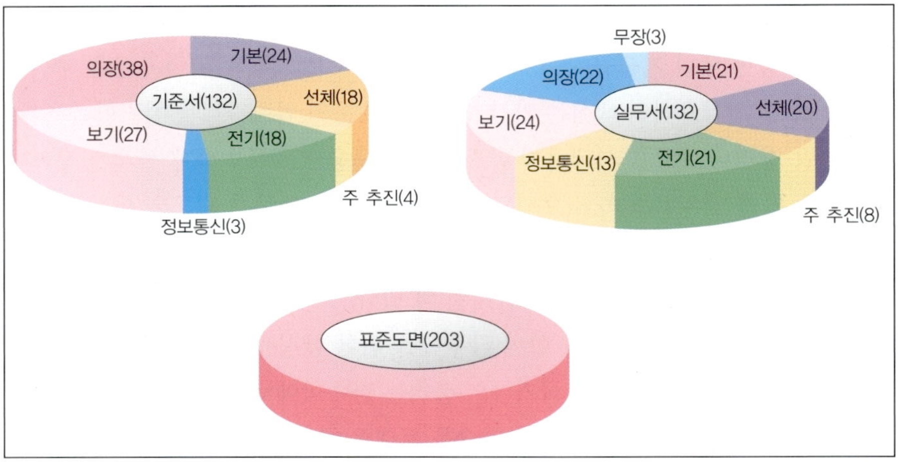

그림 7-24
한국 선급 개발 함정 설계·건조 기술기준[4]

그동안 개발된 함정 설계·건조 기술기준을 기준서, 실무서, 표준도면으로 구분하여 그림 7-24에 제시하였다.

2) 함정규칙 개발

함정 설계·건조 기술기준은 군 요구사항, 설계 관행, 설계 상세사항을 포함한 기술문서로, 설계·건조와 관련된 세부적인 기술문서 성격을 가지고 있다. 그림 7-25에 제시한 바와 같이, 함정의 생애주기 동안 전체 시스템의 관리·운용을 규정하는 함정규칙(Naval Ship Rules)과는 목적과 범위가 다르다.

함정의 수출 경쟁력을 강화하고, 함정이 운용되는 동안 유지·보수가 용이하도록 기술적 기반을 제공하며, 설계 및 건조 시 상용 기술의 접목이 가능하도록 하기 위해서는 새로운 함정규칙이 개발되어야 한다. 이에 따라 한국 선급은 국내 관련 유관 기관들의 참여하에 2013년 완료를 목표로 새로운 함정규칙을 개발하고 있다. 한국 선급이 제정하는 새로운 함정규칙은 일반사항, 선체구조, 추진 및 축계 장치, 전기설비, 제어 및 항해통신, 재료 및 용접, 검사 등 총 9편으로 구성되며, 환경, 오염 및 안전에 대한 국제협약 사항들도 적용하고 있다. 함정 생애주기에 걸친 함정 관리가 용이하도록 하고, 상용 제품이나 기술을 개방적으로 적용하는 데에도 주안점을 두고 있다.

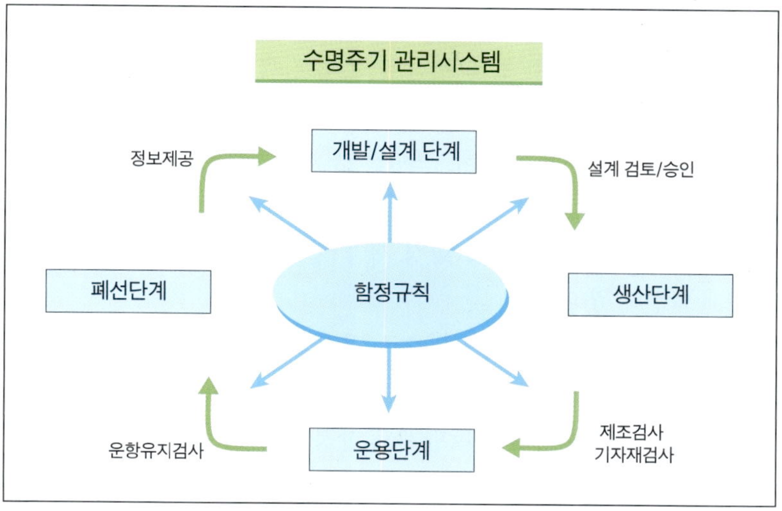

그림 7-25
함정규칙 적용단계 및 내용 [4]

7.6 | 함정 개발 · 건조 기법

7.6.1 기법 혁신 배경

냉전체제의 해체로 야기된 빈번한 국지적 분쟁은 미국을 비롯한 군사 강대국의 군사적 개입을 가져왔고, 이에 따라 해전의 중심은 해상에서 군사력을 투사(Projection)하려는 군사 강대국과 이를 저지하려는 분쟁 당사국 사이의 연해해전(Littoral Warfare)으로 전환되었다. 연안 근처의 전자파 클러터 현상, 천해해역에서의 복잡한 수중 해양환경 등과 같은 연해해전의 전장환경은 대양해전 위주의 해군력을 갖춘 국가에게 일방적으로 유리하지 않을 뿐만 아니라, 대함유도탄, 기뢰, 재래식 잠수함을 보유한 연안 국가들에 오히려 유리하게 작용하게 되었다. 따라서 군사 강대국은 변화된 해전양상의 요구조건을 충족시킬 수 있는 새로운 함정체계를 개발 · 건조해야 하는 상황에 처하게 되었다. 그러나 냉전체제 해체 이후 국방비를 대폭 감축해야 하는 상황에 놓인 군사 강대국은 신규 함정의 개발 · 건조에 소요되는 막대한 투자비가 큰 부담이 되었다.

함정체계는 대표적인 대형 복합 무기체계로서 최소 10년 이상의 장기간이 개발 · 건조에 소요되며, 과학기술의 발전 사이클이 크게 짧아짐으로써 지속적으로 성능 고도화(Upgrading)를 하지 않는 한 작전 효용성이 현격히 저하되거나 작전

운용연한이 대폭 줄어들게 된다. 따라서 신규 함정의 개발·건조 시 투자비 및 수명주기 비용의 절감과 개발·건조 기간의 단축, 지속적 성능 고도화를 위한 유연성 확보는 필수적 고려사항이 되었다. 이에 따라 함정 개발·건조체제에 대한 대대적인 혁신이 미국을 비롯한 영국, 프랑스 등 선진 해군 강국에서 수행되었다.

특히 미 해군은 1990년대 미 국방성 주도하에 추진된 국방획득개혁(Acquisition Reform)의 큰 틀을 기반으로 함정 개발·건조체제 및 적용기법을 다음과 같이 과감하게 혁신해 왔다.

첫째, 일반 무기체계와 다르게 별도로 정립되어 왔던 함정 개발·건조체제를 폐기하고, 미 국방성이 시스템 엔지니어링(Systems Engineering: SE) 개념을 적용하여 재정립한 신규 무기체계 획득단계를 함정 개발·건조 사업에도 적용하도록 했다. 신규 무기체계 획득단계의 가장 큰 특징은 개발 중간단계에서 새로운 첨단기술의 수용이 매우 용이하다는 것으로서 개발기간을 단축할 수 있다.

둘째, 함정 설계기법을 혁신하였다. 컴퓨터 기술의 급격한 발전에 맞춰 모델링 및 시뮬레이션(Modeling & Simulation: M&S) 기술을 적극 도입하고, 이를 바탕으로 시뮬레이션 기반 설계(Simulation Based Design: SBD) 기법을 개발하여 적용하고 있다. SBD 기법은 함정의 개발·건조 및 운용 단계에서 일어날 수 있는 제반 문제점을 설계단계에서 사전에 파악하여 해결할 수 있는 효율적인 수단이 되고 있다.

셋째, 미 국방성은 동시공학(Concurrent Engineering) 개념을 토대로 IPPD (Integrated Product and Process Development)라 칭하는 사업관리 기법을 개발하여 무기체계 개발 시 적용하도록 규정하였다. 미 해군은 IPPD 기법을 신규 잠수함 개발·건조 시 적용하여 많은 성과를 거두었다. 또한 IPPD 기법을 적용하기 위한 통합설계팀 IPT(Integrated Product Team)의 구성·운용 등 함정 설계체제 혁신도 동시에 추진하였다.

넷째, 함정 분야 현대 군사과학기술이 급격하게 발전함에 따라 작전 효용성이 저하되거나 수명연한이 줄어드는 현상을 근원적으로 해결하기 위해, 70년대부터 지속적으로 연구개발해 오던 임무시스템 모듈화(Modular Payload) 기법을 체계화하여 신규 함정에 적용함으로써 함정 운용단계에서의 성능개량 및 다양한 작전 임무수행이 가능하도록 하였다.

다섯째, 미 국방성의 민군 겸용 기술개발 및 생산, 상용 능력 활용 등 민군 겸용 정책을 함정 분야에도 적용하였다. 특별한 경우에만 상용 규격을 적용해 왔던 종래의 관행과는 반대로, 상용 규격의 함정 적용을 일반화하고 필수적인 분야에만 군사 규격 및 기술기준을 적용하게 함으로써 상용 제품(COTS) 적용범위를 대폭 확충하였다.

민군 겸용정책에 따른 함정 규격의 혁신은 7장 5절 〈함정 규격〉에서 다루고 있으므로 이 절에서는 시스템 엔지니어링, M&S, SBD 기법, IPPD 기법, 임무시스템 모듈화 기법 등 혁신적인 함정 개발 · 건조 기법들을 항목별로 기술하였다. 이에 앞서 혁신기법의 적용 기반이라고 할 수 있는 신규 DoD 5000 국방획득 단계 및 함정 개발 · 건조 단계에 대해 기술하고자 한다.

함정체계가 일반 무기체계와 확연하게 구별되는 가장 큰 특성은 초도 개발품인 시제함을 실전에 배치 · 운용한다는 것이다. 이 때문에 본격적인 시제함 건조착수 이전에 기술적 문제점을 완전하게 해결해야 한다. 이로 인해 함정 개발 · 건조 사업은 기술적 해결대안을 도출하기 위한 연구개발 활동과 실전배치용 함정을 건조하기 위한 건조사업 활동을 함께 수행하게 된다. 함정 개발 · 건조 사업은 일반 무기체계의 연구개발 특성과 생산제작 단계 특성을 동시에 갖고 있다고 할 수 있다. 이러한 이유로 인해, 미 해군은 1950년대 이후 50여 년 가까이 일반 무기체계의 연구개발 단계와 구분하여 별개의 개념으로 함정 개발 · 건조 단계를 정립하고 적용해 왔던 것이다.

1990년대 중반 미 국방성은 국방획득개혁의 일환으로 그림 7-26에 제시한 바와 같이, 새로운 국방획득 단계(Defense Acquisition Process)를 정립하게 되었고, 함정 개발 · 건조 사업도 새로운 국방획득 단계에 맞춰 수행하도록 조치하였다. 신규 DoD 5000 국방획득 단계의 가장 큰 특징은 대상체계에 관계없이 적용할 수 있도록 시스템 엔지니어링 기법을 토대로 정립되었다는 것이다. 신규 국방획득 단계의 또 다른 특징은 기술적 가능성만 입증되면 선행단계를 생략하고 개발 중간단계에 진입할 수 있게 함으로써 개발 소요기간을 단축할 수 있다는 것이다. 그림 7-27에 제시한 바와 같이 종래 별개 절차로 적용하던 함정 개발 · 건조 단계와 대비할 경우, 수행단계 명칭은 크게 달라졌으나 단계별 수행내용에서는 큰 차이가 없음을 알 수 있다.

7.6.2 시스템 엔지니어링

1) 시스템 엔지니어링 정의

시스템 엔지니어링(Systems Engineering: SE)은 개발하고자 하는 시스템을 성공적으로 완성하기 위한 학문적 접근방법 및 수단으로서, 방법론이면서 개발전략이

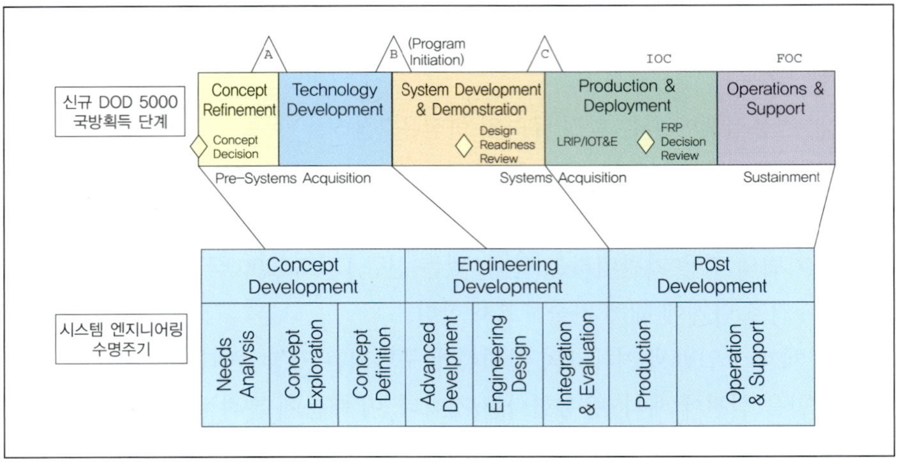

그림 7-26
미국 신규 DoD 5000 국방획득 단계[2]

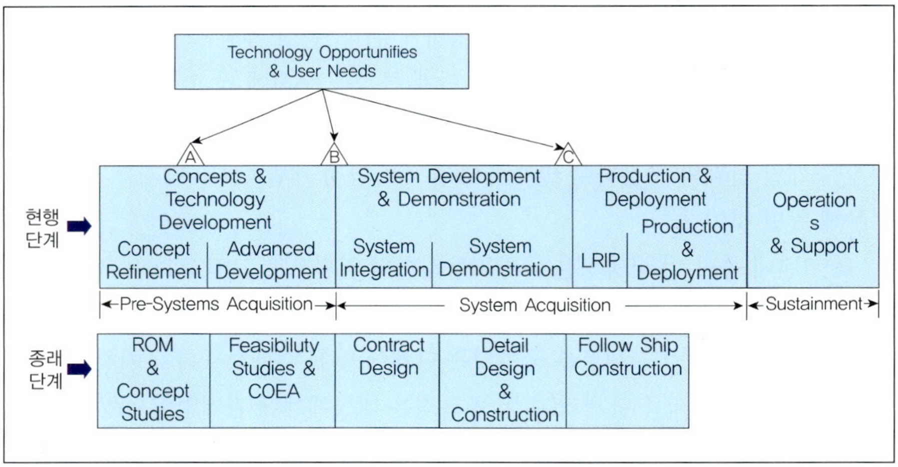

그림 7-27
미 해군 신규 함정 개발·건조 단계[3]

다. 시스템 엔지니어링은 1969년 MIL-STD-499 System Engineering Management에서 정의하기 시작하여, 1974년 MIL-STD-499A Engineering Management(1995년 폐기), 1994년 EIA 632, 2001년 DAU Systems Engineering Fundamentals, 2007년 INCOSE Systems Engineering Handbook 등에서 새로운 정의가 제시되어 왔다.

초기 시스템 엔지니어링은 단순히 과학적 및 공학적 수단으로 정의되었으나, 점차적으로 전체적인 관점과 수명주기 관점이 고려되었으며, 현재는 요구조건에 대한 사용자 관점에서의 만족 측면에서 정의되고 있다. 2007년 INCOSE의 정의에 따를 경우, 시스템 엔지니어링은 성공적인 시스템을 개발하기 위한 여러 분야의 종합적인 접근방법 및 수단(Interdisciplinary Approach and Means to Enable

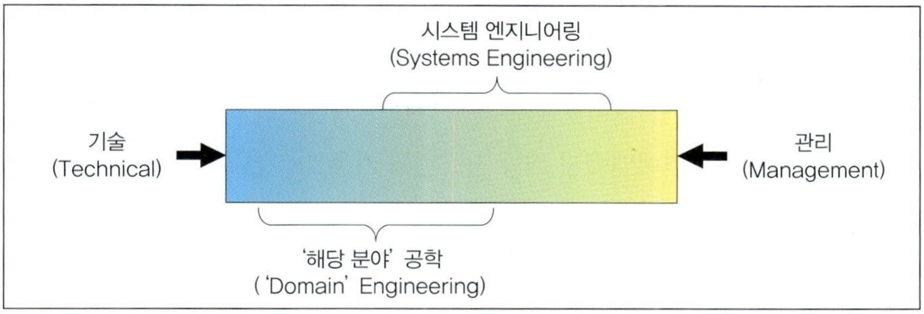

그림 7-28
시스템 엔지니어링 역할[5]

the Realization of Successful Systems)으로 정의되고 있다. INCOSE뿐만 아니라 미 국방성을 비롯한 여러 기관이나 전문가들이 다양하게 정의하고 있지만, 시스템 엔지니어링의 기본은 고객 또는 이해 당사자 요구를 충족시키는 시스템을 획득하는 데 있다.

2) 시스템 엔지니어링의 역할

시스템 엔지니어링은 두 가지 역할 또는 관점을 가진다. 하나는 개발하고자 하는 시스템과 관련된 분야의 공학적(Engineering) 관점이며, 다른 하나는 시스템 개발을 위한 행정적인 부분이라 할 수 있는 관리적(Management) 관점이다. 두 가지 역할을 충실히 수행하기 위해서는 개발하고자 하는 시스템에 대한 전문지식이 필수적으로 요구된다. 함정 개발 · 건조의 경우 조선공학 및 무기체계에 대한 전문지식이라고 할 수 있다.

그림 7-28에 제시한 바와 같이, 시스템 엔지니어링(또는 시스템 엔지니어)의 역할 및 위치는 중간자이다. 함정 획득의 경우 최종 사용자인 소요군 또는 방위사업청과 설계 및 건조자인 방산조선소와 가교역할을 해야 하며, 사용자 의견을 설계자에게 전달하고 설계자 의견을 사용자에게 전달해야 한다. 또한 이러한 과정에서 사용자 의견을 설계 및 건조자에게 전달할 경우 일반적 지식을 전문 지식화하여 전달해야 하며, 설계 및 건조자 의견을 사용자에게 전달할 경우 전문적 지식을 일반 지식화하여 전달해야 한다.

3) 시스템 엔지니어링 기본개념

일반적으로 시스템 엔지니어링을 적용하기 위한 모델로 'V'자형 'Vee 모델'을 사용한다. 그림 7-29에 제시한 바와 같이 Vee 모델은 소프트웨어 개발에서 사용하는 폭포수 모델(Waterfall Model)이나 나선형 모델(Spiral Model)과 유사한 것으로서, 적용하는 도메인(Domain)에 따라 세부적인 구성 활동(Activity)이 달라진다.

'Vee Model' 을 사용하기 위해서는 톱 다운(Top Down) 개념과 버텀 업(Bottom Up) 개념이 정립되어야 한다. 톱 다운 개념은 구현하고자 하는 시스템의 상위레벨에서 하위레벨로 내려오면서 세분화되는 개념이다. 상위레벨에서 시스템에 주어진 임무가 하위레벨에서 해당 시스템의 기능으로 분해되어 설계가 이루어지는 개념으로, Vee 모델의 좌측 단계에 해당한다. 반대로 버텀 업 개념은 하위레벨에서 상위레벨로 통합되는 개념으로서, 설계된 결과를 실제 구현하여 검증 및 확인하는 개념이며, Vee 모델의 우측 단계에 해당한다.

분해(Decomposition) 개념은 톱 다운 개념이 적용될 때 세분화되는 것을 의미하며, 주요 임무가 세부 임무로 분해되고 주요 기능이 세부 기능으로 분해되는 것을 의미한다. 톱 다운과 마찬가지로 Vee 모델 좌측 단계에 해당한다. 종합(Integration) 개념은 반대로 버텀 업 개념이 적용될 때 하위레벨에서 상위레벨로 통합되는 개념으로서, Vee 모델 우측 단계에 해당한다.

검증(Verification) 개념은 설계 자체가 제대로 되었는지, 개발자 환경에서 데이터를 정확하게 표현하였는지 과정을 검증하는 것이며, 결과확인(Validation) 개념은 설계한 것의 실제 환경 부합 여부와 실제 환경에서 데이터를 정확하게 구현하는지 결과를 확인하는 것이다. 프로그래밍 작업을 예로 할 경우, 검증은 코딩한 결과가 오류 없이 잘 작동하는지를 검증하는 것이며, 확인은 코딩한 결과가 실제 환경에 적용되어 원하는 결과를 가져다주는지 확인하는 것을 말한다. 생산 및 건조 관점에서 본다면, 검증은 생산 및 건조한 것이 설계결과와 동일한지 검증하는 것이며, 확인은 실제 운용환경에서 생산제품이 최초 요구자가 원하는 결과를 발휘

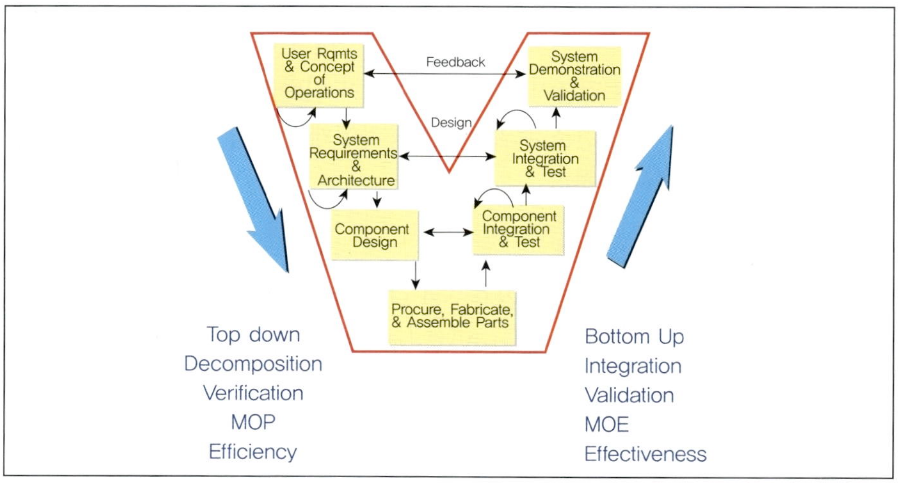

그림 7-29
Vee 모델과 시스템 엔지니어링 주요개념[6]

하는지 확인하는 것이다.

효율(Efficiency) 개념은 검증과정에서 검증기준이 되는 개념으로서, 얼마나 효율적인지를 뜻한다. 효과도(Effectiveness) 개념은 확인과정에서 검증기준이 되는 개념으로서, 얼마만큼 효과적인지를 뜻하는 것이다.

MOP(Measure Of Performance)는 속도, 항속거리, 유도탄 발수 등과 같은 함정에서 요구되는 성능(Performance)으로서 효율 개념과 대응하는 개념이다. MOE(Measure of Effectiveness)는 특정 시나리오에 따라 임무수행 시 거둔 성과를 표현한 것으로서, 의도하는 환경에서 시스템이 임무를 얼마나 잘 수행하는지를 뜻하며 효과도 개념과 대응한다.

4) 시스템 엔지니어링 절차

시스템 엔지니어링 절차는 포괄적이며(Comprehensive) 반복적이고(Iterative) 순환적인(Recursive) 문제해결 절차이다. 사용자 요구(Need)와 요구조건(Requirement)을 일련의 구성요소 및 절차로 전환하며, 의사결정을 위한 정보를 생성하고 다음 개발단계로 진행시키기 위한 입력을 제공한다. 주요 절차는 그림 7-30에 제시한 바와 같이 프로세스 입력과 출력(Process Input/Output), 요구조건 분석(Requirements Analysis), 기능분석 및 할당(Functional Analysis and Allocation), 요구조건 루프(Requirements Loop), 설계 조합(Design Synthesis), 설계 루프(Design Loop), 검증(Verification), 시스템 분석 및 통제(System Analysis and Control) 등이다

시스템 엔지니어링의 첫 번째 절차는 사용자 요구를 입력받아 시스템에서 요구하는 요구조건으로 변경하는 요구조건 분석을 수행하는 것이다. 도출된 요구조건을 개발하는 시스템 기능으로 변환하는 기능분석 및 할당을 수행하면, 도출된 기능들을 활용하여 조합과정을 거치면서 실제 시스템을 설계하게 된다. 설계된 결과가 요구조건과 일치하는지를 검증하면 모든 절차를 끝내게 된다. 아래에 절차별 수행내용을 기술하였다.

가) 프로세스 입력(Process Input)

프로세스 입력값은 사용자 요구, 목적, 요구조건 및 프로젝트 제약조건(Constraints)으로 구성된다. 일반적으로 특별한 제한은 없으며 임무(Missions), 효과도(Measures of Effectiveness), 환경(Environments), 가용기술 기반(Available Technology Base), 이전 프로세스로부터 출력으로 생성된 요구조건(Output Requirements), 프로그램 의사결정 요구조건 등을 포함한다.

그림 7-30

시스템 엔지니어링 기본절차 [4]

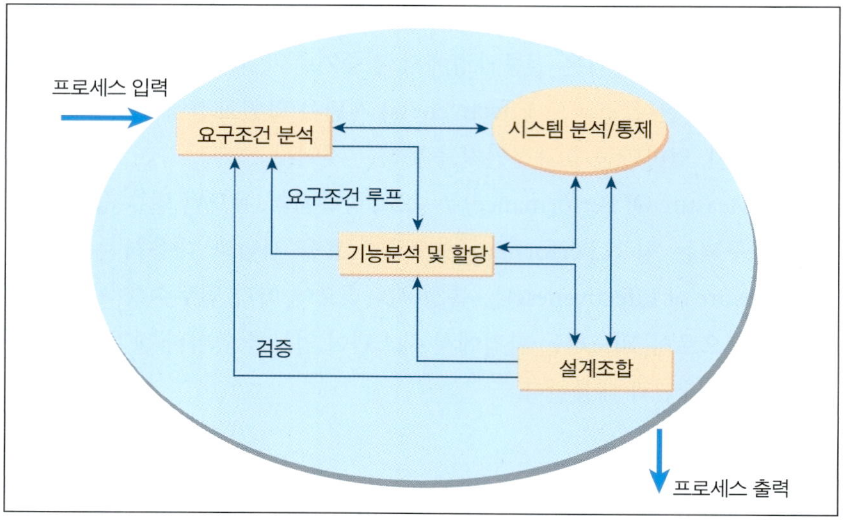

나) 요구조건 분석(Requirement Analysis)

요구조건 분석은 기능 및 성능 요구조건을 개발하는 과정이다. 프로세스 입력으로 들어온 값들을 분석하는 것이 첫 단계이며, 사용자 요구로부터 시스템이 무엇을 해야 하며 어떻게 수행되어야 하는지에 관해 분석한다. 시스템 엔지니어는 요구조건이 이해하기 쉽고(Understandable), 명백하고(Unambiguous), 포괄적이고(Comprehensive), 완전하고(Complete), 간결하게(Concise) 되도록 만들어야 한다. 요구조건 분석은 기능적 요구조건과 설계 제약조건으로 명확하게 정의해야 한다. 기능적 요구조건은 수량(How Many), 품질(How Good), 범위(How Far), 일정 및 기간(When and How Long), 유용성(How Often)을 정의한다. 요구조건은 기능(Function)과 연결되어 추적성이 보장되어야 하며, 식별된 모든 기능들은 요구조건과 반드시 연결되어야 한다. 요구조건은 여러 가지 형태로 분류되며, 기술관리 측면에서의 요구조건 종류는 표 7-8에 제시하였다.

다) 기능분석 및 할당(Functional Analysis/Allocation)

기능(Function)은 요구조건 분석을 통해 식별된 상위단계(Higher Level) 기능을 하위단계(Lower Level) 기능으로 분해함으로써 분석된다. 상위단계 기능은 성능 요구조건(Performance Requirement)이라고 할 수 있으며, 이것을 하위단계의 기능(Lower Functions)으로 할당한다. 기능분석 및 할당은 시스템이 무엇을 해야 하고 어떤 방법으로 할 수 있는지와 하위단계 기능의 우선순위 및 상충에 대한 이해도를 향상시킨다.

표 7-8
요구조건 종류[5]

요구조건	정의
고객/사용자 요구조건 (Customer Requirement)	임무목표, 환경, 제약사항, 효과도 및 적합도 측면에서 시스템에 기대하고 있는 사실 또는 가정
기능 요구조건 (Functional Requirement)	필수적인 과업(Task), 행동(Action) 또는 달성해야 할 활동(Activity)
성능 요구조건 (Performance Requirement)	수행해야 하는 임무 또는 기능의 범위는 수량(Quantity), 품질(Quality), 범위(Coverage), 시간(Timeline) 또는 준비(Readiness) 관점에서 측정
설계 요구조건 (Design Requirement)	제품이 ~하도록 만들고(Build to), ~하도록 꾸미고 (Code to), ~하도록 구매하는(Buy to) 것과 관련된 것
도출 요구조건 (Derived Requirement)	상위단계(Higher Level) 요구조건으로부터 파생된 요구조건
할당 요구조건 (Allocated Requirement)	필수적인 과업(Task), 행동(Action) 또는 달성해야 할 활동(Activity) 상위단계(Higher Level) 요구조건이 여러 개의 하위단계(Lower Level) 요구조건으로 분할되거나 할당됨으로 설정되는 요구조건

라) 요구조건 루프(Requirement Loop)

기능분석 및 할당의 결과물을 반복적으로 요구 · 분석하는 것이 요구조건 루프이다. 기능분석 및 할당은 요구조건에 대한 이해도를 향상시키며, 요구조건 분석에 대한 재고(再考, Reconsideration)를 활성화한다. 식별된 각각의 기능은 요구조건으로의 역추적성이 보장되어야 한다.

마) 설계 조합(Design Synthesis)

설계 조합은 품목을 만들고 구성하는 물리적 및 소프트웨어적 요소들의 관점에서 제품 또는 품목(Item)을 정의하는 절차이다. 이 과정의 결과는 물리적 아키텍처(Physical Architecture)로 나타나기도 한다. 물리적 아키텍처는 사양서(Specifications) 작성 및 기준(Baseline)을 만들기 위한 기본구조가 된다. 물리적 구성요소에는 최소한 하나 이상의 기능적 요구조건이 부여되어야 한다.

바) 설계 루프(Design Loop)

요구조건 루프와 유사하게, 설계 루프는 조합된 물리적 설계가 요구되는 성능수준에서 요구되는 기능을 수행할 수 있는지를 검증하기 위해 반복적으로 기능 아키텍처(Functional Architecture)를 확인하는 절차이다. 설계 루프는 시스템이 어떻게 임무를 수행하는지 재고(再考)하게 하며, 조합된 설계의 최적화를 돕는다.

사) 검증(Verification)

검증절차는 모든 요구조건이 만족되는지를 보증하는 공식적인 시험평가 절차이다. 요구조건과 해결책을 비교하는 절차이며, 각각의 개발 레벨에서 요구조건이 검증되어야 한다. 검증방법은 실험(Examination), 시범(Demonstration), 모델링 및 시뮬레이션을 포함한 해석(Analysis), 시험(Test) 등이 있다.

아) 시스템 분석 및 통제(Systems Analysis and Control)

시스템 분석 및 통제는 진행상태 측정, 대안(Alternatives)의 평가(Evaluate) 및 선정, 데이터와 의사결정 사항들을 문서화하는 데 요구되는 기술적 관리활동으로서 시스템 엔지니어링 절차의 모든 단계에 적용된다. 시스템 분석활동은 상쇄연구(Trade-off Study), 효과도 분석(Effectiveness Analyses), 설계분석을 포함한다. 또한 기술적인 요구조건과 프로그램 목적을 만족시키기 위한 대안접근법을 평가하고, 성능, 기능, 설계 요구조건을 선정하기 위한 정량적 기준을 제공한다.

통제활동은 위험관리(Risk Management), 형상관리(Configuration Management), 자료관리(Data Management), 이벤트 기반 일정관리(Event Based Scheduling), 기술성능 측정(Technical Performance Measurement: TPM) 및 기술검토(Technical Reviews) 등을 포함한다.

5) 함정 획득단계별 시스템 엔지니어링 적용방법

함정 획득단계에 적용되는 시스템 엔지니어링 절차는 그림 7-31에 제시한 바와 같이 요구조건 분석, 기능분석, 설계 조합, 검증, 확인 단계로 이루어진다.

가) 요구조건 분석(Requirement Analysis)

요구조건 분석단계는 사용자의 요구를 분석하여 함정이 수행해야 하는 임무에 대해 기술하는 단계로서, 작전운용 요구성능을 작성해야 한다. 이때 작전운용 요구성능에는 수행임무에 대한 구체적인 내용이 포함되어야 하며, 각각의 수행임무에 대해 함정 기능별로 할당하기 위한 준비를 해야 한다.

수행임무를 정의하는 수준은 함정 획득단계에 있어서 정보를 추적·관리할 수 있을 만큼 세부적이어야 한다. 수행임무에 대한 정의수준은 단순히 대공전, 대잠전, 군수지원 등의 수준이 아니라, 군수지원 임무를 예로 들 경우 세분화하여 해상보급(海上補給, Underway Replenishment) 수준으로 정의하고, 다시 이를 세분화하여 탄약 이송(移送), 유도탄 이송 등으로 정의해야 한다.

나) 기능분석(Functional Analysis)

기능분석 단계는 상위레벨에서 요구된 함정의 임무에 대해 하위레벨에서 요구된 함정의 기능으로 할당하는 단계이며, 핵심활동은 함 건조 기본지침서(Top Level Requirement: TLR) 작성이다. 요구되는 임무와 할당되는 기능은 함 건조 기본지침서에 기술되어야 하며, 두 정보 간의 추적성이 보장되어야 한다. 문서체계 관점에서 보면 작전운용 요구성능과 함 건조 기본지침서와의 추적성이 부여되어야 하며, 작전운용 요구성능의 세부 임무와 함정 건조 및 운용 · 유지에 소요되는 모든 작업 요소를 포함하고 있는 함정작업 분해구조(SWBS)와의 연관성을 정립해야 한다.

예를 들어 함 건조 기본지침서의 임무정의 항은 초기 요구임무에 대한 것으로서, 이전 문서인 작전운용 요구성능에서 기술한 내용을 그대로 기술하거나 변경된 내용을 기술한다. 그리고 함정체계 요구조건 및 성능특성 항은 작전운용 요구성능에서 언급한 세부 임무를 기술하고, 좀 더 구체적인 내용을 포함하여 기술한다. 마지막으로 구성체계 요구조건 및 성능특성 항에는 함정을 구성하는 함정작업 분해구조(SWBS)를 기준으로 세부 내용을 기술한다. 그러나 전체적인 정보 추적 및 관리에 필요한 정보를 포함하고 있지 않으므로, 시스템 엔지니어링 절차를 적용하기 위해서는 함정체계 요구조건 및 성능특성 수준에서 효과도(Measures of Effectiveness: MOE)가 도출되어야 하며, 구성체계 요구조건 및 성능특성 수준에서 성능지표(Measures of Performances: MOP)가 도출되어야 한다. 효과도(MOE)와 성능지표(MOP)는 설계조합 시 AHP(Analytic Hierarchy Process) 기법 등을 적

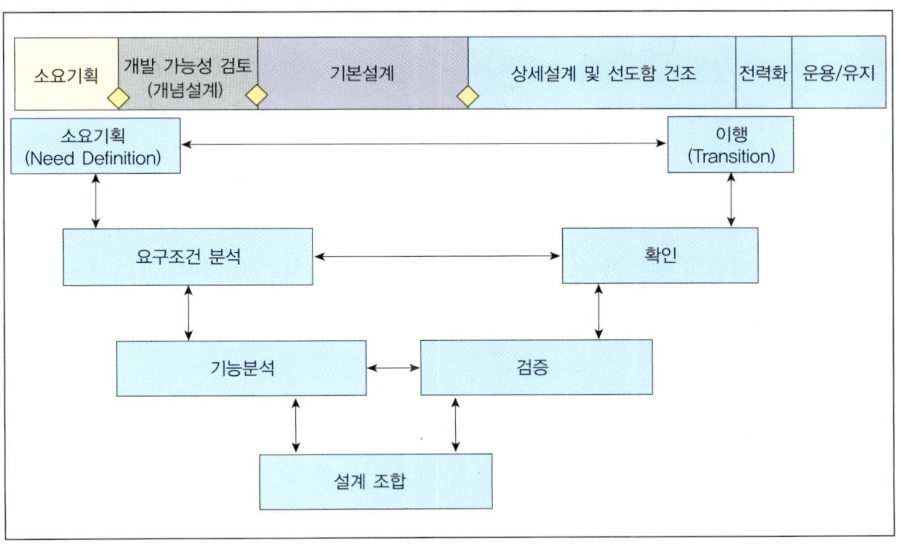

그림 7-31
함정 획득단계별 시스템 엔지니어링 적용[7]

용한 성능 최적화 과정에서 성능을 결정하는 척도로 사용된다. 성능 척도로 사용되는 효과도 항목으로 다음과 같은 것들이 있다.

- 임무 수행능력
- 탐지능력(Detectability)
- 생존성(Survivability)
- 기동성(Mobility)
- 운용환경
- RAM(Reliability, Availability, Maintainability)
- 군수 지원능력
- 승조원
- 융통성(Flexibility for Change)
- 교육/훈련(Training)

효과도 각 항목의 평가 척도로서 구체적인 값으로 제시되는 성능지표 항목은 표 7-9에 제시하였다. 성능지표 각 항목의 값은 설계단계에서 최적화 과정을 통해 최종 결정된다.

다) 설계 조합(Design Synthesis)

설계 조합은 실제 설계를 수행하는 단계로서, 시스템 엔지니어링 관점에서 최적화 과정을 거치게 된다. AHP 기법 등 최적화 기법을 적용하여 효과도(MOE) 및 성능지표(MOP) 값을 토대로 성능 우선순위를 결정하고 최적화한다.

라) 검증(Verification)

검증단계에서 성능지표의 적절성 여부를 확인한다. 초기 요구임무와 설계결과가 일치하는지를 설계결과 검토를 통해 검증하게 된다.

마) 확인(Validation)

확인단계에서는 앞서 검증된 성능지표의 충족 여부에 대한 확인과 더불어 함정체계에 대한 설계결과가 초기 요구조건인 효과도를 충족하는지 여부, 그리고 구성체계의 성능특성이 요구수준을 충족하는지 여부를 확인하게 된다.

표 7-9
효과도(MOE) 및 성능지표(MOP) 항목 예

MOE	임무수행능력	탐지능력	생존성	기동성	운용환경	RAM	군수지원능력	승조원	융통성
MOP	· 대공전	· 음향특성	· 안정성	· 속도	· 기온	· 신뢰성	· 수리주기	· 승조원수	· 개조
	· 상륙전	· 신호탐지	· 내충격	· 연료량	· 습도	· 정비유지성	· 수리부속	· 거주환경	· 개량
	· 대함전		· 전자기간섭/적합성	· 항속거리	· 바람	· 유용성	· 저장능력		· 여유치
	· 대잠전		· 전자파반사면적		· 오염도				
	· 정보전		· 적외선						
	· 지휘통제		· 화생방						
	· 전자전								
	· 함대지원작전								
	· 첩보전								
	· 군수지원								
	· 기뢰전								
	· 기동전								
	· 비전투작전								

7.6.3 모델링 및 시뮬레이션

1) 기본개념

모델링 및 시뮬레이션(Modeling and Simulation: M&S)은 실세계(Real World)에서 발생하는 현상이나 개념들을 모방을 통해 수행하는 방법론이다. 모델(Model)은 제품과 프로세스의 논리적 표현 또는 시스템 성능을 예측하는 데 사용되는 수학적·논리적 표현으로 정의되며, 모델링(Modeling)은 모델을 개발하는 절차를 말한다. 시뮬레이션(Simulation)은 모델을 이용한 문제해결 방법 또는 모델을 실행 가능한 형태로 구현하고 실행하는 것으로 정의할 수 있다. 그림 7-32에 모델링 및 시뮬레이션(이하 M&S) 기본개념을 제시하였다.

M&S를 수행하는 목적은 시스템의 개발 또는 운용 중에 발생할 수 있는 위험을 감소시키고, 개발 시스템에 대한 이해를 증대시키며, 시스템 수명주기 운용비용을 절감하고, 개발단계에서 최적 대안을 도출하기 위해서다. 그리고 실제 시스템에 대해 성능을 확인(Verification)하거나 검증(Validation)하기 위한 방법이기도 하다.

2) 시뮬레이션 유형

시뮬레이션의 유형은 표 7-10에 제시한 바와 같이 라이브(Live) 시뮬레이션, 가상(Virtual) 시뮬레이션, 컨스트럭티브(Constructive) 시뮬레이션 등 세 가지로 구분한다.

라이브 시뮬레이션은 실제 시스템과 실제 사람이 참여하는 시뮬레이션이다. 운용요원들이 직접 참여하여 실제 장비를 사용하는 것으로, 사격훈련이나 야외 기동훈련 또는 함정의 실선 충격시험 등과 같이 실제 전투와 유사하게 진행하는 연습 시뮬레이션이다. 실제 장비와 인원을 이용하기 때문에 활용효과가 가장 뛰어나며, 가상 시뮬레이션과 컨스트럭티브 시뮬레이션을 검증하는 필수 수단이기도 하다. 자원이 과도하게 소요되며 훈련장 확보 등 공간적인 제약과 안전사고의 위험성 등으로 인해 규모가 크거나 반복적인 시뮬레이션이 불가능하다는 단점이 있다.

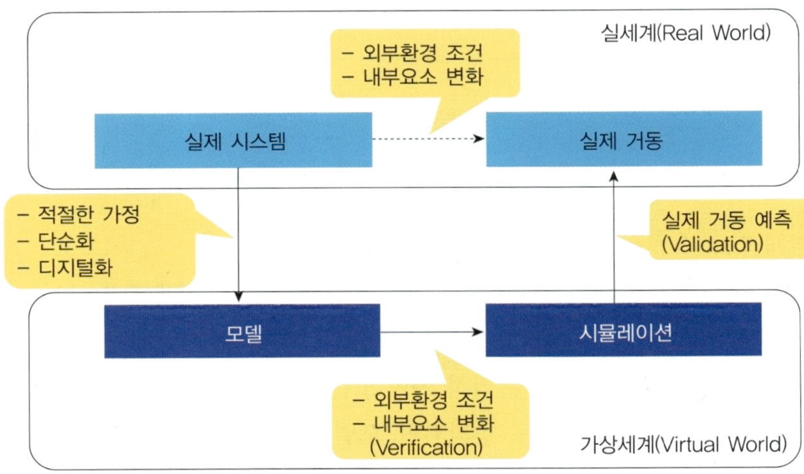

그림 7-32
M&S 기본개념[7]

가상 시뮬레이션은 가상 시스템과 실제 사람이 참여한다. 시뮬레이션되는 시스템의 운영을 위해서만 실제 운용요원이 참여하는 것으로서, 시뮬레이터를 이용한 항공기 비행과 같은 장비숙달 훈련, 의사결정 또는 통신숙달 훈련 등의 임무숙달 연습이 해당된다. 가상공간 내에 운용요원이 위치하는 시뮬레이션 개념으로서, 시스템 운용자에게 실제 시스템처럼 구동되어 실물처럼 보이고 느껴지며 작동하도록 운용환경이 조성된다. 그러나 대규모 전투에는 적용할 수 없는 한계가 있다.

컨스트럭티브 시뮬레이션은 가상의 시스템과 가상의 사람이 참여한다. 실제 사람이 포함될 수 있으나, 입력작성 등 시뮬레이션 시작에만 관여하며 결과에는 영향을 주지 않는다. 현재는 전쟁연습 모델(War Game Model)을 컨스트럭티브 시뮬레이션이라 정의하고 있으며, 실제 세계의 반영도가 모델 성능에 따라 달라지는 한계가 있다.

3) M&S 계층구조

M&S는 초기설계 단계부터 운용 시험평가 단계에 이르는 동안 체계획득 프로그램의 각 활동들을 지원하며, 지원하는 활동의 종류에 따라 적절한 M&S를 요구하게 된다. 이를 M&S 계층구조(Hierarchy)라 부르며, 군사세력 수준(Force Level)과 시스템 작업분할 구조(System Work Breakdown Structure)에 따라 그림 7-33에 제시한 것처럼 표현된다.

M&S 계층구조는 상위계층에서 하위계층으로 정보를 전달하고, 하위계층에서 상위계층으로 확인해 가는 개념이다. 최상위 계층인 전구급(戰區級, Theater Level)에서 M&S 결과를 통해 임무 요구조건을 하위계층인 임무급(任務級, Mission Level)으로 전달해 주면 임무급 M&S 결과를 통해 교전급(交戰級, Engagement Level)에 시스템 요구조건을 전달하고, 교전급 M&S 결과를 통해 공학급(工學級, Engineering Level)에 성능 요구조건을 전달하여 체계설계를 수행하게 된다. 설계결과로 발생하는 체계성능이 상위 교전급에서 요구된 능력을 만족하는지 여부를 확인하고, 시스템 능력이 임무급에서 요구된 능력을 만족하는지 여부를 확

표 7-10 시뮬레이션 유형

분류 \ 기준	사람		시스템	
	가상	실제	가상	실제
라이브		○		○
가상		○	○	
컨스트럭티브	○		○	

인하며, 최종적으로 임무 수행능력이 전구급에서 제시된 능력을 만족하는지 확인하게 된다.

그림의 최상층은 전구급 M&S로서, 합동군(Joint/Combined Force)과 같은 대규모 세력 간의 충돌결과를 예측한다. 따라서 전구급 M&S는 합동군의 전투작전을 표현하며, 주요 전구급에서의 전쟁에 대한 결과를 분석하는 데 사용된다. 또한 구성세력들의 부족한 능력을 식별하는 데도 사용된다.

국방획득 프로그램에서는 일반적으로 전력(Force) 수준의 전투결과를 평가하기 위해 임무급 M&S를 하게 된다. 임무급 M&S에서는 특정 임무를 수행하는 세력들, 즉 전투세력 대 전투세력(Force-on-Force) 수준에 대한 효과도(Effectiveness)를 평가한다. 임무급에서의 M&S는 특정 작전임무 목표를 달성하기 위한 항공기, 함정, 탱크 등의 결합 등 다중 플랫폼 세력 집단의 능력을 반영한다. 국방획득 프로그램에서는 주로 대안분석 결과에 대한 평가를 위해 운용 효과도를 분석하고 상호 운용성(Interoperability)과 호환성(Compatibility)을 시험한다.

교전급 M&S에서는 시스템 대 시스템(System on System) 수준에서 개발하고자 하는 시스템의 상대 시스템(Enemy System)에 대한 효과도를 평가한다. 교전급에서의 M&S는 일대일, 다대다와 같은 제한된 시나리오에서의 시스템을 표현하며, 지정된 목표물(Specific Target) 또는 적 위협에 대한 개개의 플랫폼 및 무기체계의 효과도를 평가한다. 따라서 교전급 M&S에 제공되는 시스템의 성능, 운동

그림 7-33
M&S 계층구조[6]

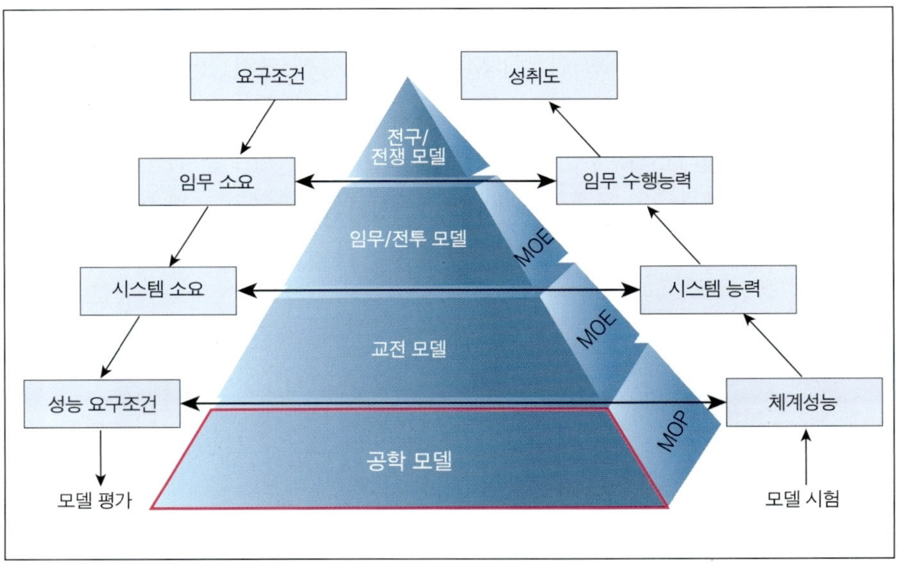

특성 및 탐지장비의 성능에 의존하게 된다. 국방획득 관점에서 교전급 M&S는 초기 능력서(Initial Capabilities Document: ICD) 및 작전운용 요구성능(ROC)과 같은 요구조건 문서를 작성하기 위한 시스템 성능 및 효과도 분석, 시스템 수준의 성능 상쇄검토(Trade-off Studies), 전술적인 변화 및 새로운 무기체계 개념을 식별하는 데 사용할 수 있다.

최하위 계층인 공학급 M&S에서는 설계, 비용, 제작 및 지원성(Supportability)과 관련된 성능지표(MOP)를 제공한다. 주로 성능요소와 관련되며 건조 가능성, 지원성, 비용, 시스템 및 하부시스템과 그것들과 관련된 상쇄검토를 포함한다. 공학급 M&S에서는 역학, 유동, 유체동역학, 열전달 등과 같은 기초 현상학적인 요소와 시스템, 하부시스템, 구성요소들의 설계, 성능, 비용, 제작 등을 위한 물리적 기반 모델이 포함되므로 수천 개의 M&S가 존재하게 된다. 국방획득 관점에서 공학급 M&S는 세 가지 이점이 있다. 첫째, 구성요소, 하부시스템, 시스템 수준에서 설계 상쇄검토를 위한 기초를 제공한다. 둘째, 기술적인 설계사양을 개발하도록 지원한다. 셋째, 시스템의 시험평가(Test and Evaluation) 방법을 제공한다.

4) 함정 획득단계별 M&S 기법 적용

M&S는 함정 개발 · 건조 과정에서 최초의 소요기획 단계부터 폐기 시까지 수명주기 전 단계에 적용할 수 있다. 획득계획 수립, 개념개발(Concept Development), 성능예측, 설계지원, 시험확인 등에 적용된다.

획득계획 수립은 획득 초기단계에서 개념 및 대안을 비교하기 위해 부각된 문제와 임무들을 분석하는 것으로서, 비용 및 운용효과 분석(Cost and Operational Effectiveness Analyses: COEA) 등에 M&S를 적용한다. 국방기본정책서 또는 합동군사전략서와 같은 최상위 문서들에 기재된 전투발전 요소 및 전투수행 방법 등에 대해 전투실험을 수행하여, 전력 및 취약성 분석 등을 토대로 작전운용 요구성능과 소요의 타당성을 검증하는 데 M&S를 활용할 수 있다.

개념개발에서의 M&S는 함정체계를 개발 · 건조하기 전에 체계개념을 확인하기 위해 M&S를 사용하는 것이며, 요구사항의 만족 여부, 성능의 향상, 신뢰성 향상, 비용절감 등을 중점적으로 다룬다. 다시 말해 비용 대비 효과분석을 통해 획득 대안을 도출하고 사업추진 방법을 결정하는 데 M&S를 활용하게 된다.

성능예측에서의 M&S는 개발하고자 하는 함정의 요구성능을 만족하는 대안들에 대해 구체적인 성능을 도출하고 하부 구성시스템의 구성을 결정하여, 요구성능을 확정하는 데 M&S를 활용하는 것을 의미한다.

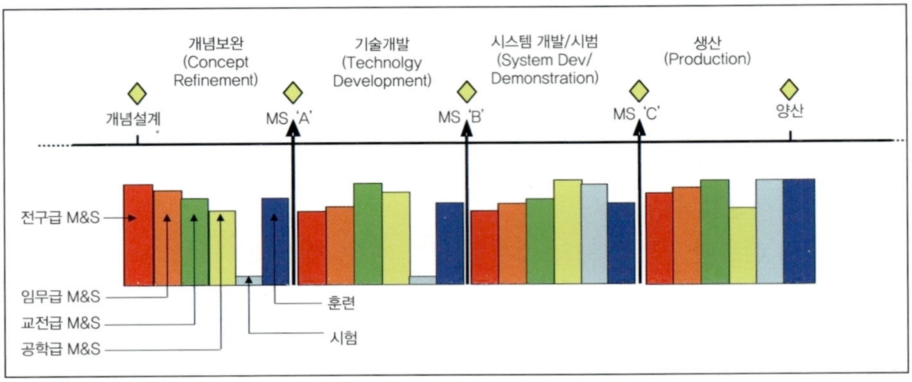

그림 7-34
함정 획득단계별 M&S 기법 적용[6]

설계지원에서의 M&S는 하드웨어 또는 소프트웨어의 세부설계를 직접 지원하고 요구사항을 개발하여 함정을 건조하는 단계로 진행시키는 데 M&S를 적용하는 것을 의미하며, 핵심기술 개발에도 활용된다.

시험확인에서의 M&S는 시험을 계획하고 결과를 예측·확인하며, 시험결과에 대한 분석 및 시험결과를 설명하는 데 M&S를 적용함을 의미한다.

M&S는 개발하고자 하는 시스템의 수명주기 동안 전체 시스템(Systems of Systems)을 정의·개발·시험하고, 제작·건조하며, 운용·유지하는 것을 지원하는 기법이다. 다시 말해 수명주기 동안 각 단계별로 획득활동을 지원하는 것이다.

그림 7-34에 제시한 바와 같이 M&S에 대한 획득단계별 실행 비중은 각기 다르다. 함정 획득 초기단계에는 주로 초기 요구조건인 상위레벨의 임무와 능력을 정의해야 하므로 전구급, 임무급, 교전급 M&S가 중심이 되며, 설계단계에서는 실제 설계행위가 일어나므로 교전급, 공학급 M&S가 중심이 된다. 그리고 생산단계에 접어들면 검증 및 확인을 위해 다시 상위계층에서의 M&S가 중심이 된다.

7.6.4 시뮬레이션 기반 설계기법

1) 기본개념

7.6.3 항에서 기술한 M&S 기법 중에서, 공학급 M&S를 토대로 함정 설계단계에 적용할 수 있도록 개발한 함정 설계기법이 시뮬레이션 기반 설계(Simulation Based Design: SBD) 기법이다. 시뮬레이션 기반 설계기법(이하 SBD 기법)은 제품 모델(Product Model)을 토대로 가상 프로토타이핑(Virtual Prototyping) 기술과 시뮬레이션 기술을 결합시켜, 선박의 형상은 물론 선박의 건조공작 과정, 실

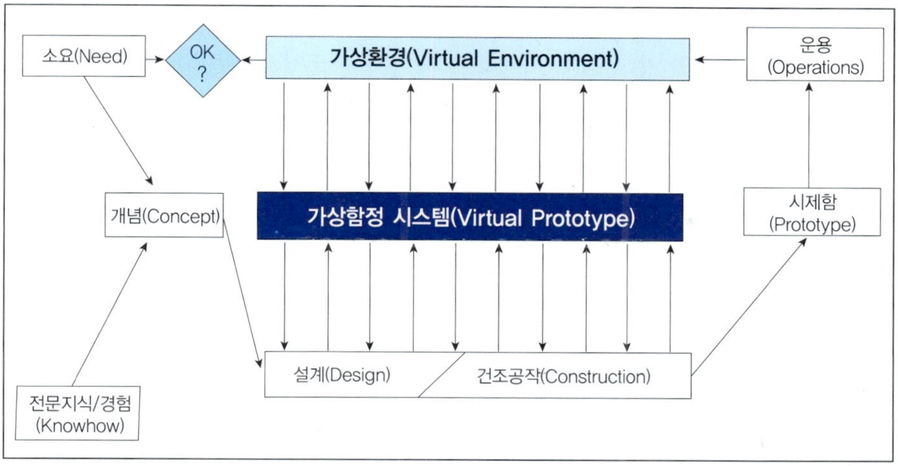

그림 7-35
가상함정 시스템 기본개념 [10]

제 운용환경에서의 거동 등 선박의 설계, 건조, 운용 · 유지 전 단계에 걸쳐 제품(Product)과 과정(Process)을 시뮬레이션할 수 있는 시스템 설계기술이라고 정의할 수 있다.

그림 7-35에 가상 프로토타입(Virtual Prototype)을 이용하여 가상공간에서 이루어지는 설계, 건조, 시험운용 등 SBD 기법의 기본개념을 제시하였다. 그림 7-35에 제시한 바와 같이 현실적 조건의 제약 없이 가상 프로토타입, 즉 가상함정 시스템을 설계한 후 제작공정을 최적화하여 건조하고, 설계 · 건조된 가상함정은 실제 운용환경과 유사한 가상환경에서 시험하고 운용함으로써 실제 함정의 개발 · 건조 및 운용 단계에서 일어날 수 있는 제반 문제점을 파악할 수 있는 것이다. 이렇게 도출된 문제들을 함정 실제 설계단계에서 고려함으로써 함정의 실제 개발 · 건조 단계에서 야기될 수 있는 기술적 실패 위험을 제거할 수 있다.

SBD 기법은 가상함정 시스템을 토대로 함정 발주자, 함정 설계자, 함정 건조자, 함정 운용자 등 함정 수명주기에 관련된 전문가들이 함정 개발 · 건조 과정(Product Development Process)에 함께 참여할 수 있는 기반을 마련함으로써 7.6.5 항에서 기술하는 IPPD 기법을 적용할 수 있는 전산환경 기반을 만들어준다.

그림 7-35에 제시한 바와 같이, 가상함정 시스템과 가상환경을 이용해 시뮬레이션을 할 경우, 함 운용자 입장에서 설계결과를 분석 · 평가할 수 있고 이를 토대로 설계내용을 신속하게 수정 · 보완할 수 있다. 그리고 이 과정을 원하는 횟수만큼 여러 차례 반복할 수 있다. 이에 따라 짧은 기간 안에 보다 적은 비용으로 최적화된 함정체계를 도출할 수 있게 되는 것이다.

가상함정 시스템은 비록 가상환경이지만 건조과정과 운용과정을 거치므로, 설계과정에서 실제적인 수정 및 보완이 용이하고 철저하게 이루어질 수 있는 것이다. 일반 무기체계의 경우 실제 시제품을 제작하는 목적은 개발된 체계가 과연 제대로 생산되어 제 기능을 발휘할 수 있는지를 확인하는 데 있다. 마찬가지로 가상 함정 시스템도 가상 운용과정을 통해 개발할 함정체계가 기능 측면에서 최적의 대안인지, 그리고 비용 및 효과 측면에서도 우수한 대안인지를 확인하는 데 목적이 있다. 개발할 함정체계를 단순히 컴퓨터 화면상으로 재현하는 차원이 아닌 큰 의미와 효과를 가지고 있는 것이다.

2) SBD 기법 구성

SBD 기법의 핵심인 가상 프로토타입은 제품 모델(Product Model)과 근본적으로 다르다. 제품 모델은 관련 정보의 집합체로서 3차원의 가시화(Visualization) 기능을 통해 각종 정보를 제공하는 데 그치지만, 가상 프로토타입은 물리적 거동(Behavior Model)과 결합되어 가상환경(Virtual Environment)에서 건조공작 및 함정 운용에 관한 시뮬레이션이 가능하기 때문이다.

SBD 기법의 실용 개발을 최초로 주도한 미국의 ARPA(Advanced Research Projects Agency) 연구소가 1단계 연구결과로 제시한 SBD 기법 기본구성 개념을 그림 7-36에 제시하였다. 그림에서 보는 바와 같이 SBD 기법은 제품 모델, 기능 모델(Functional Model), 건조공작 모델(Construction Model)을 결합하여 생성된 가상 프로토타입, 그리고 다른 가상체계(Virtual Systems)들과 가상 프로토타입을 운용하기 위한 가상 운용환경(Virtual Operating Environment)으로 구성된다.

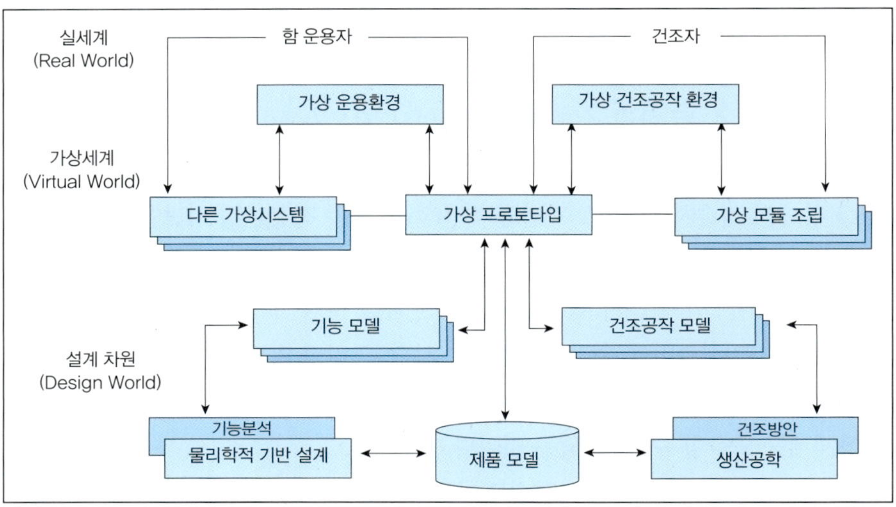

그림 7-36
SBD 기법 기본구성 개념[12]

가) 기능 모델(Functional Model)

가상 프로토타입은 데이터의 집합체인 제품 모델과 달리 물리적 법칙을 기초로 시스템 거동(Behavior)을 표현하기 위한 기능 모델과 결합된다. 기능 모델은 시스템 거동을 모델링함으로써 거동 양상별로 입력에 대한 시스템의 반응(Response)을 출력한다. 기능 모델은 대화식 환경에서 시뮬레이션을 수행하기 위해 다른 시스템으로부터 입력받을 수 있으며, 동시에 다른 시스템의 시뮬레이션에 사용될 수 있도록 시간 영역대의 출력을 제공하기도 한다. 당연히 제품 모델의 기하학적 형상 및 성능 데이터베이스와 연계되어 있다.

나) 건조공작 모델(Construction Model)

건조공작 모델은 선박 건조과정에서의 공작, 조립 등 건조공작을 위한 제반 활동을 모델링한다. 가상 프로토타입의 제작을 위해 적합한 공정을 생성하거나, 주어진 공정의 체계적 결합을 통해 최적의 가상 프로토타입을 제작하는 데 활용한다.

다) 가상 프로토타입(Virtual Prototype)

가상 프로토타입은 제품 모델을 토대로 기능 모델에서 표현된 물리적 거동 및 속성자료와 건조공작 모델에서 도출된 제작공정 자료를 통합하여 가상환경에서 생성된다. 가상 프로토타입이 설계 및 건조공작 환경에서 요구되는 실시간 반응을 하기 위해서는 선박 형상을 포함한 거대한 양의 기하학적 데이터베이스를 다시 계산해야 하며, 가상환경에서의 실시간 반응을 도출하기 위해서는 기능 모델과 관련된 많은 계산이 요구된다.

현재로서는 전 함정체계의 거동을 실시간으로 계산하는 것이 용이하지 않다. SBD 기법의 실제 적용 예에서 소개하는 바와 같이, 현 단계에서는 대부분의 경우 특정 기능의 검증을 위해 작은 단위의 가상 프로토타입을 생성하고 이를 함정 설계에 적용하고 있다. 그러나 가상 프로토타입의 크기와 거동범위의 확대가 가속화되고 있다.

라) 가상 운용환경(Virtual Operation Environment)

가상 프로토타입을 운용하기 위해서는 가상 운용환경이 필요하다. 가상환경 내에서 실제 물체와 가상 물체와의 결합체를 운용할 경우, 실제 물체를 가상환경 내로 삽입하기 위해 가상 대응시스템(Virtual Counterpart)으로 변형해야 한다. 분산 네트워크상에서의 시뮬레이션 기능(Distributed Interaction Simulation)을 이용할 경우, 정보를 공유한 상태에서 조선소, 설계자, 발주자, 함정 운용자들이 제각기 필요한 시뮬레이션을 수행할 수 있다.

3) SBD 기법 적용조건 및 기대성과

함정체계 전체에 관한 각종 정보를 디지털 형태로 처리하기 위해서는 대용량 및 고속의 전산능력이 요구된다. SBD 기법은 이에 더하여 현실감 있는 모습(Realistic Appearance)을 표현하기 위해 빠른 형상 생성능력은 물론 시뮬레이션을 위한 지령의 입력시점과 실제 거동하는 대상 물체의 반응시점과의 시간적 지연이 거의 없어야 한다. 따라서 SBD 기법을 실용화하기 위해서는 고성능 계산(High Performance Computing: HPC), 고성능 가시화(High Performance Visualization: HPV), 그리고 고속 네트워킹 기술 등 해결해야 할 과제들이 있다. 이러한 컴퓨터에 관련된 기술적 과제들은 현재의 기술개발 속도에 비추어 문제가 되지 않는다. 따라서 SBD 기법의 실용화를 위한 핵심적인 과제는 각종 정보의 통합(Integration) 및 정보교환을 위한 표준화(Standardization)이다. 선박의 설계 및 건조공작에 관련된 약 50개의 서로 다른 기술분야가 정확성 및 충실성(Fidelity)을 갖춘 상태로 공통 데이터베이스를 이용해야 하기 때문이다.

SBD 기법이 가진 큰 이점 중 하나는 함정 발주자 및 운용자, 설계자, 건조자들이 함정체계 개발·건조 사업 진행현장에 동시에 참여할 수 있도록 이상적인 의사소통 수단(Communication Link)을 제공한다는 점이다. 따라서 SBD 기법은 IPPD 기법을 적용하기 위해 요구되는 통합 정보관리 시스템(Integrated Product Data Environment: IPDE)으로 활용될 수 있으며, 적용성과를 극대화할 수 있게 된다.

종전에는 제시된 군 요구조건을 만족시키기 위해 설계자가 함정체계를 설계하는 직렬적 설계 프로세스였으나, SBD 기법을 IPPD 기법과 연계하여 적용할 경우 함정 운용자와 설계자가 팀원으로 참여하여 가상환경에서의 함정 운용결과를 함께 분석함으로써, 함정 설계과정을 진행하면서 군 요구조건을 동시에 보완해 나가는 동시적 설계과정(Concurrent Design Process)을 운용할 수 있다. 이 과정을 통해 함정 운용자와 설계자 간의 정보교환이 차단되어 발생했던 갖가지 오류와 시간 지연을 제거할 수 있으며, 실제 함정을 운용할 함 운용자가 가장 원하는 함정체계를 확보할 수 있게 된다.

SBD 기법을 IPPD 기법과 연계하여 적용함으로써 얻게 되는 또 다른 효과는 진행되는 설계에 대한 평가를 다각적이고 신속하게 수행하여 함정체계 최적화를 위한 반복주기(Iteration Cycle Time)를 단축하고 최종 결정에 소요되는 시간을 단축할 수 있는 것이다. 그리고 팀원 간의 원활한 정보소통으로 인해 합의 도달에 소요되는 시간도 대폭 단축할 수 있다. 결과적으로 SBD 기법의 적용은 최적 함정 체계를 짧은 기간 안에 도출할 수 있게 한다.

SBD 기법을 적용할 경우, 설계단계에서 미리 건조공작 단계에서의 생산성에 대한 고려를 할 수 있다. 생산제작 과정을 가상함정 시스템을 토대로 시뮬레이션함으로써 합리적인 생산제작 방법을 도출할 수 있다. 이를 반영하여 함정 설계를 수행할 경우, 건조공작에 따른 생산성을 원천적으로 향상시킬 수 있고 건조공작 기간의 단축과 함께 개발 · 건조 비용을 절감할 수 있다.

4) SBD 기법 실제 적용 예

SBD 기법은 현재 가용한 컴퓨터 시스템을 토대로 하더라도 함정체계 설계에 매우 유용하게 활용할 수 있다. 가장 큰 이유는 가상 프로토타입의 대상이 반드시 함정 전체 체계일 필요가 없기 때문이다. 제품 모델이 보유한 정보 중 필요한 정보를 토대로 요구되는 기능만을 모델링한 기능 모델을 사용하여 컴퓨터 시스템이 허용하는 계산용량 범위 내에서 가상 프로토타입을 생성할 수 있는 것이다. 시뮬레이션을 통한 거동분석이 필수적으로 요구되지 않는 문제에 대해서는 3차원 제품 모델만을 활용하더라도 목표한 성과를 충분히 얻을 수 있다.

최근에는 국내 함정 개발 · 건조 시에도 SBD 기법을 설계단계에서 부분적으로 적용하고 있다. 승조원 통행로 최적화 및 고속상륙정의 함정탑재 운용성을 검증하기 위한 가상 프로토타입의 가상운용 장면을 그림 7-37과 7-38에 제시하였다.

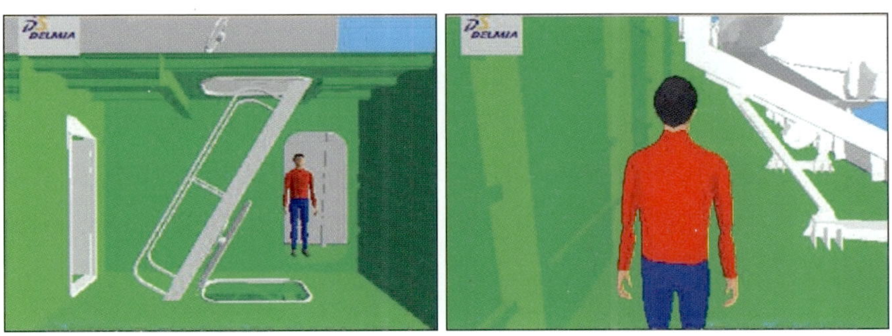

그림 7-37
승조원 함 내 가상통행 장면

그림 7-38
고속상륙정 가상 해상운용 장면

7.6.5 IPPD 기법

IPPD(Integrated Product and Process Development) 기법은 제품(Product)과 프로세스(Process)를 동시에 최적화하기 위해 동시공학(Concurrent Engineering) 개념을 토대로 개발된 사업관리 기법으로서, 통합설계팀 IPT(Integrated Product Team) 구성 운영과 전산설계 시스템 및 정보관리 시스템 운용을 핵심요건으로 한다.

미국은 1994년 페리 국방장관이 주도한 국방획득개혁에 의거하여 함정체계와 같은 대형 무기체계 획득사업에 의무적으로 적용하고 있다. 이에 따라 미 해군은 산 안토니오급 상륙전함, 버지니아급 공격잠수함의 개발·건조, 시울프급 공격잠수함 지미카터(Jimmy Carter)함의 개조사업에 IPPD 기법을 적용하였으며, 개발 투자비 및 수명주기 비용 절감, 개발·건조 기간 단축, 성능과 품질의 고도화 측면에서 획기적인 성과를 거둔 것으로 발표되고 있다.

1) 동시공학 기본개념

동시공학(Concurrent Engineering)이란 제품 또는 시스템 개발에 관련된 모든 그룹 및 전문가가 전산화된 정보시스템을 토대로 관련 정보를 용이하게 교환하고 협력함으로써, 아이디어로터 제품화까지 기간 단축, 품질 향상, 개발비 및 생산가 절감 등을 달성하기 위한 설계·생산 기법이다. 동시공학의 가장 큰 특징은 제품 또는 시스템을 단순한 구성부품의 집합체(The Sum of its Piece Parts)로 보지 않고, 수명주기 내 관련 프로세스의 집합체(The Sum of its Life Cycle Processes)로 인식한다는 것이다.

한 예로 종전에는 제품이 설계되고 난 후 이를 생산하기 위한 기계공작용 로봇의 제조와 조립을 수행하였다. 동시공학적 관점에서는 제품이나 이를 생산하는 도구인 로봇을 동시에 객체로 인식함으로써 양자 간에 차이를 두지 않는다. 제품의

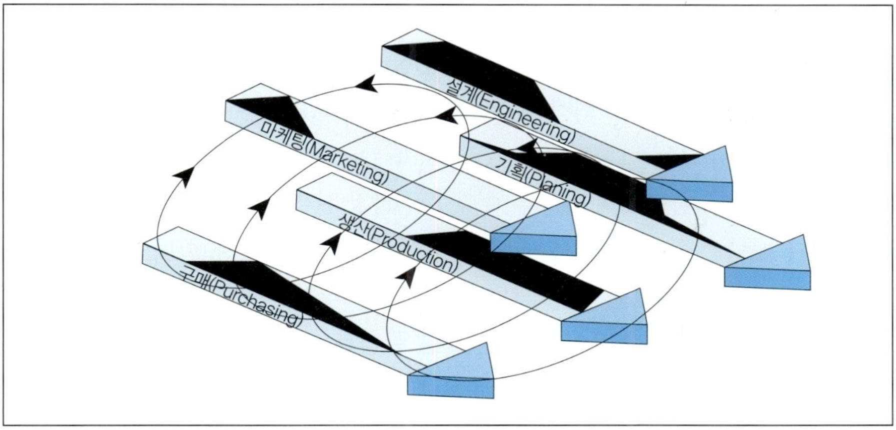

그림 7-39
동시공학 기반 개발개념[16]

기하학적 형상이나 로봇 팔의 동작 범위상 제약을 모두 함께 변경 가능한 대상으로 인식함으로써, 종전과 달리 로봇 동작에 맞게 제품을 설계할 수 있는 것이다. 동시공학 개념을 적용할 경우 종전과 같이 제품 형상에 의존하여 제조 및 조립 공정을 수행하지 않고, 보다 효율적인 제조공정에 맞추어 제품 형상을 설계할 수 있다. 그림 7-39에 제시한 바와 같이, 제품과 프로세스를 모두 객체로 다룸으로써 개발 및 생산 과정을 병렬로 수행할 수 있는 것이다.

이러한 동시공학 개념을 토대로 개발된 것이 IPT의 구성 운영을 핵심요건으로 하는 IPPD 기법이다. 이 기법은 이미 미 보잉 777 항공기, 미 NASA 우주정거장, 미 공군 F-22 전투기 등 대형 복합체계 개발사업에 실제로 적용되어 최적 시스템의 도출과 함께 개발비 및 생산가 절감, 개발기간 단축, 운용 · 유지비 절감 등 성과를 구체적으로 입증한 바 있다.

2) IPT 구성 및 운영특성

종래의 전통적인 함정 설계 · 건조 체계하에서 설계자의 임무는 군의 요구조건을 만족하는 함정체계를 기술적 측면에서 도출하는 것으로서, 생산성(Producibility), 정비유지성(Maintainability), 운용성(Operability) 등은 설계단계에서 깊이 고려할 대상이 아니었다. 이와 달리 IPPD 기법은 건조공작(Manufacturing), 배치(Deployment), 운용(Operation), 그리고 폐기(Disposal) 단계까지 함정의 전 수명주기 동안 일어날 수 있는 모든 사항을 고려하여 설계 및 건조하려는 개념이다. 이를 통해 경제성(Affordability)은 물론 함 운용자 만족도(Customer Satisfaction) 측면에서 획기적인 성과를 얻으려는 것이다.

이를 달성하기 위해 IPPD 기법에서는 수명주기 과정 관련자(Life Cycle Process Owner) 모두를 함정 설계단계부터 참여시켜, 함정체계 및 개발·건조 프로세스를 다양한 시각에서 최적화하고 있다. 따라서 IPPD 기법의 핵심적인 요건은 통상 IPT로 부르는 다학제적 협업팀(Multi Disciplinary Collocated Team)의 구성 및 운영이다. 함정체계의 경우 수명주기 과정 관련자는 크게 두 그룹으로 나눌 수 있다. 하나는 함정 건조사업 및 무기체계 개발사업 관리자, 함정 설계요원, 무기체계 개발요원, 군수지원 전문요원, 비용/효과 분석 전문가 및 함대 소속 함정 운용요원 등 해군 전문가 그룹이다. 다른 그룹은 기본설계 결과를 토대로 상세설계 및 건조공작을 수행하는 방산조선소, 주요 장비 제작업체, 센서 및 무기 제작업체, 전문기술 용역회사 등에서 일하는 방산 분야 전문기술자들이다. 이러한 다양한 분야의 전문가들을 한 팀으로 편성하여 다양한 의견을 도출하고, 이를 토대로 최종 결정을 내림으로써 최적 시스템 및 최적 프로세스를 도출하는 것이다. 일반적으로 IPT는 팀 구성원이 한 곳에 모여 일하는 것을 원칙으로 하며, 회의 형태의 비상근 팀 운영도 가능하다.

IPT가 성공적으로 운영되기 위해서는 첫째, 각기 다른 기관에서 파견된 팀원 간의 협력(Cooperation)이 원활하게 이루어져야 한다. 둘째, 파견된 IPT 요원에 대한 권한위임(Empowerment)이 명실상부하게 이루어져야 한다. 미 국방성은 지금까지 IPT의 성공적인 운영에도 불구하고 IPT의 실제 운영과정에서 여러 가지 문제들이 발생할 수 있음을 인지하고, 관련 요원에 대한 체계적인 교육·훈련과 함께 DoD Instruction 5000.2 및 IPPD Handbook 등 IPT 구성 운영에 대한 상세한 지침들을 제시하고 있다.

3) 전산설계 및 M&S, 정보관리 시스템

IPPD 기법을 적용하기 위해서는 개발·건조 사업을 주관하는 관리자(PMO) 및 IPT 팀들, 그리고 IPT 요원들의 원활한 공동작업이 이루어져야 한다. 이를 위해서는 기술정보 및 자료, 사업관리 정보 등 사업진행 과정에서 생성되는 모든 관련 정보를 실시간으로 교환해야 한다. 이들 자료는 당연히 디지털 형태로 생성, 유지, 관리, 활용되어야 한다. 따라서 IPPD 기법을 적용하기 위해서는 CAD 전산설계 시스템 및 M&S 시스템, 그리고 정보교환 및 DB 구축을 위한 정보관리 시스템을 운용해야 한다.

미 해군 최초로 IPPD 기법을 적용하여 개발·건조한 산 안토니오 상륙전함의 경우, IPDE(Integrated Product Data Environment)라 칭하는 정보관리 시스템

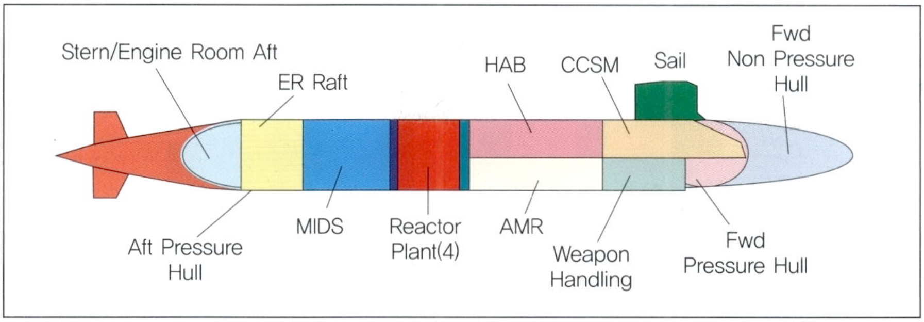

그림 7-40
버지니아급 잠수함 MATs 구분방안[18]

을 개발하여 운용하였다. 7.6.5 항에 상세히 기술한 바와 같이, 시뮬레이션 기반 설계(SBD) 기법이 실용화되었기 때문에 함정 전 수명주기에 관련된 전문가들이 공동으로 설계업무를 수행할 수 있는 환경이 구축되었으며, IPT 운영이 효율적으로 이루어지게 되었다.

4) 버지니아급 잠수함 적용 예

미 해군이 시울프급 잠수함 대신 신규로 개발 · 건조한 버지니아급 잠수함의 목표 가격은 10.5억 달러로서, 시울프급 잠수함의 21억 달러에 비해 절반에 불과하였다. 미국의 대표적인 잠수함 개발 · 건조 전문회사인 Electric Boat(EB)사는 개발 · 건조비를 포함한 수명주기 비용과 개발 · 건조 기간을 대폭적으로 감축하지 않는 한 버지니아급 잠수함의 신규 수주는 물론 생존 자체에 위협을 느끼는 상황이 되었다. 이것이 EB사가 버지니아급 잠수함 개발 · 건조 사업에 IPPD 기법을 적극적으로 적용하게 된 근원적인 배경이다.

가) IPT 구성 및 운용

미 해군 및 EB사는 버지니아급 잠수함 체계를 그림 7-40에 제시한 바와 같이 총 15개의 Major Area Teams(MATs)로 구분하고, 각 MAT별로 IPT를 구성하였다. 15개 MAT 중 하나인 무기체계 운용(Weapon System Handling) MAT의 경우를 예로 들면 6개의 IPT로 구성되었다. EB사는 100개 부서에서 총 3,600명을 차출하여 MAT 구성요원으로 배치하였으며, EB사 외에 수백 개에 달하는 무장 및 장비 제작업체에서도 IPT 요원을 파견하였다. 1998년 3월 공동건조자로 지정된 NNS(Newport News Shipbuilding)사에서도 52명의 생산기술 전문가를 파견하여 IPT에 합류시켰다. 미 해군 사업관리자는 사업관리를 위해 해군 전문요원들을 활용하여 체계 종합팀(System Integration Teams: SITs)과 프로세스 종합팀(Process Integration Teams: PITs)을 구성하였다. 동시에 해군 전문요원들을 EB

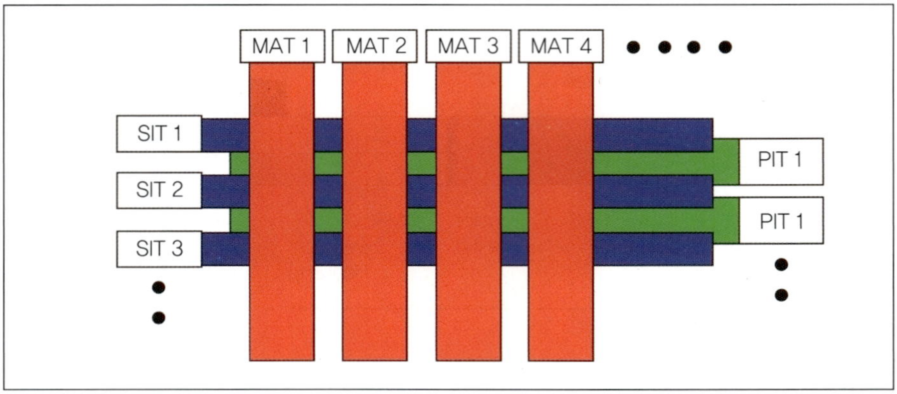

그림 7-41
MATs, SITs, PITs의 연계 형태[18]

사 MATs 내의 IPT에 매트릭스 형태로 배치함으로써, IPT 구성원의 기능도 겸하여 수행하게 하였다. 그림 7-41에 매트릭스 형태의 MATs, SITs, PITs와의 연계 형태를 제시하였다.

다양한 전문기능 조직에서 차출된 해군 전문요원들이 IPT 요원으로 결제과정에 직접 참여함으로써, 종전과 같이 개발·건조 진행보고서에만 의존할 경우 지연되거나 은폐될 수 있었던 문제들이 신속하고 정확하게 파악되었으며, 적은 비용으로 초기에 용이하게 해결방안을 도출할 수 있었다. 함정 운용요원의 경우 설계 및 건조 전문가에게 함 운용 및 정비유지에 관련된 실제적인 정보를 제공함으로써, 최적화된 함정체계를 도출하는 데 결정적인 기여를 하였다.

나) 전산설계 및 M&S, 정보관리 시스템

버지니아급 잠수함 개발·건조 사업 착수 전 미 해군은 Intergraph 시스템을, 공동 건조자인 NNS사는 VIVID 시스템을, 주 계약사인 EB사는 CATIA 시스템을 전산설계 시스템으로 사용하고 있었다. 따라서 EB사는 3차원 제품 모델을 통해 IPT 요원이 관련 정보 및 자료에 원활하게 접근할 수 있는 환경 구축에 1차적 목표를 두고, CATIA 시스템으로 전산설계와 M&S 시스템을 통일시켰다. 이러한 시도는 막대한 투자비에도 불구하고 IPT팀 간 정보 및 자료 교류와 관리를 매우 효율적으로 이루어지게 하였다. 또한 모든 요원이 설계현황을 정확하게 이해할 수 있게 함으로써 IPPD 기법 적용에 큰 기여를 하였다.

CATIA 시스템을 이용해 3차원 가상모형(Virtual Mockup)을 생성하고 활용함으로써 실물 크기의 목제 모형(Wooden Mockup)을 제작하지 않을 수 있었으며, 목제 모형의 활용을 전제로 해왔던 종전의 설계과정 자체를 변화시킬 수 있었다. 종전에는 숙련공들이 수백만 시간(Man-Hour)을 투입해 목제 모형을 제작하였는데, 모형에 대한 승인과정에 최소한 4개월 이상이 소요되었고, 빈번한 설계변경에 따른 목제 모형 수정과정에도 많은 기간이 소요되었다. 매우 복잡한 시스템을 협소한 공간에 배치해야 하는 원자력 추진시스템에 한해 안전성을 고려하여 목제 모형을 제작하여 활용하였다.

다) IPPD 기법 적용성과

트라이던트(Trident)급 잠수함은 13년의 설계기간과 2,100명의 설계인력, 시울프급 잠수함은 13.5년의 설계기간과 1,850명의 설계인력이 소요되었다. 반면 IPPD 기법을 적용한 버지니아급 잠수함은 9년의 설계기간과 1,150명의 설계인력이 소요되었다.

미 해군 사업관리 요원이 설계과정에 직접 참여하여 실시간으로 의견을 제시함으로써, 별개 절차에 따라 해군 고위급 직위자로부터 승인받아야 했던 도면 건수가 전체 도면의 12.7%로 감소하였다. 시울프급 잠수함의 경우와 대비하면 약 64%가 감소한 것으로 설계기간 단축에 크게 기여하였다. 5,000건의 설계도면이 완성된 시점에서 설계변경 건수는 693개로, 시울프급 잠수함의 13,000개에 비해 극히 적은 수준이었다.

이와 같이 IPPD 기법 적용을 통해 잠수함 설계기간 및 설계인력이 대폭 감축되었을 뿐만 아니라, 설계품질 측면에서도 사후 설계변경 건수가 미미할 정도로 대폭 향상되었다. 잠수함 개발 · 건조비의 대부분을 차지하는 건조공작비 및 재료비를 근원적으로 절감하기 위해 설계단계에서 집중적으로 비용절감 대안을 도출하였다. 이에 따라 버지니아급 잠수함의 경우, 설계단계에서 4,500여 개의 갖가지 비용절감 대안이 제기되었다. 대표적인 사례로는 12개의 대형 마운트를 개발하여 60개의 내(耐)전단 마운트 및 60개의 내압(耐壓) 마운트를 대체함으로써 척당 1,980만 달러를 절감하였으며, 펌프류의 경우 예비성 및 안전성의 저하 없이 시울프급 잠수함에 비해 총 개수를 40% 감축하였다. 또 다른 비용절감 사례는 부품 표준화 작업으로서, 총 98,000여 개의 기존 잠수함용 부품의 사용 가능성을 검토하여 15,000개를 버지니아급 잠수함용으로 표준화하였고, 이를 통해 상당한 액수의 부품 구매비용을 절감하였다.

7.6.6 임무시스템 모듈화 기법

1) 기본개념

함정체계는 선박체계(Platform System)와 전투체계(Combat System)의 체계적인 결합으로 이루어지는 복합체계로서, 이로 인해 함정의 운용·유지 측면에서 특이한 문제가 야기되어 왔다. 선체구조 및 추진체계로 구성되는 선박체계는 일반적으로 30년 이상 장기간의 유효수명을 갖는 반면, 무장 및 전자장비 등으로 구성되는 전투체계는 군사과학기술의 급격한 발전으로 인해 유효수명이 수년 미만으로 극히 짧기 때문이다. 최근 국방획득개혁 정책에 의해 대거 채택하고 있는 상용 제품(COTS)의 경우 수명주기가 더욱 짧아진다. 장기간의 개발·건조 기간 및 막대한 투자비가 소요되었음에도 불구하고, 함정이 목표한 작전임무를 수행할 수 있는 기간이 크게 감소할 수밖에 없는 것이다. 그림 7-42에 함정 전체의 수명주기와 구성체계의 수명주기 특성을 제시하였다. 이러한 문제를 근원적으로 해결하고자 제시된 기법이 바로 임무시스템 모듈화(Modular Payload) 기법이다.

2) 미 해군 개발 임무시스템 모듈화 기법

미 해군이 임무시스템 모듈화에 대한 연구를 시작한 것은 1970년대로서, SEAMOD(Sea System Modification and Modernization by Modularity) 기법이 효시라고 할 수 있다. SEAMOD 기법의 기본목표는 함정에 탑재하는 무장 및 센서 체계를 모듈화하여, 성능이 고도화된 신형 무장 및 센서 체계가 출현할 경우 용이하게 교체함으로써 수명주기 동안 일정 수준 이상으로 전투력을 유지하는 것이다. 또한 탑재무장 및 센서 체계 받침대를 표준화하여 생산함으로써, 조선소에서는 탑재무장 및 센서 체계 확보 이전에 선체의 건조공작을 선행할 수 있도록 함정 건조방법을 발전시키는 것이었다. SEAMOD 기법연구는 개념형성 단계에 머물렀

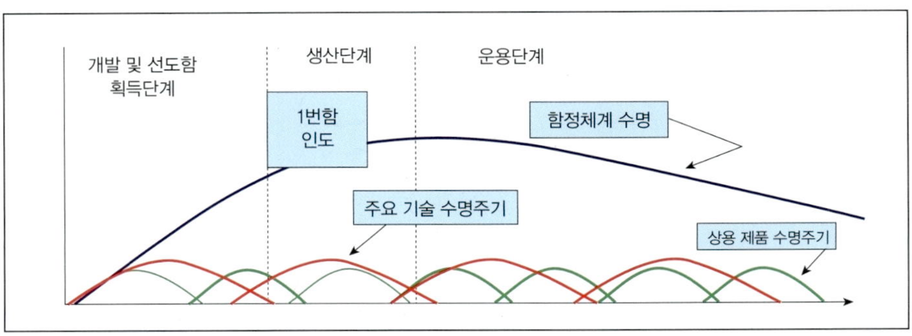

그림 7-42
함정 구성체계 수명주기 특성 [20]

으며, 1980년대 초에 시작된 SSES(Ship System Engineering Standards) 기법연구에서 전투체계의 통합운용이 가능한 S/W를 개발함으로써 SEAMOD 기법이 실제로도 구현 가능한 개념임을 입증하게 되었다.

SSES 기법연구에서는 선체체계와 무장체계와의 인터페이스 표준을 개발하는 데 역점을 두었다. 당시 개발하고 있던 DDG-51급 구축함에 전반적인 적용을 목표로 하였다. 그러나 당시 함정체계국 설계팀이 조선소와 정보를 상호 교환할 수 있는 인터페이스 표준조차 설정되어 있지 않을 정도로 컴퓨터 운용환경이 성숙되지 않은 상태로서, 유도탄 수직발사 시스템(VLS)에만 적용하였다. 그림 7-43에 당시 계획되었던 미 해군 DDG-51급 구축함의 임무시스템 모듈화 적용방안을 제시하였다.

이후 1990년대 초반부터 모듈화된 장비체계와 표준화된 인터페이스로 구성된 공통 모듈(Common Module)을 이용하여 공통성(Commonality)을 확보하려는 개념이 제기되었다. 이를 토대로 획득비 및 총 순기비용을 절감하고, 성능개량의 용이성을 증대시키려는 ATC(Affordability Through Commonality) 기법에 대한 연구에 착수하였다. 그러나 1994년에 시작된 국방획득개혁에 의해 상용 제품 활용확대 정책이 시행됨에 따라, '표준화된 군용 제품' 사용을 주 목표로 하는 ATC 기법 대신 '표준화된 인터페이스'를 강조하는 TOSA(Total Ship Open Systems Architecture) 기법이 함정 획득개념의 새로운 기반이 되었다. TOSA에서 추구하

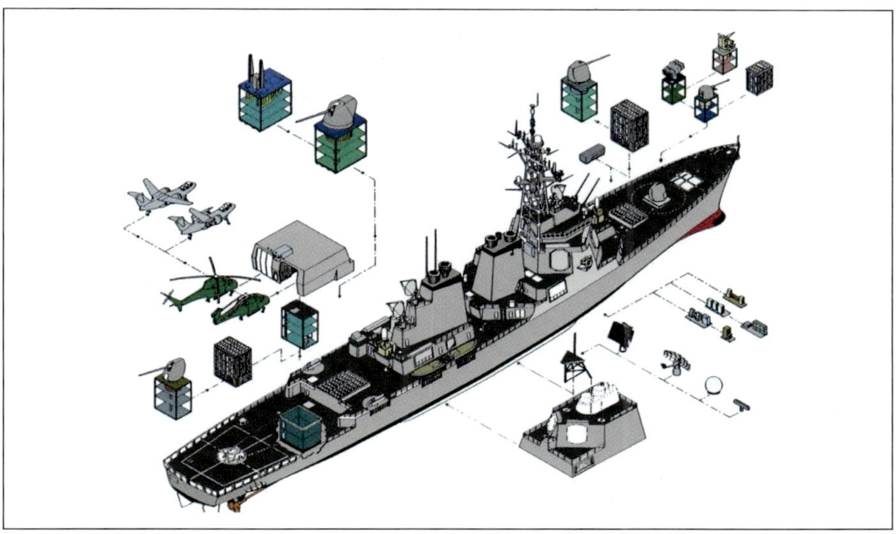

그림 7-43
미 해군 DDG-51급 구축함 임무시스템 모듈화 적용개념 [19]

는 개방시스템 구조(Open Systems Architecture) 개념은 그림 7-44에 제시한 바와 같이, 설정된 구역(Zone)별로 표준화된 인터페이스를 구축함으로써 상용 제품(COTS)까지 장비의 선택폭이 넓어진다.

또한 개방시스템 구조는 다목적 작전임무를 수행하기 위해 탑재무장 및 장비체계를 교체·운용해야 하는 함정에 매우 유용하게 활용될 수 있다. 미 해군 최초로 개방시스템 구조를 실제 적용한 함정이 바로 연해전투함(LCS)이다. 연해전투함은 2,000톤급의 비교적 작은 크기의 수상전투함이지만, 작전임무 모듈(Mission Module)을 신속하게 교체함으로써 대잠전(ASW), 대함전(SUW), 대기뢰전(MIW) 등 다양한 작전임무를 수행할 수 있다. 그림 7-45에 연해전투함에 적용된 모듈화된 임무시스템을 제시하였다.

3) 독일 및 덴마크 개발 임무시스템 모듈화 기법

임무시스템 모듈화 기법에 대한 연구와 실제 함정에의 적용은 독일과 덴마크에서도 수행되었다. 독일 Blohm & Voss사는 1980년대 초반부터 MEKO라고 부르는 임무시스템 모듈체계를 독자적으로 개발해 왔다. 선체, 무장, 장비를 표준화하고, 작전임무 요구조건 및 건조비용 등 함정 발주자의 요구에 맞춰 최적의 함정체계를 구성하는 개념으로서, 건조비용을 7~15% 절감할 수 있으며 차후 성능개량도 매우 용이하다. 이러한 강점을 토대로 Blohm & Voss사는 여러 종류의 MEKO 계열 함정을 60여 척 건조하였으며 세계 각국에 수출한 바 있다. 그림 7-46에 독일 Blohm & Voss사 MEKO 계열 함정의 다양한 체계구성 개념을 제시하였다.

덴마크에서 개발한 임무시스템 모듈체계는 STANFLEX라고 칭하며, 모듈화된 무기 및 장비를 요구 작전임무에 맞춰 조합한다. 덴마크 해군은 STANFLEX 계열로 표준화된 여러 크기의 함정으로 함대를 구성하여 운용하고 있다. 소형 함정의 경우 모듈화된 무기와 장비를 신속하게 교체·운용함으로써 다양한 작전임무를 수행할 수 있다. 모듈화된 함정 운용을 통해 함대 운용·유지비를 절감함은 물론 해전양상의 변화에도 효과적으로 대처할 수 있는 것으로 알려져 있다.

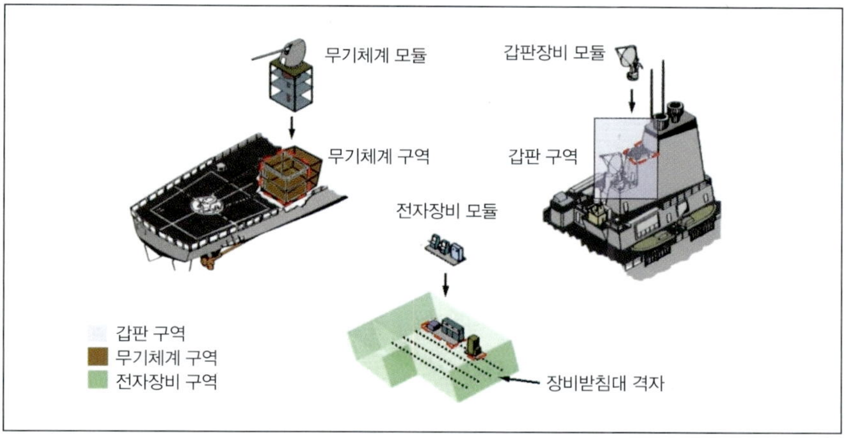

그림 7-44

TOSA 개념 적용을 위한 개발 구역 및 적용 모듈 예

그림 7-45

미 해군 연해전투함(LCS) 작전임무 모듈 운용개념[21]

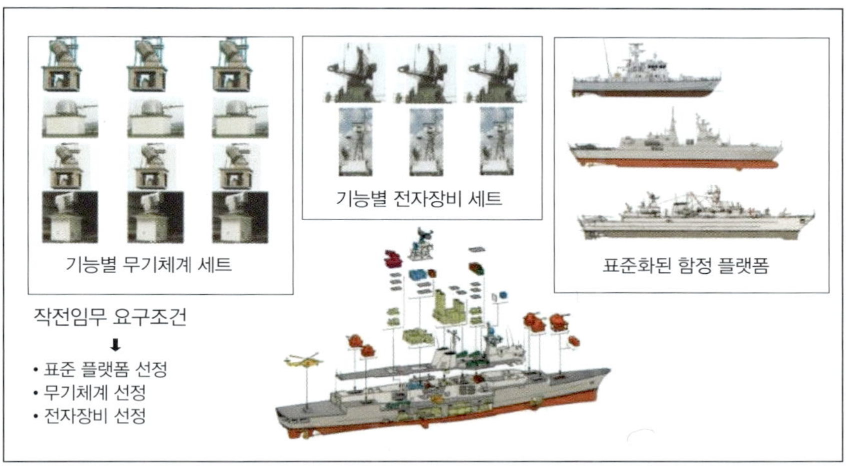

그림 7-46

독일 Blohm & Voss사 MEKO 계열 함정 구성개념[19]

참고문헌

◈ 함정 개발·건조체제

1. 송준태, 〈미래 전장환경 변화에 따른 함정 개발건조체계 발전방향〉, 제4회 해상무기체계 발전세미나, 국방과학연구소, 2002. 7
2. 송준태, 〈함정 연구개발 및 건조체계 발전방향〉, 대한조선학회지 제36권 제3호, 1999. 9
3. 정광원, 〈조함기획〉, 제3회 함정설계 특별강좌, 서울대학교, 2005
4. 손귀현, 〈함정획득 일반〉, 제4회 함정설계 특별강좌, 서울대학교, 2006
5. 박의동, 〈미 해군의 함정획득 정책변화〉, 미 국방관리체계대학(DSMC) 연수보고서, 국방과학연구소, 2001. 7
6. 이헌곤 외, 〈일본 함정 획득절차 및 기술연구본부 함정설계/개발분석〉, 연구보고서, 국방과학연구소, 1999. 8
7. R. Keane Jr., 〈Coperate NAVSEA Vision for the Future of Naval Engineering〉, US Navy NAVSEA, 2002. 3
8. P. Genalis, 〈Future Warships〉, 울산대학교, 국제 심포지움, 2005. 11
9. K. Shingler, et al, 〈Design Report Littoral Warfare Submarine(SSLW)〉, Virginia Tech. Total Ship Systems Engineering, 2005

◈ 함정 설계

1. 송준태, 〈잠수함 개념설계방안 연구〉, 연구보고서, 국방과학연구소, 1998. 9
2. 김정환, 〈Design Process〉, 제1회 함정설계 특별강좌, 서울대학교, 2002
3. 김정환, 〈체계종합설계〉, 제3회 함정설계 특별강좌, 서울대학교, 2005
4. 심이섭, 〈함정설계 개론〉, 제1회 함정설계 특별강좌, 서울대학교, 2002
5. 나양섭, 〈함정개념설계〉, 제3회 함정설계 특별강좌, 서울대학교, 2005
6. 박상철, 〈수상함 선형설계〉, 제4회 함정설계 특별강좌, 서울대학교, 2006
7. B. Tibbitts, R.G. Keane Jr., 〈Making Design Everybody's Job〉, Naval Engineers Journal, May 1995
8. B. Tibbitts, R.G. Keane Jr., 〈Acquisition Reform: It All Starts With Design〉, Naval Engineers Journal, Jan. 1999
9. 〈System Design and Acquisition of Naval Ships〉, MIT Lecture Note, 2004
10. C.N. Calvano, J.S. Riedel, 〈The Regional Deterrence Ship(RDS 2010)〉, Naval Engineers Journal, January 1996
11. K. Shingler, et al, 〈Design Report Littoral Warfare Submarine(SSLW)〉, Virginia Tech. Total Ship Systems Engineering, 2005

◈ 함정 건조공작

1. J.J. Lok, 〈Germany's Submarines Combine Export Success with Propulsion Progress〉, Jane's Inter. Defense Review, Jan. 2002
2. J.J. Lok, 〈French Submarine Export Efforts are gathering Speed〉, Apr. 2002

◈ 함정 성능 시험평가

1. 〈방위사업관리규정〉, 방위사업청, 2011
2. 〈무기체계 시험평가 업무편람〉, 해군본부 전력분석시험평가단, 2010
3. 〈해상시험장 현황 및 발전방향 종합보고서〉, 해상시험장, 국방과학연구소, 2002
4. 도경철, 〈음향학적 작전을 위한 함정 수중방사소음 측정기술 동향〉, 국방과학플러스, Vol 37, 국방과학연구소, 2007. 6
5. 〈Test and Evaluation Management Guide〉, 4th ed., U.S. Defense Systems Management College, 2005
6. 〈Ship Post-Delivery Tests and Trials Guidance Manual〉, 0900-LP-095-3010, NAVSEA, Aug. 1989
7. 〈Atlantic Undersea Test and Evaluation Center, AUTEC Range Manual〉, AUTEC, U.S. Navy, 1994
8. 〈Range User Handbook, Pacific Missile Range Facility Barking Sands, Kauai〉, PMRF, U.S. Navy, June 2001

◈ 함정 규격

1. J. Kallinikos, S.C.R Henry, 〈ABS & Naval Sea Systems Command Cooperation For Change〉, 37th Annual Technical Symposium, Association of Scientists and Engineers, 2000
2. L.D. Ferreiro, G. M. Ashe, T.J. Ingram, 〈Building The Rules: The ABS Perspective on Development Classification Rules〉, 2001 RINA Symposium Warship, 2001
3. G Rudgley, P Boxall, E. Bekke, R. Humphrey, 〈Development of a NATO Naval Ship Code〉, The Royal Institution of Naval Architects, 2005
4. 전완수, 〈함정 기술표준에 대한 연구〉, 국방과학연구소 창설 40주년 기념 종합학술대회, 2010
5. 〈Guide for Building and Classing High Speed Naval Craft〉, ABS, 2010
6. 〈Class moving further into classification of combatants〉, Warship Technology March, 2006
7. 〈Classification Of Military Ships the French Experience〉,Yves Le Gal & Emmanuel Descleves, BV

8. 인터넷 검색자료(https://www.corrdefense.org)
9. H. Fireman, J. Fowler, J. Mclntire, J. Wilkins, 〈LPD 17, In the Midst of Reform〉, Naval Engineers Journal, May 1995
10. 임금순, 〈미국의 국방기술정책 변화에 따른 고찰〉, 국방과기술, 1997년 2, 3월호
11. 김철호, 〈COTS와 개방시스템〉, 국방기술정보, 국방과학연구소, 2001. 10

◈ 함정 개발·건조 기법

1. 〈Systems Engineering Fundamentals〉, Defense Systems Management College Press, Dec. 1999
2. 〈System Design and Acquisition of Naval Ships〉, MIT Lecture Note, 2004
3. 송준태, 〈함정공학>, 강의교재, 울산대학교 조선해양공학부, 2011
4. 〈Systems Engineering Fundamentals〉, Defense Systems Management College Press, Dec. 1999
5. C. N. Calvano, 〈Fundamentals of Systems Engineering〉, Lecture Note, Naval Postgraduate School, U.S. Navy, 2007
6. C. DiPetto, 〈DoD Acquisition Modeling & Simulation Community〉, DoD Modeling and Simulation (M&S) Conference. 2007
7. 정연환, 〈잠수함의 시뮬레이션 기반 획득을 위한 시스템엔지니어링과 M&S 통합 프레임워크〉, 서울대학교, 공학박사 학위논문, 2010
8. J.S. Boudreaux, 〈Naval Ships and Simulation Based Design〉, SNAME Transactions, Vol. 103. 1995
9. O.P. Jons, J. C. Ryan, G.W. Jons, 〈Using Virtual Environments in the Design of Ships〉, Naval Engineers Journal, May 1994
10. B. Tibbitts, R.G. Keane Jr., 〈Making Design Everybody's Job〉, Naval Engineers Journal, May 1995
11. 정희석/정찬희/김성용, 〈잠수함용 가상목업 개발방안 연구〉, 연구보고서, NSDC-513-991325, 국방과학연구소, 1999. 12
12. 이종갑/김홍태, 〈시뮬레이션 기반설계(SBD)기술〉, 대한조선학회지 제38권 제1호, 2001. 3
13. B. Tibbitts, R.G. Keane Jr., 〈Acquisition Reform: It All Starts With Design〉, Naval Engineers Journal, Jan. 1999
14. 송준태, 〈미해군 잠수함 개발건조사업 IPPD 기법 적용현황 및 성과〉, 국방과학기술플러스 제9호, 2006. 4
15. 송준태, 〈잠수함 개념설계방안 연구〉, 연구보고서, 국방과학연구소, 2001. 12
16. J.G. Bennett. T. Lamb, 〈Concurrent Engineering: Application and Implementation for U.S. Shipbuilding〉, SNAME, Journal of ship Production, Vol. 12, No. 2, May. 1996

17. 〈DoD Integrated Product and Process Development Handbook〉, Department of Defense, Aug. 1998
18. R. I. Winner, 〈Integrated Product/ Process Development in the New Attack Submarine Program, A Case Study〉, Undersecretary of Defense(Acquisition and Technology), Feb. 2000
19. J,W. Abbott, 〈The History of Modular Payload Ships: 1975-2005〉, Naval Postgraduate School, April 2006
20. J.W. Abbott, R. Devries, W. Schoenster, J. Vasilakos, 〈The Impact of Evolutionary Acquisition on Naval Ship Design〉, SNAME, Annual Meeting, 2003
21. J. Malloy, 〈Littoral Combat Ship〉, IQPC Littoral Warfare Conference, 2003

CHAPTER 08

한국의 함정

8.1 | 한국 해군 함정 발전과정

8.1.1 1970년대 함정

1) 고속정 개발·건조 배경

한국 해군은 1950년대부터 1970년대 후반까지 미 해군이 2차 세계대전에서 운용한 후 퇴역시켰던 구축함(DD), 호위구축함(DE), 상륙함(LST) 등 비교적 규모가 큰 함정들을 양여받아 운용하고 있었다. 함정 운용에 필요한 군수지원도 미국 군사원조에 의존하고 있었다. 북한은 소련으로부터 지원받은 오사(Osa)급 및 코마(Koma)급 유도탄 고속정 등 소형 고속정을 중심으로 함정 세력을 구축했으며, 30노트 이상 고속을 발휘하는 간첩선을 수시로 남파하였다. 한국 해군의 수상함은 북한 간첩선을 격파할 수 있는 충분한 화력은 갖추고 있었으나, 고속 간첩선을 추적하고 대처하기에는 속도 등 기동성이 미흡하였다. 1970년대에는 북한 고속정을 격파할 수 있는 고속정 확보가 한국 해군의 핵심적인 과제였다.

당시 국내 산업기술 기반은 매우 취약했으며, 반면 해군 공창(현 해군 정비창)은 대형 함정의 정비유지를 위해 기관정비 및 기계가공 설비를 갖추고 있었고 기술숙련공도 다수 보유하고 있었다. 때문에 일반산업 분야에서도 필요시 지원을 요청할 정도로 높은 수준의 기술력을 갖고 있었다. 1970년대 초에는 함정 정비작업 외에도 미 해군으로부터 양여받은 퇴역함의 재취역 공사를 독자적으로 수행했으며, 소형이지만 구축함용 구명정 등을 미 해군 요구수준으로 건조할 수 있었다.

이러한 배경하에 한국 해군은 당시 가장 시급한 과제였던 고속정 확보를 위해 독자적으로 개발·건조를 추진하기로 결정하고, 고속정 개발·건조 사업을 해군 공창이 주관하도록 하였다. 1969년 초 해군 공창이 국내 최초로 개발·건조를 시도한 함정이 30톤급 수중익선(Hydrofoil Ship)형 고속정이다. 해군 공창은 운용함정의 정비유지를 위한 수리창으로서 조함 전담조직이 없었다. 이에 따라 한국 해군은 국내 기술능력을 적극적으로 활용하기 위해 다른 방식의 고속정 개발사업도 추진하였다.

해군은 1969년 6월 한국과학기술연구소(KIST)에 고속정 국내 건조 가능성 검토를 의뢰하였고, KIST에서는 국내 건조 가능성을 제시하였다. 이에 따라 해군에서는 85~110톤급 고속정의 작전요구성능을 결정하고, 1970년 7월 해군본부와 KIST 간 기본설계 용역계약이 체결됨으로써 고속정 건조사업이 추진되었다. 이

때 개발·건조한 고속정이 당시 보안상 이유로 어로지도선으로 칭해졌던 KIST Boat이다.

KIST Boat 개발·건조가 해군 공창에서 이루어지던 기간, 조함사업과 관련하여 두 가지 중요한 변화가 있었다. 하나는 국내 무기개발을 총 주관하는 임무를 가진 국방과학연구소(ADD)가 1970년 8월에 창설된 것이고, 다른 하나는 조함업무를 전담하여 수행하기 위해 1971년 1월 해군본부 함정감실에 조함과가 구성된 것이다.

해군본부 조함과는 마침 전국의 학생들이 모금한 방위성금으로 개발하게 된 40노트급 고속정 학생호를 설계하게 되었으며, 학생호와 별개로 연안 경비용으로 계획된 FB급 소형 고속정은 국방과학연구소가 개발 준비에 착수하였다. 이 과정에서 국방부는 함정의 개발·건조는 해군본부 조함과에서 주관하고, 국방과학연구소는 건조된 함정에 대한 해상성능 시험평가 업무를 주관하도록 조치하였다. 이후 해군본부 조함과는 국내 함정 개발·건조 사업을 주관하는 해군 조함단 조직으로 발전하였고, 국방과학연구소는 학생호를 비롯한 국내 개발·건조 함정에 대한 해상성능 시험평가 업무를 주관하게 되었다.

학생호를 비롯한 1970년대 초창기 고속정들은 당시 국내에서 유일하게 선박건조 기술과 경험을 보유하고 있던 대한조선공사(현 한진중공업)에서 건조하게 되었다. 이후 현대중공업, 대우조선(현 대우조선해양), 코리아타코마(KTMI), 강남조선 등으로 방산전문 조선소가 확산됨으로써, 1980년대부터 수상전투함을 본격적으로 국내에서 개발·건조할 수 있게 되었다.

2) 수중익선형 고속정

1969년 해군 공창은 개발팀을 구성하여 30톤급 수중익선형 고속정 개발·건조 사업을 추진하였다. 수중익선형 고속정은 국내 최초로 개발을 시도한 고속정으로서, 통상적인 활주선형을 선택하지 않고 특수선형인 수중익선을 선택한 이유는 명확하지 않다. 당시 북한의 고속 간첩선을 격파하기 위해 높은 파도에서도 30노트 이상의 고속을 계속 발휘할 수 있는 수중익선이 매우 적합한 선형으로 판단되었을 것이다. 그리고 1970년대 초에는 수중익선형 여객선이 국내에 도입되어 한려수도 항로에 취항한 상태로서 낯선 선형이 아니었다.

우선 모형 수중익선을 제작하여 항 내에서 일반 선박을 이용해 예인시험을 실시함으로써, 수중익의 양력에 의한 선체부상 등 기본원리를 확인하였다. 이를 토대로 운용 중이던 소형선에 수중익을 제작·설치함으로써 5톤급 시범선을 건조하

그림 8-1
30톤급 수중익선 진수식

고, 해상에서의 항주시험을 통해 설계자료와 운용경험을 축적하였다. 1970년 5월부터 실제 운용을 목적으로 하는 30톤급 수중익선 건조에 착수하여, 1971년 초 건조를 완료하고 해상시험에 돌입하였다.

30톤급 수중익선의 선체는 목재로 제작되었고, 수중익은 수면 관통형으로서 강재(鋼材)로 제작되었다. 실제 운항을 통해 30노트급 속도는 달성했으나, 동적 안정성의 결함으로 인해 안정적인 고속항해가 이루어지지 않았다. 이를 개선하기 위해 많은 노력이 투입되었으나, 최종적으로는 수중익을 제거하고 활주선 형태의 고속경비정으로 운용하게 되었다. 수중익선 개발 자체는 실패했으나, 이를 통해 활주선형 형태의 고속정 개발을 국내에서 독자적으로 할 수 있다는 자신감을 얻을 수 있었다. 그림 8-1에 30톤급 수중익선 진수장면을 제시하였다.

3) KIST Boat

KIST Boat는 국내 최초로 40노트급 고속을 목표로 설계한 활주선형 고속정이다. 또한 최초로 실전에 배치·운용된 고속정으로도 큰 의미를 갖고 있다. 대간첩 작전용 고속정으로서 개발·건조 단계에서는 어로지도선이라는 가명을 사용했으며, 운용단계에서는 함 명칭이 PKMM으로 변경되었다.

한국과학기술연구소(KIST)에서는 설계팀을 구성하여 1970년 8월부터 설계를 시작하였다. 미국에서 모형시험을 실시하였으며, 1970년 12월 기본설계를 완료하였다. 진해 해군 공창에서 1971년 4월부터 건조를 시작하여, 1972년 3월 건조

그림 8-2

KIST Boat 항주장면

를 완료하였다. KIST Boat는 전장 30.45m, 폭 8.18m, 깊이 3.8m, 만재배수량 119톤으로서, 15노트에서 활주를 시작하였으며 당시 최대속도인 39노트를 기록하였다. 대함 공격능력 보강을 위해 프랑스 엑조세(Exocet) 함대함 유도탄을 탑재하여 1975년 11월 공개적인 유도탄 발사시험을 수행하였다. 그림 8-2에 KIST Boat의 고속항주 장면을 제시하였다.

4) 학생호

1970년 11월 정부에서 학생 방위성금 3억 8천만 원을 해군에 배정함에 따라, 1971년 1월 발족한 해군본부 함정감실 조함과에서 설계를 주관하게 되었다. 1971년 2월부터 약 9개월 동안 설계하였으며, 1971년 11월 대한조선공사와 건조계약을 체결하고 건조에 착수하였다. 1972년 11월에 진수하여 1973년 1월 해군에 인도되었다. 학생들의 방위성금으로 건조됨에 따라 학생 1호(PK 151) 및 학생 2호(PK 152)라는 함명이 부여되었으며, 학생호 진수식에는 성금을 모은 전국 각 도의 초·중·고교 학생 대표들이 초청되었다.

학생호의 주요 제원은 전장 23.64m, 폭 5.4m, 깊이 2.87m, 만재배수량 70톤, 최대속도 40노트로서, 건조 후에는 국방과학연구소 주관하에 미 해군 연구소의 기술지원을 토대로 체계적인 함정 성능 시험평가가 수행되었다. 해상성능 시험평가에 대한 결과자료가 연구보고서에 상세히 제시됨으로써, 이후 국내 고속정 개발·건조 사업수행 시 기술지침서 역할을 하였다. 그림 8-3에 학생호 진수장면을 제시하였다.

그림 8-3

학생호 진수장면

5) 소형 고속정

학생호보다 약간 늦게 시작된 소형 고속정(FB) 건조사업은 해군본부 조함과 주관하에 1972년 12월 기본설계가 완료되었고, 1973년 4월 대한조선공사에서 1번함 건조가 완료되었다. 소형 고속정은 만재배수량 30톤, 전장 21.8m, 폭 3.48m, 깊이 2.52m, 최대속도 25노트의 소형 함정으로서 국내 최초로 알루미늄 선체재료를 적용하였다.

선도함에 대한 성능시험을 수행한 결과, 속도 측면에서 만족스럽지 못할 뿐만 아니라 복원 안정성이 미흡한 것으로 밝혀졌다. 그러나 성능 시험평가 결과가 반영되기 전에 양산에 착수하여 1974년까지 대한조선공사에서 총 11척을 건조하였다. 해상상태가 양호한 경우 연안에서 운용이 가능하므로 항만 경계임무를 수행하였다. 소형 고속정은 초창기 함정 건조경험이 충분하지 못한 상태에서 일어난 사례로서, 조함체제를 정립하는 계기가 되었다. 그림 8-4에 정박 중인 소형 고속정을 제시하였다.

6) 중형 유도탄 고속정

중형 유도탄 고속정(PGM)의 건조는 북한의 오사급 및 코마급 유도탄 고속정의 위협에 대처하기 위해 계획되었다.

1번함은 미국에서 운용 중인 함정을 인수하였으며, 2번함부터는 미국의 TBC사와 3척에 대한 건조계약을 체결하고 1척을 국내 코리아타코마에서 기술이전을 통해 건조하도록 하였다. 1974년 10월 국내에서 건조를 성공적으로 진행시킨 코리아타코마와 5척 추가 건조계약을 체결하였다. 당시 고속정 확보가 시급한 상황

그림 8-4
소형 고속정

이어서 3척은 코리아타코마에서, 나머지 2척은 미국 TBC사에서 건조하였다. 중형 유도탄 고속정의 주요 제원은 전장 50.13m, 폭 7.3m, 깊이 4.2m, 흘수 1.6m, 만재배수량 243톤, 최대속도 40노트이다. 한국 해군 최초로 유도탄을 실제 무기체계로 탑재·운용한 함정이었으며, 국내 건조를 통해 미국 TBC사의 함정 설계 및 건조 기술을 습득함으로써 국내 함정 설계 및 건조 기술 발전에 큰 도움이 되었다. 그림 8-5에 중형 유도탄 고속정을 제시하였다.

7) 중형 고속정

중형 고속정(Patrol Boat Killer Medium: PKM)은 전방 해역에서 북한의 주 전투세력에 대처하기 위한 전투세력 확보, 후방으로 침투하는 상륙 및 비정규전 세력에 대한 대처, 대간첩선 작전세력 보강을 위해 건조되었다.

그림 8-5
중형 유도탄 고속정

그림 8-6
중형 고속정

중형 고속정은 1976년 12월 기본설계를 완료하였고, 1978년 6월까지 3척을 건조하였다. 전장 33.1m, 전폭 6.92m, 흘수 1.7m이며, 만재배수량 143톤, 최대속도 35노트, 순항속도 25노트이다. 먼저 건조된 3척에 대한 성능 시험평가를 수행하고, 이를 토대로 함 구조를 개선하여 34척을 추가 건조하였다. 이후 내파성 향상을 위해 전장을 3.9m, 만재배수량을 156.5톤으로 증가시켰으며, 구형 20mm 수동포 및 국내 개발 20mm 발칸포를 30mm 함포로 교체하였다. 이후 성능이 우수한 40mm 자동포로 대체하고, 사격통제 장비까지 장착함으로써 전투능력을 대폭 향상시켰다. 중형 고속정은 대한조선공사, 코리아타코마 및 한진중공업에서 총 105척이 건조되었다. 1999년 6월 15일 제1연평해전 및 2002년 6월 29일 제2연평해전, 2009년 11월 10일 대청해전에 주력함으로 참전하여 뛰어난 전과를 거둔 함정이다. 그림 8-6에 중형 고속정의 항주장면을 제시하였다.

8.1.2 1980년대 및 1990년대 함정

1) 한국형 호위함

한국형 호위함(FF)은 1974년부터 시작한 소형 고속정의 국내 개발·건조를 통해 확보한 함정 설계 및 건조 기술을 기반으로, 국내 최초로 개발·건조를 시도한 프리게이트급 정규 수상전투함이다. 한국 해군에서 프리게이트급 함정을 호위함으로 칭하였으므로 한국형 호위함으로 불리게 되었다.

한국 해군은 1975년 7월 15일 현대중공업을 한국형 구축함 시제업체로 지정하고, 외국 기술진 고용에 의한 자체 설계 및 자국 생산이라는 원칙을 수립하였다. 1976년 12월 현대중공업과 기본설계 계약을 체결하였으며, 현대중공업은 미 해군의 FFG-7을 설계한 경험이 있는 미국 JJMA사와 '설계기술 및 기술인력 제공에 관한 기술용역 계약'을 체결하였다. JJMA사는 인원 1명이 상주하며 설계를 지원하고, 선형 및 일반배치, 구조설계, 추진장치 설계, 선박 동력 및 조명, 전자공학 등 각 분야별 1명씩 기술자를 파견하여 설계기술을 지원하였다.

1978년 3월 기본설계가 완료되었으며, 같은 해 11월 현대중공업과 해군은 선도함 상세설계 및 건조계약을 체결하였고, 1979년 8월 본격적인 함 건조에 착수하게 되었다. 2,000톤급 함정의 건조경험이 전무했던 국내 설계진은 외국 함정을 본뜰 수밖에 없었으며, 선형과 일반배치는 미 해군의 FFG-7급 프리게이트와 DD-963급 구축함을 기준선(Parent Ship)으로 하여 설계를 진행하였다.

한국형 호위함은 전장 102m, 폭 11.5m, 만재배수량 2,337톤, 최대속도 34노트이며, 2번함 이후 함정에는 내항성능 향상을 위해 함 안정기(Fin Stabilizer)를 추가로 장착하였다. 선체 경량화를 위해 주 선체에는 연강이 사용되었으나, 상부구조물은 가벼운 알루미늄 자재를 사용하였다. 상이한 자재가 채택된 주 선체구조와 상부구조의 결합은 국내에서 처음 시도된 두 가지 금속으로 된 접합용 판재(Bimetal Strip)를 이용한 용접결합 방법을 사용하였다. 추진체계는 기동성과 경제성을 위해 프리게이트급 함정에서 일반적으로 사용하는 CODOG(COmbined Diesel Or Gas Turbine) 추진체계를 채택하여 4기 2축으로 구성하였다.

선도함은 1980년 12월 건조가 완료되어 울산함으로 명명되었다. 이후 1992년까지 8척이 추가로 건조되어 실전부대에 배치·운용되었으며, 이를 토대로 한국 해군 함대는 획기적으로 발전된 면모를 갖추게 되었다. 후속함 8척은 방산조선소 다변화 차원에서 현대중공업, 대한조선공사, 코리아타코마, 대우조선 등 4개 조선소에서 건조되었다. 그림 8-7에 한국형 호위함 1번함인 울산함을 제시하였다.

그림 8-7
한국형 호위함 1번함 울산함

2) 초계함

초계함(Patrol Combat Corvette: PCC)의 건조는 노후 경비함의 대체와 한국 특성에 적합한 한국형 경비함의 확보를 목표로 하여 호위함(FF)급 울산함의 건조가 한창 진척될 무렵인 1970년대 말 시작되었다. 1979년 8월부터 대한조선공사, 코리아타코마 및 현대중공업 등 3개 사에서 개념설계를 수행하고, 이를 토대로 함정 건조 기본지침을 확정하였다.

1980년 6월 코리아타코마와 기본설계 계약을 체결하고 선도함 설계에 착수하여 1981년 4월 기본설계를 완료하였으며, 상세설계 및 선도함 건조는 대한조선공사에서 수행하였다. 선도함의 해상성능 시험평가 후 후속함을 건조하는 방식을 취하지 않고, 선도함 건조도면을 기준으로 약간의 기간 차이를 두고 후속함을 건조하였다. 1981년 11월 대한조선공사에서 선도함 건조가 추진된 초계함 1차 4척분은 1983년 12월까지 대한조선공사, 코리아타코마, 현대중공업 및 대우조선에서 각각 1척씩 건조하여 해군에 인도되었으며, 이 중 안양함은 대우조선에서 건조한 최초의 해군 함정이었다.

초계함의 주요 제원은 전장 78m, 폭 10m, 흘수 2.92m, 만재배수량 1,076톤, 최대속도 31노트이며, 대함전 및 대공전을 복합적으로 수행할 수 있도록 한국형 호위함과 유사한 무장을 탑재하였다. 추진체계는 순항속도에서 디젤엔진 2대를 사용하고 최대속도에서는 가스터빈 1대를 사용하는 3기 2축으로서, 한국형 호위함과 동일한 CODOG 방식을 적용하였다.

5번함인 포항함 이후부터 성능개선을 위해 설계를 변경한 후 건조하였다. 주요 설계변경 내용은 탑재무장 등의 증가에 따른 함 길이 10m 증가, 내항성능 향상을 위한 함 안정기(Fin Stabilizer) 탑재 등이며 만재배수량도 1,200톤으로 증대되었

그림 8-8
포항급 초계함

그림 8-9
돌고래급 소형 잠수함

다. 한국 해군은 총 22척을 건조하여 대함전에 대비한 주력 함정으로 운용하였다. 그림 8-8에 포항급 초계함 항주장면을 제시하였다.

3) 소형 잠수함

북한은 1970년대부터 로메오(Romeo)급 잠수함을 건조하여 운용함으로써 수중작전능력 측면에서 절대 우위를 점해 왔다. 이에 따라 한국 해군은 대잠전 능력의 강화와 함께 잠수함을 보유하기 위한 방안을 다각적으로 검토하였다. 1976년 11월 국방과학연구소(ADD)는 소형 잠수함 개발·건조 사업을 연구개발 과제로 승인받게 되었고, 1977년 개념연구에 착수하여 1979년에는 기본설계를 완료하였다. 1980년 코리아타코마에서 건조를 시작하여, 건조완료 후 시운전 및 시험평가 단계를 거쳐 1984년 해군에 인도하였다.

가명 돌고래로 칭해졌던 소형 잠수함은 150톤급에 수중속도 10노트로서, 어뢰발사관 2문을 장착하였다. 돌고래급 소형 잠수함은 국내 최초로 독자적 기술능력으로 개발·건조에 성공한 잠수함으로서, 국내 잠수함 개발·건조를 위해 요구되는 관련 기술능력과 전문기술 인력을 확보하는 데 결정적인 기여를 하였다. 선도함의 실제 운용을 통해 수중 전투세력으로의 유용성을 입증함으로써 후속함 2척을 더 건조하여 운용하게 되었다. 그림 8-9에 돌고래급 소형 잠수함의 수상항해 장면을 제시하였다.

4) 기뢰탐색함

기뢰탐색함(Mine Hunter Coastal: MHC)은 평시에는 주요 항만에 대한 수중탐색 작업을 통해 자료를 수집하고, 전시에는 폐쇄된 항구의 돌파소해, 주요 항만의

그림 8-10
기뢰탐색함 1번함 강경함

개항, 상륙전 해역 및 해상교통로에 대한 소해 등의 임무를 수행한다. 미 해군으로부터 도입해 운용하던 노후한 소해함(MSC)을 대체하기 위해 1983년 1월 해군 자체 기술진에 의해 기본설계에 착수하였으며, 해군이 보유한 전문인력과 기술을 총동원하여 1984년 1월 기본설계를 완료하였다. 기뢰탐색함은 방산조선소에 의뢰하지 않고 해군 자체 기술력으로 기본설계를 실시한 최초의 함정으로서, 해군 기술진의 설계능력 향상과 상당한 액수의 설계비용 절감에 기여한 것으로 평가되었다.

상세설계 및 함 건조는 해군이 작성한 기본설계를 토대로 FRP 함정 건조설비와 숙련된 기능인력을 갖춘 강남조선이 수행하였으며, 2004년 4월까지 총 6척을 건조하였다. 선도함의 경우 선체 및 탑재장비들의 수중폭발에 대한 내충격 성능을 검증하기 위해 해상에서 수중폭발 충격시험을 실시하였다. 국내에서 최초로 실시한 실선 수중폭발 충격시험으로서, 폭발시험의 위험성을 고려하여 실선과 유사한 모형선을 제작하여 1차 시험을 실시한 후 실선에 대한 충격시험을 수행하였다.

기뢰탐색함의 주요 제원은 전장 46.4m, 폭 8.3m, 만재배수량 507톤, 최대속도 15노트이며, 추진기는 소해 시 함정의 위치 유지능력이 우수하고 조타기가 필요없는 보이스 슈나이더 프로펠러(Voith Schneider Propeller: VSP)를 장착하였다. 그림 8-10에 기뢰탐색함 1번함 강경함을 제시하였다.

5) 고속상륙정

고속상륙정(Landing Ship Fast: LSF-I)은 북한의 기습공격 능력 증강에 대한 대응책의 일환으로 특수요원의 기습상륙작전용으로 1983년 건조가 추진되었다. 수륙

그림 8-11
고속상륙정

양용 공기부양선(Hovercraft)은 1981년 미 해군이 12척의 LCAC(Landing Craft Air Cushion)를 건조함으로써 본격적인 군용화가 이루어졌다. 국내에서는 코리아타코마가 수상 전용 공기부양선인 표면효과선(Surface Effect Ship)을 개발하여 수척의 연안용 여객선으로 운용하는 상태였다. 코리아타코마는 1981년 2월 2.2톤급 7.6m 크기의 수륙양용 공기부양선 시범선 거북 3호를 건조하여 시운전과 성능 평가를 완료하였으며, 1984년 12월에는 국방과학연구소 안흥시험장용으로 9.5톤급 12.65m 크기의 수륙양용 공기부양선을 자체 기술로 개발·건조하여 50노트급의 고속을 달성하였다. 이에 따라 수륙양용 공기부양선 형태의 고속상륙정의 건조를 추진하게 되었다.

1985년 12월 코리아타코마는 해군과 기본설계 계약을 체결하고 1986년 8월까지 LSF-I의 설계를 수행하였다. 1987년 8월 상세설계 및 함 건조에 착수하여, 1989년 12월 건조를 완료하고 해군에 인도하였다. 주요 제원은 전장 25.2m, 폭 12m, 만재배수량 120톤, 최대속도 65노트이다. 그림 8-11에 고속상륙정(LSF-I)의 고속항주 장면을 제시하였다.

6) 군수지원함

군수지원함(Fast Combat Support Ship: AOE)은 전투함의 지속적인 해상작전 수행을 지원하기 위해 유류, 청수, 탄약, 식량 등 다목적 군수지원을 수행할 수 있는 함정을 확보하기 위해 추진되었다. 1986년 11월부터 1988년 4월까지 현대중공업에서 기본설계를 실시하였고, 1988년 12월 건조에 착수하여 1990년 12월 해상에서 기동 군수지원이 가능한 군수지원함을 확보하게 되었다.

1998년까지 선도함 건조조선소인 현대중공업에서 2척의 후속함이 추가 건조

그림 8-12
군수지원함

되었으며, 주요 제원은 전장 133.3m, 폭 13.8m, 만재배수량 9,000톤, 최대속도 20노트로서, 당시 해군 보유 함정 중 규모가 가장 컸다. 그림 8-12에 군수지원함을 제시하였다.

7) 상륙함

상륙함(Landing Ship Tank: LST)은 전시 상륙돌격 세력의 수송이 주 임무로서, 항만 사용이 불가능할 경우 해안을 통한 수송지원, 전·평시 전후방 육상 및 도서 부대에 대한 군수지원 임무를 수행한다. 상륙함은 미국에서 인수한 구형 상륙함이 노후화됨에 따라 증강세력을 확보하기 위해 건조되었다.

기본설계는 1987년 5월부터 1988년 8월까지 코리아타코마에서 실시하였으며, 주요 제원은 전장 113m, 폭 15m, 흘수 3m, 만재배수량 4,100톤, 최대속도 16노트이며, 1999년 말까지 총 4척을 건조하였다. 그림 8-13에 상륙함을 제시하였다.

그림 8-13
상륙함

8) DDH-I형 구축함

한국 해군은 주변국과의 분쟁발생을 억제하고 해양자원을 보호하여 국익을 수호할 수 있는 헬기탑재 구축함의 필요성을 인식하여 DDH-I형 구축함(Destroyer Helicopter) 건조를 추진하게 되었다. DDH-I형 구축함의 임무는 초전 대응작전 시 지휘통제, 해상 조기경보, 적 해상세력에 대한 선제타격과 적 항공기 및 유도탄 공격에 대한 방어력을 제공하고, 헬기를 이용한 장거리 대잠작전을 수행하는 것으로서, 한국형 호위함(FF)급 함정의 작전임무를 대폭 강화한 것이다.

기본설계는 1989년 7월부터 1991년 5월까지 대우조선에서 실시하였으며, 1998년까지 대우조선에서 총 3척의 한국형 헬기탑재 구축함을 건조하였다. 한국 함정 최초로 화생방전에 대비하여 함 내 승조원 보호를 위한 집단 화생방 보호체계가 적용되었다. 승조원의 거주성 향상을 위해 휴식공간, 취침공간, 세면장이 동일 구역에 위치하도록 배치하는 아파트식 거주공간 배치, 모듈방식 침대 적용 및 함 내 소음 최소화 기술 등을 적용하였다. 기본설계 시 CAD 기술을 적용하여 설계를 전산화하였는데, 이는 국내 함정 설계의 질을 높이는 계기가 되었다.

DDH-I형 구축함의 주요 제원은 전장 135m, 폭 14m, 흘수 4m, 만재배수량 3,800톤, 최대속도 30노트이며, 탑재무장은 127mm 함포 1문, 함대함 유도탄, 함대공 유도탄, 어뢰 등이다. 근접하는 적의 유도탄에 대해 분당 약 4,500발을 발사할 수 있는 근접방어 함포체계(CIWS)를 한국 해군 함정 최초로 탑재하였다. 그림 8-14에 DDH-I형 구축함인 광개토대왕함을 제시하였다.

그림 8-14
DDH-I형 구축함 광개토대왕함

9) 209급 잠수함

한국 해군은 북한이 보유하고 있는 수십 척의 잠수함에 대응하기 위해, 잠수정급이 아닌 정규 잠수함의 확보를 위해 많은 노력을 기울여 왔다. 잠수함 확보와 함께 국내 잠수함 기술력을 빠른 시간 내에 향상시키기 위해 기술도입을 통한 국내 건조방식을 채택하였다.

1987년 2월부터 해외 잠수함 건조회사와 협상을 실시하여, 1987년 8월 확보할 기종으로 독일 209급을 채택하였다. 1번함은 독일에서 건조하고, 2번함 및 3번함은 국내 기술자들이 건조기술을 전수받아 국내에서 건조하기로 결정하였다. 이에 따라 1987년 12월 대우조선과 독일 HDW 조선소는 209급 잠수함 건조계약을 체결하였다.

209급 잠수함의 주요 제원은 전장 56m, 수중배수량 1,200톤, 최대속도 22노트로서 당시 1,200톤급 중 최신예 잠수함이었다. 1번함은 독일 HDW 조선소에서 건조되었는데, HDW 조선소의 공장 이전, 잠수함 설계회사 IKL의 CAD 도면 제작기법 개발 및 적용에 따른 도면 출도 지연, HDW 조선소의 수주물량 급증 및 전문기술 인력 부족 등으로 인해 약 10개월이 지연된 1992년 10월 한국 해군에 인도되었다. 2번함부터는 1번함 건조기간 동안 HDW 조선소에서 건조기술을 습득한 국내 기술자들에 의해 대우조선에서 건조되었다. 2번함 및 3번함 모두 건조일정의 지연 없이 공정 계획대로 인도되었다. 정규 잠수함을 처음 건조하면서도 아무런 차질 없이 국내에서 건조함으로써, 우리나라 조함기술 능력이 매우 높은 수준이며 모든 함정의 국내 생산이 가능하다는 것을 입증하였다. 한편 선진국들이 한국에

그림 8-15
209급 잠수함 박위함

그림 8-16
잠수함 구조함

대한 기술이전을 꺼리게 만드는 계기도 되었다. 209급 잠수함 6척에 대한 계약을 추가로 체결하여 2001년 마지막 9번함 인도까지 총 9척을 건조하였다. 그림 8-15에 국내에서 건조한 209급 잠수함 중 하나인 박위함을 제시하였다.

10) 잠수함 구조함

잠수함이 1993년 5월 취역하여 한국 해군에 잠수함 시대가 열리면서, 잠수함 조난 시 승조원 및 선체를 구조할 수 있는 잠수함 구조함(Submarine Rescue Ship: ASR)을 건조하게 되었다. 당시 보유 중인 구조함은 좌초선 이초(離礁), 소형 침몰선 인양(引揚), 함정 소화지원 및 예인작업 등 일반적인 구조작업 능력만을 보유하고, 잠수함에 대한 승조원 및 선체인양 능력은 없는 상태였다.

기본설계는 1990년 12월 대우중공업에서 착수하여 1992년 9월까지 수행하였으며, 1993년 12월부터 1996년 11월까지 대우조선에서 상세설계 및 건조를 수행하였다. 잠수함 구조함(ASR)의 주요 제원은 전장 102m, 폭 16m, 흘수 5m, 만재배수량 4,300톤, 최대속도 18노트이며, 추진체계는 4기 2축 CODAD(COmbined Diesel And Diesel) 체계를 적용하였다. 수심 300m까지 잠수가 가능한 심해잠수 장비인 DDS(Deep Diving System)와 잠수함 승조원 구조를 위해 수심 450m까지 잠항이 가능한 심해잠수 구조정(Deep Submergence Rescue Vehicle: DSRV)이 탑재되어 있다. 그림 8-16에 국내에서 개발·건조한 잠수함 구조함을 제시하였다.

11) 소해함

미국에서 도입한 소해정(Mine Sweeper Coastal: MSC)은 노후화로 인해 1990년대 후반 도태가 불가피하였다. 기뢰의 발전 추세에 대응하여 탐색과 소해를 동시

그림 8-17
소해함

에 수행할 수 있는 소해함의 필요성까지 대두되어 소해함(Mine Sweeper and Hunter: MSH)을 건조하게 되었다.

소해함의 작전임무는 기뢰탐색함(MHC)과 유사하며, 단지 함정 크기가 훨씬 크다. 기뢰탐색함 건조 실적이 있는 강남조선에서 1993년 10월부터 1995년 3월까지 기본설계를 수행하였으며, 1995년 12월 상세설계 및 건조에 착수하여 2004년까지 총 3척을 건조하였다.

소해함의 만재배수량은 880톤으로서, FRP 선체 함정으로서는 대형에 속한다. 주요 제원은 전장 60m, 폭 11m, 흘수 3m, 최대속도 18노트이며, 추진기는 기뢰탐색함과 동일한 보이스 슈나이더 프로펠러를 적용하였다. 주요 소해장비로 자기 및 음향 감응기뢰를 동시에 소해할 수 있는 복합식 소해장비와 기계식 소해장비를 탑재하고 있으며, 수중에서 원격조종으로 기뢰를 탐색·식별 및 처리할 수 있는 무인 기뢰처리기(Mine Disposal Vehicle: MDV)를 탑재하고 있다. 소해함은 임무수행 시 기뢰폭발에 의한 충격을 받을 수 있으므로, 선체 및 탑재장비에 대한 내충격 성능검증을 위해 강경급 기뢰탐색함(MHC)에서 이미 실시한 바 있는 실선 수중폭발 충격시험을 실시하였다. 그림 8-17에 국내 건조 소해함을 제시하였다.

12) 기뢰부설함

기뢰부설함(Mine Layer: MLS)은 유사시 우리나라 주요 해역을 방어하기 위한 방어용 기뢰를 부설하고, 적의 주요 해역에 공격용 기뢰를 부설하며, 소해작전의 지휘함 임무수행 및 소해함에 대한 제한적인 군수지원 임무를 수행할 수 있는 함정이다.

현대중공업은 1991년 10월부터 1993년 7월까지 기본설계를 수행하였으며, 1994년 10월부터 1997년 9월까지 건조하여 해군에 인도하였다. 기뢰부설함

그림 8-18
기뢰부설함 원산함

(MLS)의 주요 제원은 전장 104m, 폭 15m, 흘수 3m, 만재배수량 3,300톤, 최대속도 22노트이다. 추진체계로 CODAD 체계를 적용하였으며, 자동화된 기뢰부설체계를 탑재하고 있어 약 300여 발의 기뢰를 신속히 부설할 수 있다. 함미에 대형 비행갑판을 보유하고 있어 소해헬기의 이착륙이 가능하며, 소해헬기의 모함 임무를 수행할 수 있다.

한국전쟁 당시 북한은 소련으로부터 지원받은 4,000여 발의 기뢰 중 3,000여 발을 원산 앞바다에 부설했다. 이로 인해 국군과 UN군의 원산 상륙작전은 계획보다 일주일이나 지연되었으며, 기뢰를 제거하는 과정에서 여러 척의 소해함이 침몰하는 피해가 발생하였다. 이때 얻은 기뢰전의 중요성에 대한 교훈을 잊지 않기 위해 기뢰부설함의 함명을 '원산함'으로 명명하였다. 그림 8-18에 기뢰부설함 원산함을 제시하였다.

13) 해상시험선

국방과학연구소(ADD)는 연구개발하고 있는 각종 해상 무기체계의 성능을 해상에서 시험평가하기 위해, 1983년부터 연구소에서 수행한 반잠수 쌍동선 핵심기술 연구개발 결과를 토대로 해상시험선에 대한 체계설계를 수행하였다. 1991년 6월 현대중공업과 해상시험선의 계약 기본설계 및 건조계약을 체결하고, 설계 및 건조 공작 과정을 거쳐 1993년 4월 선진호로 명명하였다. 이를 통해 미국, 일본, 핀란드에 이어 특수선형인 반잠수 쌍동선을 독자적으로 개발·건조한 국가가 되었다. 반잠수 쌍동선형을 채택한 이유는 넓은 갑판면적과 우수한 내항성능을 활용하여, 소

그림 8-19
해상시험선 선진호

형 크기로도 해상 성능시험에 대한 각종 요구조건을 충족시키기 위해서였다.

선진호의 기본 제원은 배수량 320톤, 속도 21노트, 항속거리 600해리이며, 동적 위치유지 시스템(DPS), 갑판 개구(開口, Moon Pool), 어뢰발사관 설치용 받침대 등 해상시험을 위한 각종 장치와 설비를 갖추었다. 선진호는 우수한 내항성능과 넓은 갑판용적, 다양한 해상시험 지원장비를 토대로 중어뢰 발사시험, 선배열소나 예인시험, 음향기만기 발사시험, 함정 수중방사소음 측정시험 등 많은 종류의 해상시험을 효율적으로 수행할 수 있었다.

해상시험 전용선을 이용하여 필요한 기간과 횟수만큼 해상시험을 수행하게 됨으로써 해상 무기체계 개발기간을 단축할 수 있었다. 또한 해상시험을 위해 요구되는 해군 함정 차출을 대폭 감소시킴으로써 해군 함정의 원활한 작전운용에도 기여하였다. 그림 8-19에 해상시험선 선진호를 제시하였다.

8.1.3 2000년대 함정

1) DDH-II형 구축함

대양에서의 임무 수행능력을 향상시키고, 기동전단의 주력 전투함 역할을 수행하며, 장거리 대공 방어능력을 토대로 구역 대공 방어능력을 확보하기 위해 DDH-I형 구축함보다 규모를 키운 DDH-II형 구축함의 개발·건조가 추진되었다. DDH-II형 구축함의 기본설계는 1996년 6월부터 1997년 12월까지 현대중공업에서 수행하였으며, 선도함의 상세설계 및 건조는 1999년 11월부터 2003년 12월까

그림 8-20
DDH-II형 구축함
문무대왕함

지 대우조선해양에서 수행하였다. 이후 2008년까지 대우조선해양에서 3척, 현대중공업에서 3척 등 총 6척이 건조되었다.

DDH-II형 구축함의 주요 제원은 전장 150m, 폭 17m, 흘수 5m, 만재배수량 4,800톤, 최대속도 29노트이며, 추진체계는 DDH-I형 구축함에 적용한 CODOG(COmbined Diesel Or Gas Turbine) 시스템을 적용하였다. 한국 해군 함정 최초로 레이더 반사 단면적(RCS) 및 적외선(IR) 신호 감소를 위한 스텔스 기술을 적용하였다. RCS 감소를 위해 함 외부에 노출되는 장비를 최소화하고, 상부 구조물 경사 및 스텔스 함포 등을 탑재하였다. IR 감소를 위해 연돌 적외선 감소장치 및 외벽 단열재 등을 적용하였다.

일반 상선에서 조파저항을 감소시키기 위해 적용하는 구상 선수(球狀船首, Bulbous Bow)와 같은 효과를 낼 수 있도록 동일한 위치에 함수 음탐기 돔(Bow Sonar Dome)을 설치하였다. 그림 8-20에 DDD-II형 구축함 문무대왕함을 제시하였다.

2) 대형 수송함

대형 수송함(Amphibious Ship Transport Helicopter: LPH)은 함종 구분 명칭과 달리 해상 기동부대의 지휘통제함 임무와 함께 입체 상륙작전 수행, 해상 항공작전 지원, 국가 대외정책을 위한 PKO(Peace Keeping Operation) 작전지원, 평화유지군 파병, 재난구호 지원, 대테러 지원, 국위선양 활동 등 다양한 임무를 수행하기 위해 건조되었다. 대형 수송함은 해군이 강력하게 추진하는 대양해군 건설을 위한 함정으로서, 현재까지 국내에서 건조한 함정 중 규모가 가장 크다.

대형 수송함의 기본설계는 1999년 7월부터 2001년 12월까지 한진중공업에서 수행하였으며, 상세설계 및 건조는 2002년 12월에 착수하여 2007년 6월에 완공하였다. 전장 199m, 폭 31m, 흘수 7m, 만재배수량 18,000톤, 최대속도 23노트이며, 추진체계는 CODAD(COmbined Diesel And Diesel) 방식을 적용하였다. 스텔스 성능 향상을 위해 레이더 반사 단면적, 적외선 신호 및 수중방사소음 감소를 위한 기술들이 적용되었다. 대형 수송함에는 헬기 7대 외에 전차 6대, 상륙돌격 장갑차 7대, 트럭 10대, 야포 3문, 그리고 공기부양선형의 40노트급 고속상륙정 2척 등을 탑재할 수 있으며, 300여 명의 승조원 외에 상륙군 약 700여 명의 탑승이 가능하다.

독도함에는 그동안 해외에서 도입해 왔던 전투체계 대신 국내에서 독자적으로 개발한 전투체계를 탑재하였으며, 실제 운용을 통해 우수한 성능을 입증하였다. 독도함 설계 시에는 충수갑판(充水甲板, Well Deck) 운용, 비행갑판(Flight Deck) 운용, 식당 운영, 상륙군 이동경로, 주요 격실 내부배치 등에 대한 설계의 적절성을 검증하기 위해 시뮬레이션 기반 설계(SBD) 기술을 국내 최초로 적용하였다. 함명은 국민들의 독도 수호 의지를 담아 '독도함' 으로 명명하였다. 그림 8-21에 대형 수송함 독도함을 제시하였다.

3) 이지스 구축함

이지스 구축함(Guided Missile Destroyer: DDG)은 기동전단의 핵심전력으로서, 이지스(Aegis) 전투체계를 탑재하여 대수상전, 대잠전, 대공전을 동시 수행한다. 적의 핵심표적에 대한 정밀타격 임무를 수행하고, 적 항공기 및 유도탄을 원거리에서 조기탐지 및 요격함으로써 기동전단 및 호송선단에 대한 해역 대공방어 및

그림 8-21
대형 수송함 독도함

방공엄호를 제공한다. 또한 해상에서 작전하는 모든 전술항공기를 통제하는 해상항공작전지휘소(Maritime Air Operations Center: MASOC) 임무를 수행한다.

1983년 이지스 전투체계를 탑재한 최초의 미 해군 순양함 타이콘데로가(Ticonderoga)함이 취역한 이래, 이지스 전투체계를 탑재한 함정을 보유한 국가는 우리나라 외에 미국, 일본, 스페인, 노르웨이 4개국에 불과하다. 세계 정상급의 이지스 구축함을 국내에서 독자적으로 개발·건조하게 된 것은 소형 고속정 개발을 착수한 지 40년 만에 이루어낸 쾌거로서, 한국 조함기술이 세계적 수준에 도달했음을 뜻한다.

이지스 구축함의 기본설계는 2001년 4월부터 2003년 12월까지 현대중공업에서 수행하였으며, 상세설계 및 함 건조는 2004년 11월에 착수하여 2008년 12월에 완공되어 해군에 인도하였다. 이지스 구축함 1번함의 함명은 우리나라 역사상 국가발전에 위대한 업적을 남기고 국민적 호감도가 높은 인물로 평가받는 세종대왕으로 결정되었다. 대우조선해양과 현대중공업에서 1척씩 추가로 건조하였으며, 율곡 이이함과 서애 류성룡함으로 명명되었다.

세종대왕함의 주요 제원은 전장 165m, 폭 21m, 흘수 6m이며, 만재배수량 10,000톤, 최대속도 30노트이다. 추진체계는 국내 함정에서는 최초로 COGAG(COmbined Gas Turbine And Gas Turbine) 방식을 적용하였다. 침로 유지 및 변경 기능과 횡동요 감쇠기능을 함께 보유한 RRS(Rudder Roll Stabilization System)를 적용하였으며, 전투환경에서 함정 임무를 지속적으로 수행할 수 있도록 생존성(Survivability) 강화를 위해 여러 기술들이 적용되었다. 스텔스 성능 강화를 위해 레이더 반사 단면적, 적외선 신호, 수중방사소음 및 자기신호에 대한 감소

그림 8-22
이지스 구축함 세종대왕함

기술들을 적용하였다. 함정 방호성능 강화를 위해 주요 구역의 배치를 최적화하고, 주요 시스템 및 장비의 이중화 및 분산배치, 상자형 거더(Box Girder) 설치, 폭발강화 격벽 설치 및 파편 보호를 위한 대책 등이 적용되었다. 그림 8-22에 국내 최초의 이지스 구축함인 세종대왕함을 제시하였다.

4) 유도탄 고속함

유도탄 고속함(Guided Missile Patrol Boat Killer: PKG)의 건조는 1970년대 후반부터 운용 중이던 중형 고속정(PKM)을 대체하고, 북방한계선(North Limit Line: NLL)에 대한 경비작전 능력을 향상시키고자 추진되었다. 유도탄 고속함의 기본설계는 2002년 12월부터 2004년 6월까지 한진중공업에서 수행하였으며, 상세설계 및 함 건조는 2005년 8월에 착수하여 2008년 12월 완공하였다.

유도탄 고속함은 1999년 제1연평해전과 2002년 제2연평해전을 통해 도출된 교훈을 바탕으로 선체와 전투체계를 획기적으로 개선하였다. 주요 제원은 전장 63m, 폭 9m, 흘수 5m, 만재배수량 570톤, 최대속도 40노트이며, 워터제트 방식의 추진기를 탑재함으로써 어망이 산재한 연안해역에서 우월한 기동성을 발휘할 수 있다. 국내에서 독자 개발한 지휘무장 통제체계를 탑재하였으며, 대함유도탄과 76mm 함포를 탑재하여 중·장거리 공격수단을 갖추게 되었다. 스텔스 기법을 적용한 선체에는 방화격벽이 설치됐고, 지휘와 기관통제 기능을 분산하여 생존성을 보강하였다.

유도탄 고속함 선도함의 함명은 제2연평해전에서 전사한 윤영하 소령의 감투정신을 헛되이 하지 않겠다는 의미에서 윤영하함으로 명명하였다. 후속함은 STX조선, 한진중공업에서 건조 중이다. 그림 8-23에 윤영하함을 제시하였다.

그림 8-23
유도탄 고속함 윤영하함

그림 8-24
고속상륙정(LSF-II)

5) 고속상륙정

고속상륙정(Landing Ship Fast-II: LSF-II)은 독도급 대형 수송함에 탑재하여 초수평선 상륙작전 시 상륙 기습전력 수송 및 특수요원 해상침투 지원, 국지도발 시 증원전력 수송 및 다자간 안보협력 지원임무를 수행하기 위해 건조되었다.

고속상륙정(LSF-II)의 기본설계는 2002년 12월부터 2004년 5월까지 한진중공업에서 수행하였으며, 상세설계 및 함 건조는 2004년 12월에 착수하여 2007년 4월에 완공하였고 총 2척이 건조되었다. 고속상륙정(LSF-II)은 1989년에 건조된 고속상륙정(LSF-I)의 운용과정에서 발생한 문제점과 개선 요구사항들을 반영하여 함수·함미 램프(Ramp)를 설치하고, 추진 및 부양 체계를 통합하여 운영하도록 함으로써 탑재성능과 조종성능을 향상시켰다. 또한 복수 노즐형 함수 추진기를 적용하여 함 통제능력을 개선하였다.

함 크기는 독도급 대형 수송함에 탑재·운용이 가능하도록 전장 28m, 폭 15m이며, 만재배수량 155톤으로서 전차 1대와 상륙군 24명 또는 상륙군 150명을 탑재 또는 탑승할 수 있고 40노트급 고속항해가 가능하다. 선체는 경량화를 위해 알루미늄으로 제작하였다. 생존성 강화를 위해 주요 구역에는 방탄판을, 조타실에는 방탄유리를 적용하였다. 그림 8-24에 고속상륙정(LSF-II)의 고속항주 장면을 제시하였다.

6) 214급 AIP 잠수함

214급 AIP 잠수함 확보사업은 기존 209급 잠수함에 비해 수중작전 지속능력이 대폭적으로 향상된 잠수함을 획득하고, 향후 독자적인 잠수함 설계 및 건조를 위해 요구되는 잠수함 설계능력을 확보하기 위해 추진되었다. 214급 잠수함의 선도함 건조는 현대중공업에서 2000년 12월에 착수하여 2007년 12월에 완공한 후 해군에 인도하였다. 주요 제원은 전장 65.3m, 폭 6.3m, 수중 최대속도 20노트이다. 주요 무장은 어뢰와 기뢰, 잠대함 유도탄이며 승조원은 약 40명이다.

214급 AIP 잠수함은 1,800톤으로서 1,300톤인 209급 잠수함보다 규모가 커졌고, HY-100 고장력강을 채택하여 잠항심도가 크게 신장되었다. 세일(Sail) 형상도 유선형으로 제작되어 유체소음을 감소시킬 수 있었다. 209급 잠수함에는 설치되지 않았던 어뢰 신속 재장전 장치가 설치되어 어뢰 재장전 시간을 획기적으로 단축시켰으며, 자동발사형 어뢰기만기가 설치되어 적의 어뢰공격에 대한 방어능력이 강화되었다.

일반적으로 디젤전기추진 잠수함은 원자력추진 잠수함에 비해 크기가 작고 조용해 적에게 잘 포착되지 않는 장점을 갖고 있다. 하지만 원자력추진 잠수함과 달리 일정 기간 작전 후에는 수면 가까이 부상하여 스노클 항해를 해야 하므로 지속적인 잠항능력이 짧은 것이 최대단점이다.

214급 AIP 잠수함은 이러한 단점을 보완하기 위해 연료전지(Fuel Cell) 형태의 AIP 추진체계를 탑재하였다. 주 추진체계인 디젤전기추진 시스템과 하이브리드 형태로 운용함으로써, 스노클 항해 횟수를 대폭 줄이고 장기간 잠항이 가능하다. 이를 통해 214급 AIP 잠수함은 209급 잠수함에 비해 수중작전 지속능력을 대폭 증가시킬 수 있었다. 그림 8-25에 214급 AIP 잠수함의 수상항해 장면을 제시하였다.

그림 8-25
214급 AIP 잠수함

8.1.4 2010년대 함정

1) 차기 호위함

차기 호위함(FFX)은 1980~1990년대에 건조되어 한국 해군 주력 전투함으로 운용되고 있는 호위함(FF) 및 초계함(PCC)을 대체하기 위해 개발·건조되었다. 경하배수량 2,300톤, 전장 114m, 폭 14m, 최대속도 30노트이며, 추진체계는 기존 호위함 및 초계함과 동일한 CODOG 방식이 적용되었다. 기존 호위함 및 초계함은 대공 방어가 취약하고 헬기탑재가 불가능하며 대잠전 능력이 부족하다는 단점을 가지고 있었다. 이에 반해 차기 호위함은 대폭적으로 향상된 대공전, 대잠전, 대함전 능력을 보유하고 있다. 대공전을 위해 함정에 접근하는 적 유도탄을 요격할 수 있는 단거리 대공유도탄 및 근접방어 시스템을 갖추고 있으며, 대잠전을 위해서는 천안함 피격사건의 전철을 밟지 않기 위해 성능이 대폭 향상된 신형 소나와 대잠 헬기를 갖추고 있다. 차후에는 서해 북방한계선 인근 해상의 아군 함정을 위협하는 북한 해안포 및 유도탄 기지를 정밀 타격할 수 있는 함대지 유도탄을 장착할 예정이다.

차기 호위함 기본설계는 2008년 7월 현대중공업이 완료했으며, 연이어 상세설계 및 선도함 건조공작을 수행하여 2011년 4월 29일 1번함 인천함이 진수되었다. 2013년 7월에는 2번함 경기함, 2013년 11월에는 3번함 전북함이 현대중공업에서 진수되었으며, 2014년 8월에는 4번함 강원함이 STX조선해양에서 진수되었다. 2020년 구형 호위함 및 초계함 들이 완전히 교체될 때까지 차기 호위함은 지속적으로 건조될 것이다.

그림 8-26

차기 호위함 1번함 인천함 진수장면

그림 8-27
차기 수상함 구조함 1번함 통영함 진수장면

2) 차기 수상함 구조함

차기 수상함 구조함(ATS-II)은 1997년 미 해군 퇴역함을 인수하여 운용하던 수상함 구조함(ATS) 2척을 대체하기 위해 개발·건조되었다. 기본설계는 2010년 6월 대우조선해양에서 완료했으며, 연이어 선도함 상세설계 및 건조공작을 수행하여 2012년 9월 4일에 1번함 통영함이 진수되었다. 주요 제원은 전장 107.5m, 폭 16.8m, 깊이 8.0m, 만재배수량 약 4,700톤, 경하배수량 약 3,500톤, 최대속도 21노트이며, 특히 파랑 중에서의 함정 위치 유지장치와 잠수요원의 인명구조 지원체계를 갖추고 있다. 수상함 구조함은 침몰된 선박 및 수중물체의 인양, 좌초된 선박의 구조, 기동불능 상태의 함정 예인 및 인명구조 등 다양한 수상함 구조임무를 수행할 것이며, 각종 국가적 해난사고시에도 대응수단으로 역할을 수행할 것이다.

3) 차기 상륙함

차기 상륙함(LST-II)은 상륙작전 능력을 향상시키고 원거리 수송능력을 보강하기 위해 개발·건조한 함정이다. 상륙작전 또는 군기지 지원을 위한 병력, 장비 및 물자 수송, 국제 평화유지 활동을 위한 병력, 장비 및 물자 수송, 대규모 재난 시 구조활동 지원 등을 주 임무로 수행한다. 차기 상륙함은 길이 126m, 최대속도 23노트로서, 300여 명의 상륙군과 전차, 상륙돌격장갑차, 야포, 차량과 헬기는 물론 상륙정(LCM) 3척을 탑재할 수 있다. 차기 상륙함은 기존 상륙함에 비해 속도가 5노트 이상 향상되었고, 헬기 이착륙장도 2개소로 늘어나 초수평선 상륙작전을 수행할 수 있을 정도로 기동성이 향상되었다. 그동안 해외도입에 의존했던 전투체계,

그림 8-28
차기 상륙함 1번함 천왕봉함 진수장면

레이더, 함포 등을 국내에서 개발한 장비로 교체함으로써 주요 핵심장비의 국산화 비율을 96%까지 높였다.

한진중공업은 차기 상륙함의 기본설계를 2010년 11월까지 수행하고, 연이어 상세설계 및 건조공작을 수행하였다. 2013년 9월 11일에 진수된 1번함 천왕봉함은 인수 시험평가 및 전력화 과정을 거쳐 2015년부터 실전에 배치·운용될 것이다.

4) 3,000톤급 중형 잠수함

3,000톤급 중형 잠수함 개발·건조 사업이 2020년 1번함 확보를 목표로 추진되고 있다. 국내 잠수함 설계능력을 효율적으로 집약하기 위해 잠수함 건조 실적을 보유하고 있는 대우조선해양 및 현대중공업 그리고 국방과학연구소의 전문기술 인력이 참여했으며, 초기 및 계약 기본설계(Preliminary & Contract Design) 단계를 공동으로 수행하여 완료하였다.

209급 잠수함 및 214급 잠수함은 독일 HDW사가 설계한 잠수함으로서, 국내 조선소에서 건조공작을 수행했음에도 불구하고 국산 잠수함이라 부르기는 곤란하였다. 따라서 3,000톤급 중형 잠수함은 국내에서 독자적으로 설계하고 건조하는 첫 번째 정규 잠수함으로서의 의미가 매우 크며, 잠수함 설계 및 건조공작 기술수준을 선진국 수준으로 고도화시키는 계기가 되고 있다.

3,000톤급 중형 잠수함은 장시간 수중작전이 가능하고, 적 핵심표적에 대한 원거리 정밀타격 능력을 갖춤으로써 전략적 작전임무 수행이 가능하다. 따라서 3,000톤급 중형 잠수함은 장기적인 관점에서 통일 후 한반도 주변 군사강국들의 해군 전력과 균형을 맞추는 데 기여할 것이다.

8.2 | 한국 함정 개발 · 건조체제

8.2.1 함정 개발 · 건조체제 특성

함정 개발·건조체제는 역사적 전통, 안보환경, 국방정책 및 경제적 여건에 따라 국가마다 다르게 구축되어 운영되고 있다. 한국은 1970년대 초 독자적으로 함정 개발·건조를 시작한 이래 안보상황, 국방정책, 기술수준, 주요 장비체계의 해외 의존 등 한국의 독특한 조함 여건에 맞춰 함정 개발·건조체제를 구축하여 운영해 왔다. 신규 함정의 개발·건조 사업은 한국 해군 조함단이 주관하고, 방산조선소는 설계 및 건조 업무를 수행하며, 국방과학연구소는 핵심기술 연구 및 함정 성능 시험평가를 수행하는 체제로 운용되어 왔다. 국내 관련 산업 및 전문기술 발전 등 조함 여건이 변화하고 발전함에 따라 국내 함정 개발·건조체제는 큰 틀을 유지하는 범위 내에서 부분적으로 수차례 개정되어 왔다.

2007년 방위사업청이 새롭게 출범함에 따라 방위사업청이 함정 개발·건조 사업을 주관하게 되었으며, 이에 따라 사업의 주관 조직 등 수행체제 측면에서 큰 변화가 일어나게 되었다. 그러나 복합무기체계로서의 함정체계의 특수성을 고려하여 이전의 업무 수행절차를 그대로 따름으로써 2012년 6월 방위사업 관리규정이 새로 개정되기까지 수행절차 측면에서는 큰 변화가 없었다. 2010년대 초까지 한국 해군 함정들은 이러한 함정 개발·건조 사업 수행절차에 의거하여 건조되었는데, 이 시점까지 국내 함정 개발·건조체제를 뒷받침하는 기본적인 패러다임은 다음 세 가지로 요약된다.

첫째, 주요 장비체계 및 전투 무장체계 그리고 전문분야 특수기술을 해외에서 도입하더라도 독자적인 체계 종합설계 능력을 우선적으로 확보하여, 이를 토대로 함정 개발·건조를 국내의 독자적인 기술능력으로 수행한다.

둘째, 선진국에서 검증된 장비체계 및 관련 기술을 우선적으로 적용하고, 함정 형상 및 체계구성 등을 모방하거나 보완함으로써 국내 함정 개발·건조에 따른 기술적인 실패 위험을 최소화한다.

셋째, 함정 개발·건조 사업의 중점 목표를 함정 건조기간 단축 및 조기 전력화에 두고, 이를 위해 개념형성 연구, 개념설계 등은 필요한 경우에만 간략하게 수행하며, 초기 기본설계는 공식화하지 않고 계약 기본설계 단계에 포함시켜 수행한다.

이에 따라 한국 해군이 요구하는 함정체계들을 외국 함정 도입에 비해 짧은 기간 내에 상당히 적은 비용으로 개발·건조하여 실전에 배치·운용할 수 있었다. 또한 함정체계를 국내에서 독자적으로 설계·건조할 수 있는 기술능력 및 설비체계를 비교적 빠른 시간 안에 구축할 수 있었다. 그러나 큰 성과를 거둔 만큼 극복해야 할 문제들도 발생하였다. 창의적 개념의 미래형 함정에 대한 체계개념 도출 등 장기적 관점에서의 연구활동이 미흡하며, 함정 성능을 결정짓는 함정 설계기술의 체계적 축적 및 발전이 제대로 이루어지지 않고 있다. 또한 소음 및 진동, 전자파 반사, 적외선 방사, 수중폭발 내충격 등 특수성능 분야 전문기술의 연구개발 및 실제 함정에의 적용도 개선되어야 한다.

냉전체제의 해체 이후 초래된 국방환경의 변화는 선진국의 무기체계 개발에 많은 변화를 가져왔다. 특히 미국의 경우 무기체계 개발 및 기법을 대대적으로 변화·혁신시키고, 신규 무기체계 및 신규 함정의 개발 시 이를 적용해 왔다. 이와 같이 선진국에서 적용하고 있는 체계공학 절차 및 진화적 개발전략 등 새로운 무기체계 연구개발 기법을 적용하기 위해 우리나라에서도 방위사업 관리규정을 수차례 개정·보완해 왔다. 특히 2012년 6월 개정된 신규 규정은 미국의 예를 참고하여, 함정 개발·건조 사업에 대해 별도 추진절차를 규정하지 않고 일반 무기체계 연구개발 사업 추진절차를 준용하도록 하고 있다. 단, 함정 개발·건조에 고유한 특성을 반영하기 위해 일반 무기체계 연구개발의 관련 항목마다 함정 관련 특이사항을 별도 항목으로 제시하고 있다.

8.2.2 함정 개발·건조 사업 수행체제

방위사업청 방위사업 관리규정에 의거하여 현재 적용되고 있는 일반 무기체계 연구개발 추진절차는 그림 8-29에 제시한 바와 같다. 소요기획 단계에서 장기 또는

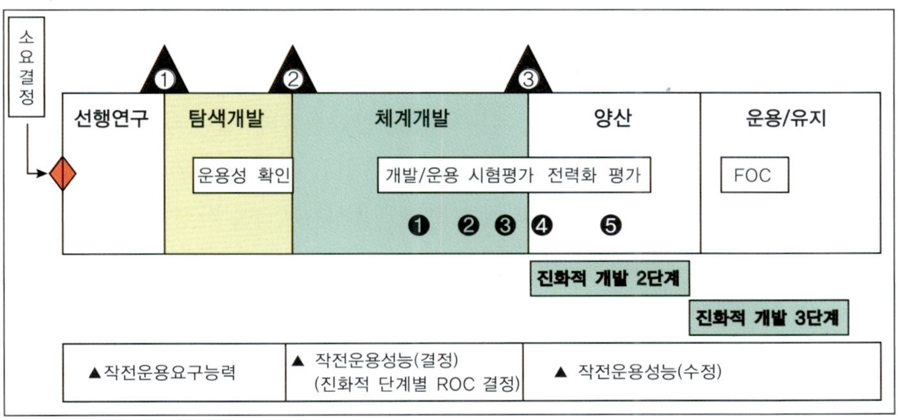

그림 8-29
한국 연구개발 무기체계 획득 절차 기본체계(방위사업 관리규정 별표 제II-2호)

그림 8-30

한국 함정 개발·건조 사업 추진절차(방위사업 관리규정 별표 제III-4호)

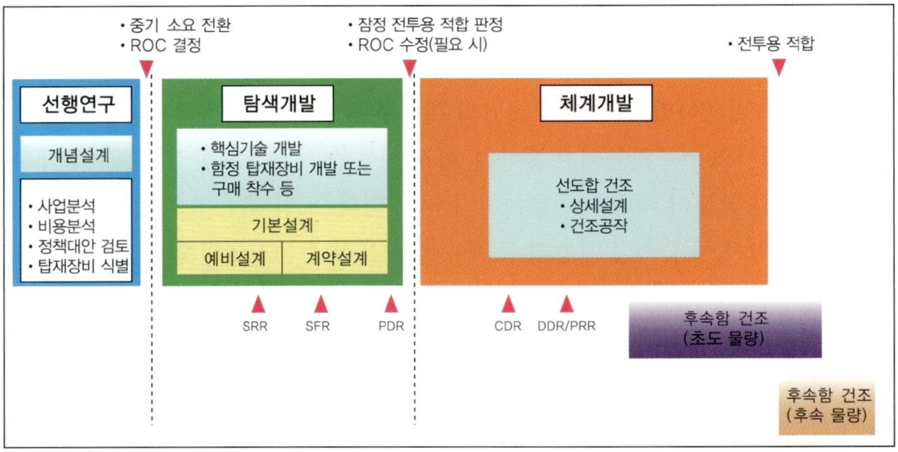

중기 소요가 결정되면 선행연구, 탐색개발, 체계개발 단계를 거쳐 연구개발을 마치고, 개발한 무기체계를 양산하여 부대에 배치·운용한다. 함정 개발·건조의 경우 일반 무기체계에 적용되는 연구개발 기본절차를 적용함에 따라 함정체계에 고유한 개발·건조 특성으로 인해 함정에만 적용되는 내용들은 별도 항목으로 제시하고 있다. 그림 8-30에 함정 개발·건조 사업의 추진절차 및 단계별 수행내용을 제시하였다. 그림 8-30에 제시한 바와 같이 소요기획 단계에서 함정 중장기 소요가 결정되면 선행연구 단계에서 개념설계를 포함한 선행연구를 수행하며, 탐색개발 단계에서는 함정 기본설계 및 탑재장비 개발이나 구매 그리고 핵심기술 개발 등을 수행한다. 체계개발 단계에서는 상세설계를 수행하고 선도함을 건조공작하며, 양산 단계에서는 후속함 건조를 수행한다.

신규 함정 및 후속 함정의 개발·건조 시 적용되는 함정 개발·건조 사업 추진절차는 방위사업 관리규정에 상세하게 기술되어 있으므로, 이 절에서는 함정 개발·건조에 따른 특이사항을 일반 무기체계 연구개발과 대비하여 제시하였다.

1) 개념형성 연구 또는 건조 가능성 검토(소요기획 단계)

일반 무기체계의 경우 소요기획 단계는 국방력 강화를 위한 일반 무기체계의 중장기 소요를 검토하여 확보방안을 수립하는 단계이다. 함정의 경우 개념형성 연구 또는 건조 가능성 검토를 수행하여 최초 작전운용성능(안)을 작성하고, 이를 토대로 함정의 중장기 소요를 결정하는 단계이다. 함정의 소요기획은 국방부, 합참 및 해군 주관하에 수행되며, 함정 개발·건조 사업은 방위사업청 주관하에 추진된다.

2) 개념설계(선행연구 단계)

일반 무기체계의 경우 선행연구 단계의 기본목적은 각종 검토·분석 결과를 토대로 획득방안을 수립하고, 획득방안의 비교·분석 및 평가결과를 활용하여 사업추진 기본전략을 수립하는 데 있다. 이에 대비하여 함정 개발·건조 사업은 선행연구 단계에서 개발 대상 함정에 대한 개념설계를 수행한다. 또한 건조사업 기간 및 예산에 영향을 미치는 주요 탑재장비 및 무기체계, 특수성능에 대한 선행연구를 수행하며, 관급 장비를 식별하여 사업추진 기본전략에 포함한다. 일반 무기체계의 경우 선행연구 단계에서 체계 운용개념이 정립된 후 탐색개발 단계에서 작전운용요구능력(ROC)이 결정되나, 함정의 경우 개념설계 결과를 토대로 선행연구 단계에서 작전운용요구능력(ROC)이 일차적으로 결정된다.

3) 기본설계(탐색개발 단계)

일반 무기체계의 경우 탐색개발 단계 목적은 M&S 기법 등의 적용을 통해 개발 무기체계의 운용개념, 체계구성, 기술성숙도 등을 확인하고 체계 구성장비를 개발함으로써 본격적인 체계개발을 준비하는 데 있다. 이에 반해 함정의 경우 함정 개발·건조 사업의 성패를 결정하는 핵심적 단계인 기본설계를 탐색개발 단계에서 수행한다. 또한 함정체계를 구성하는 핵심기술의 연구개발과 탑재장비의 개발 또는 구매업무를 수행한다. 이러한 업무수행을 통해 작전운용성능 및 함정 건조 기본지침서를 구체화하게 된다.

함정 기본설계는 두 단계로 나누어 초기 기본설계(Preliminary Design)를 예비설계 단계로 수행할 수 있다. 기본설계 기간 중 해군 및 연구기관의 전문인력으로 설계검토위원회를 구성하여, 요구조건 충족 여부를 확인하기 위한 설계검토(Design Review) 업무를 수행하며 결과를 기본설계에 반영한다. 설계검토 업무로는 체계 요구조건 검토(System Requirement Review: SRR), 체계기능 검토(System Functional Review: SFR), 기본설계 검토(Preliminary Design Review: PDR) 등이 있다. 기본설계가 종료되면 설계 및 시험평가 결과가 제시되어야 한다.

4) 선도함 상세설계 및 건조공작(체계개발 단계)

일반 무기체계는 체계개발 단계에서 대상 무기체계의 주요 장비, 부체계 및 핵심부품, 구성품과 핵심기술을 개발하고, 이를 통합하여 시제품을 제작한 후, 개발 시험평가 및 운용 시험평가를 통해 체계성능을 검증함으로써 초도생산 또는 양산 단계로의 전환 여부를 결정하게 된다. 이때 제작된 시제품을 각종 시험평가에 활용하는 것이 기본적 목적이며, 실전에 배치·운용할 무기체계는 양산 단계에서 다시 생산한다. 그러나 함정은 체계개발 단계에서 선도함의 세부 공작도면을 작성하고 실전에 배치·운용할 함정을 건조공작하게 된다. 따라서 함정의 체계개발 단계는 일반 무기체계의 양산 단계 특성을 포함하고 있다고 할 수 있다.

선도함 상세설계 및 건조공작 단계에서 수행되는 검토(Review) 업무로는 상세설계 검토(Critical Design Review: CDR), 잠정형상 검토(Design Decision Review: DDR), 생산준비 검토(Production Readiness Review: PRR) 등이 있다.

선도함 건조업체는 함 건조 완료 이전에 개발 시험평가의 일환으로 건조자 시운전을 실시하며, 이후 해군 주관하에 인수 시운전을 수행한다. 함정 운용 시험평가는 인수 시운전과 병행하거나 별도로 수행한다. 방위사업청은 운용 시험평가 결과와 국방기술품질원의 검사조서와 인수 시운전 결과에 대한 조치사항을 확인하고, 함정을 건조업체로부터 해군에 인계한다.

5) 후속함 건조(양산 단계)

후속함 건조 단계는 일반 무기체계의 획득 단계 중 양산 단계에 해당한다. 함정이 일반 무기체계와 크게 다른 점은 선도함 확보까지 장기간이 소요되므로 후속함 확보기간을 앞당기기 위해 선도함 건조공작 완료 이전에 후속함 건조에 착수하는 것이다. 이 경우 후속함 건조사업은 선도함의 기본설계가 완료된 후, 기본설계에 대한 시험평가 결과가 잠정 전투용 적합으로 판정되었을 때 추진한다. 선도함 건조가 완료된 이후 추진되는 후속함 건조사업의 경우 선도함의 운용 시험평가 결과가 전투용 적합으로 판정되었을 때 추진한다. 후속함 건조 시 상세설계 단계를 재실시하지 않으며, 선도함의 상세설계 도면을 수정·보완하여 사용한다.

위에서 기술한 바와 같이 함정 개발·건조 사업 절차는 일반 무기체계 연구개발 절차와 큰 틀에서는 동일하나 단계별 수행내용에서는 큰 차이가 있다. 일반 무기체계의 경우 체계개발 단계에서 목표를 달성하지 못하게 되면 실제로 배치·운용할 무기체계를 생산하기 위한 양산 단계로 진입할 수 없다. 그러나 함정의 경우 실전에 배치·운용할 선도함을 체계개발 단계에서 실제로 건조공작하게 되므로, 일반 무기체계의 양산 단계에 버금가는 막대한 비용을 체계개발 단계에서 사용해야 한다. 이 때문에 선도함 건조 전단계인 기본설계 단계에서 기술적 실패 위험을 완벽하게 제거한 최적의 함정체계를 설계해야 한다. 이러한 이유로 선진 해군 강국들은 함정 설계능력을 지속적으로 고도화하고 첨단화할 수 있는 함정 개발·건조체제를 구축하여 운영하고 있으며, 함정 설계기술의 연구개발에도 많은 투자를 하고 있는 것이다.

한국의 현행 함정 개발·건조체제에 대한 심층적인 분석 및 근원적인 혁신발전이 필요한 이유도 바로 여기에 있다. 미래 해전양상의 변화·발전과 한국적 전장환경에 부합하며 경제성 및 성능수준이 높은 창의적 개념의 함정체계를 독자적인 국내 기술능력으로 개발·건조하기 위해서는 방위사업 관리규정의 부분적 개정·보완만으로는 충분하지 않기 때문이다. 함정 개발·건조체제에 대한 근원적인 혁신발전 방향은 8.3절 〈한국 함정 개발·건조 발전방향〉에 제시하였다.

8.3 | 한국 함정 개발·건조 발전방향

8.3.1 한국 해양안보 환경특성

세계 10대 교역국 가운데 하나인 우리나라의 경우, 북한에 의해 대륙과의 육상교역로가 막혀 있는 상태이다. 교역 물동량의 99%를 해상운송에 의존하고 있으며, 연간 30만 척 이상의 선박들이 25개 주요 항만을 입·출항하고 있다. 주요 해상교통로는 주변 강대국 함정들이 해상통제권을 행사하는 해역을 지나고 있으며, 해적 출몰이 잦은 동남아 협수로 해역 및 중동 소말리아 인근 해역도 통과해야 한다. 대외 교역을 위한 생명줄인 해상교통로를 안전하게 유지하는 것은 국가의 번영뿐만 아니라 생존을 위한 핵심적인 해양안보 과제라고 할 수 있다. 해상교통로 측면에

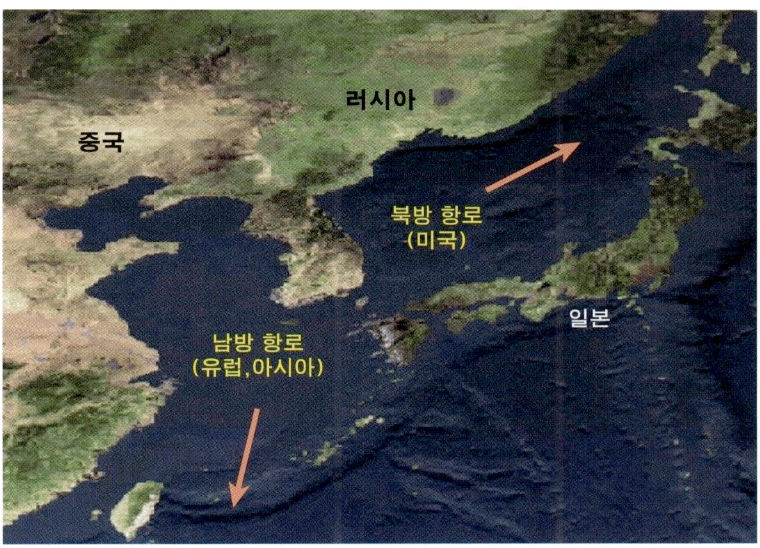

그림 8-31
해양안보 측면에서의 한반도 지정학적 특성

서 우리나라의 지정학적 특성을 그림 8-31에 제시하였다.

해양안보가 중요한 또 다른 이유는 북한과의 첨예한 군사적 긴장상태가 휴전선(DMZ)뿐만 아니라 해상에서도 계속되고 있기 때문이다. 여러 형태의 국제외교 및 대북정책에도 불구하고, 북한은 휴전 이후 서해와 동해상에서의 북방한계선(NLL) 침범 및 소형 잠수정의 은밀한 해안침입을 지속해 왔다. 최근 몇 년 간은 연평해전 도발, 한국 해군 초계함 천안함 폭침 및 연평도 포격 등 전쟁을 야기할 수 있는 심각한 수준의 군사적 도발행위를 계속해 왔다. 북한은 비록 노후하고 성능이 저하된 상태지만 여러 척의 잠수함과 고속정으로 구성된 함정 세력을 유지하고 있어, 은밀기습 및 기뢰부설 등 비대칭적 전술에 의해 한국의 주요 항구 또는 해상교역통로를 상당 기간 봉쇄할 수 있는 능력을 갖고 있다. 해양안보의 1차적 목표를 북한의 군사적 위협에 효과적으로 대처하는 데 두어야 하는 것이 우리나라가 안고 있는 냉엄한 현실인 것이다.

실재하는 북한의 위협뿐만 아니라 주변국과의 잠재적 해양분쟁 상황도 우리나라 해양안보를 위해 필수적으로 고려해야 하는 핵심관건이 되고 있다. 그림 8-35에 제시한 바와 같이 주변 강대국과 해양을 사이에 두고 마주보는 독특한 지정학적 특성을 갖고 있는 한반도는 독도에 대한 영유권을 국제법상 공인된 영토분쟁 문제로 만들려는 일본, 서해에서 배타적 경제수역(EEZ) 중간선 획정을 자국에 유리하게 만들려는 중국, 그리고 동해 및 대한해협을 태평양 함대의 대양 진출입 항로로 활용하고 있는 러시아 등 언제라도 현안문제로 부상할 수 있는 해양분쟁 요인을 갖고 있기 때문이다.

중국은 전통적으로 대륙지향적 국가였으나 다오위다오(釣魚島, 일본명 센카쿠 열도)에 대한 일본과의 영유권 분쟁 및 남중국해 난사군도에 대한 베트남, 필리핀과의 영유권 분쟁, 미국의 동아시아 해역에서의 해양통제권 행사, 그리고 일본 해군 세력의 지속적 발전 등에 대응하기 위해 많은 군사비를 해군력 강화에 투입하고 있다. 중국 본토에서 1,000해리권 정도의 광활한 해역을 통제할 수 있는 원양작전 해군으로 발전하기 위해 1단계인 2000년까지 유도탄과 첨단장비를 장착한 대형 수상전투함 건조 등 원해작전 능력을 확충하였으며, 2단계인 2001년부터 2020년까지는 2만톤급 이상의 항공모함과 이를 호위할 수상전투함 및 탑재항공기의 확보 등 기동함대 건설이 계획되어 있다. 2020년부터 2050년까지는 세계 어느 지역에서나 해군력을 활용할 수 있도록 미 해군과 대등한 수준의 대양해군 건설을 목표로 하고 있다.

중국 해군은 건조가 중단된 재래식 항모를 러시아로부터 도입하여 독자적 기술로 2011년 건조공사를 완료하고 시운전 중에 있으며, 이와 병행하여 독자 모델의 항모도 개발 중에 있다. 신형 원자력추진 전략잠수함 및 공격잠수함의 개발·건조도 이미 완료한 것으로 알려져 있다. 독자 모델의 중·장거리 유도탄을 개발하여 보유하고 있을 뿐만 아니라, 군사위성 21기를 운용함으로써 다차원 복합전 형태의 현대 해전양상에 부합하는 해군으로 거듭나고 있다. 중국 해군 세력은 보유한 함정 세력의 크기가 아니라, 경제력과 기술력의 급진적인 발전을 토대로 첨단성능을 갖춘 함정 및 관련 무기체계를 독자적으로 개발·생산하고 있다는 점에 유의해야 할 것이다.

일본은 1990년 이후 연평균 400~500억 달러 수준의 군사비를 투입하여 국방력을 강화해 왔다. 또한 해상 영유권 분쟁 시 영향력 행사와 동북아 지역에서의 군사·정치적 위상 정립을 위해 해양 주도권 장악의 필요성을 인식하고 해군력 증강에 박차를 가해 왔다. 일본은 수상 전투세력으로 탄도탄 요격능력을 보유한 이지스급 구축함 8척을 포함하여 3,000톤급 이상 호위함 44척과 헬기 항모 2척 등을 보유하고 있다. 특히 이지스급 구축함을 포함하여 구축함 8척과 8대의 헬기로 구성된 8/8 함대를 기반으로 총 32척으로 구성된 기동함대는 일본 주변 해역은 물론 원거리 해역에 비상상황이 발생할 경우 즉각 대처할 수 있는 해상기동 작전능력을 갖추고 있다. 수상전투 세력뿐만 아니라 잠수함 세력도 매우 강력하다. 일본이 자체 개발한 고강도 선체재료를 적용함으로써 잠항수심이 매우 깊은 3,000톤급 잠수함 16척을 운용하고 있으며, 최근에는 수중 연속잠항 능력이 배가된 AIP 잠수함을 연차적으로 건조하여 전력화하고 있다. 신규 잠수함 취역을 통해 지속적으로 비축되는 많은 수의 퇴역 잠수함들은 언제라도 현역으로 복귀할 수 있으므로, 실제 잠수함 세력은 명목상의 운용 척수를 훨씬 뛰어넘는 수준인 것이다.

일본은 해군 세력을 더욱 강화하여 현재 1,000해리 전수방어 전략을 2,000해리 전수방어로 확대하려는 계획을 추진 중에 있다. 또한 일본은 국가방위 차원에서 필요할 경우 대형 첨단 무기체계를 즉각 개발·생산할 수 있도록 자주적 국방기술력을 배양하는 데 역점을 두어 왔다. 이에 따라 일본은 정규 규모의 항공모함이나 원자력추진 잠수함, 그리고 전략 장거리 유도탄 등 전략무기체계를 필요시 신속하게 확보할 수 있는 군사기술력을 이미 갖추고 있는 것으로 알려져 있다.

한국을 둘러싼 주변 국가 중 하나인 러시아도 소련으로부터 물려받은 막강한 함정 세력을 토대로 원자력추진 잠수함 5척, 전술잠수함 63척, 순양함 13척, 구축함 7척, 프리게이트 33척 등 상당한 규모의 함정을 동아시아 지역 태평양 함대에 배치하고 있다. 소련의 붕괴와 함께 함정 개발·건조체제 자체가 무너져 대부분의 방산조선소가 파산하는 역경도 겪었으나, 최근 경제력이 회복됨에 따라 중단되었던 보레이(Borey)급 전략잠수함 및 야센(Yasen)급 공격잠수함 건조공사를 완료하는 등 대양해군 세력을 재건하고 있다. 많은 기술적 경험과 건조실적을 갖고 있는 함정 개발·건조체제가 재건되어 정상적으로 운영될 경우, 러시아 해군은 세계 최강 수준의 해군력으로 거듭날 것이며 동아시아 지역에서의 군사적 영향력도 확대될 것이다.

위에서 고찰한 우리나라의 지정학적 특성 외에도, 현대 해전양상의 급격한 변화·발전은 우리나라 해양안보의 중요성을 일깨워 주는 또 다른 핵심요건이 되고 있다. 냉전체제 종식에 이은 지역분쟁 빈발 등 국제정세의 변화로 인해 해전의 중심이 대양에서 연해해역으로 바뀜으로써, 연해해전(Littoral Warfare)이 해전 양상의 주축이 되었다.

연해해전에서 군사력을 투사하려는 군사 강대국은 우주 공간의 정찰위성 및 고공 항공기를 이용하여 군사목표에 대한 정찰과 감시활동을 수행하며, 해상에 위치한 함정에서 장거리 순항유도탄이나 장사정 함포를 발사하여 육상목표를 공격한다. 1991년 걸프전 당시 미 해군의 순양함, 구축함 및 잠수함에서 총 288발의 토마호크 유도탄이 발사되었으며, 명중률 80% 수준으로 거의 의도한 대로 목표물을 파괴할 수 있었다. 1993년 이라크에 대한 공격, 1995년 보스니아전, 1999년 코소보전, 2003년 이라크전에서도 원거리 정밀타격전은 위력을 발휘하였다. 이에 반하여 연안 국가는 수상함 및 잠수함은 물론 수중에 기뢰를 부설하고, 육상용 대포와 육상기지에서 발진한 항공기 등 모든 수단을 동원하여 강대국의 군사력 투사를 막으려 한다.

연해해전은 단순한 연해해역에서의 해상전투를 넘어서 해상, 지상, 공중, 우주, 사이버 공간에서 벌어지는 다차원 복합전으로서, 종래와 같이 지상전의 전초전이 아니라 전쟁의 승패를 결정짓는 핵심적인 전쟁이 되었다. 우리나라와 같은 연안 국가의 경우 연해해역에서의 해상 통제권 확보는 우선 전쟁을 억제할 수 있는 기반이고, 전쟁발발 시 승리로 이끌기 위한 전략 및 전술 수단이며, 궁극적으로 국가방위 및 생존을 위한 핵심적 요건인 것이다.

위에서 고찰한 바와 같이 우리나라 해양안보 환경특성과 미래 해전의 발전양상에 비추어 볼 때, 21세기 통일 한국이 가져야 할 해군 세력은 당연히 주변 강대국의 강한 해군 세력에 맞서 영해는 물론 배타적 경제수역 등 우리나라 관할해역에서 해양주권을 행사할 수 있고, 대외 교역의 생명줄인 해상교역로를 안전하게 보호할 수 있는 수준이어야 하며, 이에 맞춰 한국 해군의 함정 세력을 발전시켜 나가야 할 것이다.

8.3.2 세계 함정 개발·건조 혁신 추세

세계 주요 국가들이 연해해전으로의 해전양상 변화와 국방비 감축 추세, 그리고 첨단 과학기술의 급속한 발전 등 국방환경 변화에 대응하기 위해 취하고 있는 함정 개발·건조 대책은 자국의 안보환경 및 국방정책에 따라 각양각색일 수밖에 없다. 특히 미국을 비롯한 군사력을 해상에서 투사하려는 군사 강대국과 이를 연해해역에서 방어해야 하는 연안 국가의 함정 개발·건조 대책은 구체적인 내용에서 다를 수밖에 없다. 그럼에도 불구하고 이들 국가가 지향하는 혁신방향은 공통적인 요소를 갖고 있다.

첫째, 미래 전장양상의 변화·발전 및 자국 여건에 대한 체계적인 분석을 토대로 이에 부합하는 해군 세력 건설 정책과 방안을 수립한다.

둘째, 자국의 전장환경 특성 및 작전운용 개념에 부합하는 창의적인 함정체계 개념을 도출하고, 이를 토대로 신규 함정체계을 수립한다.

셋째, 자국의 함정 개발·건조체제를 혁신하고, 기술능력을 효율적으로 결집해 비용을 최대한 절감하여 개발·건조한다.

이러한 기본철학을 바탕으로 군사력을 투사하려는 군사 강대국과 이를 방어하려는 연안 국가가 구체적으로 어떤 함정을 개발하는지, 이들 국가를 대표할 수 있는 미국과 스웨덴을 예로 하여 고찰하면 다음과 같다.

미 해군의 경우 목표성능의 최적화와 함께 개발·건조비 및 운용·유지비 등 수명주기 비용의 절감을 함정체계 개발·건조 사업의 최우선 목표로 삼고 있다. 미 해군이 세계 최고성능을 자랑하는 시울프(Seawolf)급 공격 잠수함 건조를 3척으로 종결하고, 대신 새로 개발하여 운용하고 있는 7,800톤급 버지니아(Virginia)급 공격잠수함이 대표적인 사례가 될 것이다.

버지니아급 잠수함은 수중 최대속도 34노트로서 시울프급 잠수함의 39노트에 비해 낮으며, 잠항심도 역시 시울프급 잠수함의 600m에 비해 훨씬 작은 것으로 알려져 있다. 그러나 버지니아급 잠수함은 1,000해리 이내 지상목표 공격, 기뢰부설 및 기뢰분포도 작성, 무인잠수정 운용 및 해군 특수부대 작전지원 등 연해해전에서 요구되는 다양한 작전임무를 수행할 수 있다. 특히 연해해역에서의 작전 수행 시 필수적인 요구사항인 정숙성은 세계 최고수준인 시울프급 잠수함과 동등한 수준이며, 첨단 소나체계를 장착함으로써 수중탐지 및 원거리 추적 능력이 아주 우수하다. 이와 같이 연해해전 양상에 부합되도록 목표성능을 최적화하면서도, 민군 겸용 기술의 적용 및 상용 규격의 적용범위 확충, IPPD 기법 적용, SBD 설계기술 적용 등을 통해 양산 건조가가 시울프급의 절반에 불과하도록 개발·건조하였다.

버지니아급 잠수함의 개발·건조 예에서 알 수 있듯이 미 해군은 IPPD와 같은 첨단 설계기법을 적용하고 첨단기술의 함정체계 적용을 확대하며, 창의적인 함정체계 개념의 도출 및 실용화 연구를 강화하는 등 함정 개발·건조체제를 대폭 혁신하여 운용하고 있다.

북유럽에 위치한 스웨덴은 냉전시대부터 세계 최강 수준을 유지하고 있는 소련 해군 세력을 상대해야 했던 대표적인 연안 국가이다. 그럼에도 스웨덴은 북대서양조약기구(NATO)에 가입하지 않고, 역사적 전통인 중립정책을 지키면서 독자적인 국방력을 유지·발전시켜온 국가이다.

스웨덴은 발트 해(Baltic Sea)의 길고 굴곡이 심한 해안선 등 고유한 지리적 특성을 고려하여 독창적인 해상작전 개념을 발전시키고, 이를 토대로 규모는 작으나 침입하는 적에게 막대한 손실을 입힐 수 있는 매우 효과적인 해군력을 건설해 왔다. 그동안 스웨덴 해군이 정립하여 적용해온 함정체계 개발·건조 개념은 크게 세 가지로 요약된다.

첫째, '정복불능' 수준의 막강한 함정 세력을 구축하는 정책(Invincibility Approach)을 포기하고, 소규모지만 침입하는 적을 효과적으로 파괴하고 결정적인 손상을 입힐 수 있는 함정을 개발·건조한다.

둘째, 작전해역을 스웨덴이 관할하는 인근 군도와 연해해역을 포함한 발트 해로 국한하며, 장거리 원양해전보다는 연해해전에서 보다 우수한 작전효과를 발휘할 수 있는 함정을 개발·건조한다.

셋째, 스텔스는 상대로부터의 피탐률을 줄임으로써 적을 먼저 탐지·공격할 수 있을 뿐만 아니라 생존성능을 높일 수 있는 효과적인 대책이다. 따라서 최고수준의 스텔스 성능을 보유한 함정체계를 개발·건조한다.

이러한 함정체계의 개발·건조 개념하에 스웨덴 해군은 수중 잠항능력을 대폭

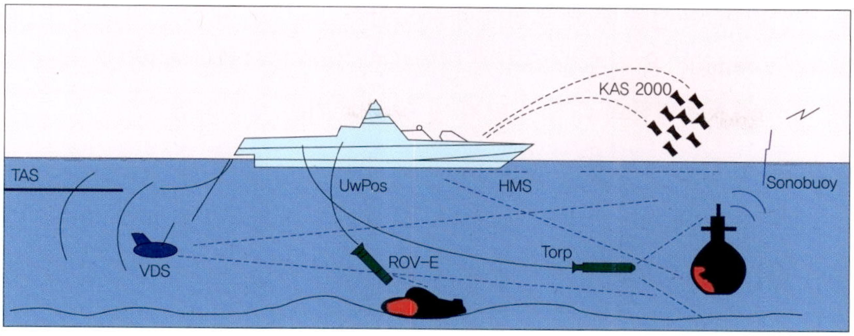

그림 8-32
비스비급 초계함 대잠전 체계

늘린 고틀란드(Gotland)급 AIP 잠수함, 소형으로 다양한 임무를 수행할 수 있는 비스비(Visby)급 스텔스 초계함, 기뢰 탐색 및 제거 능력을 고도화한 기뢰탐색함 등을 개발·건조하였으며, 이를 배치·운용함으로써 연해해역에서의 해상통제 능력을 효과적으로 증강시켜 왔다. 이 중에서도 비스비급 스텔스 초계함은 기준배수량 600톤급으로 소형이지만, 군사력을 투사하려는 상대에게 막대한 손상을 입을 수 있다는 위협을 느끼게 함으로써 적의 침입을 효과적으로 억제하는 좋은 예가 되고 있다.

비스비급 초계함의 가장 큰 특징은 5장 4절 〈생존성능〉에 상세히 기술한 바와 같이 자연적 및 인위적 클러터(Clutter)가 혼재하고, 수중배경 소음수준이 높으며, 수중 해양환경 특성이 특이한 연해해역에서 작전 수행능력 및 생존성능을 향상시키기 위해 스텔스 성능을 고도화하는 데 초점을 맞춘 함정이라는 점이다. 스텔스 대책 외에도 소형의 크기를 채택함으로써, 비스비급 초계함은 스웨덴 해안의 수많은 자연협곡에 쉽게 은폐할 수 있다. 비스비급 초계함은 다양한 종류의 무장 및 탐지 체계를 모듈 형태로 탑재하여 대함전, 대잠전, 대기뢰전, 기뢰부설, 해상경비 등 다양한 작전임무를 수행할 수 있다.

비스비급 초계함은 정규 대잠 전투함이 아님에도 불구하고, 적 잠수함이 선불리 스웨덴 관할해역으로 침입하지 못할 정도로 대잠전체계가 우수한 것으로 평가받고 있다. 수평선 너머 원거리 잠수함이나 어뢰경보를 위해 수동 예인소나를 장착하였으며, 천해에서의 표적 탐지·식별을 위해 능동 대잠센서로서 가변심도소나(VDS)를 장비하고 있다. 이외에도 선체고정소나를 장착하고 있으며, 표적이 해저에 가라앉아 있을 경우에는 기뢰탐색용 원격조정 잠수정(ROV)까지 사용할 수 있다. 각종 수중 탐지장비에 의해 잠수함이 탐지·식별되면 400mm 수동 호밍어뢰를 발사하며, 유선을 통해 모선에서 유도한다. 또 다른 대잠 공격무기인 대잠폭탄(ASW Grenade)은 잠수함 표적이 이탈하기 전에 목표해역에 발사한다. 그림 8-32에 비스비급 초계함의 대잠전 탐지 및 공격 무기를 제시하였다.

군사력 투사와 방어라는 상반된 입장에 있는 미국 및 스웨덴의 함정 개발·건조 사례는 한국 해군이 미래를 대비하여 어떠한 함정체계들을 개발·건조하고 운용해야 하는지를 명확하게 제시해 주고 있다. 다름 아닌 미래 전쟁양상 및 한국적 전장환경에 부합하는 창의적인 함정체계를 국내 기술능력을 효율적으로 집약하여 건조·운용해야 한다는 것이다. 이러한 교훈을 훨씬 이전에 깨우쳐 준 사례를 우리 역사도 갖고 있다. 충무공 이순신 장군의 거북선 창제와 운용이 바로 그것이다.

8.3.3 거북선 창제·운용이 주는 교훈

임진왜란 당시 이순신 장군이 승전한 횟수는 일반적으로 23전 23승으로 알려져 있으나, 문화재청 현충사 관리소의 공식기록은 17승으로 되어 있다. 2007년 발표된 임진왜란에 대한 학술논문에서는 조선 해군이 수행한 해전은 모두 47회이고, 이 중 이순신 장군이 참전한 해전은 43회이다. 이 가운데 완벽한 승리를 거둔 해전은 38회이고, 전과나 피해가 뚜렷하지 않은 해전은 5회라는 주장이 제기된 바 있다[12]. 실제로 승전한 횟수에 관계없이, 세계 해전사상 유례가 없는 연전연승 및 필승무패를 거둔 이유는 다음 세 가지로 구분할 수 있다.

그림 8-33

거북선과 판옥선

그림 8-34
판옥선 해상전투 상상도

첫째, 왜군과의 해전양상을 미리 예측하고, 아군의 전투능력과 아군에게 익숙한 지리·환경적 요소들을 최대한 활용할 수 있도록 적절한 전략 및 전술을 수립하여 이를 실제로 적용하였다.

둘째, 솔선수범하는 자세와 엄격한 신상필벌 및 진심으로 병사를 아끼는 마음 등 이순신 장군 특유의 리더십을 토대로, 평시에는 정신적 사기와 전투실기를 잘 갖춘 강인한 수군 병사들을 육성하였으며, 실전에서는 앞장서서 장병들을 독려하고 이끌었다.

셋째, 돌격작전용 거북선과 주력 전투 군선(軍船)인 판옥선(板屋船) 등을 왜란 발발 이전에 이미 건조하였다. 당시 강력한 무기였던 화포를 군선에 장착하고 아군의 장기인 활과 함께 화공(火攻) 무기로 운용함으로써, 당시 해전양상에 부합하는 막강한 전투능력을 갖추었다.

위에 언급한 세 가지 요인들은 모두 주변국의 강력한 해군력에 맞서 우리나라의 생명줄인 해양을 지킬 수 있는 해군력을 건설하고 운용하기 위해 갖추어야 할 필수적인 요건들을 제시하고 있다. 이 중에서도 충무공 이순신 장군의 지휘 아래 창제(創製)되고 운용된 거북선과 주력 군선인 판옥선은 우리 선조들의 탁월한 문화적 전통과 토착기술을 토대로 태어난 창의적 개념의 군선으로서, 한국의 독특한 해양안보 환경 속에서 함정체계를 어떻게 개발하고 운용해야 하는지를 다음에 제시하는 바와 같이 명확하게 깨우쳐 주고 있다[7, 8, 9, 10].

첫 번째 교훈은 거북선과 판옥선이 당시 해전양상에 부합하는 높은 수준의 전투능력을 보유하고 있는 군선이라는 점이다. 이는 앞으로 해전양상과 한국적 전장환경에 부합하며 고도한 성능을 가진 함정체계를 개발·건조하여 운용해야 함을 뜻한다.

당시의 주된 해전방식은 적선에 접근해 배에 올라가 백병전을 벌여 배를 점령하는 것이었다. 칼 쓰기에 능했던 왜병들은 주로 이 방식을 토대로 해전을 수행하였다. 그러나 조선의 주력 전투선인 판옥선은 왜선보다 크고 전투원이 배치된 상갑판이 높아, 배에 접근하려는 왜병들을 내려다보며 활이나 창을 쓸 수 있었다. 지붕까지 씌운 거북선에는 왜병들이 근접조차 할 수 없었다. 거북선은 선봉으로 적진에 뛰어들어 종횡무진 돌격함으로써 적의 전열을 흐트러트리고, 판옥선은 적절한 거리를 유지하며 화포와 활로 적선을 공격할 수 있었다. 왜병들은 자신들에게 익숙한 백병전 방식으로 전투를 할 수 없게 되었던 것이다.

또 다른 해전방식은 활이나 대포로 공격하여 적함에 화재가 발생하게 하는 화공(火攻)전이다. 화공전에서 조선 수군은 더욱 월등한 전투력을 발휘할 수 있었다. 원거리에서는 천자포, 지자포, 현자포, 황자포 등 각종 화포를 이용하여 파괴력이 큰 철환을 쏘았고, 단거리에서는 불화살을 이용하여 적선에 불이 나게 만들었다. 왜군도 육전에서 화포를 사용한 기록이 있으나, 조총을 더 소중히 생각해 해전용으로는 중요시 하지 않았으며 기술적 전통도 빈약하였다. 특히 거북선의 경우 좌충우돌하며 화포를 발사함으로써 기선제압 및 전열파괴 등에 큰 효과를 거둘 수 있었다.

또 다른 해전방식인 당파(撞波)전, 즉 적선과 의도적으로 충돌하여 배의 몸체를 파손해 침몰시키거나 적병들을 바다로 빠뜨리는 전투에서도 판옥선과 거북선은 전통적인 한선(韓船) 구조의 강인함을 이용하여 완승을 거둘 수 있었다. 전통적인 한선(韓船) 구조방식에 따라 건조된 거북선과 판옥선은 구조부재가 두껍고 치수가 넉넉하였다. 선수부가 뭉툭한 'ㅁ' 자 선형으로서, 속도 측면에서는 불리하나 선체구조 측면에서는 매우 강인하였다. 이에 더하여 적송(赤松) 및 육송(陸松) 등 가공이 어려운 튼튼한 소나무를 선체 주요 부재로 사용하였다.

이에 비해 왜군의 대형 군선 아다케(安宅), 중형 군선 세끼부네(關船), 소형 군선 고바야(小早) 등은 모두 선체 너비가 좁은 경쾌한 선형으로 속도 측면에서 유리하였다. 그러나 사각범(帆) 하나뿐인 중·대형 군선은 범장(帆裝)이 단순하여 실제 속도에서 큰 차이가 나지 않았다. 선체구조 치수가 한선(韓船)에 비해 얇고, 선체재료로 소나무보다 강도가 약한 삼나무나 전나무를 사용하여 선체구조가 취약했다. 선체끼리 충돌하는 당파전에서 조선 군선의 승리는 당연하였다. 특히 적진에 뛰어들어 의도적으로 적선과 충돌하며 싸우는 거북선의 경우 더 큰 위력을 발휘할 수 있었다.

거북선과 판옥선은 당시 해전양상에 매우 적합한 전투능력과 생존성능을 갖춘 함정이었다. 거북선의 뛰어난 생존성능에 대해서는 함정 생존성 분야 전문가인 H.L. Rich의 논문에서 현대적 기법으로 분석되고 검증된 바 있다[14].

두 번째 교훈은 거북선과 판옥선은 여러 토착 기술들을 집약하고 창의적 개념을 적용하여 독자적으로 개발·건조한 군선이라는 점이다. 이는 앞으로도 창의적 개념의 함정체계를 독자적 기술능력으로 개발·건조해 운용해야 함을 뜻한다.

거북선은 매우 독창적인 군선으로서, 동서고금의 역사에 유사한 형태나 기능을 가진 선박이 없다. 그러나 하늘에서 갑자기 떨어져 생긴 것이 결코 아니다. 거북선은 돌격용으로 사용하기 위해 창의적인 개념을 토대로 판옥선을 개조한 것이며, 판옥선은 한선(韓船) 구조를 가진 갑판이 하나인 종래의 군선을 2층 갑판구조로 개량한 군선이다. 거북선의 선체는 신라시대부터 사용된 오랜 역사를 가진 한선(韓船)에 뿌리를 두고 있는 것이다.

화포와 화약 등 화기류는 중국에서 발명되어 국외 유출이 엄격하게 통제되어 왔다. 고려 말엽 최무선은 중국의 제조법을 탐문하고 실험을 거듭한 끝에 화약을 독자적으로 제조하였으며, 여러 종류의 화기(火器)까지 개발함으로써 고려 말부터 조선 초기까지 왜구를 토벌하는 데 크게 이바지하였다. 이후 조선 왕조에서도 북변 야인이나 왜구의 침입 정도에 따라 육전용 화기와 해상용 화기를 번갈아가며 대량으로 제조하고 개량하면서, 화약과 화기 기술은 조선의 토착기술이 되었다. 왜구의 침입이 심해진 명종 대에 판옥선이 탄생하면서 함포도 대량 주조되어 판목선을 비롯한 조선의 군선들은 중무장을 하게 되었다.

돌격선 임무를 수행하는 거북선이 적병의 접근을 원천적으로 봉쇄하기 위해 지붕에 칼 송곳을 꽂고, 지붕과 선체구조 곳곳을 철재로 보강한 것도 조선시대 철재 제조기술이 상당 수준에 있었기 때문이다. 거북선과 판옥선은 당시 조선이 보유하고 있던 토착화된 군사과학기술을 창의적 개념을 토대로 집약하여 활용한 결과물인 것이다.

세 번째 교훈은 이순신 장군이 거북선과 판옥선을 임진왜란 이전에 적정 척수를 건조하여 적시에 운용하였다는 것이다. 이는 군사력을 투사하려는 군사 강대국과 달리 원천적으로 연해해역의 해상통제에 힘을 쏟아야 하는 한국적 해양안보 여건을 고려할 때, 국가 경제력에 맞는 적절한 함정체계를 필요한 시점보다 앞서 미리 개발·건조해야 함을 뜻한다.

임진왜란은 1592년 4월 왜군이 현해탄을 건너 쳐들어옴으로써 발발하였고, 이순신 장군이 전라좌수사로 임명된 것은 1591년 2월이었다. 난중일기 등 역사기록에 의하면 1592년 2월부터 4월까지 거북선 성능을 시험하였으며, 1592년 5월 말 당포해전에서 거북선이 처음 출전한 것으로 되어 있다. 이로 미루어 볼 때, 1591년 2월 전라좌수사로 부임한 이후 가을부터 거북선 건조에 착수하여 이듬해 봄에 완성한 것으로 판단된다. 역사적 자료에 따를 경우, 실제로 건조되고 운용된 거북선은 영귀선, 방답귀선, 순천귀선 등 세 척이라고 할 수 있다. 거북선은 건조할 때마다 전라좌수영 본영, 방답진, 순천부 등 거북선을 건조한 장소를 앞에 붙여 이름을 지었기 때문이다. 돌격선 임무를 수행하기 위해 지붕을 씌운 거북선은 한 갑판에 노군과 사부, 화포장 및 포수 등 전투원이 섞여 있었다. 판옥선의 경우 비전투원인 노군은 선 내에서 노역에만 전념하고 전투원은 상갑판 위 높은 곳에서 적을 내려다보며 전투에 임할 수 있어 실제적인 해상전투력이 더 강했다. 이 때문에 주력 전투 군선인 판옥선을 돌격작전이 주 임무인 거북선보다 훨씬 많이 건조한 것으로 보인다.

거북선 건조에는 다른 군선과 마찬가지로 여러 직종과 계층의 사람들이 관여했을 것이다. 그러나 임진왜란 발발 14개월 전에 전라좌수사로 부임한 이순신 장군이 전란의 발발을 미리 내다보고 전술과 전략을 세우며 대비하지 않았다면 거북선은 결코 태어나지 못했을 것이다. 미 국방부 DSB(Defense Science Board)가 2001년 발표한 과학기술의 혁신적 도전(S&T Transformational Challenges)에서 제시한 지침 중 하나가 "적시에 정확한 결정(Making Timely, Accurate Decisions)을 하는 군 운용"이었다. 이를 보더라도 당시 해전양상에 적합한 성능을 보유한 창의적인 군선을 전쟁발발 이전 적정 척수를 건조하였다는 것은 오늘날 우리가 되새겨야 할 의미가 매우 큰 교훈인 것이다.

위에서 고찰한 바와 같이 거북선의 창제·운용은 21세기 통일 한국이 미래를 대비하여 어떻게 함정 세력을 건설해 나가야 하는지를 깨우쳐 주고 있다. 그림 8-35에 제시한 바와 같이, 거북선의 창제와 운용이 주는 교훈을 요약하면 "미래 전쟁양상 및

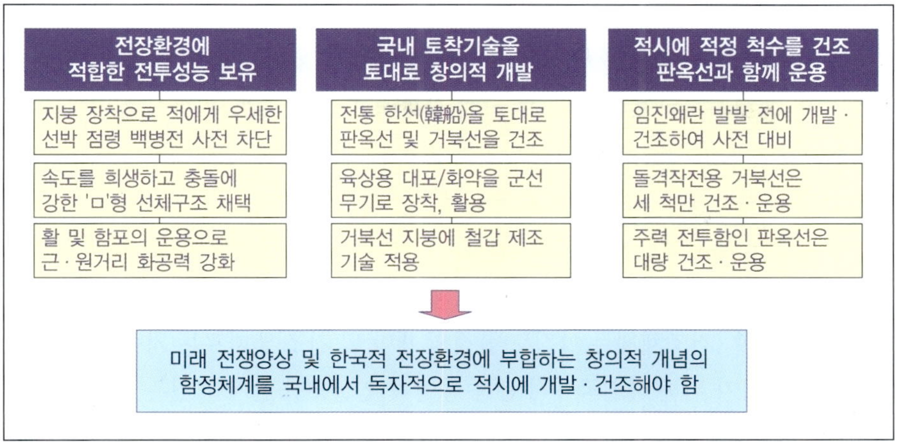

그림 8-35
거북선 창제·운용이 주는 교훈[20]

한국적 전장환경에 부합하는 창의적 개념의 함정체계를 독자적으로 적시에 개발·건조하여 적정 척수를 운용하는 것"이라고 할 수 있다.

8.3.4 한국 함정 개발·건조 발전방향

한국은 지정학적으로 막강한 해군 세력을 보유하고 있는 군사강국들에 둘러싸여 있다. 그러나 주변 국가와 대등한 규모의 함정 세력을 목표로 하거나 군사강국들이 운영하고 있는 대형 함정체계를 단순 모방하여 해군력을 건설할 경우 국가경제에 과도한 부담을 주는 군사비 투자가 될 수 있으며, 한국적 전장환경에서 효과적으로 전투성능을 발휘할 수 없는 함정체계가 될 가능성이 있다. 따라서 단순히 군사력 측면만이 아닌 지정학적 특성, 경제력, 인구, 교역통로 그리고 국가발전에 대한 미래 비전 등 다양한 요소를 고려하여 한국적 여건에 적합한 함정체계를 개발·건조해야 한다.

미국과 스웨덴의 혁신적인 함정 개발·건조 사례와 거북선의 창제와 운용이 주는 교훈에 의거할 경우, 미래에 대비한 한국의 함정 개발·건조 발전방향은 다음과 같이 요약할 수 있다.

"미래 해전양상의 변화·발전과 한국적 전장환경에 부합하는 작전 운용능력을 보유하고, 개발·건조 및 운용·유지 비용 측면에서 높은 경제성을 가지며, 첨단 군사과학기술을 적용하여 고도한 수준의 성능을 가진 함정체계를 창의적 개념을 토대로 독자적인 국내 기술능력으로 개발·건조하여 운용한다."

세계 주요 국가들은 미래에 대비한 함정체계를 개발·건조하기 위해 이미 국제 안보환경, 해전양상의 변화 및 경제적 여건 등에 맞춰 자국의 함정 개발·건조체제를 과감하게 혁신시켜 왔다. 한국도 미래에 대비한 함정 개발·건조 발전방향에 맞춰 현행 함정 개발·건조체제를 근원적으로 혁신해야 한다. 이 책에서는 이를 위한 기본적인 추진방향을 세 가지로 요약하여 제시하고자 한다.

첫째, 미래 해전양상 및 한국적 전장환경에 부합하는 창의적인 함정체계를 도출하기 위해 미래형 함정체계에 대한 체계 개념형성 연구를 대폭 강화해야 한다. 현행 함정 개발·건조체제는 아직도 함정의 개발 및 건조에 따르는 기술적 실패 위험을 최소화하기 위해 선진국에서 운용 중이거나 실용화 단계에 있는 함정을 모방 및 개량하는 데 중점을 두고 있다. 이에 따라 현행 소요기획 단계에서는 건조 대상 함정에 대한 최초 작전운용성능(안)을 작성하기 위해 짧은 기간의 개념형성 연구 또는 건조 가능성 검토를 수행하고 있다. 이러한 요식적 형태의 기술 검토활동으로는 기술적 기습에 대처하기 위한 창의적 개념의 미래형 함정을 도출할 수 있는 가능성이 제한될 수밖에 없다.

미국 등 주요 선진국에서는 미래 해전양상에 적합한 성능을 보유하고 동시에 경제성이 있는 최적의 함정체계에 대한 혁신적인 대안들을 본격적인 건조사업을 착수하기 훨씬 이전에 소요기획 단계에서 체계적으로 도출하고 있다. 한 예로 미 해군은 자체적으로 우수한 함정 설계능력을 보유하고 있음에도 불구하고 창의적 개념의 연해전투함(LCS)을 확보하기 위해 전 세계의 함정 전문설계 회사를 상대로 체계개념(안)을 공모하여 6개 안을 선정하고, 그 가운데 3개를 선발하여 개념설계를 실시한 후 그중 2개를 최종적으로 지정하여 기본설계 및 선도함 건조를 추진한 바 있다.

특히 창의적인 체계 개념형성 및 대안 도출을 위한 연구개발 활동은 예산이 매우 적게 소요된다. 따라서 미래 해전양상 및 한국적 전장환경에 부합하며 동시에 경제성이 높은 창의적 개념의 함정체계를 도출하기 위해서는 체계 개념형성 연구를 관련 연구기관에서 정규 연구개발 과제로 체계적으로 보다 많이 수행하고, 이를 토대로 중장기 전력소요 함정을 결정하기 위한 관련 업무 절차가 진행되도록 제도적 보완이 이루어져야 한다.

둘째, 개발 및 건조하는 함정의 성능을 세계적 수준으로 끌어올리고, 개발·건조 및 운용·유지에 드는 비용을 절감하기 위해서는 함정 설계기술의 고도화 및 첨단화가 지속적으로 이루어져야 한다. 이를 위해 함정 기본설계를 주관하여 수행하는 조직을 안정적으로 유지할 수 있도록 한국적 여건에 적합한 함정 개발·건조체제를 구축하여 운영해야 한다.

현재 함정 기본설계를 주관하고 있는 방산조선소의 경우 국내 수주 함정 물량이 원천적으로 제한받고 있을 뿐만 아니라 유럽 주요 국가의 방산조선소처럼 함정 수출 비중이 크지 않으므로, 함정 설계를 수행하는 전문기술 인력의 안정적 유지가 힘든 상황에 처해 있다. 더욱이 국내 방산조선소는 함정 설계를 주관하는 핵심적인 기관임에도 불구하고, 독일 및 영국과 같이 방산조선소가 함정 개발·건조 사업 전체를 총괄하여 주관하는 총괄 계약자(General Contracter) 또는 주 계약자(Prime Contracter)로서의 책임과 권한을 갖고 있지 못하다. 따라서 현 상태에서는 국내 방산조선소가 함정 설계기술을 장기적인 계획하에 체계적으로 유지·발전시키기가 매우 어렵다.

방산조선소가 함정 개발·건조 사업을 주관하는 독일 및 영국과 달리, 미국과 일본은 함정 설계 전담조직을 해군 또는 국방 관련 연구기관에 설치·운영하고 있다. 국가의 함정 설계 전담조직은 개발구상, 개념형성 및 개념설계 등 함정 설계 초기단계를 중점적으로 수행하며, 기본설계 단계부터는 방산조선소와 긴밀하게 협력하여 공동으로 수행한다. 또한 함정 설계기술 발전을 위한 연구과제를 도출하여 연구기관 및 학계로 하여금 연구개발을 수행하도록 한다. 따라서 함정 설계 전담조직을 주축으로 체계적이고 지속적으로 함정 설계기술을 발전시켜 나간다. 그러나 우리나라의 경우 위에서 언급한 기능을 수행하는 함정 설계 전담조직을 방위사업청이나 국방과학연구소 등이 가지고 있지 않다.

다시 말해 현행 함정 개발·건조체제는 함정 설계기술을 주도적으로 발전시킬 수 있는 권한과 책임을 가진 기관이나 조직이 명확하게 정립되어 있지 않다. 따라서 다양한 유형의 함정을 오랫동안 개발·건조해 왔음에도 불구하고 함정 설계기술이 세계적 수준으로 발전하지 못하고 있는 것이다. 이를 개선하기 위한 방안은 선진국 사례에 의거하여 두 가지로 도출할 수 있다. 설계조직의 안정적 유지를 위한 첫 번째 방안은 미국이나 일본의 설계조직과 유사한 최소 규모의 함정 설계 전담조직을 관련 기관에 설치하고, 방산조선소와 긴밀한 협조체계를 구축하는 것이다. 가칭 '함정설계센터'를 방위사업청 또는 국방과학연구소와 같은 관련 기관에 설치하여 함정체계 개념형성 연구 및 개념설계 등 초기단계를 전담하여 수행하도록 하고, 기본설계 단계부터는 이를 주관하는 방산조선소와 긴밀하게 협력하도록 하며, 설계기술 발전을 위한 연구과제 도출 및 추진을 주관하게 하는 방안이다. 두 번째 방안은 현재 함정 기본설계를 주관하고 있는 방산조선소의 권한과 책임을 독일 및 영국의 함정 개발·건조 주관 조선소 수준으로 확대함으로써 국내 방산조선소가 주체가 되어 장기적인 계획하에 함정 설계기술을 유지하고 발전시키도록 하는 방안이다. 어느 방안을 채택하든 한국적 여건에 부합하는 안정적인 함정 설계체제의 구축 및 운영은 매우 시급한 과제이다.

셋째, 함정 개발·건조 기술은 기초과학 기술, 전문응용 기술, 체계설계 기술, 생산 및 건조공작 기술 등을 포함하는 복합기술로서, 각 분야 전문기술에 대한 연구개발 활동을 대폭적으로 활성화해야 한다. 현행 함정 개발·건조체제에서는 함정 기술개발을 위한 연구개발 활동이 함정 건조 단계에서 당면하게 되는 기술적 문제에 대한 단기적 해결에만 국한됨으로써, 장기적 관점에서의 핵심 전문기술의 연구개발이 미흡하다. 반면 미국 등 선진국에서는 신규 함정체계를 개발 · 건조할 경우 이를 위해 요구되는 전문분야 핵심기술이나 주요 구성체계에 대한 연구개발 활동 등을 반드시 선행한다. 이를 통해 막대한 투자비가 소요되는 신규 함정 개발·건조 사업의 기술적 실패 위험을 최소화하며, 동시에 핵심 전문기술과 구성체계의 발전을 유도한다.

최근 우리나라의 무기체계 획득정책도 체계 중심, 국외 도입 위주, 조기 전력화에서 기술 중심, 연구개발 위주, 방위산업 기반구축으로 전환되어 왔다. 국내 개발시 조기 전력화에만 치중함으로써 기술개발에 대한 투자가 미약했음을 인식하고, 미래 전장양상에 대비한 정보기술 중심의 과학군을 건설하기 위해 무기체계 획득정책을 '기술 중심'으로 재정립하고 있다. 이러한 무기체계 획득정책의 변화·발전에 대응하여 함정 개발사업 목표 또한 '함정의 조기 전력화'에서 함정의 전투성능을 세계적 수준으로 고도화하기 위한 '핵심 전문기술 개발 및 이의 체계적 적용'으로 전환해야 할 것이다.

이러한 의미에서 상대국에게 기술적 기습을 가할 수 있는 창의적 개념의 핵심 전문기술인 경우, 적용할 대상 함정체계가 구체화되기 이전이라도 연구과제를 용이하게 제기하고 수행할 수 있도록 제도적 측면에서 보완해야 할 것이다. 진행 중인 함정 개발·건조 사업에 직접 활용할 수 있는 전문기술 분야에 국한하지 않고, 기술적 기습에 대비하기 위해 장기적 관점에서 요구되는 미래형 핵심 전문기술에 대한 연구개발 활동을 강화해야 할 것이다.

결론적으로 미래 해전양상과 한국적 전장환경에 부합하며 높은 경제성과 고도한 수준의 성능을 가진 창의적 개념의 함정체계, 즉 제2의 거북선이라 칭할 수 있는 독창적 개념의 함정을 국내에서 독자적으로 개발·건조하기 위해서는 함정 개발·건조체제의 근원적인 혁신발전이 가능한 한 빠른 시간 내에 이루어져야 한다. 또한 그동안 국내 함정기술 발전을 위해 헌신해 온 함정 분야 전문 기술인들의 사명감과 열정 그리고 용기 있는 도전이 앞으로도 계속되어야 할 것이다. 그리하여 국가의 생존과 지속적인 번영을 위한 필수적인 요건인 해양안보 능력을 더욱 굳건하게 하고, 몇몇 해군 선진국가가 독점하고 있는 세계 함정 수출시장에서 상용 선박 분야와 마찬가지로 한국이 주도하는 수준으로 발전해 나가야 할 것이다.

참고문헌

1. 〈해군 조함사〉, 해군 조함단, 1999. 8
2. 대한민국 해군 군사자료실, www.navy.go.kr
3. 방위사업청 방위사업소식, www.dapa.go.kr
4. 정재수, 〈우리나라 함정 건조 역사와 과제〉, 국방과학기술정보, 제12호, 국방기술품질원, 2008. 10
5. 고광엽, 〈조함 인력 발전방향〉, 연구보고서, 2003년 해군 군사학술용역, 2003. 11
6. 심이섭, 〈현 획득체계상 효율적인 함정사업 추진방안 연구〉, 연구보고서, 2009년 해군 군사학술용역, 2009. 10
7. 김재근, 〈거북선〉, 정우사, 1997
8. 김재근, 〈한국의 배〉, 서울대학교 출판부, 1994
9. 김재근, 〈임진왜란 중 조, 일, 명 군선의 특성〉, 임란수군활동 연구논총, 해군군사연구실, 해군사관학교, 1993. 4
10. 이어령, 〈당신은 정말 거북선을 아는가〉, 월간중앙, 2003년 8월
11. 이원식, 〈한국의 배 = 한선(韓船)〉, 춘계 연구발표회 논문집, 대한조선학회, 1999
12. 이원식, 〈이순신 창제 귀선(거북배)의 설계구조와 복원에 대한 고찰〉, 대한조선학회지, 제40권 제1호, 2003
13. 사쿠라이 다케노, 〈거북선의 6노트 속도의 검토〉, 대한조선학회지, 제40권 제1호, 2003
14. H.L. Rich, G.G. Amir, 〈Enhanced Survivability of Naval Ships>, Int. Naval Technology Expo '78, Rotyerdam, Netherlands, 1978
15. 〈충무공 이순신>, 해군 교육사령부, 충무공수련원, 2004
16. 최두환, 〈충무공 이순신의 리더십에 관한 연구〉, 학위논문(박사), 경남대학교, 2004
17. 이민웅, 〈임진왜란 해전사〉, 청어람 미디어, 2004

18. 제장명, 〈임진왜란 3대 대첩을 통해 본 이순신 전략과 리더십〉, 학술세미나, 순천향대학교 이순신연구소, 2007. 4
19. 송준태, 〈미래 전장환경 변화에 따른 함정개발건조체계 발전방향〉, 제4회 해상무기체계 발전세미나, 국방과학연구소, 2002. 7
20. 송준태, 〈해양무기 연구개발 40년 성과와 미래 발전방향〉, 창설 40주년 기념 종합학술대회, 국방과학연구소, 2010. 8

찾아보기

[ㄱ]

[ㄴ]

[ㄷ]

[ㄹ]

[ㅁ]

[ㅂ]

[ㅅ]

[ㅇ]

[ㅈ]

[ㅋ]

[ㅌ]

[ㅎ]

[기타]

[A]

[B]

[C]

[D]

[E]

[F]

[G]

[H]

[I]

[K]

[L]

[M]

[N]

[P]

[Q]

[R]

[S]

[T]

[U]

[V]

[W]

[Z]